工程流体力学

姜 斌 张 海 郑 群 主编

哈爾濱工程大學出版社
Harbin Engineering University Press

内容简介

本书共9章，主要内容包括流体的概念和物理性质，流体静力学、流体运动学及流体动力学的基本概念和基础理论，量纲分析与流动相似原理，不可压缩黏性流体的管道流动，可压缩流动理论和边界层理论基础，流体力学理论在叶轮机械设计领域的应用。

本书可供普通高等学校热能与动力工程专业的本科生及相关人员参考使用。

图书在版编目(CIP)数据

工程流体力学 / 姜斌，张海，郑群主编. —哈尔滨：哈尔滨工程大学出版社，2018.5(2022.1 重印)
ISBN 978 - 7 - 5661 - 1938 - 4

Ⅰ.①工… Ⅱ.①姜… ②张… ③郑… Ⅲ.①工程力学 - 流体力学 Ⅳ.①TB126

中国版本图书馆 CIP 数据核字(2018)第 113084 号

选题策划 包国印
责任编辑 薛 力
封面设计 刘长友

出版发行 哈尔滨工程大学出版社
社　　址 哈尔滨市南岗区南通大街 145 号
邮政编码 150001
发行电话 0451 - 82519328
传　　真 0451 - 82519699
经　　销 新华书店
印　　刷 哈尔滨市石桥印务有限公司
开　　本 889 mm × 1 194 mm 1/16
印　　张 25
字　　数 730 千字
版　　次 2018 年 5 月第 1 版
印　　次 2022 年 1 月第 2 次印刷
定　　价 71.00 元
http://www.hrbeupress.com
E-mail:heupress@hrbeu.edu.cn

前　　言

流体力学是人类在长期的生产实践中发展起来的，是宏观力学的分支，它是研究流体平衡、运动及流体和固体相互作用所遵循的规律的一门学科。工程流体力学不仅注重研究这些规律在工程实际中的应用，而且能够解释我们在日常生产生活中遇到的各种流动问题。早期水利工程是推动水力学形成和发展的主要动力，近代的航空工程、航天工程大大推动了空气动力学的发展。不仅如此，目前在能源工程、海洋工程、生物工程、化工工程、航运工程乃至各类机械工程中都广泛地依赖于流体力学的基础理论。

本书的编写是基于作者在工程流体力学方面的教学经验和体会，注重知识体系的逻辑连接和流体力学基本概念的建立，便于读者形成对流体力学基本理论和应用的整体把握，并力求对一些基本概念和难点进行深入浅出的叙述，建立直观的物理概念。本书在选材上，汇编了 Munson 的 *Fundamentals of Fluid Mechanics*、《我所理解的流体力学》等国内外流体力学方面的优秀书籍和教材，引入了许多生活中常见的流体力学原理应用实例，并广泛地利用网络资源，收集和整理了大量的最新的相关图片和资料作为素材。本书根据流体力学学科自身的规律，完整而系统地介绍了流体力学的基础知识及工程应用。在内容安排上以牛顿第二定律为主线，采用微元分析的方法构建方程，从自然界最基本的质量、能量与动量守恒出发，由一维到二维、三维，由理想流体到黏性流体，由不可压缩流体到可压缩流体，展开全书内容。全书共 9 章，其中第 1 章为流体力学概述、第 2 章为流体静力学、第 3 章为流体运动学、第 4 章为流体动力学、第 5 章为量纲分析和流动相似原理、第 6 章为管道中的黏性流动、第 7 章为可压缩流动、第 8 章为边界层理论、第 9 章为流体机械原理。前 8 章涵盖了能源动力类流体力学课程教学的基本要求。考虑到目前动力类学科课程设置及学时特点，第 9 章介绍了工程流体力学在各种常见的叶轮机械中的具体应用，供师生选用。本书注重内容形式设计，每一章都有生动有趣的工程和生活实例，能够帮助读者更加深刻地理解流体力学的基本原理。本书适用于热能与动力工程专业的本科生作为教材使用。

在本书的编写过程中，郑群教授、张海老师对本书的内容和形式提出了很多宝贵的意见，陈振毅等研究生在本书的资料收集、排版方面做了大量的工作，在此特别感谢。同时也要感谢对本书编写给予极大关注的董平老师等同事。由衷感谢哈尔滨工程大学本科生教材专项经费对本书出版给予的经费支持。

由于编者水平有限，书中难免存在错误和不足之处，恳请广大读者批评指正。

编　者

2018 年 3 月于哈尔滨工程大学

目　　录

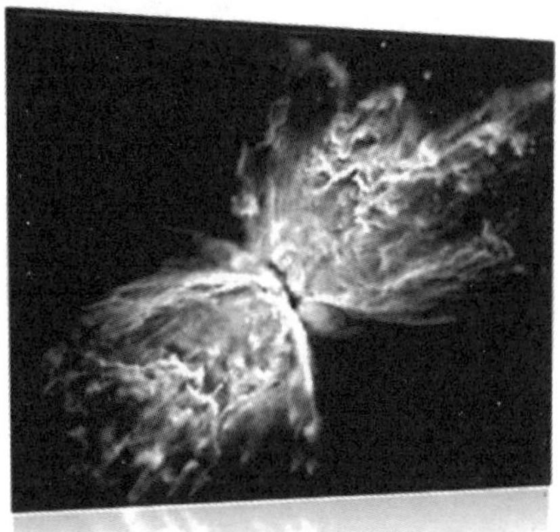

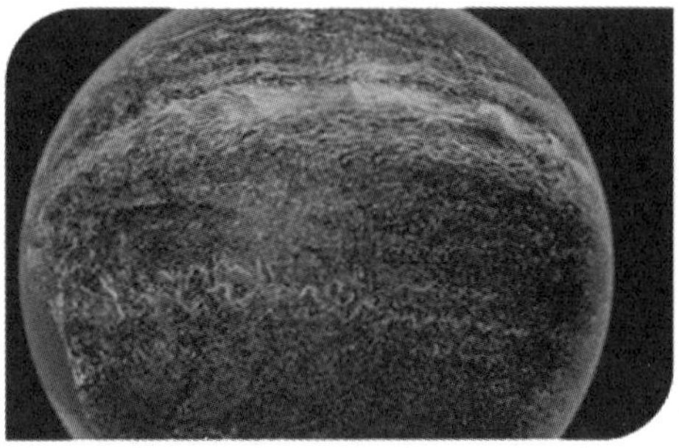

流体力学概述

左上图为海上风力发电机。截至2010年底，全球已建成43个海上风电场，安装了1 339台风电机组，总容量3.666×10^{6} kW。右上图为波音787宽体客机，是美国著名飞机制造商波音公司于2009年12月15日推出的全新型号。波音的专有技术与计算机流体力学（CFD）优化了发动机与787机身的整合，将干扰阻力降至最小。升阻比比A300高40%。左中图为欧洲太空总署的天文学家用哈勃太空望远镜拍摄到的恒星“死亡”的画面，“死亡”恒星喷射出大量气体。右中图为地球表面洋流分布。左下图为美国发现者号航天飞机，它是美国国家航空航天局（NASA）肯尼迪太空中心旗下，第三架实际执行太空飞行任务的航天飞机。右下图为三峡水电站，即长江三峡水利枢纽工程。它是世界上规模最大的水电站，也是中国有史以来建设最大型的工程项目。三峡水电站大坝高程185 m，蓄水高程175 m，水库长2 335 m。装机容量达到2.24×10^{7} kW的三峡水电站，是全世界最大的水力发电站和清洁能源生产基地。

第 1 章　流体力学概述

流体力学，是研究流体（液体和气体）的力学运动规律及其应用的学科。其主要研究在各种力的作用下，流体处于静止状态和运动状态时的流动规律，以及流体和固体壁面之间、流体和流体之间、流体与其他运动形态之间的相互作用规律。工程流体力学（应用流体力学）侧重在生产生活中的实际应用，更加趋向于解决工程中出现的实际问题。

1.1　流体

流体是与固体相对应的一种物体形态，是液体和气体的总称。它的基本特征是没有固定的形状，具有流动性。对于流体，人们总有一个模糊的认识：固体“硬”且不容易变形，而流体“软”且容易变形。虽然这样的描述很形象，但从科学和工程的观点来看，这种对固体和流体之间差异的描述并不令人满意。如何理解流体的流动性呢？从表面上看，流动过程是物体形状改变的过程，仔细思考就会意识到流体流动性与固体变形是不同的。固体尼龙绳的抗拉能力很强，但受压的时候则几乎完全没有抵抗力，用剪刀还可以轻易将其剪断，这并不能表明其具有流动性。根据牛顿定律，物体各部分之间是否发生相对运动（变形）实际上取决于物体的受力情况，物体变形特征本质上决定于其内部限制相对运动的作用力的性质，流体与固体分子间作用力的显著差异引起的物体对外力作用响应效果的不同是流体流动性和固体变形区别的根本原因。

固体、液体和气体的区别显然是由它们的微观结构决定的。图 1－1 显示了水在三种状态下的微观结构示意图，图中用深色小球来表示氧原子，浅色小球表示氢原子。固体分子通过化学键“手拉手”紧密地挤在一起，并努力保持固定的排列形式；液体分子虽然也紧密地挤在一起，但没有意愿保持固定的排列形式；气体分子则既没有挤在一起，也没有意愿保持固定的排列形式，分子之间基本没有作用力，各自独立地做着热运动，它们的力学关系是通过相互碰撞来建立的。换句话来说，分子之间既要距离近，又要守秩序才能形成固体；分子间距离近，但不愿意守秩序就变成液体；而当分子间距离很远时，才会形成气体。液体和气体的共同特点是分子没有任何意愿要保持固定的排列形式，这种特点决定了它们易于流动的特性。

对于液体，一个分子和哪些分子挨着都无所谓，只要挨着就行。这种随遇而安的特性使液体在宏观上显然体积较为固定，但不会保持固定的形状。对于气体，分子基本上是完全自由的，和其他任何分子只有在相互碰撞时才发生作用。剪切力不会显著改变流体分子之间的距离，不守秩序的“液体和气体”在静止状态下是无法抵抗任何剪切力作用的。

日本是一个有名的“地震国”。日本建筑物以“耐震”和“抗震”特点闻名，其中调频液体阻尼器（TLD）体系就利用了水的流动性，在建筑物顶部安装了水箱，水在地震力的作用下向反方向运动从而抵消外力对建筑物的剧烈晃动。

工程实例：日本四国黄金塔楼，高 144 m，长轴长 22.34 m，短轴长 15.4 m，高度比例达到 9。为了解决塔楼在强风作用下的摇晃问题，在其顶部安装了 16 台 2.5 m×0.45 m×1.0 m 的矩形不锈钢水槽，水槽的尺寸是根据塔楼的自振周期来确定的，并且为了加强水槽内水的晃动，设置了多道丝网。1988 年，塔楼建成后便进行实验。实验结果表明，其可以减小在强风作用下晃动的 1/3 ~ 1/2。

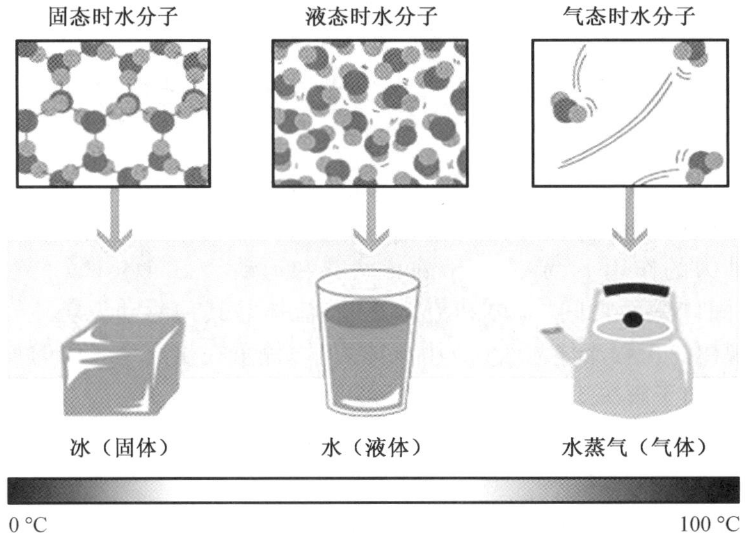

图 1－1　水在三种状态下的微观结构示意图

我们知道，如果一个刚体所受的合外力和力矩都为零，那么这个物体就会保持静止状态。然而，对于实际的固体和流体来说，就不一定是这样了。任何固体材料都有一个强度极限，即使合外力和力矩都为零，它的内部也可能会存在着拉力、压力或者剪切力。当这些内应力超过了材料的强度极限时，固体就会被破坏，从而产生运动。微观上体现为断裂处的分子（或原子）之间的化学键被破坏，失去了相互的作用力，不再保持原有结构形式了即材料发生了塑性变形。变形在材料的弹性范围之内时，撤掉外力和力矩，固体可以恢复原状也就是发生弹性变形。

流体在这一点上与固体有本质的不同。

静止的流体内部只存在压应力时，可以像固体一样产生变形并保持静止。当流体内部存在剪切力时，会产生剪切变形，但这种剪切变形完全无法抵抗剪切力的作用。于是在剪切力的作用下流体将不断地变形下去，只要剪切力存在，变形就不会停止。这种情况有点类似于固体受力远超过其强度极限的情况，只不过流体对于剪切力没有任何“强度”可言，任何小的剪切力都将使其不断地变形下去。因此，流体静止时在流体内部是无法产生剪切应力的。

为了更深入地理解流体和固体的差异，下面讨论一下两个固体之间的静摩擦力问题。将固体方块放在一块平板上，逐渐抬起平板的一端，在一定的角度范围内方块都可以在斜面上保持静止。这是因为沿斜面的重力分力与接触面上的静摩擦力平衡了。

我们知道，两个固体之间的静摩擦力是由它们相接触处的分子（或原子，下同）之间的引力和斥力产生的。要产生剪切力，这个引力或斥力就一定不是垂直于接触面的，而是沿接触面有分力。这个分力的产生可能由两种因素造成，分别对应粗糙表面和光滑表面，下面分别加以讨论。

图 1－2 中所示的是一般情况，方块底面和斜面都不是平面，它们相接触的面积其实很小，只有相接触的地方的分子之间才有引力和斥力。当平板从水平位置开始倾斜时，方块就会开始下滑，只是这个下滑的尺度很小，宏观上看不出来，当方块下滑到某个位置时，微观上达到方块上的凸出处受平板上的凸出处的引力有沿斜面向上的分量，或者两凸出处之间的斥力有沿斜面向上的分量的时候，剪切力就产生了，方块此时可以保持静止。

如果这两个平面是分子级平滑的，那么它们放在一起是不是就没有摩擦力了呢？也不是，这时候不但有摩擦力，而且可能还会很大。原因是这时候接触面积很大，而且两个物体的分子之间会形成一定的分子键形式，有点类似于同一个物体内部的情况，分子通常会要保持某种结构形式而产生剪切应力。

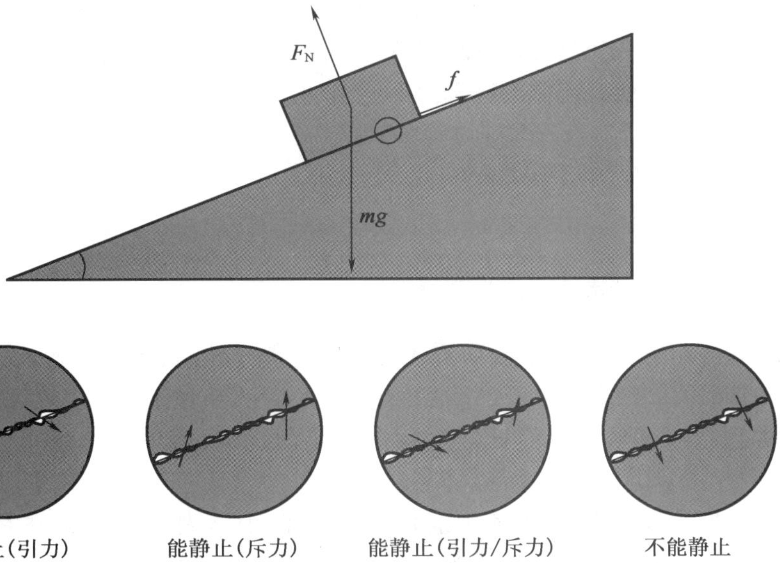

图 1－2　斜面上固体的受力及固体静摩擦力的微观解释

液体与固体相接触的地方就有点类似于两个分子级平滑的固体相接触的情况，是全面的分子间的接触。然而与两固体之间会产生静摩擦力不同，这时的液体和固体之间仍然不会表现出静摩擦力。一个典型的实例是：船漂浮在水中，施加任意小的推力就会使其运动起来。这是因为虽然液体与固体之间的作用力可以有沿接触面方向的分力，但液体内部却不会有相同的作用。紧挨着固体表面那一层液体分子受到固体的剪切力而随着固体移动，但它们与相邻的液体分子之间并不产生基于静止的剪切力，因此固体也就没有办法仅仅通过位移给流体施加剪切力了。

然而，我们发现，河水在沿着倾斜的河床流动的时候可以是匀速的，也就是说水和斜面之间是有摩擦力来平衡沿斜面的重力分量的，这个摩擦力就是剪切力，因为流体在运动状态下内部是可以产生剪切力的。流体的这个性质称为黏性，将在下一节中详细讨论。

有一个有趣的“反例”，有时明明看到水是可以在斜面上静止的，不但在斜面上，在垂直的墙壁上和玻璃上也可以。比如像图 1－3 所示的那样静止地依附于玻璃窗上的水滴。从形式上来看，这时的水滴是一种悬臂结构，而这种悬臂结构是典型的内部存在剪切应力的结构。那么这种静止的流体内部，不是应该存在剪切应力了吗？其实不然，要想分析这个问题，就要考虑到液体的表面张力特性。本书在后面介绍表面张力时，会就这个问题进一步地分析。

图 1－3　玻璃上静止的水滴

对于水、油和空气等常见流体满足流体的定义即当剪切应力作用时它们将流动。但对于有些材料，如泥浆、焦油、油灰、牙膏等都不容易分类，因为如果施加的剪切应力小，它们将表现出“固体”的不流动特征，但如果剪切应力超过一定临界值，物质将流动。这种材料的研究被称为流变学，并不属于经典流体力学研究范畴。本书关注的所有流体均符合前面给出的流体的定义。

1.2 流体力学的范畴和发展简史

1.2.1 流体力学的范畴

流体力学是力学的一个分支，它主要研究流体本身的静止状态、运动状态，以及流体和固体边界间的相互作用的规律。其研究领域非常广泛，包括自然界（人类已知和未知的）、生物界及许多工程领域，也涉及新发现的领域和制造领域。我们日常生活中的流动现象，流体力学都可以直接或者间接地给出解释。

大气和水是最常见的两种流体，大气包围着整个地球，地球表面的 70% 左右被液体覆盖。大气、海洋运动（包括波浪、潮汐、中尺度涡旋、环流等）乃至地球深处熔浆的流动都是流体力学的研究内容。

20 世纪初，世界上第一架飞机出现以后，各种飞行器得到迅速发展。20 世纪 50 年代开始出现的航天、宇航技术使人类的活动范围扩展到了月球等其他星球乃至银河系。航天、宇航事业的蓬勃发展是同流体力学的重要分支学科——空气动力学的发展紧密相连的。这些学科是流体力学中最活跃、最富有成果的领域。

石油和天然气的开采，地下水的开发利用，要求人们了解流体在多孔或缝隙介质中的运动，这是流体力学分支之一渗流力学研究的主要对象。渗流力学还涉及土壤盐碱化的防治，化工中的浓缩、分离和多孔过滤，燃烧室的冷却等技术问题。

燃烧也离不开气体的参与，这是有化学反应和热能变化的流体力学问题，是物理 - 化学流体动力学的内容之一。爆炸是猛烈的瞬间能量变化和传递过程，涉及气体动力学，从而形成了爆炸力学。

沙漠迁移、河流泥沙运动、管道中煤粉输送、化工中气体催化剂的运动等，都涉及流体中带有固体颗粒或液体中带有气泡等问题，这类问题是多相流体力学研究的范围。

等离子体是自由电子、带等量正电荷的离子和中性粒子的集合体。等离子体在磁场作用下有特殊的运动规律。研究等离子体的运动规律的学科称为等离子体动力学和电磁流体力学，它们在受控热核反应、磁流体发电、宇宙气体运动等方面有广泛的应用。

风对建筑物、桥梁、电缆等的作用使它们承受载荷和激发振动；废气和废水的排放造成环境污染；河床冲刷迁移和海岸遭受侵蚀。研究这些流体本身的运动及其同动植物间的相互作用的学科称为环境流体力学（其中包括环境空气动力学、建筑空气动力学）。这是一门涉及经典流体力学、气象学、海洋学和水力学、结构动力学等的新兴边缘学科。

这些气象、水利的研究，船舶、飞行器、叶轮机械和核电站的设计及其运行，可燃气体或炸药的爆炸，以及天体物理的若干问题等都广泛地用到流体力学的知识。许多现代科学技术所关心的问题既受流体力学的指导，同时也促进了流体力学不断地发展。

另外生物流变学研究人体或其他动植物中有关的流体力学问题，例如血液在血管中的流动，心、肺、肾中的生理流体运动和植物中营养液的输送。此外，还研究鸟类在空中的飞翔，动物在水中的游动，等等。

因此，流体力学既包含自然科学的基础理论，又涉及工程技术科学方面的应用。从流体作用力的角度，流体力学则可分为流体静力学、流体运动学和流体动力学；从对不同“力学模型”的研究来划分，流体力学则有理想流体动力学、黏性流体动力学、不可压缩流体动力学、可压缩流体动力学和非牛顿流体力学等。

描述流体运动要依赖于众多的流动参数，图 1 - 4 总结了所涉及的流动参数，可以分为三类：(1) 流体尺寸 l；(2) 流体速度 v；(3) 流体压力 p。通过下面的讨论来了解流体力学中这些参数的范围，以及这些流动参数的变化情况。

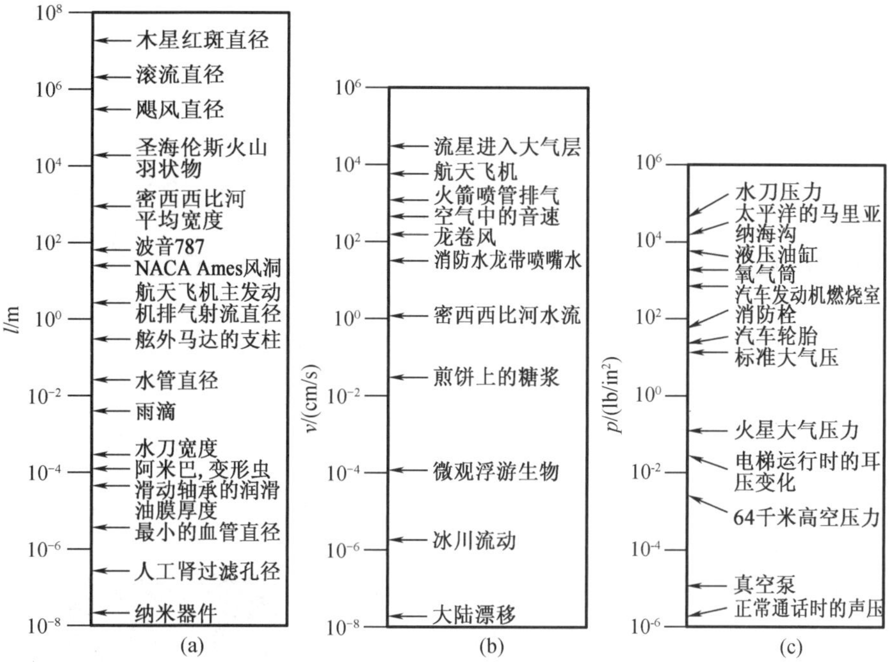

图1-4　不同流动情况的特征值

(a)流体尺度;(b)流体速度;(c)流体压力

1. 流体尺寸

每个流动都有一个特征长度来描述它。例如，对于管道中的流体，管道内径就是流动的特征长度，管道流动包括我们家中的自来水管中的水流，我们身体中动脉和静脉内的血流和我们呼吸道支气管中的气流。管道流动的特征尺寸还涉及我们日常生活中不经常接触的管道尺寸，如美国阿拉斯加直径为1.2 m、长度为1 286 km的输油管道，同时也有在新材料领域开发的直径仅为10^{-8} m的纳米管，这些管道流体的流动具有的特点。

2. 流体速度

流体速度(流速)的概念在我们的日常生活中也有接触，天气预报的风速大小基本上覆盖了我们对流体运动速度的感知范围，从轻微的5 mph①风速骤增到100 mph的飓风风速，或者是250 mph的龙卷风风速。然而，事实上地球表面的岩浆流速与上述的风速相比是小得几乎不可察觉的流速，它以2×10^{-8} m/s的速度驱动大陆板块运动，另外，以超音速3×10^4 m/s运动的流星穿过大气层也是几乎不可察觉的。

3. 流体压力

流体的压力范围是极其宽广的。它包括我们习惯理解的一些压力范围，如汽车轮胎中的35 psi②(lb/in^2)的压力;70 mmHg到120 mmHg的典型血压读数或标准大气压的值14.7 psi。当然也存在着一些不常见到的压力范围，如地震产生的10 000 psi的压力或者正常说话产生声波的2×10^{-6} psi的压力。

随着科学技术的进步，流体力学的应用越来越广泛，这就促成了工程流体

①mph是mile per hour的缩写，是速度计量单位，表示英里每小时(mile/h)，大家都俗称“迈”，1 mph =1.61 km/h。

②psi(pounds per square inch)，是一种计量单位。p是指磅pound，s是指平方square，i是指英寸inch，美国习惯使用psi作为单位，意为磅每平方英寸(lb/in^2)。把所有的单位换成公制单位就可以算出1 bar≈14.5 psi。

力学作为工程应用的一门必不可少的基础学科,它能够解释各种各样的工程实际问题。“工程流体力学”作为一门基础课程,能够提供给我们的不仅仅是流体基础知识,更重要的是提供给我们解决工程实际问题的一种思路。

1.2.2 流体力学发展简史

流体力学是人类在长期与自然灾害做斗争的过程中,在认识和掌握自然规律的基础上逐渐发展形成的,是人类集体智慧的结晶。人类对流动行为的关注可追溯到古代文明,古时中国有大禹治水疏通江河的传说;秦朝李冰父子带领劳动人民修建的都江堰,至今还在发挥作用;与此同时,古罗马人建成了大规模的供水管道系统,等等。古希腊的阿基米德对流体力学学科的正式形成做出了突出贡献,他建立了包括物理浮力定律和浮体稳定性在内的液体平衡理论,奠定了流体静力学的基础。此后千余年间,流体力学并没有取得重大发展。

达・芬奇(1452—1519)

15 世纪欧洲文艺复兴时期,西方连续获得了一批显著的流体力学的研究成果,形成了流体力学的科学基础。意大利的达・芬奇的著作谈到水波、管流、水力机械、鸟的飞翔原理等问题;17 世纪,帕斯卡阐明了静止流体中压力的概念。流体力学尤其是流体动力学作为一门严密的学科,却是随着经典力学建立了速度、加速度、力、流场等概念,以及质量、动量、能量三个守恒定律之后才逐步形成的,如图 1 – 5 所示。

艾萨克・牛顿(1643—1727)

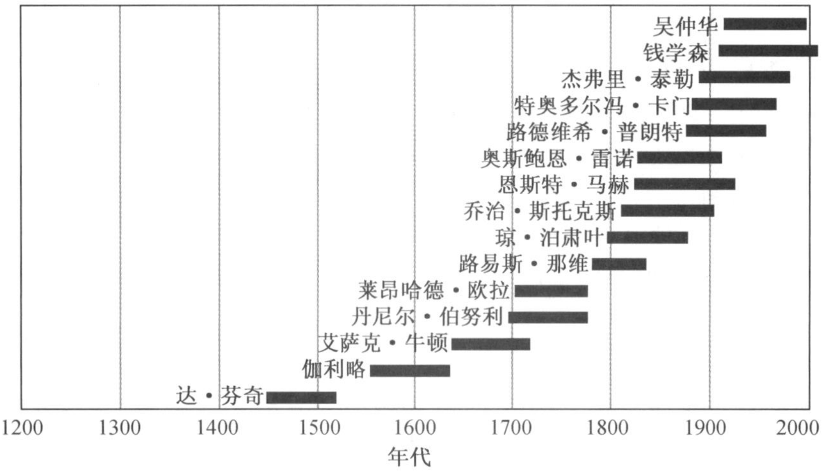

图 1 – 5　对流体力学及应用有突出贡献的人员的时间轴

丹尼尔・伯努利(1700—1782)

17 世纪,艾萨克・牛顿研究了流体中运动物体所受到的阻力,得到阻力与流体密度、物体迎流截面积及运动速度的平方成正比的关系。他针对黏性流体运动时的内摩擦力提出了牛顿黏性定律。之后,法国的皮托发明了测量流速的皮托管;达朗贝尔对运河中船只的阻力进行了许多实验工作,证实了流动阻力同物体运动速度的平方成正比例关系;瑞士的欧拉引入连续介质的假设,把静力学中压力的概念推广到运动流体中,建立了欧拉方程,正确地用微分方程组描述了无黏流体的运动;伯努利从经典力学的能量守恒出发,研究供水管道中水的流动,精心地安排了实验并加以分析,得到了流体的流速、压力、管道高程之间的关系——伯努利方程。

恩斯特・马赫(1838—1916)

欧拉方程和伯努利方程的建立,是流体动力学作为一个力学分支学科建立的标志,从此开始了用微分方程和实验测量进行流体运动定量研究的阶段。从18世纪起,位势流理论有了很大进展,在水波、潮汐、涡旋运动、声学等方面都阐明了很多规律。法国拉格朗日对于无旋运动,德国亥姆霍兹对于涡旋运动做了不少研究。在上述的研究中,流体的黏性并不起重要作用,即所考虑的是无黏流体。这种理论当然阐明不了流体中黏性的效应。

奥斯鲍恩·雷诺(1842—1912)

19世纪,工程师们为了解决实际工程问题,尤其是要解决由于黏性效应引起的阻力问题。他们在经典流体力学理论的基础上,通过试验手段归纳和提炼半经验的阻力相关公式,形成了水力学,在很长一段时间内其与理论流体力学并行发展。直到1822年,纳维建立了黏性流体的基本运动方程;1845年,斯托克斯详细地推导出了这个方程,并将其所涉及的宏观力学基本概念论证得令人信服。这组方程就是沿用至今的纳维－斯托克斯方程组(简称N－S方程),它是现代流体动力学的理论基础。上面说到的欧拉方程正是N－S方程在无黏时的特例。

路德维希·普朗特(1875—1953)

普朗特学派从1904年到1921年逐步将N－S方程做了简化,从理论推理、数学论证和实验测量等各个角度,建立了边界层理论,并能够在简化条件下计算边界层内流动状态和流体同固体间的黏性作用力。这一理论既明确了理想流体的适用范围,又能计算物体运动时遇到的摩擦阻力,使理论流体力学和黏性流体力学基本运动方程得到了统一。

20世纪初,航空事业迅速发展,人们期望能够揭示飞行器周围的压力分布、飞行器的受力状况和阻力等问题,促进了流体力学在实验和理论分析方面的发展。20世纪初,以儒科夫斯基、普朗特等为代表的科学家,开创了以无黏不可压缩流体位势流理论为基础的机翼理论。机翼理论使人们重新认识了无黏流体力学理论,肯定了它指导工程设计的重要意义。机翼理论和边界层理论的建立和发展是流体力学的一次重大进展,它使无黏流体理论同黏性流体的边界层理论很好地结合起来。20世纪40年代,由于喷气推进和火箭技术的应用,飞行器速度超过声速,气体高速流动的研究取得了迅速发展,形成了气体动力学、物理－化学流体动力学等分支学科。为研究原子弹、炸药起爆、激波在空气或水中的传播,以这些理论为基础,发展了爆炸波理论。

钱学森(1911—2009)

此后,流体力学又发展了许多分支,如高超声速空气动力学、超音速空气动力学、稀薄空气动力学、电磁流体力学、计算流体力学、两相(气液或气固)流,等等。

中国科学家在流体力学研究方面也做出了突出贡献,我国科学家的杰出代表钱学森提出了著名的跨声速流动相似律,并与冯·卡门一起,最早提出高超声速流的概念,为飞机在早期克服热障、声障提供了理论依据,奠定了空气动力学发展的理论基础。高亚声速飞机设计中采用以冯·卡门和钱学森名字命名的卡门－钱学森公式。此外,钱学森和冯·卡门在20世纪30年代末还共同提出了球壳和圆柱壳的新的非线性失稳理论。

吴仲华(1917—1992)

周培源多年从事湍流统计理论的研究,奠定了湍流模式理论的基础。吴仲华独创了基于S1和S2流面模型的叶轮机械三元流动通用理论。在先进压气机国际会议上,与会科学家把吴仲华创立的“叶轮机械三元流动理论”明确地定名为“吴氏通用理论”，该理论中的基本方程则称为“吴氏方程”。

20 世纪中叶以来，大工业的形成，高新技术工业的出现和发展，特别是电子计算机的出现、发展和广泛应用，大大地推动了科学技术的发展。由于工业生产和尖端技术的发展需要，促使流体力学和其他学科相互浸透，使这一古老的学科发展成包括多个学科分支的全新的学科体系，焕发出强大的生机和活力。这一全新的学科体系，目前已包括(普通)流体力学、黏性流体力学、流变学、气体动力学、稀薄气体动力学、水动力学、渗流力学、非牛顿流体力学、多相流体力学、磁流体力学、化学流体力学、生物流体力学、地球流体力学和计算流体力学等。

1.3 流体连续介质假设

流体是由大量处于自由、半自由运动状态下的分子构成的，准确描述宏观对象中每一个流体分子的运动过程是相当困难的，对于流体力学来讲也是不必要的。瑞士著名科学家欧拉于 1753 年提出了连续介质力学的基本假设，它认为真实流体所占有的空间可以近似地看作连续地无空隙地充满着“质点”。质点所具有的宏观物理量(如质量、速度、压力、温度等)满足一切应该遵循的物理定律，例如质量守恒定律、牛顿运动定律、能量守恒定律、热力学定律，以及扩散、黏性及热传导等输运性质。

1. 流体质点

流体质点指一个体积很小，但仍然大得足以满足连续介质假定的流体团。流体质点具有不随所取流体团的大小、形状而变化的宏观流体属性(如平均密度、平均压强、平均速度等)。在其内部，物理量如质量、动量等可视为处处均匀地分布。

实际上，为了测定空间某点 $P(x,y,z)$ 上流体的平均密度，可以在 P 点处选取一微元体积 $\Delta\tau$，如图 1-6(a)所示，并测出 $\Delta\tau$ 中的流体质量。若测得的质量为 Δm，则微元体积中的平均密度为 $\Delta m/\Delta\tau$。当然，绕 P 点的微元体的体积 $\Delta\tau$ 可以任意选取。分别取各种不同体积的微元体进行上述测量，从而得到若干个代表该位置上的平均密度的数值，将这些结果绘于图 1-6(b)上。用虚线将试验点连接起来的线并非是稳定的曲线，它表示的是某一随机值，不同时刻可能有不同的值。图 1-6(b)中实线表示的是对时间的平均值。由上述结果可以发现，事实上存在一个特征体积 $\Delta\tau'$，当所选取的被测微元体满足 $\Delta\tau>\Delta\tau'$ 时，则所得到的平均密度 $\Delta m/\Delta\tau$ 为稳定值，而当 $\Delta\tau<\Delta\tau'$ 时，则所得到的平均密度为随机值，而且 $\Delta\tau$ 取的越小，这种随机性越大。

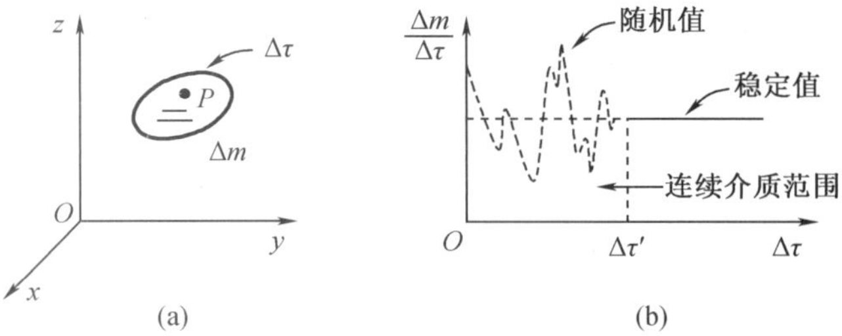

图 1-6 流体质点的概念

对于上述现象可以解释如下：由于流体是由大量分子所组成的，所以在所取的微元体 $\Delta\tau$ 中，包含了大量分子。由于分子的运动，在微元体的边界上总是有大量分子进入或飞出微元体。如果微元体 $\Delta\tau$ 取得足够大，则其中分子数处于随机平衡状态，因此其中的质量不会随机波动。我们总可以找到一个合适的微元体积 $\Delta\tau'$，尽管这个体积很小，但在此体积中仍包含足够数量的分子，以致尚能在分子统计平均意义上(即宏观意义上)存在平均密度值。

由此可以得出结论：$\Delta\tau'$ 是使流体具有宏观特性允许的最小体积。我们把 $\Delta\tau'$ 中的分子的总和视为流体的最小单元,并称它为流体质点。

流体质点的任何一个物理参数(如密度、温度等),都是宏观意义上的物理参数,即足够多的分子的统计平均的宏观表现。

例如,空间某点的流体质点的密度,其物理含义是

$$\rho_{质点}=\rho_{平均}=\lim_{\Delta\tau\to\Delta\tau'}\frac{\Delta m}{\Delta\tau}=\frac{\Delta m}{\Delta\tau'}$$

如果在所研究的流体力学系统中(如在空气中飞行的飞行器)的特征尺寸(如机翼的宽度)L 能够满足 $L\gg\Delta\tau'^{\frac{1}{3}}$,则可视 $\Delta\tau\to0$,于是流体密度的定义可写成

$$\rho=\lim_{\Delta\tau\to0}\frac{\Delta m}{\Delta\tau}$$

因此,“质点”并不是一个几何上的点,而是具有微观上足够大、宏观上足够小的特征的微元体积,也就是说小体积 $\Delta\tau$ 与所研究系统的物理尺寸相比较小,但与分子之间的平均距离相比较大。那么质点是描述流体行为的理想方式吗?答案通常是肯定的,因为分子的间距通常非常小。对于正常压力和温度下的气体,间距约为 10^{-6} mm,对于液体,其数值约为 10^{-7} mm。每立方毫米的液体分子有 10^{18} 个、每立方毫米的气体分子有 10^{21} 个。显而易见,非常小的体积中的分子数量是巨大的,所以使用在该体积上的平均值的想法是合理的。这个小体积也就是所说的流体质点。

在流体力学中通常认为流体就是由这样的一个紧挨着一个的连续的质点所组成的,没有任何空隙的连续体,即所谓的“连续介质”。在明确了流体质点的概念之后,连续介质的概念就不难建立了。

2. 连续介质假设

瑞士著名科学家欧拉于 1753 年提出连续介质力学的基本假设,按照这一假设,流体充满着一个体积时是不留任何自由空隙的,其中没有真空的地方,也没有分子间的间隙和分子的运动,即把流体看作连续的介质。这种假设称为连续性假设或稠密性假设。大多数情况下,利用这个基本假设所得到的计算结果和实验结果符合得很好。

连续介质假设还与时间尺度有关联。从微观上看,流体分子运动特性还表现出时间上的不规则性。微观时间尺度可以用分子的碰撞频率来表征,如果时间小于微观时间尺度,所表现出的分子碰撞频率是不稳定的,这样流体的压强、速度等运动要素就不具备稳定的统计平均值。微观时间尺度是很小的,例如在标准状态下,体积为 10^{-9} cm^3 的空气,在 10^{-6} s 的时间里,空气分子碰撞约 10^{14} 次。而在工程实际中,研究问题的时间尺度远大于微观时间尺度。可以在宏观上足够短、微观足够长的时间段里得到一个流体质点内分子行为的统计平均值。宏观上把这个足够短的微小时间段看成一个时刻,这样流体物理性质和运动要素即可视为在时间上是连续的。

由连续介质概念所带来的最大简化:不必研究大量分子的瞬时状态,而只要研究描述流体宏观状态的物理量,如密度、速度、压强就可以了。在连续介质中,可以把这些物理量看作空间坐标和时间的连续函数,因而在处理流体力学问题时,就可以广泛地应用数学上有关连续函数的解析方法。

连续介质假设的运用是有条件的,对于一些特殊问题,连续介质假设也可能不成立。例如,在稀薄气体中,分子间的距离很大,能和物体的特征尺度比拟;虽然获得确定平均值的分子团还存在,但不能将它看成一个质点。又如考虑激波内的气体运动,激波的厚度与分子自由程同量级,激波内的流体只能看成分子而不能当作连续介质来处理。

1.4 流体的主要性质

从力学角度看，流体具有物体共有的性质，如惯性，但作为连续介质处理的流体具有一系列区别于固体的性质：流体的易变形性、流体的输送特性（黏滞性、导热性和扩散性）、流体的可压缩性、膨胀性，以及液体表面具有张力的性质。流体力学的研究涉及物理和其他力学课程中遇到的基本规律。这些规律包括牛顿运动定律、质量守恒定律、热力学第一定律和热力学第二定律。因此，流体力学的一般概念、方法与刚体或可变形体固体力学有很强的相似性。

流体力学大体上可以分为流体静力学（流体处于静止状态）和流体动力学（流体处于流动状态）。在开始具体的介绍之前，很有必要定义并讨论那些与流体行为密切相关的流体特性。很明显，不同的流体可能具有不同的性质，例如气体是轻的和可压缩的，而液体是比较重的和相对不可压缩的。糖浆从容器中倒出时会缓慢流动，但是从同一容器倒出时，水会迅速流动。为了量化这些差异和利用流体的某些性质，在以下几部分中将讨论在流体行为分析中起重要作用的流体属性。

1.4.1 流体的质量和重力

惯性是物体所具有的反抗改变原有运动状态的物理性质。任何物体均具有惯性，流体也不例外。度量惯性的物理量就是物体的质量。质量越大，惯性越大。当物体受其他物体的作用力而改变运动状态时，此物体反抗改变原有运动状态变化的性质称为惯性。设物体质量为 m，加速度为 a，则惯性力 F 为

$$F = -ma \tag{1-1}$$

式中，负号表示惯性力与物体的加速度方向相反。

1. 密度

流体的密度用希腊符号 ρ 来表示，其定义为其每单位体积流体的质量。密度通常用于表征流体系统的质量。在英制单位中，密度的单位为 $slug/ft^3$；在国际单位制中，密度的单位为 kg/m^3。

对于均质流体，设其体积为 V，质量为 m，则密度为

$$\rho = \frac{m}{V} \tag{1-2(a)}$$

对于非均质流体，根据连续介质假设，若流体微团的体积为 ΔV，质量为 Δm，则密度为

$$\rho = \lim_{\Delta V \to 0} \frac{\Delta m}{\Delta V} \tag{1-2(b)}$$

式中，$\Delta V \to 0$ 的含义应理解为流体微团趋于流体质点。此时，密度是定义在流体质点上的。

密度的值在不同流体之间变化很大，但是对于液体，压力和温度的变化通常对密度值有很小的影响，在常温常压下，可将其视为常数。图 1-7 表示了当温度变化时水的密度就会随之发生变化。60 ℉时的水密度为1.

华氏度（Fahrenheit）是用来计量温度的单位，其符号为℉。

摄氏度（℃）和华氏度（℉）之间的换算关系为华氏度 = 摄氏度 × 1.8 + 32，摄氏度 =（华氏度 − 32）÷ 1.8，5（华氏度 − 50）= 9（摄氏度 − 10）。

94 slugs/ft³ 或 999 kg/m³①。与液体不同，气体的密度受到压力和温度的影响显著，在下面的压缩性和膨胀性一节中讨论。

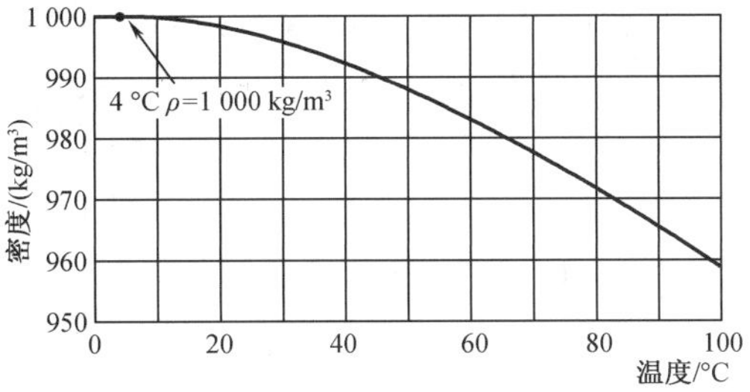

图1－7　水的密度随温度变化

比体积 v 是单位质量的体积，因此其是密度的倒数，即

$$v=\frac{1}{\rho} \tag{1-3}$$

比体积在流体力学中不常用，但经常用于热力学。

2. 比重量

流体的比重量也称为容重、重度，是指单位体积内流体的重量。比重量用希腊字母 γ 来表示。比重量与密度确定的等式关系为

$$\gamma=\rho g \tag{1-4}$$

式中，g 是当地重力加速度。正如使用密度来表征流体系统的质量一样，比重量用来表征系统的重力量。在英制单位中，γ 的单位为 lb/ft³；在国际单位制中，γ 的单位为 N/m³。在标准重力 1 g = 32.174 ft/s² = 9.807 m/s² 的条件下，60 ℉的水的比重量为 62.4 lb/ft³ 或 9.80 kN/m³。

3. 比重

流体比重的定义为在某一特定温度下流体的密度与水的密度之比，符号是 SG，通常指定的温度取为4 ℃，在该温度下，水的密度为 1 000 kg/m³。在等式形式中，比重表示为

$$SG=\frac{\rho}{\rho_{H_2O@4℃}} \tag{1-5}$$

由于比重是密度的比率，SG 的值不取决于使用的单位系统。例如，20 ℃下的汞的比重为 13.55，由右侧的图中可清楚地表示。因此，使用上述方程式可以容易地求出英制单位或国际单位制汞的密度。

$$\rho_{Hg}=13.55(1.94\ \text{slugs/ft}^3)=26.3\ \text{slugs/ft}^3$$

$$\rho_{Hg}=13.55\times 1\,000\ \text{kg/m}^3=13.6\times 10^3\ \text{kg/m}^3$$

很明显，密度、比重和比重量都是相互关联的，只要知道其中一个量就可以求解另外两个量。

英制单位与国际单位换算见表 1－1。

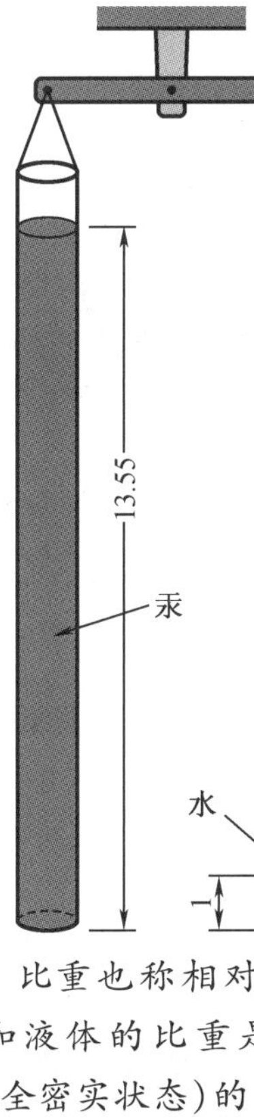

比重也称相对密度，固体和液体的比重是该物质(完全密实状态)的密度与在标准大气压、3.98 ℃时纯 H_2O 下的密度(999.972 kg/m³)的比值。

① 1 slugs = 14.59 kg；1 ft = 0.3 m

表 1－1　英制单位与国际单位换算表

量的名称	英制单位	国际单位	换算系数	
			英制单位换算为国际单位	国际单位换算为英制单位
长度	英寸(in) 英尺(ft) 码(yd) 英里(mile)	毫米(mm) 厘米(cm) 米(m) 千米(km)	1 in = 25.4 mm 1 ft = 30.5 cm 1 yd = 0.914 m 1 mile = 1.609 km	1 cm = 0.394 in 1 m = 3.28 ft 1 m = 1.09 yd 1 km = 0.621 mile
面积	平方英寸(in^2) 平方英尺(ft^2) 平方码(yd^2) 英亩(acre) 平方英里($mile^2$)	平方毫米(mm^2) 平方厘米(cm^2) 平方分米(dm^2) 平方米(m^2) 1 平方千米(km^2)	1 in^2 = 645.16 mm^2 1 ft^2 = 929.03 cm^2 1 yd^2 = 0.836 m^2 1 acre = 4 046.86 m^2 1 $mile^2$ = 2.59 km^2	1 mm^2 = 0.00155 in^2 1 cm^2 = 0.001 076 39 ft^2 1 m^2 = 1.20 yd^2 1 m^2 = 0.000 247 acre 1 km^2 = 0.387 $mile^2$
体积	立方英寸(in^3) 立方英尺(ft^3) 立方码(yd^3)	立方厘米(cm^3) 立方分米(dm^3) 立方米(m^3)	1 in^3 = 16.387 cm^3 1 ft^3 = 28.317 dm^3 1 yd^3 = 0.765 m^3	1 cm^3 = 0.061 in^3 1 m^3 = 35.3 ft^3 1 m^3 = 1.31 yd^3
容积	加仑(英)(gal(英)) 加仑(美)(gal(美))	升(L) 立方米(m^3)	1 gal(英) = 4.546 092 L 1 gal(美) = 3.785 412 L	1 m^3 = 219.969 gal(英) 1 L = 0.264 17 gal(美)
质量	磅(lb) 长吨(lt)	克(g) 千克(kg)	1 lb = 453.59 g 1 lt = 1 016.05 kg	1 kg = 2.20 lb 1 kg = 0.000 984 lt
流量	加仑每分(美)(gal/min(美)) 立方英寸每分(in^3/min)	升每秒(L/s)	1 gal/min = 0.063 1 L/s 1 in^3/min = 0.471 9 L/s	1 L/s = 15.85 gal/min(美) 1 L/s = 2.12 gal/min(英)
力	磅力(lbf) 千克力(kgf)	牛顿(N)	1 lbf = 4.45 N 1 kgf = 9.81 N	1 N = 0.225 lbf 1 N = 0.102 kgf
压力	磅力每平方英寸(lbf/in^2) 千克力每平方厘米(kgf/cm^2) 毫米水柱(mmH_2O) 巴(bar)	千帕斯卡(kPa) 帕斯卡(Pa)	1 lbf/in^2 = 6.89 kPa 1 kgf/cm^2 = 98.066 5 kPa 1 mmH_2O = 9.81 Pa 1 bar = 100 kPa	1 kPa = 0.145 lbf/in^2 1 kPa = 0.01 kgf/cm^2 1 Pa = 0.102 mmH_2O 1 kPa = 0.01 bar
速度	英里每小时(mile/h) 英尺每分(ft/min)	千米每小时(km/h) 米每秒(m/s)	1 mile/h = 1.61 km/h = 0.447 m/s 1 ft/min = 0.005 08 m/s	1 km/h = 0.621 mile/h 1 m/s = 19.7 ft/min
温度	华氏度(℉)	摄氏度(℃)	摄氏度 = (华氏度 − 32) ÷ 1.8	华氏度 = 摄氏度 × 1.8 + 32
密度	磅每立方寸(lb/in^3) 磅每立方英尺(lb/ft^3) 吨每立方码(ton/yd^3)	克每立方厘米(g/cm^3) 吨每立方米(t/m^3) 千克每立方厘米(kg/cm^3)	1 lb/in^3 = 27.7 t/m^3 1 lb/ft^3 = 16.02 kg/m^3 1 ton/yd^3 = 1.33 t/m^3	1t/m^3 = 0.036 lb/in^3 1 kg/m^3 = 0.06 lb/ft^3 1 t/m^3 = 0.752 ton/$yard^3$
热量	英制热单位(Btu) 卡路里(cal)	千焦(kJ) 千瓦(kW)	1 Btu = 1.055 kJ 1 cal = 4.18 kJ	1 kJ = 0.948 Btu 1 kJ = 0.239 kcal 1 kW · h = 3.6 MJ
功率	马力(hp)	千瓦(kW)	1 hp = 0.746 kW	1 kW = 1.34 hp

1.4.2　流体的黏性

密度和比重的性质用于描述流体所受重力。很明显，这些性质不足以独特地表征流体的行为方式，就像两种流体水和煤油具有大致相同的密度值，但在流动时表现却相当不同。显然需要一些额外的属性来描述流体的“流动性”。

为了确定这个额外的属性，我们可以设计一个假想的实验，将某种物体放置在两个非常宽的平行板之间，如图 1－8 所示。将下侧底板刚性固定，上板可以自由移动。如果将固体（如钢）放置在两个板之间且将固体与两板机械连接。施如图 1－8 所示的力 P，则顶板将移动一小段的距离，垂直线 AB 将旋转到新位置 AB'。注意到为了平衡，固体内部将产生剪切应力 τ 来抵抗施加的外力 P，即 $P = A\tau$，其中 A 是有效的上板面积。对于诸如钢等弹性固体，剪切应变产生的小的角位移与材料中产生的剪切应力 τ 成正比。

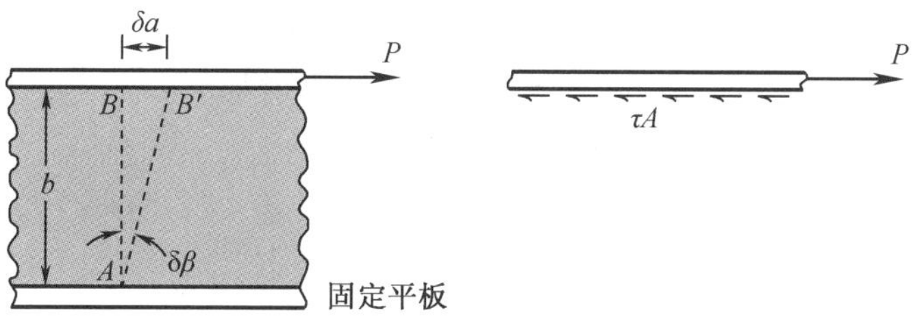

图 1－8　放置在两个平行板之间的固体材料变形

如果固体被液体（如水）替代，会发生什么？会立即发现重大差异。当力 P 施加到上板时，上板将以速度 U（在初始瞬态运动已经消失之后）连续移动，如图 1－9 所示。这种行为与流体的定义相一致，也就是说，如果将剪切应力施加到流体上，则流体将持续变形。更仔细地测量两个板之间的流体运动，会观察到与上板接触的流体以与上板相同的速度 U 移动，与底部固定板接触的流体速度为 0。两板之间的流体以速度 $u = u(y)$ 移动，而且按照线性变化即 $u = Uy/b$，如图 1－9 所示，因此在两板之间的流体中形成速度梯度 $\mathrm{d}u/\mathrm{d}y$。特殊情况下速度梯度是 $\mathrm{d}u/\mathrm{d}y = U/b$ 的常数，但是在更复杂的流动情况下，如右侧图片所示的曲壁形固体边界就不满足这种情况。特别值得一提的是，如图片所示紧贴固体壁面的流体速度与固体壁面的速度相同是流体力学中的一类重要边界条件，称为无滑移条件。无滑移条件在求解流体运动微分方程的数值解时起着重要的作用。

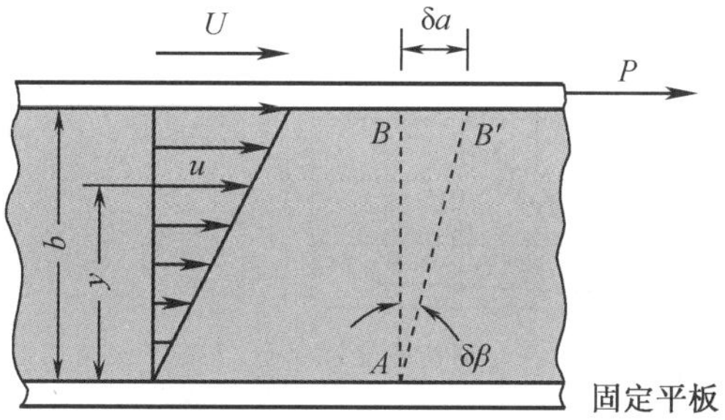

图 1－9　放置在两个平行板之间的流体行为

流体的黏性，水和油

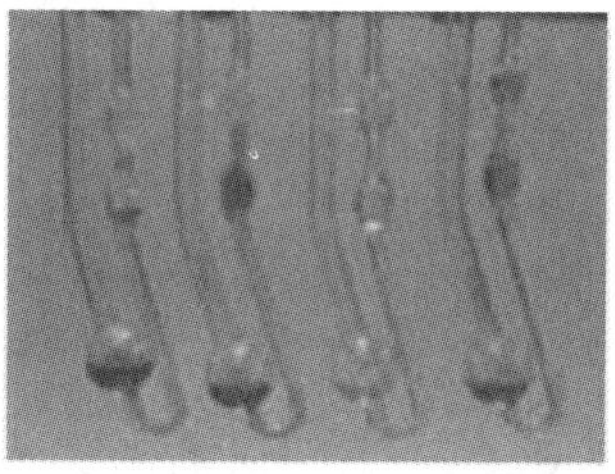

毛细管黏度计动力黏度系数涉及剪切应力和流体运动的流体性质。

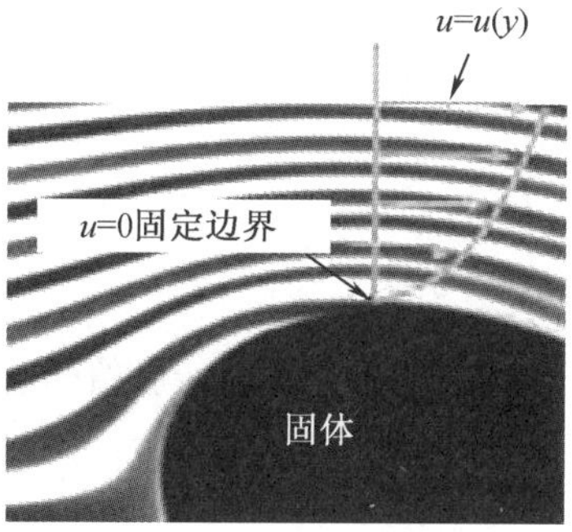

流体绕曲壁流动时形成非线性的速度梯度

下面来考察一下两板之间的这种速度变化规律，在一小段时间增量 δt 内，流体中的假想垂直线 AB 将旋转一个角度 $\delta\beta$，因此

$$\tan\ \delta\beta \approx \frac{\delta a}{b}$$

$\delta a = U\delta t$，则

$$\delta\beta = \frac{U\delta t}{b}$$

注意到，在这种情况下，$\delta\beta$ 不仅是力 P 的一个函数（通过 U 作用），而且也是时间的函数。因此，像上述固体一样尝试将剪切应力 τ 与 $\delta\beta$ 相关联是行不通的，如果考虑 $\delta\beta$ 的变化率，并将其定义为剪切应变速率 $\delta\dot{\beta}$，如

$$\delta\dot{\delta} = \lim_{\delta t \to 0}\frac{\delta\beta}{\delta t}$$

上式等价于

$$\delta\dot{\delta} = \frac{U}{b} = \frac{\mathrm{d}u}{\mathrm{d}y}$$

此式表明，随着剪切应力 τ 的增加，即通过增加 P，剪切应变速率 $\delta\dot{\delta}$ 以正比例增加

$$\tau \propto \delta\dot{\delta}$$

或

$$\tau \propto \frac{\mathrm{d}u}{\mathrm{d}y}$$

此式表明，对于普通流体如水、油、汽油和空气，剪切应力和剪切应变速率 $\delta\dot{\delta}$（速度梯度）有如下关系形式

$$\tau = \mu\frac{\mathrm{d}u}{\mathrm{d}y} \tag{1-6}$$

式中，比例常数由希腊符号 μ 表示，称为动力黏滞系数，简称流体黏度。按照式（1－6），τ 和速度梯度 $\frac{\mathrm{d}u}{\mathrm{d}y}$ 的关系曲线应该是线性的，直线斜率等于黏度，如图 1－10 所示。流体内部这种剪切应力与剪切应变速率之间的线性关系最早是由牛顿发现的。1687 年，牛顿首先做了著名的平行平板间的剪切应力实验，因此式（1－6）也称为牛顿黏性定律或牛顿内摩擦定律。

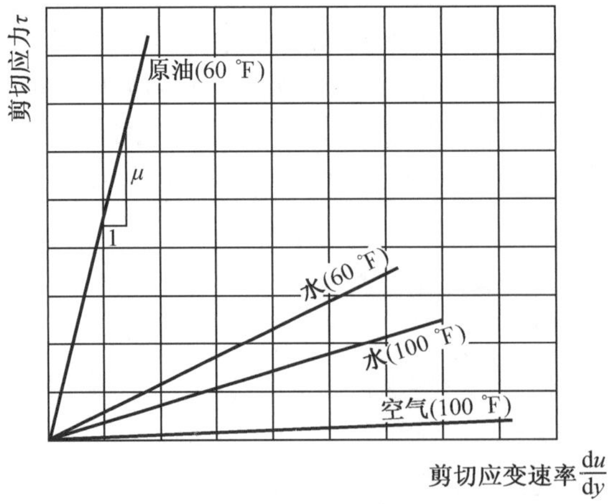

图 1－10　剪切应力与剪切应变速率之间的线性关系

流体黏度的大小取决于流体种类，而对于同一流体，黏度大小依赖于温度，如图 1－10 所示。剪切应力与剪切应变速率（角变形速率）成线性相关的流体称为牛顿流体。对于大多数液体和气体都符合牛顿流体性质。

由牛顿内摩擦定律可知，当速度梯度 $du/dy=0$ 时，$\tau=0$，即当流体层之间没有做相对运动时，内摩擦力或切应力为零。切应力的方向规定：当流体层被快速层带动时，切应力的方向与运动方向一致，当流体层被慢速层阻滞时，切应力的方向与运动方向相反。

遵守牛顿内摩擦定律的流体称为牛顿流体，不符合该定律的流体称为非牛顿流体。它们之间的差别可由图 1－11 看出，对于牛顿流体，τ 与 du/dy 成直线关系。所幸的是，通常的流体（空气、水等）都是牛顿流体。某些高分子化合物的液体，如油漆等，则属于非牛顿流体。非牛顿流体已经不属于普通流体力学所研究的范畴了，本书仅讨论牛顿流体。

由牛顿内摩擦定律可以看出，动力黏性系数 μ 是表示流体黏性大小的一种度量，在相同的速度梯度 du/dy 下，流体的黏性越大，相应的切应力也越大，反之亦然。

黏度对温度非常敏感。例如，随着水温从 60 ℉变化到 100 ℉，密度降低在 1% 以下，但黏度降低了 40% 左右。显而易见，在确定黏度时必须要特别注意温度。图 1－12 更详细地显示了黏度如何随流体而变化，以及给定流体如何随温度而变化。

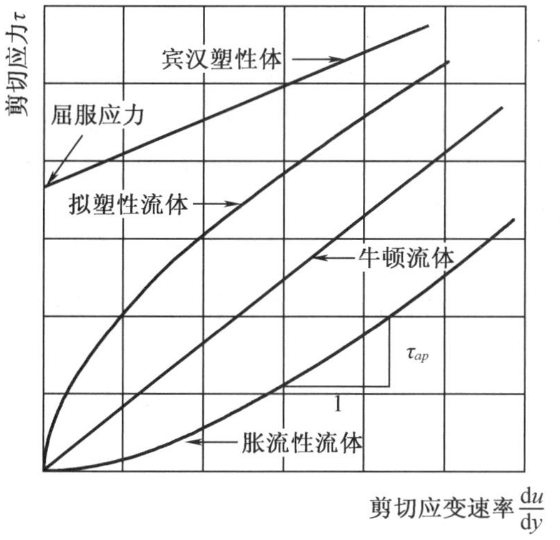

图 1－11　剪切应力与几种流体（非牛顿流体）的剪切应变速率的变化关系

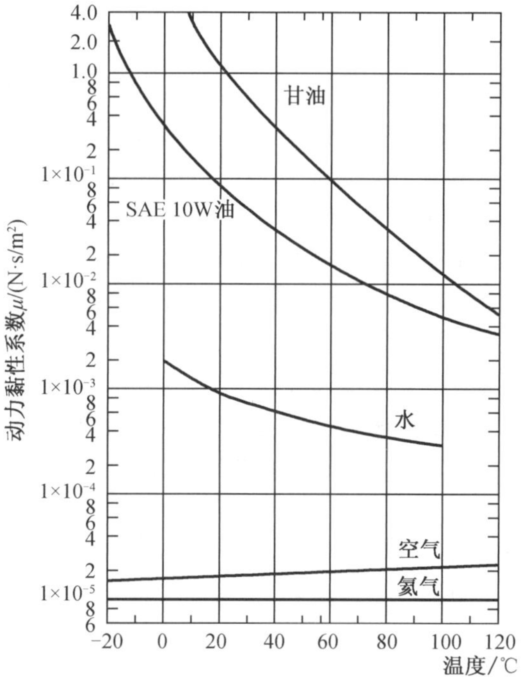

图 1－12　常见流体的动力黏性系数随温度变化曲线

从该图 1－12 可以看出，液体的黏度随着温度的升高而降低，而对于气体，温度的升高导致黏度的增加。温度对液体和气体黏度影响的差异可以追溯到分子结构的差异。液体分子间隔紧密，分子之间具有强烈的内聚力，相邻层间的相对运动阻力与这些分子间力有关。当温度升高时，内聚力随之降低，相对运动阻力降低。由于黏度是相对运动阻力的指标，因此随着温度的升高黏度降低。然而，在气体中，分子间隔很大，分子间的力可忽略不计。在这种情况下，由于相邻层之间的气体分子的动量交换而产生相对运动的抵抗力，分子通过随机运动从低速区域传输到较高速区域并混合，从而实现抵抗层之间的相对运动。随着气体温度的升高，气体分子的活性升高、动量交换增加，从而使黏度升高。液体的黏度要比气体大得多。例如，温度为 15 ℃时，空气的动力黏度仅为 1.789×10^{-5} Pa·s，而水在 20 ℃时，动力黏度为 1.006×10^{-3} Pa·s。

水的动力黏度系数与温度之间的关系可用下面的经验公式来近似计算

$$\mu=\frac{\mu_0}{1+0.033\,7t+0.000\,22t^2} \tag{1-7}$$

式中 μ_0——水在 0 ℃时的动力黏度；

t——水温。

气体的动力黏度与温度之间的关系可用下面的经验公式来近似计算(萨瑟兰公式)

$$\mu=\mu_0\frac{273+K}{T+K}\left(\frac{T}{273}\right)^{\frac{3}{2}} \tag{1-8}$$

式中 μ_0——气体在 0 ℃时的动力黏度；

T——气体的热力学温度；

K——根据气体的种类而定的系数。

实验证明,流体的黏度随着压强的增加而增加。但是当压强不太高时,压强对黏度的影响很小,所以一般不考虑压强对黏性的影响。

在流体力学中,动力黏度经常与流体密度 ρ 结合在一起,以 μ/ρ 的形式出现。所以将这个比值定义为运动黏度,并用 ν 来表示,其单位为 m^2/s,即

$$\nu=\frac{\mu}{\rho} \tag{1-9}$$

如果使用运动黏度 ν 的话,由于它与密度有关,所以考虑压缩性的影响时,ν 与压强密切相关。因此,对于压缩性较大的气体而言,更多的是运动黏度 μ。

由牛顿内摩擦定律或流体黏性的定义可以看出,只有各流体层之间存在速度差时,流体的黏性才会表现出来,因此对于黏度为零或是匀速运动的均匀流体均可以看作理想流体。实际上,真正的理想流体是不存在的,但对于黏度很小,或速度梯度很小的流动可以看作无黏性流动(边界层外的流体)。将真实流体的流动分成不同的区域,即黏性不起主要作用和起主要作用的区域,分别作为理想流动区域和黏性流动区域,会给问题的解决带来极大的方便。由于黏性的存在而导致流体能量的耗散,流动过程的熵发生变化。无内摩擦也就没有内耗散和损失,即理想流体的绝热流动为等熵流动。

例题 1-1 测定流体的黏性系数

已知:两相距为 h 的平行板之间充满黏度为 μ_0 的液体,在对称面上有一面积为 A 的薄板,拖动薄板以速度 U 等速平移,现以另一种液体充满上述平板之间,但其黏度 μ 不知,若现将其中的薄板不再置于对称面上,而是置于距一板 h' 处,也拖动其以速度 U 等速平移,且已知两种情况的拖力相同(图 1-13)。

求解:试由 μ_0,h'确定 μ。

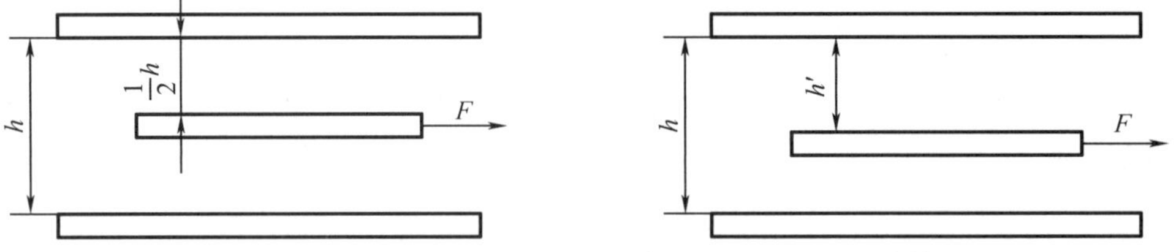

图 1-13 平板受力分析

解题过程:

对于第一种情况,拖力 F_1 为

$$F_1=2A\mu_0\frac{du}{dy}=2A\mu_0\frac{U}{\frac{h}{2}}=4A\mu_0\frac{U}{h}$$

对于第二种情况，拖力 F_2 为

$$F_2 = A\mu\frac{U}{h'} + A\mu\frac{U}{h-h'} = A\mu U\left(\frac{1}{h'} + \frac{1}{h-h'}\right)$$

由于 $F_1 = F_2$，故可得

$$\mu = 4\mu_0\frac{h'}{h}\left(1 - \frac{h'}{h}\right)$$

例题分析：

对中间平板的受力分析及牛顿内摩擦定律的准确理解是求解该题的关键。

例题 1－2　计算流体的黏性系数

已知：长度为 $L = 30$ cm 的两个同心圆管，其半径分别为 $r_1 = 15$ cm，$r_2 = 15.5$ cm，缝隙之间充满液体，如图 1－14 所示。外管被固定，内管以 $n = 60$ r/min 转速旋转，已知作用在它上面的外力矩为 $M = 0.98$ N·m。

求解：黏性系数 μ。

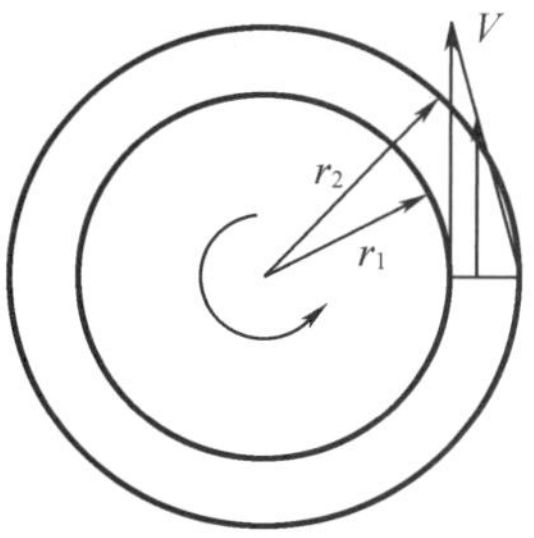

图 1－14　确定黏性系数

解题过程：

当直径间隙 δ 和轴径 D 之比足够小，并忽略轴承两端的影响时，轴对于轴承的相对运动类似于图 1－13 两块平板的相对运动，故假定其间速度分布为直线，即

$$\frac{\mathrm{d}V}{\mathrm{d}r} = c_1$$

积分可得

$$V = c_1 r + c_2$$

利用下面边界条件确定上式的常数 c_1，c_2，即

$$(V)_{r=r_1} = r_1\omega \quad (V)_{r=r_2} = 0$$

于是得速度分布公式

$$V = \frac{r_1\omega}{r_2 - r_1}(r_2 - r)$$

因此

$$\frac{\mathrm{d}V}{\mathrm{d}r} = -\frac{r_1\omega}{r_2 - r_1}$$

利用牛顿内摩擦定律

$$p_\tau = \mu\frac{\mathrm{d}V}{\mathrm{d}r} = -\mu\frac{r_1\omega}{r_2 - r_1}$$

对内圆柱建立平衡方程 $M + p_\tau 2\pi r_1^2 L = 0$，即 $M = 2\pi r_1^2 L\mu\frac{r_1\omega}{r_2 - r_1}$，故

$$\mu = \frac{M}{2\pi r_1^2 L}\frac{r_2 - r_1}{r_1\omega} = \frac{0.98}{2\pi\times 0.15^2\times 0.3}\times\frac{0.155 - 0.15}{0.15\left(\frac{2\pi n}{60}\right)} = 0.123\ \mathrm{Pa\cdot s}$$

例题分析：

本例实际上是一种测定黏性系数的方法，内外环面的相对运动可以简化为两块平板的相对运动，运用牛顿内摩擦定律就可以求解出黏性系数。

1.4.3 流体的导热性

流体和固体一样具有导热性。当流体中沿某个方向存在着温度梯度时，热量就会从温度高的地方传向温度低的地方，这种热量传递的性质称为流体的导热性。

热量的传递主要有三种形式，即热传导、热对流和热辐射。热传导的物理本质和黏性类似，主要是由于不同温度的物体和流体之间、流体不同温度的各部分之间的分子动能相互传递而产生的热量传递，以及分子无规则的热运动和自由电子运动产生热量的传递。

如图 1－15 所示的平板表面传热是个一维导热问题，即温度仅在 x 方向上发生变化。对于 x 方向上任意一个厚度为 dx 的微元层来说，根据傅里叶定律，单位时间内通过该层的导热热量与当地时间的温度变化率及平板面积 A 成正比，即

$$\phi = -\lambda A \frac{\mathrm{d}t}{\mathrm{d}x} \tag{1-10}$$

式中，λ 是比例系数，称为导热率，又称导热系数；负号表示热量传递方向与温度升高方向相反。

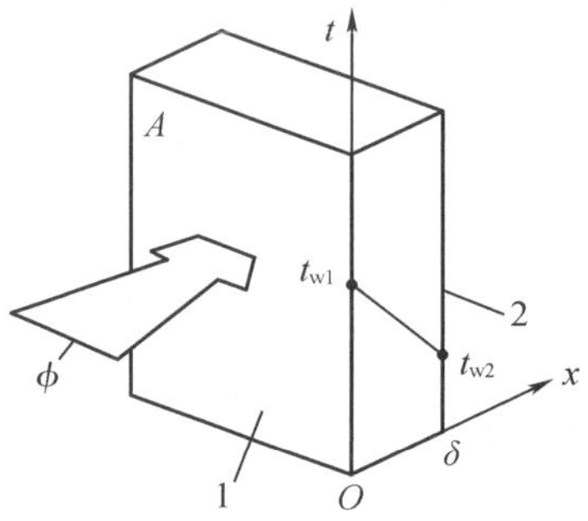

图 1－15 通过平板的一维导热

单位时间内通过某一给定面积的热量称为热流量，记为 ϕ，单位为 W。

单位时间内通过单位面积的热流量称为热流密度，记为 q，单位为 W/m^2。

当物体的温度仅在 x 方向上发生变化时，按照傅里叶定律，热流密度表达式为

$$q = \frac{\phi}{A} = -\lambda \frac{\mathrm{d}t}{\mathrm{d}x} \tag{1-11}$$

傅里叶定律又称导热基本定律。式(1－10)和式(1－11)是一维稳态导热时傅里叶定律的数学表达式。

热对流是指由于流体的宏观运动而引起的流体各部分之间发生相对位移，冷、热流体相互掺混所导致的热量传递过程。热对流仅能发生在流体中，而且由于流体中的分子同时在进行着不规则的热运动，因而热对流必然伴随着热传导现象。工程上特别感兴趣的是流体流过一个物体表面时流体与物体表面间的热量传递过程，并称之为对流传热。

就引起流动的原因而论，对流传热可区分为自然对流和强制对流两大类。自然对流是由于冷、热各部分的密度不同而引起的，暖气片表面附近受热空气向上流动是一个例子。如果流动是由于水泵、风机或者其他压力差作用造成的，则称为强制对流。冷油器、冷凝器等管内冷却水的流动都是由水泵驱动的，它们都属于强制对流。

对流传热的基本计算式是牛顿冷却公式：

流体被加热时

$$q = h(t_w - t_f)$$

流体被冷却时

$$q = h(t_f - t_w)$$

式中 t_w 和 t_f——壁面温度和流体温度；

h——表面传热系数，W/($m^2 \cdot K$)。

如果把温差记为 Δt，并约定永远取正值，则牛顿冷却公式可表示为

$$q = h\Delta t \tag{1-12(a)}$$

$$\phi = hA\Delta t \tag{1-12(b)}$$

热辐射是流体放射出辐射粒子时，转化本身的内能而辐射出能量的现象。流体的温度越高，辐射的能力越强。导热、对流这两种热量传递方式只在有物质介质的条件下才能实现，而热辐射可以在真空中传递，而且实际上在真空中辐射能的传递最有效。

实验表明，物体的辐射能力与温度有关，同一温度下不同物体的辐射和吸收本领也不一样。在探索热辐射规律的过程中，一种称作绝对黑体的理想物体的概念具有重大意义。所谓黑体，是指能吸收投入到其表面上的所有热辐射能量的物体。

黑体在单位时间内发出的热辐射热量由斯忒藩－玻耳兹曼定律揭示

$$\Phi = A\sigma T^4 \tag{1-13}$$

式中 T——黑体的热力学温度，K；

σ——斯忒藩－玻耳兹曼常量，即通常说的黑体辐射常数，它是个自然常数，其值为 5.67×10^{-8} W/($m^2 \cdot K^4$)；

A——辐射面积，m^2。

一切实际物体的辐射能力都小于同温度下的黑体。实际物体辐射热流量的计算可以采用斯忒藩－玻耳兹曼定律的经验修正公式

$$\Phi = \varepsilon A\sigma T^4 \tag{1-14}$$

式中，ε 为物体的发射率，其值总小于1，它与物体的种类及表面状态有关。

流体在管道内流动时，流体温度和管道内壁温度有差异，它们之间必然会发生热量的传递，紧贴管壁处总有一薄层流体做层状流动，其中垂直于壁面方向仅有分子的能量传递，即只存在热传导，而流层以外的区域，热量的传递主要靠对流。

一般情况下的流动都是非绝热流动。为了研究问题的方便，引进了绝热流动的概念。它是指流动过程中没有热量的输入和生成，或者说流体内部的导热系数近似为零的流动。严格的绝热流动是难以实现的。

由于气体的导热系数很小，所以在气体低速流动中，除专门研究传热问题的场合外，一般都不计其热传导性质。在气体高速流动中，若温度梯度不太大，也可以作为绝热流动来处理。

液体导热系数比气体大，但当温度梯度很小时，同样也可以作为绝热流动处理。

1.4.4 流体的扩散性

当流体的密度分布不均匀时，流体的质量就会从高密度区迁移到低密度区，流体的这种现象称为扩散性。在单组分流体中，由于自身的密度差所引起的扩散称为自扩散。对于两种组分的混合介质，由于各组分各自密度之间的差异在组分中所引起的扩散称为交互扩散。在工程问题中，交互扩散较自扩散更为重要。

当流体分子进行动量、能量（热量）交换且伴随有质量交换时，质量输运的机理与动量、热量输运的机理完全相同。

早在 1855 年，菲克就提出了：在单位时间内通过垂直于扩散方向的单位截面积的扩散物质流量（称为扩散通量（diffusion flux），用 J 表示）与该截面处的浓度梯度（concentration gradient）成正比，也就是说，浓度梯度越大，扩散通量越大。这就是菲克第一定律，它的数学表达式如下

$$J=-D\times\frac{\mathrm{d}C}{\mathrm{d}x} \tag{1-15}$$

式中 D——扩散系数，m^2/s；

C——扩散物质（组元）的体积浓度，原子数/m^3 或 kg/m^3；

$\frac{\mathrm{d}C}{\mathrm{d}x}$——浓度梯度；

“$-$”号——扩散方向为浓度梯度的反方向，即扩散组元由高浓度区向低浓度区扩散。

扩散通量 J 的单位是 $kg/(m^2\cdot s)$。

扩散系数 D（diffusion coefficient）是描述扩散速度的重要物理量，它相当于浓度梯度为 1 时的扩散通量，D 值越大则扩散越快。对于固态金属中的扩散，D 值都是很小的，例如，1 000 ℃时碳在 $\gamma-Fe$ 中的扩散系数 D 仅为 10 m^2/s 数量级。

对于由两种流体 A，B 所组成的混合物系统，各组分均由其各自的高密度区向低密度区扩散。假设仅考虑组分 A 在组分 B 中的扩散，则组分 A 的定常扩散率与其密度梯度和截面积成正比，单位时间每单位面积的质量流量与密度梯度成正比，即

$$w_{AB}=-D\frac{\mathrm{d}\rho_A}{\mathrm{d}y} \tag{1-16}$$

式中 w_{AB}——单位时间每单位面积的质量流量；

$\frac{\mathrm{d}\rho_A}{\mathrm{d}y}$——组分 A 的密度梯度；

D——扩散系数，m^2/s；它的大小取决于压强、温度和混合物中各成分的含量。

一般液体的扩散系数较气体的扩散系数小几个数量级。

菲克第一定律只适用于不随时间变化即稳态扩散（steady-state diffusion）的场合。对于稳态扩散也可以描述为：在扩散过程中，各处的扩散组元的体积浓度 C 只随距离 x 变化，而不随时间 t 变化。这样，扩散通量 J 对于各处都一样，即扩散通量 J 不随距离 x 变化，每一时刻从前边扩散来多少原子，就向后边扩散走多少原子，没有盈亏，所以浓度不随时间变化。实际上，大多数扩散过程都是在非稳态条件下进行的。非稳态扩散（nonsteady-state diffusion）的特点是：在扩散过程中，J 随时间变化。通过各处的扩散通量 J 随着距离 x 在变化，而稳态扩散的扩散通量则处处相等，不随距离而发生变化。对于非稳态扩散，就要应用菲克第二定律。

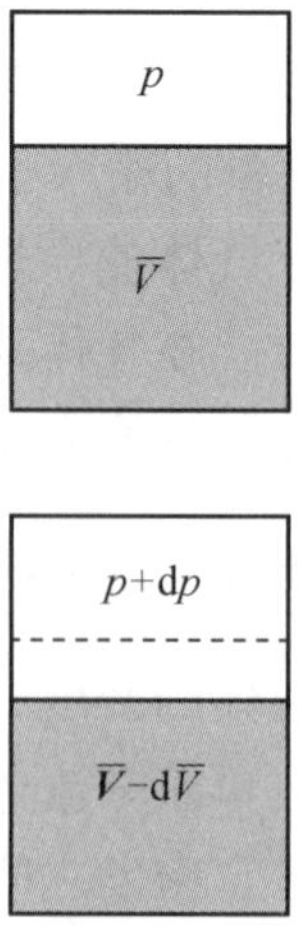

封闭容器中压强变化引起流体的体积变化。

1.4.5 流体的可压缩性与膨胀性

1. 流体的可压缩性

在考虑特定流体的行为时，要解决的一个重要问题是当压力发生变

化时，给定质量流体体积和密度是否可以很容易地改变？也就是流体的可压缩程度如何？

根据流体压缩性的大小，可以将流体分为可压缩流体和不可压缩流体。通常，对于大多数问题来说，因为液体难以压缩，所以认为液体是不可压缩的，而气体是可以压缩的。只有当气体的流速非常小，一般小于0.3倍声速时，才可以认为是不可压缩的。

液体与气体的主要区别在于它们的密度对压强的依存特性，即压缩性的不同。流体的压缩性是当流体被压缩时，压强变化而引起密度或比体积发生变化的特性。流体压缩性的大小通常用可压缩性系数β来度量，其定义为在一定温度下，压强p升高一个单位时，流体的体积或密度的相对变化量。其表达式为

$$\beta = -\frac{1}{V}\frac{\partial V}{\partial p} = -\frac{1}{v}\frac{\partial v}{\partial p} = -\frac{1}{\frac{1}{\rho}}\frac{\partial}{\partial p}\left(\frac{1}{\rho}\right) = \frac{1}{\rho}\frac{\partial \rho}{\partial p} \tag{1-17}$$

式中 V——流体体积；

v——比体积；

ρ——密度；

p——压强。

压缩性系数的单位为m^2/N。式(1－17)中“－”表示压强与体积的变化方向是相反的。压缩性系数越大的流体，越容易压缩。

压缩性系数的倒数称为体积弹性模量，它是单位体积的相对变化所需要的压强增量，即

$$E = \frac{1}{\beta} = \rho\frac{\partial p}{\partial \rho} = -\frac{\partial p}{\frac{\partial v}{v}} \tag{1-18}$$

体积弹性模量E的单位为Pa。体积弹性模量越大的流体越难压缩。

顺便指出，声波在弹性体(包括流体)中的传播速度a为

$$a = \sqrt{\frac{\partial p}{\partial \rho}} = \sqrt{\frac{E}{\rho}} \tag{1-19}$$

可见，β、E、a都可以作为度量流体压缩性的物理量。

对液体来讲，压缩性很小，体积弹性模量很大。例如，压强从101 kPa增加到101 MPa时，水的体积改变量还不到5%。因此，在研究液体流动时，总是认为它们是不可压缩的。只有在特殊情况下，例如研究水中爆破、液压冲击和高压领域等问题时，液体的可压缩性才显示出它的影响。

对于气体，它的可压缩性与液体不一样，其压缩性与压缩过程有关。现以完全气体为例，气体的状态方程为$p/\rho = RT$。若过程等温，即压缩过程中，气体温度保持为常数($T = \text{const}$)时，则$p/\rho = \text{const}$，由此可得

$$\frac{\mathrm{d}p}{\mathrm{d}\rho} = \text{const} = \frac{p}{\rho}$$

将上式代入体积弹性模量的公式，可得$E = \rho\left(\frac{\mathrm{d}p}{\mathrm{d}\rho}\right) = p$；若过程等熵($s = \text{const}$)，即$\frac{p}{\rho^k} = \text{const}$，其中$k$为等熵指数，由此可得

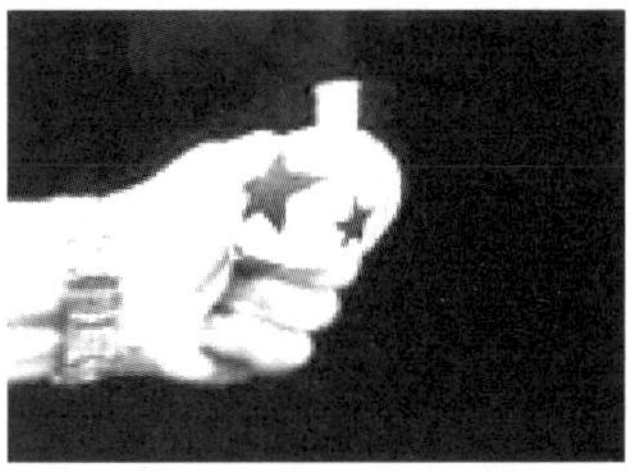

挤压水球，水球形状改变，但水的体积基本不变。

向下按压活塞，活塞压缩气体，气体体积减小明显。

$$\mathrm{d}p = \mathrm{const}\ k\rho^{k-1}\mathrm{d}\rho = \left(\frac{p}{\rho^k}\right)k\rho^{k-1}\mathrm{d}\rho = kp\frac{\mathrm{d}\rho}{\rho}$$

或写成

$$\frac{\mathrm{d}p}{\mathrm{d}\rho} = k\frac{p}{\rho} \tag{1-20}$$

将式(1-20)代入体积弹性模量的公式,可得 $E=\rho\left(\frac{\mathrm{d}p}{\mathrm{d}\rho}\right)=kp$。由此可见,气体的弹性模量与 p 成正比,压强越大,体积弹性模量越大,可压缩性越小。

以空气为例,对于 $p=1.013\times10^5$ N/m^2 条件下的空气 $E_{等温压缩}=1.013\times10^5$ N/m^2,$E_{等熵压缩}=1.4\times1.013\times10^5$ N/m^2,而在常温条件下,水的弹性模量为 $E=2.05\times10^9$ N/m^2。可见,水的弹性模量是空气的 $10^3\sim10^4$ 倍,因此水比空气难压缩得多。

对于压缩性系数等于零,或弹性模量无穷大的流体称为不可压缩流体。实际的流体都是可压缩的,不可压缩流体只是为了实际方便假设的一种假想流体模型。

例题 1-3 流体的可压缩性

已知:有空气 1 m^3,处于 $t=40$ ℃,$p=1.05\times10^5$ Pa 状态。已知气体常数 $R=287$ J/(kg · K),$k=1.4$。

求解:(1)若等熵地压缩为 0.5 m^3,求终态温度和压力。

(2)若等温地压缩为 0.5 m^3,求终态温度和压力。

解题过程:

由状态方程知

$$\rho_1=\frac{p_1}{RT_1}=\frac{1.05\times10^5}{287\times(273+40)}=1.17\ \mathrm{kg/m^3}$$

由于 $V_2=0.5V_1$,故 $\rho_2=2\rho_1=2\times1.17=2.34$ kg/m^3。

(1)等熵过程

$$p_2=\rho_2^k\frac{p_1}{\rho_1^k}=(2.34)^{1.4}\times\frac{1.05\times10^5}{(1.17)^{1.4}}=2.7\times10^5\ \mathrm{Pa}$$

$$T_2=\frac{p_2}{R\rho_2}=\frac{2.7\times10^5}{287\times2.34}=412.46\ \mathrm{K}$$

(2)等温过程

$$T_1=T_2=313\ \mathrm{K}$$

$$p_2=R\rho_2T_2=287\times2.34\times313=2.12\times10^5\ \mathrm{Pa}$$

例题分析:

气体的可压缩性的讨论要就具体的压缩过程而言,不同的压缩过程将使气体的终态物性大不相同。

2. 流体的膨胀性

流体的温度升高时,流体体积增加的特性称为流体的膨胀性,用膨胀系数 α 表示。α 定义为在压强不变的条件下温度升高一个单位时流体体积的相对增加量,即

$$\alpha=\frac{1}{V}\frac{\mathrm{d}V}{\mathrm{d}T}=\frac{1}{v}\frac{\mathrm{d}v}{\mathrm{d}T}=-\frac{\mathrm{d}\rho}{\mathrm{d}T} \tag{1-21}$$

式中 V——流体体积;

v——比体积;

ρ——密度;

T——温度。

液体的膨胀系数很小，工程上一般不考虑液体的膨胀性。

对于气体，用完全气体的状态方程 $pv = RT$，可以得到压强不变时的 $\frac{\mathrm{d}v}{v} = \frac{\mathrm{d}T}{T}$，因此

$$\frac{1}{\alpha} = \frac{1}{\rho}\left(\frac{\mathrm{d}\rho}{\mathrm{d}T}\right)_p = \frac{1}{T} \tag{1-22}$$

1.4.6　液体的表面张力

在液体和气体之间或两种不混溶的液体之间的界面处，在液体表面产生力，导致液体表面表现得像被拉紧的“皮肤”或“膜”一样。虽然这样的皮肤实际上并不存在，但这种概念使我们能够解释许多常见的现象。例如，如果将钢针或剃刀刀片轻轻地放在水的表面上，则其会浮在水面上，这间接地证明了液体表面张力的存在。将水银放置在光滑固体表面上时，小滴的液态水银会形成球体，这也是因为水银液滴表面的内聚力倾向于将所有的分散体保持紧凑形状。类似的例子还有液体中离散气泡的形成。

内聚力：内聚力（the cohesion value）又叫黏聚力，是在同种物质内部相邻各部分之间的相互吸引力，这种相互吸引力是同种物质分子之间存在分子力的表现。只有在各分子十分接近（小于 10^{-6} cm）时才显示出来。内聚力能使物质聚集成液体或固体。特别是在与固体接触的液体附着层中，由于内聚力与附着力相对大小的不同，致使液体浸润固体或不浸润固体。

这些各种类型的表面现象是由于在流体表面的液体分子受到不平衡内聚力的作用而形成的。流体内部的分子被彼此相互吸引的分子包围而受力平衡；沿着表面的分子仅受内部的力而受力不平衡，如图 1－16 所示。这种在液体表面产生的不平衡力的物理后果就是产生假想的皮肤或膜。在这种合力的作用下，液体表面的液体分子被紧紧地拉向液体内部，则必然在液面内的分子间形成拉力，这种拉力称为液体的表面张力。定义单位长度的表面张力为表面张力系数，用符号 σ 表示，其单位为 N/m。

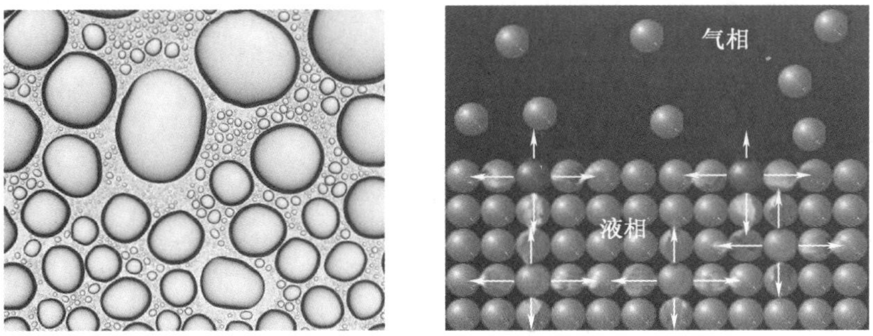

(a)　　　　(b)

图 1－16　平面上水滴分子内部受力

(a)平面上的水滴；(b)表面和内部分子的引力

对于给定的液体，表面张力取决于温度及与界面处接触的其他流体。

1. 弯曲表面两侧的压力差

若液体的表面为曲面，由于表面张力的存在，在曲面两侧必然存在压力差。

如图 1－17 所示，过曲面的任意点 O 作法线 ON，过 ON 作相互垂直的平面 K_1，K_2。K_1，K_2 与曲面相交的曲线为 ON 所在的直线，$\mathrm{d}l_1 = \widehat{E_2F_2}$，过 E_1F_1 及 E_2F_2 分别作平行于 $\widehat{E_2F_2}$，$\widehat{E_1F_1}$ 的曲线，从而形成曲面四边形 $ABCD$。

浮动刀片

水蝇在表面张力的作用下，可以在水面上随意行走。

过 E_1,F_1 的法线的夹角用 $d\alpha_1$ 表示，$\widehat{E_1F_1}$ 的曲率半径用 R_1 表示；过 E_2,F_2 的法线的夹角用 $d\alpha_2$ 表示，$\widehat{E_2F_2}$ 的曲率半径用 R_2 表示。由几何关系知

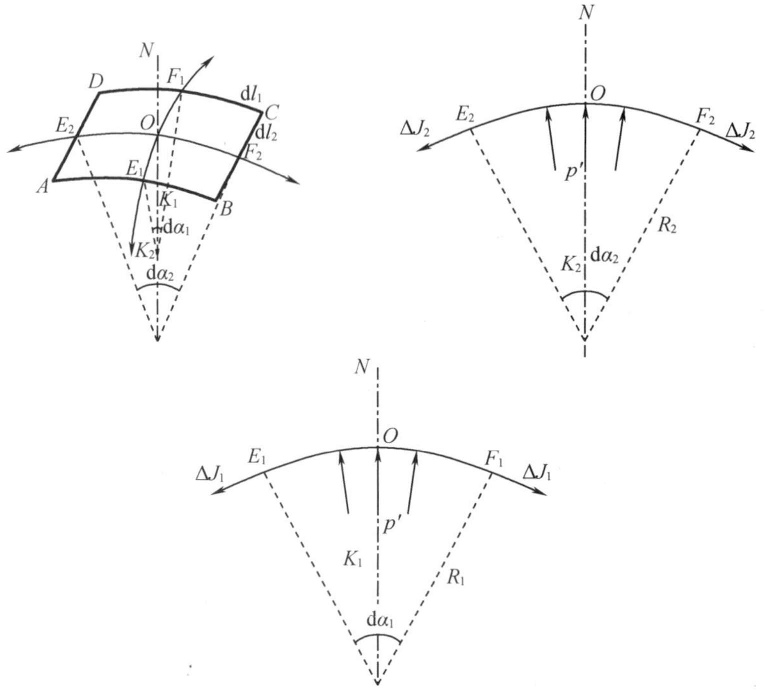

图 1-17　表面张力原理图

$$d\alpha_1=\frac{dl_2}{R_1},d\alpha_2=\frac{dl_1}{R_2}$$

作用在微元面 $ABCD$ 周线上的表面张力在 NO 上的投影为

$$\begin{aligned}\Delta F&=2\Delta J_1\sin\frac{d\alpha_2}{2}+2\Delta J_2\sin\frac{d\alpha_1}{2}\\&=2\sigma dl_1\sin\frac{d\alpha_2}{2}+2\sigma dl_2\sin\frac{d\alpha_1}{2}\\&=2\sigma\frac{d\alpha_2}{2}dl_1+2\sigma\frac{d\alpha_1}{2}dl_2\\&=\sigma dl_1dl_2\frac{d\alpha_2}{d\alpha_1}+\sigma dl_1dl_2\frac{d\alpha_1}{d\alpha_2}\\&=\sigma\left(\frac{1}{R_1}+\frac{1}{R_2}\right)dl_1dl_2\end{aligned}$$

由于曲面处于平衡状态，故曲率中心所在侧面的压力一定高于另一侧面上的压力。若以 p' 表示两侧压力差，则平衡方程可写成 $p'dl_1dl_2=\Delta F$，即

$$p'dl_1dl_2=\sigma\left(\frac{1}{R_1}+\frac{1}{R_2}\right)dl_1dl_2$$

由此得

$$p'=\sigma\left(\frac{1}{R_1}+\frac{1}{R_2}\right)$$

若曲面为球面，即 $R_1=R_2=R$，则球面两侧压力差为

$$p'=\frac{2\sigma}{R} \tag{1-23}$$

液滴就是属于这种情况，液滴半径越小，两侧压力差越大。

对于球面薄膜（如肥皂泡），由于存在内外两个自由表面，薄膜两侧气体压力差为

$$p'=2\,\frac{2\sigma}{R}=\frac{4\sigma}{R} \tag{1-24}$$

从这个结果可以看出，液滴内部的压力大于液体表面的压力。（水泡里面的压力与相同直径的水滴在同一温度下的内部压力相同吗？）

2. 毛细现象

当液体表面与固体表面接触时，可以产生如图 1－18 所示的液面弯曲的情况，这种现象称为毛细现象，能发生毛细现象的细管称为毛细管。将毛细管插入水（图 1－18(a)）和水银（图 1－18(c)）中，分别产生了管内液面的上升和降低，这种现象称为毛细现象。

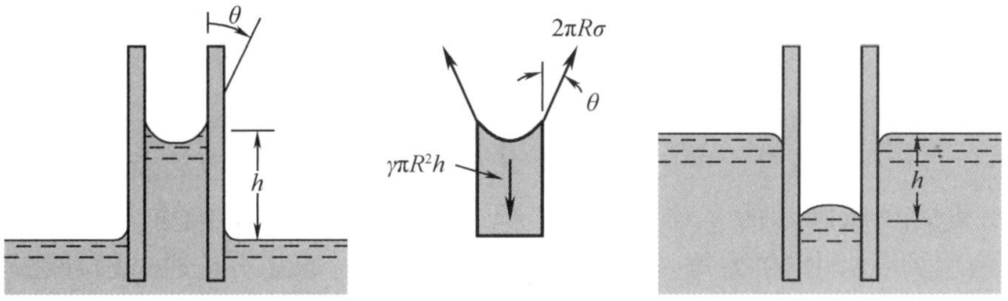

图 1－18　毛细现象

(a)润湿性毛细管；(b)计算液柱高度的自由体；(c)非润湿性毛细管

毛细管中液面上升或下降的高度显然与表面张力有关。以图 1－18(a)为例，细的开口管插入水中，则管中的水位将升高到管外部的水位以上，如图 1－18(a)所示。在这种情况下，存在液－气－固体的交界面，在管壁和液体分子之间存在吸引力（黏附力），该力足够强可以克服液体分子间的相互吸引，并将其拉到壁上。因此说液体润湿固体表面。

如图 1－18(b)所示，毛细管中液面上升或下降的高度可以根据表面张力大小来确定。设液面与管壁的接触角为 θ，毛细管直径为 d，液体密度为 ρ，表面张力系数为 σ，液体的比重量为 γ。当表面张力与上升液柱的重力相等时，液柱高度便稳定下来，达到力的平衡，这时

$$\gamma\pi R^2 h=2\pi R\sigma\cos\theta$$

因此

$$h=\frac{2\sigma\cos\theta}{\gamma R} \tag{1-25(a)}$$

或

$$h=\frac{4\sigma\cos\theta}{\rho g d} \tag{1-25(b)}$$

上式也可以作为毛细管内液面降低时的高度，只不过此时 $\theta>\pi/2$，$\cos\theta$ 为负值，所以 h 也是负值，表示液面是下降的，如图 1－18(c)所示。一般

细管中的毛细管作用涉及液－气－固体界面，由表面张力引起。

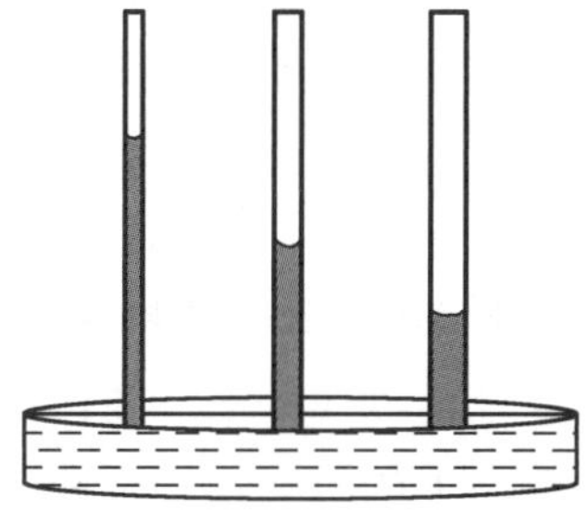

毛细管中水面的高度随毛细管直径变化。

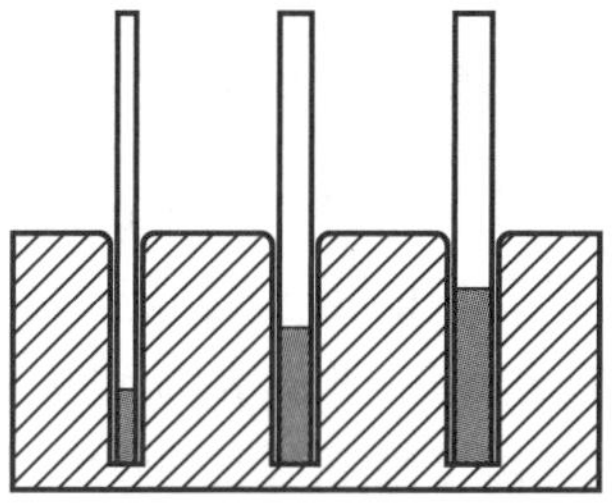

毛细管中水银面的高度

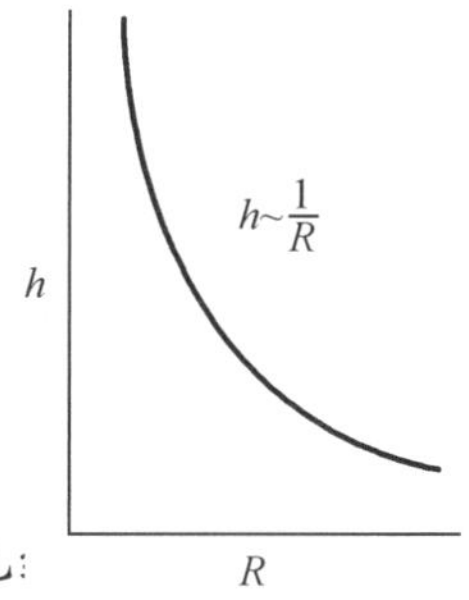

随毛:

毛细管液面高度与毛细管半径关系图。

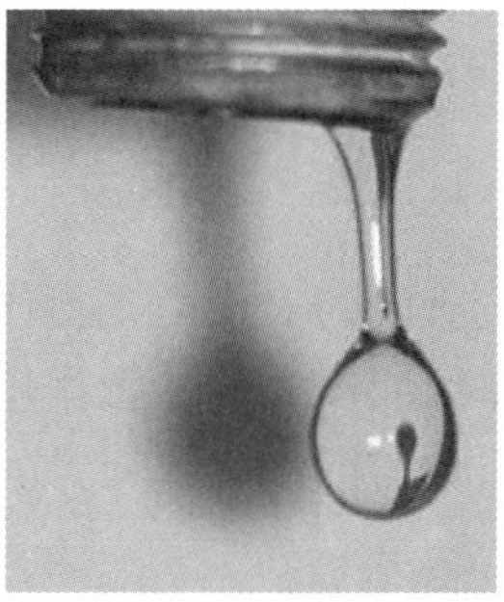

水从水龙头中滴落

把 θ 称为湿润角，对于湿润角 $\theta > \pi/2$ 时的液固接触称为非湿润性接触，对于湿润角 $\theta < \pi/2$ 时的液固接触称为湿润性接触。

对于水，当玻璃管径大于 20 mm，对于水银，当玻璃管径大于 12 mm 时，毛细现象的影响就可以忽略不计了。

表面张力效应在许多流体力学问题中起作用，包括液体通过土壤和其他多孔介质管的移动，薄膜流动，液滴和气泡的形成，以及液体射流的分离。如右侧边缘照片所示，表面张力是水从水龙头中泄漏的主要原因。表面现象与液体－气体、液体－液体和液－气－固体界面等相关，因此表面现象非常复杂，超出了本书的讨论范围。在流体力学的问题研究中，表面张力起主要作用的表面现象并不多，而惯性力、重力和黏性力则对流体的流动起主导作用。

1.5 作用在流体上的力

任何物体的平衡和运动都是受力作用的结果。因此在研究流体的力学规律之前，必须首先分析作用在流体上的力的种类和性质。

流体力学中习惯按照作用形式将物体所受的作用力分为两类：一类是不需要接触，作用于全部流体上的力，称为体积力或质量力；另一类是直接与物体相接触而施加的力，称为表面力。

1.5.1 质量力

处于某种力场中的流体，所有质点均受与质量成正比的力，这个力称为质量力。如重力就是在力学中最典型的常见的质量力，它是由重力场所施加的。对于流体体积为 $\Delta\tau$，作用在其上的重力为 $\Delta F = \rho\Delta\tau g$。其他形式的质量力还有万有引力、达朗贝尔力等。质量力是一种超距力，即并不是通过两种物质的直接接触而施加的力。

若以 $\boldsymbol{f}$ 表示质量力场对于单位质量的作用力，则作用在 $\Delta\tau$ 体积上的质量力为

$$\Delta F = \boldsymbol{f}\rho\Delta\tau \tag{1-26(a)}$$

于是作用在整个体积 $\Delta\tau$ 的质量力为

$$F = \sum_{\tau} \boldsymbol{f}\rho\Delta\tau \tag{1-26(b)}$$

或者写成积分形式

$$F = \iiint_{\tau} \boldsymbol{f}\rho \mathrm{d}\tau \tag{1-26(c)}$$

在一般情况下，f 为 x,y,z,t 的已知函数，即

$$\boldsymbol{f} = f(x,y,z,t)$$

在通常的叙述中，总是把对单位质量的作用力 f 简称为质量力。

顺便指出，若流体中带有电荷或有电流通过，在电磁场中，流体还受到电磁力的作用。虽然这些力并非属于质量力，但通常也称它们为质量力。

1.5.2 表面力

所谓的表面力是指作用在我们所研究的流体体积表面上的力，是由与这块流体相接触的流体或固体的作用而产生的。根据连续介质的概念，这个力是连续分布在流体表面上的。作用在单位面积上的力称为应力，并以 $\boldsymbol{p}_n$ 表示，其中下标表示作用面的外法线方向，于是作用在任一面积 ΔA 上的表面力为

$$\Delta \boldsymbol{P} = \boldsymbol{p}_n \Delta A$$

对于面积 A，其上的表面力可写成 $\boldsymbol{P}_n$

$$\boldsymbol{P}_n = \sum \boldsymbol{p}_n \Delta A$$

或写成

$$\boldsymbol{P}_n = \iint_A \boldsymbol{p}_n \mathrm{d}A$$

在一般情况下，应力 $\boldsymbol{p}_n$ 是 x,y,z,t 的函数，且与作用面方向 $\boldsymbol{n}$ 有关，即 $\boldsymbol{p}_n = \boldsymbol{p}_n(x,y,z,t,\boldsymbol{n})$。

应力 $\boldsymbol{p}_n$ 可以通过经该点的三个坐标面上的应力来表示。为此在流场中取图 1－19 所示的过(x,y,z)点的微元四面体。四面体各微元面上的应力以 $\boldsymbol{p}_{-x},\boldsymbol{p}_{-y},\boldsymbol{p}_{-z},\boldsymbol{p}_n$ 表示，其中下标表示作用面的方向。由牛顿第三定律知 $\boldsymbol{p}_{-x} = -\boldsymbol{p}_x, \boldsymbol{p}_{-y} = -\boldsymbol{p}_y, \boldsymbol{p}_{-z} = -\boldsymbol{p}_z$。斜面的外法线单位向量以 $\boldsymbol{n}$ 表示，斜面面积以 ΔA_n 表示，它在坐标面上的投影为

$$\Delta A_x = \frac{1}{2}\Delta y \Delta z = \Delta A_n \cos(\boldsymbol{n}, x) = n_x \Delta A_n$$

$$\Delta A_y = \frac{1}{2}\Delta z \Delta x = n_y \Delta A_n$$

$$\Delta A_z = \frac{1}{2}\Delta x \Delta y = n_z \Delta A_n$$

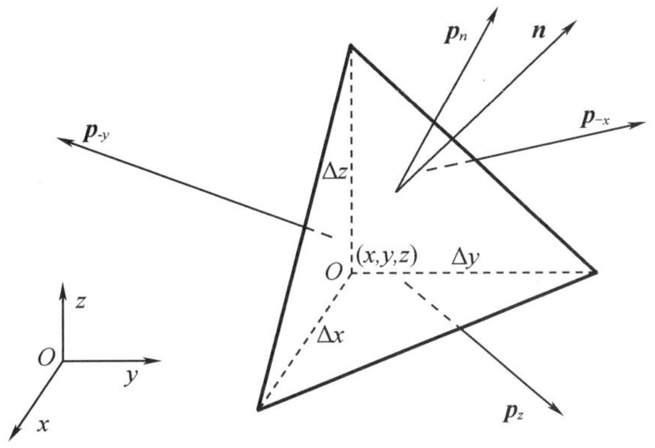

图 1－19　应力状态

微元四面体的体积为 $\Delta\tau = \frac{1}{6}\Delta x \Delta y \Delta z$，流体质点的物理量对于时间的变化率称为该物理量的质点导数，对此微元流体团体积求质点导数，即

$$\rho \Delta\tau \frac{\mathrm{D}\boldsymbol{V}}{\mathrm{D}t} = \rho \boldsymbol{f} \Delta\tau + \boldsymbol{p}_n \Delta A_n - \boldsymbol{p}_x \Delta A_x - \boldsymbol{p}_y \Delta A_y - \boldsymbol{p}_z \Delta A_z$$

式中，当 $\Delta x, \Delta y, \Delta z \to 0$ 时，$\Delta\tau$ 为高阶小量，ΔA 为二阶小量，此时斜面为过(x,y,z)点的斜面，略去高阶小量可得

$$\boldsymbol{p}_n \Delta A_n = \boldsymbol{p}_x \Delta A_x + \boldsymbol{p}_y \Delta A_z + \boldsymbol{p}_z \Delta A_y = \boldsymbol{p}_x n_x \Delta A_n + \boldsymbol{p}_y n_y \Delta A_n + \boldsymbol{p}_z n_z \Delta A_n$$

即

$$\boldsymbol{p}_n = n_x \boldsymbol{p}_x + n_y \boldsymbol{p}_y + n_z \boldsymbol{p}_z \tag{1-27}$$

式中，$\boldsymbol{p}_x, \boldsymbol{p}_y, \boldsymbol{p}_z$ 均为具有三个分量的应力矢量，如图 1－20 所示。

$$\boldsymbol{p}_x = \boldsymbol{i} p_{xx} + \boldsymbol{j} p_{xy} + \boldsymbol{k} p_{xz}$$
$$\boldsymbol{p}_y = \boldsymbol{i} p_{yx} + \boldsymbol{j} p_{yy} + \boldsymbol{k} p_{yz}$$
$$\boldsymbol{p}_z = \boldsymbol{i} p_{zx} + \boldsymbol{j} p_{zy} + \boldsymbol{k} p_{zz}$$

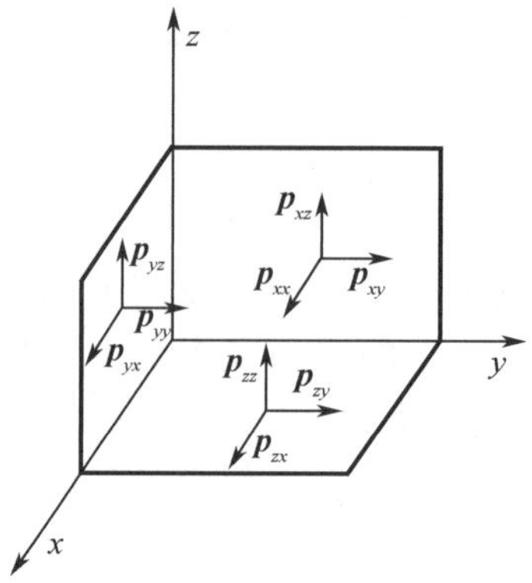

图 1-20　应力分量

于是

$$\boldsymbol{p}_n=\boldsymbol{i}(n_xp_{xx}+n_yp_{yx}+n_zp_{zx})+\boldsymbol{j}(n_xp_{xy}+n_yp_{yy}+n_zp_{zy})+\boldsymbol{k}(n_xp_{xz}+n_yp_{yz}+n_zp_{zz})$$

由此可见，过点(x,y,z)的任意表面上的应力 $\boldsymbol{p}_n$ 取决于过此点的三个坐标面上的应力及作用面的方向 $\boldsymbol{n}$。

若令 $P=i\boldsymbol{p}_x+j\boldsymbol{p}_y+k\boldsymbol{p}_z$，则式(1-27)可写成

$$\boldsymbol{p}_n=\boldsymbol{n}\cdot P$$

通常称 P 为应力张量。应力张量表示一点的应力状态。过点(x,y,z)的任意表面 n 上的应力 $\boldsymbol{p}_n$ 取决于该点的应力张量 P 及作用面的单位法向量 $\boldsymbol{n}$。

注意，一点应力张量包含了 9 个分量，因此 P 又可写成

$$\begin{aligned}P&=\boldsymbol{ip}_x+\boldsymbol{jp}_y+\boldsymbol{kp}_z\\&=\boldsymbol{i}(\boldsymbol{i}p_{xx}+\boldsymbol{j}p_{xy}+\boldsymbol{k}p_{xz})+\boldsymbol{j}(\boldsymbol{i}p_{yx}+\boldsymbol{j}p_{yy}+\boldsymbol{k}p_{yz})+\boldsymbol{k}(\boldsymbol{i}p_{zx}+\boldsymbol{j}p_{zy}+\boldsymbol{k}p_{zz})\end{aligned}\tag{1-28}$$

于是 $\boldsymbol{p}_n$ 可写成

$$\begin{aligned}\boldsymbol{p}_n&=\boldsymbol{n}\cdot P\\&=\boldsymbol{i}(n_xp_{xx}+n_yp_{yx}+n_zp_{zx})+\boldsymbol{j}(n_xp_{xy}+n_yp_{yy}+n_zp_{zy})+\boldsymbol{k}(n_xp_{xz}+n_yp_{yz}+n_zp_{zz})\end{aligned}\tag{1-29}$$

引进应力张量的好处在于将一点的应力状态从应力中分离出来。

应力张量 P 由 9 个应力分量 p_{ij}组成，它们表示一点的应力状态。过一点的任意面上的应力，取决于该点的应力张量 P 和作用面的法线方向 $\boldsymbol{n}$。

应注意，应力张量一般来说是空间位置和时间的函数。

最后应指出，对于一般流体，可做如下假定：流体不能承受拉力，即在流体中，正应力只可能与作用面的外法线方向相反，于是，p_{xx}，p_{yy}，p_{zz}永为负值。

补充　张量

张量是一种标量和矢量的数学表示方法。用 3^N 来表示张量在直角坐标系中的分量数，N 为张量的阶数，则标量为 0 阶张量，矢量是 1 阶张量。这里讨论的是 9 个分量的 2 阶张量。下面是张量最基本的表示法。

(1)用 1,2,3 代表 3 个坐标，则 x_1,x_2,x_3 代表 x,y,z；u_1,u_2,u_3 代表 u,v,w。

(2)$\boldsymbol{u}_i,\boldsymbol{x}_k$ 表示矢量，其中 i 和 k 称为自由下标，分别取 1,2,3，用半矢量的形式表示如下

$$\boldsymbol{u}_i=u_1\boldsymbol{i}+u_2\boldsymbol{j}+u_3\boldsymbol{k},\quad \frac{\partial p}{\partial \boldsymbol{x}_k}=\frac{\partial p}{\partial x_1}\boldsymbol{i}+\frac{\partial p}{\partial x_2}\boldsymbol{j}+\frac{\partial p}{\partial x_3}\boldsymbol{k}$$

(3)同一项中含有两个自由下标时，则它们分别取 1,2,3，于是这一项将包含 9 个分量，称为一个 2 阶张量，用矩阵表示如下

$$\boldsymbol{\tau}_{ij}=\begin{bmatrix}\tau_{11} & \tau_{12} & \tau_{13}\\ \tau_{21} & \tau_{22} & \tau_{23}\\ \tau_{31} & \tau_{32} & \tau_{33}\end{bmatrix},\quad \frac{\partial \boldsymbol{u}_i}{\partial \boldsymbol{x}_k}=\begin{bmatrix}\frac{\partial u_1}{\partial x_1} & \frac{\partial u_1}{\partial x_2} & \frac{\partial u_1}{\partial x_3}\\ \frac{\partial u_2}{\partial x_1} & \frac{\partial u_2}{\partial x_2} & \frac{\partial u_2}{\partial x_3}\\ \frac{\partial u_3}{\partial x_1} & \frac{\partial u_3}{\partial x_2} & \frac{\partial u_3}{\partial x_3}\end{bmatrix}$$

(4)同一项中如果有两个相同的下标,则要从1到3求和,这其实相当于两个矢量的点乘,比如

$$\boldsymbol{u}_i\boldsymbol{x}_i=u_1x_1+u_2x_2+u_3x_3,\ \frac{\partial u_k}{\partial x_k}=\frac{\partial u_1}{\partial x_1}+\frac{\partial u_2}{\partial x_2}+\frac{\partial u_3}{\partial x_3}$$

(5)同一项中如果既有相同的下标也有不同的下标,则要同时满足上面的(3)和(4),比如下面这个式子其实表示了一个矢量:

$$\boldsymbol{u}_j\frac{\partial \boldsymbol{u}_i}{\partial \boldsymbol{x}_j}=\left(u_1\frac{\partial u_1}{\partial x_1}+u_2\frac{\partial u_1}{\partial x_2}+u_3\frac{\partial u_1}{\partial x_3}\right)+\left(u_1\frac{\partial u_2}{\partial x_1}+u_2\frac{\partial u_2}{\partial x_2}+u_3\frac{\partial u_2}{\partial x_3}\right)+\left(u_1\frac{\partial u_3}{\partial x_1}+u_2\frac{\partial u_3}{\partial x_2}+u_3\frac{\partial u_3}{\partial x_3}\right)$$

1.6 流体力学的研究方法

流体力学的研究可以分为现场观测、实验室模拟、理论分析、数值计算四个方面。

1.6.1 现场观测

现场观测是针对自然界固有的流动现象或已有工程的全尺寸流动现象,利用各种仪器进行系统观测,从而总结出流体运动的规律,并借以预测流动现象的演变。过去对天气的观测和预报,基本上就是这样进行的,如图1-21所示。

图1-21 气流流动的现场观测

不过现场流动现象的发生往往不能控制,发生条件不可能完全重复出现,这种情况会影响对流动现象和规律的研究,而且现场观测还要花费大量物力、财力和人力。因此,人们建立实验室,使这些现象能在可以控制的条件下出现,以便于观察和研究。

1.6.2 实验室模拟

同物理学、化学等学科一样,流体力学离不开实验,尤其是对新的流体运动现象的研究。利用相似原理,在风洞、水池、激波管内进行模拟实验,采用光、电手段,清晰显示图像,精确测量流场中的诸物理量与

物体受力特性,这就是实验流体力学的任务。实验能显示流体运动的特点及其主要趋势,有助于形成概念,检验理论的正确性。

模型实验在流体力学中占有重要地位。这里所说的模型是指根据理论指导,改变研究对象的尺度(放大或缩小),以便能安排实验。有些流动现象难于靠理论计算解决,有的则不可能做原型实验(成本太高或规模太大)。这时,根据模型实验所得的数据可以用像换算单位制那样的简单算法求出原型的数据。

现场观测常常是对已有事物、已有工程的观测,而实验室模拟却可以对还没有出现的事物、没有发生的现象(如待设计的工程、机械等)进行观察,使之得到改进。因此,实验室模拟是研究流体力学的重要方法。

实验室模拟的优点是:能直接解决生产中的复杂问题,能发现流动中的新现象,其结果可以用来检测其他方法的正确性;缺点是:针对不同的情况,需做不同的实验,即所得的实验结果普适性较差。

图 1-22 为 F-16 模型在莱特兄弟风洞中进行试验。

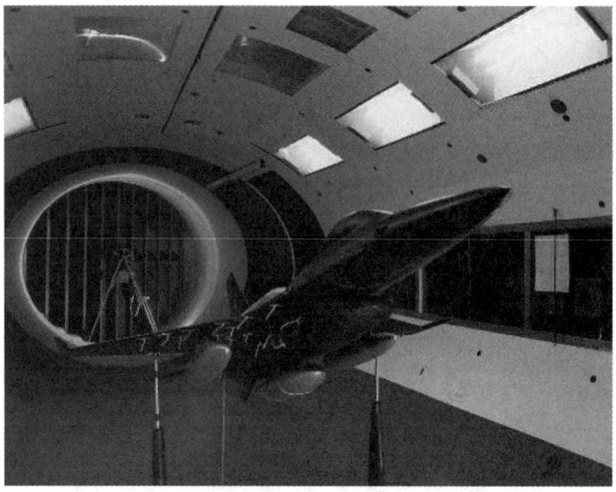

图 1-22　F-16 模型在莱特兄弟风洞中进行试验

1.6.3　理论分析

理论分析是根据流体运动的普遍规律(如质量守恒、动量守恒、能量守恒等),利用数学分析的手段,研究流体的运动,解释已知的现象,预测可能发生的结果。理论分析的步骤大致如下:

首先是建立"力学模型",即针对实际流体的力学问题,分析其中的各种矛盾并抓住主要方面,对问题进行简化而建立反映问题本质的"力学模型"。流体力学中最常用的基本模型有连续介质、牛顿流体、不可压缩流体、理想流体、平面流动等。

其次是针对流体运动的特点,用数学语言将质量守恒、动量守恒、能量守恒等定律表达出来,从而得到连续性方程、动量方程和能量方程。此外,还要加上某些联系流动参量的关系式(如状态方程),或者其他方程。这些方程合在一起称为流体力学基本方程组。求出方程组的解后,结合具体流动,解释这些解的物理含义和流动机理。通常还要将这些理论结果同实验结果进行比较,以确定所得解的准确程度和力学模型的适用范围。

从基本概念到基本方程的一系列定量研究,都涉及很深的数学问题,所以流体力学的发展是以数学的发展为前提的。反过来,那些经过了实验和工程实践考验过的流体力学理论,又检验和丰富了数学理论,它所提出的一些未解决的难题,也是进行数学研究、发展数学理论的课题。按目前数学发展的水平看,有不少题目将是在今后几十年以内难于从纯数学角度完善解决的。

在流体力学理论中,用简化流体物理性质的方法建立特定的流体的理论模型,用减少自变量和减少未知函数等方法来简化数学问题，在一定的范围内是成功的，并解决了许多实际问题。

对于一个特定领域，考虑具体的物理性质和运动的具体环境后，抓住主要因素忽略次要因素进行抽象化也同时是简化，建立特定的力学理论模型，便可以克服数学上的困难，进一步深入地研究流体的平衡和运动性质。

20 世纪 50 年代开始，人们在设计携带人造卫星上天的火箭发动机时，配合实验所做的理论研究，正是依靠一维定常流的引入和简化，才能及时得到指导设计的流体力学结论。

此外，流体力学中还经常用各种小扰动的简化，使微分方程和边界条件从非线性的变成线性的。声学是流体力学中采用小扰动方法而取得重大成就的最早学科。声学中的所谓小扰动，就是指声音在流体中传播时流体的状态（压力、密度、流体质点速度），同声音未传到时的流体的状态差别很小。线性化水波理论、薄机翼理论等虽然由于简化而有些粗略，但都是比较好地采用了小扰动方法的例子。

每种合理的简化都有其力学成果，但也总有其局限性。例如，忽略了密度的变化就不能讨论声音的传播；忽略了黏性就不能讨论与它有关的阻力和某些其他效应。掌握合理的简化方法，正确解释简化后得出的规律或结论，全面并充分认识简化模型的适用范围，正确估计它带来的同实际的偏离，正是流体力学理论工作和实验工作的精华。这种研究方法的优点是：解析解明确地给出了各种物理量与流动参量之间的变化关系，有较好的普适性；缺点是：数学上的难度很大，能获得的分析解的数量有限。

1.6.4　数值计算

流体力学的基本方程组非常复杂，在考虑黏性作用时更是如此，如果不靠计算机，就只能对比较简单的情形或简化后的方程进行计算。20 世纪三四十年代，对于复杂而又特别重要的流体力学问题，相关学者曾组织过人力用几个月甚至几年的时间做数值计算，比如圆锥做超声速飞行时周围的无黏流场就从 1943 年一直算到 1947 年。

数学的发展，计算机的不断进步，以及流体力学各种计算方法的发明，使许多原来无法用理论分析求解的复杂流体力学问题有了求得数值解的可能性，这又促进了流体力学计算方法的发展，并形成了“计算流体力学”，包括有限差分法、有限元法、特征线法和边界元法等。

从 20 世纪 60 年代起，在飞行器和其他涉及流体运动的课题中，经常采用电子计算机做数值模拟，这可以和物理实验相辅相成。数值模拟和实验模拟相互配合，使科学技术的研究和工程设计的速度加快，并节省开支。数值计算方法近年来发展很快，其重要性与日俱增。许多用分析法无法求解的问题，利用此法均可以求得它们的数值解。如果计算机的速度和容量继续提高，计算方法不断改进，它所起的作用将越来越大，不过，它仍是一种近似方法，它的结果仍应与实验或其他精确结果进行比较。这种方法的局限性是对复杂而又缺乏完善数学模型的问题，仍无能为力。

解决流体力学问题时，现场观测、实验室模拟、理论分析和数值计算几方面是相辅相成的。实验需要理论指导，才能从分散的、表面上无联系的现象和实验数据中得出规律性的结论。反之，理论分析和数值计算也要依靠现场观测和实验室模拟给出物理图案或数据，以建立流动的力学模型和数学模式；最后，还须依靠实验来检验这些模型和模式的完善程度。此外，实际流动往往异常复杂（例如湍流），理论分析和数值计算会遇到巨大的数学和计算方面的困难，只能通过现场观测和实验室模拟进行研究。

由 CFD 软件对压气机叶片进行的流场分析云图，如图 1－23 所示。

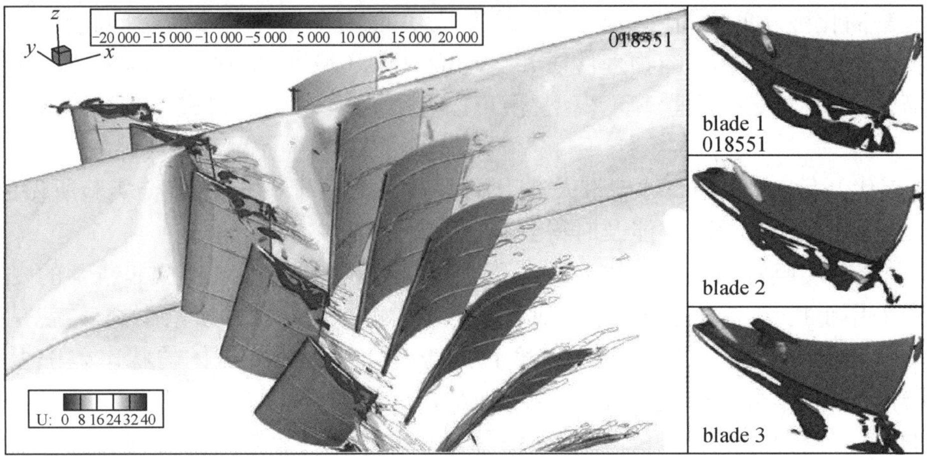

图 1-23　由 CFD 软件对压气机叶片进行的流场分析云图

思考题

1.1　试从力学的角度比较流体和固体的区别。

1.2　何为连续介质,流体力学中为什么需要引进连续介质假设?

1.3　连续介质模型是否适用于含有气泡的液体?

1.4　什么是牛顿内摩擦定律,它的应用条件是什么?

1.5　怎么表示液体的压缩性和膨胀性?

1.6　流体的黏性与哪些因素有关,它们随温度是如何变化的?

1.7　什么是理想流体,为什么要引进理想流体的概念?

1.8　按作用方式区分,作用在流体上的力有哪两类?

练习题

1.1　在相距 25 mm 的两个无限大平行平板间隙中充满某种液体,此间隙中有一 250 mm × 250 mm 的薄板,在相距一壁 6 mm 处以 0.15 m/s 的速度平行于壁面运动,所需拉力为 1.439 N,间隙中液体速度呈线性分布,该液体运动黏度应为多少?

1.2　已知某厂 1 号炉水平烟道中烟气组成百分数为:$\alpha_{CO_2}=13.5\%$,$\alpha_{SO_2}=0.3\%$,$\alpha_{O_2}=5.2\%$,$\alpha_{N_2}=76\%$,$\alpha_{H_2O}=5\%$,烟气的实测温度及静压计所示压强分别为 170 ℃和 1 432 Pa,当地大气压强为 100 858 Pa,试求 1 号炉工作状态下的烟气密度和运动黏度。

1.3　海水在海面附近的密度为 1 025 kg/m^3,在海面下 8 km 处的压强为 81.7 MPa,设海水的平均体积弹性模量为 23 401 MPa,试求该深度处海水的密度。

1.4　相距为 2.35 cm 的两块无限大竖板,如习图 1-1 所示,其间充满黏度为 $\mu=2.45$ Pa·s,比重为 0.95 的油,在对称面上,有一块厚度为 0.15 mm,面积为 1.5 m × 1.5 m 的方形金属板,质量为 5 kg,若欲使金属板以 $v=0.1$ m/s 的速度向上运动,试求对此板作用的提升力 F。

1.5　当两个等直径的球形液滴合并后,最终会变成什么形状,合并后液滴的内外压差是上升还是下降?

1.6　设某种油的比重为 0.86,动力黏度(在 4 ℃条件下)是煤油的两倍,试问:此油的动力黏度为何值?

1.7　直径为 d 的圆盘与固定的平板之间间隙为 h，如习图 1－2 所示，若其间充满黏度为 μ 的液体。为保持圆盘以角速度 ω 旋转，试问：对圆盘应施以多大力矩？（设间隙中速度分布为直线型）

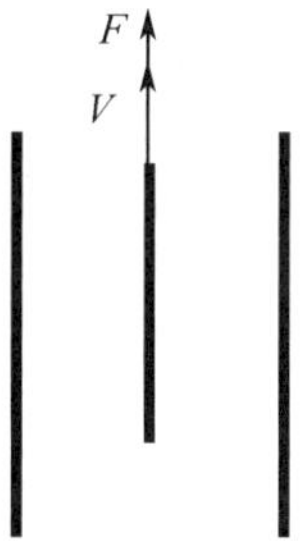

习图 1－1

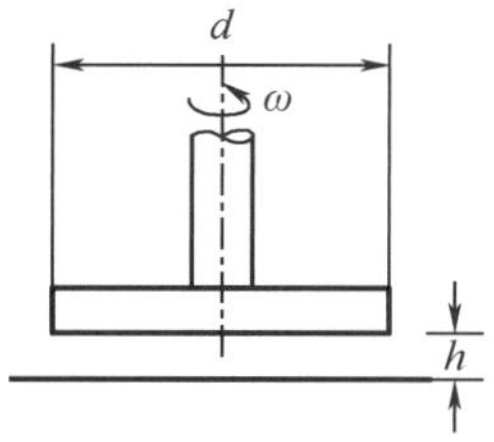

习图 1－2

1.8　如习图 1－3 所示，底面积为 40 cm×45 cm 的矩形木板，质量为 5 kg，以速度 $v=1$ m/s 沿着与水平面呈 30°倾角的斜面向下做匀速运动，木板与斜面间的油层厚度 $\delta=1$ mm，求油的动力黏滞系数，若油的容重 $\gamma=890$ N/m^3，它的运动黏滞系数为多少？

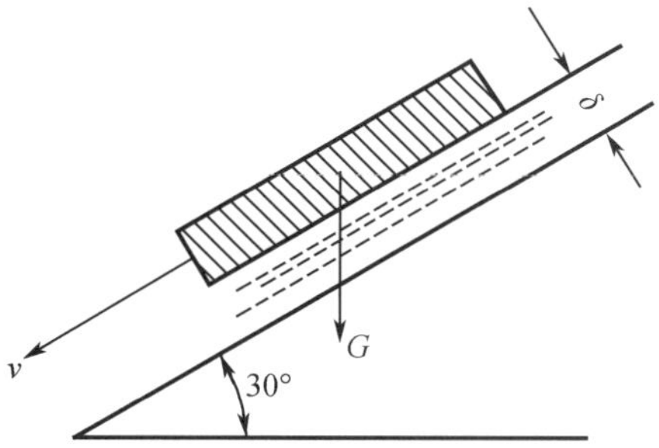

习图 1－3

流体静力学

冰山是一块大如山川的冰，脱离了冰川或冰架，在海洋里自由漂流。冰的密度约为917 kg/m^3，而海水的密度约为1 025 kg/m^3，自由漂浮的冰山约有90%的体积沉在海水表面以下。这也是为何用冰山一角的说法来形容严重的问题只显露出表面的一小部分。冰山非常结实，加之极地的低温环境下金属的强度降低，很容易损坏金属板，因此其为极地海洋运输中的极端危险因素。

在本章中，我们将学习流体静力学，即流体处于静止状态或流体相邻微团之间没有相对运动。在这两种情况下，流体中都不会产生剪切应力，在微团表面产生的唯一应力将是压力。因此，流体静力学中我们主要关注流体中的压力变化规律和压力对淹没的固体表面的影响。没有剪切应力大大简化了分析过程，为许多重要的实际问题获得了相对简单的解决方案。

本章学习目标：

(1) 掌握流体静力平衡方程，包括微分方程及重力场下的积分方程；

(2) 了解重力场作用下静止液体的压力分布规律，并能够掌握测压原理；

(3) 能够理解重力场中气体的压力分布与液体的区别；

(4) 掌握非惯性系下液体的压强分布及求解；

(5) 掌握流体对浸入其中的物体的作用力的计算方法，包括平面和曲面受力的求解；

(6) 了解流体作用在浮体或潜体上的总压力。

第 2 章　流体静力学

流体静力学研究流体在静止状态下的受力平衡规律及其在工程中的应用，而流体的静止状态指流体质点相对于参考坐标系没有运动。流体的静止状态存在两种情况：一种是参考坐标系固定在地球上，流体相对地球没有运动；另一种是流体相对于地球运动（如沿着直线做等加速运动或在容器内做等角速旋转运动），但相对于容器不运动，若将参考坐标系固定在容器上，流体仍是静止的，称为相对静止或相对平衡。在这两种情况下流体内部质点之间均不存在相对运动。

本章将以压强为中心，介绍静压强的特性及其分布规律，以及作用面上总压力的计算。

2.1　流体静压强及其特性

流体静力学中，将流体内的压应力称为流体静压强。在静止流体中，围绕某点取一面积为 ΔA 的微小作用面，设作用在其上的压力为 ΔP，则该点的流体静压强 p 就是面积 ΔA 趋于无穷小时，单位面积上平均压力 $\Delta P/\Delta A$ 的极限值，如图 2－1 所示，即

$$p=\lim_{\Delta A\to 0}\frac{\Delta P}{\Delta A} \tag{2-1}$$

国际单位制中，静压强 p 的单位为牛顿/米^2（N/m^2）或千牛顿/米^2（kN/m^2）。N/m^2 亦称为帕斯卡，简称帕。工程单位制为千克力/厘米^2（kgf/cm^2）。

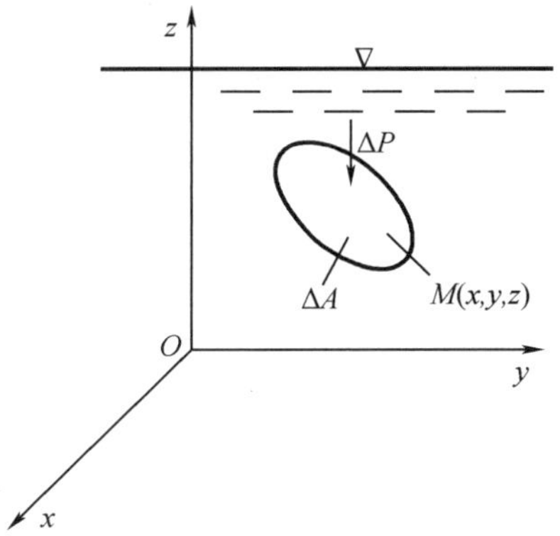

图 2－1　静止流体中的压强

流体静压强有如下两个基本性质。

（1）流体静压强的方向沿作用面的内法线方向。如图 2－2 所示，在静止液体中取一块液体用平面 S 将液体分成上、下两部分，平面 S 上的作用力就是流体间的相互作用力。取下部液体作为研究对象，假设平面 S 上任意一点 M 的应力 p 的方向不是作用面的法线方向，则 p 可以分解为法向应力 p_n 和切向应力 p_t。由于任何微小的切应力和拉应力都将使液体流动，破坏液体的受力平衡，这与静止液体的前提不符，因此静压强唯一可能的方向只能与作用向的内法线方向一致，即静止流体中只存在压应力。

（2）静止流体中任一点上流体静压强的大小与作用面的方位无关，即同一点上各个方向的流体静压强大小相等。可证明如下，设在流体中任取一点 O，选取如图 2－3 所示的包括点 O 在内的微小直角四面体。为方便起见，取三个正交面与坐标平面方向一致，棱长分别为 dx, dy, dz；任意方向倾斜面的面积为 dA_n，其外法线 $\boldsymbol{n}$ 的方向余弦为 $\cos(\boldsymbol{n},x)$，$\cos(\boldsymbol{n},y)$，$\cos(\boldsymbol{n},z)$。

静止液体中的任一点的压力与方向无关。

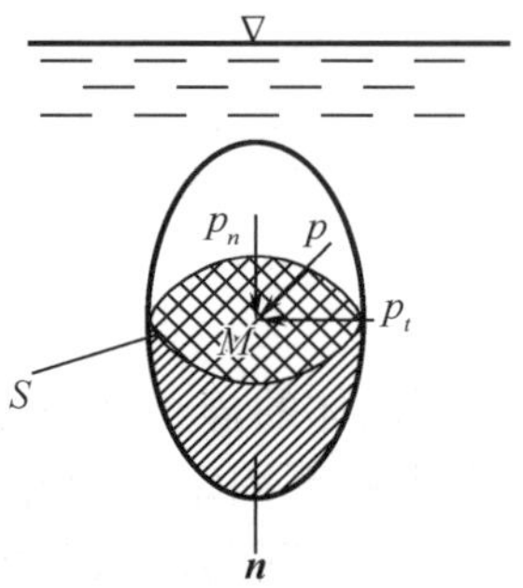

图 2-2　静止流体中压应力方向

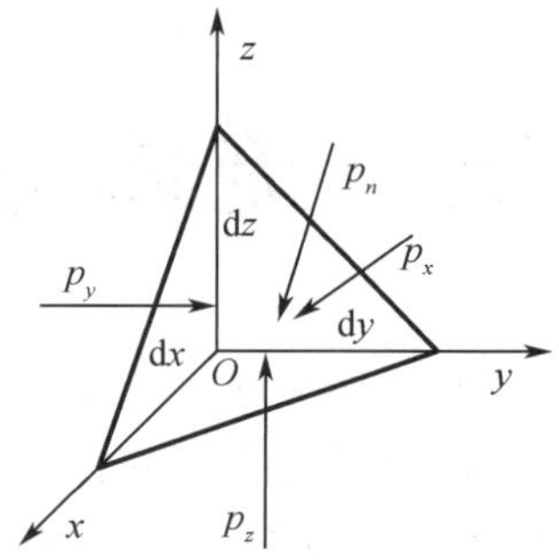

图 2-3　静止流体中的微元四面体

$$dA_n\cos(\boldsymbol{n},x)=\frac{1}{2}dydz,dA_n\cos(\boldsymbol{n},y)=\frac{1}{2}dxdz,dA_n\cos(\boldsymbol{n},z)\frac{1}{2}dxdy$$

四面体受力包括表面力和质量力。因静止流体中不存在切应力，因此作用在流体表面上只有四个面上的压力 P_x,P_y,P_z 和 P_n。设各面上的平均净压强分别为 p_x,p_y,p_z,p_n，则 $P_x=p_x\frac{1}{2}dydz,P_y=p_y\frac{1}{2}dxdz,P_z=p_z\frac{1}{2}dxdy,P_n=p_ndA_n$。

以 f_x,f_y,f_z 分别表示单位质量力在对应坐标轴方向的分量。四面体内流体的质量为 $\frac{1}{6}\rho dxdydz$，它所受的质量力 $\boldsymbol{F}$ 在各坐标轴方向的分量可以表示为

$$F_x=\left(\frac{1}{6}dxdydz\right)\cdot f_x,F_y=\left(\frac{1}{6}dxdydz\right)\cdot f_y,F_z=\left(\frac{1}{6}dxdydz\right)\cdot f_z$$

根据平衡条件，四面体处于静止状态下，各个方向上的作用力之和均等于零，以 x 方向为例。

$$P_x-P_n\cos(\boldsymbol{n},x)+F_x=0 \tag{2-2}$$

将 P_x,P_n,F_x 的表达式代入式(2-2)后得

$$\frac{1}{2}p_xdydz-\frac{1}{2}p_ndydz+\frac{1}{6}\rho dxdydz\cdot f_x=0$$

当 dx,dy,dz 趋于零，四面体向 M 点无限缩小时，上式等号左侧第三项为高阶微量，可以被忽略。因此得到 $p_x=p_n$

同理，分别考虑四面体在 y 轴和 z 轴方向上的受力平衡，得到 $p_y=p_n$ 与 $p_z=p_n$，所以

$$p_x=p_y=p_z=p_n$$

在上面对微元体的分析中，倾斜面的方向 $\boldsymbol{n}$ 是任意选取的，所以上式说明在同一点上各个方向的流体静压强均相等，与作用面的方位无关。因此，静止流体中任一点应力状态可以用流体静压强 p 表示，即它只是该点坐标的连续函数

$$p=p(x,y,z) \tag{2-3}$$

应该指出，流体静压强 p 实质上是一个标量函数，在对静压强方向的讨论中提到的“压强的方向”应当被理解成作用面上流体压强产生的压力(矢量)方向。

2.2　静止流体平衡微分方程

根据静止流体的受力平衡条件和流体静压强的基本特性，可以建立流体平衡的基本关系式，获得流体静压强的空间分布规律。

2.2.1　流体平衡基本关系式的建立

在静止的流体中取一微元正六面体，其中心在任一点 C，各边分别与坐标轴平行，边长为 dx,dy,dz，如图2－4所示，下面来分析它的平衡条件。

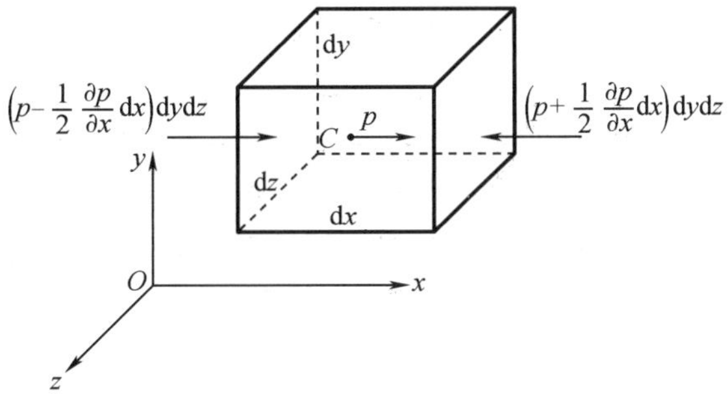

图2－4　静止流体中的微元六面体

首先分析作用于此流体微元六面体上的力，有两种：

(1)六面体上的表面力，即周围流体对它施加的压力，它取决于六面体各面上的压强；

(2)作用于六面体的质量力。

下面首先来分析六面体的表面力，设六面体中心点 $C(x,y,z)$ 的压强为 $p(x,y,z)$。由连续介质假设，可知压强在几何空间中连续，当坐标有微小变化时，压强也发生变化，并可用泰勒级数表示为

$$p(x+\Delta x,y+\Delta y,z+\Delta z)=p(x,y,z)+\left(\frac{\partial p}{\partial x}\Delta x+\frac{\partial p}{\partial y}\Delta y+\frac{\partial p}{\partial z}\Delta z\right)+\frac{1}{2}\left(\frac{\partial^2 p}{\partial x^2}\Delta x^2+\frac{\partial^2 p}{\partial y^2}\Delta y^2+\frac{\partial^2 p}{\partial z^2}\Delta z^2+2\frac{\partial^2 p}{\partial x\partial y}\Delta x\Delta y+2\frac{\partial^2 p}{\partial y\partial z}\Delta y\Delta z+2\frac{\partial^2 p}{\partial z\partial x}\Delta z\Delta x\right)+\cdots$$

现以 x 轴方向为例，当 $\Delta x\to 0$ 时，可忽略二阶以上的各项，则沿 x 轴方向作用于六面体左侧和右侧表面上中心点处的压强分别为

$$p-\frac{1}{2}\frac{\partial p}{\partial x}dx,\ p+\frac{1}{2}\frac{\partial p}{\partial x}dx$$

因此，微元体所受到的沿 x 方向的表面力合力为

$$\left(p-\frac{1}{2}\frac{\partial p}{\partial x}dx\right)dydz-\left(p+\frac{1}{2}\frac{\partial p}{\partial x}dx\right)dydz$$

式中，$\frac{\partial p}{\partial x}$是压强沿 x 方向的变化率。对于其他两方向的压力，也可以写出相应的表达式。

然后再来分析作用于六面体上的质量力，若流体微团的平均密度为 ρ，则质量力沿三个坐标轴方向的分量分别为

$$f_x\rho dxdydz,\ f_y\rho dxdydz,\ f_z\rho dxdydz$$

因为微小六面体处于平衡状态，故根据受力平衡条件，作用在微元六面体上的外力在三个坐标轴上的分力之和都等于零。例如对于 x 轴，则为

$$\left(p-\frac{1}{2}\frac{\partial p}{\partial x}dx\right)dydz-\left(p+\frac{1}{2}\frac{\partial p}{\partial x}dx\right)dydz+f_x\rho dxdydz=0$$

整理上式，并把各项都除以微元六面体质量 $\rho \mathrm{d}x\mathrm{d}y\mathrm{d}z$，则有

$$f_x - \frac{1}{\rho}\frac{\partial p}{\partial x} = 0,\quad f_y - \frac{1}{\rho}\frac{\partial p}{\partial y} = 0,\quad f_z - \frac{1}{\rho}\frac{\partial p}{\partial z} = 0 \tag{2-4}$$

写成矢量的形式

$$\boldsymbol{f} - \frac{1}{\rho}\nabla p = 0 \tag{2-5}$$

式中，符号 ∇ 为矢量微分算子，称为哈密顿(Hamilton)算子

$$\nabla = \boldsymbol{i}\frac{\partial}{\partial x} + \boldsymbol{j}\frac{\partial}{\partial y} + \boldsymbol{k}\frac{\partial}{\partial z}$$

式(2-4)称为流体平衡微分方程，是由瑞士数学家，力学家欧拉(Leonhard Euler)于1775年首次导出，又称欧拉平衡微分方程。它给出了处于平衡状态的流体中压强的空间变化率与单位质量力之间的关系。

此方程的物理意义是：在静止流体中，某点单位质量流体的质量力与静压强的合力相平衡。在推导这个方程的过程中，除了假设是静止流体以外，其他参数(质量力和密度)均未做任何限制，所以该方程组的适用范围是：静止或相对静止状态的可压缩和不可压缩流体。它是流体静力学最基本的方程组，流体静力学的其他计算公式都是从此方程组推导出来的。为了便于应用，可以将欧拉平衡微分方程改写成用全微分表示的标量形式。

把式(2-4)两边分别乘以 $\mathrm{d}x$，$\mathrm{d}y$，$\mathrm{d}z$，然后相加得

$$\rho(f_x\mathrm{d}x + f_y\mathrm{d}y + f_z\mathrm{d}z) = \frac{\partial p}{\partial x}\mathrm{d}x + \frac{\partial p}{\partial y}\mathrm{d}y + \frac{\partial p}{\partial z}\mathrm{d}z$$

由于流体静压强是空间坐标的连续函数，即 $p = p(x,y,z)$，故它的全微分

$$\mathrm{d}p = \frac{\partial p}{\partial x}\mathrm{d}x + \frac{\partial p}{\partial y}\mathrm{d}y + \frac{\partial p}{\partial z}\mathrm{d}z \tag{2-6}$$

所以

$$\mathrm{d}p = \rho(f_x\mathrm{d}x + f_y\mathrm{d}y + f_z\mathrm{d}z) \tag{2-7}$$

或

$$\mathrm{d}p = \rho(\boldsymbol{f}\cdot\mathrm{d}\boldsymbol{r}) \tag{2-8}$$

式(2-6)、式(2-7)、式(2-8)称为静止流体的压强差公式。

补充 泰勒级数的展开(泰勒展开)

在数学中学习泰勒级数时，知道它是一种可以把复杂函数表达成多项式函数的方法，并且用它可以根据空间一点处的信息来得到相邻点处的信息。现在我们来看看这是如何做到的。

图2-5表示了某物理量 y 随空间距离 x 的变化规律。当 y 相对 x 连续可微时，使用泰勒展开完全可以根据 O' 点处的信息来估计相邻点 A 的数值。例如，仅仅使用 O' 点处的值 y_0 和 $O'A$ 连线的斜率 $\frac{\mathrm{d}y}{\mathrm{d}x}$，就可以估计出 A 点的数值为 $y = y_0 + \left(\frac{\mathrm{d}y}{\mathrm{d}z}\right)\Delta x$。

很显然这种估计只有当 y 随 x 呈线性变化时才是精确的。所以泰勒展开还有无穷多的高阶项，用二阶、三阶和更高阶的项来模拟曲线从 O' 点到 A 点的走势。因此，即使物理量的变化规律不是线性的，只要两点距离足够近，泰勒展开也是足够精确的。当距离 $O'A$ 趋于无穷小时，只用线性表示就足够了。力学中推导微分方程时都是针对微元体进行的，一般都采用线性关系式，忽略二阶以上的小量。个别情况处理有限小的尺度时，会用到二阶及以上的项。

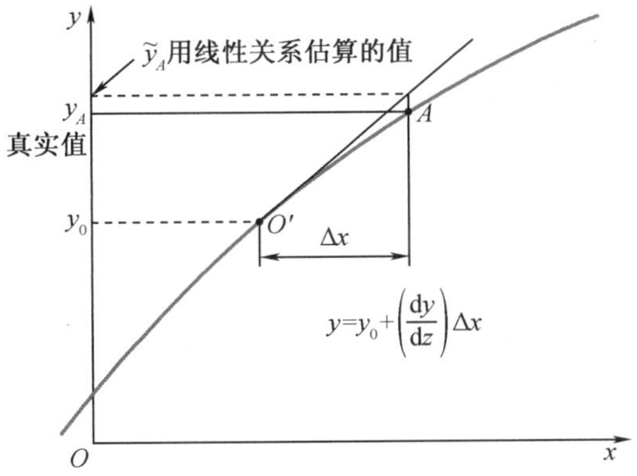

图 2-5 泰勒级数的展开的物理意义

2.2.2 平衡流体压强分布规律

在给定质量力的作用下，对式（2-7）、式(2-8)积分，便可得到平衡流体压强的分布规律。对不可压缩均质流体(ρ = const)，式(2-7)、式(2-8)右边括号内的项必定是某一函数 $W(x,y,z)$ 的全微分，即

$$dW = f_x dx + f_y dy + f_z dz \tag{2-9}$$

因为

$$dW = \frac{\partial W}{\partial x}dx + \frac{\partial W}{\partial y}dy + \frac{\partial W}{\partial z}dz \tag{2-10}$$

故有

$$f_x = \frac{\partial W}{\partial x},\ f_y = \frac{\partial W}{\partial y},\ f_z = \frac{\partial W}{\partial z} \tag{2-11}$$

即函数 W 对某坐标轴的偏导数等于单位质量力在该坐标轴上的投影。由于函数 W 与质量力之间存在这种关系，称函数 $W(x,y,z)$ 为质量力势函数，具有这样势函数的质量力称为有势的质量力。例如，重力是有势的力。因此可以得出结论：不可压缩均质流体只有在有势的质量力作用下才能维持平衡。

将式(2-9)代入式(2-7)，得到

$$dp = \rho dW \tag{2-12}$$

积分得

$$p = \rho W + C$$

式中，C 为积分常数，可由流体表面或内部某点已知的势函数 W_0 和压强 p_0 确定。

从而有

$$p = p_0 + \rho(W - W_0) \tag{2-13}$$

这就是不可压缩流体平衡微分方程式积分后的普遍关系式。它说明了平衡流体压强的分布规律。若质量力势函数 W 是已知的，就能根据式(2-13)很方便地计算任一点的压强 p。

在式(2-13)中，$\rho(W-W_0)$ 项的大小取决于流体的密度与质量力势函数，而与参考点的压强 p_0 无关。即若 p_0 值有所增减，则在所研究的静止流体中各点的压强 p 值也都随之有同样量值的增减。因此，在平衡条件下，等密度流体中任一点的压强变化必将等值地传到流体的其他各点上。这就是帕斯卡原理，它广泛地应用于水压机与其他液压或气压机械的设计中。

例题 2-1 平衡流体压强计算

已知：如图 2-6 所示水压机的大活塞直径 $D=0.5$ m，小活塞直径 $d=0.2$ m，杠杆手臂长 $a=0.25$ m，$b=1$ m，忽略两活塞的质量及其与活塞缸的摩擦力。

求解：当外力 $F=200$ N 时，大活塞对物体的挤压力 P_D。

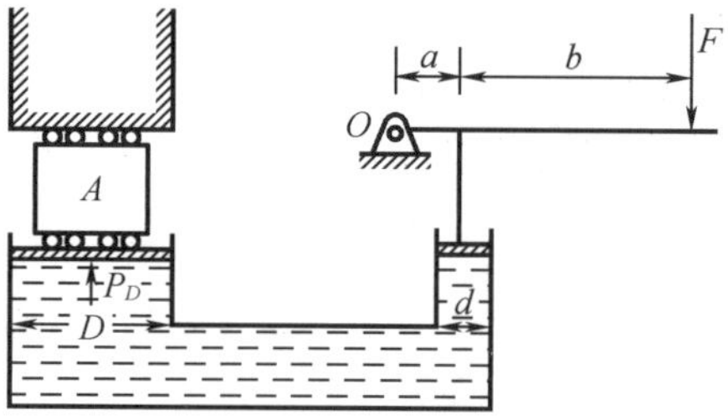

图 2－6　水压机原理

解题过程：

设小活塞受到的总压力为 P_d，根据力矩平衡定理，可得

$$P_d=\frac{a+b}{a}F=\frac{0.25+1}{0.25}\times200=1\ 000\ \mathrm{N}$$

小活塞与水接触面上产生的静压强为

$$p=\frac{P_d}{\frac{\pi d^2}{4}}=\frac{4\times1\ 000}{3.14\times0.2^2}=3.185\times10^4\ \mathrm{N/m^2}$$

按帕斯卡原理，p 将等值地传递到大活塞上，故大活塞对物体 A 的挤压力为

$$P_D=p\cdot\frac{\pi D^2}{4}=3.185\times10^4\times\frac{3.14\times0.5^2}{4}=6\ 250\ \mathrm{N}$$

例题分析：

液压机的原理就是利用帕斯卡原理，将压强等值地传递到大活塞上，从而使压力增倍。

2.2.3　等压面

静止流体中压强相等的各点所构成的面(曲面或平面)称为等压面。例如，液体和气体的分界面即自由液面(自由面)是等压面，其上的压强等于气体的压强，互不相溶的两种液体的分界面也是等压面。仅受重力作用的静止液体的水平面就是等压面。但应用时要注意，上述结论只适用于同一种并且是相互连通的液体，而且只受重力一种质量力作用，如图 2－7所示。

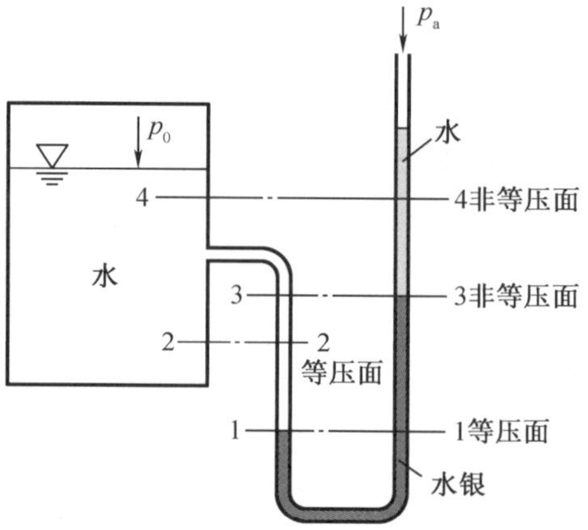

图 2－7　等压面和非等压面

液压机示意图

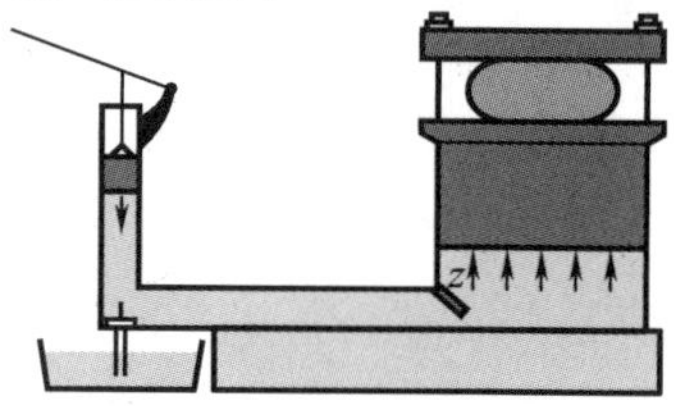

液压机原理图

根据帕斯卡原理，密闭液体压强各处相等，液压机是利用液体来传递压力的设备。液体在密闭的容器中传递压力时遵循帕斯卡定律。

在等压面上，$p=\text{const}$，$\mathrm{d}p=0$。由式(2-12)得 $\rho\mathrm{d}W=0$，因 $\rho\neq 0$，必然 $\mathrm{d}W=0$，即 $W=\text{const}$。所以在平衡的不可压缩均质流体中，等压面同时也是等势面。

另外，从式(2-7)可得等压面的方程式为

$$f_x\mathrm{d}x+f_y\mathrm{d}y+f_z\mathrm{d}z=0$$

这就是微分形式的等压面方程。

等压面有一个重要性质，质量力垂直于等压面。这一性质可由等压面方程得到证明。在静止流体中，作用在流体上的单位质量力为 $\boldsymbol{f}$，$\mathrm{d}\boldsymbol{r}$ 为等压面上的任意微小线段表示的矢量，求 $\boldsymbol{f}$ 和 $\mathrm{d}\boldsymbol{r}$ 的数量积，再由等压面的微分方程可以得到

$$f_x\mathrm{d}x+f_y\mathrm{d}y+f_z\mathrm{d}z=\boldsymbol{f}\cdot\mathrm{d}\boldsymbol{r}=0 \tag{2-14}$$

式(2-14)表明，$\boldsymbol{f}$ 和 $\mathrm{d}\boldsymbol{r}$ 两矢量的数量积等于零，由矢量代数可知，这两个矢量必然垂直。$\mathrm{d}\boldsymbol{r}$ 为等压面上任意微小线段，即 $\boldsymbol{f}$ 和等压面上的任意线段都垂直，而由两条线就可以决定这个面，所以 $\boldsymbol{f}$ 必然垂直于等压面。这就证明了质量力垂直于等压面的重要性质。

2.3 重力场中液体的平衡

在工程实际或日常生活中接触到的流体常常是处于重力场中，此时流体上作用的质量力只有重力，为了叙述方便起见，将受到的质量力只有重力的流体称为重力流体。下面将着重讨论重力作用下的流体平衡状态下静压强的计算和测量问题。

2.3.1 重力场中不可压缩流体中压强的变化

流体静力学基本方程是流体静力学的重要理论基础，也是静力学问题应用比较多的方程。

在重力场中，设液体自由面上的压强为 p_0，z 轴铅直向上，则在该坐标系中单位质量力的分量分别为 $f_x=f_y=0$，$f_z=-g$，代入压强差公式，可得

$$\mathrm{d}p=\rho(f_x\mathrm{d}x+f_y\mathrm{d}y+f_z\mathrm{d}z)=-\rho g\mathrm{d}z \tag{2-15(a)}$$

对于不可压缩流体，ρ 为常数，将式(2-15(a))积分得

$$p=-\rho gz+C \tag{2-15(b)}$$

式中，C 为积分常数，取决于边界条件。

式(2-15(b))适用于平衡流体内部的任意点，这就是重力场中静止流体中压力分布的一般性公式。如图2-8所示，若1点的压强为 p_1，坐标为 z_1；2点的压强为 p_2，坐标为 z_2，则式(2-15(b))可写成

$$z_1+\frac{p_1}{\rho g}=z_2+\frac{p_2}{\rho g} \tag{2-16}$$

式(2-15(b))和式(2-16)适用于不可压缩重力流体的平衡状态，对于同一容器内的不同流体和不同容器内的同一种流体（不满足连续性条件），不能应用上述方程。

对于静止的液体或气体，流体中任意点处的垂直方向的压力梯度仅取决于该点处流体的比重。

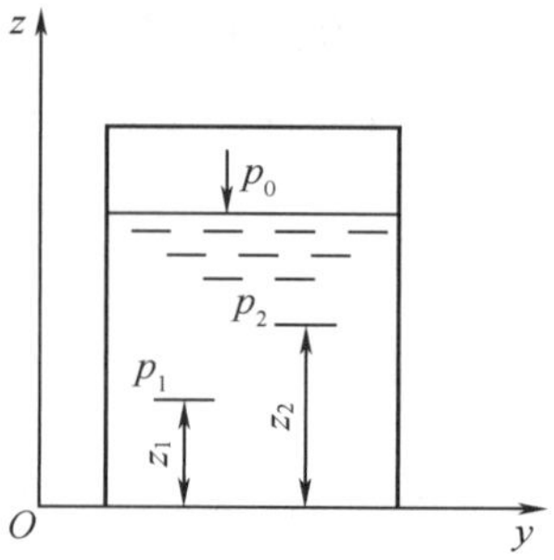

图 2-8 静止液体

在实际工程中，常需要计算在有自由液面的静止液体中的任意一点的静压强。为此，可以根据流体静力学基本方程（式（2-16））得到静止液体中任意一点的静压强计算式。如对于淹深（距离自由表面的垂直距离为淹深）为 h 的点和压强为 p_0 的自由液面上的点，列静力学基本方程，则

$$z+\frac{p}{\rho g}=(z+h)+\frac{p_0}{\rho g}$$

通过上式可解得

$$p=p_0+\rho gh \tag{2-17}$$

式（2-17）即为有自由液面的不可压缩均质重力流体处于平衡状态时，流体内部静压强的计算公式，其又称为液体静力学基本方程。

为了加强对流体静力学方程的理解，下面讨论流体静力学基本方程的物理意义和几何意义。

1. 物理意义

质量为 m 的流体，相对基准面的高度为 z 时，其具有的位势能为 mgz，单位重量①流体的位势能为 $\frac{mgz}{mg}=z$，所以流体静力学基本方程中的 z 表示单位重量流体相对于基准面的位势能。式（2-16）中的 $\frac{p}{\rho g}$ 表示单位重量的流体的压强势能，如图 2-9 所示，容器中 1 点距离基准面的距离为 z_1，该点的压强为 p_1，在和 1 点等高的容器壁面上开孔，并用玻璃管与真空相连，则容器中的液体在压强 p_1 和真空所形成的压强差作用下，沿玻璃管上升 h，此时压强差克服重力做功，使液体的势能增大。对图中 A 点和 1 点列静力学基本方程，则有

$$z_1+\frac{p_1}{\rho g}=z_1+h \text{ 或者 } h=\frac{p_1}{\rho g}$$

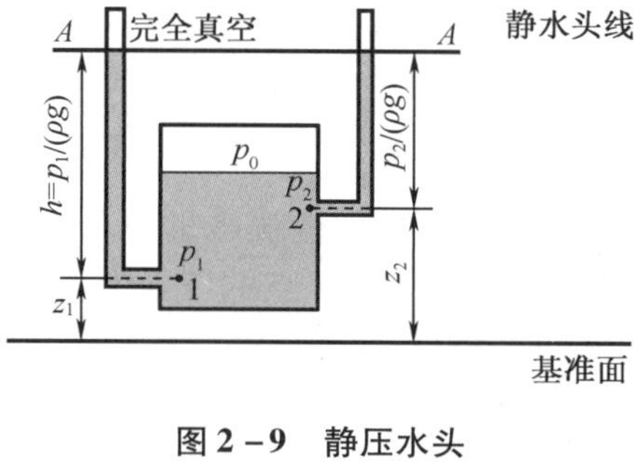

图 2-9 静压水头

由以上推导过程可以看出，$\frac{p}{\rho g}$ 具有做功的能力，其单位和 z 相同，为长度的单位 m。为此将 $\frac{p}{\rho g}$ 称为单位重量流体的压强势能或压强水头，位势能与压强势能之和称为总势能或者测压水头。因此，流体静力

① 单位重量，是指物质单位体积下的重力。

学基本方程的物理意义可以表述为：当连续不可压的重力流体处于平衡位置时，在流体中的任意点上，单位重量流体的总势能为常数。

2. 几何意义

由上述讨论可知，静力学基本方程中的每一项均表示单位重量流体具有的势能，均具有长度的单位，所以在水力学中又将它们称为水头。z 称为位置水头，$\frac{p}{\rho g}$ 称为压强水头，两者之和称为静水头。各点静水头的连线，称为静水头线，如图 2－9 所示，$A-A$ 即为静水头线，根据以上讨论可知，平衡流体内部，各点的静水头都相等。所以，流体静力学基本方程的几何意义可以表示为：不可压缩的重力流体处于平衡状态时，静水头线为平行于基准面的水平线。

由静止液体中压力分布的一般性公式及液体静力学基本方程可以看到重力场中静止液体具有下列重要性质。

（1）等压面与等高面重合

由式（2－15）及式（2－17）可见，在 $z=\text{const}$ 的平面（等高面）上，$p=\text{const}$（等压面）。

（2）自由面与等高面重合

图 2－10 所示的容器中盛以某种液体，液体自由面以上是压力为 p_a 的气体。因此，自由面是等压面，而等压面是等高面，故自由面为等高面。

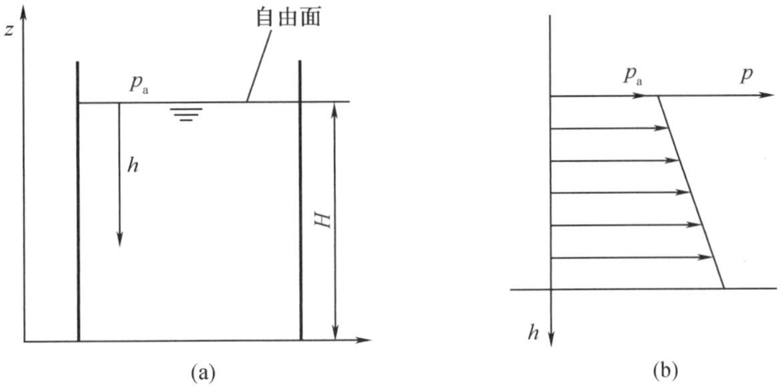

图 2－10　自由面与等高面重合

（a）自由面定义；（b）压强分布

若已知自由面上压力为 p_a，则边界条件可表示为

$$p_{z=H}=p_a$$

利用此条件可以确定式（2－15）中的积分常数 C，$C=p_a+\rho gH$。于是式（2－15）可表示为

$$p=p_a+\rho g(H-z)$$

式中，$H-z$ 为自由面下的深度，用 h 表示，则压力公式就是式（2－17），即

$$p=p_0+\rho gh$$

由此可见，液体中任意一点的压力可以理解为过该点的单位截面的液体柱重加自由面压力。

（3）两种液体的分界面为等压面

设有密度不同的两种液体置于同一容器中，如图 2－11（a）所示。分界面两侧液体分别满足平衡方程

$$\mathrm{d}p=-\rho_1 g\mathrm{d}z, \mathrm{d}p=-\rho_2 g\mathrm{d}z$$

假定分界面为任意曲面，如图 2－11（b）所示。分界面就是两种液体的接触面，在接触面上如何使一点上两种液体的压力相等？在分界面上任取邻近两点 A，B，两点之间的向径用 $\mathrm{d}\boldsymbol{r}$ 表示，$\mathrm{d}\boldsymbol{r}$ 在 z 轴上的投影用 $\mathrm{d}z$ 表示。在密度为 ρ_1 的液体中，满足平衡方程

$$\mathrm{d}p_1=\rho_1 g\mathrm{d}z$$

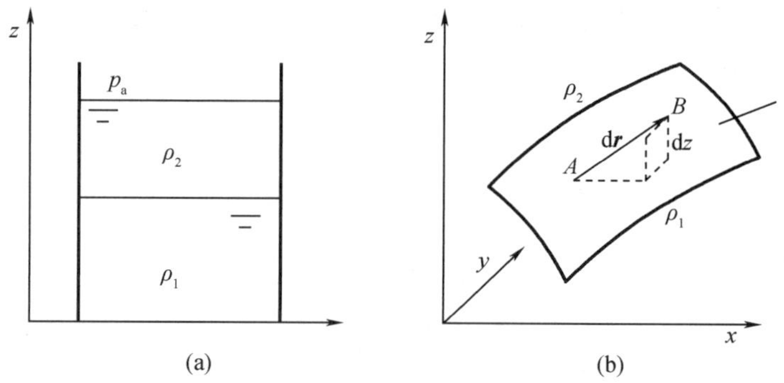

图 2－11　两种液体的分界面

在密度为 ρ_2 的液体中，满足平衡方程

$$\mathrm{d}p_2 = \rho_2 g \mathrm{d}z$$

由上式可得

$$\frac{\mathrm{d}p_1}{\rho_1} = \frac{\mathrm{d}p_2}{\rho_2}$$

或

$$\frac{\mathrm{d}p_1}{\rho_1} - \frac{\mathrm{d}p_2}{\rho_2} = 0$$

于是 $\mathrm{d}p_1$、$\mathrm{d}p_2$ 都是表示 A、B 两点的压强差，故 $\mathrm{d}p_1 = \mathrm{d}p_2$，因此

$$\mathrm{d}p_1\left(\frac{1}{\rho_1} - \frac{1}{\rho_2}\right) = 0$$

由于 $\rho_1 \neq \rho_2$，故可得

$$\mathrm{d}p_1 = \mathrm{d}p_2 = 0$$

即分界面上任意两点之间的压强差为零，因而分界面一定是等压面。

综上所述，在重力场中，静止液体的等压面、自由面、分界面均为水平面（等高面）。

2.3.2　压强的度量

1. 绝对压强、相对压强与真空度

压强 p 的大小可以从不同的基准算起，因而有不同的表示方法。以没有气体存在的完全真空为零算起的压强值称为绝对压强，用符号 p_{abs} 表示。在实际情况下，大多数物体的表面与大气相接触，受到大气压强 p_a 的作用，因此以当地大气压强作为压强计量的基准点较为方便，这样得到的压强称为相对压强，以 p_r 表示，相对压强也称为表压。相对压强与绝对压强相差一个当地大气压，即

$$p_r = p_{abs} - p_a \tag{2-18}$$

显然，绝对压强只能取正值。而相对压强可能是正值也可能是负值。当某点的绝对压强大于大气压时，相对压强为正值。当绝对压强小于大气压时，相对压强为负值，这时的压强称为负压。负压的绝对值又称为真空压强，用 p_v 表示。显然上述三个概念之间的关系可表示为

$$p_v = p_a - p_{abs} \tag{2-19}$$

在工程计算中，采用相对压强可使计算简化。因为通常工程建筑及工业设备都处于大气压的作用下，而大气压在物体上的合力效应为零，所以计算时一般可不考虑大气压的作用。用于测量压强的各种压力表，其读数均为相对压强。绝对压强、相对压强和真空压强的关系如图 2－12 所示。

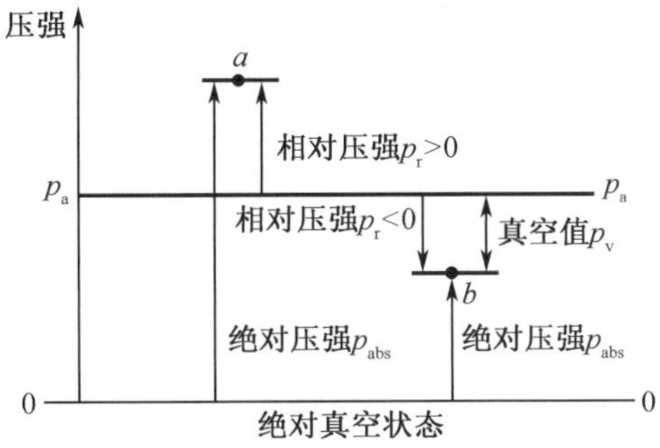

图 2-12　压强关系

2. 压强的三种计量方法

从压强的基本定义出发,用单位面积上的力表示。其国际单位为 N/m^2(Pa),工程单位为 kgf/cm^2 或者 kgf/m^2。

压强也可以用大气压的倍数来表示。国际上规定一个标准大气压(用符号 atm 表示)的绝对压强用国际单位制表示其值的大小为 101 325 Pa,即 1 atm = 101 325 Pa;工程单位中用 kgf/cm^2 作为大气压的计量单位,称为工程大气压,用符号 at 表示,即 1 at = 1 kgf/cm^2 = 98 000 Pa。

压强还可以用液柱高度来表示,即用常用水柱高度或水银高度来表示,其单位为 mH_2O 或 mmHg。静止液体在自重的作用下,在底面将产生压力,对高度为 h 的液体,其底部将产生 $p=\rho gh$ 的压强,$h=\frac{p}{\rho g}$ 为液柱高度(为长度单位)。若压强相等,对不同的液体将产生不同的液柱高度。

压强的单位及其换算关系见表 2-1。

表 2-1　压强的单位及其换算关系

压强度量方法	单位名称	单位符号	单位换算关系
压力单位法	帕	Pa	1 Pa = 1 N/m^2
液柱高度法	米水柱	mH_2O	1 mH_2O = 9 800 Pa
	毫米汞柱	mmHg	1 mmHg = 13.6 mmH_2O = 133.3 Pa
工程大气压法	工程大气压	at	1 at = 1 kgf/cm^2 = 736 mmHg = 98 000 Pa

2.3.3　压强的测量

流体静压强的测量仪表主要有液柱式、金属式和电测式三大类。液柱式测压仪表测量精度高,但量程较小,一般用于低压实验场所。金属式测压仪表利用金属弹性元件的变形来测量压强。可测压强的仪表叫压力表,可测真空度的仪表叫真空表。电测式测压仪表将弹性元件的机械变形转化成电阻、电容、电感等电量,便于远距离测量及动态测量。由于电测式测压仪表与流体力学基本理论联系不大,故在此只介绍液柱式和金属式测压仪表。

(1)测压管　在欲测压强处,直接连一根顶端开口直通大气,直径为 5~10 mm 的玻璃管,即为测压管。如图 2-13 所示,在 A 点的压强 p_A 作用下,测压管中的液面上升直到维持平衡,此时测压管的液面高度 $h_A=\frac{p_A}{\rho g}$。这种测压管可以测量小于 1.96×10^4 Pa 的压强。如果压强大于此值,则不便使用这种测压管。

将上述测压管改成图 2-14 所示形式,则为倒式测压管或真空计。量取 h_v 的数值,便可算出容器 D 中自由液面处的真空度。

倾斜管压力计可用于精确测量小压差。

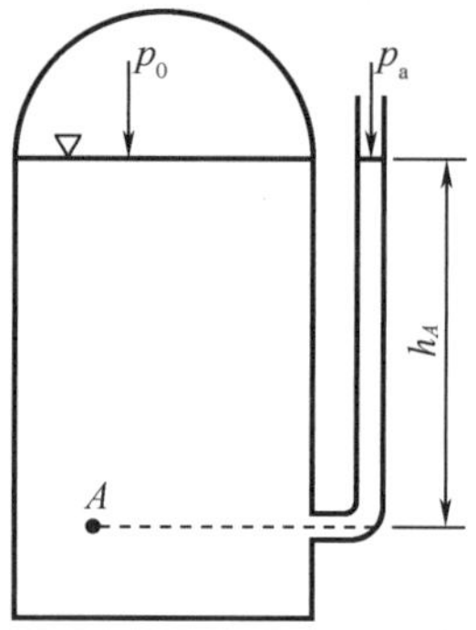

图 2-13　测压管

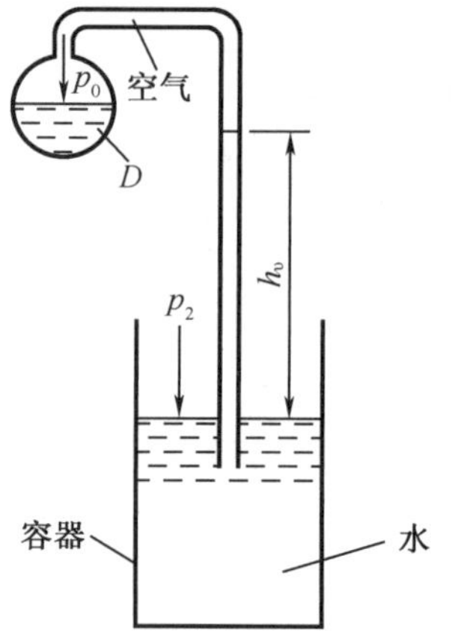

图 2-14　真空管

有时为了提高测量精度，可将测压管改成如图 2-15 所示的形式，称为倾斜式测压管或斜管压力计。此时 $p_0 = p_a + \rho gh = p_a + \rho gl\sin\theta$。通常，$\theta$ 为固定值。

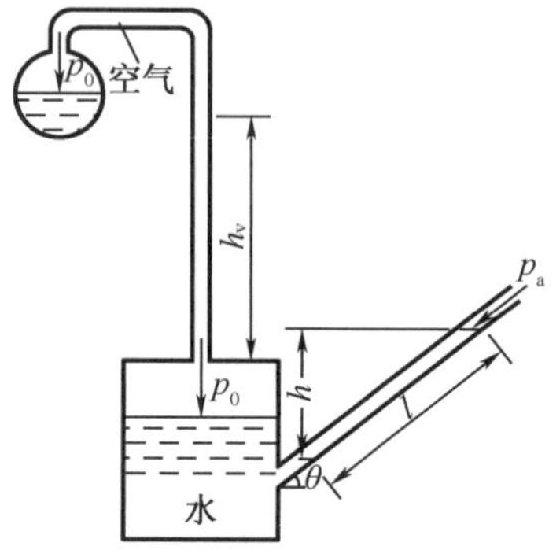

图 2-15　倾斜式测压管

（2）U 形测压管　为了克服测压管测量范围和工作液体的限制，常使用 U 形测压管和 U 形管真空计来测量 3 个大气压以内的压强。

如图 2-16 所示为 U 形测压管，N—N 面为等压面。

在 U 形测压管的左边

$$p_N = p_0 + \gamma(h_1 + h_2)$$

U 形测压管的右边

$$p_N = p_a + \gamma_m h_m$$

所以

$$p_0 + \gamma(h_1 + h_2) = p_a + \gamma_m h_m$$

$$p_0 = p_a + \gamma_m h_m - \gamma(h_1 + h_2)$$

$$p_A = p_0 + \gamma h_1 = p_a + \gamma_m h_m - \gamma h_2 \tag{2-20}$$

测出 h_1, h_2, h_m 的值，即可算出 p_0 和 p_A。

由于气体的重力非常小，所以压力计中气柱的贡献通常可以忽略不计。

（3）杯式测压计和多支 U 形管测压计　杯式测压计是一种改良的 U 形测压管，如图 2-17 所示。它是由一个内盛水银的金属杯与装在刻度板上的开口玻璃管相连接而组成的测压计。一般测量时，杯内水银面升降变化不大，可以略去不计，故以此面为刻度零点。要求精确的测量时，可移动刻度零点，使之与杯内水银面齐平。设水和水银的重度分别为 γ_w，γ_m，则 C 点的绝对压强为

$$p_C = p_a + \gamma_m h - \gamma_w L \qquad (2-21)$$

多支U形管测压计是几个U形管的组合物，如图2－18所示。当容器 A 中气体的压强大于3个大气压时，可采用这种形式的测压计。如果容器内是气体，U形管上端接头处也充以气体时，气体重力影响可以忽略不计，容器 A 中气体的相对压强为

$$p_A = \gamma_m(h_1 + h_2)$$

多支U形管测压计也可在右边多装几支U形管，以测量更大的压强。如果U形管上部接头处充满的是水，则图2－18中 B 点的相对压强为

$$p_B = \gamma_m h_1 + (\gamma_m - \gamma_w) h_2 \qquad (2-22)$$

求出 B 点压强后，可以推算出容器 A 中任意一点的压强。

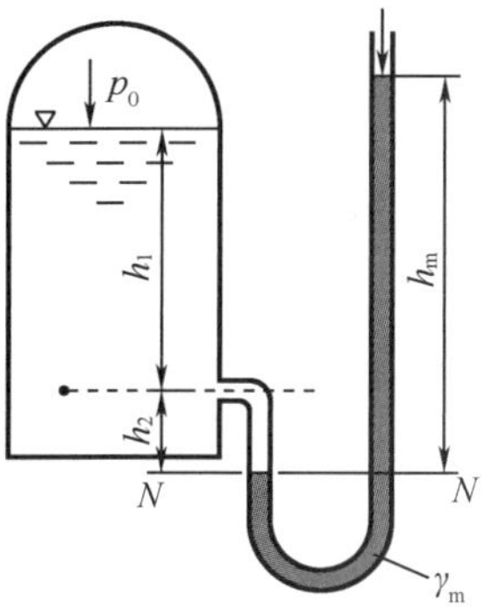

图2－16　U形测压管

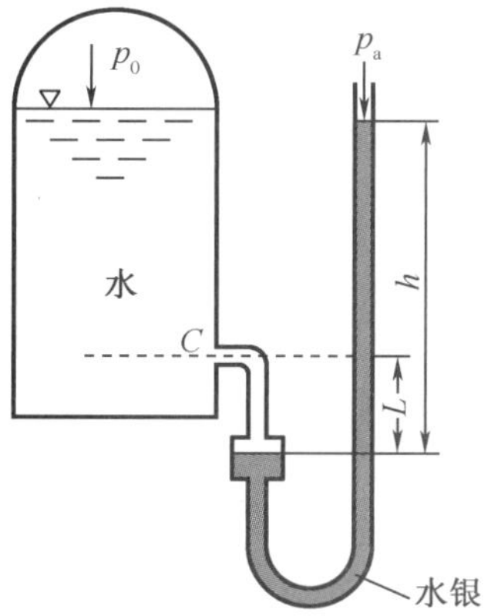

图2－17　杯式测压计

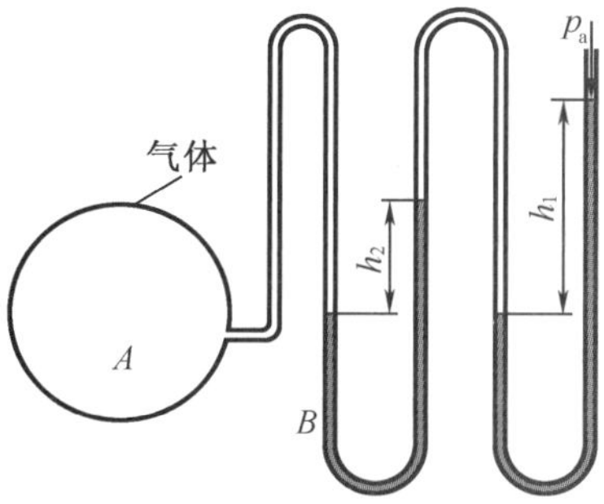

图2－18　多支U形管测压计

(4)差压计　在工程实际中，有时并不需要具体知道某点压强的大小而是要了解某两点的压强差，测量两点压强差的仪器叫差压计。图2－19为测量 A、B 两点压强差的差压计，在 A、B 两点压力差的作用下，水银面产生一高度差 Δh，经分析计算可得 A、B 两点的压强差

$$p_B - p_A = \gamma_A(h_1 + h_2) + \gamma_m \Delta h - \gamma_B(h_2 + \Delta h) \qquad (2-23)$$

(5)金属压力表与真空表　金属式测压仪器具有结构简单，测压范围广，携带方便，测量精度满足工程要求等优点，因而在工程中被广泛采用。常用的金属式测压计有弹簧管压力计，它的工作原理是利用弹簧元件在被测压强作用下产生弹簧变形带动指针指示压力。

金属压力表与真空表

图 2－20 为一弹簧测力计，它的主要部分为一环形金属管，管的断面为椭圆形，开口端与测点相通，封闭端有联动杆与齿轮相连。当大气进入管中时，指针的指示值为零，当传递压力的介质进入管中时，由于压力的作用使金属伸展，通过拉杆和齿轮带动，使指针在刻度盘上指出压强数值。压力表测出的压强是相对压强，又称表压强。习惯上称只测正压的表叫压力表。另有一种金属真空计，其结构与压力表类似。当大气压进入管中时，指针的指示值仍为零，当传递压力的介质进入管中时，由于压力小于大气压力，金属管将会发生收缩变形，这时指针指示值为真空值。通常称这种只测负压的表为真空表。

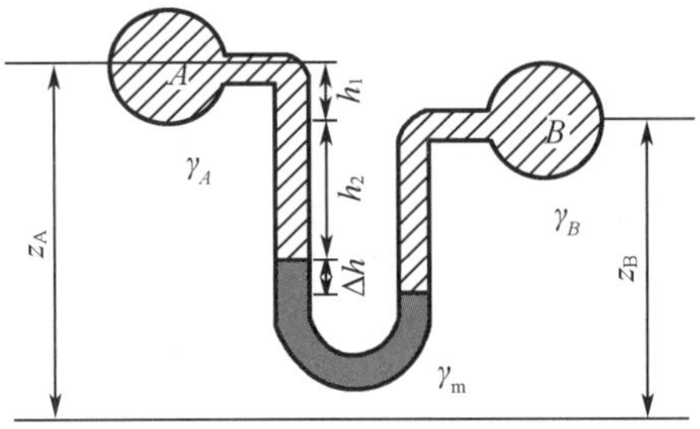

图 2－19　压差计

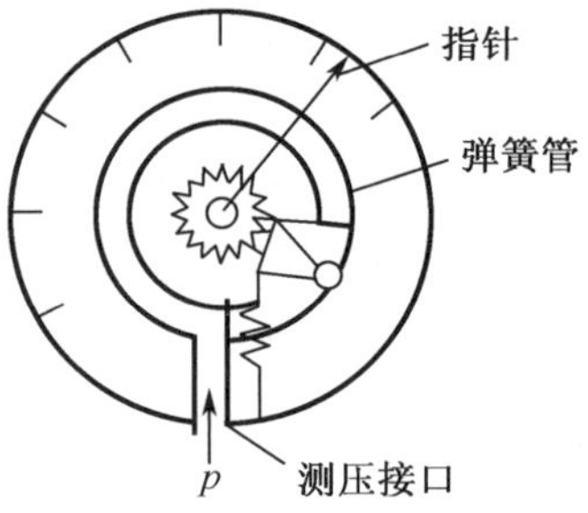

图 2－20　弹簧测力计

例题 2－2　重力场中的压强计算 1

已知：如图 2－21 所示，两水管与 U 形管压力计连接，A，B 两点的高度差为 1 m，U 形管内装有水银，假设读数 $\Delta h=0.5$ m。

求解：A、B 两点的压力差。

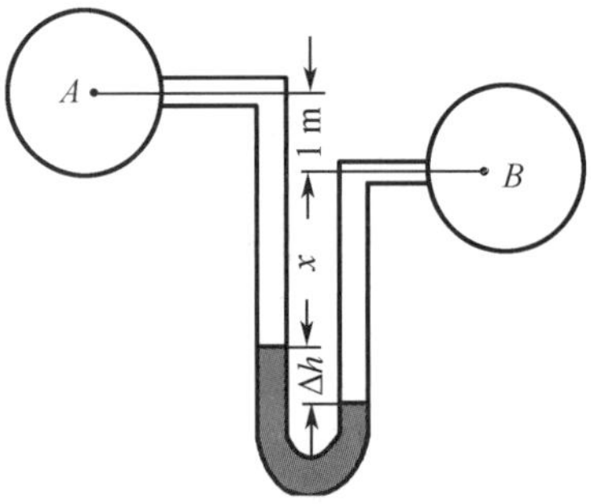

图 2－21　U 形管测压计

解题过程：

选取 U 形管内水银最低液面为等压面，设 B 点到水银最高液面的垂直高度为 x，则

$$p_A+\rho_w g(1+x)+\rho_H g\Delta h=p_B+\rho_w g(x+\Delta h)$$

得

$$p_B-p_A=\rho_w g+(\rho_H-\rho_w)g\Delta h=1\ 000\times 9.8+(13\ 600-1\ 000)\times 9.8\times 0.5=7.154\times 10^4\ \text{Pa}$$

例题分析：

本题中利用静止水银液柱中相同高度液面即为等压面的原理，利用等压面列方程可间接地求出 A、B 两点的压强差。

例题 2－3　重力场中的压强计算 2

已知：如图 2－22 所示的 U 形管中装有水银和水。

求解：

(1)A、C 两点的绝对压力和表压力各为多少？

(2)A、B 两点的高度差 h 为多少？

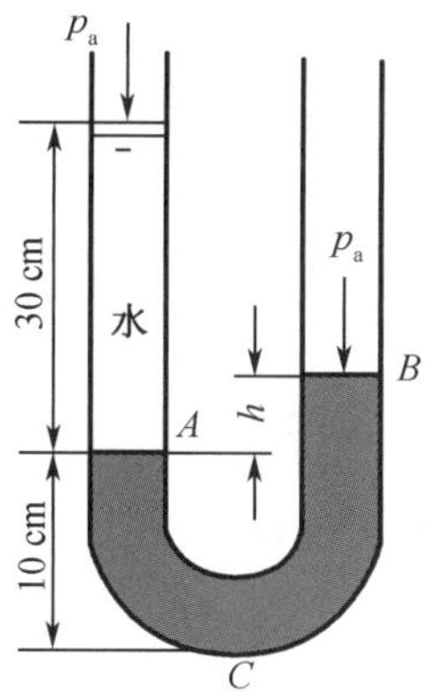

图 2－22　U 形管测压计

解题过程：

(1)由 $p_a=101\ 325\ \text{Pa}$,$\rho_w=1\ 000\ \text{kg/m}^3$

$$\rho_m=13.6\times10^3\ \text{kg/m}^3$$

$$p_{absA}=p_a+\rho_w g h_w=101\ 325+1\ 000\times9.8\times0.3=104\ 265\ \text{Pa}$$

$$p_{rA}=\rho_w g h_w=1\ 000\times9.8\times0.3=104\ 265\ \text{Pa}$$

$$p_{absC}=p_a+\rho_w g h_w+\rho_m g h_m=101\ 325+1\ 000\times9.8\times0.3+13\ 600\times9.8\times0.1=117\ 593\ \text{Pa}$$

$$p_{rC}=\rho_w g h_w+\rho_m g h_m=1\ 000\times9.8\times0.3+13\ 600\times9.8\times0.1=16\ 268\ \text{Pa}$$

(2)选取 U 形管中水银的 A 液面为等压面,则 $\rho_w g h_w=\rho_m g h$ 得

$$h=\frac{\rho_w g h_w}{\rho_m g}=0.022\ \text{m}$$

例题分析：

准确地理解绝对压强和相对压强(表压)是求解本题的关键,另外对等压面的选取是求解汞柱高度的关键。

2.4　重力场中静止气体中的压力分布

无论液体或气体,在静止状态都应满足重力场中的平衡方程,即

$$\text{d}p=-\rho g\text{d}z$$

对于气体而言,在整个流场中 $\rho\neq\text{const}$,故 p、ρ 均为待定函数。为求解函数 p、ρ,尚需补充一个方程。

在许多实际问题中,气体流场中的压力与密度往往具有确定的关系,即 p 与 ρ 互为函数关系,$p=p(\rho)$。我们把具有这种关系的流场称为正压流场。正压流场中最有代表意义的流场为指数规律流场,即

$$\frac{p}{\rho^n}=c \tag{2-24}$$

式中,c,n 为常数。

例如,完全气体的均温流场,即在整个流场中温度为常数,满足 $\dfrac{p}{\rho}=\text{const}$,这就是一种指数规律正压流场,相当于 $n=1$。

本节将讨论满足指数规律正压流场中的压力分布规律。

2.4.1　正压流场中的静止气体

基本方程由式(2－15)及正压条件(式(2－24))构成,消去 ρ 可得

$$\frac{\mathrm{d}p}{p^{\frac{1}{n}}}=-\frac{g\mathrm{d}z}{c^{\frac{1}{n}}} \tag{2-25}$$

将式(2－25)积分可得

$$\frac{n}{n-1}p^{\frac{n-1}{n}}=-\frac{gz}{c^{\frac{1}{n}}}+c_1 \tag{2-26}$$

式中，c_1 为常数，它由具体问题的边界条件来确定。

若已知 $z=0$ 处压力为 p_0，密度为 ρ_0，即 $p_{z=0}=p_0$，$\rho_{z=0}=\rho_0$，于是正压条件中的 c 可写成 $c=\frac{p_0}{\rho_0^n}$，利用此条件，由式(2－26)可得

$$c_1=\frac{n}{n-1}p_0^{\frac{n-1}{n}}$$

代入式(2－26)可得

$$\frac{p}{p_0}=\left(1-\frac{n-1}{n}\frac{g\rho_0 z}{p_0}\right)^{\frac{n}{n-1}} \tag{2-27}$$

此为指数规律正压流场中压力分布公式。利用式(2－24)，由式(2－27)又可得到密度分布公式

$$\frac{\rho}{\rho_0}=\left(1-\frac{n-1}{n}\frac{g\rho_0 z}{p_0}\right)^{\frac{1}{n-1}} \tag{2-28}$$

对于完全气体，由于 $\frac{p}{\rho}=RT$，由式(2－27)和式(2－28)可得到温度分布公式

$$\frac{T}{T_0}=\left(1-\frac{n-1}{n}\frac{g\rho_0 z}{p_0}\right)=1-\frac{n-1}{n}\frac{gz}{RT_0} \tag{2-29}$$

式(2－27)是在 $n\neq1$ 的条件下，由式(2－25)积分求得。若指数规律正压流场的指数 $n=1$，即

$$\frac{p}{\rho}=c \tag{2-30}$$

则式(2－25)可写成

$$\frac{\mathrm{d}p}{p}=-\frac{g\mathrm{d}z}{c}$$

将此式积分可得

$$\ln p=-\frac{g}{c}z+c_1 \tag{2-31}$$

式中，c_1 为常数，由具体问题的边界条件来确定。

2.4.2 标准大气

大气的真实状况非常复杂，它不单与地理位置有关，而且与季节乃至时辰有关。但是就整个大气的平均状况而言，大气层大致可分为下列几个层次。

海平面至 11 km 高空为对流层，在此层中流动复杂，变化很大。

由 11 km 高空至 32 km 高空为平流层，在此层中存在大气的水平流动，而且变化不大，温度几乎不变，故又称同温层。

由 32 km 高空至 80 km 高空为高温层。

在 80 km 以上的高空为外层空间。

在此并不讨论大气的真实状况，它属于大气物理学的范畴。

作为一种共同比较大气状态的标准，人们规定一种大气状态（大致与北半球中纬度全年平均气象条件相符合），并将其命名为标准大气状态，条件为：

(1)设大气为完全气体,其状态方程为$\frac{p}{\rho}=RT$,式中,$R=287\ \text{Pa}\cdot\text{m}^3/(\text{kg}\cdot\text{K})$;

(2)在海平面上,$T_0=288.15\ \text{K}$,$p_0=1.013\times10^5\ \text{Pa}$;

(3)在对流层中,指数率正压条件为$n=1.238$。

根据上述条件,利用压力、密度、温度分布(式(2-27)、式(2-28)、式(2-29))可得到对流层中压力、密度和温度分布式,即

$$\frac{p}{p_0}=\left(1-\frac{0.238}{1.238}\frac{gz}{RT_0}\right)^{\frac{1.238}{0.238}}=\left(1-\frac{z}{4.48\times10^4}\right)^{5.256} \tag{2-32}$$

$$\frac{\rho}{\rho_0}=\left(1-\frac{0.238}{1.238}\frac{gz}{RT_0}\right)^{\frac{1}{0.238}}=\left(1-\frac{z}{4.48\times10^4}\right)^{4.356} \tag{2-33}$$

$$\frac{T}{T_0}=1-\frac{0.238}{1.238}\frac{gz}{RT_0}=1-\frac{z}{4.48\times10^4} \tag{2-34}$$

在对流层的上边界$z=z_d=11\times10^3\ \text{m}$,其压力、密度、温度分别用$p_d$,$\rho_d$,$T_d$表示。

$$p_d=p_0\left(1-\frac{11\times10^3}{4.48\times10^4}\right)^{5.256}=0.227\,4p_0=0.230\times10^5\ \text{Pa}$$

$$\rho_d=\rho_0\left(1-\frac{11\times10^3}{4.48\times10^4}\right)^{4.356}=0.293\rho_0=0.293\frac{p_0}{RT_0}=0.358\,9\ \text{kg/m}^3$$

$$T_d=\frac{p_d}{R\rho_d}=\frac{0.230\times10^5}{289\times0.358\,9}=223.29\ \text{K}$$

上述参数正是同温层的下边界条件,由此条件可确定均温流场中的压力公式(2-31)中的c_1及式(2-30)中的c

$$c_1=\ln p_d+\frac{gz_d}{RT_d},c=\frac{p_d}{\rho_d}$$

同温层中的压力公式可写成

$$p=p_d\exp\left[\frac{g(z_d-z)}{RT_d}\right]=0.230\times10^5\exp[1.53(11\times10^3-z)\times10^{-4}] \tag{2-35}$$

利用式(2-30)可得

$$\rho=\frac{\rho_d}{p_0}p=\rho_d\exp\left[\frac{g(z_d-z)}{RT_d}\right]=0.358\,9\exp[1.53(11\times10^3-z)\times10^{-4}] \tag{2-36}$$

例题2-4　重力场中静止气体的压力分布

已知:海平面上条件为$p_0=101.3\ \text{kPa}$,$t_0=15℃$,$\rho_0=1.285\ \text{kg/m}^3$。海平面上空温度对于高度的下降率为$\left(\frac{7}{1\,000}\right)$ K/m。

求解:$z=3\,000$ m处的压力、密度。

解题过程:

由海平面上条件,可求出空气的气体常数为

$$R=\frac{p_0}{\rho_0T}=273.7\ \text{Pa}\cdot\text{m}^3/(\text{kg}\cdot\text{K})$$

将式(2-29),即

$$\frac{T}{T_0}=1-\frac{n-1}{n}\frac{gz}{RT_0}$$

微分有

$$\frac{\mathrm{d}T}{\mathrm{d}z}=-\frac{n-1}{n}\frac{g}{R}$$

即

$$n=\frac{1}{1+\left(\frac{R}{g}\right)\left(\frac{\mathrm{d}T}{\mathrm{d}z}\right)}$$

将已知条件$\frac{\mathrm{d}T}{\mathrm{d}z}=-\frac{7}{1\ 000}$代入上式，则 $n=1.243$，把 n 代入式(2－32)、式(2－33)、式(2－34)得

$$p_{z=3\ 000}=p_0\left[1-\frac{n-1}{n}\frac{gz}{RT_0}\right]_{z=3\ 000}^{\frac{n}{n-1}}=67.57\ \text{kPa}$$

$$\rho_{z=3\ 000}=\rho_0\left[1-\frac{n-1}{n}\frac{gz}{RT_0}\right]_{z=3\ 000}^{\frac{1}{n-1}}=0.924\ \text{kg/m}^3$$

$$T_{z=3\ 000}=267\ \text{K}$$

例题解析：

由于气体在重力场中的密度在不同的高度是变化的，所以求解重力场中气体的压力分布，就要对重力场中流体的微分平衡方程进行积分，而式(2－32)、式(2－33)、式(2－34)就是积分之后的正压流场的积分公式，所以求解本题直接应用积分公式即可。

2.5 液体的相对平衡

在工程实际中常常遇到液体的相对平衡问题。例如，油罐车中的油液、汽车油箱中的汽油和高速旋转容器中的液体等，在一定的条件下，液体和这些容器处于平衡状态。对这些问题的研究，要涉及匀加速水平直线运动容器中液体的相对平衡和等角速度旋转容器中液体的相对平衡理论。其研究方法同前，只是在作用于单位质量流体上的质量力应计入相应的惯性力。

2.5.1 匀加速水平直线运动容器中液体的相对平衡

如图 2－23 所示，在水平直轨道上以加速度 a 运动的油罐车，液面上的压强为 p_0。由于惯性力的作用，液面和水平面呈 α 角。坐标原点选在液面不变化的 O 点，z 轴铅直向上，x 轴沿油罐车的运动方向。用达朗伯原理来分析该问题时，作用在流体质点上的质量力除重力外还有虚加在质点上的惯性力，其单位质量力分量分别为 $f_x=-a$, $f_y=0$, $f_z=-g$。下面在上述条件下，对油罐车中相对平衡流体内部的压强分布规律和等压面分析如下。

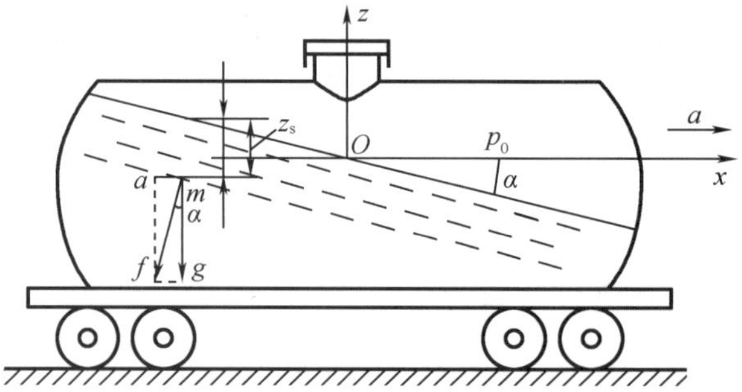

图 2－23　匀加速水平直线运动的容器

1. 流体静压强的分布规律

将单位质量力分量代入压强微分公式得

$$\mathrm{d}p=\rho(f_x\mathrm{d}x+f_y\mathrm{d}y+f_z\mathrm{d}y)=\rho(-a\mathrm{d}x-g\mathrm{d}z)$$

将上式积分得

$$p=-\rho(ax+gz)+C$$

式中 C 为积分常数,将边界条件:$x=0,z=0$ 时,$p=p_0$ 代入上式得 $C=p_0$,则

$$p=p_0-\rho(ax+gz) \tag{2-37}$$

式(2－37)即为匀加速水平直线运动容器中液体内部静压强的计算公式。该式表明,静压强不仅与垂直坐标有关,同时还和水平坐标有关,这一点不同于绝对平衡内部静压强的分布规律。

2. 等压面方程

将单位质量力分量代入等压面的微分方程得

$$-a\mathrm{d}x-g\mathrm{d}z=0$$

将上式积分得

$$ax+gz=C_1$$

此式即为在水平直轨道上等加速运动容器中相对平衡液体内部的等压面方程。该式的几何图像为与 x 轴有一定倾斜角的平面,式中常数 C_1 取不同值时,表示不同的等压面,所以等压面为一簇倾斜平面。这些平面和 x 轴的夹角为

$$\alpha=-\arctan\frac{a}{g} \tag{2-38}$$

由式(2－38)可以看出,质量力的合力仍然垂直于等压面。在上述平衡状态下,自由液面也是等压面,也应该满足等压面方程,将坐标原点的坐标代入等压面方程得 $C_1=0$。为了区别其他等压面,将自由液面上的 z 坐标记为 z_s,则自由液面的方程可以表示为 $ax+gz_s=0$,将其代入流体静压强分布公式(2－37),整理得

$$p=p_0+\rho g(z_s-z)=p_0+\rho gh \tag{2-39}$$

这是上述平衡状态下,流体内部静压强的另一种表达形式,在形式上和绝对平衡的流体静压强的分布规律完全相同,即液体内部的流体静压强大小等于液面上的压强 p_0 加上高度为 h、截面积为单位面积的柱体内液体重力所产生的压强 ρgh。但是,实际上两者是有区别的,在绝对平衡状态下,淹深仅仅和垂直坐标有关,而上述的相对平衡状态下,淹深 h 不仅和垂直坐标有关,还和水平坐标有关。

例题 2－5　等加速水平直线运动容器中液体的相对平衡

已知:一个长 $L=1$ m,高 $H=0.5$ m 的油箱,其内盛有深度为 $h=0.2$ m 的油,油可经过中心流出,如图 2－24 所示,油的重度 $\gamma=6\ 800\ \mathrm{N/m^3}$。

求解:油箱做匀加速直线运动的加速度 a 为多大时将中断供油?

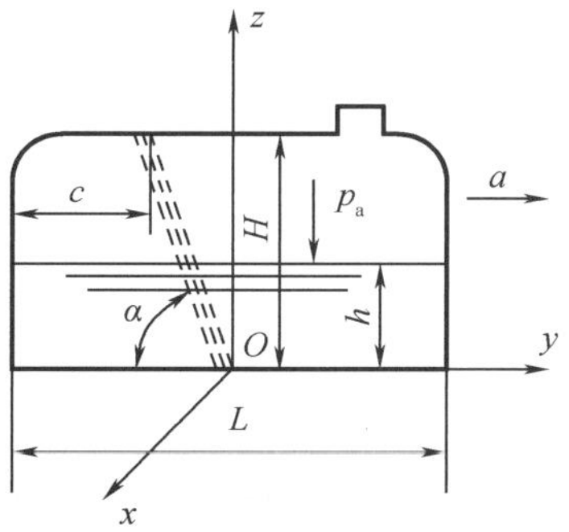

图 2－24　匀加速直线运动的油箱

解题过程:

假设油箱的宽度为 b,油箱内油的体积 V 为

$$V = hLb$$

以加速度 a 做匀加速直线运动后，油面倾斜，底部油面越过中心后，将中断供油，这时油的体积为

$$V = \frac{1}{2}\left(\frac{L}{2} + c\right)Hb$$

运动前后油箱内油的体积相等，即

$$hLb = \frac{1}{2}\left(\frac{L}{2} + c\right)Hb$$

由此可得

$$c = \frac{2L(h - 0.25H)}{H} = \frac{2 \times 1 \times (0.2 - 0.25 \times 0.5)}{0.5} = 0.3\ \text{m}$$

油面倾斜角的正切为

$$\tan\alpha = \frac{H}{0.5L - c} = \frac{0.5}{0.5 \times 1 - 0.3} = 2.5$$

则油箱运动的加速度为

$$a = g\tan\alpha = 9.807 \times 2.5 = 24.518\ \text{m/s}^2$$

解题过程：

该题是一个实际应用问题，是在汽车及飞机的设计过程中都不得不考虑的问题，求解该题的关键就是有倾斜面的极限值，运用匀加速直线运动等压面倾斜角的正切公式来反求加速度。

例题 2－6　匀加速水平直线运动容器中液体的相对平衡

已知：汽车上有一水平运动方向平行放置的内充液体的 U 形管，如图 2－25 所示。已知长度 $L = 0.5$ m，加速度 $a = 0.5\ \text{m/s}^2$。

求解：U 形管外侧的液面高度差。

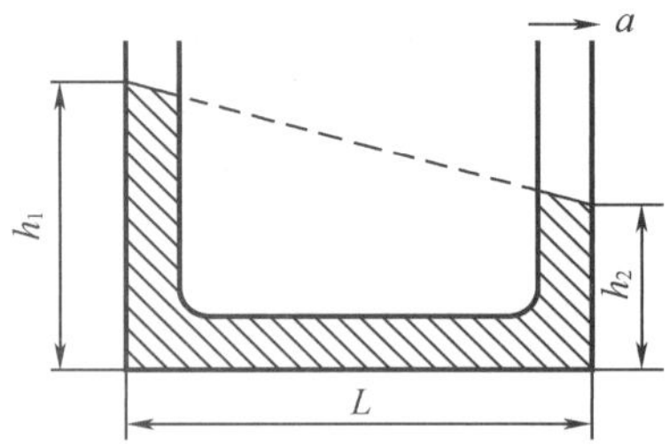

图 2－25　水平运动的 U 形管中液体的压强分布

解题过程：

由式(2－38)得 U 形管内液面倾斜角的正切值为

$$\tan\alpha = \frac{a}{g} = \frac{h_2 - h_1}{L} = \frac{\Delta h}{L}$$

故 U 形管外侧液面高度

$$\Delta h = \frac{a}{g}L = \frac{0.5\ \text{m/s}^2}{9.807\ \text{m/s}^2} \times 0.5\ \text{m} = 0.025\,5\ \text{m} = 25.5\ \text{mm}$$

解题过程：

该题是匀加速直线运动等压面倾斜角公式的简单应用，关键是要正确地理解该公式。

2.5.2　等角速度旋转容器中液体的相对平衡

研究对象如图 2－26 所示，盛有一定量液体的圆形容器绕轴线以等角速度 ω 旋转。在旋转的初始时刻，液体借助黏性剪切力的作用，由外向内逐渐开始旋转，经过一定的时间后，液体相对容器平衡，自由液

面形成抛物面，其上的压强为 p_0。将坐标原点取在抛物面的顶点上，z 轴铅直向上，xOy 面水平。根据达朗伯原理，作用在流体上的质量力除了重力外，还有虚加在流体质点上的离心惯性力，在液体中取一点，该点到旋转轴的距离为 r，铅直坐标为 z。由图 2－26 可知，在该点上单位质量力分量分别为

$$f_x=\omega^2 r\cos\alpha=\omega^2 x,\ f_y=\omega^2 r\sin\alpha=\omega^2 y,\ f_z=-g$$

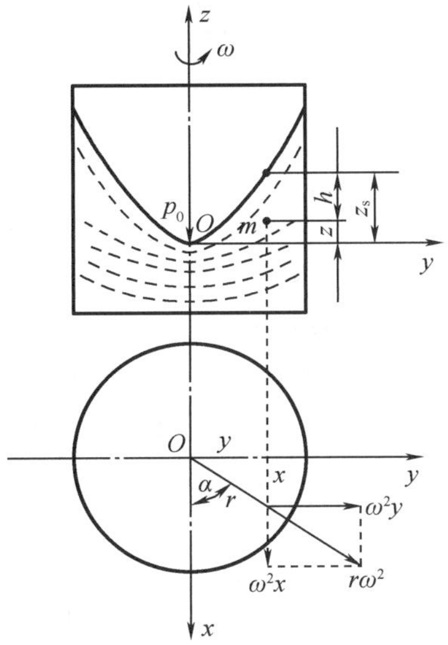

图 2－26　等角速旋转容器中的液体

下面根据质点的受力情况分析该平衡状态下液体内部的压强分布规律和等压面的情况。

1. 流体静压强的分布规律

将上述单位质量力代入压差公式有

$$\mathrm{d}p=\rho(\omega^2 x\mathrm{d}x+\omega^2 y\mathrm{d}y-g\mathrm{d}z)$$

将上式积分得

$$p=\rho\left(\frac{\omega^2 x^2}{2}+\frac{\omega^2 y^2}{2}-gz\right)+C$$

整理得

$$p=\rho g\left(\frac{\omega^2 r^2}{2g}-z\right)+C \tag{2-40}$$

将边界条件：$z=0$，$r=0$ 时，$p=p_0$ 代入上式得 $C=p_0$，于是有

$$p=p_0+\rho g\left(\frac{\omega^2 r^2}{2g}-z\right) \tag{2-41}$$

式(2－41)即为等角速旋转容器中液体内部静压强的分布规律。该式表明，在同一水平面内流体静压强随半径 r 按平方规律增长。

2. 等压面方程

将单位质量力分量代入等压面方程有

$$\omega^2 x\mathrm{d}x+\omega^2 y\mathrm{d}y-g\mathrm{d}z=0$$

将上式积分得

$$\frac{\omega^2 x^2}{2}+\frac{\omega^2 y^2}{2}-gz=C_1$$

或者

$$\frac{\omega^2 r^2}{2} - gz = C_1 \tag{2-42}$$

该方程的几何图像为旋转抛物面。不同的常数 C_1 代表不同的等压面，所以等角速度旋转容器中液体处于相对平衡状态时，等压面为一簇旋转抛物面，抛物面的轴线为 z 轴。

在自由液面上，将原点的坐标代入式(2－42)可得积分常数 $C_1=0$，记 z_s 为自由液面上任意点的垂直坐标，则自由液面的方程可以表示为

$$z_s = \frac{\omega^2 r^2}{2g} \tag{2-43}$$

式(2－43)的几何图像为顶点在原点、开口朝向 z 轴的正方向的旋转抛物面。将式(2－43)代入式(2－41)，可以得到静压强的另一种表达式，即

$$p = p_0 + \rho g(z_s - z) = p_0 + \rho g h \tag{2-44}$$

由式(2－44)可以看出，等角速度旋转容器中相对平衡的液体，其静压强的分布规律和绝对平衡时的分布规律在形式上完全相同，即流体的静压强等于自由液面上的压强加上淹深 h 为高、截面积为单位面积的柱体内液体的重力 ρgh 所产生的压强。但实质上是有所区别，在绝对平衡状态下，淹深仅仅和垂直坐标有关，在此情况下，淹深不仅和垂直坐标有关，还与水平坐标有关。

例题 2－7 等角速度旋转容器中液体的相对平衡

已知：如图 2－27 所示，圆筒形容器的直径 $d=300$ mm，高 $H=500$ mm，容器内水深 $h_1=300$ mm，容器绕中心轴等角速度旋转。

求解：

(1)水正好不溢出时的转速 n_1；

(2)旋转抛物液面的顶点恰好触及底部时的转速 n_2；

(3)容器停止旋转后静水的深度。

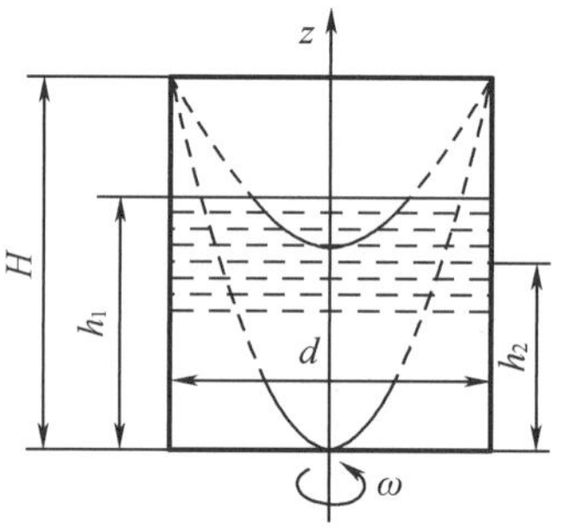

图 2－27 等角速度旋转的盛水圆筒形容器

解题过程：

设容器以转速 n_1 旋转时，水恰好触及容器外沿。此时，自由液面为一旋转抛物面，其包容的体积则为容器原来无水部分的体积，所以有

$$\frac{\pi}{4}d^2(H-h_1) = \int_0^{\frac{\omega^2 r^2}{2g}} \pi r^2 \mathrm{d}z_s = \int_0^{r\pi} 2r^2 \frac{\omega_1^2}{g}\mathrm{d}r^2$$

$$= \frac{\pi\omega_1^2}{4g}r^4 = \frac{\pi\omega_1^2}{64g}d^4$$

$$\omega_1 = \sqrt{\frac{16g(H-h_1)}{d^2}} = \sqrt{\frac{16\times 9.807\times(0.5-0.3)}{0.3^2}}\ \text{rad/s} = 18.67\ \text{rad/s}$$

$$n_1 = \frac{30\omega_1}{\pi} = 30\times\frac{18.67}{\pi}\ \text{r/min} = 178.3\ \text{r/min}$$

当自由液面形成抛物面恰好触及容器底部时，抛物面所包含的体积正好为容器体积的一半，此时

$$z_s = H = \frac{d^2\omega_2}{8g},\omega_2 = \sqrt{\frac{8gH}{d^2}} = \sqrt{\frac{8 \times 9.807 \times 0.5}{0.3^2}}\ \text{rad/s} = 20.88\ \text{rad/s}$$

$$n_2 = \frac{30\omega_2}{\pi} = 30 \times \frac{20.88}{\pi}\ \text{r/min} = 199.4\ \text{r/min}$$

当容器停止转动时，容器中水的高度为

$$h_2 = \frac{H}{2} = 0.25\ \text{m}$$

例题解析：

等角速度旋转容器中液体的相对平衡具有广泛的实际应用，对于该题来说，不同的抛物液面对应不同的旋转速度，由不同的液面利用等角速度旋转的压强分布有关规律来求解转速是本题的关键。

2.6　静止液体作用在固体壁面上的总压力

工程上常常遇到计算水坝冰库闸门、水箱、容器、管道或水池等结构物的强度，计算液体中潜浮物体的受力，以及液压油缸、活塞及各种形状阀门的受力等问题，这种平衡流体作用在壁面上的力就是流体静压力。流体静压力的大小、方向、作用点与受压面的形状及受压面上流体静压强的分布有关。

水坝

水坝是拦截江河渠道水流以抬高水位或调节流量的挡水建筑物。水坝可抬高水位、调节径流、防洪、灌溉、发电等。

显然，对于一个平面，总压力的方向必然垂直指向这个作用面。因为平面是由无数微元面积构成的，作用在各微元向上的力都垂直于微元平面，它们构成了平行力系，总压力就是该平行力系的叠加，因而求平面上静水总压力的问题就变为求合力的大小和作用点的问题了。

2.6.1　液体作用在平面上的总压力

如图 2－28 所示，在静止流体中，有一和液面呈夹角 α 的任意形状的平面 $A'B'$。参考坐标系如图 2－28 所示，平面 $A'B'$在 xOy 平面内，z 轴和平面$A'B'$垂直。在平面 $A'B'$上，由于各点的淹深不同，所以各点的静压强也不同。由流体静压强的特性可知，各点的静压强均垂直于平面 $A'B'$，构成了一个平行力系，因此液体作用在平面 $A'B'$上的总压力就是这一平行力系的合力。

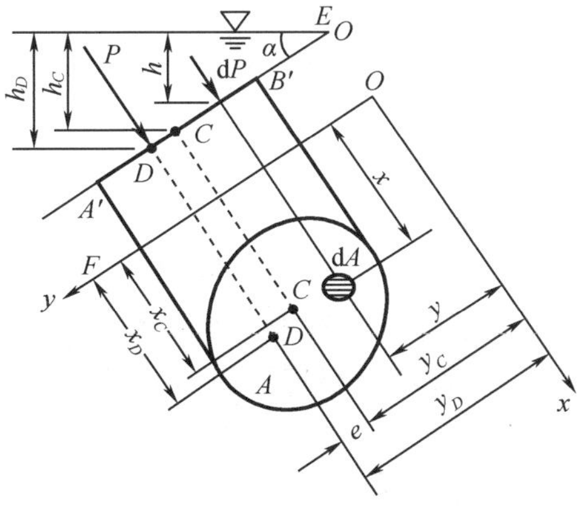

图 2－28　平面上总压力示意图

1. 总压力的大小

在平面 $A'B'$ 上取一微元面积 $\mathrm{d}A$，其上某一点的淹深为 h，到 Ox 轴的距离为 y，液体作用在该微元面积上的总压力可以表示为

$$\mathrm{d}P = \rho gh\mathrm{d}A = \rho gy\sin\alpha\mathrm{d}A$$

在平面 $A'B'$ 上积分，就可以求得液体作用在平面 $A'B'$ 上的总压力为

$$P = \int_A \mathrm{d}P = \int_A \rho gh\mathrm{d}A = \int_A \rho gy\sin\alpha\mathrm{d}A = \rho g\sin\alpha\int_A y\mathrm{d}A$$

由截面的几何性质可知，$\iint_A y\mathrm{d}A = y_C A$ 为平面对 Ox 轴的面积矩，其中 y_C 为平面 A 的形心处的 y 坐标。根据 y 和 h 之间的关系可知，$h_C = y_C\sin\alpha$，所以总压力可以表示为

$$P = \rho gy_C\sin\alpha A = \rho gh_C A \tag{2-45}$$

式(2－45)表明，液体作用在平面上的总压力等于一假想体积的液重，该体积是以平面形心的淹深为高、平面的面积为底的柱体。根据这一结论可知，液体对平面的总压力只与液体的密度、面积 A 和形心的淹深有关。因此，液体对图 2－29 中的四个容器底面的总压力是相同的。总压力的大小与容器的形状和容器内所盛液体的多少无关，仅取决于底面积和淹深。也就是说，不能将容器内液体的重力和液体总压力的大小相混淆，这两者属于不同的概念。流体力学中将此类问题称为净水奇观。

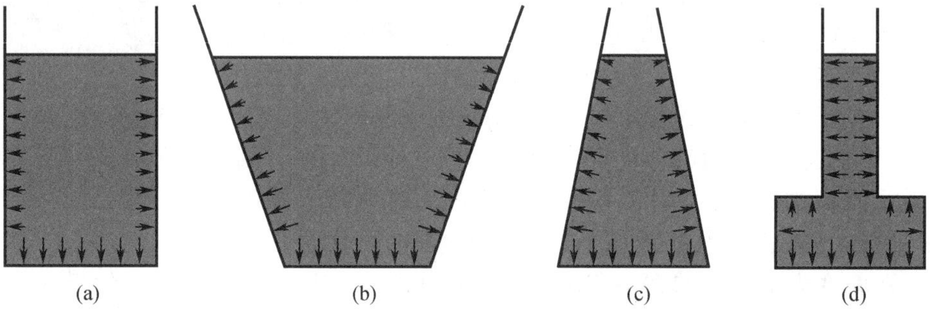

图 2－29　底面相同形状不同的几种容器

2. 总压力的作用点

总压力 P 的方向与 $\mathrm{d}P$ 方向相同，即沿受压面的法线方向并指向该面。

根据理论力学中的合力矩定理(合力对任一轴的力矩等于各分力对该轴的力矩之和)，可求得总压力 P 作用点 D(即压力中心)的坐标 x_D、y_D。对 Ox 轴取力矩，有

$$P\cdot y_D = \int_A y\mathrm{d}P = \int_A y\cdot\rho gh\mathrm{d}A = \int_A y\cdot\rho gy\sin\alpha\mathrm{d}A = \rho g\sin\alpha\int_A y^2\mathrm{d}A \tag{2-46}$$

式中，$\int_A y^2\mathrm{d}A$ 为平面 $A'B'$ 对 Ox 轴的惯性矩，用符号 I_{xO} 表示。化简整理式(2－46)得

$$y_D = \frac{\rho g\sin\alpha I_{xO}}{\rho g\sin\alpha y_C A} = \frac{I_{xO}}{y_C A} \tag{2-47}$$

根据惯性矩平行移轴公式 $I_{xO} = I_{xC} + y_C^2 A$，可将平面上静压力对 Ox 轴的惯性矩 I_{xO} 换算成惯性矩 I_{xC}，它是相对于通过受压面形心 C，且平行于 Ox 轴的一条轴线的惯性矩，这样在应用时更为方便。所以式(2－47)又可写成

$$y_D = \frac{I_{xC} + y_C^2 A}{y_C A} = y_C + \frac{I_{xC}}{y_C A} \tag{2-48}$$

压力中心 D 和受压面形心 C 在 y 方向之间的距离为

$$e = y_D - y_C = \frac{I_{xC}}{y_C A}$$

因为$\frac{I_{xC}}{y_C A}$总是正值,所以 $y_D > y_C$。说明压力中心 D 总是在平面形心 C 之下。

同理,对 Oy 轴取力矩,可求得压力中心 D 与 Oy 轴的距离 x_D。在实际工程中,受压平面多是轴对称平面(对称轴与 y 轴平行),总压力 P 的作用点必位于对称轴上。因此,只需确定 y_D 的值,就可得到压力中心 D 的位置。表 2－2 为常见平面的 A,y_C,I_{xC}。

表 2－2　常见平面的 A,y_C,I_{xC}

名称	几何图形	面积	形心位置	惯性矩
矩形	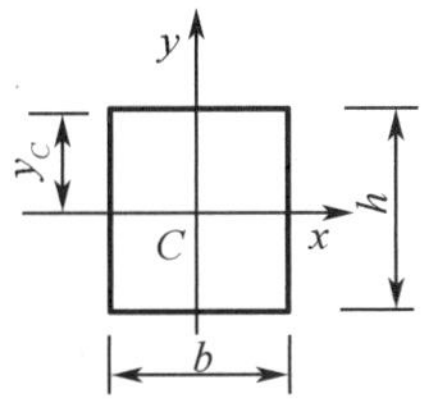	bh	$\frac{h}{2}$	$\frac{bh^3}{12}$
三角形	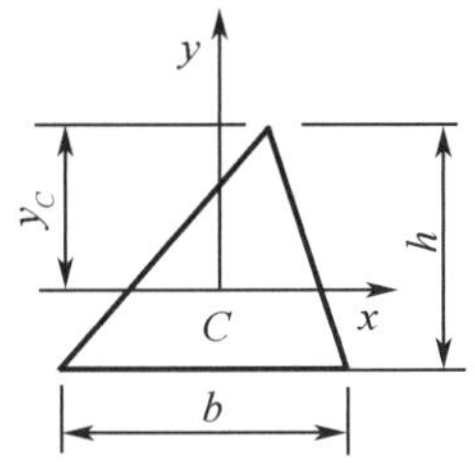	$\frac{bh}{2}$	$\frac{2h}{3}$	$\frac{bh^3}{36}$
梯形	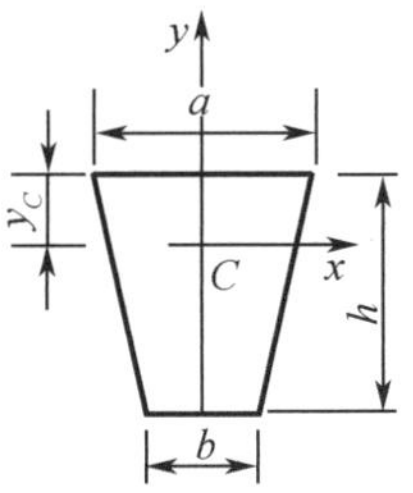	$\frac{h(a+b)}{2}$	$\frac{h}{3}\left(\frac{a+2b}{a+b}\right)$	$\frac{h^3}{36}\left(\frac{a^2+4ab+b^2}{a+b}\right)$
圆	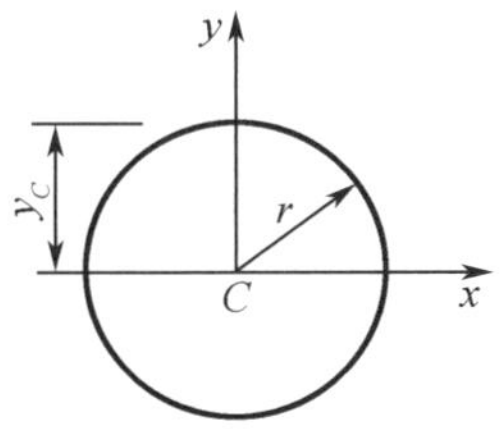	πr^2	0	$\frac{\pi r^4}{4}$
半圆	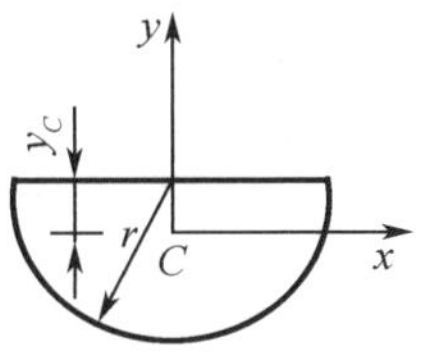	$\frac{\pi r^2}{2}$	$\frac{4r}{3\pi}$	$\frac{9\pi^2-64}{72\pi}r^4$

例题 2-8 静止液体作用在平面上的压力 1

已知：如图 2-30 所示，一矩形闸门宽度为 b，两侧均受到密度为 ρ 的液体的作用，两侧液体深度分别为 h_1，h_2。

求解：作用在闸门上的液体总压力和压力中心。

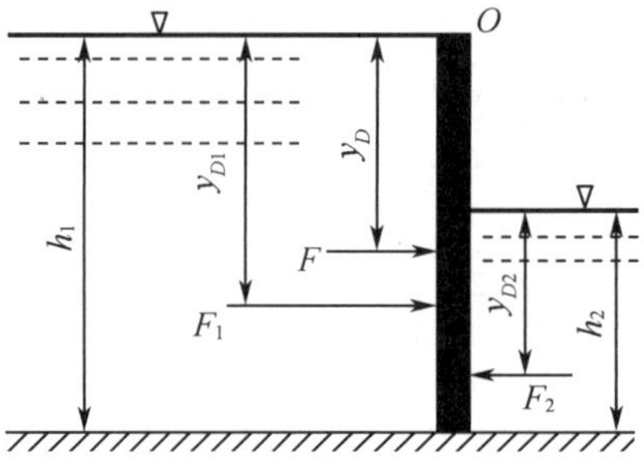

图 2-30 矩形闸门受力

解题过程：

对于闸门左侧有

$$h_{C1}=\frac{h_1}{2},A_1=h_1 b$$

$$I_{xC1}=\frac{bh_1^3}{12}$$

$$F_1=\rho g h_{C1}A_1=\frac{\rho g h_1^2 b}{2}$$

$$y_{D1}=y_{C1}+\frac{I_{xC1}}{y_{C1}A_1}=\frac{h_1}{2}+\frac{\frac{bh_1^3}{12}}{\frac{bh_1^2}{2}}=\frac{2h_1}{3}$$

同理，对于闸门的右侧有

$$F_2=\rho g h_{C2}A_2=\frac{\rho g h_2^2 b}{2}$$

$$y_{D2}=y_{C2}+\frac{I_{xC2}}{y_{C2}A_2}=\frac{h_2}{2}+\frac{\frac{bh_2^3}{12}}{\frac{bh_2^2}{2}}=\frac{2h_2}{3}$$

两侧压力的合力为

$$F=F_2-F_1=\frac{\rho g(h_1^2-h_2^2)b}{2}$$

合力 F 的方向向右，设合力 F 的作用点距左边液面的距离为 y_D，根据合力矩定理，对 O 点取矩，则有

$$Fy_D=F_1y_{D1}-F_2(h_1-h_2+y_{D2})$$

$$y_D=\frac{F_1y_{D1}-F_2(h_1-h_2+y_{D2})}{F}=\frac{2}{3}h_1-\frac{h_2^2}{3(h_1+h_2)}$$

显然合力作用点的 x 坐标为 $x_D=\frac{1}{2}b$。

例题解析：

该题是液体作用在平面上总压力的简单应用，求解的关键是确定两个受力面的形心位置和惯性矩。

例题 2-9　静止液体作用在平面上的压力 2

已知：如图 2-31 所示为一个安全闸门，宽度为 0.6 m，高度为 1 m。距底边 0.4 m 处装有一闸门转轴，使安全闸门可以绕转轴顺时针方向旋转，不计各处的摩擦力。

求解：门前水深 h 为多深时，闸门会自动打开？

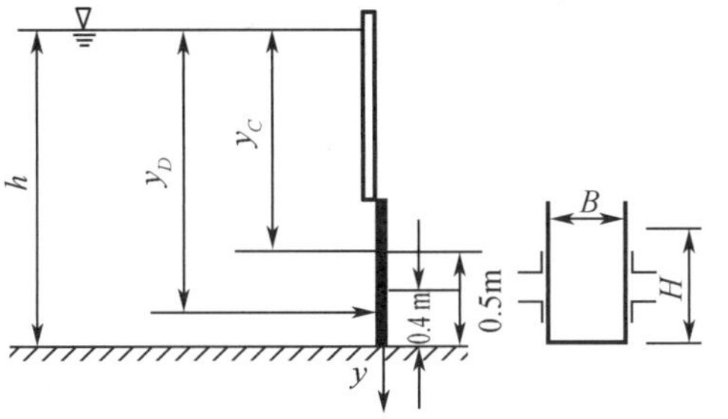

图 2-31　安全闸门

解题过程：

如图 2-31 所示，由式(2-49)可知，水深 h 越大，则形心和总压力作用点间距离越小，即 D 点上移。当 D 点刚好位于转轴时，闸门刚好平衡，即 $y_D - y_C = 0.1$ m。由于

$$b = 0.6\ \text{m}, H = 1\ \text{m}$$

$$y_D - y_C = \frac{I_{xC}}{y_C A} = \frac{\frac{bH^3}{12}}{(h-0.5)\times 0.6\times 1} = 0.1\ \text{m}$$

因此 $h = 1.33$ m。

例题解析：

本题闸门自动打开的等价条件就是压力中心 D 刚好位于转轴时，闸门刚好平衡，这是求解本题的关键。

2.6.2　液体作用在曲面上的总压力

在工程中常会遇到液体作用在曲面上的情况，如球形阀、球形储能器、曲面油箱等。一般作用面为曲面时，作用面上的流体静压强分布是一个空间力系，所以求任意曲面上的总压力是比较复杂的。

1. 总压力

如图 2-32 所示，有一承受液体压强的二维曲面 $A'B'$，坐标系的 z 轴铅直向下，原点选在液面上，y 轴和二维曲面的母线平行。在淹深 h 处取一微元面积 dA，则液体作用在微元面积上的总压力为 $dP = \rho g h dA$。

在求解平面问题时，将作用在每个微元面积上总压力求代数和即可求得作用在平面上的总压力。但是对于曲面问题，就不能简单地用求代数和的方法加以解决，因为在曲面的每一点上压强的方向都不同，为此将 dP 分解为平行于 x 轴的 dP_x 和平行于 z 轴的 dP_z，将这两个分力在曲面上积分，可以求出液体作用在曲面上的总压力的两个分力，然后将其合成，即可求得总压力。

球形阀

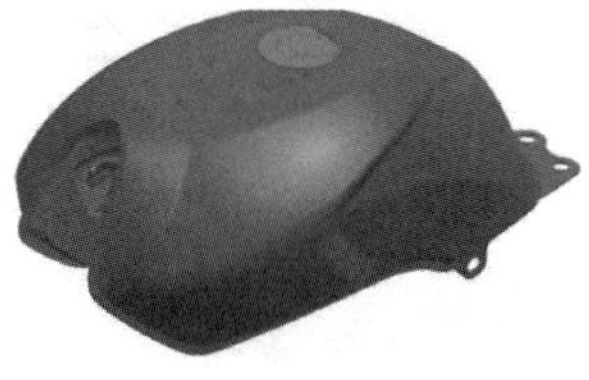

曲面油箱

球形储能器

球形阀也称截止阀，是一种节流阀。其主要是为紧闭及控制液体流量而设计，可以有效地节流。

球形储能器的工作原理是将压力液体的液压能转换为势能储存起来，当系统需要时再由势能转化为液压能而做功。

$$dP_x = dP\cos\theta = \rho gh dA\cos\theta = \rho gh dA_x$$

$$dP_z = dP\sin\theta = \rho gh dA\sin\theta = \rho gh dA_z$$

式中，A_x，A_z 为二维曲面 A 在垂直于 x，z 轴的坐标平面的投影。

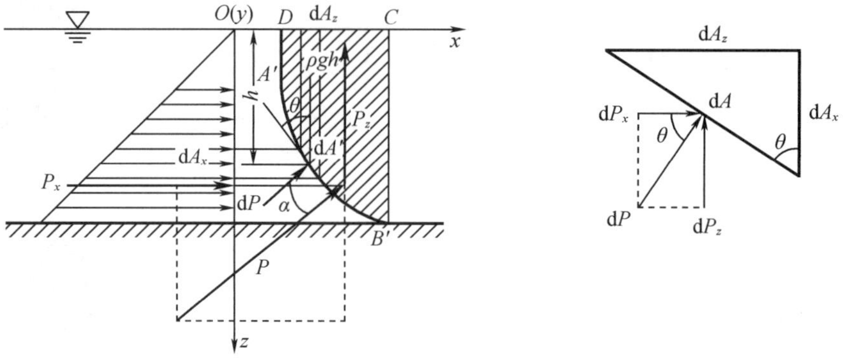

图 2－32　作用在圆柱面上的总压力

（1）水平分力

将上述微元面积上总压力在 x 方向上的分量在曲面上积分，可求得总压力的水平分力，即

$$P_x = \int_A dP_x = \int_A \rho gh dA\cos\theta = \rho g\int_{A_x} h dA_x$$

式中，$\int_{A_x} h dA_x = h_C A_x$ 为曲面 A 在垂直于 x 轴的坐标平面内的投影面积 A_x 对 y 轴的面积矩，h_C 为投影面积 A_x 的形心的淹深。因此

$$P_x = \rho g h_C A_x \tag{2-50}$$

式（2－50）表明液体作用在曲面上的总压力的水平分力，大小应等于一个假想体积的液重，该体积以曲面在垂直于 x 轴的坐标平面内的投影面积 A_x 为底、以 A_x 形心的淹深为高的柱体。在数值上等于液体作用在平面 A_x 上的总压力，该分力的作用面通过 A_x 的压力中心。

（2）垂直分力

将作用在微元面积上的垂直分力在曲面 A 上积分，可求得液体作用在曲面上的总压力的垂直分力，即

$$P_z = \int_A dP_z = \int_A \rho gh dA\sin\theta = \rho g\int_{A_z} h dA_z$$

从图 2－32 可以看出，hdA_z 实际上代表了微小面积与它在自由液面上的投影 dA_z 之间的柱体体积。而 $\int_{A_z} h dA_z$ 就是整个曲面 $A'B'$ 在其自由液面（或自由液面的延长面）上的投影 CD 之间的柱体体积。该 $A'B'CD$ 柱体体积称为曲面的压力体。因此

$$P_z = \rho g V_p \tag{2-51}$$

式（2－51）表明液体作用在曲面上的总压力的垂直分力，大小等于压力体的液重，其作用线通过压力体的重心。

（3）总压力的大小和作用点

将上述总压力的两个合力合成，即得到液体作用在曲面上的总压力为

$$P = \sqrt{P_x^2 + P_z^2} \tag{2-52}$$

总压力和垂线之间的夹角可由下式求得

$$\alpha = \arctan\frac{P_z}{P_x} \tag{2-53}$$

总压力的水平分力 P_x 的作用线通过 A_x 的压力中心，指向受压面；总压力的垂直分力 P_z 的作用线通

过压力体的重心指向受压面。所以液体作用在曲面上的总压力的作用线一定通过其两个分力作用线的交点，且与垂线成 θ 角，但交点不一定在曲面上。

2. 压力体

由前述知，压力体是一个数学概念，与该体积内有无液体或者是否充满液体无关，它是由曲面和自由液面或者自由液面的延长面包含的体积。图 2－33(a)所示的压力体充满液体，压力体为曲面和自由液面所包含的体积。图 2－33(b)中没有液体，压力体是曲面和自由液面的延长面所包含的体积。把图 2－33(a)所示的压力体叫作实压力体，把图 2－33(b)所示的压力体叫作虚压力体。实压力体对应的垂直分力的方向向下，虚压力体对应的垂直分力的方向向上。由图 2－33 可知，这两个压力体的大小相等均为 $V_p = V_{OAB}$。所以对于同一曲面 AB，当液体深度不变，只是液体的相对位置不同时，曲面所承受的垂直分力的大小不变，只是方向改变而已。

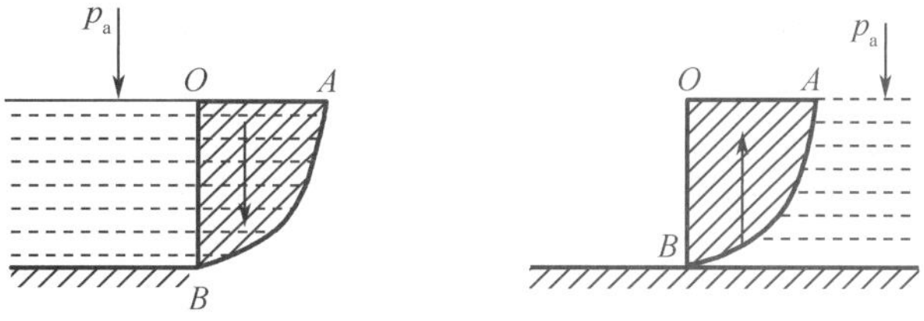

图 2－33　曲面对应的压力体

(a)实压力体；(b)虚压力体

压力体是曲面的表压为零时自由液面或者自由液面的延长面所包容的体积，当自由液面上的表压不为零时，必须换算液面的高度，然后进行计算。

复杂曲面的压力体，可以采用分段叠加的方法画出。如图 2－34 所示，一 S 形的曲面，一侧受到液体的作用，要求解此类曲面的受力时水平分力可以比较容易地计算出来，对于垂直分力，需采用分段叠加的方法画出各段曲面对应的压力体，然后将它们分别叠加起来。如图 2－34 所示，将曲面分成 ab、bc、cd、de 四段，分别进行计算，然后叠加，最后只需计算虚压力体 V_{abc} 和实压力体 V_{cde} 即可。

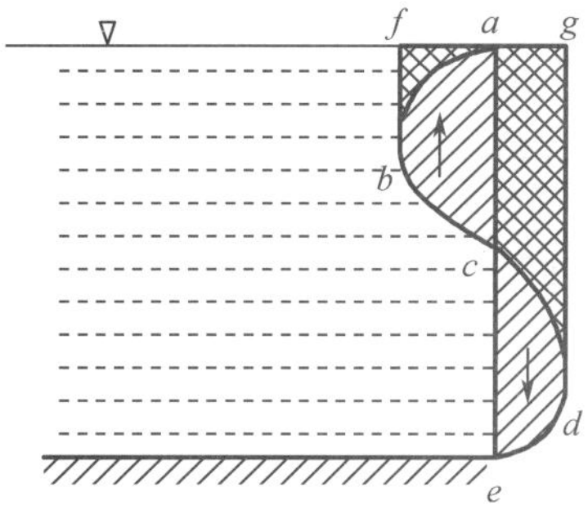

图 2－34　复杂曲面的压力体

例题 2－10　静止液体作用在曲面上的压力

已知：如图 2－35 所示，一储水器的壁面上有三个半球形的盖，其直径相同，$d = 0.5$ m，储水器上下壁面的垂直距离 $h = 1.5$ m，水深 $H = 2.5$ m。

求解：作用在每个半球形盖上的总压力。

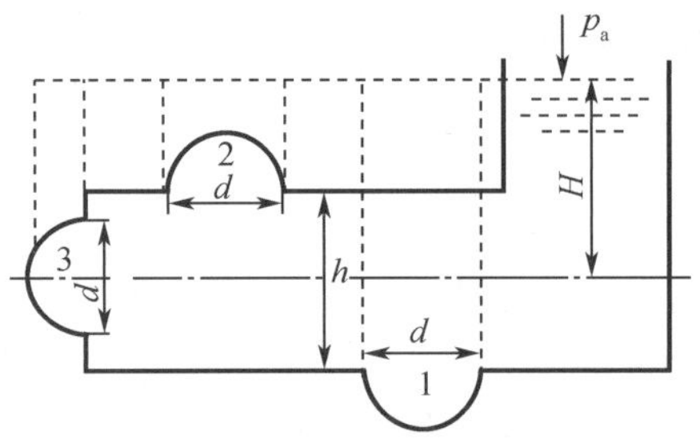

图 2-35　储水器

解题过程：

（1）对于底盖，由于在水平方向上压强分布对称，所以流体静压强作用在底盖上的总压力的水平分力为零。底盖上总压力的垂直分力为

$$P_{z1}=\rho ghV_{p1}=\rho g\left[\frac{\pi d^2}{4}\left(H+\frac{h}{2}\right)+\frac{\pi d^3}{12}\right]$$

$$=9\ 806\left[\frac{\pi\times 0.5^2}{4}\times(2.5+0.75)+\frac{\pi\times 0.5^3}{12}\right]=6\ 579\ \text{N}$$

（2）顶盖上的总压力的水平分力也为零，垂直分力为

$$P_{z2}=\rho ghV_{p2}=\rho g\left[\frac{\pi d^2}{4}\left(H-\frac{h}{2}\right)-\frac{\pi d^3}{12}\right]$$

$$=9\ 806\left[\frac{\pi\times 0.5^2}{4}\times(2-0.75)-\frac{\pi\times 0.5^3}{12}\right]=3\ 049\ \text{N}$$

（3）侧盖上总压力的水平分力为 $P_{x3}=\rho gh_CA_x=9\ 806\times 2.5\times\frac{\pi\times 0.5^2}{4}=$ 4 818 N，侧盖上的压力体，应为半球的上半部分和下半部分的压力体的合成，合成后的压力体即为侧盖包容的半球体，所以侧盖上总压力的垂直分力为

$$P_{z3}=\rho ghV_{p3}=9\ 806\times\frac{\pi\times 0.5^3}{12}=321\ \text{N}$$

根据上述水平分力与垂直分力可求得总压力的大小和作用线的方向角分别为

$$F_{p3}=\sqrt{F_{px3}^2+F_{pz3}^2}=\sqrt{4\ 814^2+312^2}=4\ 825\ \text{N}$$

$$\alpha=\arctan\frac{P_{x3}}{P_{z3}}=\arctan\frac{4\ 818}{321}=86.2^\circ$$

由于总压力的作用线与球面垂直，所以作用线一定通过球心。

例题分析：

本题是液体作用在曲面上总压力的一个具体的应用，由于水平方向上压强分布对称，所以判断出水平方向分力为 0。对垂直分力的求解是本题的关键，由于该复杂曲面由多个曲面组成，所以分开求解显得比较方便，求解垂直分力的关键是对压力体概念的准确理解。

2.6.3　液体作用在浮体和潜体上的总压力

流体力学中将部分沉浸在液体中的物体称为浮体，全部沉浸在液体中的物体称为潜体，沉入液体底部固体表面上的物体称为沉体。在工程实际中常常遇到液体对浮体、潜体和沉体的作用力问题。例如，高位水箱控制水位的浮子的受力、内燃机化油器中浮子的受力，就属于液体对浮体

热气球的内部空气被加热，相对于外部冷空气具有更低的密度，在浮力的作用下向上位移。

大气浮力

的作用力问题。浮体、潜体和沉体的受力问题可以用前述求静止液体对曲面的总压力的方法加以求解。图 2－36(a)为潜体和浮体的平衡。

如图 2－36(b)所示，在静止液体中有一潜体，现在来确定物体所承受的液体总压力。假设整个物体面(看作三向曲面)受到液体的总压力可以分解为三个方向分力：水平分力 P_x、P_y 和铅垂分力 P_z。

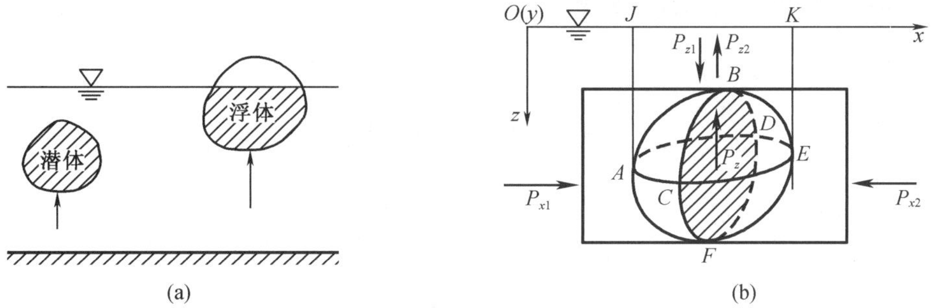

图 2－36　液体作用在潜体或浮体上的总压力

(a)潜体和浮体的平衡；(b)潜体所受静水总压力

先确定水平分力。如果有一个母线平行于 Ox 轴的水平外柱面，与物体相切的封闭曲线 $BCFD$ 将物体分为左右两部分。两部分在铅垂方向的投影面积一样，位置相同，根据曲面总压力的确定方法，作用在两部分的水平总压力大小相等，方向相反，互相可以抵消，也就是说作用在物体的水平分力 P_x 为零。用同样的方法可以证明在另一个水平方向，即 y 方向的水平分力 P_y 也等于零。因此，任何浸没在液体中的物体，在各水平方向的总压力为零，也就是水平方向的合力为零。

再确定铅垂力。设想一个铅垂外切柱面，与物体相切的封闭曲线 $ACED$ 把物体分成上下两部分，则作用于物体上的铅垂总压力 P_z 是由上下两部分的铅垂总压力合成的。曲面 ABE 上的铅垂总压力 P_{z1} 等于压力体 $ABEKJ$ 的液重，方向向下；曲面 AEF 上的铅垂总压力等于 $AFEKJ$ 的液重，方向向上。在抵消部分压力体 $ABEKJ$ 后，合成后的压力体 V 就是物体 $ABEF$ 本身，而 ρgV 就是液体作用于铅垂总压力 P_z，方向向上，且

$$P_z=\rho gV \tag{2-54}$$

由此说明，浸没在液体中的物体所受的液体总压力就是一个铅垂力，其大小等于物体同体积的液体重力(液重)，方向向上，作用线通过物体被浸润部分几何体的几何中心(也叫作浮心)，这就是著名的阿基米德原理。这个铅垂向上的力 P_z 又称作浮力。从上面的分析可以看出，浮力的存在就是作用在物体表面上的压强不平衡的结果。

上面阿基米德原理虽然是对潜体而言，但是所得结论同样对浮体有效，在此不再赘述。

例题 2－11　浮体和潜体上的浮力

已知：如图 2－37 所示，一锥形浮体锥角为60°，质量为 300 kg，放在密度为 1 025 kg/m^3 的海水中，顶上放置质量为 55 kg 的航标灯。

求解：锥体的淹深 h。

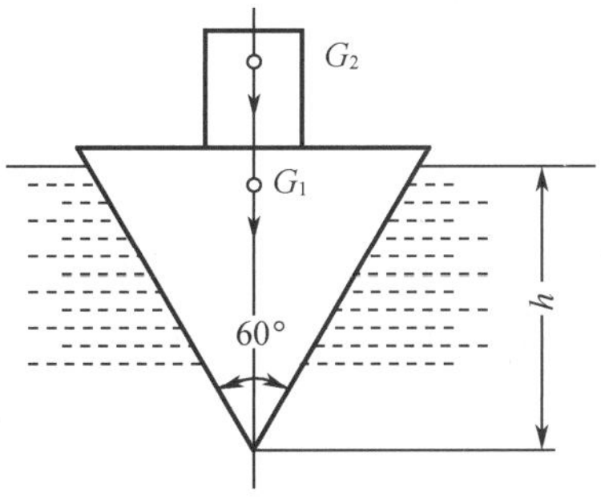

图 2－37　放置在海面上的锥形浮体

解题过程：

由锥体体积的计算公式有

$$V_p=\frac{1}{3}\pi r^2h=\frac{1}{3}\pi(h\tan 30^\circ)^2h=0.349h^3$$

由阿基米德原理及平衡物体受力分析得

$$P_z=\rho gV_p=\rho g\times 0.349h^3=G_1+G_2$$

根据上式得

$$h=\sqrt[3]{\frac{G_1+G_2}{0.349\rho g}}=\sqrt[3]{\frac{g(300+55)}{0.349\rho g}}=0.997\ 5\ \text{m}$$

例题分析：

阿基米德原理对于浮体同样成立，当浮体在运用阿基米德原理时要找对物体的压力体，即我们经常说的排液体积。

思考题

2.1　流体静压强有哪些特性，如何证明？

2.2　流体平衡微分方程的物理意义是什么？

2.3　什么是等压面，等压面的方程是什么，等压面有什么重要性质？

2.4　写出流体静力学基本方程的几种表达式。说明流体静力学基本方程的适用范围、物理意义、几何意义。

2.5　什么是绝对压强、相对压强和真空度，它们之间有什么关系？

2.6　不同形状的储液容器，若深度相同，容器底面积相同，试问流体作用在底面上的力和液体的重力是否相同，为什么？

2.7　什么是压力中心，什么是压力体，它有何用途？什么是实压力体和虚压力体？

2.8　有一倾斜平板浸没在静止液体中，当此平板绕其形心转动时，其作用于此倾斜平板的总压力是如何变化的？

练习题

2.1　一个封闭水箱如习图 2－1 所示，金属测压计测得的压强值 $p=4.9$ kPa（相对压强），测压计中心比 A 点高 $z=0.5$ m，而 A 点在液面以下 $h=1.5$ m，求液面的绝对压强和相对压强各为多少？

2.2　在装满水的锥形容器盖上，加一力 $F=4$ kN。容器的尺寸如习图 2－2 所示，$D=2$ m，$d=1$ m，$h=2$ m，试求：(1) A、B、A'、B' 各点的相对压强；(2) 容器底面上的总压力。

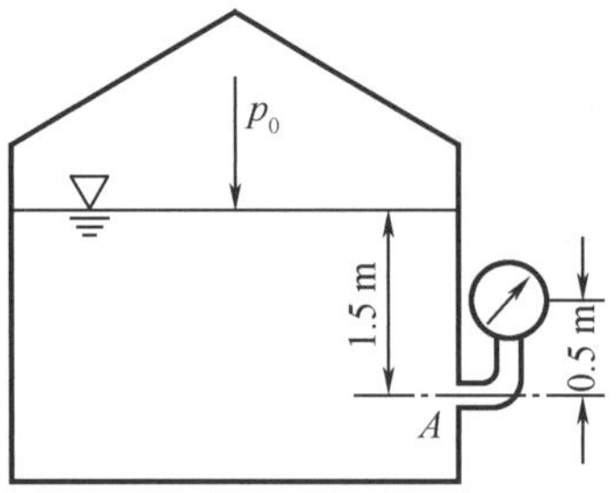

习图 2－1

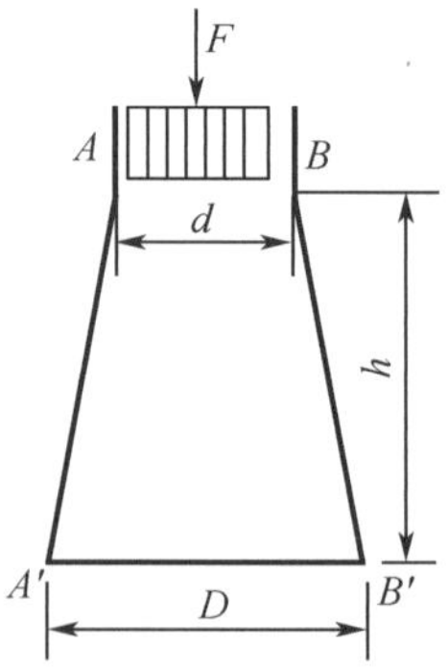

习图 2－2

2.3　一封闭容器水面的绝对压强 $p_0=85$ kPa，中间玻璃管两端开口，如习图2－3所示。当既无空气通过玻璃管进入容器，又无水进入玻璃管时，玻璃管应该深入水面下的深度 h 为多少？

2.4　测量容器中 A 点的压强的真空计如习图2－4所示，已知 $z=1$ m，$h=2$ m，当地大气压强值 $p_0=98$ kPa（绝对压强值），求 A 点的绝对压强、相对压强和真空度。

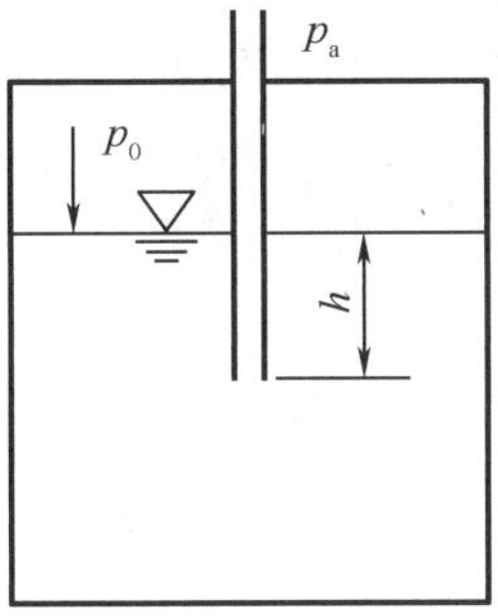

习图2－3

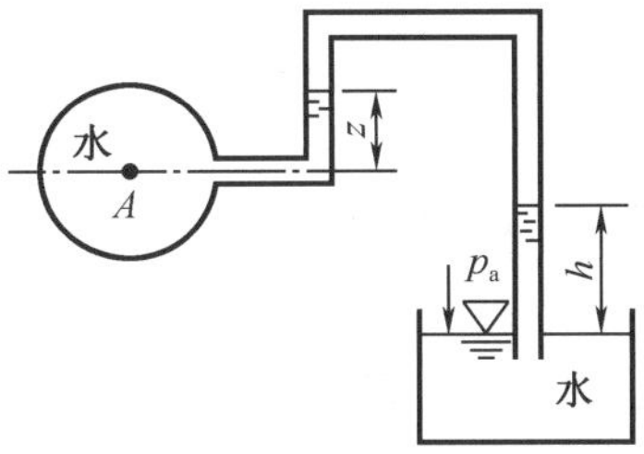

习图2－4

2.5　如习图2－5所示为密闭容器，测压管液面高于容器内液面 $h=1.8$ m，液体的密度为 850 kg/m^3。求液面压强。

2.6　水箱形状如习图2－6所示，底部有四个支座。试求底面上的总压力和四个支座的支座反力，并讨论总压力与支座反力不相等的原因。

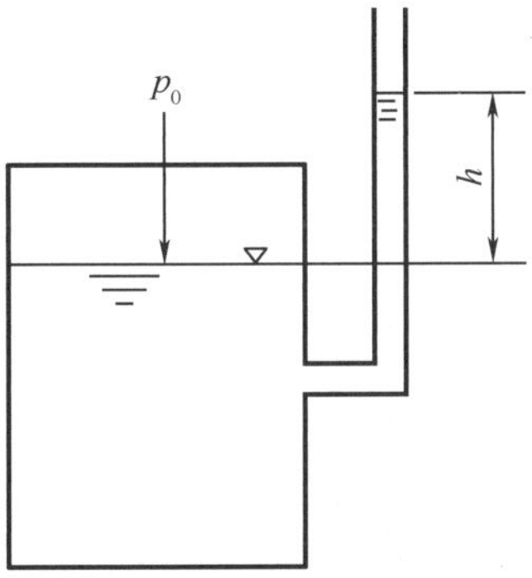

习图2－5

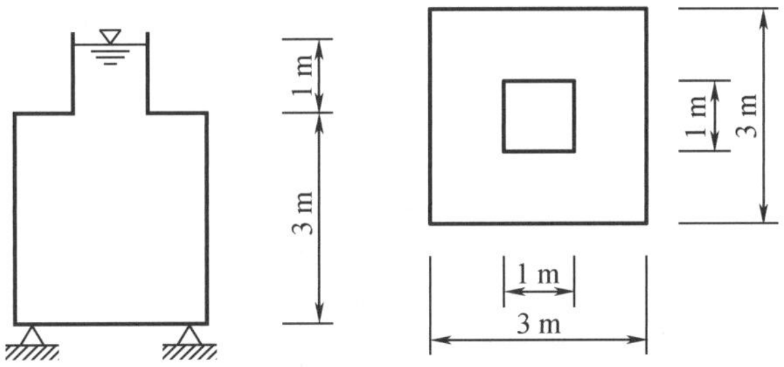

习图2－6

2.7　如习图2－7所示为矩形平面闸门，宽 $b=0.8$ m，高 $h=1$ m，若要求在水深 h_1 超过2 m时，闸门即可自动开启，铰链的位置 y 应是多少？

2.8　如习图2－8所示，多管水银测压计用来测水箱中的表面压强。图中高度单位为 m，试求水面的绝对压强 p_0。

2.9　绘制习图2－9中所示 AB 面上的压强分布图。

2.10　测量锅炉中的蒸汽压，采用量程较大的复式水银测压计，如习图2－10所示。已知各液面高度如下：$\nabla_1=2.3$ m，$\nabla_2=1.2$ m，$\nabla_3=2.5$ m，$\nabla_4=1.4$ m，$\nabla_5=3.0$ m，求 p_0 是多少？

2.11　如习图2－11所示，水箱真空表 M 的读数是 0.98 kN/m^2，水箱与油箱的液面高差 $H=1.5$ m，水银柱高差 $h_2=0.2$ m，油的密度 $\rho_0=800$ kg/m^3，求 h_1 是多少？

2.12　假设一个人在4 500 m高山上滑雪时每次呼吸吸入的空气体积与他在海平面处呼吸时相同，对比在此高海拔处及海平面处每次吸入氧气质量所占的比例。

2.13　某地的海拔高度为4 300 m。(1)根据公式 $p=p_a(1-\beta z/T_a)^{g/R\beta}$ 计算该海拔处的压力。(2)假设空气的密度恒定为0.076 46 lb/ft^3，则该海拔处的压力为多少？(3)假设空气温度恒定为30 ℃，此时该海拔处的压力又为多少？对于以上三个问题大气条件为海平面标准大气条件。

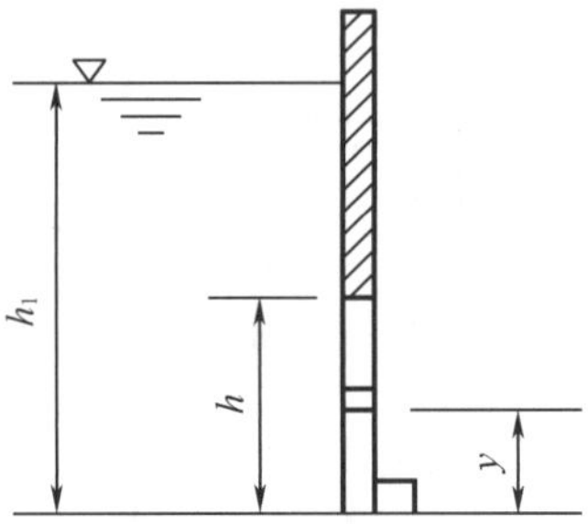

习图 2-7

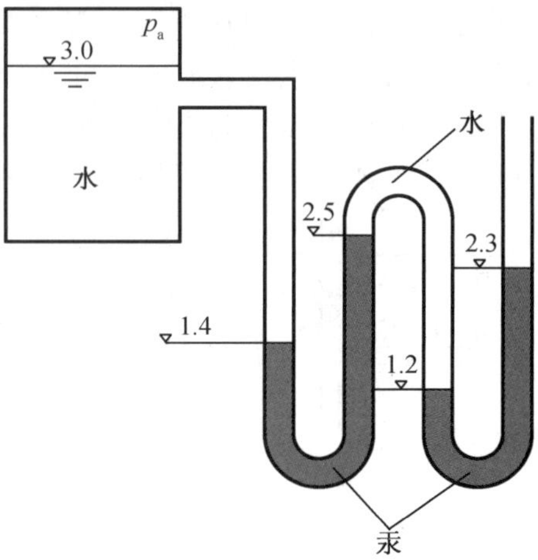

习图 2-8

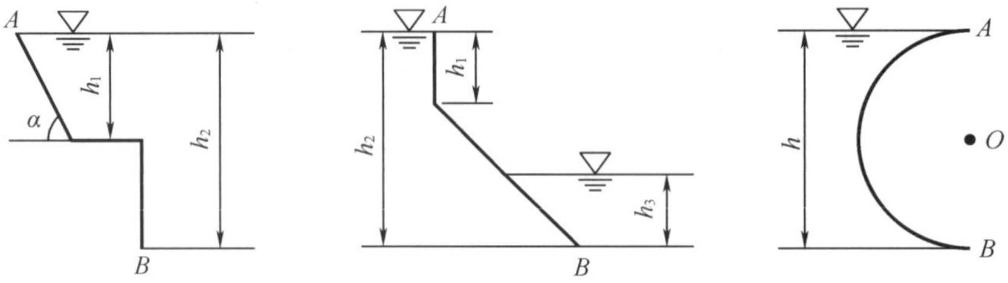

习图 2-9

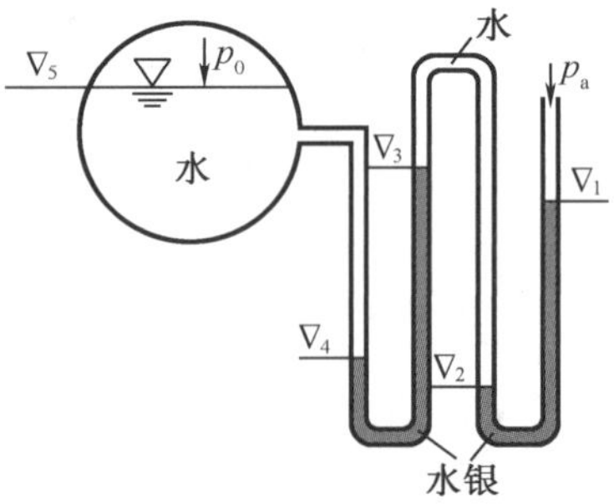

习图 2-10

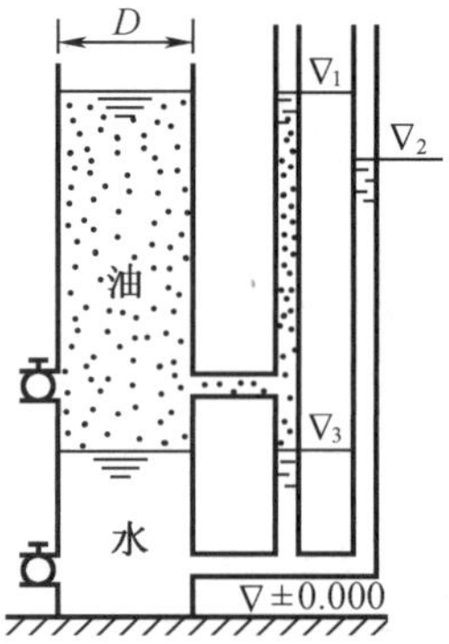

习图 2-11

2.14　如习图 2-14 所示，大气对流层从海平面一直延伸到 11 km 高度处，且该处压力为 22.6 kPa。对流层之上为平流层，该层的气体温度保持在 -56.6 ℃，计算在距海平面 15 km 处的压力和密度。计算过程中重力加速度取 9.77 m/s^2。

2.15　一个充满水的 U 形管测压计用于测量水箱中包含空气的内部压力。连接水箱一侧的水平面高于水箱基线 1.5 m。另一层连接空气的水平面高于水箱基线 0.6 m。求水箱的内部压力。

2.16　一个封闭的充满了水的圆柱形水箱，水箱顶部是一个半球形，且该水箱连接在一个转接管上，其结构如习图 2-13 所示。在转接管上部的液体比重为 0.8，其他部分中的液体均为水。如果在 *A* 点的压力表读数为 60 kPa，试计算：(1) 管 *B* 中的压力；(2) 点 *C* 处汞柱以毫米为单位的压头。

2.17　两根管子以如习图 2-14 所示的方式连接在一个压力计上，试计算 *A*、*B* 两根管子之间的压力差。

2.18　如果压力在管 A 中下降 10 kPa，管 B 中的压力保持不变。计算习图 2-15 中倾斜管中新的液面差。已知 A 中的流体比重为 0.9，B 中的流体为水。

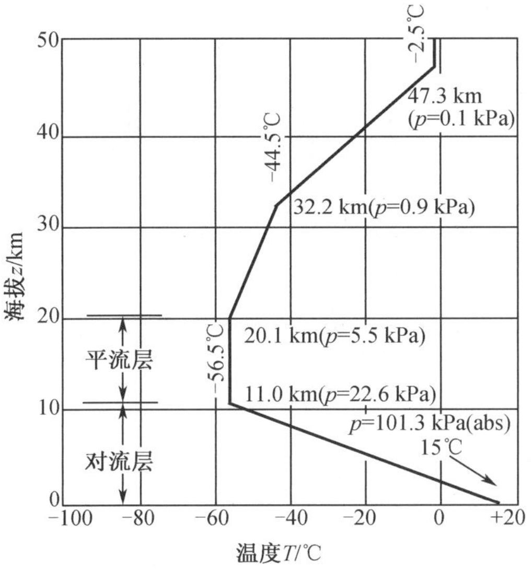

习图 2-12

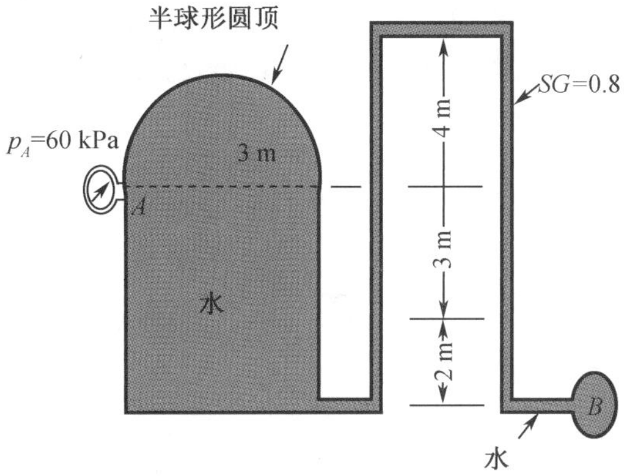

习图 2-13

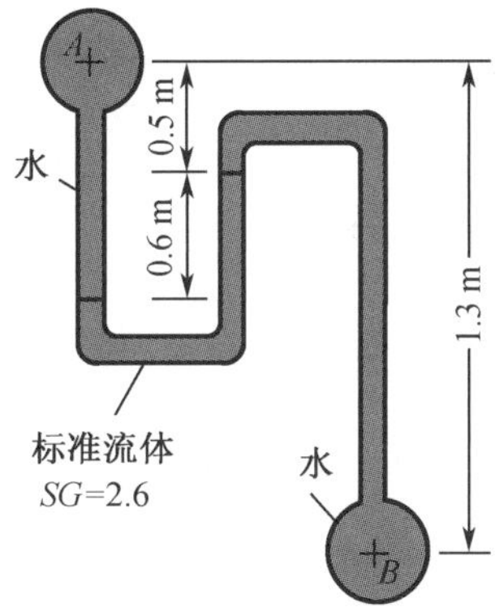

习图 2-14

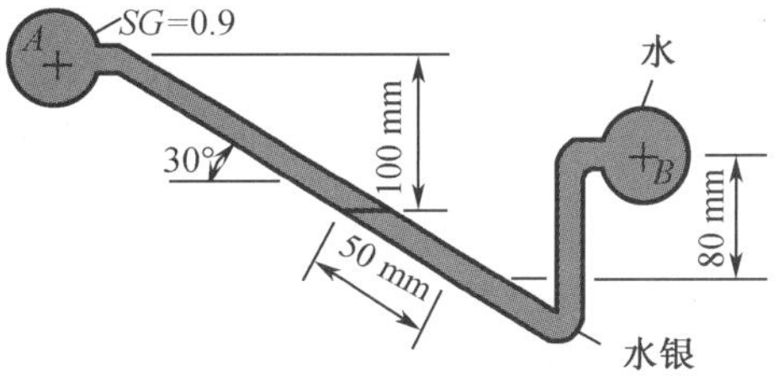

习图 2-15

2.19　较小的压力变化通常用微压测量计进行测量，其结构如习图 2-16 所示。这个装置由两个截面积为 A_r 的大型蓄水池组成，这两个蓄水池中充满了密度为 γ_1 的液体。两个蓄水池之间由一个截面积为 A_t 的 U 形管连接，其中充满了密度为 γ_2 的液体。当两端产生压力差 p_1-p_2 时，U 形管的液面会产生高度为 h 的液面差。我们希望在较小压差条件下获得足够大的液面差以方便读数。试推导当截面积比为 A_t/A_r 时，液面差 h 与压力差 p_1-p_2 之间的关系，并证明可以通过减小两液体的密度差来放大液面差 h。假设初始状态下两蓄水池中的液面高度相等（$p_1=p_2$）。

2.20　如习图 2-17 所示，一个两端为半球的圆柱形水箱中，盛装了一种不稳定液体及其蒸气。该液体的密度为 800 kg/m^3，其蒸气的密度可以忽略不计。该液体蒸气的绝对压力为 120 kPa，大气压力为 101 kPa。试计算：(1) 压力表的读数；(2) U 形管中汞的液面差。

2.21　计算习图 2-18 中两个敞口水箱的液面差 Δh。

2.22　如习图 2-19 所示，一个充满空气的半球扣在 10 m 深的海底。一个位于半球内部的汞柱测压计读数为 765 mm。另一个用于测量半球外部水压的 U 形管水银测压计两端液面差为 735 mm。基于以上条件，求海平面处的大气压力。

2.23　如习图 2-20 所示，一个 U 形管水银测压计的两端最开始均暴露在空气中，且处于标准大气状态下。当位于右侧的气门打开时,液面距气门的距离为 h_i。当气门关闭时气体压力作用于左侧液面上。试计算 U 形管中的 h_i 与 p_g 的关系。画图表示,当 h_i = 25 mm,50 mm,75 mm 和 100 mm 时,p_g 应为多少($0 < p_g < 300$ kPa)?假设 U 形管右侧的空气温度保持不变。

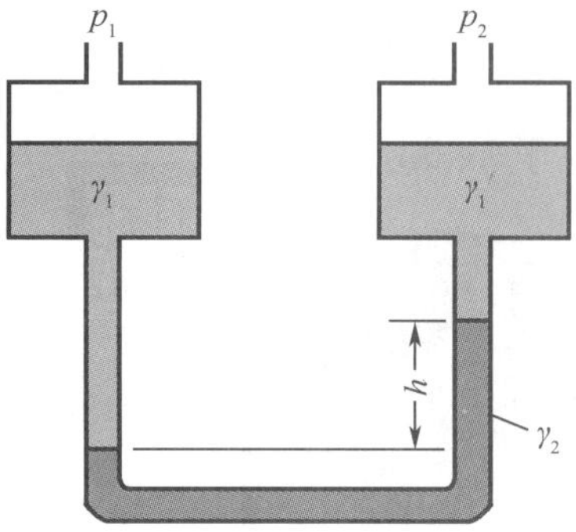

习图 2 – 16

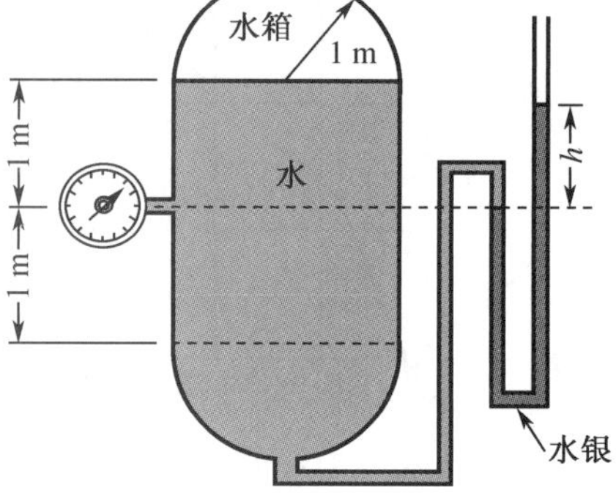

习图 2 – 17

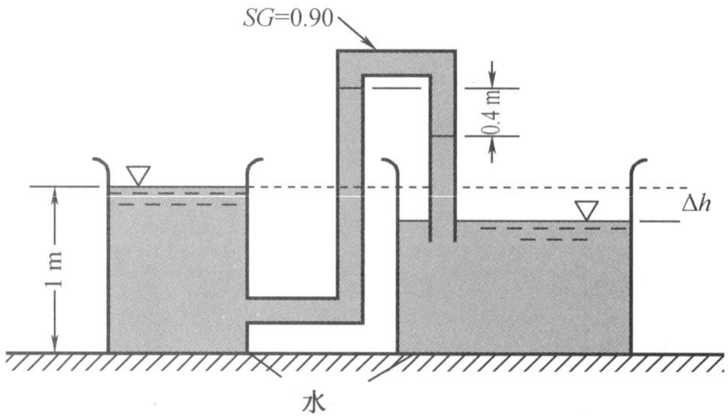

习图 2 – 18

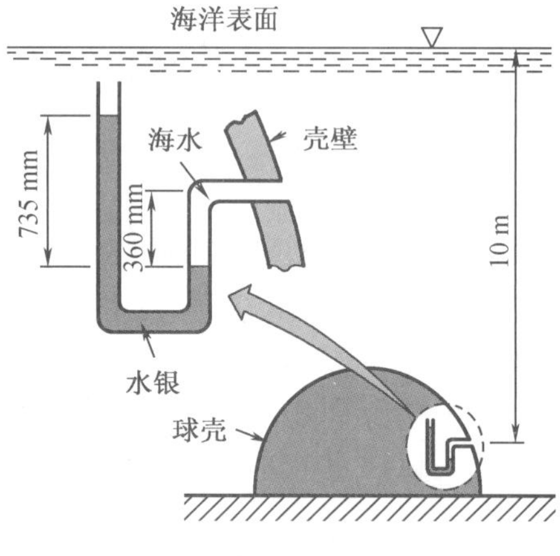

习图 2 – 19

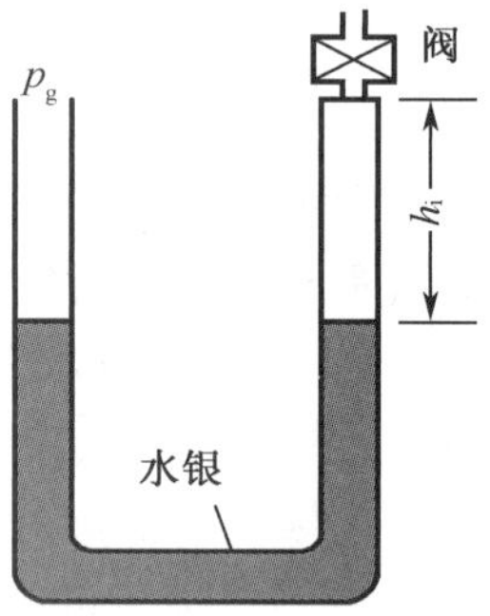

习图 2 – 20

2.24 如习图 2 – 21 所示,一个倾斜的压力计中的液体为四氯化碳,管 A 和管 B 中的液体均为浓盐水(比重为 1.1),且初始状态下两侧的液面差为 0。当两管的压力差为 0.1 psi 时,要使两侧的液面差为 12 in[①](沿管方向),求所需的倾斜角度 θ。

2.25 一个如习图 2 – 22 所示的 U 形管,初始状态下管中的液体仅为水。将一种比重为 $\gamma(\gamma < 1)$ 的

① 1 in = 2.54 cm。

液体注入左侧管子的上部，且该液体不与水混合。试确定该液体的高度 h 为多少时，使得 U 形管左右的液面高度相等。

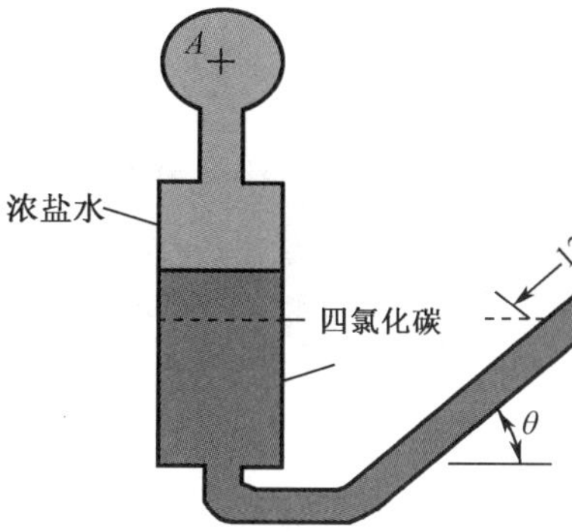

习图 2－21

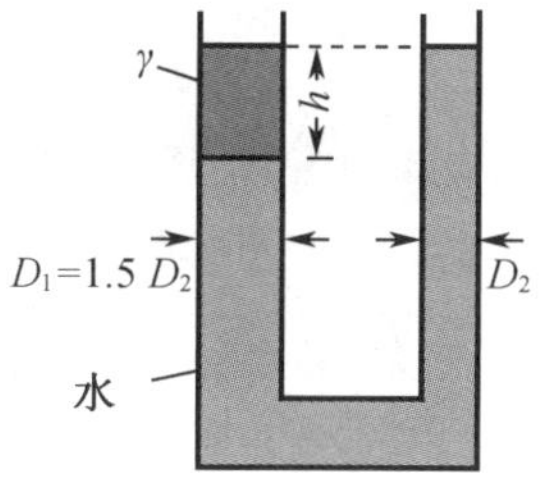

习图 2－22

2.26　将一个装满水的玻璃杯上盖上一个纸壳，然后迅速倒转玻璃杯使纸壳位于下部。将手拿开后，纸壳将保持不动并可以阻止杯中的水外流。请解释此现象的原理。

2.27　一个 2 m 长水平放置的水管中加入了一半的比重为 1.6 的液体，且两端均被盖子封死。管中的空气压力为 200 kPa，试确定空气和液体共同作用在一侧的合力。

2.28　一个无限长垂直于水面的墙将海水与纯净水隔开。当海水的深度为 7 m 时，需要多深的纯净水才能使两侧对于墙的合力为零？当合力为零时，由两侧水产生的力矩是否为零？

3.29　一个直径为 2 m 的圆形闸门被安装在游泳池倾斜的一侧，倾斜的一侧相对于底部成 60°角，且闸门的中心到水面的距离为 3 m，试确定作用在闸门上水的力的大小以及作用点。

2.30　如习图 2－23 所示，一个宽 3 m，高 8 m 的长方形门安装在一个连接着敞口水箱的通道右侧，这个门由位于其底部的铰链固定，并由作用在其中心的力 F_H 来保持其闭合。F_H 的最大值为 3 500 kN。(1)试确定使门仍然保持关闭状态的水箱中的水相对于门中心的最大高度；(2)当铰链位于门的顶部时所得的高度与(1)中是否一致？

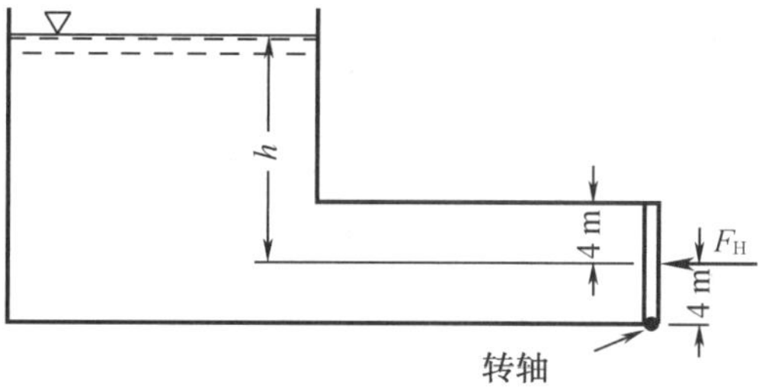

习图 2－23

2.31　一个如习图 2－24 所示的竖直平面浸没在油(比重量为 8.75 kN/m^3)中，试确定油对该区域一侧的合力大小。

2.32　如习图 2－25 所示，一个敞口的水箱被左右隔断，其中一侧装有密度为 700 kg/m^3，深度为 4 m 的汽油，一个宽为 4 m，长为 2 m 的长方形门被安装在隔断处，且此门以其底部端的铰链为转轴转动。左侧部分由空的状态开始缓慢注水，问当水的高度达到多少时，中间的门可以向右侧打开？

2.33　如习图 2－26 所示，一个宽为 2 m 的门被安装在一个装有水的水箱的竖直壁面上，如果想要当水面高于门顶部 10 m 时门可以自动打开：(1)试确定图中水平轴位置距门顶部 d 的值；(2)求当门打开时所受力的大小。

2.34　如习图 2－27 所示，一个加压的水箱底部放置着一个加压的塞子，水箱中的气体压力为

40 kPa,液体的容重为 27 kN/m^3。试确定 40 kPa 气压及液体对圆锥的弧形表面产生的作用力大小、方向及作用线。

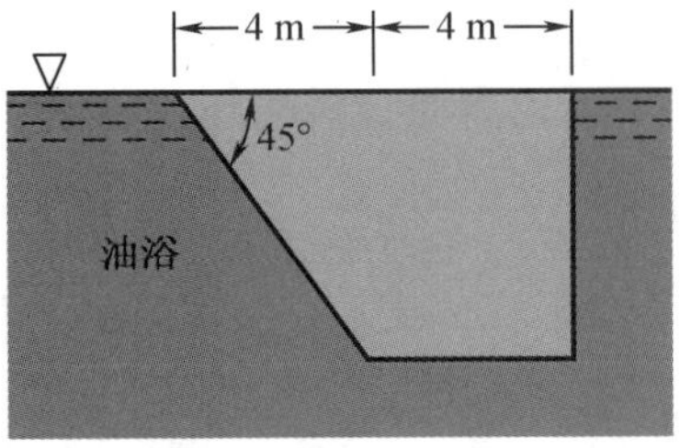

习图 2－24

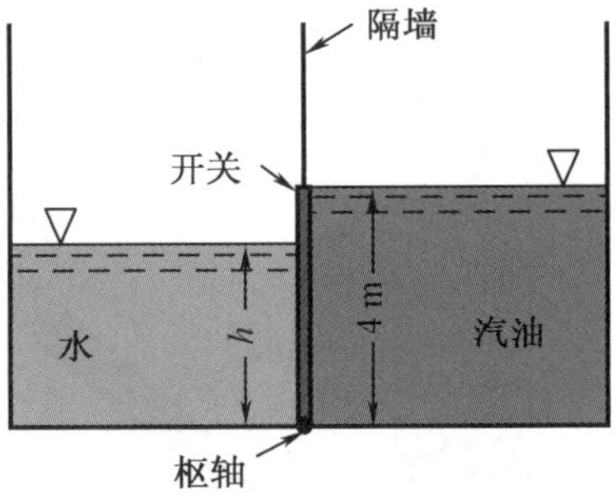

习图 2－25

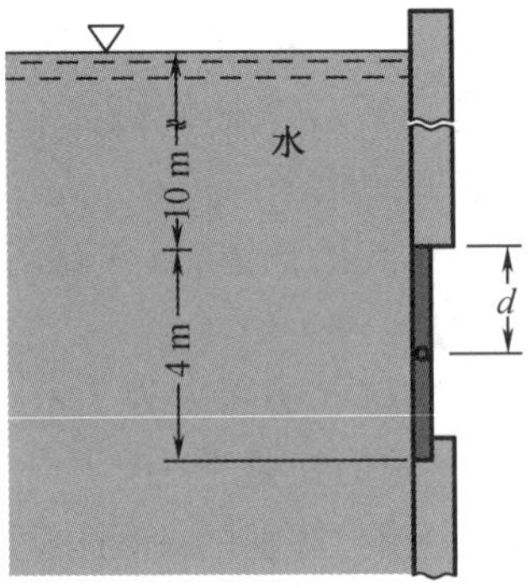

习图 2－26

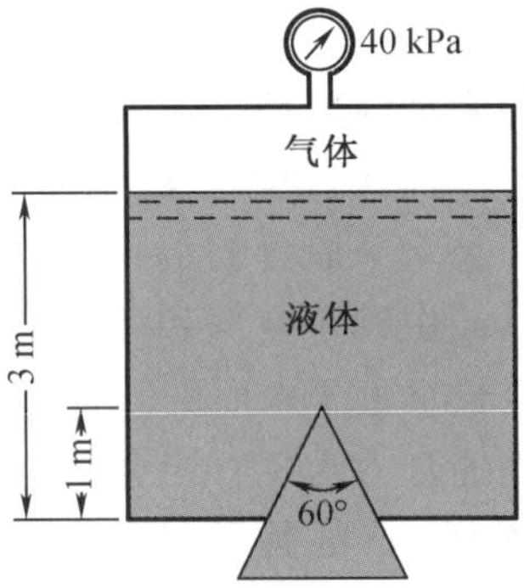

习图 2－27

2.35　一个宽为 4 m,长为 2 m 的长方形敞口水箱装有 2 m 深的水及 1 m 深的油(比重为 0.8),且油位于水之上,试计算两种流体对水箱一侧的合力的大小及作用点。

2.36　如习图 2－28 所示,两个圆形的开口容器盛有相同的液体并被放置在桌面上。它们的底部为相同面积的圆形,但两容器的形状不同。当两容器中液体深度 h 相同时,液体作用于两容器底部的压力也相同,但此时桌子作用在容器上的力由于两个容器质量的不同而不相等。试解释此现象。

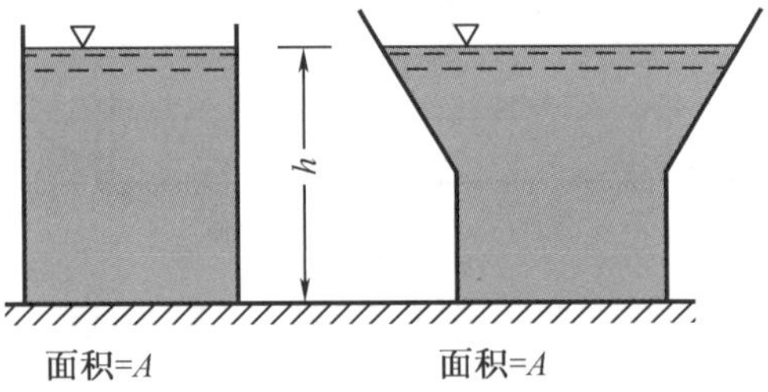

习图 2－28

2.37　如习图 2－29 所示,一个四分之一圆柱的闸门被用来保持水箱中深为 4 m 的水位。当水箱中的水位高于 4 m 时,闸门会打开一定幅度放出一部分水使得水位重新下降到 4 m 以下。试确定每米长度上闸门的质量。

2.38　如习图 2－30 所示,一个直径为 3 m 的敞口圆柱形水箱底部带有一个半球形凸起。试确定水对于水箱底部作用力的大小、方向和作用线。

2.39　有一个长为 4 m,直径为 2 m 的圆柱形水箱水平放置。一个竖直的直径为 0.1 m 的管子连接在水箱的顶部。管子和水箱中均充满了酒精,且管子中的酒精液面高度高于水箱顶部 1.5 m。试确定酒精对水箱一侧的作用力并说明力作用在何处。

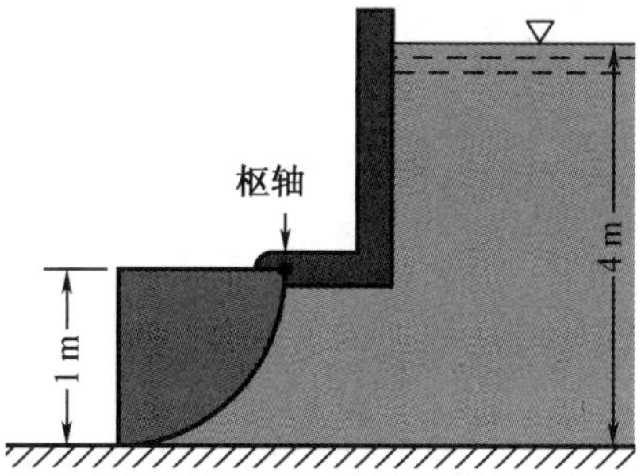

习图 2－29

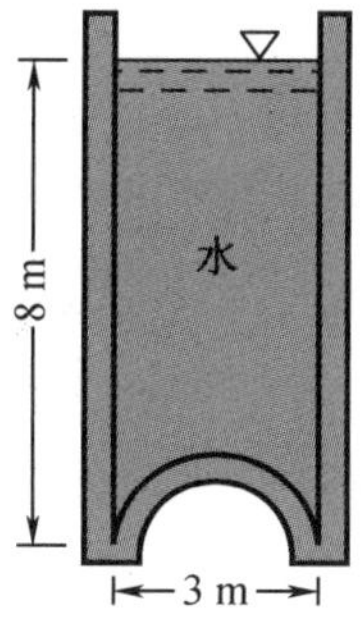

习图 2－30

2.40　如习图 2－31 所示，一个截面积为 A 的水箱充满了密度为 γ_1 的液体。试求当密度为 γ_2，体积为 V 的圆柱体悬浮于该液体上时，液体平面所上升的高度。

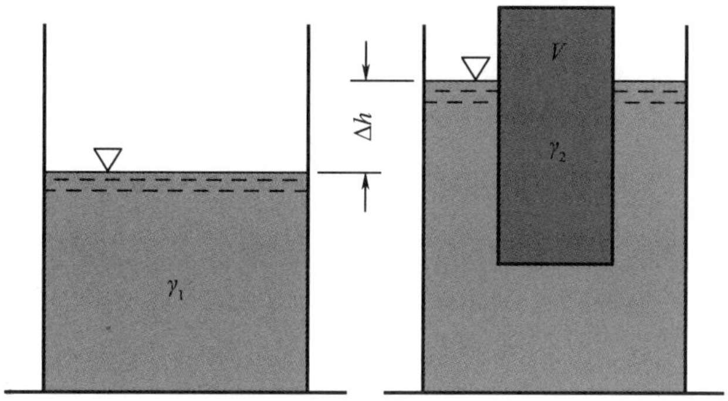

习图 2－31

2.41　当汽车停车时，车上玻璃杯中的水平面会倾斜成与水平方向成 15°角，试确定此时汽车的加速度。

2.42　一个敞口的储油槽被平放在一辆以 80 km/h 速度沿水平方向行驶的卡车上。当卡车需要在 5 s 内以匀减速停下时，求槽中油的倾斜角度。

2.43　一个宽为 1 m，长为 2 m 的敞口油箱中装有 1 m 深的汽油。油箱的四周高为 1.5 m，求不使汽油洒出的所允许的最大水平加速度。

2.44　如果上题中的油箱沿一个与水平方向成 30°角的无摩擦平面下滑，试确定汽油水平面与水平方向所成的夹角。

2.45　有一个盛满了汽油的直径为 1 m，长为 2 m 的封闭油罐。该油罐水平放置，并由一辆卡车沿水平面牵引。试确定当卡车以 5 m/s^2 的加速度前进时，油罐两端的压力差。

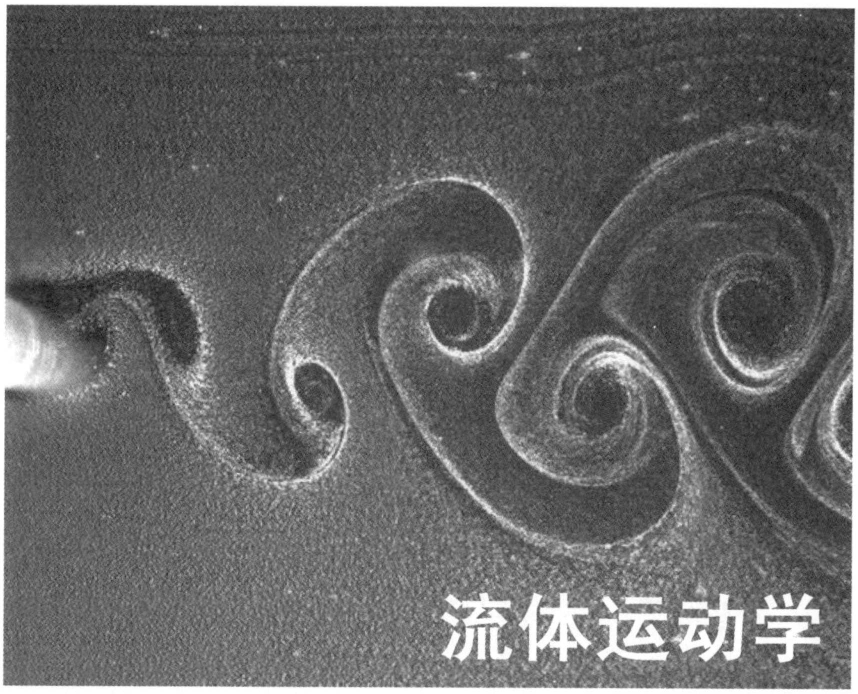

流体运动学

在一定条件下的定常来流绕过某些物体时，物体两侧会周期性地脱落出旋转方向相反，并排列成有规则的双列线涡。开始时，这两列线涡分别保持自身的运动方向前进，接着它们互相干扰，相互吸引，而且干扰越来越大，形成非线性的所谓涡街。卡门涡街是黏性不可压缩流体力学所研究的一种现象。流体绕流高大烟囱、高层建筑、电线、油管道和换热器的管束时都会产生卡门涡街。

本章将讨论流体的运动学知识，流体运动学是研究和描述流体运动空间和时间变化的一般规律，不考虑产生运动的力和力矩的作用，但本章将顺便讨论因流体运动引起变形产生黏性力的本构方程的建立。流体运动学是学习流体动力学的基础，其内容包括描述流体运动的两种方法及其中的质点导数的概念、流体运动的分类、流体运动的基本形式、流体微团的运动分析。对流体运动学的透彻理解可以获得流体运动的重要信息，如对描述和观察流体运动的理解是完全理解流体动力学的关键基础。

本章学习目标：

(1)掌握描述流体运动的欧拉法和拉格朗日法；

(2)掌握物质导数的概念及应用；

(3)理解流体运动的基本概念；

(4)熟练掌握体系和控制体的概念及熟练运用输运公式；

(5)理解流体微团的运动形式及数学表达式。

第3章　流体运动学

流体运动学是用几何学的观点来研究流体运动规律，它只是研究流体运动的几何性质，而不涉及力、质量等与动力学有关的物理量。因而它不研究流体运动产生和变化的原因，只是从流体的连续介质模型出发，研究它在运动学上固有的特性。

3.1　研究流体运动的两种方法

在研究流体运动规律之前，首先要解决的问题是用什么方法来描述流体的运动。目前在流体力学中通常采用下列两种方法——拉格朗日法和欧拉法。拉格朗日法：以流场中各个质点的运动作为研究的出发点，通过分析每个流体质点的运动轨迹，研究整个流体的运动。这种方法更容易接受，其是质点系力学研究方法的自然延续。与其相对应的欧拉法不着眼研究个别流体质点的运动特性，而是从分析经过空间中各固定点处的流体质点运动着手来研究固定空间内的流体运动。本节将介绍这两种方法及其数学表示。

欧拉法或拉格朗日方法可用于描述流场。

3.1.1　拉格朗日法

拉格朗日法是通过追踪运动流体各个质点的运动轨迹来研究流体的运动规律，具体地说，就是研究流体中某一确定质点的速度、加速度、压强等参数随时间的变化，以及研究相邻流体质点间这些参数的变化关系。

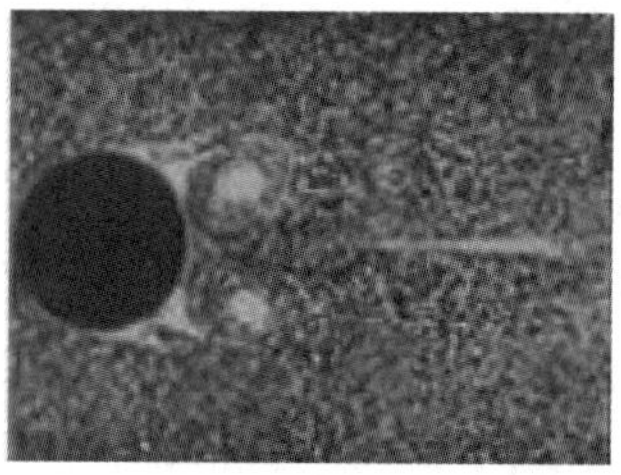

示踪粒子

用示踪粒子来研究流动即为拉格朗日法的应用。

为了辨识不同的流体质点，首先要找一方法来标注每一个流体质点。一般用起始瞬间 $t=t_0$ 时各个质点的空间坐标 (a,b,c) 来标注它们。不同的 (a,b,c) 将代表不同的质点。显然，在瞬时 t 任一流体质点的位置，即在空间的坐标 (x,y,z) 可以用 (a,b,c) 及 t 的函数来表示，即

$$\begin{cases} x=F_1(a,b,c,t) \\ y=F_2(a,b,c,t) \\ z=F_3(a,b,c,t) \end{cases} \tag{3-1}$$

式中，四个变数 (a,b,c,t) 称为拉格朗日变数。

当 a,b,c 固定时，式(3-1)代表确定的某个质点的运动轨迹，当 t 固定时，式(3-1)代表 t 时刻各质点所处的位置，所以式(3-1)可以表述任一质点的运动。

根据式(3-1)，任何流体质点的速度和加速度在 x,y,z 三个轴的投影为

$$
\begin{cases}
u=\dfrac{\partial x}{\partial t}=\dfrac{\partial F_1(a,b,c,t)}{\partial t}\\
v=\dfrac{\partial y}{\partial t}=\dfrac{\partial F_2(a,b,c,t)}{\partial t}\\
w=\dfrac{\partial z}{\partial t}=\dfrac{\partial F_3(a,b,c,t)}{\partial t}\\
a_x=\dfrac{\partial u}{\partial t}=\dfrac{\partial^2 x}{\partial t^2}=\dfrac{\partial^2 F_1(a,b,c,t)}{\partial t^2}\\
a_y=\dfrac{\partial v}{\partial t}=\dfrac{\partial^2 y}{\partial t^2}=\dfrac{\partial^2 F_2(a,b,c,t)}{\partial t^2}\\
a_z=\dfrac{\partial w}{\partial t}=\dfrac{\partial^2 z}{\partial t^2}=\dfrac{\partial^2 F_3(a,b,c,t)}{\partial t^2}
\end{cases}
\tag{3-2}
$$

单纯运用拉格朗日法来研究流体运动，往往会碰到数学上的困难，所以这种方法一般很少采用。这种方法主要用于一定的气体质量被封存在一块可变空间内运动的一类问题，例如用于气体在发动机内或炮膛内的运动的研究。20世纪90年代以来，随着高速计算机和并行计算技术的长足发展，人们已可用拉格朗日法的数值计算来研究稀薄气体动力学中的一些问题。这时，将基于拉格朗日法的直接模拟方法和基于概率论的统计试验方法（蒙特洛卡方法）相结合，在计算机上追踪几千个或更多的（有限个）模拟分子的运动、碰撞及其与壁面间的相互作用，以模拟真实气体的流动。但当今在完全范畴内的工程应用上，拉格朗日法的应用仍存在着较大的困难。

3.1.2 欧拉法

欧拉法是以流场中每一空间位置作为描述对象，描述其上流体参数对于时间的分布规律。这种方法类似于电场、磁场的描述方法。

用欧拉法研究流体运动，是分析被流体所充满的空间中每一固定点处流体的速度、加速度、压强、密度等参数随时间的变化，以及研究在相邻的空间点上这些参数的变化。用欧拉法分析流体运动，相当于在运动流体所充满的空间的每一个空间点都布置一个观察者，他们每一个人都注视着经过他所在的点的流体质点的速度、加速度等物理参数怎样随时间变化，在汇集全体观察者在各个瞬时所得到的数据后，就可以了解整个空间内流体运动的情况了。

欧拉法不需要关注每一个流体质点的运动，而只需要研究流体运动参数的空间分布，即研究各物理参数的场，例如速度场、加速度场、压强场及密度场等矢量场和标量场。因此，在欧拉法中，一切描述流体运动的物理参数应该都是空间点坐标(x,y,z)以及时间t的函数。以空间点上流体质点的速度为例（图3－1），有

$$
\boldsymbol{V}=\frac{\mathrm{d}\boldsymbol{r}}{\mathrm{d}t}=f(\boldsymbol{r},t) \tag{3-3(a)}
$$

或

$$
\begin{cases}
u=\dfrac{\mathrm{d}x}{\mathrm{d}t}=u(x,y,z,t)\\
v=\dfrac{\mathrm{d}y}{\mathrm{d}t}=v(x,y,z,t)\\
w=\dfrac{\mathrm{d}z}{\mathrm{d}t}=w(x,y,z,t)
\end{cases}
\tag{3-3(b)}
$$

式中　$\boldsymbol{V}$——流体质点在 A 的速度；

$\boldsymbol{r}$——A 点的矢径；

u,v,w——速度 $\boldsymbol{V}$ 在 x,y,z 三个坐标的投影；

x,y,z,t——欧拉变数。

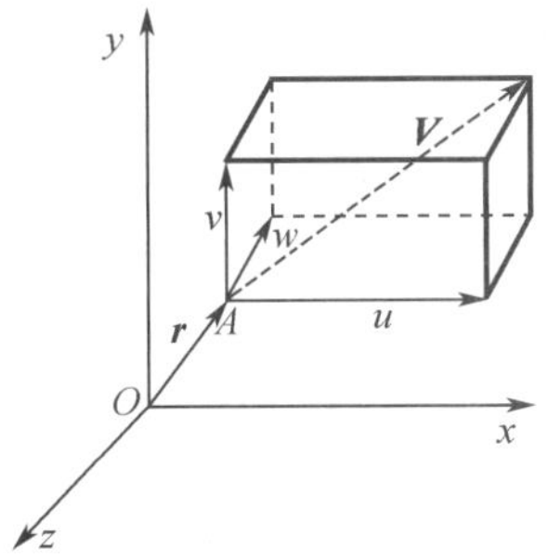

图3-1　欧拉法研究流体运动

应该注意，在拉格朗日法中，x,y,z 是同一个流体质点的空间位置坐标；而在欧拉法中，x,y,z 是空间确定点坐标，在不同瞬时，有许多不同的流体质点通过这些点。

运用欧拉法研究流体运动时，数学上的困难比较少，而且能广泛地运用数学中的场论知识，因此欧拉法得到普遍的应用，在研究流体运动时多采用这种方法。

在欧拉法中，速度指的是某一时刻位于空间某一确定点处的流体质点的速度，因此速度与时间和空间坐标有关，即

$$\boldsymbol{V}=\boldsymbol{i}u(x,y,z,t)+\boldsymbol{j}v(x,y,z,t)+\boldsymbol{k}w(x,y,z,t) \tag{3-4}$$

质点加速度就是速度对时间的导数，即

$$\boldsymbol{a}=\frac{\mathrm{d}\boldsymbol{V}}{\mathrm{d}t}=\boldsymbol{i}\frac{\mathrm{d}u}{\mathrm{d}t}+\boldsymbol{j}\frac{\mathrm{d}v}{\mathrm{d}t}+\boldsymbol{k}\frac{\mathrm{d}w}{\mathrm{d}t} \tag{3-5}$$

其中 x 方向的加速度为 $\mathrm{d}u/\mathrm{d}t$，速度 u 是空间坐标和时间的函数，因此有

$$a_x=\frac{\mathrm{d}u(x,y,z,t)}{\mathrm{d}t}=\frac{\partial u}{\partial t}+\frac{\partial u}{\partial x}\frac{\partial x}{\partial t}+\frac{\partial u}{\partial y}\frac{\partial y}{\partial t}+\frac{\partial u}{\partial z}\frac{\partial z}{\partial t} \tag{3-6}$$

由于空间坐标对时间的导数就是那一点的速度，所以 x 方向的加速度为

$$a_x=\frac{\partial u}{\partial t}+u\frac{\partial u}{\partial x}+v\frac{\partial u}{\partial y}+w\frac{\partial u}{\partial z} \tag{3-7}$$

同理可得另外两个方向的加速度分别为

$$a_y=\frac{\partial v}{\partial t}+u\frac{\partial v}{\partial x}+v\frac{\partial v}{\partial y}+w\frac{\partial v}{\partial z} \tag{3-8}$$

$$a_z=\frac{\partial w}{\partial t}+u\frac{\partial w}{\partial x}+v\frac{\partial w}{\partial y}+w\frac{\partial w}{\partial z} \tag{3-9}$$

三个方向的加速度可以统一写成矢量的形式，表示为

$$\boldsymbol{a}=\frac{\mathrm{D}\boldsymbol{V}}{\mathrm{D}t}=\frac{\partial \boldsymbol{V}}{\partial t}+(\boldsymbol{V}\cdot\nabla)\boldsymbol{V} \tag{3-10}$$

此处的 $\boldsymbol{V}\cdot\nabla$ 是比较特别的一种表达方式，其展开形式为

$$\boldsymbol{V}\cdot\nabla=(\boldsymbol{i}u+\boldsymbol{j}v+\boldsymbol{k}w)\cdot\left(\boldsymbol{i}\frac{\partial}{\partial x}+\boldsymbol{j}\frac{\partial}{\partial y}+\boldsymbol{k}\frac{\partial}{\partial z}\right)=u\frac{\partial}{\partial x}+v\frac{\partial}{\partial y}+w\frac{\partial}{\partial z}$$

可见，用欧拉法描述流体质点运动时，加速度由两部分组成，其中的 $\frac{\partial \boldsymbol{V}}{\partial t}$ 只与时间有关，表示的是流体

质点在空间某点处于由流场的非定常性而引起的加速度，称为当地加速度（局部导数）。而$(\boldsymbol{V}\cdot\nabla)$表示的是流体质点从一点运动到另一点的过程中，由于流场中速度空间分布的不均匀性而产生的加速度，称为对流加速度（迁移导数）。

式(3－10)在数学上相当于某一流体质点的速度对时间的全导数，这个全导数还可以应用于其他的流体参数，例如压力

$$\frac{\mathrm{D}p}{\mathrm{D}t}=\frac{\partial p}{\partial t}+(\boldsymbol{V}\cdot\nabla)p$$

由于其特殊性，在流体力学中这种对欧拉变量的导数经常用大写的微分号来表示，称为物质导数，或随体导数。设$\varPhi$为流体的某种属性，物质导数的一般表达式为

$$\frac{\mathrm{D}\varPhi}{\mathrm{D}t}=\frac{\partial \varPhi}{\partial t}+(\boldsymbol{V}\cdot\nabla)\varPhi \tag{3-11}$$

与加速度的定义一样，式(3－11)中右边的第一项称为当地项，第二项称为对流项。

事实上，经典加速度的概念应该是针对某一特定流体质点的运动而言的，那么如何理解欧拉法中描述的空间点的加速度呢？式(3－10)中的第一项$\frac{\partial \boldsymbol{V}}{\partial t}$与空间无关，用其在欧拉法中定义加速度显然是不合适的。这个问题可以这样理解：总的加速度$\frac{\mathrm{D}\boldsymbol{V}}{\mathrm{D}t}$表示的是在$t$时刻处于空间点$(x,y,z)$处的流体质点在运动到$t+\mathrm{d}t$时刻的位置过程的平均加速度；而当地项$\frac{\partial \boldsymbol{V}}{\partial t}$表示的是在这段时间内，通过空间点$(x,y,z)$的不同流体质点的速度不同而造成的加速度。因此可以说$\frac{\mathrm{D}\boldsymbol{V}}{\mathrm{D}t}$是真正的质点加速度，而$\frac{\partial \boldsymbol{V}}{\partial t}$只代表空间点处速度的变化，并不是经典意义上的加速度。

为了进一步理解物质导数的含义，下面分几种情况来分析当地加速度与对流加速度的物理意义。

第一种情况：流动为非定常，但流场均匀，即$\frac{\partial \boldsymbol{V}}{\partial t}\neq 0$，$(\boldsymbol{V}\cdot\nabla)\boldsymbol{V}=0$。这时在任一时刻流场中各处都存在加速度，并且都相同。

举这样一个例子，如图3－2所示，一个竖直放置的等截面管道，一定量的水在其中下落，忽略空气阻力及水与壁面的黏性，则水做自由落体运动。水的各部分之间没有相对运动，速度都是一样的，是均匀的，因此有$(\boldsymbol{V}\cdot\nabla)\boldsymbol{V}=0$。水整体的加速度为$g$，即$a=\frac{\mathrm{d}V}{\mathrm{d}t}=\frac{\partial V}{\partial t}=g$。对于空间某点来说，当地加速度项本来表示的是一段时间内通过该点的不同质点的速度差，不过既然所有质点的加速度都相同，这个速度差也就代表了同一流体质点单位时间的速度差，也就是质点的加速度。

图3－2　水整体做自由落体运动

第二种情况：流动为定常，但流场不均匀，即$\frac{\partial \boldsymbol{V}}{\partial t}=0$，$(\boldsymbol{V}\cdot\nabla)\boldsymbol{V}\neq 0$。这时流场中的质点可能都有加速度，但任何一点处的速度都不随时间改变。

举这样一个例子，如图 3－3 所示，水箱有一个带收缩段的放水管，假设为无黏流动。当水箱相较放水管足够大时，放水过程中水面可以保持基本不降。于是可以由质量守恒知管中各截面处的流速都保持不变，即流动为定常。在收缩段，沿流动方向流速是增大的，显然流体在这里是有加速度的，某点处的加速度 $\boldsymbol{a}=(\boldsymbol{V}\cdot\nabla)\boldsymbol{V}$，完全由对流加速度构成，这种加速是由于流体质点从低速区进入高速区的过程产生的。

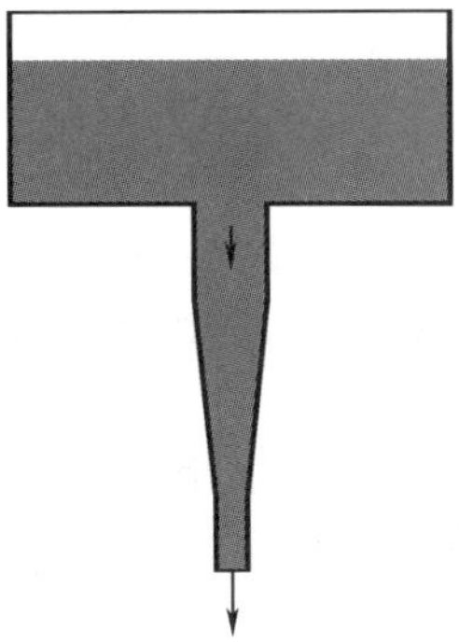

图 3－3　水箱足够大，出口流速不变，收缩段水做加速运动

第三种情况：流动为非定常，并且流场不均匀，这时流体质点的加速度是当地加速度与对流加速度两者之和。

可以举这样一个例子，如图 3－4 所示，与第二种情况类似，只是这种流动中水箱并不大，水面随着放水而降低。放水时，放水管任一截面处的流速都随着水面的降低而减小，即$\frac{\partial \boldsymbol{V}}{\partial t}<0$；但水通过收缩段又应该加速，即$(\boldsymbol{V}\cdot\nabla)\boldsymbol{V}>0$。至于水质点流动过程中到底是加速还是减速，就取决于上述两种加速度的大小关系。

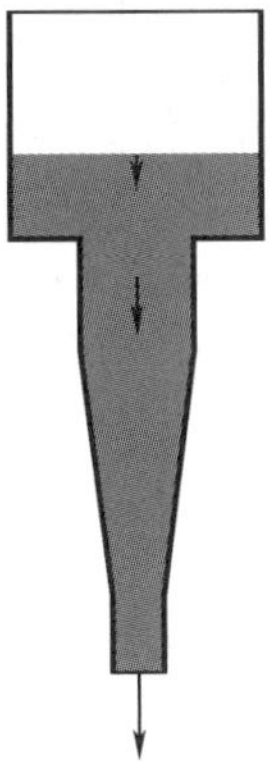

图 3－4　水箱不够大，水位随流速降低

第四种情况：流动为非定常，流场也不均匀，但流体却没有加速度，即$\frac{\partial \boldsymbol{V}}{\partial t}\neq 0$，$(\boldsymbol{V}\cdot\nabla)\boldsymbol{V}\neq 0$，但$\frac{\mathrm{d}\boldsymbol{V}}{\mathrm{d}t}=\frac{\partial \boldsymbol{V}}{\mathrm{d}t}+(\boldsymbol{V}\cdot\nabla)\boldsymbol{V}=0$。

可以举这样一个例子，如图 3－5 所示，一滴水在真空中匀速运动。在水滴将经过的路径上取一点，这点的速度本来为零，当水滴经过时突然变为水滴的速度，然后再恢复到零。显然，这是一个非定常流动，同时速度在空间分布不均匀。当水滴经过时产生的速度变化为$\frac{\partial \boldsymbol{V}}{\partial t}$，空间不均匀产生的速度差异为

$(\boldsymbol{V}\cdot\nabla)\boldsymbol{V}$。因为水滴无加速度，这两者必然是相互抵消的。

图 3－5　水滴在真空中匀速运动

物质导数的定义中，质点性质的变化率是采用拉格朗日法跟随流体质点得到的，但用的是欧拉法的坐标，因此物质导数其实是联系拉格朗日法和欧拉法的一个公式，通过这个公式，可以把本来针对质点的各种定义和物理定律应用于欧拉坐标系的空间点上。

注：本节的例题可能涉及流线的有关知识，读者在研读本节例题时，可先阅读有关流线的概念，以便于更加透彻地理解。

补充　场论知识

(1) $\nabla\varphi$：标量函数 φ 在一点的梯度。其在直角坐标系中的形式为

$$\nabla\varphi=\frac{\partial\varphi}{\partial x}\boldsymbol{i}+\frac{\partial\varphi}{\partial y}\boldsymbol{j}+\frac{\partial\varphi}{\partial z}\boldsymbol{k}$$

标量函数的梯度的物理意义：为了说明 $\nabla\varphi$ 的物理意义，可以对 φ 取全微分，即

$$\mathrm{d}\varphi=\frac{\partial\varphi}{\partial x}\mathrm{d}x+\frac{\partial\varphi}{\partial y}\mathrm{d}y+\frac{\partial\varphi}{\partial z}\mathrm{d}z=\left(\frac{\partial\varphi}{\partial x}\boldsymbol{i}+\frac{\partial\varphi}{\partial y}\boldsymbol{j}+\frac{\partial\varphi}{\partial z}\boldsymbol{k}\right)\cdot(\boldsymbol{i}\mathrm{d}x+\boldsymbol{j}\mathrm{d}y+\boldsymbol{k}\mathrm{d}z)=\nabla\varphi\cdot\mathrm{d}\boldsymbol{r}$$

由此可见，当 $\mathrm{d}\boldsymbol{r}$ 与 $\nabla\varphi$ 垂直时，$\mathrm{d}\varphi=0$ $(\varphi=\mathrm{const})$，因而可以得出结论 $\nabla\varphi$ 的方向一定与 $\varphi=\mathrm{const}$ 的面垂直。

$|\nabla\varphi|$ 是函数 φ 在空间的最大变化率。

(2) $\nabla\cdot\boldsymbol{a}$：向量函数 $\boldsymbol{a}$ 在一点的散度。其在直角坐标系中的形式为

$$\nabla\cdot\boldsymbol{a}=\boldsymbol{i}\cdot\frac{\partial\boldsymbol{a}}{\partial x}+\boldsymbol{j}\cdot\frac{\partial\boldsymbol{a}}{\partial y}+\boldsymbol{k}\cdot\frac{\partial\boldsymbol{a}}{\partial z}=\frac{\partial a_x}{\partial x}+\frac{\partial a_y}{\partial y}+\frac{\partial a_z}{\partial z}$$

散度的物理意义：单位体积的表面积流出的通量，如当 $\boldsymbol{a}=\boldsymbol{V}$，则 $\nabla\cdot\boldsymbol{V}$ 由单位体积流出的体积流量。

(3) $\nabla\times\boldsymbol{a}$：向量函数在一点的旋度。在直角坐标系中的形式为

$$\nabla\times\boldsymbol{a}=\boldsymbol{i}\times\frac{\partial\boldsymbol{a}}{\partial x}+\boldsymbol{j}\times\frac{\partial\boldsymbol{a}}{\partial y}+\boldsymbol{k}\times\frac{\partial\boldsymbol{a}}{\partial z}$$

由于 $\boldsymbol{a}=\boldsymbol{i}a_x+\boldsymbol{j}a_y+\boldsymbol{k}a_z$ 故

$$\nabla\times\boldsymbol{a}=\boldsymbol{i}\left(\frac{\partial a_z}{\partial y}-\frac{\partial a_y}{\partial z}\right)+\boldsymbol{j}\left(\frac{\partial a_x}{\partial z}-\frac{\partial a_z}{\partial x}\right)+\boldsymbol{k}\left(\frac{\partial a_y}{\partial x}-\frac{\partial a_x}{\partial y}\right)$$

旋度的物理意义：向量函数的旋量与此向量的环量密切相关，旋度在坐标轴上的分量等于各对应坐标面上的环量密度。

(4) $\nabla\boldsymbol{a}$：向量函数的梯度。其在直角坐标系中的表示形式为

$$\nabla \boldsymbol{a} = \boldsymbol{i}\frac{\partial \boldsymbol{a}}{\partial x} + \boldsymbol{j}\frac{\partial \boldsymbol{a}}{\partial y} + \boldsymbol{k}\frac{\partial \boldsymbol{a}}{\partial z} = \boldsymbol{i}\frac{\partial}{\partial x}(\boldsymbol{i}a_x + \boldsymbol{j}a_y + \boldsymbol{k}a_z) + \boldsymbol{j}\frac{\partial}{\partial y}(\boldsymbol{i}a_x + \boldsymbol{j}a_y + \boldsymbol{k}a_z) + \boldsymbol{k}\frac{\partial}{\partial z}(\boldsymbol{i}a_x + \boldsymbol{j}a_y + \boldsymbol{k}a_z)$$

向量函数的梯度的意义：向量函数的梯度并不是一个向量，而是一个二阶张量，把二阶张量看作向量并积。

例题 3－1　速度场的表示

已知：给定一个速度场 $\boldsymbol{V} = \left(\frac{V_0}{l}\right)(-x\boldsymbol{i} + y\boldsymbol{j})$，其中 V_0 和 l 为常数。

求解：速度场中速度为 V_0 的点的位置，并画出当 $x \geqslant 0$ 时的速度场草图，用箭头表示所在点的流体速度，如图 3－6 所示。

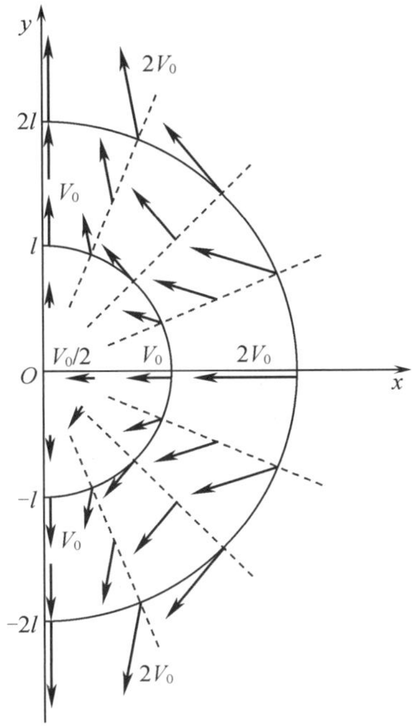

图 3－6　速度场

解题过程：

x，y 和 z 方向上的速度可以由 $u = -\frac{V_0 x}{l}$，$v = \frac{V_0 y}{l}$ 和 $w = 0$ 得到，故其速度可表示为

$$V = (u^2 + v^2 + w^2)^{\frac{1}{2}} = \frac{V_0}{l}(x^2 + y^2)^{\frac{1}{2}}$$

由上式可知，所有在以原点为圆心，以 l 为半径的圆上的点速度均为 V_0。流体相对于 x 轴的速度方向可以由 $\theta = \arctan(v/u)$ 得出，对于此流体

$$\tan\theta = \frac{v}{u} = \frac{\frac{V_0 y}{l}}{-\frac{V_0 x}{l}} = -\frac{y}{x}$$

当流体沿 x 轴流动时可得 $\tan\theta = 0$，即 $\theta = 0°$ 或 $\theta = 180°$。相似地，当沿 $x = 0$ 轴流动时可得 $y = 0$，即 $\theta = 90°$ 或 $\theta = 270°$。同时，当 $x = 0$ 或 $y = 0$ 分别可得 $\boldsymbol{V} = \left(\frac{V_0 y}{l}\right)\boldsymbol{j}$ 或 $\boldsymbol{V} = \left(\frac{-V_0 x}{l}\right)\boldsymbol{i}$。说明当 $V_0 \geqslant 0$ 时，气流沿 x 轴指向原点，沿 y 轴远离原点。

通过对在 $x-y$ 平面内其他位置处 $\boldsymbol{V}$ 和 θ 的求解可以画出速度场的草图。例如，在直线 $y = x$ 上速度

会与 x 轴方向呈 45°角，而在原点处为滞止点。同时，由上述方程可知，距离原点越远流体的流速越快。

例题解析：

在这个例子中给出的速度场近似于图 3－7 所示的标牌中心附近的空气流动（气流）。当风吹到标牌时，一些空气流过标牌，一些空气在标牌下方静止，产生一个滞止点。

图 3－7　标牌表面气流速度分布

例题 3－2　物质导数的应用 1

已知：如图 3－8 所示，一种不可压缩无黏流体稳定流过一个半径为 R 的球体（流动为定常流动），已知流体沿流线 A 到 B 的速度为

$$\boldsymbol{V}=u(x)\boldsymbol{i}=V_0\left(1+\frac{R^3}{x^3}\right)\boldsymbol{i}$$

求解：确定流体质点沿流线运动的加速度。

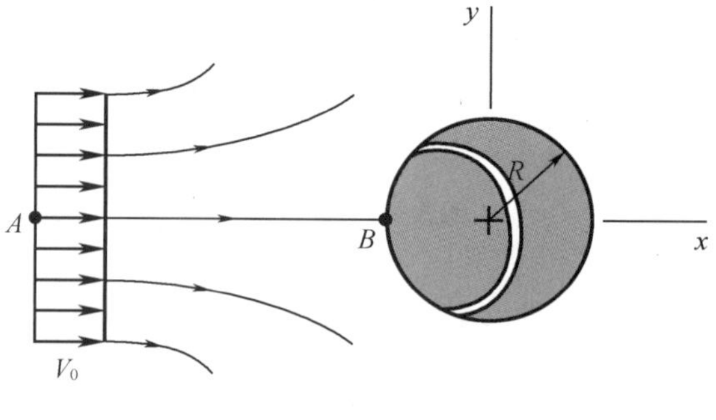

图 3－8　流体流过小球示意图

解题过程：

由题可知，粒子在沿流线 A—B 运动时仅在一个方向上有速度，且加速度同样可由上式得出（$v=w=0$）

$$\boldsymbol{a}=\frac{\partial \boldsymbol{V}}{\partial t}+u\frac{\partial \boldsymbol{V}}{\partial x}=\left(\frac{\partial u}{\partial t}+u\frac{\partial u}{\partial x}\right)\boldsymbol{i}$$

或

$$a_x=\frac{\partial u}{\partial t}+u\frac{\partial u}{\partial x},a_y=0,a_z=0$$

由于是定常流动，空间中各点的速度不会随时间变化，即$\frac{\partial u}{\partial t}=0$。根据给定的沿流线的速度分布，加速度变为

$$a_x=u\frac{\partial u}{\partial x}=V_0\left(1+\frac{R^3}{x^3}\right)V_0\left[R^3(-3x^{-4})\right]$$

或

$$a_x = -3\left(\frac{V_0^2}{R}\right)\frac{1+\left(\frac{R}{x}\right)^3}{\left(\frac{x}{R}\right)^4}$$

例题解析：

沿着流线 A—B（$-\infty \leqslant x \leqslant -R$ 及 $y=0$）的加速度只有一个 x 分量，且加速度是负的（减速）。流体从其上游即 $x=-\infty$ 和 $\boldsymbol{V}=V_0\boldsymbol{i}$ 处开始减速流动到 $\boldsymbol{V}=0$ 和 $x=-R$ 处的加速度的变化如图 3－9 所示。

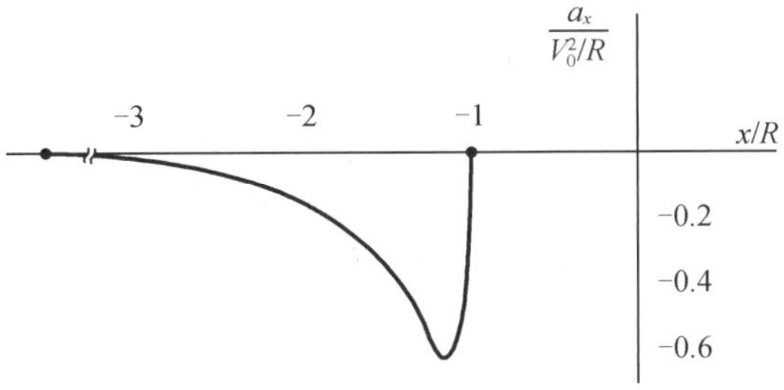

图 3－9　加速度变化度

例题 3－3　物质导数的应用 2

已知：如图 3－10 所示，一种流体在一个长为 l 的二维喷管中，管子的形状可以由下式确定

$$y/l = \pm 0.5/[1+(x/l)]$$

如果忽略黏性和重力的影响：

速度场为

$$u = V_0[1+x/l],v = -V_0 y/l$$

压力场为

$$p-p_0 = -(\rho V_0^2/2)[(x^2+y^2)/l^2+2x/l]$$

式中，V_0 和 p_0 为原点处的压力和速度。

需要注意的是流体的流速沿管方向是增加的。例如，在 $y=0$ 这条线上，当 $x=0$ 时，$V=V_0$，当 $x=l$ 时，$V=2V_0$。

求解：根据以上信息试确定流体粒子在喷管中所受的压力随时间的变化速率。

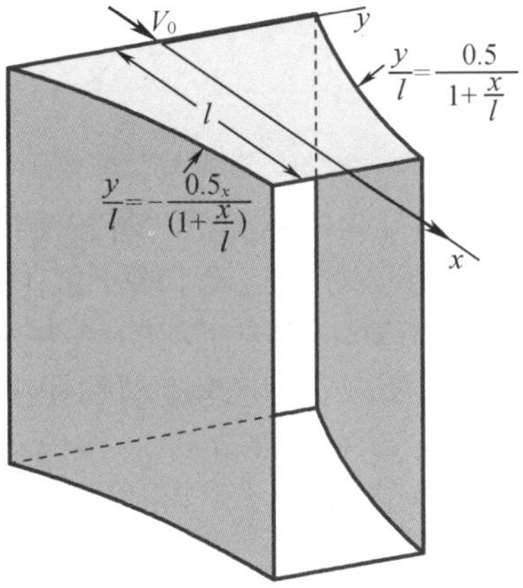

图 3－10　喷管示意图

解题过程：

在此定常流场中任何固定点上压力随时间的变化速率均为零。但粒子流经喷管所受的压力随时间变化即压力的物质导数不等于零。

$$\frac{\mathrm{D}p}{\mathrm{D}t} = \frac{\partial p}{\partial t} + u\frac{\partial p}{\partial x} + v\frac{\partial p}{\partial y} = u\frac{\partial p}{\partial x} + v\frac{\partial p}{\partial y}$$

压力在 x 和 y 方向上的导数可以写为

$$\frac{\partial p}{\partial x}=-\frac{\rho V_0^2}{l}\left(\frac{x}{l}+1\right)$$

$$\frac{\partial p}{\partial y}=-\frac{\rho V_0^2}{l}\left(\frac{y}{l}\right)$$

所以

$$\frac{\mathrm{D}p}{\mathrm{D}t}=V_0\left(1+\frac{x}{l}\right)\left(-\frac{\rho V_0^2}{l}\right)\left(\frac{x}{l}+1\right)+\left(-V_0\frac{y}{l}\right)\left(-\frac{\rho V_0^2}{l}\right)\left(\frac{y}{l}\right)$$

$$\frac{\mathrm{D}p}{\mathrm{D}t}=-\frac{\rho V_0^2}{l}\left[\left(\frac{x}{l}+1\right)^2-\left(\frac{y}{l}\right)^2\right]$$

例题分析：

图 3－11 给出了喷嘴内的等压线，以及流动的一些有代表性的流线。随着流体质点沿流线流动，它会移动到较低的压力区域。因此，即使流动是稳定的，对于任何质点压力随时间的变化率也是负的。另外从图 3－12 可知，喷嘴内的任何点 $\frac{\mathrm{D}p}{\mathrm{D}t}<0$。

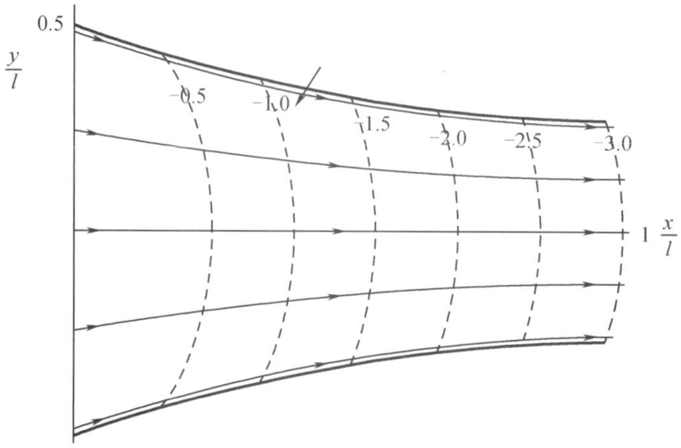

图 3－11　等压线和流线

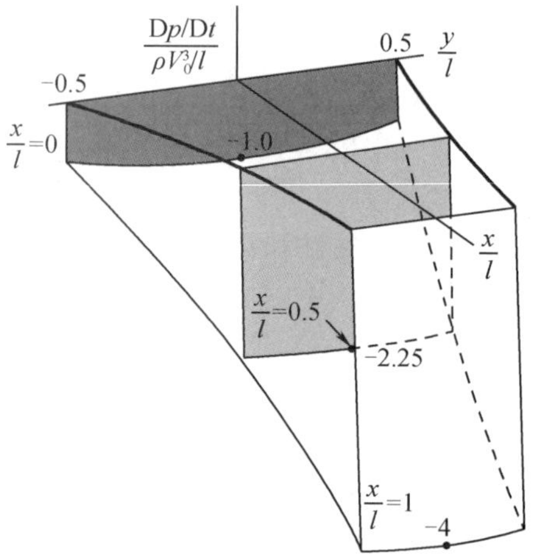

图 3－12　压力随时间的变化率

3.2　流体运动的分类

按照不同的分类方法可以将流体的流动分为不同类型。若按流体的性质区分，可将流体的流动分为可压缩流体的流动和不可压缩流体的流动，理想流体的流动和黏性流体的流动，牛顿流体的流动和非牛顿流体的流动，磁性流体的流动和非磁性流体的流动。若按流动的特性区分，可将流动分为有旋流动和无旋流动，层流流动和湍流流动，定常流动和非定常流动，超声速流动和亚声速流动，等熵流动和非等熵流动。若按流动的空间分类，又可以将流动分为内部流动和外部流动，一维流动、二维流动和三维流动。

3.2.1　定常流动和非定常流动

根据欧拉法，可以按照流体流动所依赖的变数的数目对流动加以分类。在最一般的情况下，分速度 u、v、w，压强 p，密度 ρ 等描述流体运动的参数都是坐标 (x,y,z) 与时间 (t) 的函数；但是在某些情况下，在任意空间点上，流体质点的全部流动参数都不随时间而改变，这种流动称为定常流动。它满足下列条件

$$\frac{\partial u}{\partial t}=\frac{\partial v}{\partial t}=\frac{\partial w}{\partial t}=\frac{\partial p}{\partial t}=\frac{\partial \rho}{\partial t}=\frac{\partial T}{\partial t}=0 \tag{3-12}$$

这时流动的全部流动参数将仅仅是空间坐标的函数，即

$$u=u(x,y,z),v=v(x,y,z),w=w(x,y,z) \quad (3-13(a))$$

$$p=f_1(x,y,z),\rho=f_2(x,y,z),T=f_3(x,y,z) \quad (3-13(b))$$

又在任意空间点上，若流体质点的全部流动参数或其中一部分流动参数随时间发生变化，则这种流动称为非定常流动。在这种情况下，下式成立或下式中的一部分成立

$$\frac{\partial u}{\partial t}\neq 0,\frac{\partial v}{\partial t}\neq 0,\frac{\partial w}{\partial t}\neq 0,\frac{\partial p}{\partial t}\neq 0,\frac{\partial T}{\partial t}\neq 0 \quad (3-14)$$

在工程实际中，定常流动的例子很多，例如当水泵的转速不变时，进水口和出水口中的流动就是定常的；又如在风洞中进行吹风试验时，控制气流速度不变时，风洞试验段中的流场也可以近似认为是定常的。

一个具有非周期性的非定常流动的例子是通过关闭水龙头来阻止水的流动。通常这种非定常流动是非常普通而且也不需要考虑是什么因素导致了水流的非定常流动的。但是，非定常流动所产生的后果往往是不可忽略的，如图3－13(a)所示的电动洗碗机中的电磁阀突然关闭时，会造成由于水流冲击管道而出现水击现象。电动洗碗机中的电磁阀开启状态，如图3－13(b)所示。

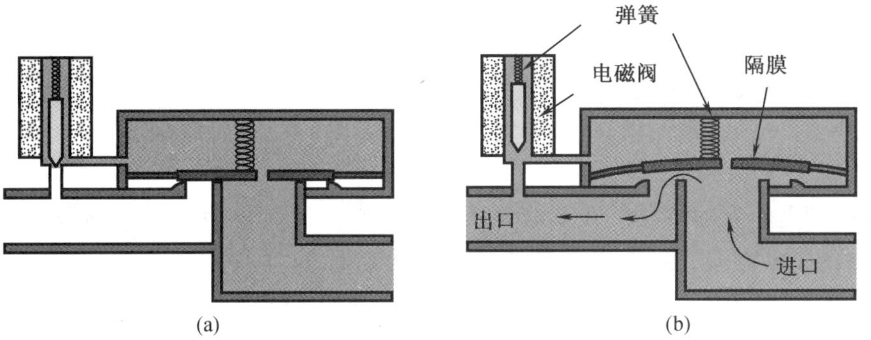

图3－13　电磁阀中的非定常流动

(a)关闭状态；(b)开启状态

在大部分工程中，非定常流动很有可能是周期性的，并且基本上以同样的方式一次又一次地发生。空气－汽油混合物周期性地注入汽车发动机的气缸就是这样一个例子。这一非定常过程在发动机的运转过程中是非常重要的。

在另外一些情况下，流动的非定常特性是随机的，不具有规律性，例如湍流的非定常性。高黏度糖浆流到煎饼上的"平滑"流动代表了"确定性"的层流，其和从水龙头到水槽下方的"不规则"溅水中观察到的"湍流"是完全不同的。后续的章节将详细讨论这些流动之间的差异。

定常流动和非定常流动与坐标系的选择是相关的。例如，船在静止的水流中匀速直线行驶时，船周围的水流对站在岸上的人来说(坐标系选在船上)是非定常的，但对于站在船上的人来说(坐标系选在船上)又是定常的，此时水相对于船不动，水以船的速度从远处向船流过来。

3.2.2　一维流动、二维流动和三维流动

如果流体在流动中的流动参数是三个空间坐标的函数，这样的流动

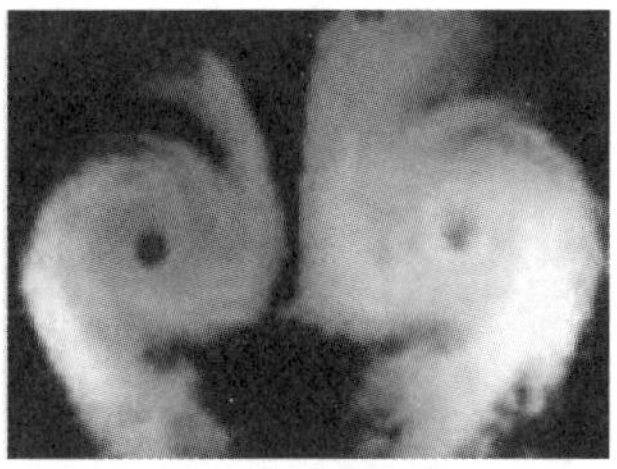

流过机翼

流过机翼的流动其本质是一个复杂的三维流动。

叫作三维流动；如果是两个空间坐标的函数，就叫作二维流动或平面流；如果仅是一个空间坐标的函数，就叫作一维流动。显然，坐标变量的数目越少，问题就越简单。所以对于工程实际问题，在满足精度要求的情况下，将三维流动简化为二维，甚至一维流动，使得求解过程尽可能简化。

如图 3－14 所示，黏性流体在一维管内做定常流动（流动参数对于 x 轴来讲是对称的，在圆柱坐标系中不是 θ 的函数），从数学的角度来看显然这种流动为二维流动，流体质点的速度是半径 y 和 x 的函数，即

$$\boldsymbol{u}=f(y,x) \tag{3-15}$$

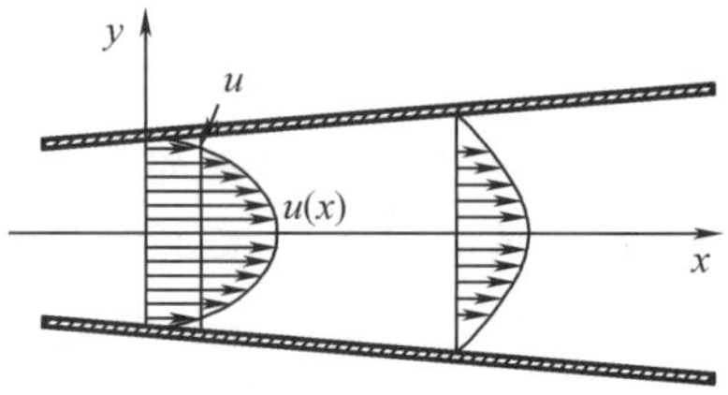

图 3－14　黏性流体一维管内的定常流动

如果用每个截面上的平均速度 $\bar{u}$ 来描述流动速度，则平均流速 $\bar{u}$ 只是 x 的函数，和半径 r 无关，$\bar{u}$ 可以表示为

$$\bar{u}=f(x) \tag{3-16}$$

该二维流动就化简为一维流动。

如果把时间和空间结合起来，则有一维定常流动、一维非定常流动、二维定常流动、二维非定常流动，等等。下面举例说明。

图 3－15 为气体在发动机尾喷管内的流动情况。在不需要精确设计喷管时，往往可以近似地认为气体的流动参数只沿喷管轴线（图中的 x 轴方向）变化，而在其他方向没有变化，这样的流动就是一维流动。若发动机处于稳定工作状态时，气体在喷管中的流动就是一维定常流动；而在启动及停车过程则为一维非定常流动。

图 3－16 为通过机翼模型的复杂三维流动，但如果机翼的翼展比翼弦大得多（图 3－17），且剖面相同，则认为机翼（除翼端部分外）沿翼展方向（图 3－17 中的 z 轴方向）流动参数没有变化，即只有在 x 轴及 y 轴方向才有变化。也就是说，在与 z 轴相垂直的各截面上气流的流动情况完全一样，这样的流动就是二维或平面流动。飞机匀速平飞的时候，机翼的绕流流动即为二维定常流动；而飞机在起飞和降落过程，则为二维非定常流动。

图 3－15　气体在发动机尾喷管内的流动情况

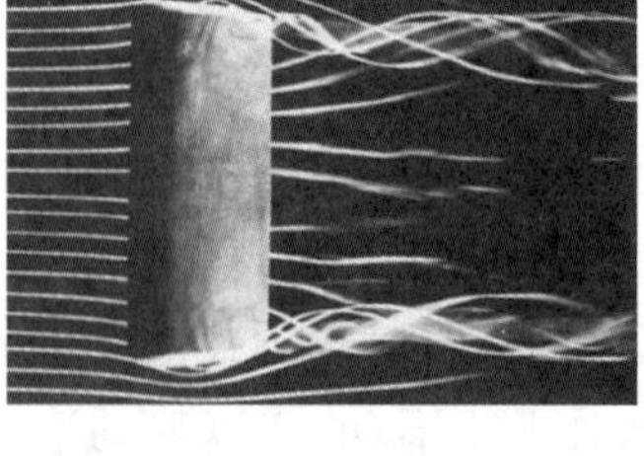

图 3－16　通过机翼模型的复杂三维流动

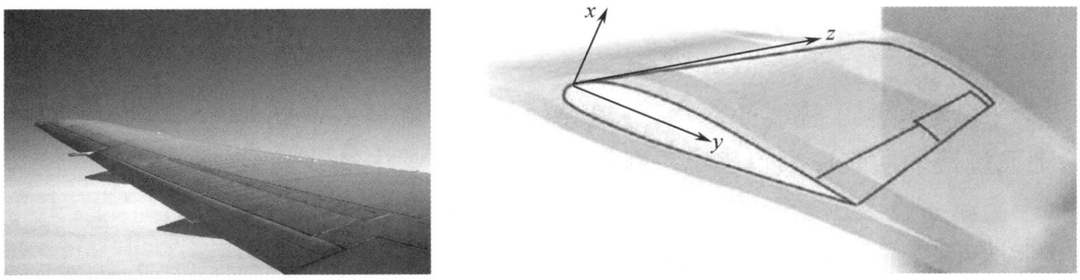

图 3-17 气流绕机翼

气体在压气机叶片通道内的流动，如图 3-18 所示，流动参数在轴向、径向、周向（处理叶片机流动问题时，经常采用圆柱坐标系）都有变化，这样的流动就是三维流动。

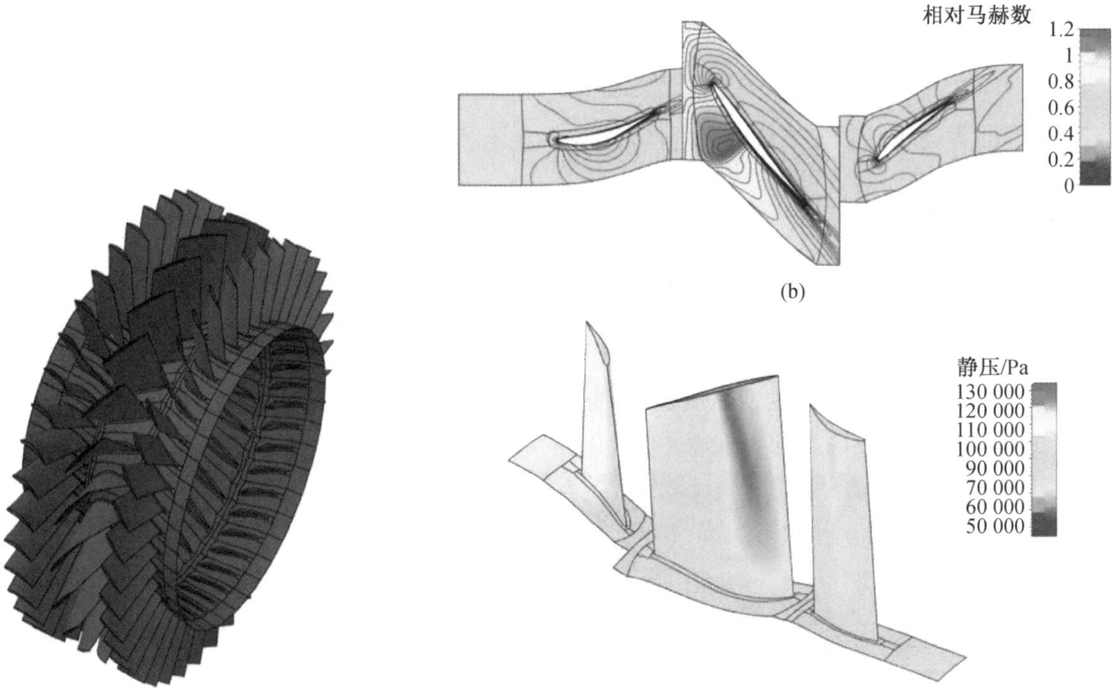

图 3-18 压气机叶片

应该指出，真正的一维流动和二维流动是很少见的，上面所举的一维流动和二维流动的例子实际上都是一种近似。经验表明，在许多情况下，把复杂的三维流动简化成二维流动和一维流动（如发动机的设计和生产实践中）来处理，仍可以得到较为满意的结果。因为一维流动的计算方法特别简单，并且物理概念直观清晰。20 世纪 70 年代以来，计算机技术发展，三维流动的数值计算理论也蓬勃发展，到 1995 年前后，计算流体力学已经在发动机设计中得到了广泛的应用。

3.3 流体运动的基本概念

流体运动都是在一定的空间内，在该空间内各流体参数的分布由空间点的坐标和时间所确定。这样的空间区域叫作流场。为了形象地描述流场，常引用迹线、流线和脉线、流面、流管等概念。

3.3.1 迹线和流线

在固体力学中已经接触了迹线的概念，弹道导弹的弹道就是一条迹线，飞机在天上飞过留下的航迹云也表示一条迹线。流体力学中迹线的定义就是任何一个流体质点在流场中的运动轨迹，其是质点在各个时刻所处位置连接起来形成的曲线。如果流体的运动以拉格朗日变数给定时，则流场的描述由迹线给出。

如果某一流体质点在 dt 时间内运动的路程为 dl，其在三个坐标上的分量分别为 dx, dy, dz，则

$$dx = u dt, dy = v dt, dz = w dt \tag{3-17}$$

由上述关系式得

$$\frac{dx}{u} = \frac{dy}{v} = \frac{dz}{w} = dt \tag{3-18}$$

式(3-18)即为迹线的微分方程，其中 u、v、w 是 x、y、z 和 t 的函数，是一个含有三个常微分方程的方程组。

在用欧拉法研究流体运动时，流线的概念相当重要。

在烟风洞中，一股平行的烟气流过模型时就可以看到流场中存在着一条条的曲线(图3-19)，这些曲线就是一条条流线。在给定的瞬时 t，流场中所有点处都有一个速度方向矢量，这些矢量和相邻点的矢量连接起来，可以形成很多条曲线，这些曲线就是流线。即位于此线上各点的流体质点的速度矢量均与曲线在该点的切线相重合。

图3-19　烟风洞流线

如果已知任一瞬时 t 流场中的速度分布，则过流场中任一点1的流线，可以按下述方法作出：过1点作瞬时 t 该点流体质点的速度矢量 $\boldsymbol{V}_1$，在速度矢量 $\boldsymbol{V}_1$ 的线上取一很靠近点1的另一个点2，再作出在点2处的流体质点在同一给定瞬时 t 的速度矢量 $\boldsymbol{V}_2$。然后再在速度矢量 $\boldsymbol{V}_2$ 的线上取一个很靠近点2的另一个点3，经过点3再作位于该点的流体质点在同一给定瞬时 t 的速度矢量 $\boldsymbol{V}_3$，以此类推，继续作下去，这样我们就可以得到一条折线，若将折线段数目取得无限多，每一个线段的长度趋于零，就可得到一条光滑的曲线，这条曲线就是在给定瞬时 t 通过点1的流线。

每一瞬时，流场中所有流线的总体，称为流线簇或流线图谱。

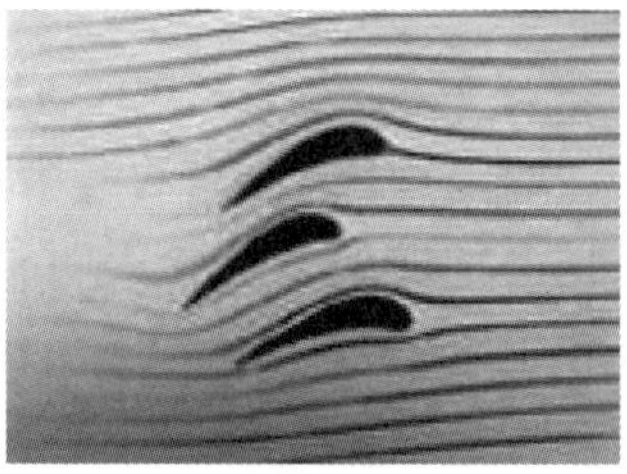

流线

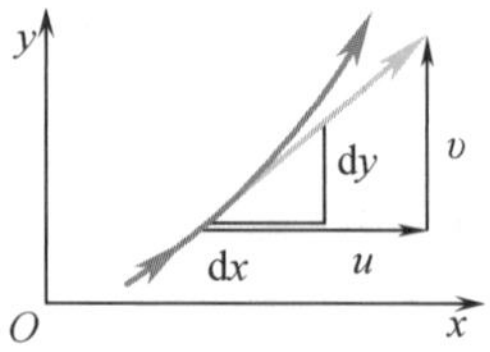

$$\frac{dy}{dx} = \frac{v}{u}$$

应当注意,在非定常流动中,流线是随时间而变化的。图3-20中画的流线 L 是瞬时 t 通过点1的流线,对于另一瞬时 t' 来说,通过点1的流线就不是 L 了。因为在瞬时 t',在1处流体质点的速度是 $\boldsymbol{V}_1'$ 而不是 $\boldsymbol{V}_1$,按照上边所述的流线作法,可以知道,对于瞬时 t' 来说,L' 才是通过点1的流线,如图3-20中虚线所示。在定常流动中,因为空间各点流体质点的速度不随时间变化,所以所有的流线都不随时间变化,而具有稳定的形状。

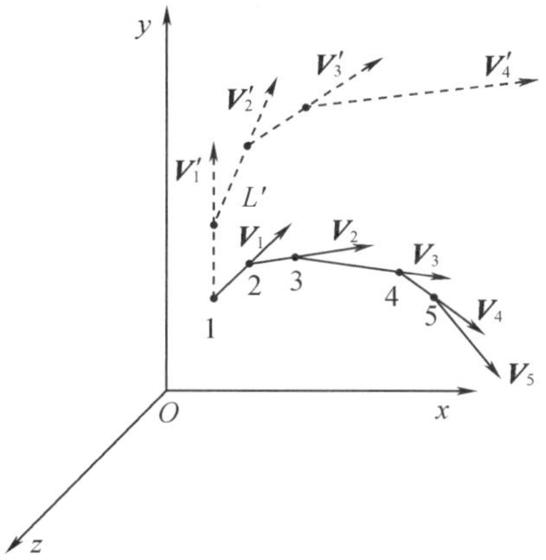

图3-20 流线的画法

为了用理论的方法确定流线,必须先导出流线的微分方程。为此,在流线上取任一点 $M(x,y,z)$(图3-21),在点 M 处流体质点的速度矢量 $\boldsymbol{V}$ 在 x、y、z 三个坐标轴方向上的投影是 u、v、w,于是速度矢量与坐标轴的夹角余弦值为

$$\begin{cases}\cos(\boldsymbol{V},x)=\dfrac{u}{|\boldsymbol{V}|}\\[2ex]\cos(\boldsymbol{V},y)=\dfrac{v}{|\boldsymbol{V}|}\\[2ex]\cos(\boldsymbol{V},z)=\dfrac{w}{|\boldsymbol{V}|}\end{cases}\tag{3-19}$$

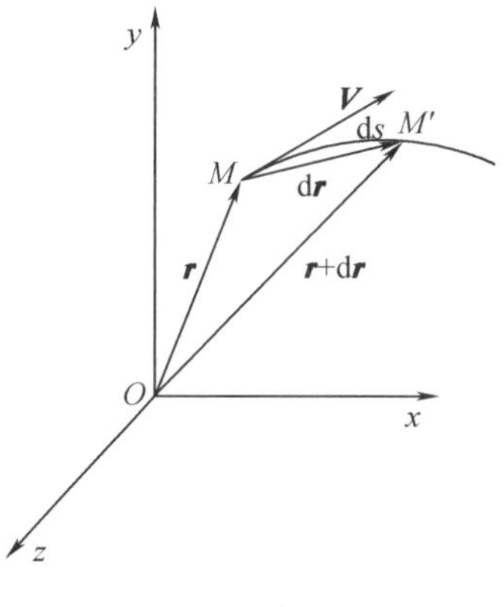

图3-21 流线微分方程推导图

在点 $M(x,y,z)$ 附近沿流线取线段 $\mathrm{d}s$ 为无限小,则 $\mathrm{d}s$ 将和点 $M(x,y,z)$ 切线 $\boldsymbol{T}$ 方向重合。因而点 $M(x,y,z)$ 流线的切线与坐标轴之间的夹角余弦为

$$\begin{cases}\cos(\boldsymbol{T},x)=\dfrac{dx}{ds}\\ \cos(\boldsymbol{T},y)=\dfrac{dy}{ds}\\ \cos(\boldsymbol{T},z)=\dfrac{dz}{ds}\end{cases}\tag{3-20}$$

式中,$\boldsymbol{T}$ 为切线方向;dx、dy、dz 是 ds 在 x、y、z 轴上的投影。

根据流线的定义,流线上任意一点处质点的速度矢量与该点的切线重合,所以

$$\begin{cases}\dfrac{u}{V}=\dfrac{dx}{ds}\\ \dfrac{v}{V}=\dfrac{dy}{ds}\\ \dfrac{w}{V}=\dfrac{dz}{ds}\end{cases}\tag{3-21}$$

由此可得

$$\frac{dx}{u}=\frac{dy}{v}=\frac{dz}{w}\tag{3-22}$$

或写成矢量形式

$$d\boldsymbol{r}\times\boldsymbol{V}=0\tag{3-23}$$

这就是流线的微分方程式。

一般情况下,在流场中除速度为零的驻点外,流线具有下述重要性质:

(1)在定常流动中,流线不随时间改变其位置和形状,流线和迹线重合。因为在定常流动中,各空间点上的速度不随时间变化,由这些速度矢量组合出的流线形状和位置将不随时间变化。而迹线是流体质点在不同时刻占据不同空间点所组成的图形。当流场中流动参数不随时间变化时,这种组合也不随时间变化,运动起始于同一点的不同流体将按照同一路线运动,即不同的流体质点具有相同的迹线,而这条迹线也是过该点的流线。在非定常流动中,由于空间点上速度随时间变化,流线的形状和位置是不停地变化的。

(2)流线不能够彼此相交和转折,只能平滑过渡。流线这一性质也是显而易见的,因为若流线相交和转折时,在相交和转折的同一空间点上,将出现两个速度矢量,这样就违背了流体作为连续介质,其流动参数是空间和时间的单值连续函数的条件。所以流场中的同一空间点,只有一条流线通过。

(3)流线密集的地方流体速度大,流线稀疏的地方流体速度小。以定常流动的管流来说,根据流线的前两个性质,在管路的不同截面上,将有相同数目的流线经过,所以在截面小的地方流线密集,在截面大的地方流线稀疏,由后面讨论的连续性方程可知,在同一管路中截面小的截面上流速大,截面大的截面上流速小。所以流线密集的地方流体速度大,流线稀疏的地方流体速度小,非定常流动同样具有这种性质。

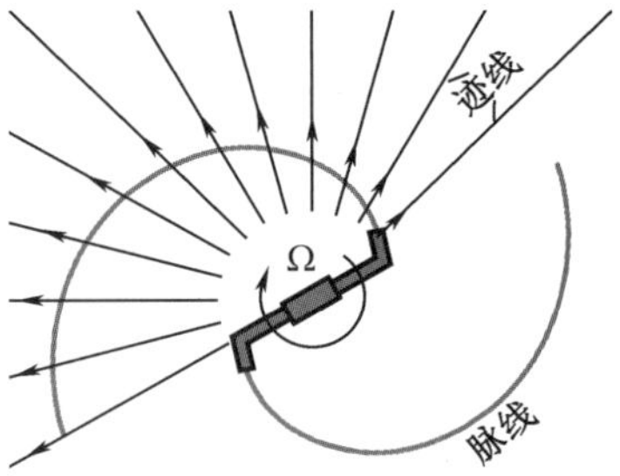

脉线是指流体中特定的流体质点连接起来形成的线。

例题 3－4　给定速度场的流线

已知：二维定常流动为 $\boldsymbol{V}=(V_0/l)(-x\boldsymbol{i}+y\boldsymbol{j})$。

求解：确定此流动的流线。

解题过程：

因为

$$u=-\frac{V_0x}{l}\text{和 }v=\frac{V_0y}{l}$$

由下式可解出此流动的流线

$$\frac{\mathrm{d}y}{\mathrm{d}x}=\frac{v}{u}=\frac{\dfrac{V_0y}{l}}{-\dfrac{V_0x}{l}}=-\frac{y}{x}$$

$$\int\frac{\mathrm{d}y}{y}=-\int\frac{\mathrm{d}x}{x}$$

得

$$\ln y=-\ln x+\text{const}$$

因此，此流动的流线为

$$xy=C$$

通过使用常数 C 的不同数值，我们可以绘制在 $x-y$ 平面上不同位置的流线，如图 3－22 所示。

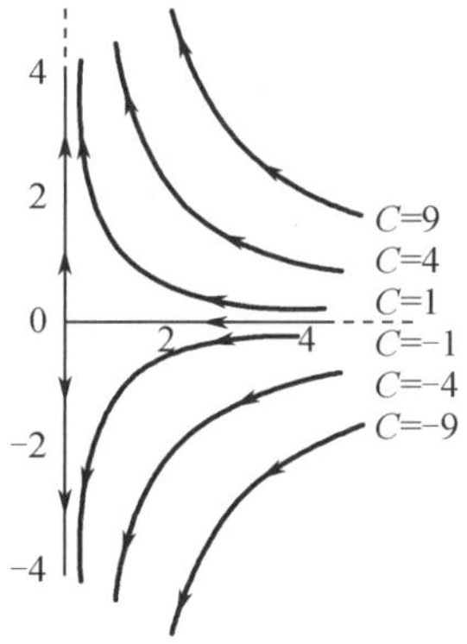

图 3－22　流线图

例题解析：

流动并不是完全由流线的形状决定，例如 $V_0/l=10$ 和 $V_0/l=-10$ 的流线形状完全相同，然而它们的流动方向却是相反的。

例题 3－5　流线、迹线的比较

已知：如图 3－23 所示，水从一个使其产生波动的夹缝中流过，产生一个 $\boldsymbol{V}=u_0\sin\left[\omega\left(t-\dfrac{y}{v_0}\right)\right]\boldsymbol{i}+v_0\boldsymbol{j}$ 的速度场，其中 u_0、v_0、ω 是常数。这样 y 方向上的速度会保持不变，并且 x 方向上的速度在 $y=0$ 时会和喷头震荡的速度相同。

求解：

(1)试确定当 $t=0$，$t=\dfrac{\pi}{2\omega}$时通过原点的流线；

(2)试确定当 $t=0$，$t=\dfrac{\pi}{2\omega}$在原点的迹线。

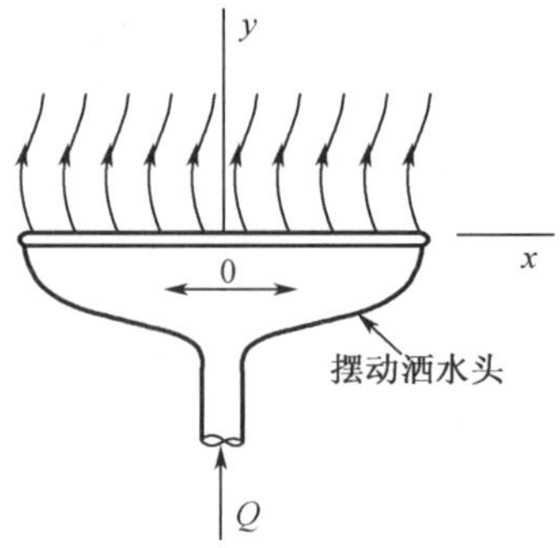

图 3-23　喷头示意图

解题过程：

(1) 因为 $u=u_0\sin\left[\omega\left(t-\dfrac{y}{v_0}\right)\right]$ 且 $v=v_0$ 可得流线方程为

$$\frac{dy}{dx}=\frac{v}{u}=\frac{v_0}{u_0\sin\left[\omega\left(t-\dfrac{y}{v_0}\right)\right]}$$

上式中的变量可以分解，等式可以积分为

$$u_0\int\sin\left[\omega\left(t-\frac{y}{v_0}\right)\right]dy=v_0\int dx$$

积分得

$$u_0\left(\frac{v_0}{\omega}\right)\cos\left[\omega\left(t-\frac{y}{v_0}\right)\right]=v_0x+C$$

上述方程中 C 为定值，且当 $t=0$ 时流线过原点可以得到 C 的值，$C=u_0v_0/\omega$。故流线方程为

$$x=\frac{u_0}{\omega}\left[\cos\left(\frac{\omega y}{v_0}\right)-1\right]$$

相似地，当流线在 $t=\dfrac{\pi}{2\omega}$ 时过原点，可得 $C=0$，这样可推导出流线方程为

$$x=\frac{u_0}{\omega}\cos\left[\omega\left(\frac{\pi}{2\omega}-\frac{y}{v_0}\right)\right]=\frac{u_0}{\omega}\cos\left(\frac{\pi}{2}-\frac{\omega y}{v_0}\right)$$

或

$$x=\frac{u_0}{\omega}\sin\left(\frac{\omega y}{v_0}\right)$$

(2) 流体质点的轨迹线（粒子的位置随时间的变化）可以从速度场和速度的定义中获得。由 $u=\dfrac{dx}{dt}$ 及 $v=\dfrac{dy}{dt}$ 可得

$$\frac{dx}{dt}=u_0\sin\left[\omega\left(t-\frac{y}{v_0}\right)\right]\text{及}\frac{dy}{dt}=v_0$$

上式的第二个方程可以得出 y 方向的迹线（$v_0=\text{const}$）为

$$y=v_0t+C_1$$

其中 C_1 是一个常量，且 $y=y(t)$ 是独立的方程，故迹线方程为

$$\frac{dx}{dt}=u_0\sin\left[\omega\left(t-\frac{v_0t+C_1}{v_0}\right)\right]=-u_0\sin\left(\frac{C_1\omega}{v_0}\right)$$

且根据此方程可以整合出 x 方向上的迹线为

$$x = -\left[u_0\sin\left(\frac{C_1\omega}{v_0}\right)\right]t + C_2$$

其中 C_2 为定值，当 $t=0$ 时粒子过原点，由以上两式可得 $C_1 = C_2 = 0$，所以迹线为 $x=0$ 和 $y=v_0t$

相似地，当 $t=\frac{\pi}{2\omega}$时粒子过原点，可得 $C_1 = -\frac{\pi v_0}{2\omega}$和 $C_2 = -\frac{\pi u_0}{2\omega}$，所以迹线方程为

$$x = u_0\left(t-\frac{\pi}{2\omega}\right)\text{和 } y = v_0\left(t-\frac{\pi}{2\omega}\right)$$

该迹线的形状可以通过画 $t\geqslant 0$ 时的 $x(t)$ 和 $y(t)$ 的值得出或限制上述方程中 t 的值得到

$$y = \frac{v_0}{u_0}x$$

例题解析：

对于问题(1)因为流动不稳定，图 3－24(a)中绘制的这两条流线不一样。例如，在原点处 $x=y=0$，在 $t=0$ 时速度是 $\boldsymbol{V}=v_0\boldsymbol{j}$，在 $t=\frac{\pi}{2\omega}$时速度 $\boldsymbol{V}=u_0\boldsymbol{i}+v_0\boldsymbol{j}$。因此，穿过原点的流线的角度随时间而变化。同样，整个流线的形状是时间的函数。

对于问题(2)由方程式给出的路径，如图 3－24(b)所示是从原点(直线)出发的直线。由于流动不稳定，迹线和流线不重合。

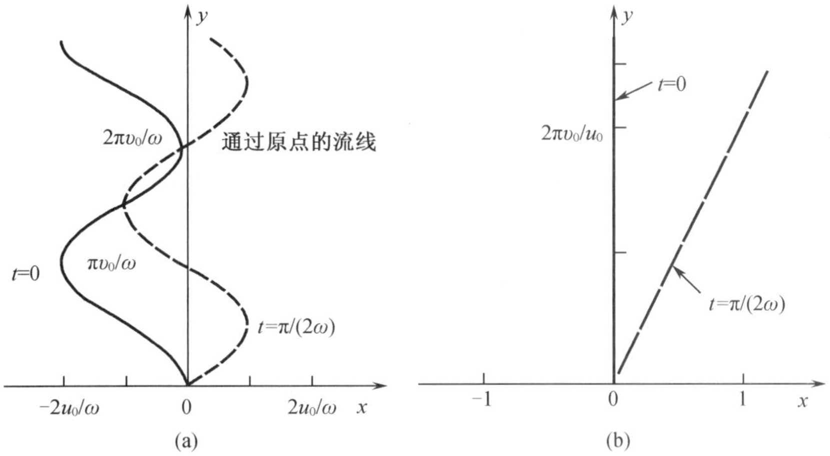

图 3－24　流线图与迹线图

(a)通过原点的流线图；(b)通过原点的迹线图

3.3.2　流管和流束

在流场中画一任意封闭曲线(流线除外)通过曲线 C 的每一点作一流线，这些流线便形成了一条流管，如图 3－25 所示。

流面则是通过一条不封闭或封闭曲线的每一点所作的那些流线所组成的面。

因为流体的侧表面是由流线组成的，根据流线的定义，流线上各点没有法向分速，所以流管表面上的速度方向永远和表面相切，因此在流管以

内或以外的流体质点只能始终在流管以内或以外流动，而不能穿越管壁。从这个意义上看，对于无黏流体的定常流动，就可以用管流来代替一个带有固体管壁的管道，所以管流虽然是一个假想的管子，但它却像真的固体管壁一样，把管内外的流体完全隔开。在定常流动中，由于流线的位置和形状不随时间变化，所以管流的形状和位置也不随时间变化，流管也不会在流场中终止，否则，在流管终止的点上速度无穷大。

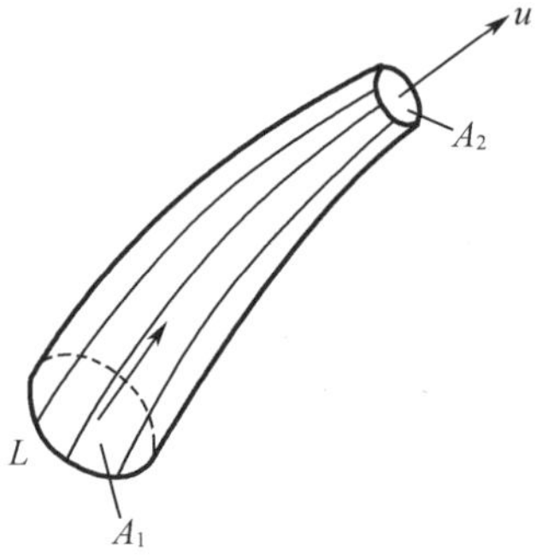

图 3－25　流管示意图

充满流管的一束流体称为流束，截面积无穷小的流束称为微元流束，在微元流束的截面积 dA 上，可以认为流动参数的分布是均匀的，并且流动速度垂直于 dA。显然微元流束的极限是流线，所以用流线的方程来表述微元流束。但两者又有区别，流束是一个物理概念，涉及流速、压强、动量、能量、流量等，而流线就是一个数学概念，只是某一瞬时流场中的一条光滑曲线。

3.4　雷诺输运公式

研究流体运动有两种基本方法，一种是质点法，另一种是控制体法。质点法关心的是个别质点的运动，质点法属于拉格朗日法的范畴。而在控制体法中，往往要求解答的是和流动总体有关的流动要素，而不去追究个别流体质点运动要素的变化。控制体法所要求解的问题往往涉及众多流体质点所占据空间的能量、动量等，该法属于欧拉法的范畴。本节的任务是首先建立流体系统和控制体的概念，从而推导输运公式。

控制体和体系概念都可用于描述流体流动。

3.4.1　系统和控制体

控制体和系统概念之间的差异是微妙但非常重要的。

所谓系统，是指某些确定的物质集合。系统以外的其他部分称为环境。系统的边界定义为把系统和环境分开的假想表面，在边界上可以有力的作用和能量的交换，但没有质量通过。系统的边界随流体一起运动。

所谓控制体是指流体流过的，固定在空间中的一个任意体积。占据控制体的流体微团是随时间而变化的。控制体的边界叫作控制面，它总是封闭表面。通过控制面，流体可以流入或流出控制体。在控制面上可以有力的作用和能量的交换。引入控制体的概念，在分析问题时，我们就可以把注意力放在所确定的控制体上，研究流体流过控制体时诸参数的变化情况，以及控制体内流体与控制体外物质的相互作用。根据所研究问题的不同，控制体可有多种不同的划定方法，有时可以划定有限尺寸的控制体，有时又必须划定无限小的控制体。

如图 3－26(a)所示的流体流过管道，固定的控制面包括管道的内表面，以及人为划定的流体进出口截面(1)和(2)，其一部分控制面是真实存在的物理表面(管道内表面)，而(1)和(2)仅仅是假想的空间面。流体仅仅穿过控制面的一部分(进出口截面(1)和(2))，而不能穿过全部的控制面。

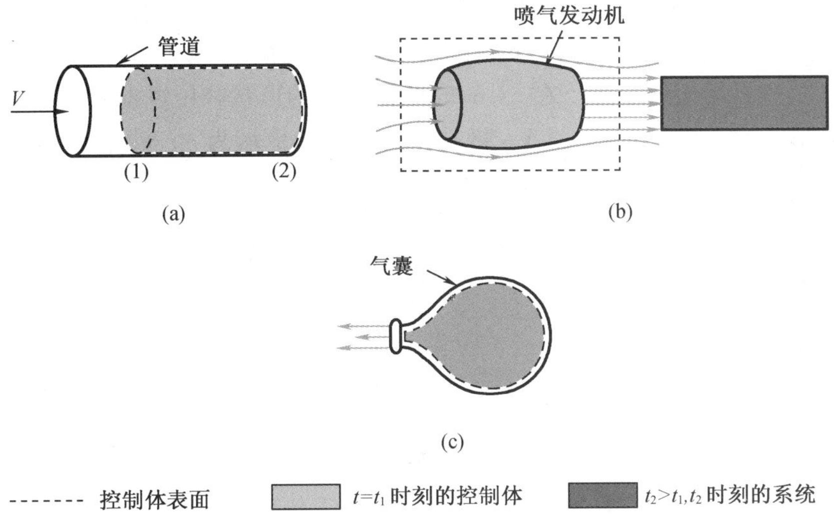

图 3－26　典型控制体与系统示意图

如图 3－26(b)所示为喷气发动机周围的立方体空间。若发动机随飞机一起在跑道上静止不动，由于发动机的内部作用，空气流过控制体。在 $t=t_1$ 时刻发动机内部的气体通过发动机(系统与控制体重合)，并在稍后时刻 $t=t_2$ 时系统内的气体在控制体外，而此时控制体内部存在着另一个系统。若飞机正在移动，则控制体相对于飞机上的观察者是静止的，但是相对于地面上的观察者是移动的。无论是移动的还是静止的，通过发动机及发动机周围的气体都是如图 3－26(b)所示的情况。

图 3－26(c)所示的放气气囊提供了一个变形控制体的例子。随着时间的推移，控制体(控制面是气囊的内表面)的体积在逐渐减小。如果不固定气囊，它会在房间内移动，变成一个移动、变形的控制体，而在本课程的绝大多数问题中研究的都是固定的、不变形的控制体。

应该知道，系统的分析方法与研究流体运动的拉格朗日法相对应，而控制体的分析方法则与研究流体运动的欧拉法相对应。

3.4.2　输运公式

由于流体的运动学和力学属性都是针对流体质点的，如速度和加速度的定义及牛顿第二定律等，当采用欧拉法时，需要一个能把针对流体质点的物理定律转换到针对空间变化的关系式，这个关系式就是前面所讲的

如图所示的航天飞机运载火箭，我们想要得到的是推力的产生，而不是研究通过火箭发动机喷嘴排出高度复杂的不规律的气流。对于这些情况，我们经常使用研究控制体的方法。

物质导数。然而,在大多数工程问题中,并不需要知道每一个流体质点的运动状态和受力情况,而是更关心流体运动的宏观影响。例如,汽车的气动阻力是多少,流体经过一段管道的压力损失是多少等。解决这类问题一般采用积分方法,在积分方法中联系拉格朗日法和欧拉法的关系式称为雷诺输运定理。

想知道行驶中的汽车所受到的气动阻力,如果采用微分形式的拉格朗日法,那么需要把每个流体微团打在汽车上所传递给汽车的动量累加起来。而采用控制体积分方法时,只需要取一个控制体,包含汽车在内并跟汽车一起匀速运动,单位时间内流出控制体的气流动量比流入控制体的气流动量的减少量就是这个控制体所受到的合力,从而可以得出汽车的气动阻力。

下面我们来推导一般形式的雷诺输运定理,进一步理解系统和控制体的关系。选定图 3－27 所示的系统和控制体。控制体为球形,其边界用实线表示,选取 t 时刻控制体内的流体为所要研究的流体系统,系统的边界和控制体的边界重合,其边界用虚线表示。在 $t+\delta t$ 时刻控制体的形状和位置没有发生改变,但由于流体的运动,系统的位置和形状均发生了变化,图 3－28 中的虚线标出区域为 $t+\delta t$ 时刻流体系统的新位置。

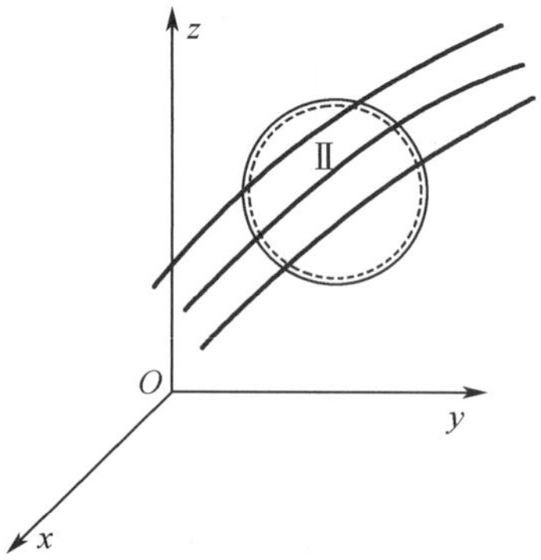

图 3－27　t 时刻的系统和控制体

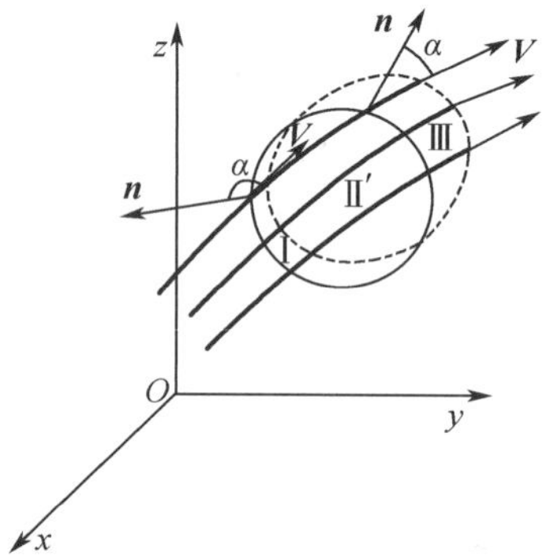

图 3－28　$t+\delta t$ 时刻流体系统的新位置

设 N 为流体系统在 t 时刻所具有的某种物理量(如质量、动量、能量等)的总量,η 表示单位质量流体所具有的这种物理量,则 $N=\iiint_V \eta\rho \mathrm{d}B$。系统在 t 时刻的体积为Ⅱ所具有的体积,并与所选定的控制体相重合。在 $t+\delta t$ 时刻,原系统运动到新的位置,其体积为Ⅱ′和Ⅲ所占有的体积,Ⅱ′是系统在时刻 $t+\delta t$ 和 t 时刻所占位置的重合部分。t 时刻物体系统所具有的某种物理量 N 对时间的变化率为

$$\frac{\mathrm{d}N}{\mathrm{d}t}=\frac{\mathrm{d}}{\mathrm{d}t}\iiint_V \eta\rho \mathrm{d}B=\lim_{\delta t\to 0}\frac{\left(\iiint_{B'}\eta\rho \mathrm{d}B\right)_{t+\delta t}-\left(\iiint_{B}\eta\rho \mathrm{d}B\right)_{t}}{\delta t} \tag{3－24(a)}$$

式中,B'为系统在 $t+\delta t$ 时刻的体积;B 为系统在 t 时刻的体积。由图 3－28 可以看出,系统在 $t+\delta t$ 的体积 B'是Ⅱ′和Ⅲ所占有的体积,t 时刻的体积是Ⅰ和Ⅱ′所占的部分。所以式(3－24(a))可以写成下述形式

$$\frac{\mathrm{d}N}{\mathrm{d}t}=\lim_{\delta t\to 0}\frac{\left(\iiint_{\text{Ⅱ}'}\eta\rho \mathrm{d}B\right)_{t+\delta t}-\left(\iiint_{\text{Ⅱ}'}\eta\rho \mathrm{d}B\right)_{t}}{\delta t}+\lim_{\delta t\to 0}\frac{\left(\iiint_{\text{Ⅲ}}\eta\rho \mathrm{d}B\right)_{t+\delta t}-\left(\iiint_{\text{Ⅰ}}\eta\rho \mathrm{d}B\right)_{t}}{\delta t} \tag{3－24(b)}$$

因为在 $\delta t\to 0$ 时,Ⅱ′→Ⅱ,Ⅲ→0,即在 t 时刻系统和控制体重合,若用 CV 表示控制体的体积,则有Ⅱ $=V(t)=CV$,所以式(3－24(b))右端第一项可以简化为

$$\lim_{\delta t\to 0}\frac{\left(\iiint_{\text{Ⅱ}'}\eta\rho \mathrm{d}B\right)_{t+\delta t}-\left(\iiint_{\text{Ⅱ}'}\eta\rho \mathrm{d}B\right)_{t}}{\delta t}=\frac{\partial}{\partial t}\iiint_{CV}\eta\rho \mathrm{d}V \tag{3－24(c)}$$

式(3－24(c))表示同一地点上控制体内某种物理量随时间的变化率,相当于式(3－11)中的当地导数项,由流场的非定常性引起。

式(3－24(b))中的体积分 $\iiint\limits_{\mathrm{III}}\eta\rho\mathrm{d}B$ 是系统在 δt 时间内通过控制体的表面流出的流体所携带的物理量,因此可以用在同样的时间内通过控制体的表面流出的这种物理量的积分来表示。所以在单位时间内通过控制体的表面流出的物理量为

$$\lim_{\delta t\to 0}\frac{\left(\iiint\limits_{\mathrm{III}}\eta\rho\mathrm{d}B\right)_{t+\delta t}}{\delta t}=\oint\limits_{CS_2}\eta\rho V\cos\alpha\mathrm{d}A=\oint\limits_{CS_2}\eta\rho\boldsymbol{V}\cdot\mathrm{d}\boldsymbol{A}=\oint\limits_{CS_2}\eta\rho V_n\mathrm{d}A \tag{3－24(d)}$$

式中　CS_2——控制体表面上的出流表面;

α——出流速度 $\boldsymbol{V}$ 与微元面积 $\mathrm{d}A$ 法线方向 $\boldsymbol{n}$ 的夹角;

V_n——速度 $\boldsymbol{V}$ 在微元面积 $\mathrm{d}A$ 法线方向的投影;

$\mathrm{d}\boldsymbol{A}$——以微元面积 $\mathrm{d}A$ 的大小为模的 $\boldsymbol{n}$ 方向上的矢量。

同理图 3－28 上Ⅰ上的积分可以用通过控制体的表面流入的物理量表示,所以单位时间内通过控制体的表面流入的物理量为

$$\lim_{\delta t\to 0}\frac{\left(\iiint\limits_{\mathrm{I}}\eta\rho\mathrm{d}B\right)_{t+\delta t}}{\delta t}=\oint\limits_{CS_1}\eta\rho V\cos\alpha\mathrm{d}A=\oint\limits_{CS_1}\eta\rho\boldsymbol{V}\cdot\mathrm{d}\boldsymbol{A}=-\oint\limits_{CS_1}\eta\rho V_n\mathrm{d}A \tag{3－24(e)}$$

式中,负号是因为流入面上速度 $\boldsymbol{V}$ 的方向与流入面的外法线方向的夹角大于 90°;CS_1 为流入表面。

将式(3－24(c))、式(3－24(d))和式(3－24(e))代入式(3－24(b)),并考虑到整个控制体的面积 $CS=CS_1+CS_2$,则

$$\frac{\mathrm{d}N}{\mathrm{d}t}=\frac{\partial}{\partial t}\iiint\limits_{CV}\eta\rho\mathrm{d}B+\oint\limits_{CS}\eta\rho V_n\mathrm{d}A \tag{3－25(a)}$$

或者

$$\frac{\mathrm{d}N}{\mathrm{d}t}=\frac{\partial}{\partial t}\iiint\limits_{CV}\eta\rho\mathrm{d}B+\oint\limits_{CS}\eta\rho\boldsymbol{V}\cdot\mathrm{d}\boldsymbol{A} \tag{3－25(b)}$$

上式即为流体系统内某种物理量 N 随时间的变化率,称为输运公式。式(3－25(b))就是将拉格朗日法中,求某种物理量的时间变化率转化为欧拉法的计算公式,是欧拉法中的控制体法的基本计算公式。该公式表明,流体系统内部的某种物理量 N 的时间变化率由两部分组成,一部分是由于流场的非定常性引起的控制体内 N 的变化率,相当于式(3－11)中的当地导数项,另一部分是流体系统通过控制体表面的净通量,是流场的空间非均匀性引起的,相当于迁移导数项。物理量可以是标量,如质量、能量等,也可以是矢量,如动量和动量矩。

在定常流动中,流体中的所有物理量随时间发生变化,所以控制体内的物理量的变化率为零,即 $\frac{\partial}{\partial t}\iiint\limits_{CV}\eta\rho\mathrm{d}B=0$,此时,系统内部物理量 N 的变化率为

$$\frac{\mathrm{d}N}{\mathrm{d}t}=\oint\limits_{CS}\eta\rho V_n\mathrm{d}A \tag{3－26(a)}$$

或者

$$\frac{\mathrm{d}N}{\mathrm{d}t}=\oint\limits_{CS}\eta\rho\boldsymbol{V}\cdot\mathrm{d}\boldsymbol{A} \tag{3－26(b)}$$

由上式可知,在定常流动中流体系统某种物理量的时间变化率,仅和流出、流入控制体的流动情况有

关,和控制体内部发生的变化无关。

例题 3-6 控制体与系统

已知:灭火器罐的形状如图 3-29 所示,如果 M 代表质量(sys 为系统,cv 为控制体)。

求解:试确定 $\mathrm{d}M_{\mathrm{sys}}/\mathrm{d}t$ 和 $\mathrm{d}M_{\mathrm{cv}}/\mathrm{d}t$ 的区别。

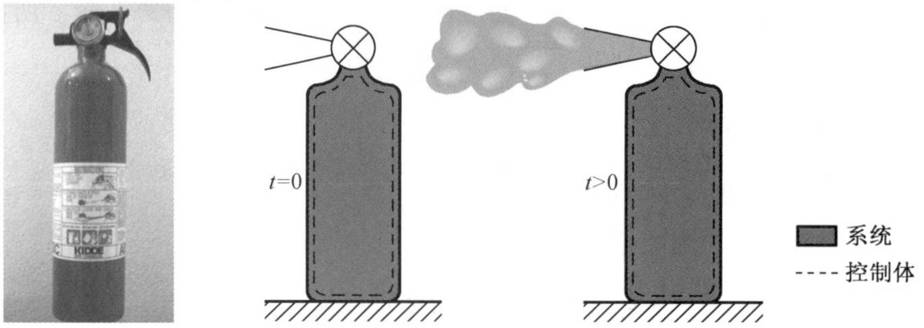

图 3-29 系统与控制体

解题过程:

对图 3-29 所示的控制体和系统进行分析,则

$$\frac{\mathrm{d}M_{\mathrm{sys}}}{\mathrm{d}t}=\frac{\mathrm{d}m_{\mathrm{sys}}}{\mathrm{d}t}=\frac{\mathrm{d}\left(\int_{\mathrm{sys}}\rho\mathrm{d}V\right)}{\mathrm{d}t}$$

$$\frac{\mathrm{d}M_{\mathrm{cv}}}{\mathrm{d}t}=\frac{\mathrm{d}m_{\mathrm{cv}}}{\mathrm{d}t}=\frac{\mathrm{d}\left(\int_{\mathrm{cv}}\rho\mathrm{d}V\right)}{\mathrm{d}t}$$

以上两式分别代表了系统和控制体中质量随时间变化的速率。选择气门打开时刻灭火器内部流体为系统并选择灭火器自身为控制体。当气门打开一小段时间后,部分系统中的流体脱离了控制体,而控制体保持不变。显然,质量守恒系统中的流体质量会保持不变,即

$$\frac{\mathrm{d}\left(\int_{\mathrm{sys}}\rho\mathrm{d}V\right)}{\mathrm{d}t}=0$$

同时,一部分流体通过灭火器上的气阀流出了灭火器,所以灭火器内部的气体质量随时间减小。

$$\frac{\mathrm{d}\left(\int_{\mathrm{cv}}\rho\mathrm{d}V\right)}{\mathrm{d}t}<0$$

控制体中质量减小的实际速率主要取决于流体流过喷管的速率(即喷管的尺寸、流体的密度和速度)。

综上所述,$\mathrm{d}M_{\mathrm{sys}}/\mathrm{d}t$ 和 $\mathrm{d}M_{\mathrm{cv}}/\mathrm{d}t$ 是两个不同的概念。

例题解析:

系统与控制体的区别,是接下来学习的关键,也是掌握输运公式的关键。

例题 3-7 输运公式

已知:考虑例 3-6 中从灭火器中流出的气体,当系统中的气体具流动性时($M=m,b=1$)。流入面积为 A_1,流出面积为 A_2。

求解:试确定适合该气流的雷诺输运方程的形式。

解题过程:

首先,我们选择灭火器为控制体,选择 $t=0$ 时刻灭火器内部流体为系统。由条件可知,本题中没有进口,即没有流体流入控制体($A_1=0$),但控制体含有一个出口,故雷诺输运方程可以写作

$$\frac{\mathrm{d}m_{\mathrm{sys}}}{\mathrm{d}t}=\frac{\partial\left(\int_{\mathrm{cv}}\rho\mathrm{d}V\right)}{\partial t}+\rho_2A_2V_2$$

例题解析：

利用质量守恒原理来进一步讨论上述得到的输运公式。由于系统的质量变化率为零，所以方程左边可以消去，方程变形为

$$\frac{\partial\left(\int_{\mathrm{cv}}\rho\mathrm{d}V\right)}{\partial t}=-\rho_2A_2V_2$$

这个结果的物理解释是：消防栓中的气体质量在时间上的变化率在数值上与出口的质量流量是相同的，但是符号却是相反的。如果控制体积同时有一个入口和一个出口，则方程可以变为

$$\frac{\partial\left(\int_{\mathrm{cv}}\rho\mathrm{d}V\right)}{\partial t}=\rho_1A_1V_1-\rho_2A_2V_2$$

另外，如果流动稳定，则方程式的左边变为零（控制体中的质量将不随时间变化），即

$$\rho_1A_1V_1=\rho_2A_2V_2$$

雷诺输运定理是联系系统和控制体的桥梁，理解系统和控制体的概念及输运公式将是解答本题及上一题的关键。

3.5　流体微团的运动形式

为了理解整个流场的运动形式，我们首先来分析一下流场中任意一流体微团的运动，这就是所谓的微元分析法。这种方法在弹性力学和材料力学中是行之有效的方法。有必要指出，流体微团与流体质点是两个不同的概念。在连续介质的概念中流体质点是可以忽略线性尺度效应（如膨胀、变形、旋转等）的最小单元，而流体微团则是由大量流体质点所组成的具有线性尺寸效应的微小流体团。

无论整个流体运动形式有多么复杂，在微团的尺度上都可以认为变形是线性的，实际上可以把流体微团的运动分解为刚性运动和变形的叠加，即四种基本运动：整体平移、整体旋转、线变形（拉伸和压缩）和角变形（剪切变形）。

3.5.1　亥姆霍兹速度分解定理

对于一个流体微团而言，变形相当于微团内各质点空间位置的相对变化，只要建立质点空间位置的关系，就可以用质点运动学描述流体变形。

对任一流体微团，取其中两点进行观察，$M(x,y,z)$点作为基点，$\hat{M}(x+\mathrm{d}x,y+\mathrm{d}y,z+\mathrm{d}z)$点作为基点的相邻点（图3－30），则$\hat{M}$点的速度$\hat{u}$以$M$点的速度$u$做一阶泰勒展开。

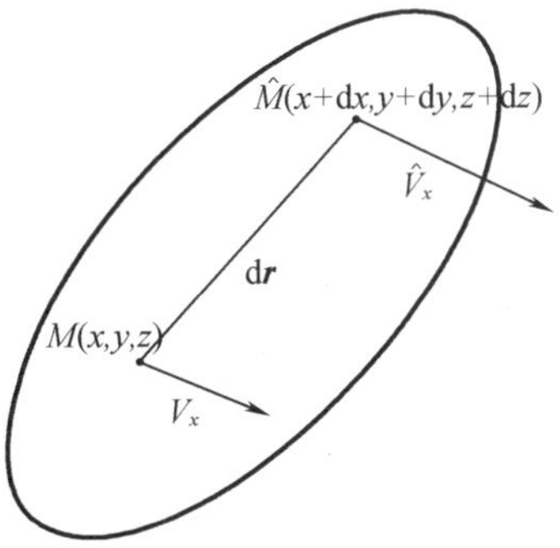

图3－30　一点邻域的速度

$$\hat{u} \approx u + \left(\frac{\partial u}{\partial x}\right)\mathrm{d}x + \left(\frac{\partial u}{\partial y}\right)\mathrm{d}y + \left(\frac{\partial u}{\partial z}\right)\mathrm{d}z$$

$$= u + \frac{1}{2}\left(\frac{\partial u}{\partial x} + \frac{\partial u}{\partial x}\right)\mathrm{d}x + \frac{1}{2}\left(\frac{\partial u}{\partial y} + \frac{\partial v}{\partial x}\right)\mathrm{d}y + \frac{1}{2}\left(\frac{\partial u}{\partial z} + \frac{\partial w}{\partial x}\right)\mathrm{d}z + \frac{1}{2}\left(\frac{\partial u}{\partial y} - \frac{\partial v}{\partial x}\right)\mathrm{d}y + \frac{1}{2}\left(\frac{\partial u}{\partial z} - \frac{\partial w}{\partial x}\right)\mathrm{d}z \quad (3-27)$$

采用符号

$$\varepsilon_{xx} = \frac{1}{2}\left(\frac{\partial u}{\partial x} + \frac{\partial u}{\partial x}\right), \varepsilon_{xy} = \frac{1}{2}\left(\frac{\partial u}{\partial y} + \frac{\partial v}{\partial x}\right), \varepsilon_{xz} = \frac{1}{2}\left(\frac{\partial u}{\partial z} + \frac{\partial w}{\partial x}\right)$$

$$\omega_x = \frac{1}{2}\left(\frac{\partial w}{\partial y} - \frac{\partial v}{\partial z}\right), \omega_y = \frac{1}{2}\left(\frac{\partial u}{\partial z} - \frac{\partial w}{\partial x}\right), \omega_z = \frac{1}{2}\left(\frac{\partial v}{\partial x} - \frac{\partial u}{\partial y}\right)$$

则式(3－27)可写成

$$\hat{u} \approx u + \varepsilon_{xx}\mathrm{d}x + \varepsilon_{xy}\mathrm{d}y + \varepsilon_{xz}\mathrm{d}z - \omega_z\mathrm{d}y + \omega_y\mathrm{d}z \quad (3-28(\mathrm{a}))$$

式(3－28(a))等号右边各项均为在基点 M 处取值。同理可得 $\hat{v}$, $\hat{w}$ 的展开式,即

$$\hat{v} \approx v + \varepsilon_{yx}\mathrm{d}x + \varepsilon_{yy}\mathrm{d}y + \varepsilon_{yz}\mathrm{d}z - \omega_x\mathrm{d}z + \omega_z\mathrm{d}x \quad (3-28(\mathrm{b}))$$

$$\hat{w} \approx w + \varepsilon_{zx}\mathrm{d}x + \varepsilon_{zy}\mathrm{d}y + \varepsilon_{zz}\mathrm{d}z - \omega_y\mathrm{d}x + \omega_x\mathrm{d}y \quad (3-28(\mathrm{c}))$$

再合并成矢量式,即

$$\hat{\boldsymbol{V}} \approx \boldsymbol{V} + \boldsymbol{\varepsilon} \cdot \mathrm{d}\boldsymbol{r} + \boldsymbol{\omega} \times \mathrm{d}\boldsymbol{r} \quad (3-29)$$

这就是流体微团中任意两点间速度关系的一般形式,称为亥姆霍兹速度分解定理。

$$\boldsymbol{\varepsilon} = \begin{bmatrix} \varepsilon_{xx} & \varepsilon_{xy} & \varepsilon_{xz} \\ \varepsilon_{yx} & \varepsilon_{yy} & \varepsilon_{yz} \\ \varepsilon_{zx} & \varepsilon_{zy} & \varepsilon_{zz} \end{bmatrix} = \begin{bmatrix} \frac{1}{2}\left(\frac{\partial u}{\partial x} + \frac{\partial u}{\partial x}\right) & \frac{1}{2}\left(\frac{\partial u}{\partial y} + \frac{\partial v}{\partial x}\right) & \frac{1}{2}\left(\frac{\partial u}{\partial z} + \frac{\partial w}{\partial x}\right) \\ \frac{1}{2}\left(\frac{\partial v}{\partial x} + \frac{\partial u}{\partial y}\right) & \frac{1}{2}\left(\frac{\partial v}{\partial y} + \frac{\partial v}{\partial y}\right) & \frac{1}{2}\left(\frac{\partial v}{\partial z} + \frac{\partial w}{\partial y}\right) \\ \frac{1}{2}\left(\frac{\partial w}{\partial x} + \frac{\partial u}{\partial z}\right) & \frac{1}{2}\left(\frac{\partial w}{\partial y} + \frac{\partial v}{\partial z}\right) & \frac{1}{2}\left(\frac{\partial w}{\partial z} + \frac{\partial w}{\partial z}\right) \end{bmatrix}$$

称为流体的应变变形速率张量,易知

$$\varepsilon_{xy} = \varepsilon_{yx}, \varepsilon_{xz} = \varepsilon_{zx}, \varepsilon_{yz} = \varepsilon_{zy}$$

所以应变变形速率张量是一个二阶对称张量,主对角线上三个元素是线变形速率,其余的角变形速率

$$\boldsymbol{\omega} = (\omega_x, \omega_y, \omega_z) = \left[\frac{1}{2}\left(\frac{\partial w}{\partial y} - \frac{\partial v}{\partial z}\right), \quad \frac{1}{2}\left(\frac{\partial u}{\partial z} - \frac{\partial w}{\partial x}\right), \quad \frac{1}{2}\left(\frac{\partial v}{\partial x} - \frac{\partial u}{\partial y}\right)\right]$$

称为流体的旋转角速度矢量,它恰好是流场的旋转矢量的一半

$$\nabla \times \boldsymbol{V} = \begin{vmatrix} \boldsymbol{i} & \boldsymbol{j} & \boldsymbol{k} \\ \frac{\partial}{\partial x} & \frac{\partial}{\partial y} & \frac{\partial}{\partial z} \\ u & v & w \end{vmatrix}$$

3.5.2 流体微团的线变形

第一种变形方式如图 3－31 所示,取一个矩形的流体微团,在运动过程中它的变形方式仅仅是沿 x 方向伸长。假设该微团左侧边的运动速度为 u,则右侧边的运动速率可以表示为

$$u + \frac{\partial u}{\partial x}\mathrm{d}x$$

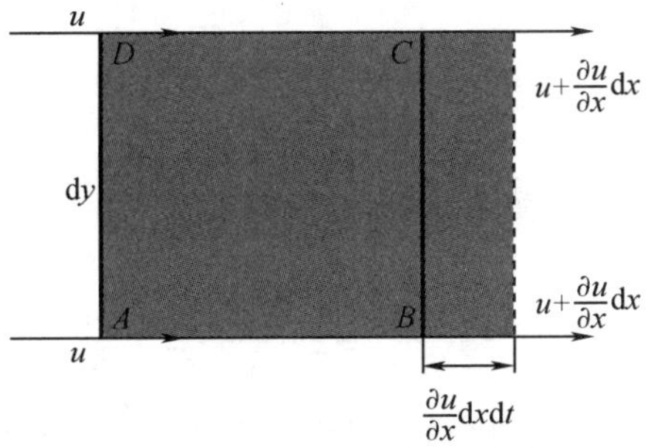

图 3-31 流体微团线变形

经过一小段时间 δt，其右侧边相对于左侧边多运动的距离为

$$\frac{\partial u}{\partial x}\mathrm{d}x\mathrm{d}t$$

因此，该流体微团沿 x 方向的相对伸长量为

$$\frac{\partial u}{\partial x}\mathrm{d}x\mathrm{d}t/\mathrm{d}x=\frac{\partial u}{\partial x}\mathrm{d}t$$

单位时间内的相对伸长量为

$$\frac{\partial u}{\partial x}\mathrm{d}t/\mathrm{d}t=\frac{\partial u}{\partial x}$$

这代表了该流体微团沿方向的线变形速率。

同理也可以得到另外两个方向的线变形率，从而流体微团的线变形率可以用如下三个量来表示，即

$$\frac{\partial u}{\partial x},\frac{\partial v}{\partial x},\frac{\partial w}{\partial y} \tag{3-30}$$

3.5.3 流体微团的旋转运动

第二种变形方式如图 3-32 所示，流体微团绕某一轴旋转。设图中 A 点的两个速度分量分别为 u，v，则 B 点沿 y 轴的速度可以表示为

$$v_B=v+\frac{\partial v}{\partial x}\mathrm{d}x$$

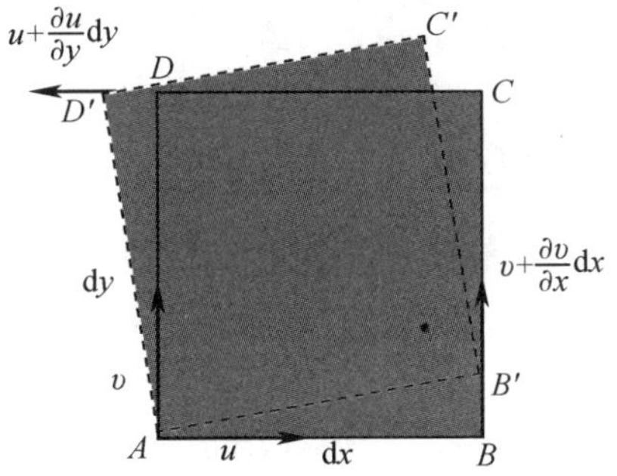

图 3-32 流体微团的旋转

以逆时针方向为正，AB 边绕 A 点的旋转角速度为

$$\Omega_{AB}=\frac{v_B-v}{\mathrm{d}x}=\frac{\frac{\partial v}{\partial x}\mathrm{d}x}{\mathrm{d}x}=\frac{\partial v}{\partial x} \tag{3-31}$$

D 点沿 x 轴方向的速度可表示为

$$u_D = u + \frac{\partial u}{\partial y}\mathrm{d}y \tag{3-32}$$

以逆时针方向为正，AD 边绕 A 点的旋转速度为

$$\Omega_{AD} = \frac{u - u_D}{\delta y} = \frac{-\frac{\partial u}{\partial y}\mathrm{d}y}{\mathrm{d}y} = -\frac{\partial u}{\partial y} \tag{3-33}$$

如果流体微团是做刚体旋转的，则这两个角速度应该相等，即 $\Omega_{AB} = \Omega_{AD}$，对于一般情况，流体微团在旋转的同时还有角变形，其角速度应该用所有质点旋转角速度的平均值来表示。可以证明，在流体微团内任取两条相互垂直的直线，它们的旋转角速度的平均值就相当于所有质点角速度的平均值。因此和的旋转角速度的平均值就是流体微团的旋转角速度，于是就得到了流体微团绕 z 轴的旋转角速度为

$$\omega_z = \frac{1}{2}(\Omega_{AB} + \Omega_{AD}) = \frac{1}{2}\left(\frac{\partial v}{\partial x} - \frac{\partial u}{\partial y}\right) \tag{3-34(a)}$$

同理可得流体微团绕 x 轴、y 轴的角速度分别为

$$\omega_x = \frac{1}{2}\left(\frac{\partial w}{\partial y} - \frac{\partial v}{\partial z}\right) \tag{3-34(b)}$$

$$\omega_y = \frac{1}{2}\left(\frac{\partial u}{\partial z} - \frac{\partial w}{\partial x}\right) \tag{3-34(c)}$$

3.5.4 流体微团的角变形

第三种变形方式如图 3-33 所示，AB 边和 AD 两边各旋转一个角度，造成的改变为流体微团发生了角变形，或者剪切变形。如前所述，B 点和 D 点的速度分别为

$$v_B = v + \frac{\partial v}{\partial x}\mathrm{d}x$$

$$u_D = u + \frac{\partial u}{\partial y}\mathrm{d}y$$

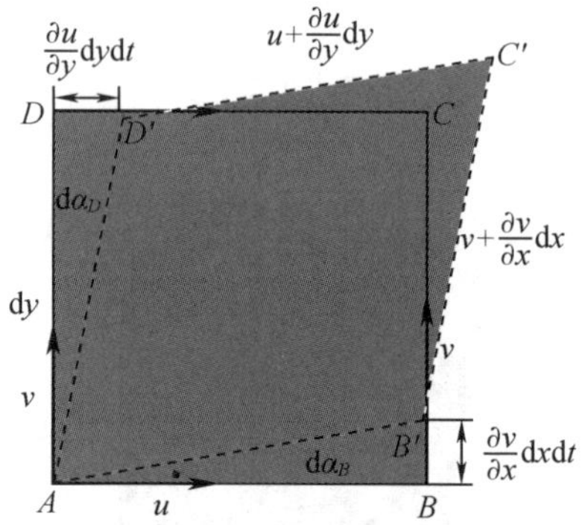

图 3-33 流体微团的角变形

单位时间内 AB 边和 AD 边的转动造成的角度变化量分别是

$$\mathrm{d}\alpha_B = \frac{(v_B - v)\,\mathrm{d}t}{\mathrm{d}x}/\mathrm{d}t = \frac{\partial v}{\partial x}$$

$$\mathrm{d}\alpha_D = \frac{(u_D - u)\,\mathrm{d}t}{\mathrm{d}y}/\mathrm{d}t = \frac{\partial u}{\partial y}$$

单位时间内的总变化率为

$$d\alpha = d\alpha_B + d\alpha_D = \frac{\partial u}{\partial y} + \frac{\partial v}{\partial x}$$

该变化量代表了 $x-y$ 平面内的角变形，单位时间的角变形称为角变形率，所以

$$\varepsilon_{xy} = \frac{1}{2}\left(\frac{\partial u}{\partial y} + \frac{\partial v}{\partial x}\right) \tag{3-35(a)}$$

表示 $x-y$ 坐标面上流体角变形速率的一半，同理

$$\varepsilon_{xz} = \frac{1}{2}\left(\frac{\partial u}{\partial z} + \frac{\partial w}{\partial x}\right) \tag{3-35(b)}$$

$$\varepsilon_{yz} = \frac{1}{2}\left(\frac{\partial v}{\partial z} + \frac{\partial w}{\partial y}\right) \tag{3-35(c)}$$

3.5.5 流体微团运动分析

在解释了 $\boldsymbol{\varepsilon}$ 和 $\boldsymbol{\omega}$ 的含义以后，再来看亥姆霍兹速度分解定理

$$\hat{\boldsymbol{V}} = \boldsymbol{V} + \boldsymbol{\varepsilon}\cdot d\boldsymbol{r} + \boldsymbol{\omega}\times d\boldsymbol{r}$$

各项的物理意义：$\hat{\boldsymbol{V}}$是 $\hat{M}$ 点的速度；$\boldsymbol{V}$ 是 M 点的流速；$\boldsymbol{\varepsilon}\cdot d\boldsymbol{r}$ 是流体变形引起的两点相对运动速度，包括线变形和角变形；$\boldsymbol{\omega}\times d\boldsymbol{r}$ 是流体平均旋转角速度引起的两点相对运动速度。这表明流体微团的运动速度可以分解成三部分：随基点的平移、变形运动和绕基点转动。表示平移运动的特征量是速度矢量 $\boldsymbol{V}$；表示变形运动的特征量是应变变形率张量 $\boldsymbol{\varepsilon}$；表示转动的特征量是平均旋转角速度矢量 $\boldsymbol{\omega}$ 或旋转矢量$\nabla\times\boldsymbol{V}$。它们都表示在基点 M 处取值的局部量，本身又以场的形式出现。因此，亥姆霍兹速度分解定理表明流体微团可以分解为平移、旋转和变形三种形式。

最后来看流体运动速度分解与刚体运动速度分解的异同。亥姆霍兹速度分解定理也适用于作为连续介质的刚体。由于刚体质点之间没有相对位移，所以变形速度为零。运动速度只有平移和转动两部分。另外刚体绕任意基点的转动速度都是一样的，表示转动的特征量 $\boldsymbol{\omega}$ 是适用于整个刚体的整体量，所以刚体的速度分解对整个刚体精确成立。正因为如此，对刚体的描述可以简单地归结为六个自由度的运动。而流体的变形率张量和旋转角速度矢量因点而异，是局部张量，速度分解定理只适用于流体微团的范围，而且只是一阶精度。由此可见，流体的易变形造成流体运动的复杂性，以及用场的观点来描述流体运动的必要性。

3.5.6 有旋流动和有势流动

由亥姆霍兹速度分解定理可知，将旋转运动从复杂流体运动中分离出来，将流体的运动分解为有旋运动和无旋运动，将变形运动从复杂的流体运动中分离出来，我们将流体的变形率与流体的应力联系起来，为研究黏性流体运动的规律奠定了基础。

根据流体微团是否转动，流体运动可以分为有旋流动和无旋流动两种，这一划分很重要，因为流体微团是否转动，使得流体的运动规律和处理方法有很大的不同。

判别流体是否无旋的充分必要条件是流体的平均旋转角度矢量 $\boldsymbol{\omega}$ 或旋度矢量$\nabla\times\boldsymbol{V}$ 是否为零。把 $\boldsymbol{\omega}=0$ 或$\nabla\times\boldsymbol{V}=0$ 的流动称为无旋流动，反之称为有旋流动。

无旋流动的速度场满足

$$\nabla\times\boldsymbol{V} = 0 \tag{3-36}$$

写成分量形式为

$$\frac{\partial w}{\partial y} = \frac{\partial v}{\partial z},\ \frac{\partial u}{\partial z} = \frac{\partial w}{\partial x},\ \frac{\partial v}{\partial x} = \frac{\partial u}{\partial y} \tag{3-37}$$

由高等数学知识知道，上式是使

$$u\mathrm{d}x + v\mathrm{d}y + w\mathrm{d}z$$

成为某个函数 φ 的全微分的充分必要条件。因此无旋流动必然存在一个数量场 $\varphi(x,y,z)$，它与速度场之间满足以下关系

$$\mathrm{d}\varphi = u\mathrm{d}x + v\mathrm{d}y + w\mathrm{d}z$$

即

$$\frac{\partial\varphi}{\partial x} = u, \frac{\partial\varphi}{\partial y} = v, \frac{\partial\varphi}{\partial z} = w$$

写成矢量形式

$$\nabla\varphi = \boldsymbol{V} \tag{3-38}$$

其中

$$\nabla\varphi = \frac{\partial\varphi}{\partial x}\boldsymbol{i} + \frac{\partial\varphi}{\partial y}\boldsymbol{j} + \frac{\partial\varphi}{\partial z}\boldsymbol{k}$$

称为 φ 的梯度。

式(3-38)表明无旋流动的速度场是数量场 $\varphi(x,y,z)$ 的梯度。我们把这个数量场称为速度场的势函数，简称速度势。因为无旋流动的速度场必有速度势，所以无旋流动也称为有势流动，两者是等价的。存在速度势是有势流动区别于有旋流动最基本的特征，因为速度势的梯度就是速度矢量，所以用求解数量场代替求解矢量场 $\boldsymbol{V}$，可以大大简化有势流的分析过程。

例题 3-8 判断有旋与有势

已知：以下两种流动的流场如图 3-34 所示。

$$\begin{cases} V_r = 0 \\ V_\theta = k/r \end{cases} \tag{3-39}$$

$$\begin{cases} u = \dfrac{U}{h}\left(2y - \dfrac{y^2}{h}\right) \\ v = 0 \end{cases} \tag{3-40}$$

求解：判断下列两种流动是否有旋？

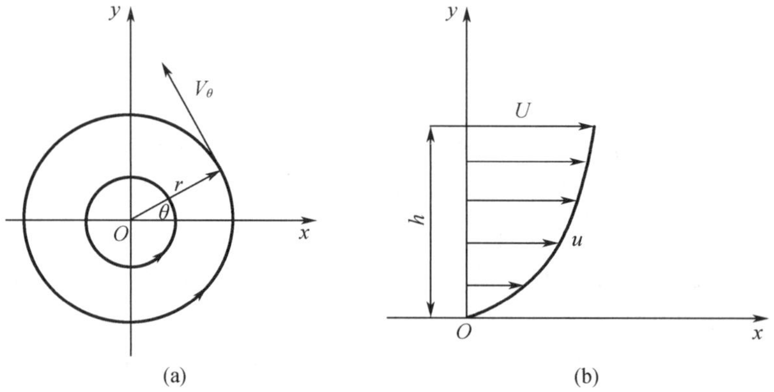

图 3-34 流场

解题过程：

第一种流场在直角坐标系中表达为

$$\begin{cases} u = \dfrac{-ky}{x^2 + y^2} \\ v = \dfrac{kx}{x^2 + y^2} \end{cases}$$

容易计算

$$\frac{\partial u}{\partial y} = \frac{\partial v}{\partial x} = \frac{k(y^2 - x^2)}{(x^2 + y^2)}$$

可见 $\omega_z = 0$，流动无旋。

第二种流动，则显然有

$$\omega_z = \frac{\partial v}{\partial x} - \frac{\partial u}{\partial y} = 0 - \frac{2U}{h}\left(1 - \frac{y}{h}\right) \neq 0$$

说明流动有旋。

通过上面的例子说明圆周运动无旋，直线的平面流动有旋。

例题分析：

有必要再次强调，有旋与有势的判别仅仅依赖于流速场的旋度是否为零，而不涉及流动是否定常，是均匀流还是非均匀流，也不涉及流线是曲线还是直线。

本章小结

本章主要讨论了流体运动学（研究流体运动，而不考虑产生运动所需的力）的几个基本概念。介绍了描述流体流动的欧拉法和拉格朗日法，以及各自对应的速度和加速度场的概念。

引入一维、二维或三维流动，以及定常与非定常流动等流体流动的分类方法，详细讨论了迹线、流线、流管、流束等基本概念。其中流线是与速度场相切的线，如果流动定常，流线与迹线重合，对于非定常流动，二者不重合。当流体质点移动时，其性质（即速度、密度、温度）可能会变化。这些性质的变化率可以通过物质导数的有关知识来解决，通过求出在空间某点处于流体的非定常性而体现出来的当地加速度，以及由于空间分布的不均匀性而产生的对流加速度。

通过介绍控制体和系统的概念，并建立雷诺输运定理。使用雷诺输运定理，可以在控制体中进行流动的分析。最后讨论了流体微团的三种运动形式，为以后的学习打下基础，并给出了判断有旋与有势的依据。

思考题

3.1 试说出拉格朗日法和欧拉法的异同点。

3.2 在欧拉法中，质点加速度由哪两部分组成？

3.3 一物体在静止流体中做匀速直线运动，试从固定在空间的参考系中观察和从固定在物体上的参考系观察周围流体的运动是定常的还是非定常的，由此得出什么结论？并试设想出它们的流线和迹线的形状。

3.4 若流场中每一流体质点都各自做匀速直线运动，此流场是否一定是定常的？在定常流动中各流体质点的速度是否一定与时间无关？

3.5 什么是流线与迹线,流线具有什么性质?在什么情况下流线与迹线重合?

3.6 试根据流线的定义讨论关于流线的一些特性:

(1)定常流动中流线的形状不随时间而变;

(2)定常流动中流线与迹线重合;

(3)流场中流线一般不相交。

3.7 试讨论船舶在水中等速航行和飞机在空中等速航行时,流体的运动是定常的还是非定常的?如为非定常流动,能否转换为定常流动,如何转换,是否有实际意义?

3.8 如何判断流动是有旋的还是无旋的?

练习题

3.1 给定速度场 $u=-ky, v=kx, w=w_0$,其中 k、w_0 均为常数,求通过 $x=a, y=b, z=c$ 点的流线。

3.2 已知某一流速场中速度 $\boldsymbol{V}=2x\boldsymbol{i}-yt\boldsymbol{j}\left(\frac{m}{s}\right)$,写出经过点(2,-1)的流线方程,并将在 $t=4$ s时过此点的流线用单位矢量法写出。

3.3 流道中气流沿某一流线方向从点 A 到点 B(黏性力作用可忽略)$z_A=2$ m,$p_A=0$ Pa,$z_B=10$ m,$p_B=20$ Pa,$V_2=0$ m/s,试确定在点 A 时的速度。

3.4 推导下述二元流动的流线方程:$u=u_0, v=v_0\cos(kx-at)$,其中 u_0、v_0、k、a 均为常数。并求 $t=0$ 时通过 $x=0, y=0$ 点流线的迹线方程。当 k、$a\to 0$,试比较这两条流线和迹线。

3.5 给定拉格朗日型流场:$x=a\mathrm{e}^{\frac{-2t}{k}}, y=b\left(1+\frac{t}{b}\right)^2, z=c\mathrm{e}^{\frac{t}{k}}$,其中 k 为常数($k\neq 0$),试判别:

(1)是否是定常流动;

(2)是否是不可压流场;

(3)是否是有旋流场。

3.6 已知速度场 $\boldsymbol{V}=xt\boldsymbol{i}+yt\boldsymbol{j}+zt\boldsymbol{k}$,试求质点的迹线。此质点在 $t=0$ 时刻处于 $x=a, y=b, z=c$ 的位置上。

3.7 已知速度分布为 $u=\mathrm{e}^t(a+1)-1, v=\mathrm{e}^t(b+1)-1$。

(1)求 $t=0$ 时刻位于 $x=a, y=b$ 点的质点的轨迹线;

(2)求 $t=0$ 时刻通过 $x=1, y=2$ 点的流线。

3.8 若流体质点只是在圆锥面上运动,其速度为 $V_R=A, V_\theta=0, V_\varepsilon=B\cos\varepsilon$,其中 A、B 均为常数,试求 $t=0$ 时刻通过 $R=a, \theta=b, \varepsilon=c$ 点的流线和迹线,并用拉格朗日变量表示此速度场。

3.9 已知二元速度场 $u=\frac{x}{(1+t)}, v=y$。

(1)求迹线方程,已知条件为 $x_{t=0}=a, y_{t=0}=b$;

(2)求流线方程,已知条件为 $x_{y=1,t=0}=1$。

3.10 已知温度场和速度场分别为

$$T=\frac{At^2}{x^2+y^2+z^2}, \boldsymbol{V}=xt\boldsymbol{i}+yt\boldsymbol{j}+zt\boldsymbol{k}$$

试求质点的温度导数。

3.11 已知温度场 $T=A\frac{t^2}{a^2}+b^2+c^2$,其中 a、b、c 为拉格朗日自变量,试求质点的温度导数。

3.12 已知迹线方程 $x=2at^{\frac{5}{2}}, y=2+bt^{\frac{5}{2}}, z=0$。

(1)试求 $t=1$,位于 $x=2.01,y=2.01,z=0$ 的流体质点到达 $x=2.32$ 位置时的加速度。

(2)试求 $t=1$ 时刻过 $x=2.01,y=2.01,z=2.01$ 点的流线。

3.13　设流场为:$u=xt^2,v=yt^2,\omega=0$,试求:

(1)流场的流线;

(2)质点的轨迹及加速度(欧拉法);

(3)以拉格朗日函数表示的速度及加速度。

3.14　试证明切变角速度 $\varepsilon_{xy},\varepsilon_{yz},\varepsilon_{zx}$ 可以解释为正方形对角线的相对伸长速度。$\left(\right.$提示:对于正方形有 $\frac{\partial u}{\partial y}=\frac{\partial u}{\partial x},\frac{\partial v}{\partial x}=\frac{\partial u}{\partial y}\left.\right)$

3.15　若流体质点在圆锥面上运动,其速度为 $v_R=A,v_\theta=0,v_\varepsilon=B\cos\varepsilon$,式中 A、B 为常数,求 $t=0$ 时过点 $R=\alpha,\theta=b,\varepsilon=c$ 的迹线和流线,并用拉格朗日变量描述其速度场。

3.16　试求下列问题的变形速率分量、涡旋强度和体变形速率。并说明运动是否有旋,流场是否不可压缩。

(1)在直角坐标(x,y,z)内:$u=U(h^2-y^2),v=w=0$,其中 h,U 均为常量。

(2)在柱坐标系(r,ε,z)内:$V_z=U\left[\frac{a^2\ln(r/b)-b^2\ln(r/a)}{\ln(a/b)}-r^2\right],V_\varepsilon=V_R=0$,其中 u、a、b 均为常量。

(3)在球坐标系(R,θ,ε)内:$V_R=V_\infty\left[1-\left(\frac{a}{R}\right)^3\right]\cos\theta V_\theta=-V_\infty\left(1+\frac{1}{2}\right)\left(\frac{a}{R}\right)^3\sin\theta,V_\varepsilon=0$,其中 V_θ、a 均为常量。

流体动力学

风力发电是利用风力带动风车叶片旋转,再透过增速机将旋转的速度提升,来促使发电机发电的。依据目前的风车技术,大约是3 m/s的微风速度(微风的程度),便可以开始发电。风力发电在芬兰、丹麦等国家很流行,我国近几年风电产业发展迅猛。小型风力发电系统效率很高,但它不是只由一个发电机头组成的,而是一个有一定科技含量的小系统:风力发电机+充电器+数字逆变器。

在本章中,我们以流体动力学基本方程为基础,研究一些典型的流体运动。我们将讨论著名的伯努利方程。虽然这个方程是流体力学中最古老的方程之一,可以有效地用于预测和分析各种流动情况,但其推导所涉及的假设却很多,如果不适当限制方程式的应用条件,则可能会出现严重的错误。事实上,伯努利方程也被称为“流体力学中最常用和最被滥用的方程”。

本章学习目标:

(1)了解并掌握流体动力学基本方程的推导过程;

(2)掌握流体动力学基本方程的基本形式;

(3)掌握流体动力学基本方程的物理意义;

(4)熟练运用流体动力学基本方程解决工程问题;

(5)了解定解条件的运用。

第 4 章　流体动力学

流体作为一种物质形态，它必须遵循自然界关于物质运动的普遍原理。这些原理包括质量守恒原理、动量守恒原理（牛顿第二定律）、能量守恒原理等。将这些基本原理应用于流体运动过程的研究，可以得到各种物理量之间确定的关系式，这些关系式就是决定流体运动过程的基本方程。

在此应当指出，上述基本原理的原始形式都是针对确定的物体/系统，对于流体来说，就是针对确定的一团流体。流体力学中，由于流体运动学的特殊性，往往将这些原理直接用于某一确定的空间。也就是把确定的控制体作为我们的研究对象，观察其中的质量变化规律、动量变化规律及能量变化规律。

根据控制体的选取可以将基本方程分为积分形式和微分形式，若取微元空间作为控制体，则可以得到微分形式基本方程；若选取有限空间为控制体，则可以得到积分形式基本方程。本章将对控制体应用质量守恒原理、动量守恒原理、动量矩守恒原理及能量守恒原理，从而得到流体动力学基本方程。

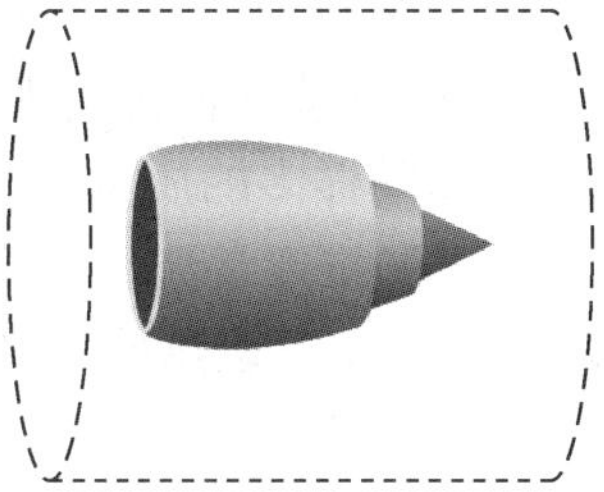

在航空发动机外围假想一个控制面，组成一个控制体，可以方便地研究航空发动机的燃料消耗量和其产生的推力。

许多流体力学问题可以通过使用控制体分析来解决。

4.1　连续性方程

流动都必须遵循一个基本方程——连续性方程。它是根据质量守恒定律这一普遍规律，针对流体的连续介质假设而得到的。本节先讲述控制体形式的连续性方程及积分形式的连续性方程，然后用两种方法得到微分方程，进行相互验证，最后得到管流连续方程。

4.1.1　积分形式的连续性方程

对于一个系统而言，其质量保持不变，所以连续性方程为

$$\frac{\mathrm{d}m_{\mathrm{sys}}}{\mathrm{d}t}=\frac{\mathrm{d}}{\mathrm{d}t}\iiint_{\mathrm{sys}}\rho\mathrm{d}B=0$$

应用雷诺输运公式，可以把上式转换为适用于控制体的关系式。令雷诺输运公式中 φ 代表单位体积的质量，即密度 ρ，则有

$$\frac{\mathrm{d}}{\mathrm{d}t}\iiint_{\mathrm{sys}}\rho\mathrm{d}B=\frac{\partial}{\partial t}\iiint_{\mathrm{cv}}\rho\mathrm{d}B+\iint_{\mathrm{cs}}\rho(\boldsymbol{V}\cdot\boldsymbol{n})\mathrm{d}A$$

从上面两式可以得到针对控制体的质量守恒关系式

$$\frac{\partial}{\partial t}\iiint_{\mathrm{cv}}\rho\mathrm{d}B+\iint_{\mathrm{cs}}\rho(\boldsymbol{V}\cdot\boldsymbol{n})\mathrm{d}A=0 \tag{4-1}$$

这个关系式称为控制体积分形式的连续性方程。

在式(4-1)中，第一项表示单位时间内控制体内流体质量的增加量；第二项表明了单位时间内通过控制面流出该控制体的流体质量。式(4-1)的物理意义十分明确：非定常情况下控制体内增加的流体只可能

来源于边界的流入。

对于定常流动，控制体内流体质量保持不变，式(4-1)中的第一项为零，于是有

$$\iint_{cs}\rho(\boldsymbol{V}\cdot\boldsymbol{n})\,dA = 0$$

也就是说，对于定常流动来说，进出控制体的流体质量保持动态平衡，任意时刻从任何方向进入控制体多少质量，就必然同时从其他方向流出控制体同样多的质量。

连续性方程是质量守恒的陈述。

对于一维定常流动，连续方程可以写成更为实用的形式，即$\nabla\cdot(\rho\boldsymbol{V})=0$ 表示的是流出该点的质量。

$$\dot{m}_{in} = \dot{m}_{out}$$

式中，$\dot{m}=dm/dt$ 为单位时间内通过的质量，称为流量。

质量流量等于密度和体积流量的乘积。

4.1.2 微分形式的连续性方程

把积分形式的连续性方程重写如下：

$$\frac{\partial}{\partial t}\iiint_{cv}\rho\,dB + \iint_{cs}\rho(\boldsymbol{V}\cdot\boldsymbol{n})\,dA = 0$$

上式的第二项可以通过高斯定理变换为体积分

$$\iint_{cs}\rho(\boldsymbol{V}\cdot\boldsymbol{n})\,dA = \iiint_{cv}\nabla\cdot(\rho\boldsymbol{V})\,dB$$

于是连续性方程变换为

$$\frac{\partial}{\partial t}\iiint_{cv}\rho\,dB + \iiint_{cv}\nabla\cdot(\rho\boldsymbol{V})\,dB = 0$$

控制体的体积为不变量，因此微分符号可以放在积分符号内，上式可写为

$$\iiint_{cv}\frac{\partial\rho}{\partial t}dB + \iiint_{cv}\nabla\cdot(\rho\boldsymbol{V})\,dB = 0$$

进一步得到

$$\iiint_{cv}\left[\frac{\partial\rho}{\partial t} + \nabla\cdot(\rho\boldsymbol{V})\right]dB = 0$$

要想上式对于任意控制体都成立，被积分项应该恒等于零，因此有

$$\frac{\partial\rho}{\partial t} + \nabla\cdot(\rho\boldsymbol{V}) = 0 \tag{4-2}$$

式(4-2)就是微分形式的连续性方程，它和积分形式的意义是一样的，只不过是针对空间某一点而言的。$\partial\rho/\partial t$ 表示的是空间某一点处质量的增加量。

补充 流体力学中的高斯定理

高斯定理又称为散度定理，其定义如下

$$\iiint_{V}(\nabla\cdot\boldsymbol{F})\,dB = \oint_{A}(\boldsymbol{F}\cdot\boldsymbol{n})\,dA$$

该式的左端项为任意矢量 $\boldsymbol{F}$ 的散度在一个空间内的体积分，表示了空间内某一点某种量的净生成量；右端项为该矢量在包围空间的封闭表面的通过量。高斯定理描述了物理性质的守恒特性，可以理解为：一个空间内的净生成量等于净流出量。

当应用于流体流场中时，让高斯定理中的矢量代表速度，得

$$\iiint_{cv}(\nabla\cdot\boldsymbol{V})\mathrm{d}B=\oint_{cs}(\boldsymbol{V}\cdot\boldsymbol{n})\mathrm{d}A$$

式中，左端项表示了速度散度的体积分，物理意义为体积的增加量；右端项为控制面各点处法向速度与面积的乘积积分，也就是体积流量 $Q=VA$。所以在这里的高斯定理表示：控制体内流体体积的增加量等于控制面流过的流体体积。

除了使用高斯定理从积分形式的连续性方程得到微分形式的连续性方程，也可以对流体微团进行分析得到连续方程的微分形式。

在流场中取出一个空间六面体微元，如图4－1所示，六面体的边长为 $\mathrm{d}x,\mathrm{d}y,\mathrm{d}z$。

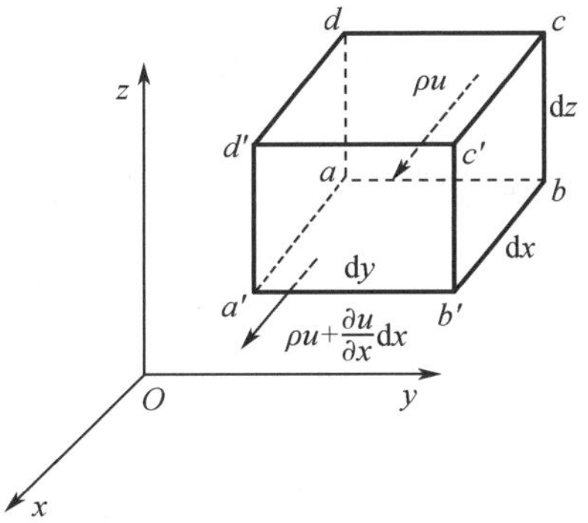

图4－1　六面体微元

先看 x 方向的流动，设 $abcd$ 面上的流速为 u，在某一微小时间段 $\mathrm{d}t$ 里，从 $abcd$ 面流入微元控制体质量为 $\rho u\mathrm{d}y\mathrm{d}z\mathrm{d}t$，从 $a'b'c'd'$ 面流出的质量为 $\left[\rho u+\frac{\partial(\rho u)}{\partial x}\mathrm{d}x\right]\mathrm{d}y\mathrm{d}z\mathrm{d}t$，净流入前后这一对表面的流体质量为 $-\frac{\partial(\rho u)}{\partial x}\mathrm{d}x\mathrm{d}y\mathrm{d}z\mathrm{d}t$。

同理可知，在时间段 $\mathrm{d}t$ 里，沿着 y 方向和 z 方向净流入左右和上下两对表面的流体质量分别为 $-\frac{\partial(\rho v)}{\partial y}\mathrm{d}x\mathrm{d}y\mathrm{d}z\mathrm{d}t$ 和 $-\frac{\partial(\rho w)}{\partial z}\mathrm{d}x\mathrm{d}y\mathrm{d}z\mathrm{d}t$。

连续介质的运动必须维持质点的连续性，即质点间不能存在空隙。因此，根据质量守恒原理，净流入微元的流体质量必等于微元内因流体密度变化而增加的质量，即

$$-\frac{\partial(\rho u)}{\partial x}\mathrm{d}x\mathrm{d}y\mathrm{d}z\mathrm{d}t-\frac{\partial(\rho v)}{\partial y}\mathrm{d}x\mathrm{d}y\mathrm{d}z\mathrm{d}t-\frac{\partial(\rho w)}{\partial z}\mathrm{d}x\mathrm{d}y\mathrm{d}z\mathrm{d}t=\frac{\partial\rho}{\partial t}\mathrm{d}x\mathrm{d}y\mathrm{d}z\mathrm{d}t$$

简化后得

$$\frac{\partial\rho}{\partial t}+\frac{\partial(\rho u)}{\partial x}+\frac{\partial(\rho v)}{\partial y}+\frac{\partial(\rho w)}{\partial z}=0 \tag{4-3}$$

或

$$\frac{\partial\rho}{\partial t}+\nabla\cdot(\rho\boldsymbol{V})=0 \tag{4-4}$$

其中

$$\nabla\cdot(\rho\boldsymbol{V})=\frac{\partial(\rho u)}{\partial x}+\frac{\partial(\rho v)}{\partial y}+\frac{\partial(\rho w)}{\partial z}$$

是 $\rho\boldsymbol{V}$ 的散度。式(4－4)就是三元流动连续性微分方程。这是在直角坐标系下的一般形式，适用于可压缩流体的非定常流动。式(4－3)是三维流动连续性微分方程在直角坐标系下的具体形式。

对于定常流，由于$\frac{\partial\rho}{\partial t}=0$，连续方程为

$$\nabla\cdot(\rho\boldsymbol{V})=\frac{\partial(\rho u)}{\partial x}+\frac{\partial(\rho v)}{\partial y}+\frac{\partial(\rho w)}{\partial z}=0 \tag{4-5}$$

对于不可压缩流体的流动(不论是定常流还是非定常流)，则有

$$\nabla\cdot\boldsymbol{V}=\frac{\partial u}{\partial x}+\frac{\partial v}{\partial y}+\frac{\partial w}{\partial z}=0 \tag{4-6}$$

式(4－6)表示速度场的散度为零，称这样的速度场为无源场或管型场。

速度场的散度是流体微团在三个相互垂直方向上的线变形速率之和，也是流体微团的体积膨胀率。连续方程(4－6)表明不可压缩流体微团在三个相互垂直方向上的线变形速率的总和必为零，若在一个方向上有拉伸，则在另一个方向上必有压缩，在运动过程中体积不会发生变化。

4.1.3　管流连续性方程

对于均匀管流(即设同一截面上的物理量均匀)可以取微元流管作为控制体，从而对它写出连续性方程。

图4－2所示的均匀流管，以其轴线l作为坐标自变量，管截面积A及其他物理量B是l的函数，即

$$A=A(l),\quad B=B(l)$$

式中，B为其他任何物理参数。

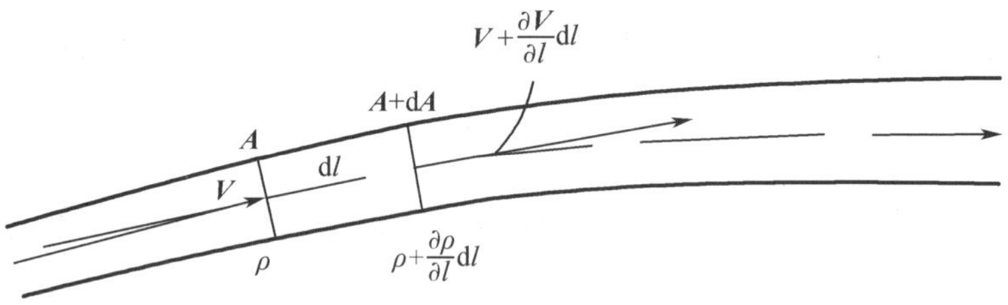

图4－2　均匀管流示意图

为建立连续性方程，可在流管的任一部位l上截取一微元段$\mathrm{d}l$作为控制体(流体在微元控制体进出口的速度方向与进出口表面垂直)。若l截面上的参数用A、V、ρ表示，则$l+\mathrm{d}l$截面上的参数可表示为$A+(\mathrm{d}A/\mathrm{d}l)\mathrm{d}l$，$V+(\partial V/\partial l)\mathrm{d}l$，$\rho+(\partial\rho/\partial l)\mathrm{d}l$。微元体中密度对于时间的增长率用$\frac{\partial\rho}{\partial t}$表示。

对微元控制体应用质量守恒原理，从而得到连续方程

$$A\rho V-(A+\mathrm{d}A)\left(\rho+\frac{\partial\rho}{\partial l}\mathrm{d}l\right)\left(V+\frac{\partial V}{\partial l}\mathrm{d}l\right)=\frac{\partial\rho}{\partial t}A\mathrm{d}l$$

略去高阶量，可得

$$\frac{1}{\rho}\frac{\partial\rho}{\partial l}+\frac{1}{V}\frac{\partial V}{\partial l}+\frac{1}{A}\frac{\partial A}{\partial l}=-\frac{1}{\rho A}\frac{\partial\rho}{\partial t} \tag{4-7}$$

对于定常流动，由于$\frac{\partial}{\partial t}=0$，故连续性方程可写为

$$\frac{1}{\rho}\frac{\mathrm{d}\rho}{\mathrm{d}l}+\frac{1}{V}\frac{\mathrm{d}V}{\mathrm{d}l}+\frac{1}{A}\frac{\mathrm{d}A}{\mathrm{d}l}=0 \tag{4-8}$$

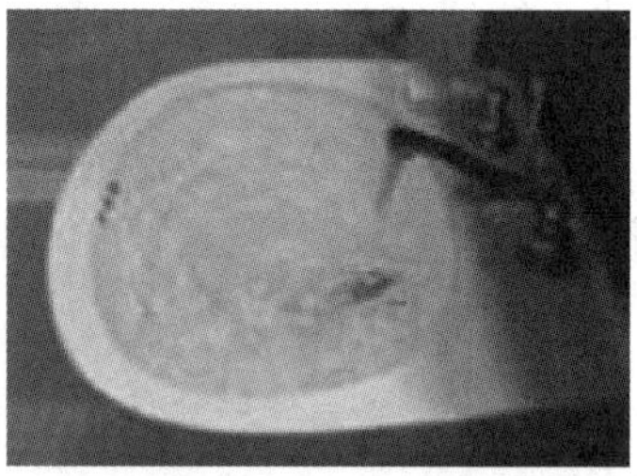

水槽流进流出流量相同

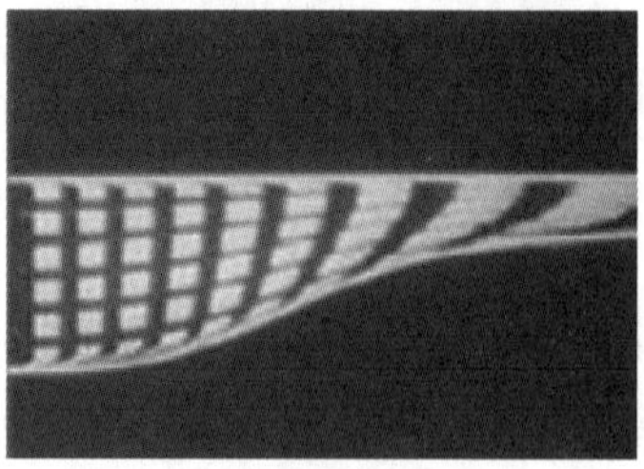

流道收缩

即

$$\frac{\mathrm{d}\rho}{\rho}+\frac{\mathrm{d}V}{V}+\frac{\mathrm{d}A}{A}=0 \tag{4-9}$$

积分可得

$$\ln\rho+\ln V+\ln A=常数 \tag{4-10}$$

即

$$\rho VA=常数$$

可见通过流管的任一截面的质量流量为常数，其中 V 为管流平均速度。

对于不可压缩流体，由于 ρ 为常数，故

$$\frac{\partial\rho}{\partial l}=\frac{\partial\rho}{\partial t}=0$$

因此连续性方程可写成

$$\frac{1}{V}\frac{\mathrm{d}V}{\mathrm{d}l}+\frac{1}{A}\frac{\mathrm{d}A}{\mathrm{d}l}=0 \tag{4-11}$$

积分得

$$VA=常数 \tag{4-12}$$

式中，常数可以是时间 t 的函数，因为上式只是对 l 的积分，而 V 可以是 l、t 的函数。因此其适合于定常流也适合于非定常流。

式(4－12)表明：当流体密度不变时，流速与截面积成反比。流体流经收缩通道会加速，流经扩张通道会减速。在图4－2中，如果流体微团体积不变，管道收缩，则流体被横向压缩时，其流向尺寸将变大，流向速度因此会变大。

例题4－1　连续性方程——消防栓泵的流量问题

已知：如图4－3所示，水在消防水管末端通过喷嘴稳定喷出。根据当地规定，喷嘴出口速度不少于20 m/s。

求解：确定泵的最小的泵送能力，Q 以 $\mathrm{m^3/s}$ 计。

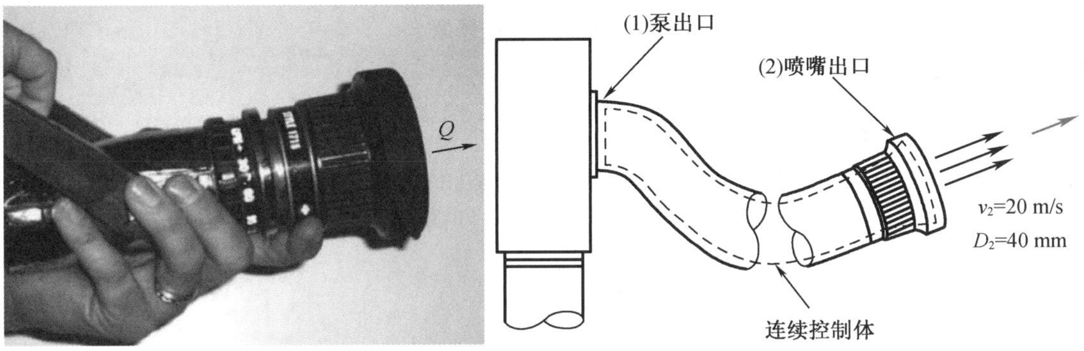

图4－3　消防栓

解题过程：

所求的泵送能力就是消防泵向软管和喷嘴提供的体积流量。由于想知道泵的出口流量，并且已知喷嘴出口流量和喷嘴出口面积，所以要想将两个流量联系起来可以建立如图4－3虚线所示的控制体。该控制体是由软管内的水和泵的出口面及喷嘴出口平面组成的。

将连续性方程应用于该控制体可得

$$\frac{\partial}{\partial t}\int_{\mathrm{cv}}\rho\mathrm{d}B+\int_{\mathrm{cs}}\rho\boldsymbol{V}\cdot\boldsymbol{n}\mathrm{d}A=0$$

由于是稳态流动，所以控制体内水的质量随时间的变化率为零。此控制体只有在(1)处(泵排出口)

有流体流进，只有在(2)处(喷嘴排出口)有流体流出。故

$$\rho_2 A_2 v_2 - \rho_1 A_1 v_1 = 0$$

由 $\dot{m} = \rho AV$

$$\dot{m}_1 = \dot{m}_2$$

$$\rho_2 Q_2 = \rho_1 Q_1$$

液体以较低的流速流动，可以被认为是不可压流体，因此

$$\rho_2 = \rho_1$$

进一步得

$$Q_2 = Q_1$$

即泵的体积流量等于喷嘴出口处的体积流量，为简单起见，可以认为喷嘴出口处的流速分布是均匀分布(一维均匀分布)。

$$Q_1 = Q_2 = A_2 v_2 = V_2 \frac{\pi}{4} D_2^2 = (20\ \text{m/s}) \frac{\pi}{4} \left(\frac{40\ \text{mm}}{1\ 000\ \text{mm/m}} \right)^2 = 0.025\ 1\ \text{m}^3/\text{s}$$

例题分析：

通过重复计算不同喷嘴出口直径 D_2 所对应的泵送能力 Q_1，可以画出如图 4－4 所示的 $D_2 - Q_1$ 图像。泵送能力与喷嘴出口面积成正比，与出口直径的平方成正比。因此，如果喷嘴直径加倍，泵送流量将增加四倍，条件是出口速度保持不变。

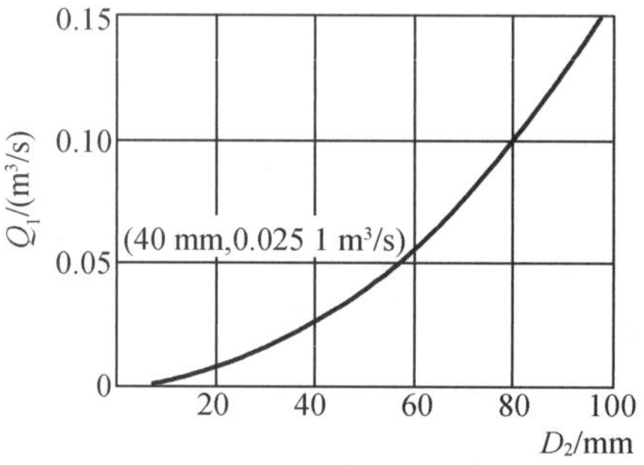

图 4－4　$D_2 - Q_1$ 图像

例题 4－2　连续性方程——飞机油耗问题

已知：如图 4－5 所示的飞机以 971 km/h 的速度向前飞行，发动机前方进气面积为 0.80 m^2，气流的密度为 0.736 kg/m^3。位于地面的固定观测器观测到发动机的排气的气流速度为 1 050 km/h，排气口面积为 0.558 m^2，排气密度为 0.515 kg/m^3，排气以一定的速度离开发动机。

求解：计算燃料进入发动机的质量流量，kg/h 计。

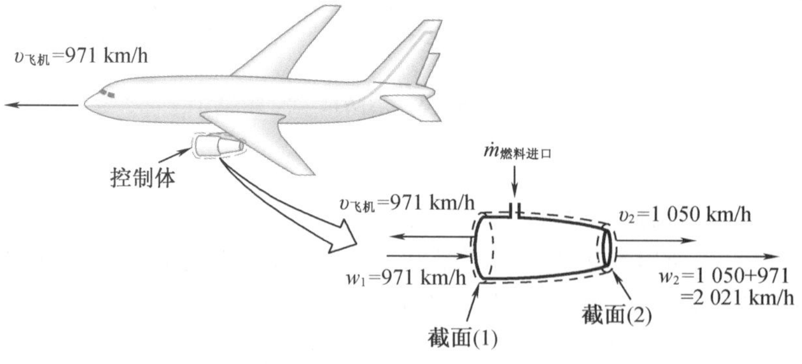

图 4－5　飞机飞行

解题过程：

对飞机建立如图 4－5 所示的随飞机飞行的控制体，控制体围绕发动机建立包括发动机的内部构件及每一时刻所包围的空气。针对此控制体可列方程

$$\frac{\partial}{\partial t}\int_{cv}\rho \mathrm{d}B + \int_{cs}\rho \boldsymbol{w} \cdot \boldsymbol{n}\mathrm{d}A = 0$$

由于此流动可以近似为一维流动，所以对上述方程积分可得

$$-\dot{m}_{fuel} - \rho_1 A_1 w_1 + \rho_2 A_2 w_2 = 0$$

或

$$\dot{m}_{fuel} = \rho_2 A_2 w_2 - \rho_1 A_1 w_1$$

由于进气流速过低，所以气流相对于控制体的流速可以近似为飞机的飞行速度，即 $w_1 = v_2 = 971$ km/h。另外有地面观测器观测到的排气气流喷出发动机后的流速为 1 050 km/h，则排气气流相对于控制体的速度（相对速度）为 w_2，即

$$v_2 = w_2 + v_{飞机}$$

或

$$w_2 = v_2 - v_{飞机} = 1\ 050\ \text{km/h} - (-971\ \text{km/h}) = 2\ 021\ \text{km/h}$$

故

$$\begin{aligned}\dot{m}_{fuel} &= (0.515\ \text{kg/m}^3) \times (0.558\ \text{m}^2) \times (2021\ \text{km/h}) \times (1\ 000\ \text{m/km}) - \\ &\quad (0.736\ \text{kg/m}^3) \times (0.80\ \text{m}^2) \times (971\ \text{km/h}) \times (1\ 000\ \text{m/km}) \\ &= (580\ 800 - 571\ 700)\ \text{kg/h} \\ &= 9\ 100\ \text{kg/h}\end{aligned}$$

例题分析：

对于具有相对运动的流体运动，在计算控制体进出口的流速时，一定要求出相对于控制体的流速。

4.2　动量方程和动量矩方程

要分析流体运动与其边界作用力之间的关系，就必须要用到动量方程，本节就从积分形式的动量方程到微分形式的动量方程进行详细的讨论，最后介绍动量矩方程。

4.2.1　积分形式的动量方程

动量定理是牛顿第二定律表述形式的推广，其数学表述为

$$\sum \boldsymbol{F} = \frac{\mathrm{d}(m\boldsymbol{V})}{\mathrm{d}t}$$

对于一个流体质点系组成的系统来说，其更一般的表述形式为

$$\sum \boldsymbol{F} = \frac{\mathrm{d}}{\mathrm{d}t}\iiint_{sys}\boldsymbol{V}\rho \mathrm{d}B \tag{4－13}$$

式(4－13)中的左端项为系统所受的合力，如果取某一时刻该系统所占据的空间为控制体，该系统所受的力就是控制体所受的力，即

$$\sum \boldsymbol{F}_{cv} = \sum \boldsymbol{F}_{sys} \tag{4－14}$$

可以通过雷诺输运定理将系统的动量变化为针对控制体的变化。令雷诺输运定理中的 φ 代表单位质量的动量，则有

$$\frac{\mathrm{d}}{\mathrm{d}t}\iiint_{sys}\boldsymbol{V}\rho \mathrm{d}B = \frac{\partial}{\partial t}\iiint_{cv}\boldsymbol{V}\rho \mathrm{d}B + \iint_{cs}\boldsymbol{V}\rho(\boldsymbol{V} \cdot \boldsymbol{n})\mathrm{d}A \tag{4－15}$$

式中 $\frac{\mathrm{d}}{\mathrm{d}t}\iiint_{sys}\boldsymbol{V}\rho\mathrm{d}B$ ——系统的动量随时间的变化；

$\frac{\partial}{\partial t}\iiint_{cv}\boldsymbol{V}\rho\mathrm{d}B$ ——控制体内流体的动量随时间的变化；

$\iint_{cs}\boldsymbol{V}\rho(\boldsymbol{V}\cdot\boldsymbol{n})\mathrm{d}A$ ——流入和流出控制体的净动量。

把式(4－14)和式(4－15)代入式(4－13)中，得

$$\sum \boldsymbol{F}_{cv} = \frac{\partial}{\partial t}\iiint_{cv}\boldsymbol{V}\rho\mathrm{d}B + \iint_{cs}\boldsymbol{V}\rho(\boldsymbol{V}\cdot\boldsymbol{n})\mathrm{d}A \tag{4-16}$$

式(4－16)就是针对控制体的积分形式的动量方程，其各项的含义如上面所示。这个公式的意义更多的是用于理论推导，工程中用到最多的是针对准一维流动的，这时，公式右端的两项中的密度和速度可以用平均值来表示。针对这样的简化后，可以得到一维流动的动量方程为

$$\sum \boldsymbol{F} = \frac{\partial(m\boldsymbol{V})}{\partial t} + (\dot{m}\boldsymbol{V})_{out} - (\dot{m}\boldsymbol{V})_{in} \tag{4-17}$$

式(4－17)表示了这样的物理含义：作用于控制体的合外力可能会产生两个效果，一个是控制体内的动量有所增加，另一个是一部分动量会被推出控制体。如果式(4－17)后两项为零，相当于把控制体封闭起来，不让动量进出，这时控制体所受的力只引起控制体内流体动量的变化，这样的控制体就相当于系统。如果式(4－17)右端第一项为零，则相当于定常流动，控制体内的动量保持不变，作用于控制体内的力产生的动量完全被排出控制体。

工程中的很多流动问题都是定常流动，因此动量方程简化为

$$\sum \boldsymbol{F} = (\dot{m}\boldsymbol{V})_{out} - (\dot{m}\boldsymbol{V})_{in} \tag{4-18}$$

式(4－18)的用途很广，大量实际问题都可以用该式求解，只要这些流动的进出口可以看作一维流动即可。对于那些进出口流动比较复杂，不能得出平均流速的流动，或者那些没有明确进出口的流动，显然要使用更一般的公式。

4.2.2 微分形式的动量方程

在推导微分形式的动量方程之前要先讨论微元流体运动的应力状态，然后根据微元流体动量守恒原理推导微分形式的动量方程。

1. 流体运动的应力状态

在静止流体中，无论是理想流体还是黏性流体，流体质点只能承受压应力，即流体静压强。同时也已证明任一点上流体的静压强与作用面方向无关，只是位置的函数。这说明静止流体的应力状态可由一个静压强(数量场)来描述。

在运动的流体中，既可以有压应力又可能存在切应力。在运动的理想流体里，由于没有黏滞性的作用，虽有质点的相对运动，也不会有切应力，因此在运动的理想流体中只有流体压强，而且可用分析流体静压强的特性的同样方法推证：任一点的流体压强在各个方向上的大小都相等，这一点和流体静压强有同样的性质。

在运动的实际流体中，我们取出一个流体微团来分析它的应力状态，由于黏滞性作用，既有压应力又有切应力。任一点处的应力是矢量，而且还与作用面方向有关，我们把法向为 n 的作用面的应力矢量表示为 $p_n(x,y,z,t)$ 定义法线的正方向为受力面外法向，即法向应力为正表示流体受拉力。应力矢量的分量为 p_{nx},p_{ny},p_{nz}，其中每一个分量的两个脚标的含义是：前一个表示作用面的方向，后一个表示应力分量的投影方向。由此，也可推知 p_{xy} 等的含义：如 p_{xy} 表示法向为 x 轴正方向的作用面上的应力在 y 方向的分

量(图4-6)。为了表达方便,这些分量也常用 $p_{ij}(i=1,2,3;j=1,2,3)$ 表示。

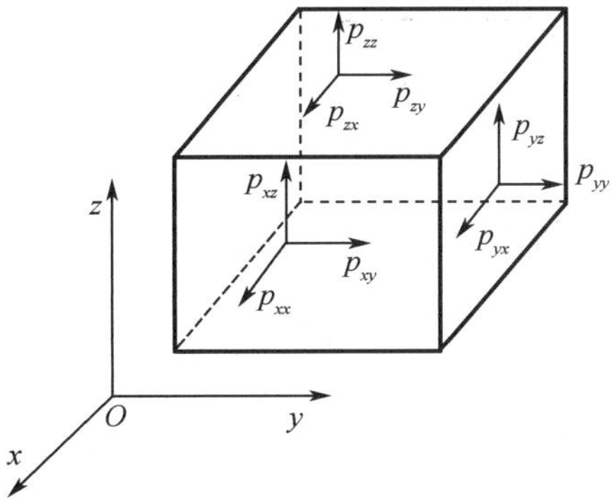

图4-6 流体中一点的应力状态

$p_{ij}(i=1,2,3;j=1,2,3)$9个量组成一个二阶张量(证明略去),称为应力张量,记为

$$\boldsymbol{P}=\begin{bmatrix} p_{xx} & p_{xy} & p_{xz} \\ p_{yx} & p_{yy} & p_{yz} \\ p_{zx} & p_{zy} & p_{zz} \end{bmatrix}=\begin{bmatrix} p_{11} & p_{12} & p_{13} \\ p_{21} & p_{22} & p_{23} \\ p_{31} & p_{32} & p_{33} \end{bmatrix} \tag{4-19}$$

主对角线上的三个元素是法应力分量,其他元素是切应力分量。可以证明这个张量是对称的,即 $p_{ij}=p_{ji}$,所以它只有6个独立的分量。

有了应力张量 $\boldsymbol{P}$,任一方位作用面上的应力都可以知道,为

$$\boldsymbol{p}_n=\boldsymbol{n}\cdot\boldsymbol{P} \tag{4-20}$$

如法向为 n 的作用面上的应力的 y 方向的分量为

$$p_{ny}=p_{xy}n_x+p_{yy}n_y+p_{zy}n_z$$

运动流体中的每一点都对应一个应力张量,有了这个应力张量,即可知道该点处任一方位作用面上的应力,可见运动流体的应力状态可由应力张量来描述。

应力张量主对角线三个元素之和 $p_{xx}+p_{yy}+p_{zz}$ 是坐标变换中的不变量,即其值不随坐标轴的转动而改变。任意三个互相垂直的作用面上的法应力之和都是相同的。于是可定义

$$p=-\frac{1}{3}(p_{xx}+p_{yy}+p_{zz}) \tag{4-21(a)}$$

为流体动压强。它只取决于流场中点位置,而与作用面的方向无关。所以运动流体中存在一动压强场,它是数量场。注意 p 并非任意方位作用面上真正的压应力 $-p_{nn}$。

将应力张量写成

$$\boldsymbol{P}=\begin{bmatrix} p_{xx}+p & p_{xy} & p_{xz} \\ p_{yx} & p_{yy}+p & p_{yz} \\ p_{zx} & p_{zy} & p_{zz}+p \end{bmatrix}-\begin{bmatrix} p & 0 & 0 \\ 0 & p & 0 \\ 0 & 0 & p \end{bmatrix}\equiv\boldsymbol{D}-p\boldsymbol{\delta} \tag{4-21(b)}$$

称 $\boldsymbol{D}$ 为偏应力张量,其主对角线上三个元素称为黏性附加法应力,显然它们的和为零,其他元素则为切应力。

我们已经知道,运动的理想流体的应力可以由一个动压强(数量场)来描述。换句话说,理想流体的偏应力张量为0,偏应力张量完全是由黏性引起的。

可以证明,各项同性的不可压缩牛顿流体的应力和变形速率之间存在线性关系

$$\boldsymbol{p}=2\mu\boldsymbol{\varepsilon}-p\boldsymbol{\delta} \tag{4-22}$$

即

$$\boldsymbol{D}=2\mu\boldsymbol{\varepsilon} \tag{4-23}$$

在前面章节中，我们学过牛顿内摩擦定律，即对于平面均匀流

$$u=u(y),v=0$$

切应力为

$$\tau=\mu\frac{\mathrm{d}u}{\mathrm{d}y}$$

这表明切应力和角变形速率间存在线性关系。而按本章的写法，则为

$$p_{yx}=\tau=\mu\frac{\mathrm{d}u}{\mathrm{d}y}=2\mu\left(\frac{\partial u}{\partial y}+\frac{\partial v}{\partial x}\right)=2\mu\varepsilon_{yx}$$

这正是式(4-22)的一个分量表达式。另外在不可压缩的条件下 $\boldsymbol{\varepsilon}$ 的主对角线上三个线变形速率之和即速度场的散度为零，所以偏应力张量 $\boldsymbol{D}$ 主对角线上三个元素之和为零的条件得到满足。从以上解释可知，式(4-22)或式(4-23)是牛顿内摩擦定律在三维黏性情况下的推广。

2. 以应力表示的流体运动微分方程

在对流体的应力状态进行了描述和分析之后，就可以着手建立流体运动的微分方程。

在流场中取出一个空间六面体，作为控制体，如图4-7所示。六面体的边长为 $\mathrm{d}x,\mathrm{d}y,\mathrm{d}z$。先看 x 轴方向的流动，设 abc 面上的流速为 V_x，在单位时间里，从 $abcd$ 面流入微元体的质量流量为 $\rho u\mathrm{d}y\mathrm{d}z$，流入微元体 x 方向的动量为 $\rho uu\mathrm{d}y\mathrm{d}z$。

从 $a'b'c'd'$ 面流出的 x 方向的动量为 $\left[\rho uu+\frac{\partial(\rho uu)}{\partial x}\mathrm{d}x\right]\mathrm{d}y\mathrm{d}z$，净流入前后这一对表面的 x 方向的动量为 $-\frac{\partial(\rho uu)}{\partial x}\mathrm{d}x\mathrm{d}y\mathrm{d}z$。同理可知，在单位时间里，沿 y 方向和 z 方向净流入左右和上下两对表面的 x 方向的动量为 $-\frac{\partial(\rho vv)}{\partial x}\mathrm{d}x\mathrm{d}y\mathrm{d}z$ 和 $-\frac{\partial(\rho ww)}{\partial x}\mathrm{d}x\mathrm{d}y\mathrm{d}z$。再来看微元内流体在 x 方向受力，作用于六面体表面沿 x 方向的表面力(图4-8)：

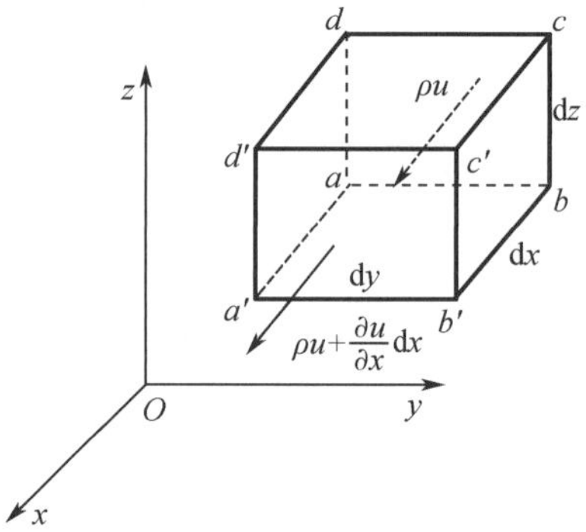

图4-7 六面体微元

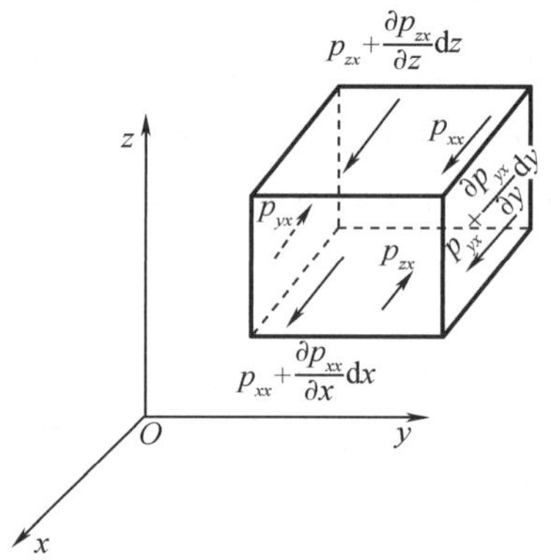

图4-8 微元上的 x 方向表面力

前后一对面元法向力

$$-p_{xx}\mathrm{d}y\mathrm{d}z+\left(p_{xx}+\frac{\partial p_{xx}}{\partial x}\mathrm{d}x\right)\mathrm{d}y\mathrm{d}z$$

左右一对面元切向力

$$-p_{yx}\mathrm{d}x\mathrm{d}z+\left(p_{yx}+\frac{\partial p_{yx}}{\partial y}\mathrm{d}y\right)\mathrm{d}x\mathrm{d}z$$

上下一对面元切向力

$$-p_{zx}\mathrm{d}x\mathrm{d}y+\left(p_{zx}+\frac{\partial p_{zx}}{\partial z}\mathrm{d}y\right)\mathrm{d}x\mathrm{d}y$$

将以上三式相加得沿 x 方向的总表面力，即

$$\left(\frac{\partial p_{xx}}{\partial x}+\frac{\partial p_{yx}}{\partial y}+\frac{\partial p_{zx}}{\partial z}\right)\mathrm{d}x\mathrm{d}y\mathrm{d}z$$

六面体微元质量为 $\rho\mathrm{d}x\mathrm{d}y\mathrm{d}z$。设 X 为作用于每单位质量流量流体沿 x 方向质量力，则作用于六面体的沿 x 方向的质量力为 $\rho X\mathrm{d}x\mathrm{d}y\mathrm{d}z$。

按照欧拉观点表述动量守恒原理，单位时间控制体内动量的增加必等于单位时间净流入微元的动量加上微元内流体所受和力，即

$$\frac{\partial(\rho u)}{\partial t}\mathrm{d}x\mathrm{d}y\mathrm{d}z=-\left[\frac{\partial(\rho uu)}{\partial x}+\frac{\partial(\rho vu)}{\partial y}+\frac{\partial(\rho wu)}{\partial z}\right]\mathrm{d}x\mathrm{d}y\mathrm{d}z+\rho X\mathrm{d}x\mathrm{d}y\mathrm{d}z+\left(\frac{\partial p_{xx}}{\partial x}+\frac{\partial p_{yx}}{\partial y}+\frac{\partial p_{zx}}{\partial z}\right)\mathrm{d}x\mathrm{d}y\mathrm{d}z$$

化简后得

$$\frac{\partial(\rho u)}{\partial t}+\left[\frac{\partial(\rho uu)}{\partial x}+\frac{\partial(\rho vu)}{\partial y}+\frac{\partial(\rho wu)}{\partial z}\right]=\rho X+\frac{\partial p_{xx}}{\partial x}+\frac{\partial p_{yx}}{\partial y}+\frac{\partial p_{zx}}{\partial z} \tag{4-24}$$

将式(4－24)的左侧展开

$$\frac{\partial(\rho u)}{\partial t}+\left[\frac{\partial(\rho uu)}{\partial x}+\frac{\partial(\rho vu)}{\partial y}+\frac{\partial(\rho wu)}{\partial z}\right]=\rho\left(\frac{\partial u}{\partial t}+u\frac{\partial u}{\partial x}+v\frac{\partial u}{\partial y}+w\frac{\partial u}{\partial z}\right)+u\left[\frac{\partial \rho}{\partial t}+\frac{\partial(\rho u)}{\partial x}+\frac{\partial(\rho v)}{\partial y}+\frac{\partial(\rho w)}{\partial z}\right]$$

易知上式右侧第一项为 $\rho\dfrac{\partial u}{\partial t}$，根据连续性方程，式(4－24)简化为

$$\frac{\mathrm{D}u}{\mathrm{D}t}=X+\frac{1}{\rho}\left(\frac{\partial p_{xx}}{\partial x}+\frac{\partial p_{yx}}{\partial y}+\frac{\partial p_{zx}}{\partial z}\right) \tag{4-25(a)}$$

另 Y,Z 分别为 y,z 方向上的单位质量力，同理可得这两个方向上的方程，即

$$\frac{\mathrm{D}v}{\mathrm{D}t}=Y+\frac{1}{\rho}\left(\frac{\partial p_{xy}}{\partial x}+\frac{\partial p_{yy}}{\partial y}+\frac{\partial p_{zy}}{\partial z}\right) \tag{4-25(b)}$$

$$\frac{\mathrm{D}w}{\mathrm{D}t}=Z+\frac{1}{\rho}\left(\frac{\partial p_{xz}}{\partial x}+\frac{\partial p_{yz}}{\partial y}+\frac{\partial p_{zz}}{\partial z}\right) \tag{4-25(c)}$$

式(4－25(a))、式(4－25(b))、式(4－25(c))就是以应力分量形式的动量微分方程，即运动微分方程。

3. 不可压缩黏性流体的运动微分方程——纳维－斯托克斯方程*

对于各向同性的不可压缩牛顿流体，将广义牛顿内摩擦定律

$$\boldsymbol{p}=2\mu\boldsymbol{\varepsilon}-p\boldsymbol{\delta}$$

代入，运动微分方程(4－25(a))变为

$$\begin{aligned}\frac{\mathrm{D}u}{\mathrm{D}t}&=X+\frac{1}{\rho}\left[\mu\frac{\partial}{\partial x}\left(\frac{\partial u}{\partial x}+\frac{\partial u}{\partial x}\right)-\frac{\partial p}{\partial x}+\mu\frac{\partial}{\partial y}\left(\frac{\partial v}{\partial x}+\frac{\partial u}{\partial y}\right)+\mu\frac{\partial}{\partial z}\left(\frac{\partial u}{\partial z}+\frac{\partial w}{\partial x}\right)\right]\\&=X-\frac{1}{\rho}\frac{\partial p}{\partial x}+\frac{\mu}{\rho}\left(\frac{\partial^2 u}{\partial x^2}+\frac{\partial^2 u}{\partial y^2}+\frac{\partial^2 u}{\partial z^2}\right)+\frac{\mu}{\rho}\frac{\partial}{\partial x}\left(\frac{\partial u}{\partial x}+\frac{\partial v}{\partial y}+\frac{\partial w}{\partial z}\right)\end{aligned}$$

根据不可压缩流体连续方程，上式右端最后一项为零。引入拉普拉斯算子

$$\nabla^2\equiv\frac{\partial^2}{\partial x^2}+\frac{\partial^2}{\partial y^2}+\frac{\partial^2}{\partial z^2}$$

并将加速度展开，即得

$$\frac{\partial u}{\partial t}+u\frac{\partial u}{\partial x}+v\frac{\partial u}{\partial y}+w\frac{\partial u}{\partial z}=X-\frac{1}{\rho}\frac{\partial p}{\partial x}+\frac{\mu}{\rho}\nabla^2 u \tag{4-26(a)}$$

同理可得

$$\frac{\partial v}{\partial t}+u\frac{\partial v}{\partial x}+v\frac{\partial v}{\partial y}+w\frac{\partial v}{\partial z}=Y-\frac{1}{\rho}\frac{\partial p}{\partial y}+\frac{\mu}{\rho}\nabla^2 v \tag{4-26(b)}$$

$$\frac{\partial w}{\partial t}+u\frac{\partial w}{\partial x}+v\frac{\partial w}{\partial y}+w\frac{\partial w}{\partial z}=Z-\frac{1}{\rho}\frac{\partial p}{\partial z}+\frac{\mu}{\rho}\nabla^2 w \tag{4-26(c)}$$

式(4-26(a))、式(4-26(b))、式(4-26(c))称为不可压缩黏性流体运动方程,即纳维-斯托克斯方程简称 N-S 方程$\left(\text{注意}\dfrac{\mu}{\rho}\text{是动力黏度}\right)$。

N-S 方程可写成矢量形式,即

$$\frac{\mathrm{D}\boldsymbol{V}}{\mathrm{D}t}=\frac{\partial \boldsymbol{V}}{\partial t}+(\boldsymbol{V}\cdot\nabla)\boldsymbol{V}=\boldsymbol{f}-\frac{1}{\rho}\nabla p+\frac{\mu}{\rho}\nabla^2\boldsymbol{V} \tag{4-27(a)}$$

N-S 方程为二阶非线性偏微分方程组。在一般情况下,从数学上精确求解此方程是不可能的。但是对于一些简单的流动,如平行平板的定常层流流动、圆管内的定常层流流动等是可以得到精确解的,实践表明这些精确解与实验结果一致。

类似可推导不可压流动圆柱坐标下的 N-S 方程为

$$\begin{cases}\rho\left(\dfrac{\mathrm{d}V_r}{\mathrm{d}t}-\dfrac{V_\theta^2}{r}\right)=\rho R_r-\dfrac{\partial p}{\partial r}+\mu\left(\nabla^2 V_r-\dfrac{2}{r^2}\dfrac{\partial V_\theta}{\partial\theta}-\dfrac{V_r}{r^2}\right)\\ \rho\left(\dfrac{\mathrm{d}V_\theta}{\mathrm{d}t}+\dfrac{V_rV_\theta}{r}\right)=\rho R_\theta-\dfrac{\partial p}{r\partial\theta}+\mu\left(\nabla^2 V_\theta-\dfrac{2}{r^2}\dfrac{\partial V_r}{\partial\theta}-\dfrac{V_\theta}{r^2}\right)\\ \rho\left(\dfrac{\mathrm{d}V_z}{\mathrm{d}t}\right)=\rho R_z-\dfrac{\partial p}{\partial z}+\mu(\nabla^2 V_z)\end{cases} \tag{4-27(b)}$$

式中

$$\nabla^2=\frac{1}{r}\frac{\partial}{\partial r}\left(r\frac{\partial}{\partial r}\right)+\frac{1}{r^2}\frac{\partial^2}{\partial\theta^2}+\frac{\partial^2}{\partial z^2}$$

式(4-27(a))中各项都表示作用在单位质量流体上的力,物理意义非常明确,分别列出如下:

$\dfrac{\mathrm{D}\boldsymbol{V}}{\mathrm{D}t}$——流体速度随时间的变化,或称之为惯性力项;

$\dfrac{\partial\boldsymbol{V}}{\partial t}$——单位质量流体的时变惯性力(由流场的非定常引起的);

$(\boldsymbol{V}\cdot\nabla)\boldsymbol{V}$——位变惯性力(由流场的非均匀性引起的);

f——质量力;

$\dfrac{1}{\rho}\nabla p$——压力差项;

$\dfrac{\mu}{\rho}\nabla^2\boldsymbol{V}$——黏性力。

补充 流体力学中的高斯定理

∇:哈密顿算子,由梯度、散度、旋度的表达式可以得出以下规律,可以把符号∇看成

$$\nabla=\boldsymbol{e}_i\frac{\partial}{\partial x_i}$$

即

$$\nabla=\boldsymbol{e}_1\frac{\partial}{\partial x_1}+\boldsymbol{e}_2\frac{\partial}{\partial x_2}+\boldsymbol{e}_3\frac{\partial}{\partial x_3}$$

在直角坐标系中

$$\nabla=\boldsymbol{i}\frac{\partial}{\partial x}+\boldsymbol{j}\frac{\partial}{\partial y}+\boldsymbol{k}\frac{\partial}{\partial z}$$

拉普拉斯算子(Laplace 算符)Δ:在流体力学中,经常遇到一种特殊的微分,$\nabla\cdot\nabla\varphi$,$\nabla\cdot\nabla\boldsymbol{a}$。通常以$\nabla^2\varphi$,$\nabla^2\boldsymbol{a}$表示,称$\nabla^2=\nabla\cdot\nabla$为拉普拉斯算子

$$\Delta=\nabla^2=\frac{\partial^2}{\partial x^2}+\frac{\partial^2}{\partial y^2}+\frac{\partial^2}{\partial z^2}$$

4. 理想流体的运动微分方程——欧拉方程

由上一节可知，$p_{xy}=p_{yx}$，$p_{yz}=p_{zy}$，$p_{zx}=p_{xz}$，即应力分量共有6个独立变量。

式(4-25)最早是由维纳和泊松推导出来的，但是它对于实际问题并不是很有用，因为引入的6个应力分量都是未知的。在求解这些应力分量之前，实际的流体问题仍然是凭经验和实验来解决的。实际上在此之前的1755年，欧拉就给出了流体的运动方程，欧拉认为流体的黏性力相比压力非常小，所以应该忽略切应力，用公式表示出来就是：$p_{xy}=p_{yx}=0$，$p_{yz}=p_{zy}=0$，$p_{zx}=p_{xz}=0$，即$\mu=0$，流体中没有切应力，运动微分方程简化为

$$\frac{\partial u}{\partial t}+u\frac{\partial u}{\partial x}+v\frac{\partial u}{\partial y}+w\frac{\partial u}{\partial z}=X-\frac{1}{\rho}\frac{\partial p}{\partial x} \tag{4-28}$$

$$\frac{\partial v}{\partial t}+u\frac{\partial v}{\partial x}+v\frac{\partial v}{\partial y}+w\frac{\partial v}{\partial z}=Y-\frac{1}{\rho}\frac{\partial p}{\partial y} \tag{4-29}$$

$$\frac{\partial w}{\partial t}+u\frac{\partial w}{\partial x}+v\frac{\partial w}{\partial y}+w\frac{\partial w}{\partial z}=Z-\frac{1}{\rho}\frac{\partial p}{\partial z} \tag{4-30}$$

可写成矢量式

$$\frac{\mathrm{D}\boldsymbol{V}}{\mathrm{D}t}=\frac{\partial \boldsymbol{V}}{\partial t}+(\boldsymbol{V}\cdot\nabla)\boldsymbol{V}=\boldsymbol{f}-\frac{1}{\rho}\nabla p \tag{4-31}$$

这就是无黏性流动的动量方程，因为式(4-31)是欧拉最早给出的，所以一般称为欧拉方程。

在欧拉方程中，左端项是单位质量流体动量的变化率，右端第一项是质量力，右端第二项是压力差。其物理意义为：当流体为无黏时，流体的动量改变只有两种力起作用：体积力(质量力)和压差力。对于体积力为重力的无黏流动，如果一个流体质点在加速，要么它是正在下落，要么它是在从高压区流向低压区。

4.2.3 动量矩方程

动量矩方程又称为角动量方程，其本质是扩展的牛顿第二定律，即单位时间内系统的角动量的变化等于系统受到的合力矩：

$$\sum \boldsymbol{T}=\frac{\mathrm{d}}{\mathrm{d}t}\iiint_{\mathrm{sys}}(\boldsymbol{r}\times\boldsymbol{V})\rho\,\mathrm{d}B \tag{4-32}$$

式中 $\boldsymbol{T}$——力矩；

$\boldsymbol{r}$——系统的质点到原点的矢量半径。

利用雷诺输运定理可以把上述关系式变成适合控制体的形式：

$$\sum \boldsymbol{T}=\frac{\partial}{\partial t}\iiint_{\mathrm{cv}}(\boldsymbol{r}\times\boldsymbol{V})\rho\,\mathrm{d}B+\iint_{cs}(\boldsymbol{r}\times\boldsymbol{V})\rho(\boldsymbol{V}\cdot\boldsymbol{n})\,\mathrm{d}A$$

对于如图4-9所示的一个平面内的旋转流动问题。用柱坐标系表示，角动量方程可以简化为

$$\sum \boldsymbol{T}=\dot{m}(r_2V_{2\theta}-r_1V_{1\theta}) \tag{4-33}$$

式中θ为周向。

式(4-33)表明，流体经过控制体时，其角动量的增加量等于控制体所受的合力矩。

如果控制体所受合力矩为零，则进、出口的角动量相等，即

$$r_2V_{2\theta}=r_1V_{1\theta}$$

上式揭示了这样一种流动现象：当不受力矩作用时，流体从半径大的地方流向半径小的地方，其周向速度会增大。

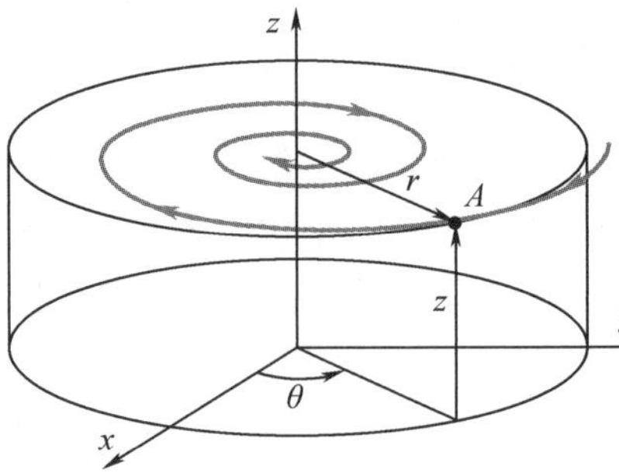

图 4-9　柱坐标系中的动量矩定理

例题 4-3　动量矩守恒原理

已知：水以 1 000 mL/s 的恒定流速通过底座进入如图 4-10 所示的旋转式草坪喷洒器。喷洒器中的两个喷嘴的出口面积都为 30 mm²（可得 $v_2=16.7\ \mathrm{m/s}$），并且水流离开喷嘴时的流速方向为该点处的切线方向。从旋转轴线到每个喷嘴中心线的半径为 200 mm。

求解：

（1）确定要使喷头保持静止时所需的阻力矩大小。

（2）确定当喷头以 500 r/min 的转速旋转时的阻力矩。

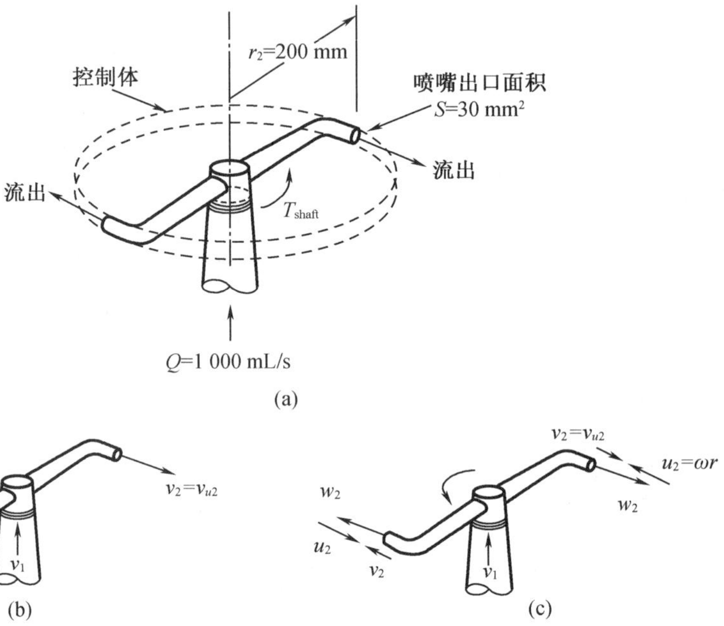

图 4-10　旋转式草坪喷洒器

解题过程：

为解决上述问题，可以建立如图 4-10 所示的固定的盘形控制体，所要考虑的唯一的轴向扭矩是阻力矩，即图(4-10(a))中 T_{shaft}。

当喷洒头如图 4-10(a)所示保持静止状态，则流进和流出控制体的流体速度分布如图 4-10(b)所示。对此控制体列动量矩方程可得

$$T_{\mathrm{shaft}}=-r_2 v_{u2}\dot{m}$$

由于控制体是固定的且是不变形的，并且流体从每个喷嘴流出速度方向都是切向的，所以有

$$v_{u2}=v_2$$

联立上述两个方程可得

$$T_{\text{shaft}} = -r_2 v_2 \dot{m}$$

由 $v_2 = 16.7\ \text{m/s}$ 可得

$$\dot{m} = Q\rho = 1\ 000 \times 10^{-6} \times 999 = 0.999\ \text{kg/s}$$

因此

$$T_{\text{shaft}} = 200 \times 16.7 \times 0.999 \times 10^{-3} = 3.34\ \text{N} \cdot \text{m}$$

(2)当喷头以 500 r/min 的恒定速度旋转时,控制体内的流场是不稳定的但是有周期性的。因此,流场物理量的平均值是均匀的。流进和流出控制体的流体速度分布如图 4-10(c)所示。则流体离开喷嘴的绝对速度可由下式求得

$$v_2 = w_2 - u_2$$

且 $w_2 = 16.7\ \text{m/s}$,由 $u_2 = r_2\omega$ 得

$$v_2 = 16.7 - r_2\omega = 16.7 - \frac{200 \times 500 \times 2\pi}{1\ 000 \times 60} = 6.2\ \text{m/s}$$

$\dot{m} = 0.999\ \text{kg/s}$ 代入扭矩方程中可得

$$T_{\text{shaft}} = -\frac{(200 \times 6.2 \times 0.999) \times 1}{1\ 000} = -12.4\ \text{N} \cdot \text{m}$$

例题分析:

喷头旋转相关的阻力扭矩远远小于将喷头固定不动所需的阻力矩。

4.3 伯努利方程

伯努利方程是流体力学中非常有用的一个关系式。本质上说伯努利方程就是流体力学中的机械能守恒方程,但是由于其是在能量方程之前得出的,且用其来理解流动现象非常直观,因此工程技术人员非常喜欢这个方程。伯努利方程是有适用条件的,知道何时可以应用伯努利方程是非常重要的。

本节将讨论伯努利方程的推导、伯努利方程的适用条件及伯努利方程的物理意义,最后介绍伯努利方程的应用——毕托管。

4.3.1 恒定理想流体沿流线的积分——伯努利积分

将理想流体运动方程式写成

$$\frac{\text{D}u}{\text{D}t} = X - \frac{1}{\rho}\frac{\partial p}{\partial x} \tag{4-34(a)}$$

$$\frac{\text{D}v}{\text{D}t} = Y - \frac{1}{\rho}\frac{\partial p}{\partial y} \tag{4-34(b)}$$

$$\frac{\text{D}w}{\text{D}t} = Z - \frac{1}{\rho}\frac{\partial p}{\partial z} \tag{4-34(c)}$$

在流线上沿流线方向取一段弧长(dx,dy,dz)。因为恒定流动的流线不随时间变化,所以流体质点将沿着流线运动,迹线与流线重合,流线上的一段弧长也是流体质点的一段位移,即

$$\text{d}x = u\text{d}t, \text{d}y = v\text{d}t, \text{d}z = w\text{d}t$$

将式(4-34(a))至式(4-34(c))左边分别乘 $u\text{d}t, v\text{d}t, w\text{d}t$,右边分别乘 dx,dy,dz,然后相加得等式

$$\frac{\text{d}u}{\text{d}t}u\text{d}t + \frac{\text{d}v}{\text{d}t}v\text{d}t + \frac{\text{d}w}{\text{d}t}w\text{d}t = X\text{d}x + Y\text{d}y + Z\text{d}z - \left(\frac{1}{\rho}\frac{\partial p}{\partial x}\text{d}x + \frac{1}{\rho}\frac{\partial p}{\partial y}\text{d}y + \frac{1}{\rho}\frac{\partial p}{\partial z}\text{d}z\right) \tag{4-35}$$

左边可以改写为

$$\frac{\text{d}u}{\text{d}t}u\text{d}t + \frac{\text{d}v}{\text{d}t}v\text{d}t + \frac{\text{d}w}{\text{d}t}w\text{d}t = u\text{d}u + v\text{d}v + w\text{d}w$$

$$= \mathrm{d}\left(\frac{u^2}{2}\right) + \mathrm{d}\left(\frac{v^2}{2}\right) + \mathrm{d}\left(\frac{w^2}{2}\right)$$

$$= \mathrm{d}\left(\frac{u^2 + v^2 + w^2}{2}\right) = \mathrm{d}\left(\frac{V^2}{2}\right)$$

如质量力是有势的，其势函数为 W，即

$$X = \frac{\partial W}{\partial x}, Y = \frac{\partial W}{\partial y}, Z = \frac{\partial W}{\partial z}$$

则式(4－35)右边前三项是质量力势函数 W 的全微分，即

$$X\mathrm{d}x + Y\mathrm{d}y + Z\mathrm{d}z = \frac{\partial W}{\partial x}\mathrm{d}x + \frac{\partial W}{\partial y}\mathrm{d}y + \frac{\partial W}{\partial z}\mathrm{d}z = \mathrm{d}W$$

则式(4－35)右边后三项为

$$\frac{1}{\rho}\frac{\partial p}{\partial x}\mathrm{d}x + \frac{1}{\rho}\frac{\partial p}{\partial y}\mathrm{d}y + \frac{1}{\rho}\frac{\partial p}{\partial z}\mathrm{d}z = \frac{1}{\rho}\mathrm{d}p$$

对于密度为常数的不可压缩流体有

$$\frac{1}{\rho}\mathrm{d}p = \mathrm{d}\left(\frac{p}{\rho}\right)$$

经上述推导，式(4－35)可写成

$$\mathrm{d}\left(\frac{V^2}{2}\right) = \mathrm{d}W - \mathrm{d}\left(\frac{p}{\rho}\right) \text{或} \ \mathrm{d}\left(W - \frac{p}{\rho} - \frac{V^2}{2}\right) = 0$$

将上式积分得

$$W - \frac{p}{\rho} - \frac{V^2}{2} = C_l \tag{4-36}$$

于是得出结论：在理想流体的定常流动中，同一流线上各点的($W - \frac{p}{\rho} - \frac{V^2}{2}$)的值是一个常数。其中 W 是质量力势函数，ρ 是不可压缩流体的密度。从推导过程看，积分是在流线上进行的，所以不同的流线可以有各自的积分常数，将它记作 C_l，称为流线常数。式(4－36)称为伯努利积分。

下面来看质量力只是重力的情况下，伯努利积分的具体形式。作用于流体的质量力只有重力，是一种最常见的情况，其势函数为

$$W = -gz$$

式(4－36)可写成

$$gz + \frac{p}{\rho} + \frac{V^2}{2} = C_l \ \text{或} \ z + \frac{p}{\rho g} + \frac{V^2}{2g} = C_l \tag{4-37}$$

如对同一流线上任意两点 1 和 2 利用式(4－37)，即有

$$z_1 + \frac{p_1}{\rho g} + \frac{V_1^2}{2g} = z_2 + \frac{p_2}{\rho g} + \frac{V_2^2}{2g} \tag{4-38}$$

这就是流体力学中普遍使用的方程——伯努利方程。

补充　流体力学中的势函数

当流体为无旋流动时，可以用一个标量来表示流体的速度，这样就可以使问题的求解简化得多，这个标量就是速度势，或称势函数。

流体的无旋运动的条件为

$$\boldsymbol{\nabla} \times \boldsymbol{V} = 0$$

根据矢量运算法则，对于任何标量 φ，有

$$\boldsymbol{\nabla} \times \boldsymbol{\nabla}\varphi = 0$$

对比上面两式，我们可以定义一个标量 φ。其与速度的关系为

$$\boldsymbol{V} = \nabla \varphi$$

或写成分量的形式：

$$u = \frac{\partial \varphi}{\partial x}, v = \frac{\partial \varphi}{\partial y}, w = \frac{\partial \varphi}{\partial z}$$

可以看到，通过定义速度势，三个速度分量可以由一个标量分别沿着三个方向的梯度来表示。

例题4-4　伯努利方程的应用——两点间的压差

已知：如图4-11所示的完全被空气包围的自行车在静止的空气中以速度 V_0 运动。

求解：点(1)和点(2)之间的压强差。

图4-11　骑行速度分布

解题过程：

若将坐标固定在地面上时，则随着自行车的移动，气流的流动将是非稳态流动。然而当坐标系固定在自行车上时，气流将以恒定的速度 V_0 流向自行车。由于伯努利使用的条件是稳态流动，所以将坐标系固定在自行车上。如果假设流动符合伯努利方程的条件（定常、不可压缩、无黏），则可以将伯努利方程适用于通过(1)点和(2)点的流线，即

$$p_1 + \frac{1}{2}\rho V_1^2 + z_1 = p_2 + \frac{1}{2}\rho V_2^2 + z_2$$

其中可以认为(1)点是自由流动，因此 $V_1 = V_0$，(2)点是骑手的鼻尖处，并假设 $z_1 = z_2$ 和 $V_2 = 0$。因此(1)点处的压力与(2)点处的压力的差值根据下式求解，即

$$p_2 - p_1 = \frac{1}{2}\rho V_1^2 = \frac{1}{2}\rho V_0^2$$

例题分析：

沿流线上的速度分布已知，就可以根据伯努利方程确定沿流线方向的压力分布。若只想知道两点的压力差值 $p_2 - p_1$，只需要知道这两个边界上的速度就可以，不必知道沿流线的速度分布细节。当然，如果要知道流线上的速度分布，就必须知道流线上的压力分布。

如果骑自行车者正在加速或减速，则流动将不是稳态的，则不能使用伯努利方程求解。

4.3.2　伯努利方程的物理意义

伯努利方程表示能量平衡关系。伯努利方程

$$z + \frac{p}{\rho g} + \frac{V^2}{2g} = C_l$$

中的流线常数是三项之和。每一项的物理意义表示单位质量流体所具有的某种能量。其中 z 和 $\frac{p}{\rho g}$ 的物理意义在静力学中已经阐明，z 是单位质量流体所具有的位置势能（简称单位位置势能），$\frac{p}{\rho g}$ 是单位质量

流体所具有的压强势能(简称压强势能)。位置势能是从位置较高的基准面算起的,压强势能是以当地大气压为基准的,用相对压强来计算的。$z+\frac{p}{\rho g}$是单位质量流体所具有的总势能(简称单位总势能)。第三项$\frac{V^2}{2g}$是由于流体运动所造成的,为单位质量流体所具有的动能(简称单位动能)。三项之和$z+\frac{p}{\rho g}+\frac{V^2}{2g}$为单位质量流体的总机械能(简称单位总机械能)。另外伯努利方程各项都具有长度量纲,几何上可用某个高度来表示,常称作水头,z 为位置水头,$\frac{p}{\rho g}$为压强水头,$\frac{V^2}{2g}$为动压水头。

在阐明了三项的物理含义后,容易给出伯努利方程的物理意义:在理想不可压缩流体的定常流动中,位于同一条流线上任意两个流体质点的单位总机械能相等,应该强调,总机械能不变,并不是各部分能量都保持不变。三种形式的能量各有消长,相互转化,总能量不会增加。可见,伯努利方程是能量守恒原理在流体力学中的具体体现,有时也称之为能量方程。

例题 4-5　伯努利方程的应用——注射器喷射沿程的流动分析

已知:考虑从注射器中射出的流体如图 4-12(a)所示。如图 4-12(b)所示,一个力 F 作用在柱塞上,使得注射器内部点(1)产生一个比大气压力高的压力。在注射器中的水在喷嘴处喷出,在点(2)处有较高的相对速度,并沿流道喷射到最高点(3)。

试求:用伯努利方程分析点(1)、点(2)、点(3)处各种能量的大小。

点	动能 $\frac{\rho V^2}{2}$	重力势能 z	压力势能 p
(1)	小	0	大
(2)	大	小	0
(3)	0	大	0

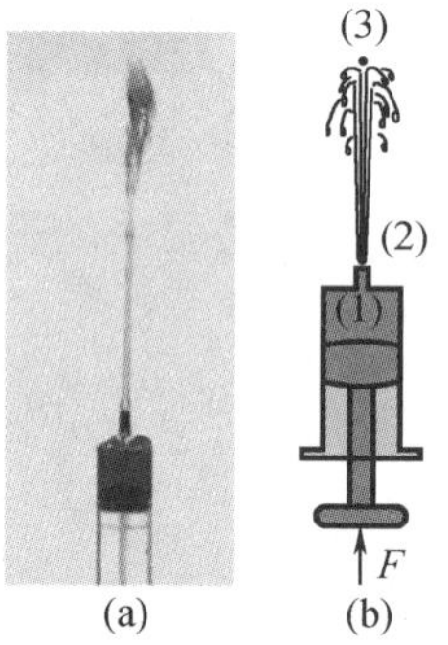

图 4-12　注射器流体流动

解题过程:

假设上述流动符合伯努利方程的条件(定常、不可压缩、无黏),则伯努利方程可用来解释总能量的划分问题。根据伯努利方程总能量中的三种能量(动能、重力势能、压力势能)或压头(动压头、重力压头)的总和必须保持相同。上表列出了图 4-12 中每种能量的相对大小。

流体从一个位置到另一个位置的运动导致了每种能量的相对大小发生变化,因此可以用能量的相互转换来考虑此流动过程。点(1)和点(2)之间的压力梯度使流体从喷嘴喷出并加速。流体从点(2)流动到点(3),重力产生一个减速效应,并使流体流动到轨迹的最高点而停止。

例题分析：

如果摩擦力（黏性）的影响不能忽略时，则在点（1）和点（3）之间将产生机械能损失，流体将不能运动到图 4－12 中所示的高度。这种摩擦效应会出现在喷嘴处或流体与周围空气的摩擦中。

4.3.3 伯努利方程的适用条件

从推导过程可以发现伯努利方程的适用条件包括沿流线、定常、无黏、不可压缩。前三个是欧拉方程的条件，最后一个是积分引入的条件。既然伯努利方程描述的是流体的机械能守恒，那么其适用条件就应该是让流体满足机械能守恒的条件。

第一，伯努利方程只能沿流线应用。因为在定常流动中流体微团沿流线运动。同一微团的机械能在流动过程中守恒，不同微团的机械能可以不同。

第二，伯努利方程只适用于定常流动。当流动为非定常时，同一流线两端可以是不同的流体微团，机械能守恒无从谈起。另外，在非定常流动中，某点处的压力脉动可以对流体做功，使其总能量增加。因此，如果流动是非定常的，那么流体微团的机械能将不再守恒。

第三，伯努利方程只能适用于无黏流动。这一点比较好理解，因为黏性剪切力就相当于固体的摩擦力，所以有摩擦的运动，机械能是不守恒的，机械能会不可逆地转化为内能。

通常用 h_f 表示两个截面之间的损失能头，即水头损失（相当于损失的位能高度）

$$z_1+\frac{p_1}{\rho g}+\frac{V_1^2}{2g}-\left(z_2+\frac{p_2}{\rho g}+\frac{V_2^2}{2g}\right)=h_f \tag{4-39}$$

水头损失与流动状态有关，管道的沿程损失通常表示成

$$h_f=\lambda\frac{l}{d}\frac{V^2}{2g} \tag{4-40}$$

式中 λ——沿程损失系数，它将由试验或者理论分析求得；

l——1－1 与 2－2 截面之间的长度；

d——管道直径。

第四，伯努利方程只能用于不可压缩流动，我们知道气体被压缩时，不仅压力和密度增加，其温度也会增加。即使是无黏的绝热压缩，也会使一部分能量转化为内能，从而使气体的机械能不守恒。不同于黏性的影响，这种压缩引起机械能向内能的转化是可逆的，内能还可以通过膨胀再转化回机械能。

实际的流动可以是定常和不可压缩的，但或多或少都会有黏性作用，没有完全符合伯努利方程的流动。不过对于剪切变形不大的流动来说，黏性造成的机械能损失很小，这类问题用伯努利方程求解是足够精确的。

4.3.4 伯努利方程的实际应用——毕托管

到目前为止，伯努利方程的讨论还仅限于理想流体微元流，它是进一步推求实际流体恒定总流能量方程的基础。另外，在黏性作用极其微小的流动中，伯努利方程也可以直接加以应用。毕托管就是一个典型的例子。

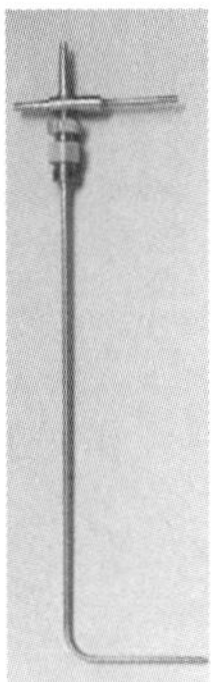

毕托管

为了测量水流的流速，可以在同一条流线上 A 点和 B 点各放一根管子，如图 4－13 所示，Ⅰ管的管口横截面平行于流线，Ⅱ管的管口横截面垂直于原来流线的方向。

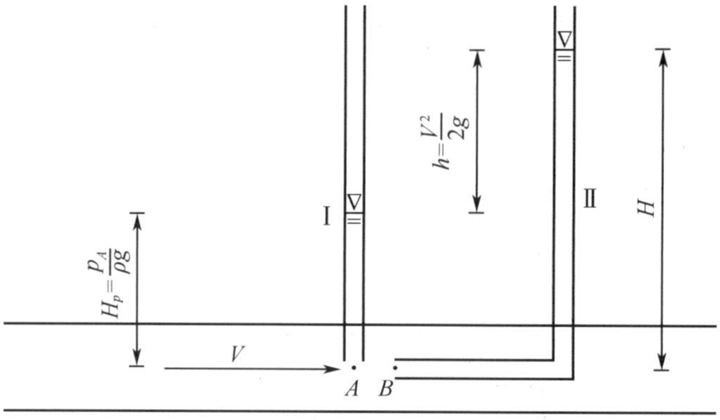

图 4－13　毕托管原理

假设两管的存在对Ⅰ管管口处原来的流动没有影响，V_A 即为预测的流速 V，则Ⅰ管测得 A 点的压强为原来的压强，管内水面高度 $H_p=\frac{p_A}{\rho g}$。而Ⅱ管管口阻止流体的流动，B 点的速度为零，称为驻点或滞止点。所以Ⅱ管测得 B 点的压强，管内水面上升到 $H=\frac{p_B}{\rho g}$，H 比 H_p 高出 h，于是有

$$p_B-p_A=\rho g(H_p-H)=\rho gh$$

$$V_A=V, V_B=0$$

应用伯努利方程有

$$\frac{p_A}{\rho g}+\frac{V^2}{2g}=\frac{p_B}{\rho g}+0$$

即得

$$V=\sqrt{\frac{2(p_B-p_A)}{\rho}}=\sqrt{2gh} \tag{4-41}$$

有时把Ⅰ管称为测压管，Ⅱ管称为总压管。这种根据伯努利方程的原理，利用两管测得总水头和测压管水头之差——速度水头，来测定流场中某一点流速的仪器叫作毕托管。

实际用的毕托管常将测压管和总压管结合在一起，有许多构造形式，图 4－14 是普遍采用的一种。实际使用中，在测得 h，计算流速时，考虑到实际的流体为黏性流体以及毕托管对原流场的干扰等影响，引入毕托管修正系数 c，即

$$V=c\sqrt{2gh}$$

毕托管修正系数 c 与毕托管的构造、尺寸、表面光滑程度等有关，应经过专门的标定实验来确定。

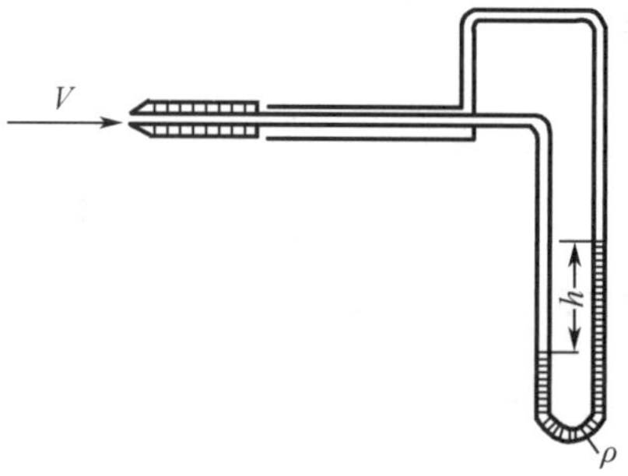

图 4－14　毕托管测速仪

伯努利方程在流线上成立，也可以认为在微元流上成立，所以伯努利方程也就是理想流体定常微元流的能量方程。此时伯努利方程可以理解为：微元流的任意两个断面上的单位总机械能相等。由于是定常流，通过微元流各过流断面的质量流量相等，所以在单位时间内通过各过流断面的总机械能也相等。

伯努利方程着眼于流场中各点的流速和压强，而在许多问题中只要知道过流断面上的平均流速和压强就足够了，因而就需要把伯努利方程推广到总流。

例题 4-6 伯努利方程的应用——毕托管

已知：一架飞机在海拔 3 048 m 高空以 321.87 km/h 的速度飞行，如图 4-15 所示。

求解：确定在飞机前方点(1)处的压力，飞机鼻子上点(2)处滞止压力及其与固定在机身上的毕托静压管显示值的差值。

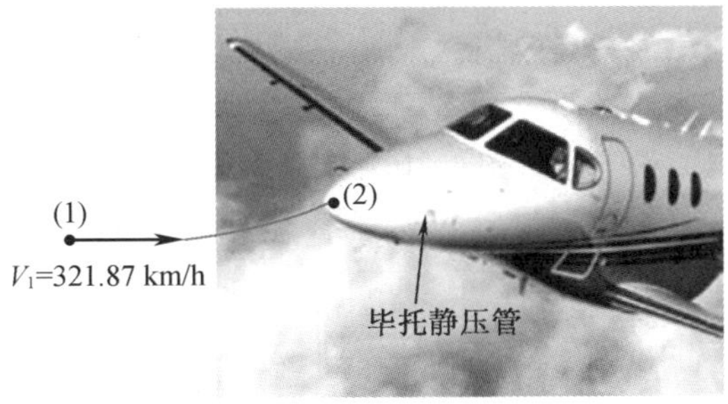

图 4-15 飞机高空飞行

解题过程：

查表可得，海拔 3 048 m 的高度对应的空气静压和密度分别为

$$p_1 = 69.706\ \text{kPa},\quad \rho = 0.905\ \text{kg/m}^3$$

如果流动是定常的、无黏的和不可压缩的且高度的变化可以忽略，则由伯努利方程可得

$$p_2 = p_1 + \frac{\rho V_1^2}{2}$$

其中 $V_1 = 321.87\ \text{km/h} = 89.408\ \text{m/s}$，$V_2 = 0$（坐标系固定在飞机上）。可得

$$\begin{aligned} p_2 &= 69.706\ \text{kPa} + \frac{(0.905\ \text{kg/m}^3)\times(89.408^2\ \text{m}^2/\text{s}^2)}{2} \\ &= (69.706 + 3.617)\ \text{kPa} \\ &= 73.323\ \text{kPa} \end{aligned}$$

因此滞止压力与毕托静压管显示值的差值为

$$p_2 - p_1 = \frac{1}{2}\rho V_1^2 = 3.617\ \text{kPa}$$

例题分析：

假设从点(1)到点(2)的流动是不可压缩的，即密度保持为常数，然而由 $\rho = \frac{p}{RT}$ 可知，当压力（或温度）发生改变时，密度也发生相应的改变。对于低速流动，总压接近不变，因此密度变化可以忽略。当飞机的飞行速度大到一定程度时，压力和密度发生的变化是不可忽略的。

4.3.5 总流的伯努利方程

在一些工程问题中，流动往往具有固定的边界，例如液体和气体在管道中的流动，这种流动是由许多微小流束组成的，这些流束的全体称为总流。

如图 4-16 所示，设 1-1、2-2 为总流的两个截面，对于任一条微小流束，有

$$z_1+\frac{p_1}{\rho g}+\frac{V_1^2}{2g}=z_2+\frac{p_2}{\rho g}+\frac{V_2^2}{2g}$$

$$V_1 \mathrm{d}A_1=V_2 \mathrm{d}A_2 \text{ 或 } \mathrm{d}q_1=\mathrm{d}q_2$$

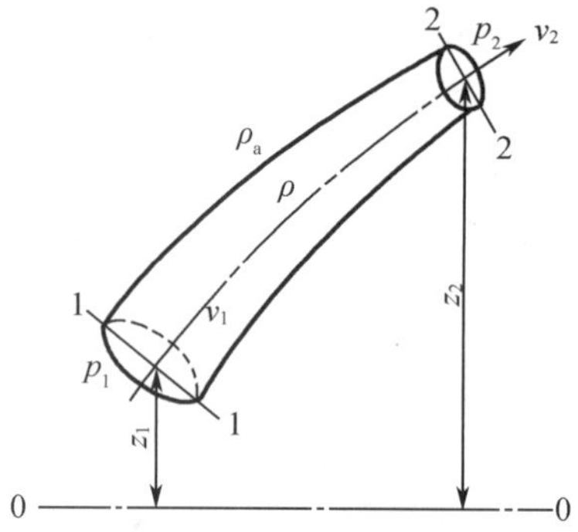

图 4 –16　定常总流

将以上两式相乘,并在整个截面上积分,得

$$\iint_{A_1}\left(z_1+\frac{p_1}{\rho g}+\frac{V_1^2}{2g}\right)V_1 \mathrm{d}A_1=\iint_{A_2}\left(z_2+\frac{p_2}{\rho g}+\frac{V_2^2}{2g}\right)V_2 \mathrm{d}A_2$$

如果截面 1 –1 和 2 –2 都处在缓变流(缓变流是指各流线接近于平行直线的流动。也就是说,各流线之间的夹角很小,而且流线的曲率半径很大)中,则 $z+\frac{p}{\rho g}=$ 常数,故

$$\iint_A\left(z+\frac{p}{\rho g}\right)dq=\left(z+\frac{p}{\rho g}\right)q$$

在截面 1 –1 和 2 –2 上,各点的速度是变化的,为简化起见,用平均速度 v 表示速度水头的积分,有

$$\iint_A \frac{V^2}{2g}V\mathrm{d}A=\alpha\frac{v^2}{2g}vA$$

这里 $v=\frac{q}{A}$ 是截面上的平均速度,α 称为动能修正系数,有

$$\alpha=\frac{1}{A}\iint_A\left(\frac{V}{v}\right)^3\mathrm{d}A$$

动能修正系数 α 与截面上的速度分布有关,速度分布越不均匀,α 的值越大。在工程实际的流动中 $\alpha=1$。

总流伯努利方程或总流能量方程为

$$\left(z_1+\frac{p_1}{\rho g}+\frac{v_1^2}{2g}\right)q_1=\left(z_2+\frac{p_2}{\rho g}+\frac{v_2^2}{2g}\right)q_2$$

对于不可压缩流体的定常运动,$q_1=q_2$,故有

$$z_1+\frac{p_1}{\rho g}+\frac{v_1^2}{2g}=z_2+\frac{p_2}{\rho g}+\frac{v_2^2}{2g} \tag{4-42}$$

式(4 –42)称为总流的伯努利方程,它与流线上的伯努利方程(式(4 –38))在形式上相同。

从式(4 –42)的推导过程看出,总流的伯努利方程成立的条件是:

(1)流动必须是定常流,而且流体不可压缩。

(2)作用在流体上的质量力只有重力。

(3)所取上下游两个断面应该在渐变流段中,以符合测压水头等于常数这一条件。但在两个断面之间的流动可以不是渐变流。断面应该选在已知条件较多的位置。在渐变流断面上任何一点的测压水头都可以作为整个断面的平均值,为简便通常取管道中心点或河渠水面点。

(4)两断面间没有能量的输入和输出。

(5)两断面间没有质量的流入和流出。

例题 4-7 伯努利方程的应用 1

已知:如图 4-17 所示的直径 $D=0.20$ m 容器底部开有一直径为 $d=0.01$ m 的小孔,新鲜饮料从小孔中流出。

求解:如果容器中的饮料深度始终保持在 $h=0.20$ m,试确定从瓶子进入容器中饮料的流量 Q。

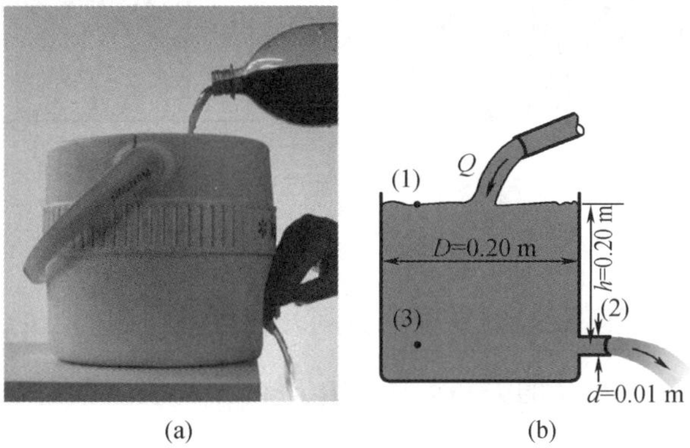

图 4-17 液体的低端流出

解题过程:

对于定常、无黏、不可压缩流体,在点(1)和点(2)应用伯努利方程有

$$p_1+\frac{1}{2}\rho v_1^2+z_1=p_2+\frac{1}{2}\rho v_2^2+z_2 \tag{4-43}$$

假设 $p_1=p_2=0, z_1=h, z_2=0$,上式变成

$$\frac{1}{2}v_1^2+gh=\frac{1}{2}v_2^2 \tag{4-44}$$

由质量守恒 $Q_1=Q_2, Q=vA$,得

$$v_1A_1=v_2A_2$$

即

$$\frac{\pi}{4}D^2v_1=\frac{\pi}{4}d^2v_2$$

因此

$$v_1=\left(\frac{d}{D}\right)^2v_2 \tag{4-45}$$

联立式(4-44)和式(4-45)有

$$v_2=\sqrt{\frac{2gh}{1-\left(\frac{d}{D}\right)^4}}=\sqrt{\frac{2(9.18\ \mathrm{m/s^2})\times(0.20\ \mathrm{m})}{1-\left(\frac{0.01\ \mathrm{m}}{0.20\ \mathrm{m}}\right)^4}}=1.98\ \mathrm{m/s}$$

因此

$$Q=v_1A_1=v_2A_2=\frac{\pi}{4}(0.01\ \mathrm{m})^2\times(1.98\ \mathrm{m/s})=1.56\times10^{-4}\ \mathrm{m^3/s}$$

例题分析:

应用伯努利方程和质量守恒方程是求解本题的关键。

例题 4-8 伯努利方程的应用 2

已知:如图 4-18 所示的水流过三角堰。

求解:使用伯努利方程的简单分析,确定流量对深度 H 的依赖性。如果深度 $H=H_0$ 时流量为 Q_0,估计深度增加到 $H=3H_0$ 时的流量。

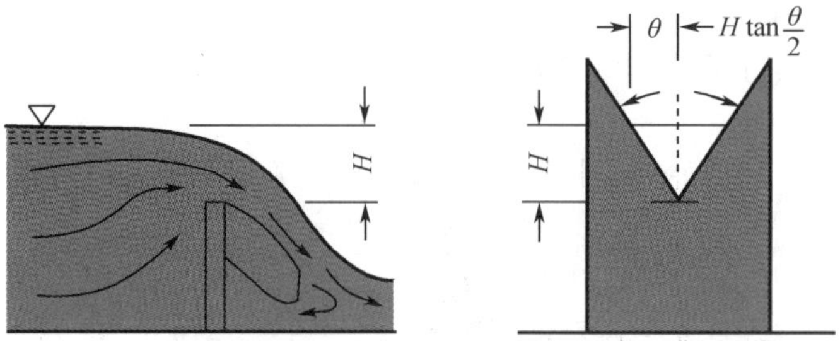

图 4-18 水流过三角堰

解题过程:

假设流动是定常、无黏、不可压缩的,则根据伯努利方程可得在堰板上的三角形凹口上的流体平均速度是 $\sqrt{2gH}$,另外流动的面积和深度 H 的关系为 $A=H\left(H\tan\dfrac{\theta}{2}\right)$,联立以上两个关系可得

$$Q=AV=H^2\tan\frac{\theta}{2}(\sqrt{2gH})=\tan\frac{\theta}{2}\sqrt{2g}H^{\frac{5}{2}}$$

因此,深度增加为原来的三倍,导致流量增加的倍数由下式可求,即

$$\frac{Q_{3H_0}}{Q_{H_0}}=\frac{\tan\dfrac{\theta}{2}\sqrt{2g}(3H_0)^{\frac{5}{2}}}{\tan\dfrac{\theta}{2}\sqrt{2g}(H_0)^{\frac{5}{2}}}=15.6$$

例题解析:

对于三角堰而言,流量与 $H^{\frac{5}{2}}$ 成比例,而如果是矩形堰,则与 $H^{\frac{3}{2}}$ 成正比,请读者自行推导。三角堰可以在流量范围较宽的场合中使用。

例题 4-9 伯努利方程的应用 3

已知:如图 4-19 所示,一容器中的空气缓慢流过一个直径 $D=0.03$ m 的直管,然后从直径 $d=0.01$ m 的喷管流出进入大气。容器中气体压力始终保持在表压 3.0 kPa 不变,假设大气温度和压力为标准状况。

求解:确定喷管的流量和压力。

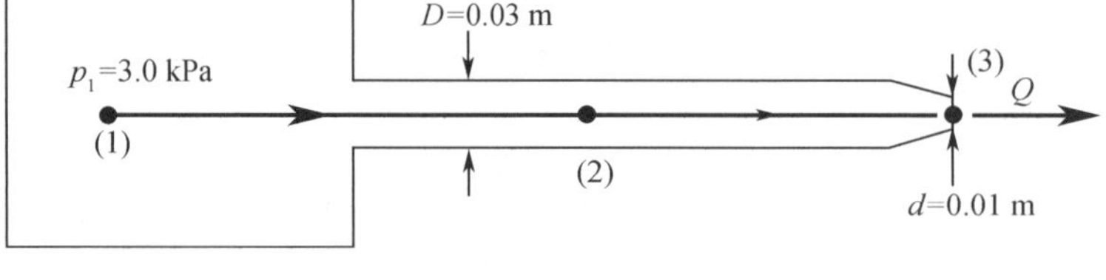

图 4-19 喷管流动问题

解题过程:

由于假定流体是定常、无黏、不可压缩的,在点(1)、点(2)和点(3)应用伯努利方程有

$$p_1+\frac{1}{2}\rho v_1^2+z_1=p_2+\frac{1}{2}\rho v_2^2+z_2=p_3+\frac{1}{2}\rho v_3^2+z_3$$

由点(1)、点(2)和点(3)的位置高度相同,故 $z_1=z_2=z_3$,容器中的气体速度 $v_1=0$,喷口处的压力 $p_3=0$,得

$$v_3=\sqrt{\frac{2p_1}{\rho}}$$

$$p_2=p_1-\frac{1}{2}\rho v_2^2$$

对容器中的气体应用理想气体状态方程得

$$\rho=\frac{p_1}{RT_1}=\frac{[(3.0+101)\times 10^3\ \mathrm{kN/m^2}]}{287\ \mathrm{N\cdot m/kg\cdot K}\times(15+273)\mathrm{K}}=1.26\ \mathrm{kg/m^3}$$

因此有

$$v_3=\sqrt{\frac{2\times(3.0\times 10^3)\mathrm{N/m^2}}{1.26\ \mathrm{kg/m^3}}}=69\ \mathrm{m/s}$$

或

$$Q=A_3v_3=\frac{\pi}{4}d^2v_3=\frac{\pi}{4}(0.01\ \mathrm{m})^2(69\ \mathrm{m/s})=0.005\,42\ \mathrm{m^3/s}$$

由质量守恒方程有

$$v_2A_2=v_3A_3$$

因此

$$v_2=\frac{v_3A_3}{A_2}=\left(\frac{d}{D}\right)^2v_3=\left(\frac{0.01}{0.03}\right)^2(69\ \mathrm{m/s})=7.67\ \mathrm{m/s}$$

$$p_2=3.0\times 10^3\ \mathrm{N/m^2}-\frac{1}{2}(1.26\ \mathrm{kg/m^3})(7.67\ \mathrm{m/s})^2=(3\,000-37.1)\mathrm{N/m^2}=2\,963\ \mathrm{N/m^2}$$

例题分析：

应用伯努利方程和连续性方程来求解。

例题 4－10　伯努利方程的应用 4

已知：如图 4－20 所示的水流经过一个管道减速器，其中点(1)、点(2)的压力差用一个测量介质为倒置的 U 形管来测量。

求解：试确定压力计读数 h。

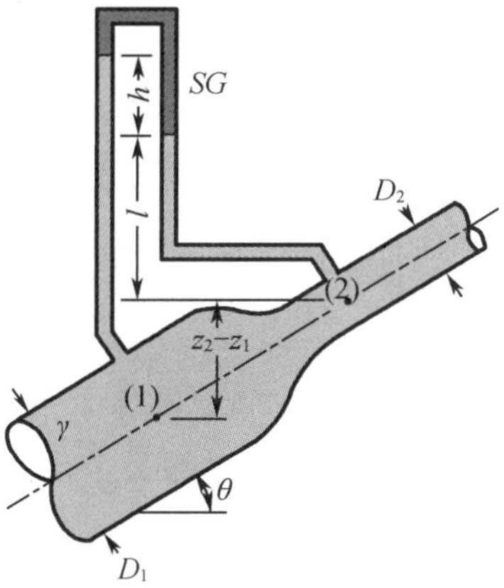

图 4－20　流经管道减速器

解题过程：

假设流动是定常、无黏、不可压缩的，伯努利方程可写为

$$p_1+\frac{1}{2}\rho v_1^2+z_1=p_2+\frac{1}{2}\rho v_2^2+z_2$$

假设速度分布均匀且流动不可压缩，则根据连续性方程可得

$$Q = A_1 v_1 = A_2 v_2$$

联立以上两方程可得

$$p_1 - p_2 = (z_2 - z_1) + \frac{1}{2}\rho v_2^2\left[1 - \left(\frac{A_2}{A_1}\right)^2\right] \tag{4-46}$$

利用第 2 章的深度与压力的关系，则压力差可由压力计来测量

$$p_1 - (z_2 - z_1) - l - h + hSG + l = p_2$$

或

$$p_1 - p_2 = (z_2 - z_1) + (1 - SG)h \tag{4-47}$$

联立式(4－46)和式(4－47)最终可得

$$(1 - SG)h = \frac{1}{2}\rho v_2^2\left[1 - \left(\frac{A_2}{A_1}\right)^2\right]$$

又由于 $v_2 = \dfrac{Q}{A_2}$，因此

$$h = \left(\frac{Q}{A_2}\right)^2 \frac{1 - \left(\dfrac{A_2}{A_1}\right)^2}{2g(1 - SG)}$$

例题解析：

该题中的 $z_2 - z_1$ 在最终等式中没有出现，所以高度差与测点的位置无关，这是因为伯努利方程中的高度差恰好抵消了压力方程中的高度差项。

4.4 能量方程

4.4.1 积分形式的能量方程

流体的能量方程就是热力学第一定律在流体中的应用，对于一个系统而言，热力学第一定律的表述为系统能量的增加只能有两种途径，一种是从外界吸收热量，另一种是外界对系统做功。用公式表示为

$$\frac{\mathrm{d}E}{\mathrm{d}t} = \dot{Q}_{\text{in}} - \dot{W}_{\text{out}}$$

式中，E 为系统的总能量；$\dot{Q}_{\text{in}}$ 为系统从外界吸取的热量；$\dot{W}_{\text{out}}$ 为系统对外界做的功。写成积分的形式为

$$\frac{\mathrm{d}}{\mathrm{d}t}\iiint_{\text{sys}} e\rho \mathrm{d}V = \dot{Q}_{\text{in}} - \dot{W}_{\text{out}}$$

式中，e 为单位质量流体的能量。

我们先针对如图 4－21 所示的燃气轮机流动模型来推导一维形式的能量方程(将燃气轮机内部的流动简化为一维流动)。该模型所示的控制体有一个进口和一个出口，内部的流动与外界有热量和轴功的交换。应用雷诺输运定理可以从热力学第一定律得到一维流动的能量方程为

$$\dot{m}(e_2 - e_1) = \dot{Q}_{\text{in}} - \dot{W}_{\text{out}}$$

其中流体的能量 e 包含了内能、动能和势能三部分，可以写为

$$e = \hat{u} + \frac{v^2}{2} + gz \tag{4-48}$$

流体与外界功的交换是通过力的作用来实现的，体积力和表面力都可以对流体做功。现在我们只考虑体积力为重力的情况，而且重力做的功已经包含在重力势能中，不用再考虑了。

表面力做功稍微复杂些，图 4－21 中控制体内流体与外界有三种界面：进出口、固定壁面、叶轮表面。

设进口处压力为 p_1，面积为 A_1，则进口处控制体内的流体给外界流体的作用力为

$$F_1 = p_1 A_1$$

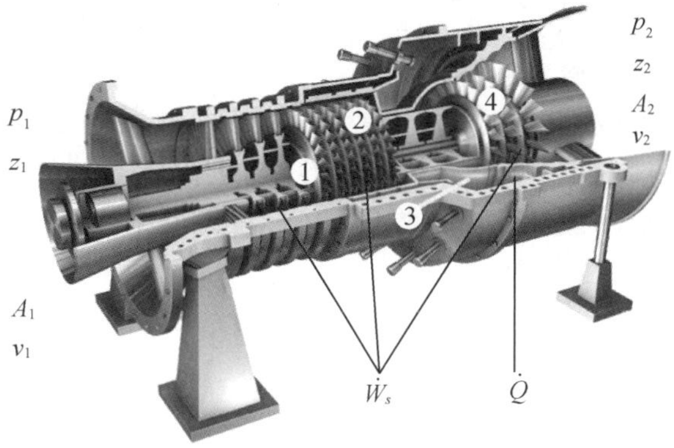

图 4-21 燃气轮机一维流动中的能量交换模型

1、2—压气机；3—燃烧室；4—涡轮

单位时间内，控制体内流体对外界流体做的功为

$$\dot{W}_1 = -F_1 v_1 = -p_1 A_1 v_1$$

式中的负号表示了力与速度方向相反。也就是说，在进口处内部流体对外做功为负，或外界对内部做功为正功。

相应地，在出口处，单位时间内流体对外界流体做功为

$$\dot{W}_2 = -F_2 v_2 = p_2 A_2 v_2$$

从而控制体内流体在进出口对外界做的总功为

$$\dot{W}_p = \dot{W}_2 + \dot{W}_1 = p_2 A_2 v_2 - p_1 A_1 v_1$$

应用流量公式 $\dot{m} = \rho A v$ 和连续性方程 $\dot{m}_{in} = \dot{m}_{out}$，上式可改写为

$$\dot{W}_p = \dot{m}\left(\frac{p_2}{\rho_2} - \frac{p_1}{\rho_1}\right)$$

这部分功是流体在进出口处外界流体所做的推动功之和，称为流动功。

在固定壁面处，因为流动方向与壁面平行，压力不做功，黏性剪切力与流动方向平行，但是壁面固定不动，挨着壁面的流体也被黏在壁面不动，所以壁面无法通过黏滞力对流体做功，即 $\dot{W}_v = 0$。当然流体之间可以通过黏滞力做功，这种功属于内力做功，表现形式是机械能向内能转换。

因叶轮是转动的，与叶轮接触的流体会受到叶轮的压力和黏滞力做功，因为这种功一般是通过旋转轴与外界交换的，工程上将其称为轴功，用 $\dot{W}_s$ 表示，其实不只是旋转运动，往复运动也一样可以做轴功，比如搅拌杯中的水。压力所做的轴功就是通过非定常运动实现的，定常的压力只能做推进功和压缩功，是不能产生轴功的。如果其中一个壁面像传送带那样持续移动，则其与流体之间也可以通过定常的黏滞力做功，这样的功可以归纳为轴功。

控制体内流体对外界做的总功为上述几项之和，即

$$\dot{W}_{out} = \dot{W}_p + \dot{W}_v + \dot{W}_s = \dot{m}\left(\frac{p_2}{\rho_2} - \frac{p_1}{\rho_1}\right) + \dot{W}_s \tag{4-49}$$

把总能量关系式和流体与外界功的交换关系式(4-49)代入热力学第一定律中，可得

$$\dot{Q} - \left[\dot{m}\left(\frac{p_2}{\rho_2} - \frac{p_1}{\rho_1}\right) + \dot{W}_s\right] = \dot{m}\left[\left(\hat{u}_2 + \frac{v_2^2}{2} + gz_2\right) - \left(\hat{u}_1 + \frac{v_1^2}{2} + gz_1\right)\right]$$

分别用 $\dot{q}$ 和 $\dot{W}_s$ 表示在燃烧室内单位质量气体的传热量和涡轮、压气机的静轴功，整理后可得定常

流动的能量方程，即

$$\dot{q}-\dot{W}_{s}=\left(\hat{u}_{2}+\frac{p_{2}}{\rho_{2}}+\frac{v_{2}^{2}}{2}+gz_{2}\right)-\left(\hat{u}_{1}+\frac{p_{1}}{\rho_{1}}+\frac{v_{1}^{2}}{2}+gz_{1}\right) \tag{4-50}$$

这就是一维积分形式的能量方程。

可以看出，在出口处压力做的流动功可以理解为一种能量，这就是伯努利方程中讨论的压力势能，属于流体内部的能量交换。在一般的工程应用中只有轴功属于流体与外界之间能量交换。式(4－50)的左边可以理解为流体从外界吸取的热量和对外界做的功，右边项则为流体能量的变化，能量由四部分组成，分别为

$\hat{u}$——单位质量流体的内能；

$\frac{p}{\rho}$——单位质量流体的压力势能；

$\frac{v^2}{2}$——单位质量流体的动能；

gz——单位质量流体的重力势能。

上式就是一般形式的能量方程，如果流体与外界无热和功的交换，且内能不变的话，式(4－50)就成了伯努利方程，即

$$z_1+\frac{p_1}{\rho g}+\frac{v_1^2}{2g}=z_2+\frac{p_2}{\rho g}+\frac{v_2^2}{2g}$$

而伯努利的方程的限制条件是沿流线、定常、无黏、不可压缩，这四个限制条件使流体与外界没有功的交换，机械能和内能之间不能相互转换(传热只影响内能不影响机械能)。这样的流体就是定常总流中的理想不可压缩流体。

采取补上流体在流动中的机械能损耗的方法，将理想流体的能量方程推广到实际流体，把实际流体恒定总流的能量方程写成

$$\left(z_1+\frac{p_1}{\rho g}+\frac{v_1^2}{2g}\right)-\left(z_2+\frac{p_2}{\rho g}+\frac{v_2^2}{2g}\right)=h_{w1-2} \tag{4-51}$$

断面1－1是上游断面，断面2－2是下游断面，h_{w1-2}为总流在断面1－1和2－2之间的平均单位质量流体所损失的机械能，称为水头损失，将在第6章中详述。

例题4－11　能量方程——蒸汽涡轮

已知：如图4－22是电厂用于发电的蒸汽轮机发电机组。进入蒸汽涡轮的蒸汽速度为30 m/s，焓为3 348 kJ/kg。假定整个过程是绝热的且海拔高度的影响可以忽略不计。流出涡轮的蒸汽速度为60 m/s，焓为2 550 kJ/kg。

求解：单位质量蒸汽做功 w_{shaft}。

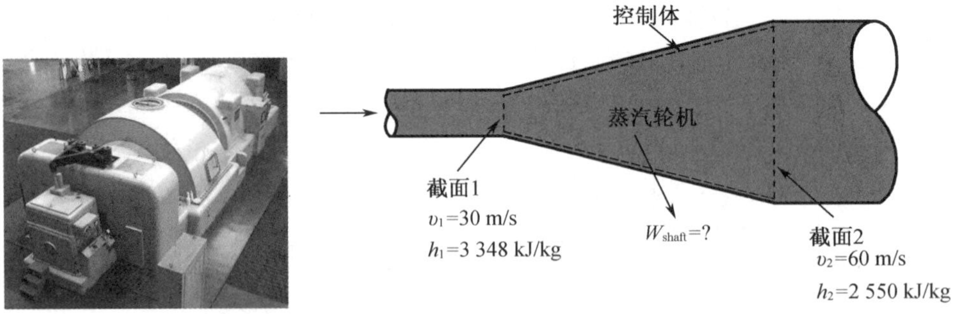

图4－22　蒸汽轮机发电机组

解题过程：

建立如图4－22所示的控制体，对此控制体列能量方程，即

$$\dot{m}\left[h_2-h_1+\frac{v_2^2-v_1^2}{2}+g(z_2-z_1)\right]=\Delta Q+W_{\text{shaft}}$$

由于绝热 $\Delta Q=0$ 且海拔高度的影响可以忽略不计，故单位质量蒸汽所做的功 w_{shaft} 为

$$w_{\text{shaft}}=\frac{W_{\text{shaft}}}{\dot{m}}=h_2-h_1+\frac{v_2^2-v_1^2}{2}$$

即

$$W_{\text{shaft}}=3\ 348\ \text{kJ/kg}-2\ 550\ \text{kJ/kg}+\frac{[(30\ \text{m/s})^2-(60\ \text{m/s})^2][1\ \text{J/(N}\cdot\text{m)}]}{2[1(\text{kg}\cdot\text{m})/(\text{N}\cdot\text{s}^2)](1\ 000\ \text{J/kJ})}=797\ \text{kJ/kg}$$

例题分析：

在蒸汽轮机中动能变化与焓降相比变化很小。另外要确定单位输出功率，必须知道质量流量。

4.4.2 气体的能量方程

总流能量方程是对不可压缩流体推导的，气体是可压缩流体，但对于流速不大、压强变化不大的情况，如工业通风管道、烟气管道等，气流密度在流动过程中变化很小，仍可以按不可压缩流体处理，使用总流能量方程(4－51)，需要特别注意的是，气流的密度与外部空气的密度大小相当，在用相对压强进行计算时，必须考虑外部大气压在不同高度的差值。

当能量方程用于气流时，由于水头概念不如液体明确，把能量方程

$$z_1+\frac{p_1}{\rho g}+\frac{v_1^2}{2g}=z_2+\frac{p_2}{\rho g}+\frac{v_2^2}{2g}+h_{w1-2}$$

转为压强的量纲，写为

$$p_{1\text{abs}}+\rho g z_1+\frac{\rho v_1^2}{2}=p_{2\text{abs}}+\rho g z_2+\frac{\rho v_2^2}{2}+p_{w1-2} \tag{4-52}$$

式中 ρ——气流的密度，$p_{w1-2}=\rho g h_{w1-2}$ 为 1－1，2－2 两断面间的压强损失；

$p_{1\text{abs}}$ 和 $p_{2\text{abs}}$——两断面上的绝对压强，之所以用绝对压强是为了与后面的相对压强 p_1 和 p_2 相区别。

由于在工程问题的计算中，需求的和测量到的压强都是相对压强，因此需要把方程(4－52)中的绝对压强换算为相对压强，而这对气流和液流应当区别对待。

对于液体总流，由于液体的密度远大于外界空气的密度，可以忽略大气压因高度不同引起的差别，如设 1－1 断面 z_1 高度处大气压强为 p_a，则 $p_{1\text{abs}}=p_a+p_1$，$p_{2\text{abs}}=p_a+p_2$（p_{abs}表示绝对压强），将它们代入方程(4－52)，得到

$$p_1+\rho g z_1+\frac{\rho v_1^2}{2}=p_2+\rho g z_2+\frac{\rho v_2^2}{2}+p_{w1-2} \tag{4-53}$$

可见，对于液体总流能量中的压强用绝对压强和相对压强均可。

对于气体总流（图 4－23）如设 1－1 断面 z_1 高度处的大气压强为 p_a，外部空气密度为 ρ_a，则2－2 断面 z_2 高度处的大气压强为 $p_a-\rho_a g(z_2-z_1)$，所以 $p_{1\text{abs}}=p_a+p_1$，$p_{2\text{abs}}=p_a-\rho_a g(z_2-z_1)+p_2$，将它们代入方程(4－52)，整理得到

$$p_1+\frac{\rho v_1^2}{2}+(\rho_a-\rho)g(z_2-z_1)=p_2+\frac{\rho v_2^2}{2}+p_{w1-2} \tag{4-54}$$

这就是以相对压强计算的气流能量方程式。这里 p_1 和 p_2 称为静压，$\frac{\rho v_1^2}{2}$，$\frac{\rho v_2^2}{2}$称为动压，$(\rho_a-\rho)g$ 为单位体积气体所受的有效浮力，(z_2-z_1)为气体沿浮力方向升高的距离，$(\rho_a-\rho)g(z_2-z_1)$为 1－1 断面相对于 2－2 断面单位体积的位能，称为位压。

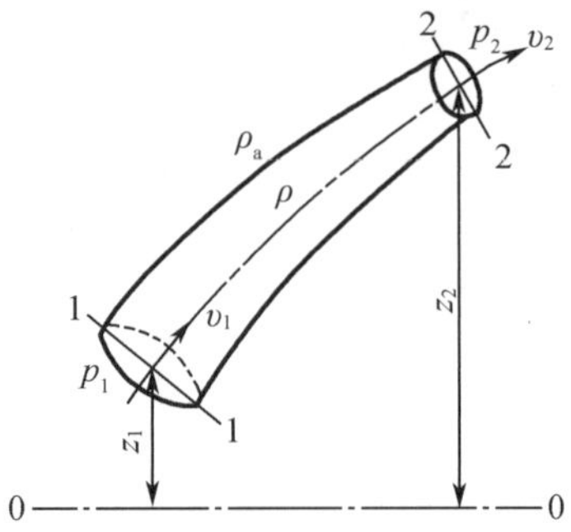

图 4-23　恒定气流

4.4.3　水泵和水轮机在管路中的应用

前边提到的恒定总流能量方程没有考虑上下游断面之间有能量输入或输出的情况，当管道中有水力机械对水流做功（如水泵）或水流对水力机械做功（如水轮机）时，就有水流能量的输入或输出，此时的恒定总流能量方程为

$$z_1+\frac{p_1}{\rho g}+\frac{v_1^2}{2g}\pm H_m=z_2+\frac{p_2}{\rho g}+\frac{v_2^2}{2g}+h_{w1-2} \tag{4-55}$$

式中，H_m 为单位质量流体增加或减少的能量。

对于水泵管路系统，式(4-55)中 H_m 项取"+"号，是单位质量的水流通过水泵后增加的能量，称为水泵扬程。对图 4-24 所示水泵管路系统，取 1-1 和 2-2 断面，则能量方程(4-55)中 $z_1+\frac{p_1}{\rho g}=0$，$z_2+\frac{p_2}{\rho g}=z$。相对管路中的流速，v_1，v_2 均较小，可以忽略速度水头。即 $\frac{v_1^2}{2g}\approx0$，$\frac{v_2^2}{2g}\approx0$，则式(4-55)可写成

$$H_m=z+h_{w1-2} \tag{4-56}$$

式中，z 为上下游水面高差，也叫提水高度。

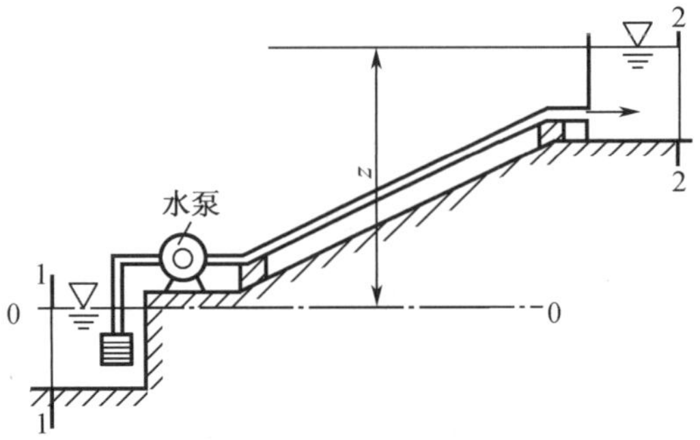

图 4-24　水泵管路

h_{w1-2}是全部管路中的水头损失，但不包括水泵内的水头损失。

单位时间内电机给予水泵的功为轴功率。单位时间的水流从水泵实际获得的能量为 H_m，而每单位时间内实际获得总能量是 ρgQH_m。

考虑到水流通过水泵时有水头损失，所以水泵所做的功要大于实际获得的能量。用一个小于 1 的水泵效率 η_p 来反映水泵内的损失，则原动机单位时间内对水泵做的功，也就是水泵的轴功率 N_p 是

$$N_p=\frac{\rho gQH_m}{\eta_p} \tag{4-57}$$

对于水轮机管路系统，式(4-55)中 H_m 项取"-"号，是单位质量的水流给水轮机的能量，称为水轮机的作用水头。对图 4-25 水轮机管路系统，取 1-1 和 2-2 断面，则根据能量方程有

$$H_m=\left(z_1+\frac{p_1}{\rho g}+\frac{v_1^2}{2g}\right)-\left(z_2+\frac{p_2}{\rho g}+\frac{v_2^2}{2g}\right)-h_{w1-2}$$

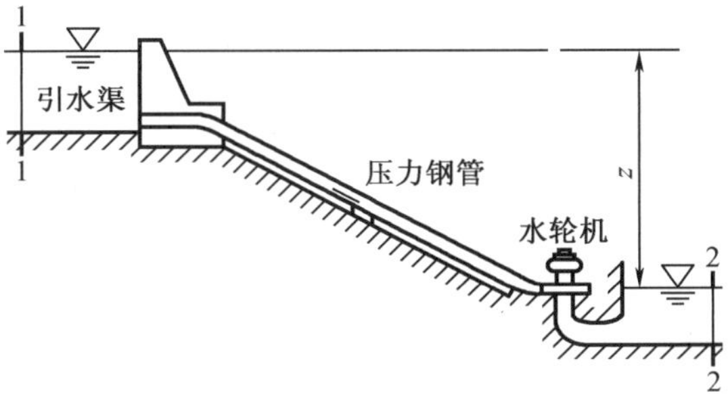

图 4-25 水轮机管路

式中

$$\left(z_1+\frac{p_1}{\rho g}+\frac{v_1^2}{2g}\right)-\left(z_2+\frac{p_2}{\rho g}+\frac{v_2^2}{2g}\right)=z$$

所以

$$H_m=z-h_{w1-2} \tag{4-58}$$

式中 z——上下游水位差；

h_{w1-2}——全部管路中的水头损失，但不包括水轮机内的水头损失。

水轮机的功率又称水轮机出力，它是水轮机主轴发出的功率。单位时间的水流给予水轮机的能量为 H_m，而每单位时间通过水轮机的水流质量为 ρgQ，所以水流在单位时间内输出的总能量是 ρgQH_m。由于水轮机中同样有水头损失，水轮机出力要小于水流给予水轮机的功率。用一个小于1的水轮机效率 η 来反映水轮机内的损失，则水轮机的功率 N_t 是

$$N_t=\eta_t\rho gQH_m \tag{4-59}$$

4.4.4 文丘里管的工作原理

另一能量方程的应用的例子就是文丘里管中的流动，如图 4-26 所示。文丘里管是一种常用的测量管道流量的装置，它包括“收缩段”“喉道”和“扩散段”三部分，安装在需要测定流量的管道上，通过测量两个断面的测管水压头 Δh，就可以计算管道的理论流量 Q，再经过修正得到实际的流量。

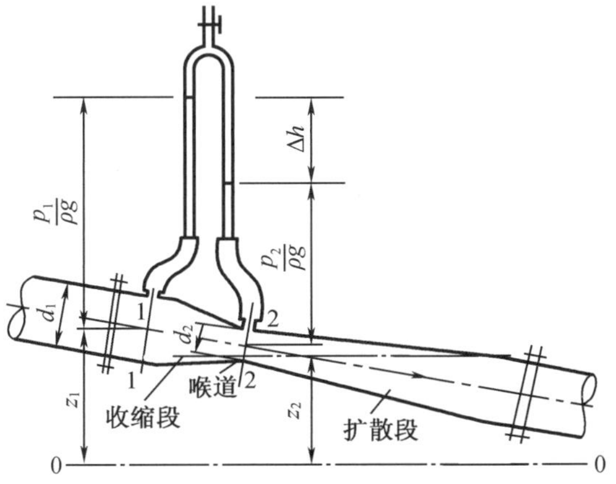

图 4-26 文丘里管

文丘里管的安装是有方向的。

水流从 1-1 断面到达 2-2 断面，由于过流断面收缩，流速增大。根据恒定总流能量方程，若不考虑水头损失，速度水头的增加等于测管压力水头的减小（即比压计压面高度差 Δh），这样通过量测得到的 Δh 建立了两断流面平均流速的一个关系式，即

$$\Delta h = h_1 - h_2 = \left(z_1 + \frac{p_1}{\rho g}\right) - \left(z_2 + \frac{p_2}{\rho g}\right) = \frac{v_1^2}{2g} - \frac{v_2^2}{2g}$$

另一方面，由恒定总流的连续方程有

$$A_1 v_1 = A_2 v_2，即\frac{v_1}{v_2} = \left(\frac{d_2}{d_1}\right)^2$$

所以

$$\frac{v_1^2}{2g} - \frac{v_2^2}{2g} = \frac{v_2^2}{2g}\left[1 - \left(\frac{d_2}{d_1}\right)^4\right]$$

于是

$$\Delta h = \frac{v_2^2}{2g}\left[1 - \left(\frac{d_2}{d_1}\right)^4\right]$$

解得

$$v_2 = \frac{1}{\sqrt{1 - \left(\frac{d_2}{d_1}\right)^4}}\sqrt{2g\Delta h}$$

最终得到的理论流量为

$$Q_{理} = A_2 v_2 = \frac{\pi}{4}\frac{d_1^2 d_2^2}{\sqrt{d_1^4 - d_2^4}}\sqrt{2g\Delta h} = K\sqrt{\Delta h} \tag{4-60}$$

式中

$$K = \frac{\pi}{4}\frac{d_1^2 d_2^2}{\sqrt{d_1^4 - d_2^4}}\sqrt{2g} \tag{4-61}$$

当管中流过实际液体时，由于两端面测水头差还包括了因黏性造成的水头损失。流量修正为

$$Q_{实} = \mu K\sqrt{\Delta h} \tag{4-62}$$

式中，$\mu < 1.0$，称为文丘里管的流量系数。

例题 4-12 能量方程的应用——文丘里管

已知：煤油（$SG = 0.85$）以 0.005 ~ 0.50 m^3/s 的流速范围流过如图 4-27 所示的文丘里管。

求解：确定点（1）和点（2）两点对应流量的压差 $p_1 - p_2$ 范围。

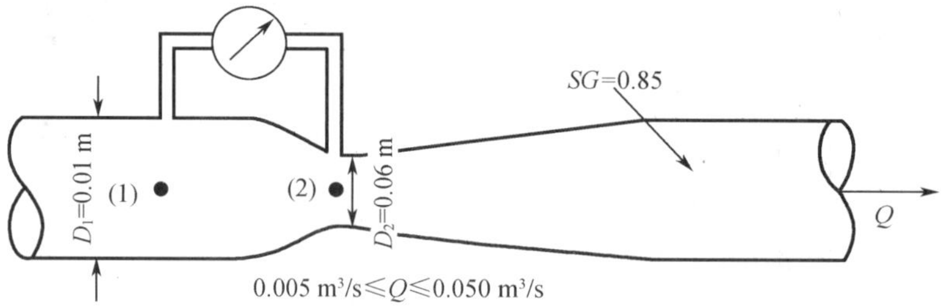

图 4-27 例题 4-12 图

解题过程：

假定流动是定常、无黏、不可压缩的，则根据流速与压力的关系可得

$$p_2 - p_1 = \frac{Q^2\rho\left[1 - \left(\frac{A_2}{A_1}\right)^2\right]}{2A_2^2}$$

由流体的比重可得流体的密度

$$\rho = SG\rho_{H_2O} = 0.85 \times 1\,000\ \text{kg/m}^3 = 850\ \text{kg/m}^3$$

两点间流道的面积比为

$$\frac{A_2}{A_1} = \left(\frac{D_2}{D_1}\right)^2 = \left(\frac{0.06}{0.10}\right)^2 = 0.36$$

则最小流量对应的压差为

$$p_1 - p_2 = (0.005\ \text{m}^3/\text{s})^2(850\ \text{kg/m}^3)\frac{1-0.36^2}{2\left[\left(\frac{\pi}{4}\right)(0.06\ \text{m})^2\right]^2} = 1\,160\ \text{N/m}^2 = 1.16\ \text{kPa}$$

同理最大流量对应的压差为

$$p_1 - p_2 = (0.05\ \text{m}^3/\text{s})^2(850\ \text{kg/m}^3)\frac{1-0.36^2}{2\left[\left(\frac{\pi}{4}\right)(0.06\ \text{m})^2\right]^2} = 116\ \text{kPa}$$

因此

$$1.16\ \text{kPa} \leqslant p_1 - p_2 \leqslant 116\ \text{kPa}$$

例题分析：

上述的这些值适用于定常、无黏、不可压缩条件下的压差。这个理想结果适用于特定几何形状的流道——孔、喷嘴、文丘里管。

流量与压差的关系如图4－28所示，当流量变为原来的10倍时，压差将变为原来的100倍，因此在宽的流量范围内，这种非线性关系将给流量测量带来一定的困难。

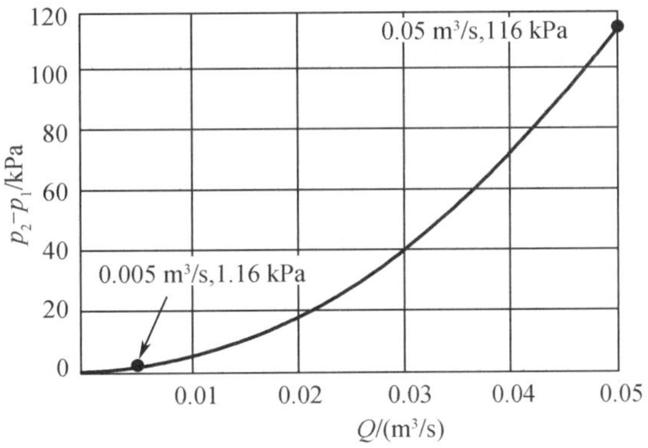

图4－28 文丘里管流量与压差关系图

本章小结

在本章中，主要讨论了流体动力学的基本方程。通过运用传统的质量守恒定律、牛顿第二定律和用于控制体积的热力学第一定律和热力学第二定律等重要的基础原理进行分析，并使用雷诺运输定理将用于系统的基本定律转化为用于控制体的基本方程，从而推导出流体动力学中的基本方程。

连续方程是流体流动质量守恒的一个表述，可以用于定常和非定常流动、可压缩或不可压缩的流体。连续方程可以计算进入或离开控制体流体的质量或体积流量和控制体内流体的增加或减少的速率。

本章的重点是讨论伯努利方程，伯努利方程提供了沿流线的压力势能、重力势能、动能变化之间的关系。通过伯努利方程的几个应用如毕托管、流量计来加深对伯努利方程的理解。

通过对控制体运用牛顿第二定律推导出流体的动量方程，动量方程的典型应用就是用转矩与角动量变化之间的的动量矩方程来解决涡轮（从流体提取的能量）和压气机（提供给流体的能量）的流动问题。

最后通过热力学第一定律(能量守恒)得到稳态流动的能量方程,其被称为扩展的伯努利方程,是由伯努利方程和额外的能量项构成的,额外项考虑了由于流动摩擦引起的能量损失,以及泵或涡轮在流道中做的功。

思考题

4.1　实际流体的流动压强和流体的静压强有何不同?

4.2　在流动的流体中取一流管,流管的两个不同界面为 A_1,A_2,位于 A_1 和 A_2 之间的流管的侧面为 A,设由 A_1,A_2 和 A 所包围的立体体积为 τ,对 τ 运用质量守恒定律求:

(1)一般情况下的质量守恒定律的数学表达式;

(2)可压缩流体定常流动下的质量守恒定律的数学表达式;

(3)不可压缩流体流动下的质量守恒定律的数学表达式;

(4)对流管元而言,求(1)(2)(3)中相应的结果。

4.3　试说明不可压缩流体的运动不可能存在 $u=x, v=y, w=z$。

4.4　应用动量方程时要注意哪些问题?

4.5　应用能量方程时要注意哪些问题?

4.6　伯努利方程各项的物理意义和几何意义是什么?

4.7　应用能量方程判断下列说法是否正确:

(1)水一定从高处向低处流;

(2)水一定从压强大处向压强小处流;

(3)水一定从流速大的地方向流速小的地方流。

4.8　结合公式推导,分析总流能量方程和总流动量方程的适用条件。

4.9　两艘平行行驶的船只为什么不能靠得太近?

4.10　试分析是什么力量驱使烟气从烟囱中从下向上流动的?

4.11　如思图 4-1 所示,三种形式的叶片,在流量 Q、流速 v 的射流冲击下,试问哪一种叶片所受的作用力最大?

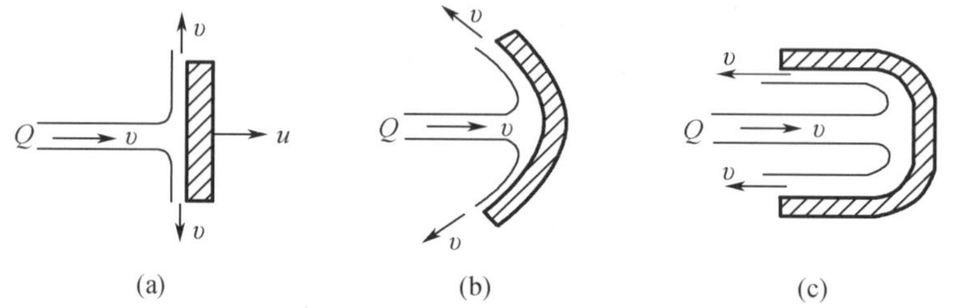

思图 4-1

练习题

4.1　三段管路串联,直径分别是 $d_1=100$ mm,$d_2=50$ mm,$d_3=25$ mm,已知断面 3-3 的流速 $v_3=10$ m/s,求 v_1,v_2,Q。

4.2　如习图 4-1 为一倒置 U 形管,上部为密度 $\rho=800$ kg/m^3 的油,用来测定水管中的点流速,若读数为 $h=200$ mm,求管中流速。

4.3　如习图 4-2 所示,水沿垂直变径管向下流动,已知上管直径 $D=200$ mm,流速 $v=3$ m/s。为使上下两个压力表读数相同,略去水头损失,下管的直径 d 为多大?

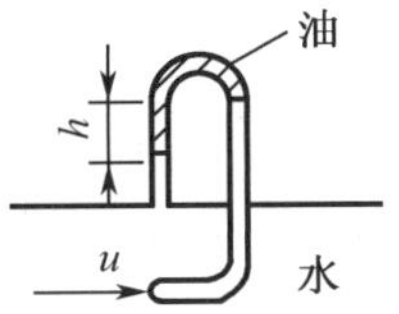

习图 4－1

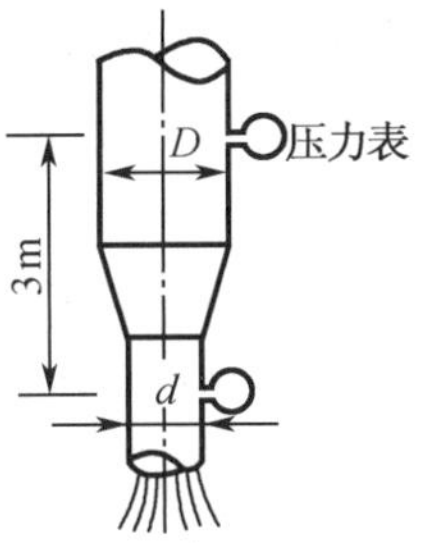

习图 4－2

4.4　如习图 4－3 所示，水自密闭容器沿管路流出，容器液面上的真空度为 20 kN/m^2。已知直径 $d_1=10$ mm，$d_2=120$ mm，略去水头损失，试求：(1)流量；(2)A 点的流速；(3)管中压强最低点的位置及其负压值。

4.5　如习图 4－4 所示为一水平放置的分叉管路，干管直径 $d_1=600$ mm，支管直径 $d_2=400$ mm，$\alpha=30°$，干管流量 $Q=0.5\ m^3/s$，压力表读数 $p=70\ kN/m^3$，略去分叉段的水头损失，试计算墩座所受的水平推力。

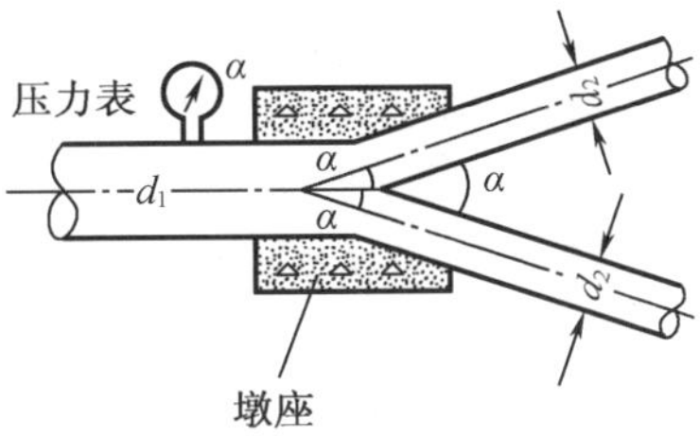

习图 4－3

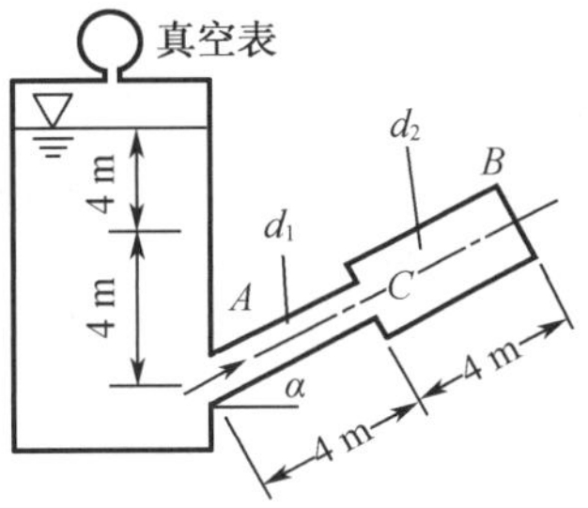

习图 4－4

4.6　如习图 4－5 所示，水流从直水槽流到宽度相同的弯水槽，宽度 $b=2$ m，弯道内墙直径 $r_1=3$ m，弯道外墙直径 $r_2=5$ m。假设弯道内为无旋流动，流速分布为 $u_\theta r=C$，求弯道内外两墙处的速度和水位差。(计算结果中可包含 C)。

4.7　如习图 4－6 所示，水银通过垂直放置的文丘里流量计。已知 $d_1=40$ mm，$\dfrac{d_1}{d_2}=2$，水银比压计读数 $\Delta h=30$ mm，两断面间的水头损失为 $0.05\dfrac{v_2^2}{2g}$，求流速和流量。

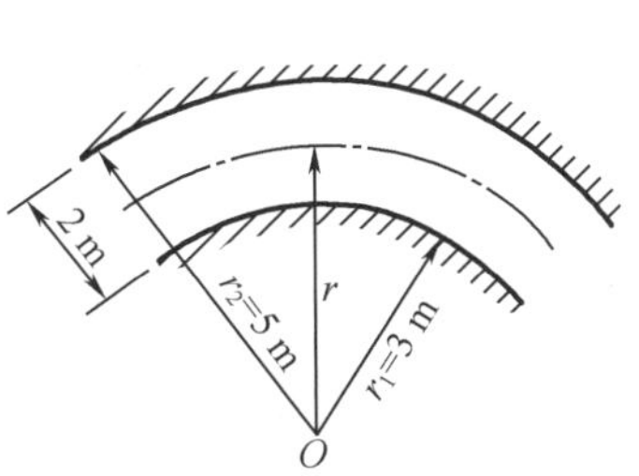

习图 4－5

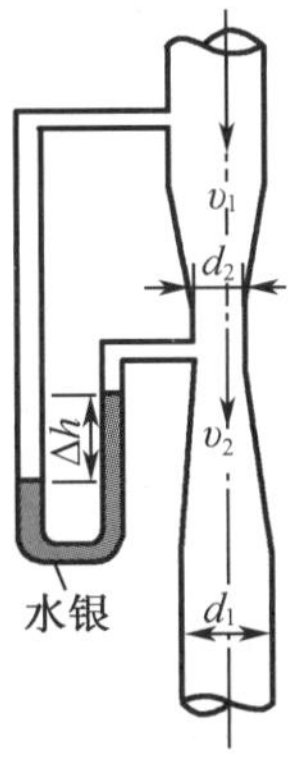

习图 4－6

4.8　如习图 4－7 所示，倾斜水管上的文丘里流量计 $d_1=30$ mm，$d_2=15$ mm，倒 U 形差压计中装有密度为 $\rho=600$ kg/m^3 的轻质不混水的液体，其读数为 $h=30$ cm，收缩管中的水头损失为 d_1 管中速度水头的 20%，试求喉部速度 v_2 和管中流量 Q。

4.9　如习图 4－8 所示，在管道中安装一个收缩管段以便测量管中液体的流量 Q。收缩管段的直径 d_1 收缩至 d_2。适用直径为 D 的缸套活塞系统测量压差。设液体的密度为 ρ，固定活塞所需的外力为 F，试证：$Q=\dfrac{(d_1d_2)^2}{D}\sqrt{\dfrac{\pi F}{2\rho(d_1^4-d_2^4)}}$

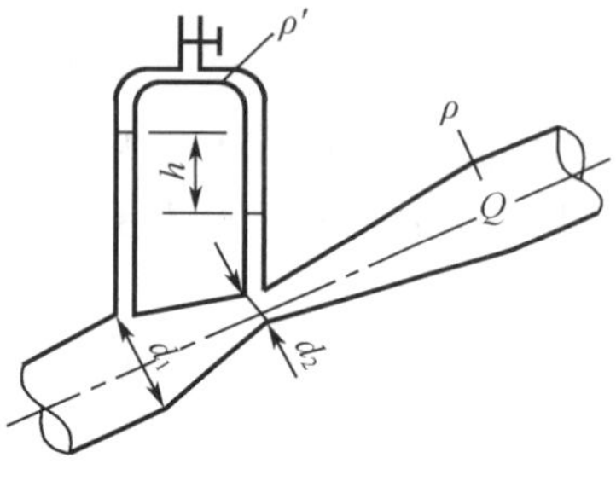

习图 4－7

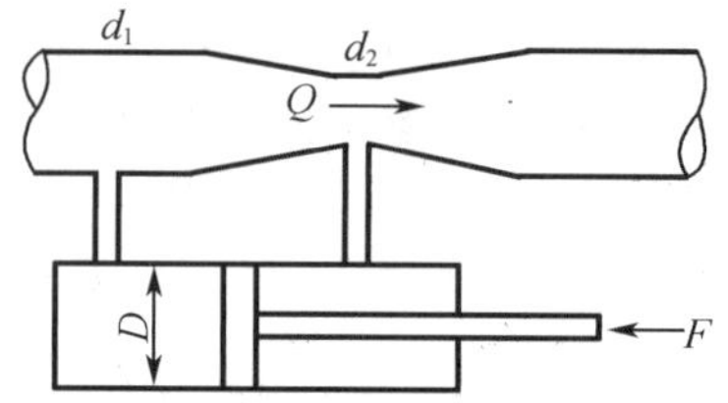

习图 4－8

4.10　如习图 4－9 所示为一抽水装置，利用喷射水流在喉道断面上造成的负压，可将容器 M 中的积水抽出。已知 H,b,h，如不计水头损失，喉道断面面积 A_1 与喷嘴出口断面面积 A_2 之间应该有什么样的条件才能使抽水装置开始工作？

4.11　如习图 4－10 所示虹吸管，由河道 A 向渠道 B 引水，已知管径 $d=100$ mm，虹吸管断面中心点 2 高出河道水位 $z=2$ m，点 1 至点 2 的水头损失为 $h_{w1-2}=10\dfrac{v^2}{2g}$，点 2 至点 3 的水头损失 $h_{w2-3}=2\dfrac{v^2}{2g}$，$v$ 为管道的断面平均流速。若点 2 的真空度限制在 $h_v=7$ m 水柱高度以内，试问：(1) 虹吸管的最大流量有无限制？如有，应为多大？(2) 出水口到河道水面的高差 h 有无限制？如有，应为多大？

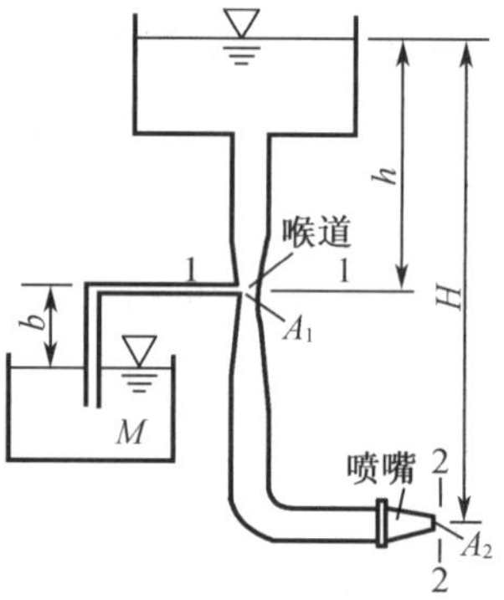

习图 4－9

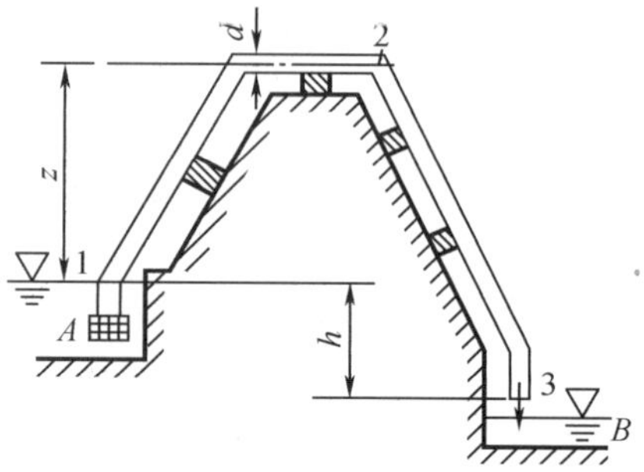

习图 4－10

4.12　一条矩形断面水渠，宽度（垂直于纸面）为 $B=12$ m。水流经过一个平台式建筑物（宽顶堰）时，水面下降，如习图 4－11 所示。已测得 $h_1=3.25$ m，$a=0.82$ m，$h_2=2.26$ m，不计损失，求水渠中水的流量 Q。

4.13　习图 4－12 所示为一有压管段，小管直径 $d_A=0.2$ m，大管直径 $d_B=0.4$ m，A 点的压强水头为 7 m（水柱高），B 点的压强水头为 4 m（水柱高），已知大管断面平均流速 $v_B=1$ m/s，B 比 A 高 1 m。求管中水流方向及 A,B 两断面间的水头损失。

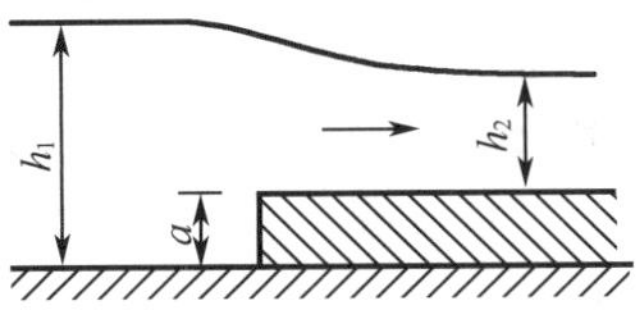

习图 4－11

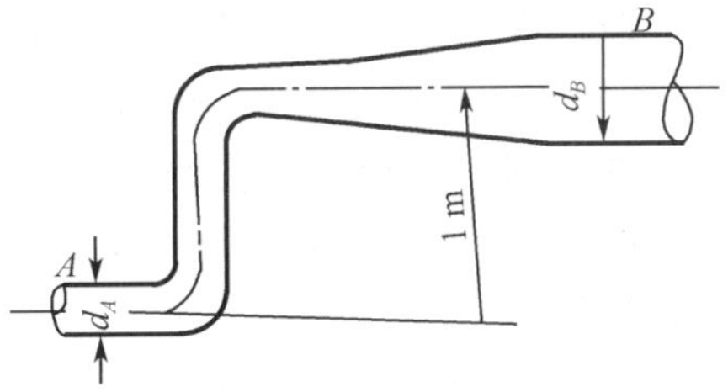

习图 4－12

4.14　有一渐变管，与水平面的倾角为 45°，其装置如习图 4－13 所示。1－1 断面的管径有一渐变管，与水平面的倾角为 45°，其装置如习图 4－13 所示。1－1 断面的管径 $d_1 = 141.4$ mm，2－2 断面的管径 $d_2 = 100$ mm，两断面的间距 $l = 2$ m，若密度 $\rho' = 900$ kg/m^3 的油通过该管段，在 1－1 断面处的流速 $v_1 = 2$ m/s，水银测压计中的液位差 $h = 20$ cm。试求：

(1) 1－1 断面到 2－2 断面之间水头损失 h_{w1-2}；

(2) 判断水流流向；

(3) 求 1－1 断面到 2－2 断面的压强差。

4.15　水从封闭水箱上部经过一个直径为 $d_1 = 30$ mm 的孔口 1 流入下部，在经过一个直径 $d_2 = 25$ mm 的孔口 2 排入大气。水箱上部有一个管道输入水时，水位保持恒定。在水箱上部和下部的封闭空间各接一个 U 形水银压差计，水银密度为 $\rho' = 13\,600$ kg/m^3，装置如习图 4－14 所示。如果水位 $H_1 = 2$ m，$H_2 = 2.5$ m，上面的 U 形压差计的读数 $h_1 = 0.252$ m，不计损失，试计算水流量 Q 以及下面的 U 形压差计的读数 h_2 的值。

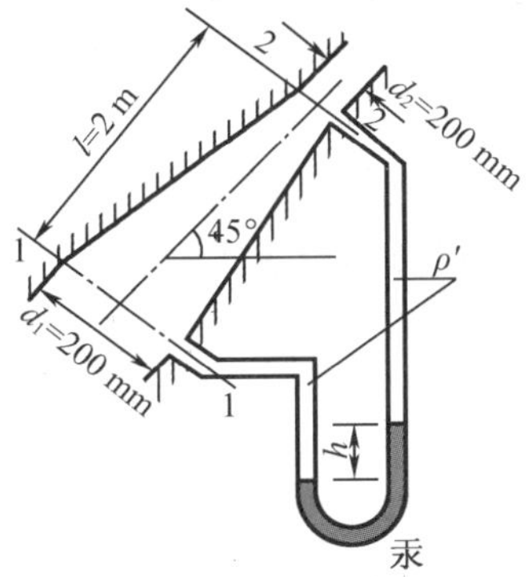

习图 4－13

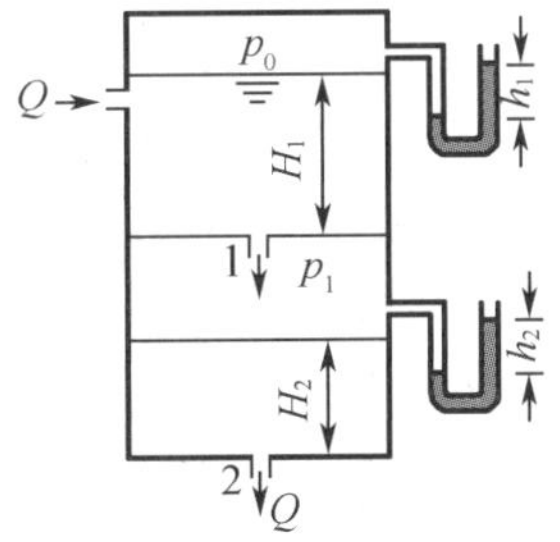

习图 4－14

4.16　引水管的渐变弯段如习图 4－15 所示，管道中心线在水平面上，转角 90°。入口断面 1－1 处的管径 $d_1 = 25$ cm，相对压强 $p_1 = 200$ kN/ m^2，出口断面 2－2 处管径 $d_2 = 20$ cm，流量 $Q = 0.15$ m^3/s，忽略水头损失，求固定此弯管所需要的力。

4.17　水自喷嘴射向一与其交角成 60° 的光滑平板上（不计摩擦阻力），在水平面上的位置如习图 4－16 所示。若喷嘴出口直径 $d = 25$ mm，喷射流量 $Q = 0.033\,4$ m^3/s，试求射流沿平板向两侧的分流流量 Q_1 和 Q_2，以及射流对平板的作用力 F（假设水头损失可忽略不计，喷嘴轴线沿水平方向）。

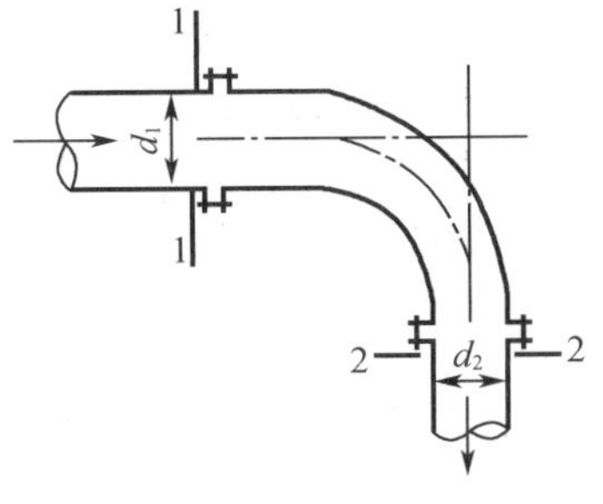

习图 4－15

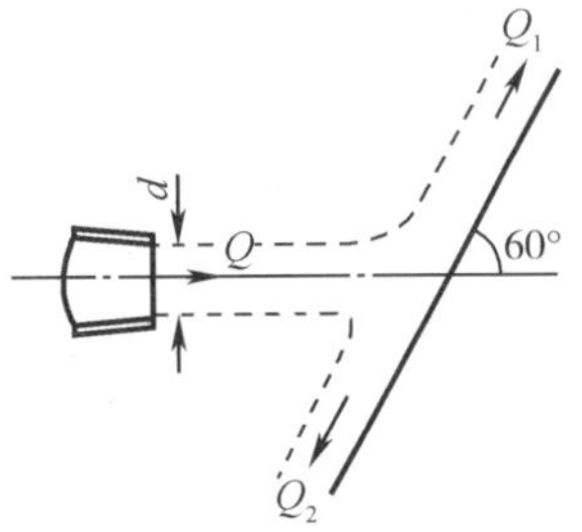

习图 4－16

4.18　一平板垂直于自由水射流的轴线位置，如习图 4 – 17 所示。截去射流流量的一部分 Q_1，并引起剩余部分 Q_2 偏转一个角度 θ。已知射流流量 $Q = 0.036\ m^3/s$，射流流速 $V = 30\ m/s$，且 $Q_1 = 0.012\ m^3/s$，试求射流对平板的作用力 F 以及射流偏转角 θ（不计摩擦力和重力）。

4.19　射流以 $v = 19.8\ m/s$ 的速度从直径 $d = 10\ cm$ 的喷嘴射出，在对称的角度 135°的圆形曲线叶片上，叶片距喷嘴很近。

（1）若叶片固定，求射流对叶片的冲击力；

（2）若叶片以速度 $u = 12\ m/s$ 和喷嘴出口处水流同方向运动，如习图 4 – 18 所示，求射流对叶片的冲击力。

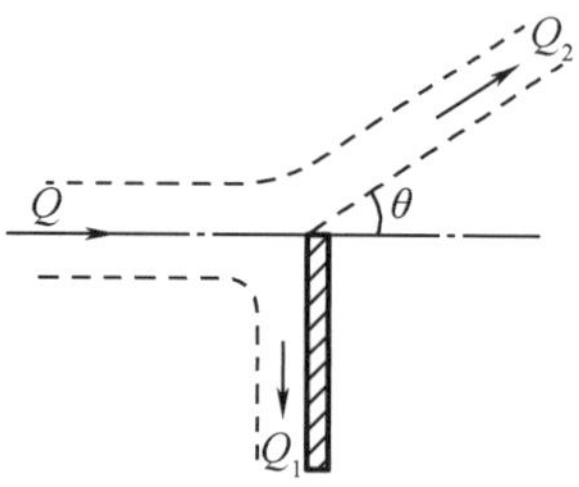

习图 4 – 17

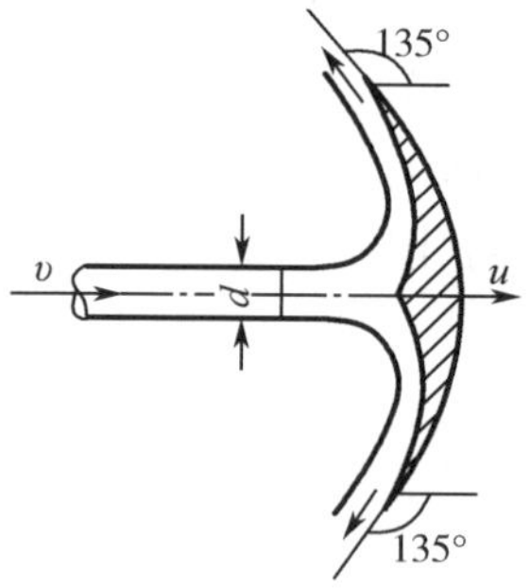

习图 4 – 18

4.20　如习图 4 – 19 所示两个水箱 A 和 B 由圆孔 C 联通，C 的孔面积为 100 cm^2，$H_1 = 5\ m$，$H_2 = 2\ m$，$H_3 = 1\ m$，A 和 B 两水箱水平截面积均为 5 m^2，试求因圆孔 C 的泄流使 A 和 B 的水面高度相等时的流动时间。

4.21　如习图 4 – 20 所示，有一直径为 d 和体积流量为 Q 的圆截面射流，正交向冲击于盘面后，流体沿盘面流出，试求在下列三种情况下盘面所收到的冲击力大小和功率表达式：

（1）盘面固定不动时的冲击力；

（2）盘面以速度 V 运动时的冲击力；

（3）盘面运动时的最大功率。

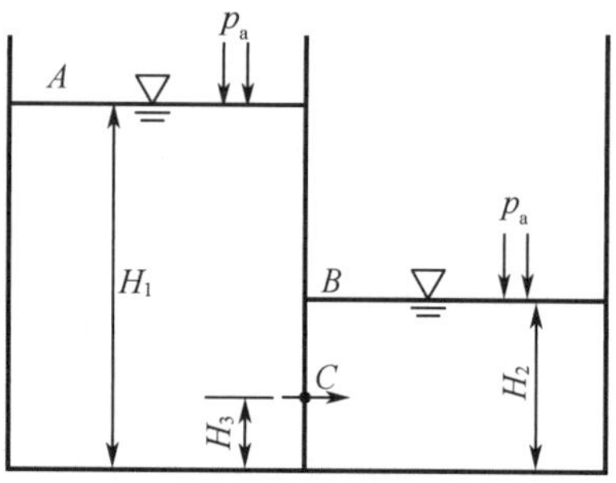

习图 4 – 19

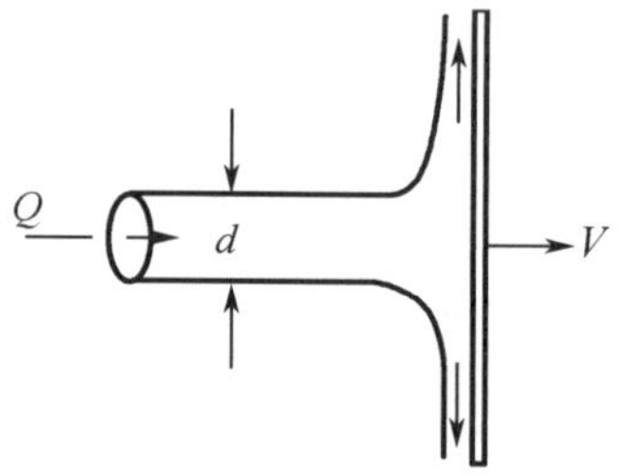

习图 4 – 20

4.22　一种土拨鼠的洞穴有两个洞口，一个在平地，一个半埋，如习图 4 – 21 所示。当土拨鼠以速度 V_0 穿过第一个洞口，通过第二个洞口的平均速度要比 V_0 大（因为有土堆）。假定空气通过第二个洞口的速度是 $1.07V_0$，风速为 6 m/s，$p_1 - p_2$ 的值是多少才能保证有新鲜空气流进洞穴里？

4.23　如习图 4 – 22 所示，一个罐子上开了几个洞，下列哪个图代表了孔中流出的水流速度？

4.24　如习图 4 – 23 所示，水流从一个密闭的水槽中流入直径为 15.24 cm 的管道，上升 60.96 cm 随后从直径为 5.08 cm 的喷头喷出，水流喷射高度为 609.6 cm，如果水流是定常、无摩擦、不可压缩的，求水槽内的压力。

4.25　如习图 4 – 24 所示，水从水槽流出，如果黏性影响忽略不计，试根据 H 和比重 SG 确定 h 的值。

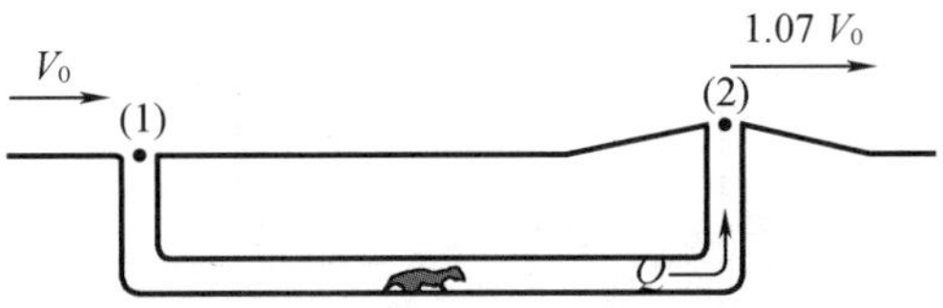

习图 4 - 21

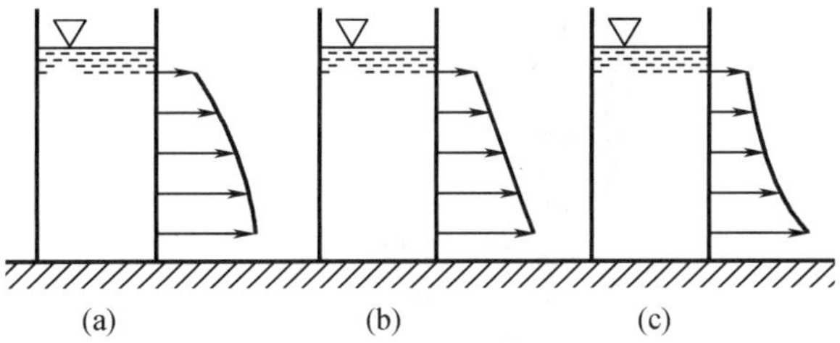

习图 4 - 22

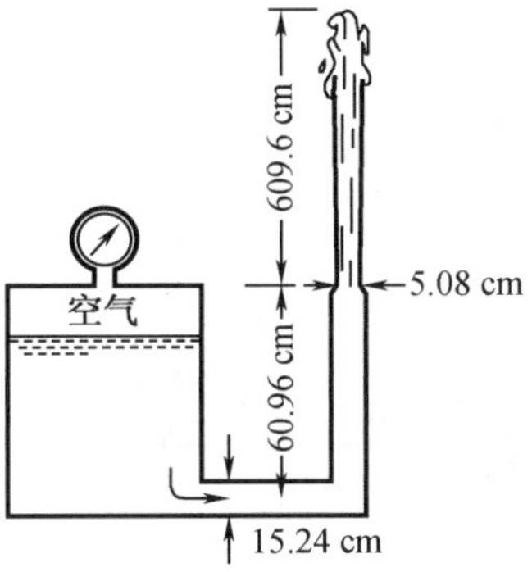

习图 4 - 23

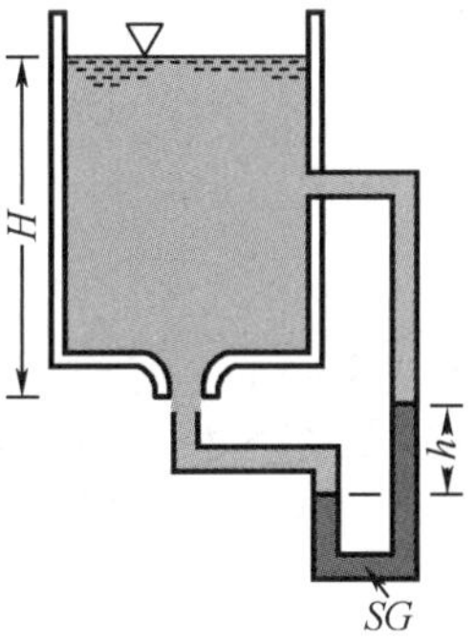

习图 4 - 24

4.26　一种消防用水管喷头直径为 9/8 in①，根据一些火灾的规定，喷头必须能够达到流量 250 gal/min。如果喷头连接着直径 3 in 的软管，那么喷头上游压力要保持在多少才能达到要求？

4.27　如习图 4 - 25 所示，水流从直径 0.75 in 的管道流出上升 2.8 in，试求流量为多少？

4.28　水流（假设无粘不可压）定常垂直流过面积变化的管道，如习图 4 - 26 所示，若每一个压力表读数均为 50 kPa，求流量为多少？

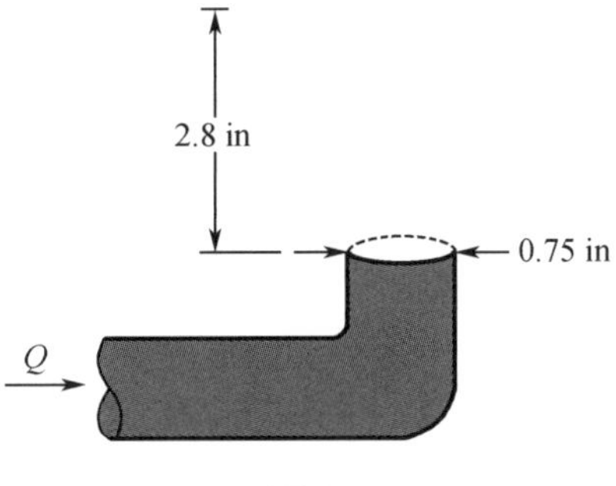

习图 4 - 25

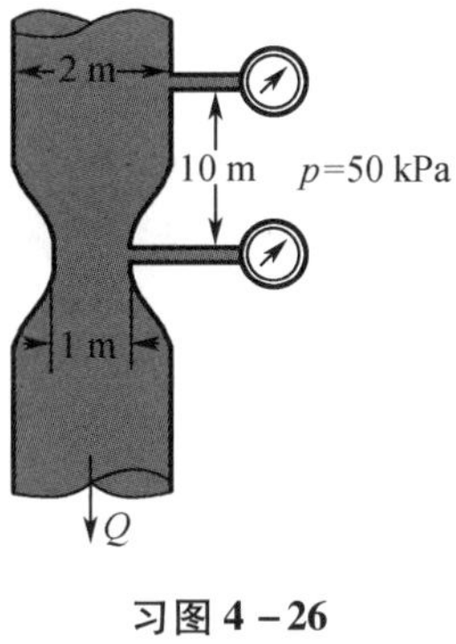

习图 4 - 26

4.29　如习图 4 - 27 所示，小直径，高压力的流体射流可以用于切割各种材料，如果黏性影响忽略不计，若要产生 0.10 mm 直径，700 m/s 的射流，试估计所需的压力。求流量是多少？

4.30　如习图 4 - 28 所示，水流过收缩管道，压力计差为 0.2 m，试求流速关于管道直径 D 的方程式。

4.31　如习图 4 - 29 所示，一根光滑的、塑料的 10 m 长、内径为 20 mm 的软管用来将水池中的水引出，如果黏性影响忽略不计，水池内的流速是多少？

4.32　如习图 4 - 30 所示，水流定常从大的开放的水槽流出，如果黏性忽略不计，(1) 求流量 Q；(2) 求压力计高度 h。

① 1 in = 2.54 cm

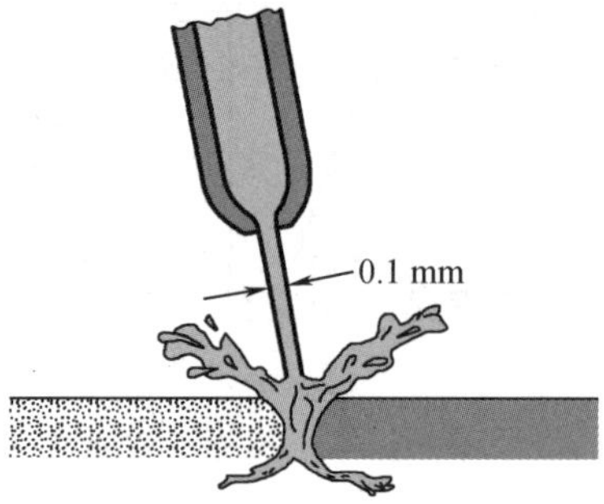

习图 4－27

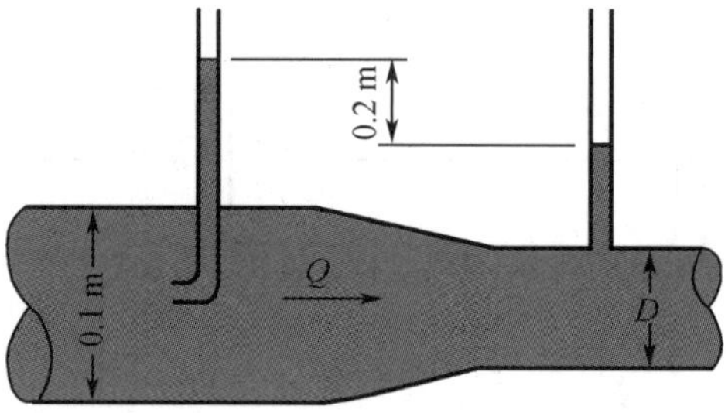

习图 4－28

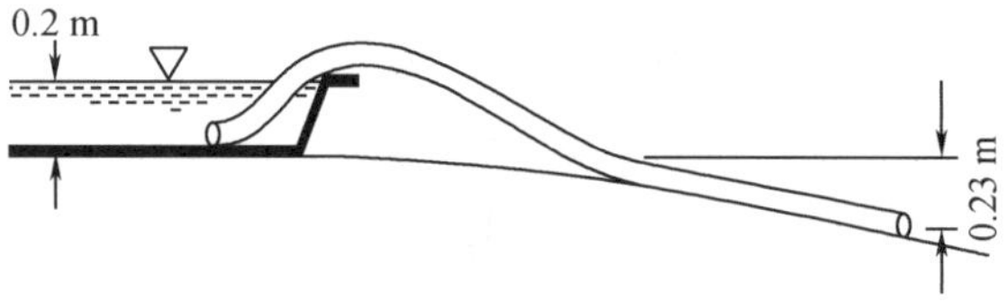

习图 4－29

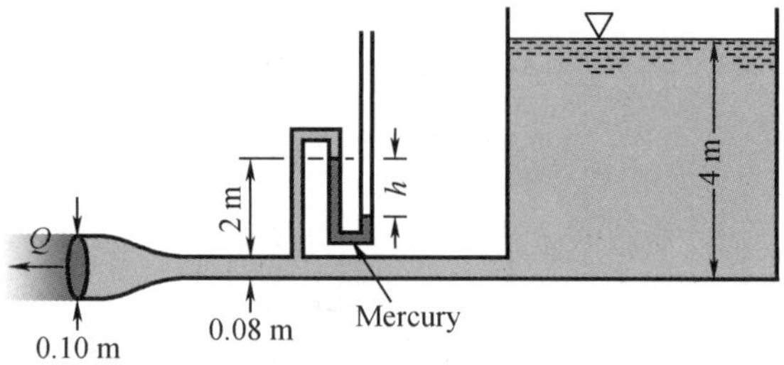

习图 4－30

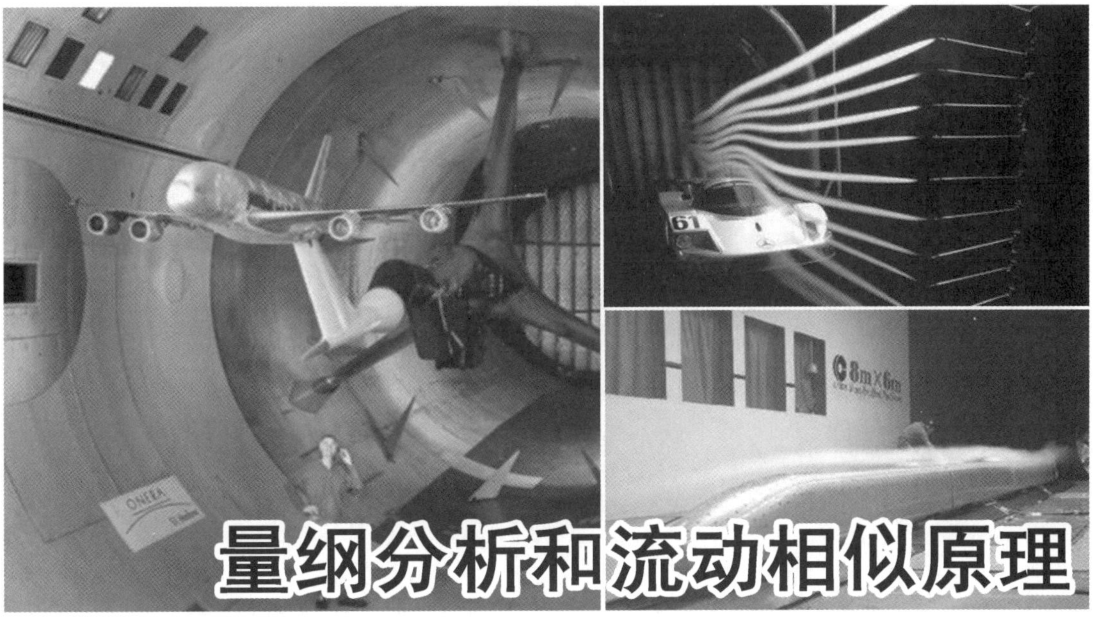

量纲分析和流动相似原理

流体力学的风洞实验指在风洞中安置飞行器或其他物体模型，研究气体流动及其与模型的相互作用，以了解实际飞行器或其他物体的空气动力学特性的一种空气动力实验方法。风洞实验的基本原理是相对性原理和相似性原理，根据相似性原理，可以将飞机、桥梁等大尺度物体做成几何相似的小尺度模型，气流速度在一定范围内也可以低于实际气流速度，根据试验结果可以推算出在真实条件下作用于物体上的空气动力。其中左侧图为法国国家航空研究中心的巨型风洞，其直径达到24 m，正在为A380客机的缩尺模型进行实验；右上图和右下图为跑车和高铁模型在大型风洞中进行模拟实验。

本章学习目标：

1. 熟悉无量纲相似准则数的表达形式和物理含义；
2. 理解量纲分析基本原理；
3. 了解模型实验设计方法和基本原则；
4. 了解如何运用相似理论处理实际问题。

第 5 章　量纲分析和流动相似原理

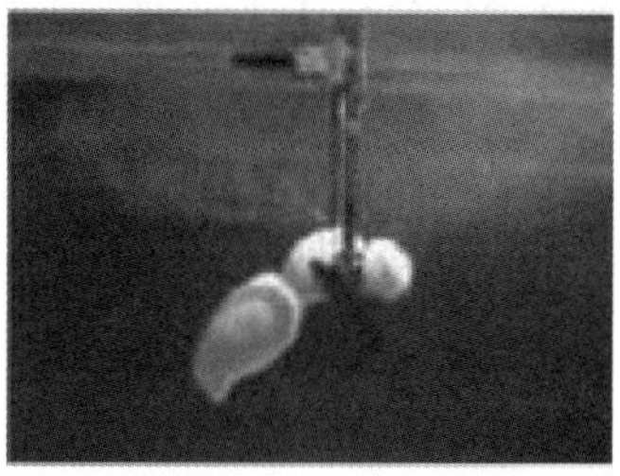

苍蝇模型

依据量纲分析及流动相似原理，建立苍蝇的 1:1 模型来研究苍蝇飞行过程中的气动特性。

尽管流体力学中的许多工程问题可以通过上述章节中描述的方程和分析方法来解决，但仍然存在大量依赖实验数据解决的问题。事实上，只有很少实际流体问题能够只通过分析来解决，而大量的问题要通过使用理论和数值分析与实验数据的组合来解决。因此，从事流体力学的工程师应该熟悉解决这些问题的方法，以便他们能够解读和利用数据，例如手册中的数据或者自己试验获得的数据。而量纲分析和相似性原理就给出了这些问题的解决办法。

量纲分析法又称为因次分析法，是一种数学分析方法，通过量纲分析，可以正确解决各变量之间的关系，简化实验和成果整理，是流体力学的重要工具之一。流动相似理论是从试验中发展而来的，对于复杂的实际工程问题，控制流体运动的基本方程的求解在数学上存在困难，可以借助于量纲分析和相似原理来建立实际工程问题中有关各物理量之间的关系，并通过实验的方法来研究，所以量纲分析和相似原理是解决实际工程问题和发展流体力学理论的重要方法。

5.1　量纲和谐原理

5.1.1　量纲

在学习量纲分析之前，就要理解量纲，首先要弄清量纲和单位的区别，量纲和单位都是关于度量的概念。将描述流体运动现象和运动规律的物理量，如长度、时间、质量、密度、速度、加速度等物理量按其性质不同可以分为各种类别，而量纲就是各种类别物理量的度量，如 L 表示长度的量纲，M 表示质量的量纲，T 表示时间的量纲。而单位是度量各种物理量数值大小的标准，长度为 1 m 的流道可以用 100 cm、3.28 ft 等不同单位来表示，所选的单位不同，数值也不同，但它们的量纲是一样的，都是长度的量纲 L。由此可知单位决定量度的数量，量纲表示量度的性质。

量纲可分为基本量纲和导出量纲。基本量纲是互相独立的量纲，即一个基本量纲不能从其他量纲中推导出来，也就是不依赖于其他基本量纲。如 L、M、T 都是互相独立的。对于力学问题，通常将长度的量纲 L、质量的量纲 M 和时间的量纲 T 作为基本量纲。力学的量纲一般取为三个，但不是必须三个，可以多于三个，也可以少于三个。例如对于可压缩流体，可以取 L、T、M 和温度的量纲为基本量纲。导出量纲是由基本量纲推导的其他物理量的量纲。力学中任何一个物理量 x 的量纲都可以用三个基本量纲的指数乘积形式表示，即

$$\dim x = \mathrm{L}^{\alpha}\mathrm{T}^{\beta}\mathrm{M}^{\gamma} \tag{5-1}$$

该式称为量纲公式，式中 $\dim x$ 代表物理量 x 的量纲，L、T、M 为基本量纲，量纲 x 的性质由量纲指数 α、β、γ 所决定：

当 $\alpha \neq 0, \beta = 0, \gamma = 0, x$ 为一几何学的量；
当 $\alpha \neq 0, \beta \neq 0, \gamma = 0, x$ 为一运动学的量；
当 $\alpha \neq 0, \beta \neq 0, \gamma \neq 0, x$ 为一动力学的量。

例如面积 A 的量纲 $\dim A = \mathrm{L}^2$，或者写成量纲的公式 $\dim A = \mathrm{L}^2\mathrm{T}^0\mathrm{M}^0$，所以面积 A 为一几何学量。加速度按其定义，其量纲 $\dim a = \frac{\mathrm{L}}{\mathrm{T}^2}$ 量纲公式为 $\dim a = \mathrm{L}^1\mathrm{T}^{-2}\mathrm{M}^0$，所以加速度为一运动量。运动黏度由牛顿内摩擦定律可知 $\mu = \frac{\tau}{\frac{du}{dy}}$，$\tau$ 为切应力，$\frac{du}{dy}$ 为流速梯度，则 μ 的量纲 $\dim \mu = \dim(F/L^2)/\frac{v}{\mathrm{L}} = \frac{\mathrm{MLT}^{-2}}{\mathrm{L}^2}/\frac{\mathrm{LT}^{-1}}{\mathrm{L}} = \mathrm{L}^{-1}\mathrm{T}^{-1}\mathrm{M}^1$，所以力 F 和动力系数均为动力学量。

表 5－1　工程流体力学中常用的量纲

物理量	符号	量纲	单位
长度	L	L	m
面积	A	L^2	m^2
体积	V	L^3	m^3
水头	H	L	m
面积矩	I	L^4	m^4
时间	t	T	s
流速	v	LT^{-1}	m/s
加速度	a	LT^{-2}	$\mathrm{m/s}^2$
重力加速度	g	LT^{-2}	$\mathrm{m/s}^2$
流量	Q	$\mathrm{L}^3\mathrm{T}^{-1}$	m^3/s
单宽流量	q	$\mathrm{L}^2\mathrm{T}^{-1}$	m^2/s
环量	Γ	$\mathrm{L}^2\mathrm{T}^{-1}$	m^2/s
流函数	ψ	$\mathrm{L}^2\mathrm{T}^{-1}$	m^2/s
速度势	φ	$\mathrm{L}^2\mathrm{T}^{-1}$	m^2/s
运动黏度	ν	$\mathrm{L}^2\mathrm{T}^{-1}$	m^2/s
质量	m	M	kg
力	F	MLT^{-2}	N
密度	ρ	ML^{-3}	$\mathrm{kg/m}^3$
动力黏度	μ	$\mathrm{ML}^{-1}\mathrm{T}^{-1}$	Pa · s
压强	p	$\mathrm{ML}^{-1}\mathrm{T}^{-2}$	Pa
切应力	τ	$\mathrm{ML}^{-1}\mathrm{T}^{-2}$	Pa
弹性模量	E	$\mathrm{ML}^{-1}\mathrm{T}^{-2}$	Pa
表面张力	σ	ML^{-2}	N/m
动量	p	MLT^{-1}	kg · m/s
功、能	W,E	$\mathrm{ML}^2\mathrm{T}^{-2}$	J = N · m
功率	P	$\mathrm{ML}^2\mathrm{T}^{-3}$	W

5.1.2　量纲和谐原理

量纲和谐原理:凡能够正确反映客观规律的物理方程,其各项的量纲都必须是一致的。因为只有两个同类型的物理量才能相加减,否则就没有意义。例如伯努利方程

$$\frac{v_1^2}{2g}+\frac{p_1}{\rho g}+z_1=\frac{v_2^2}{2g}+\frac{p_2}{\rho g}+z_2 \tag{5-2}$$

式中各项量纲都是长度量纲 L,因而该式的量纲是和谐的。各项的单位无论是用国际单位还是英制单位,该方程的形式均不变,所以量纲和谐的方程是适合于各种单位制的。不同量纲的物理量不能相加减,但是可以相乘除而得到另一个物理量,如流速与质量相乘为动量。各物理量(不管是同量纲或不同量纲)通过乘除可以组合成量纲和谐方程式中的一项,例如伯努利方程中的$\frac{v^2}{2g}$,$\frac{p}{\rho g}$均是由两个以上的物理量通过乘除组合而成的。

在量纲和谐的方程中,一般讲其系数和常数也应该是无量纲的。而经验公式在没有理论分析的情况下,根据部分实验资料或实测数据归纳出来的公式,常带有量纲的系数,这些公式的量纲是不和谐的。在运用这些公式时必须用规定的单位,不得更换。例如在明渠均匀流计算中将广为运用的曼宁公式带入谢才公式,得到的谢才-曼宁公式

$$v=\frac{1}{n}R^{\frac{2}{3}}J^{\frac{1}{2}} \tag{5-3}$$

式中　v——河渠中水流的平均速度,量纲为 LT^{-1};

R——水力半径,量纲为 L;

n——槽壁的粗糙系数;

J——水力坡度;

n 和 J 为无量纲量,显然上式是不和谐的。

需要注意的是在运用不和谐的经验公式时,采用不同的单位制,公式的系数需要改变。上面列举中的谢才-曼宁公式仅适用于国际单位制,若采用英制单位,则上式将改变为

$$v=\frac{1.486}{n}R^{\frac{2}{3}}J^{\frac{1}{2}} \tag{5-4}$$

这些经验公式虽然在一定时间内,甚至是在现阶段仍然在工程实际中使用着,但从量纲上分析是不合理的,说明人们对客观事物的认识不够全面和充分,只能用不完全的经验公式来表示局部规律性。这些公式随着人们对流动本质的深刻认识将逐步被修正或被正确完整的公式所取代。

无量纲量在设计实验、进行实验、解释实验、指导实验的过程中具有重要作用。

量纲和谐原理说明一个正确、完整的物理方程中,各物理量量纲之间的关系是确定的,因此可以按照物理量量纲之间的这一规律,建立表征一个物理过程的新的方程。量纲分析法就是根据这一原理发展起来的。

5.2　无量纲数

在流体力学中有一些物理量的量纲可以简化为1,在量纲公式中各指数可以化简为0,公式表达

经常给无量纲量有用的物理解释。

$$\dim x = L^0T^0M^0 = 1 \tag{5-5}$$

称 x 为无量纲量(数)也称纯数。流体力学中常用的无量纲数主要有雷诺数、马赫数、斯特劳哈尔数、弗劳德数、欧拉数、韦伯数。这些数可以由量纲分析得出也可以由实验得到,而且无量纲数都表示了某两种力之比,这是因为流体流动状态改变决定于其所受的力,而哪种力占主导因素,流动就主要由该作用力决定。下面详细地介绍这几种无量纲参数的表达式和物理意义。

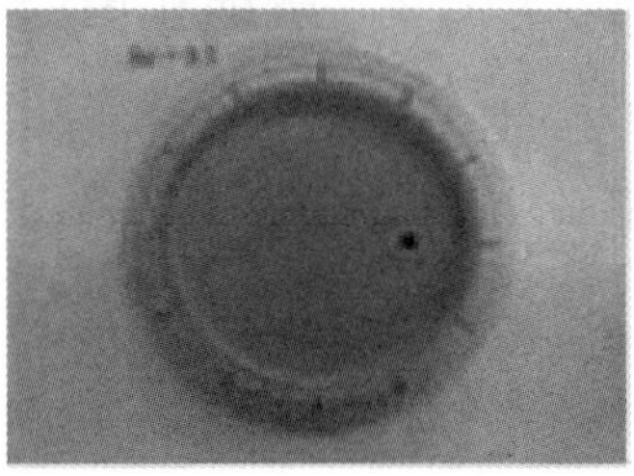

雷诺数

5.2.1 雷诺数

$$Re = \frac{\rho vL}{\mu} \tag{5-6}$$

式中 ρ——流体的密度;

v——流体流速;

L——特征长度;

μ——动力黏性系数。

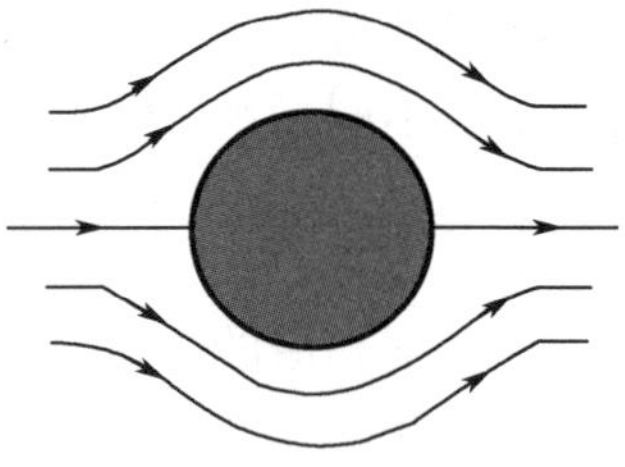

$Re \approx 0.2$

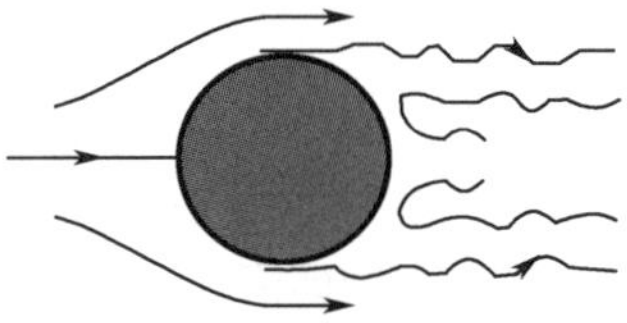

$Re \approx 20\ 000$

雷诺数是流体力学中最著名的无量纲数,使其著名的主要原因是英国科学家雷诺的著名实验,该实验揭示了雷诺数是决定流动为层流还是湍流的重要参数。然而简单地说雷诺数是决定流动状态的参数是不准确的。例如蜜蜂和水在低速时都可以是层流,但它们的运动特征也是很不一样的。又例如,对于超声速流动,马赫数对流动状态的作用比雷诺数大得多。

雷诺数的物理意义是流体的惯性力与黏性力之比,既然惯性力是流体运动状态的改变(加速度),那么雷诺数其实就代表流动黏性力的大小。雷诺数从小到大的变化就是黏性力逐渐减弱的过程。

5.2.2 马赫数

$$Ma = \frac{v}{a} \tag{5-7}$$

式中 v——流体速度;

a——当地声速。

马赫数是可压缩流问题中常用的无量纲参数。

马赫数大概是流体力学中,除雷诺数之外第二有名的无量纲数了,对于空气动力学来说马赫数比雷诺数还要重要得多。马赫数的表面物理意义是物体运动速度与当地声速之比。在力的层次上马赫数表示了流体的惯性力和弹性力之比。马赫数越大说明流动中的弹性力作用越小。

5.2.3 斯特劳哈尔数

$$St = \frac{fl}{v} \tag{5-8}$$

式中 f——周期性流动的频率;

L——特征长度;

v——流体速度。

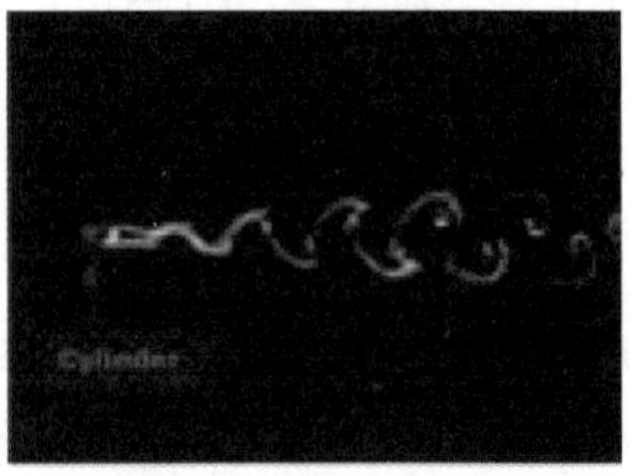

斯特劳哈尔数

当流体做周期性非定常运动时,可以用斯特劳哈尔数来描述震荡的程度,斯特劳哈尔数表示了当地惯性力(非定常惯性力)与对流惯性力(定常惯性力)之比,可以看出斯特劳哈尔数越大则表示震荡的强度越大。当流体绕物体流动时经常会在其后面形成周期性的涡脱落,成为卡门涡街。对于一定雷诺数下的圆柱扰流来说,这种涡脱落具有很好的周期性。

5.2.4　弗劳德数

Fr 数以英国船舶设计师弗劳德(W. Froude)命名,当模拟具有自由液面的液体流动时,如水面船舶运动、明渠流动等。

$$Fr = \frac{v}{\sqrt{gL}} \tag{5-9}$$

式中　v——流体流速;

g——重力加速度;

L——特征长度。

弗劳德数表示了流动中惯性力与重力之比。一般只有在处理重力场内液体的自由表面相关的运动时才考虑弗劳德数,实际上弗劳德数就是英国科学家弗劳德在研究航船航行时所受到的水面阻力时定义的。

5.2.5　欧拉数

$$Eu = \frac{p}{\rho v^2} \tag{5-10}$$

式中　p——流体压力;

ρ——流体密度;

v——流体流速。

欧拉数表示了流体的压力与惯性力之比。实际上影响流体运动的一般是压差力,而不是绝对压力的大小,因此欧拉数也常常写为

$$Eu = \frac{\Delta p}{\rho v^2} \tag{5-11}$$

可以发现这个无量纲数经常表现为另一个形式,即压力系数

$$C_p = \frac{\Delta p}{\frac{\rho v^2}{2}} \tag{5-12}$$

在不可压缩流体中,欧拉数表示了两点的压差与来流动压头的比例关系,根据伯努利方程,欧拉数也表示了流体的加减速程度。如果一种流动满足定常、无黏、不可压、忽略体积力、忽略表面张力等条件,或者说流体的运动状态只由压差力决定的话,则压力系数只与流体的几何形状相关,这就是势流。例如,对于理想圆柱扰流,其表面压力系数只与几何角度相关

$$C_p = \frac{p - p_\infty}{\rho v_\infty^2 / 2} = 1 - 4\sin^2\theta \tag{5-13}$$

对于肥皂泡而言,其韦伯数远小于1,表面张力起主要作用。

韦伯数

5.2.6　韦伯数

$$We = \frac{\rho v^2}{\sigma} \tag{5-14}$$

式中　ρ——流体的密度;

v——流体的流速;

σ——液体表面张力系数。

韦伯数表示了惯性力与表面张力的比值。在液体表面会存在表面张力,当流体的运动速度较小,或者液体的尺度比较小时,表面张力有可能与当地的惯性力相当或更大,这就需要考虑表面张力的作用了。韦伯数越小表示表面张力越重要,例如毛细管现象、肥皂泡、液滴等小尺度问题,当韦伯数大于1时,表面张力作用就可以忽略了。

无量纲的数值大小与所采用的单位制无关,且无量纲可以进行超越函数的运算。有量纲的量只能做简单的代数运算,而进行对数、指数、三角函数的运算是没有什么意义的,只有无量纲化才能进对数、指数、三角函数等超越函数的运算。正是由于无量纲量有上述一些特点,无量纲量在上面的量纲分析和相似原理中有着广泛的用途。

5.3 量纲分析法

在量纲和谐原理基础上发展起来的量纲分析方法有两种,其中有适用于解决简单问题的瑞利(Rayleigh)法,另一种方法是基于 π 定理或白金汉(Buckingham)定理的通用量纲分析方法。

量纲分析基于白金汉定理。

5.3.1 π 定理

π 定理是量纲分析中最为通用的方法,是由白金汉提出的。这种方法可以把原来较多的变量改写成较少的无量纲变量,从而使问题简化。

π 定理基本内容是:若某一物理过程包含有 n 个物理量,可表示为如下函数关系

$$f(x_1, x_2, \cdots, x_n) = 0 \tag{5-15}$$

其中有 m 个基本变量(量纲独立,不能互相导出的物理量),则该物理过程可由 n 个物理量所构成的$(n-m)$个无量纲组合所表达的关系式来描述,即

$$F(\pi_1, \pi_2, \cdots, \pi_{n-m}) = 0 \tag{5-16}$$

由于无量纲组合用 π 表示,π 定理由此得名。π 定理可用数学方法证明,这里不再证明,必要时可查阅相关专著。

π 定理的运用步骤如下:

(1)找出对物理过程有影响的 n 个物理量,写成式(5-16)形式。所谓有影响的物理量是指对所研究的物理过程起作用的各种独立因素。对于不可压缩流体的运动,主要包括流体的物理性质、流动边界的几何特征、流体的运动特征等,这当中既有变量也有常量,如密度、黏度、重力加速度一般按常量对待。注意影响因素列举的是否全面和正确,将直接影响分析结果。

量纲分析可以遵循具体的步骤。

(2)从 n 个物理量中选取 m 个相互独立的基本物理量。对于不可压缩流体运动,一般取 $m=3$。设 x_1、x_2、x_3 为所选取的基本物理量,由量纲公式(5-1),可得

$$\dim x_1 = \mathrm{L}^{\alpha_1}\mathrm{T}^{\beta_1}\mathrm{M}^{\gamma_1}$$
$$\dim x_2 = \mathrm{L}^{\alpha_2}\mathrm{T}^{\beta_2}\mathrm{M}^{\gamma_2}$$
$$\dim x_3 = \mathrm{L}^{\alpha_3}\mathrm{T}^{\beta_3}\mathrm{M}^{\gamma_3}$$

满足 x_1、x_2、x_3 量纲独立的条件是量纲式中的指数行列式不等于0,即

$$\begin{vmatrix} \alpha_1 & \beta_1 & \gamma_1 \\ \alpha_2 & \beta_2 & \gamma_2 \\ \alpha_3 & \beta_3 & \gamma_3 \end{vmatrix} \neq 0$$

(3)基本物理量依次与其余组合成$(n-m)$个无量纲 π 项：

$$\pi_1 = \frac{x_4}{x_1^{a_1} x_2^{b_1} x_3^{c_1}}$$

$$\pi_2 = \frac{x_5}{x_1^{a_2} x_2^{b_2} x_3^{c_2}}$$

$$\vdots$$

$$\pi_{n-3} = \frac{x_n}{x_1^{a_{n-3}} x_2^{b_{n-3}} x_3^{c_{n-3}}}$$

(4)根据量纲和谐原理，求出各 π 项指数 a_i、b_i、c_i。

例题 5－1　π 定理

已知：当实际流体绕非流线型物体流动时，边界层(边界层是高雷诺数绕流中紧贴物面的黏性力不可忽略的流动薄层，又称流动边界层、附面层，在第 8 章会详细讨论)会从物面分离出来，如图 5－1 所示的圆柱扰流分离场景，在物体后面形成旋涡回流区，旋涡回流区压力小于来流压强，而固体迎风面的压强则大于来流压强。这样，在固体壁面上前后压强不对称，前面压强大、后面压强小，前后的压差使得流体流动产生附加的阻力，一般采用实验研究得出经验值。这样流体绕流固体，绕流阻力包括摩擦阻力和形状阻力两部分，可统一写成：

$$D = C_D \frac{1}{2} \rho v_\infty^2 A$$

阻力系数 C_D 与流动的雷诺数、物体的形状、大小、方位等有关，对于确定的圆柱绕流，来流方向一定时，阻力系数只是雷诺数的函数。图 5－2 给出了圆柱绕流阻力系数与雷诺数的关系$\left(C_D = \dfrac{D}{\frac{1}{2}\rho v_\infty^2 d}, Re = \dfrac{v_\infty d}{v} \right)$。由图 5－2 可以看出，光滑表面处阻力系数骤然下降。通常把下降点称为临界点，把临界点以前的状态称为亚临界状态，把临界点以后的状态称为超临界状态。

求解：试用 π 定理推求圆柱绕流阻力 D 的表达式。

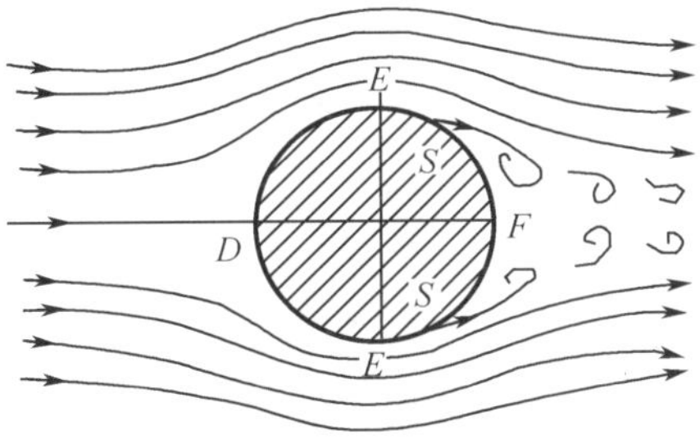

图 5－1　圆柱绕流流动情况

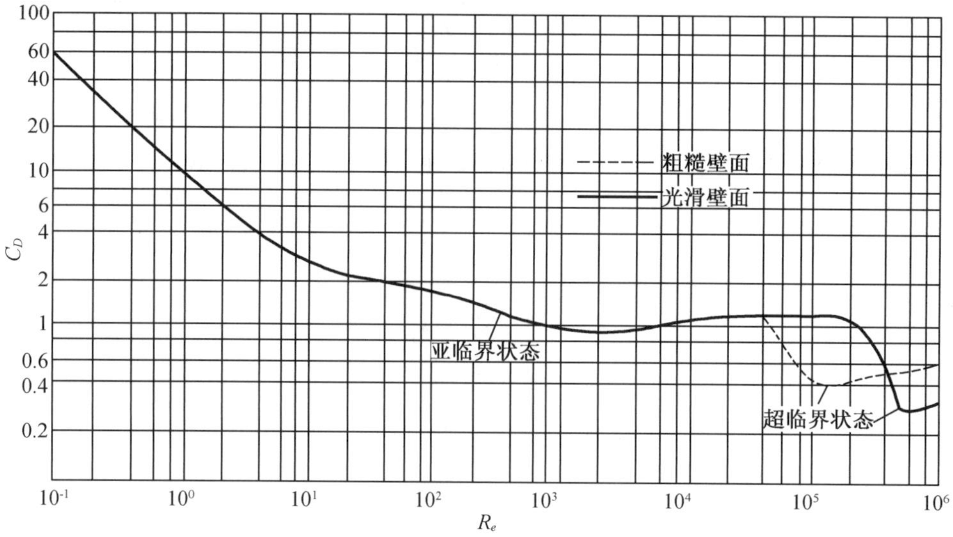

图 5－2　圆柱绕流实验结果

解题过程：

(1)首先确定对绕流阻力有关的系数物理量，根据对已有的资料分析可知，圆球绕流阻力 D 与流体物理性质(包括流体的密度 ρ 和动力黏度流阻系数 μ)、流动边界的集合特性(圆球直径 d)和流体运动特征值(来流流速 v)有关，共三个方面5个物理量，用函数关系式表示为

$$f(D,\rho,\mu,d,v)=0$$

(2)选取三个基本物理量，在流体物性、集合特性、运动特性三个方面各选取一个，即 ρ、d、v 作为基本物理量，由量纲公式

$$\dim \rho = L^{-3}T^{0}M^{1}$$

$$\dim d = L^{1}T^{0}M^{0}$$

$$\dim v = L^{1}T^{-1}M^{0}$$

量纲指数行列式 $\begin{vmatrix} -3 & 0 & 1 \\ 1 & 0 & 0 \\ 1 & -1 & 0 \end{vmatrix} = -1 \neq 0$

所以三个基本物理量量纲是独立的。

(3)列出 $n-3=5-3=2$ 个无量纲 π 项

$$\pi_1 = \frac{D}{\rho^{a_1}\ d^{b_1}\quad v^{c_1}}$$

$$\pi_2 = \frac{\mu}{\rho^{a_2}\ d^{b_2}\quad v^{c_2}}$$

(4)根据量纲和谐原理，确定各 π 项的指数，对于 π_1，其量纲式为

$$LT^{-2}M = (ML^{-3})^{a_1}L^{b_1}(LT)^{c_1}$$

$$L:1=-3a_1+b_1+c_1$$

$$T:-2=-c_1$$

$$M:1=a_1$$

联立求解以上三式，得 $a_1=1, b_1=2, c_1=2$

$$\pi_1 = \frac{D}{\rho\ d^2\ v^2}$$

对于 π_2，其量纲公式为 $L^{-1}T^{-1}M = (ML^{-3})^{a_2}L^{b_2}(LT^{-1})^{c_2}$

$$L: -1 = -3a_2 + b_2 + c_2$$

$$T: -1 = -c_2$$

$$M: 1 = a_2$$

联立求解以上三式得 $a_2 = 1, b_2 = 1, c_2 = 1$

则可得 $\pi_2 = \frac{\mu}{\rho d v} = \frac{\nu}{d v} = Re^{-1}$

(5)写出无量纲方程

$$F\left(\frac{D}{\rho d^2 v^2}, Re^{-1}\right) = 0$$

或写出无量纲方程

$$D = f(Re)\rho d^2 v^2 = f(Re)\frac{\pi}{8}\frac{\pi d^2}{4}\frac{\rho v^2}{2} = C_d A\frac{\rho v^2}{2}$$

5.3.2 瑞利法

瑞利法的基本原理是某一物理量有关，即

$$f(x_1, x_2, \cdots, x_n) = 0$$

其中某个物理量 x_i 可以表示为其他物理量的指数形式

$$x_i = kx_1^a x_2^b \cdots x_{n-1}^m \tag{5-17}$$

其量纲式为

$$\dim x_i = k \cdot \dim(x_1^a x_2^b \cdots x_{n-1}^m) \tag{5-18}$$

将式中各物理量的量纲按照量纲公式(5-1)表示为基本量纲的指数乘积形式，并根据量纲和谐原理，确定待定系数 a、b、$\cdots$、m，即可求该物理过程的方程式，式中的系数仍需要通过实验和分析加以确定。

下面通过例题来介绍瑞利法的解题步骤。

例题 5-2 瑞利法解题

已知：流量测量可以在一段管道中进行，保证流体在管道中是层流流动，测得一段管道的压差，已知流体的相关性性质及管道的相关参数，利用伯努利定理即可获得通过管道的流量，原理如图 5-3 所示。在如图 5-3 所示的实验过程中，得知流体在圆管中做层流运动时，所通过的流量 Q 与流体动力黏度系数 μ，管道半径、管道长度 l 和管道两端压强差 Δp 有关。且根据对实测资料分析可知 Q 与 l 成正比。

求解：试用瑞利法推求圆管层流的流量计算公式。

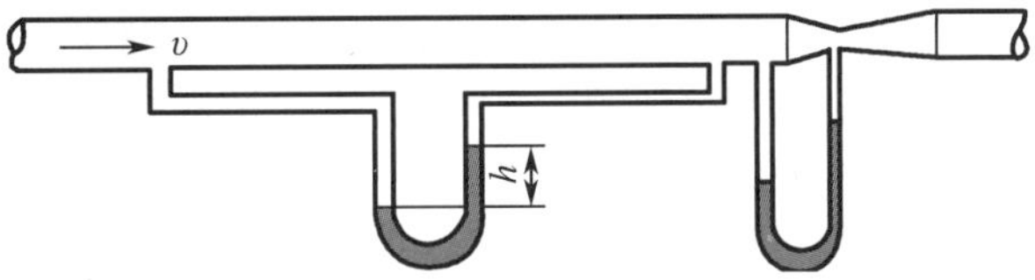

图 5-3 层流流量测量

解题过程：

(1)根据已知条件，将 l 和 Δp 合并为一项，可得如下函数关系

$$f\left(Q, \mu, r_0, \frac{\Delta p}{l}\right) = 0$$

(2)写出指数乘积式

$$Q = k\mu^a r_0^b \left(\frac{\Delta p}{l}\right)^c$$

(3)写出量纲表达式

$$\dim Q = \dim\left[\mu^a r_0^b \left(\frac{\Delta p}{l}\right)^c\right]$$

(4)选取 L、T、M 做基本量纲,表示各物理量的量纲

$$L^3T^{-1}M^0 = (L^{-1}T^{-1}M)^a L^b (L^{-2}T^{-2}M)^c$$

(5)根据量纲和谐原理求待定的量纲系数

$$L:3 = -a + b - 2c$$

$$T:-1 = -a - 2c$$

$$M:0 = a + c$$

解得 $a = -1, b = 4, c = 1$。

(6)代入指数乘积式

$$Q = k\frac{r_0^4}{\mu}\frac{\Delta p}{l}$$

有实验确定的系数 $k = \frac{\pi}{8}$,则

$$Q = \frac{\pi}{8}\frac{r_0^4}{\mu}\frac{\Delta p}{l}$$

从例题中可以看出,用瑞利法推求物理过程方程式,只能用于比较简单的问题,有关物理量不超过 4 个。当物理量超过 4 个时,则需要归并有关物理量。

5.4 流动相似原理

流动相似理论主要是从实验中发展而来的。有一些实验不可能在真实的环境中进行,有一些实验虽然可以模拟真实的环境,但要耗费大量的人力和财力,还有一些实验,真实环境很难测得详细的流动信息,这些时候通常要用到模型实验。有些模型实验与真实情况看起来甚至完全不同,但只要分析得当,抓住想要研究的问题的实质,反而可以把问题研究得更为透彻。

流体力学的实验方法之一就是进行模型实验,所谓的模型实验就是根据相似原理,将需要进行试验的实际流动区域制作成相似的小比例模型,根据模型实验结果,推测原型可能发生的现象。相似原理就是进行模型试验的理论基础。各种实验的使用范围也得靠相似原理来解决。相似原理就是对流动相似性进行理论分析的一个重要手段。下面就流体力学相似的四个方面进行详细地介绍。

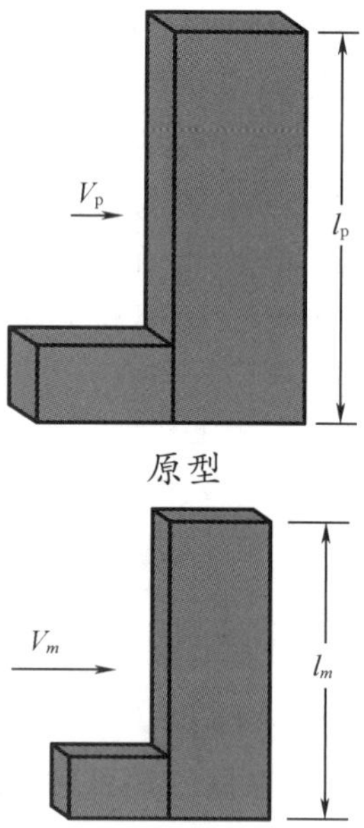

原型

模型

5.4.1 力学相似

力学相似包括以下四个方面:

1. 几何相似

几何相似是指原型和模型两个流场的几何形状相似,即两个流场相应的线段长度成比例,相应的夹角相等。

如以 l 表示一段线段的长度,θ 表示两条线段的夹角,以角标 p 表示原型,m 表示模型,则有

$$\lambda_l = \frac{l_p}{l_m} \tag{5-19}$$

$$\theta_p = \theta_m \tag{5-20}$$

式中，λ_l 为长度比尺，由此可推导相应的面积比尺和体积比尺，即

$$\lambda_A = \frac{A_p}{A_m} = \frac{l_p^2}{l_m^2} = \lambda_l^2 \tag{5-21}$$

$$\lambda_V = \frac{V_p}{V_m} = \frac{l_p^3}{l_m^3} = \lambda_l^3 \tag{5-22}$$

严格来讲，原型和模型表面粗糙度也应该具有相同的长度比尺，而在实际上往往只能近似地做到这一点。

几何相似是力学相似的前提，只有在几何相似的流动中，才有可能存在相应的点，才有可能进一步探讨对应点上其他物理量的相似问题。

2. 运动相似

运动相似是指两个流场对应点的速度方向相同，大小成比例，则相应断面的平均流速也必然具有相同比尺，即

$$\lambda_u = \frac{u_p}{u_m} \tag{5-23}$$

式中，λ_u 为速度比尺。

由于原型和模型各个相应点速度成比例，则相应断面的平均流速也必然具有相同比尺，即

$$\lambda_v = \frac{v_p}{v_m} = \frac{u_p}{u_m} = \lambda_u \tag{5-24}$$

将 $v = l/t$ 关系代入上式，可得

$$\lambda_v = \frac{l_p/t_p}{l_m/t_m} = \frac{l_p}{l_m}\frac{t_m}{t_p} = \frac{\lambda_l}{\lambda_t} \tag{5-25}$$

式中，$\lambda_t = \frac{t_p}{t_m}$ 为时间比尺，它表示模型和原型要实现相似所需要的时间之比。

速度相似就意味着各相应点的加速度也是相似的，即

$$\lambda_a = \frac{a_p}{a_m} = \frac{\lambda_l}{\lambda_t^2} = \frac{\lambda_v}{\lambda_t} = \frac{\lambda_v^2}{\lambda_l} \tag{5-26}$$

式(5-25)中，λ_a 为加速度比尺。

由此可见，只要速度相似，加速度也必然相似，反之亦然。

由于速度场的研究是流体力学的重要问题，所以运动相似通常是模型实验的目的。

3. 动力相似

动力相似是指两个流体各个相应点上，其质点所受到的各种力均维持一定的比例关系。根据达朗贝尔原理，对于任一运动的质点，设想加在质点上的惯性力与质点所受到各种作用力平衡，这些力构成一个封闭的多边形。从这个意义上说，动力相似表征为流体相应点上的力的多边形相似，相应边（即同名力）成比例。

飞机模型

飞机模型是根据流动相似原理，研究复杂流动问题的一种常见工具。

一般影响流体运动的作用力主要有黏滞力、重力、压力，对于有些流动还要考虑弹性力或表面张力。若分别用 T、G、P、E、S 和 I 代表黏滞力、重力、压力、弹性力、表面张力和惯性力，则有

$$\frac{T_p}{T_m}=\frac{G_p}{G_m}=\frac{P_p}{P_m}=\frac{E_p}{E_m}=\frac{S_p}{S_m}=\frac{I_p}{I_m} \tag{5-27}$$

即

$$\lambda_T=\lambda_G=\lambda_P=\lambda_E=\lambda_S=\lambda_I \tag{5-28}$$

上面已经讲过，运动相似要求速度和加速度均相似。对于不可压缩液体，密度可视为常数，所以，加速度相似就意味着惯性力相似，而惯性力相似是其他各种作用力相似的结果，所以动力相似是运动相似的保证。

4. 初始条件和边界条件的相似

初始条件和边界条件的相似是保证两个流动相似的充分条件，正如初始条件和边界条件是微分方程的定解条件一样。

对于非定常流，初始条件是必需的；对于定常流，初始条件则失去了实际意义。

边界条件相似是指两个流动相应边界性质相同，如固体边界上的法线流速都为0；自由液面上压强均等于大气压强等，对于原型机和模型来说都是一样的。

当然，如果把边界条件相似归结于几何相似，对于定常流动来说，又需要考虑初始条件相似问题，这样流体运动的力学相似就包括几何相似、运动相似和动力相似三个方面。

5.4.2 相似准则

两个流动实现动力相似，要求作用在相应质点上各种力的比尺要满足一定的约束关系，我们把这种约束关系称为相似准则。

作用在流体质点上的力可以分为两类，一类是企图维持原有运动状态的力，如惯性力 I；另一类力是企图改变其运动状态的力，如重力 G、黏滞力 T、压力 P 等。流动状态的变化是这两类力的相互作用的结果。因此，各种力之间的比例关系应以惯性力为一方来相互比较，在两个相似的流动中，这种比例关系应保持不变。

惯性力 $I=ma=\rho l^3a=\rho l^2v^2$，则惯性力比尺

$$\lambda_l=\frac{I_p}{P_m}=\lambda_\rho\lambda_l^3\lambda_a=\lambda_\rho\lambda_l^2\lambda_v^2 \tag{5-29}$$

式中，λ_ρ 为密度比尺。

若存在某一企图改变运动状态的力为 F，则两个流动相似 F 力之比应满足

$$\lambda_F=\frac{F_p}{F_m} \tag{5-30}$$

根据动力相似有

$$\lambda_I=\lambda_F \tag{5-31}$$

即

$$\frac{\rho_p l_p^2 v_p^2}{\rho_m l_m^2 v_m^2}=\frac{F_p}{F_m}$$

或

$$\frac{F_p}{\rho_p l_p^2 v_p^2}=\frac{F_m}{\rho_m l_m^2 v_m^2}$$

式中，$\frac{F}{\rho l^2 v^2}$为一无量纲量，称为牛顿数，以 Ne 表示，则

$$(Ne)_{\mathrm{p}}=(Ne)_{\mathrm{m}} \tag{5-32}$$

上式表明两个流动相似,牛顿数应相等。这就是流动相似的重要准则,称为牛顿相似准则。

根据牛顿相似准则,要求两个流动的牛顿数相等,也就是要求两个流动作用在相应点上各种企图改变流动状态的力和惯性力之间维持同样的比尺,这在模型试验中是很难做到的。在某一具体的流动中起主导作用的力往往只有一种,因此在模型中只要让这种力满足相似即可。这种相似虽然是近似的,但实践表明,结果是令人满意的,下面分别介绍各单项力的动力相似准则。

1. 雷诺准则

当黏滞力作用为主时,由牛顿内摩擦定律

$$F=T=\mu A\frac{\mathrm{d}u}{\mathrm{d}y},\mu=\rho\nu$$

$$\lambda_{\mathrm{F}}=\lambda_{\mathrm{T}}=\frac{T_{\mathrm{p}}}{T_{\mathrm{m}}}=\frac{\mu_{\mathrm{p}}A_{\mathrm{p}}\dfrac{\mathrm{d}u_{\mathrm{p}}}{\mathrm{d}y_{\mathrm{p}}}}{\mu_{\mathrm{m}}A_{\mathrm{m}}\dfrac{\mathrm{d}u_{\mathrm{m}}}{\mathrm{d}y_{\mathrm{m}}}}=\lambda_{\rho}\lambda_{\nu}\lambda_{l}\lambda_{v}$$

式中为 λ_{ν} 运动黏度比尺。将上式带入是(5-28),得

$$\lambda_{l}=\lambda_{\mathrm{F}}=\lambda_{\mathrm{T}}$$

即 $\lambda_{\rho}\lambda_{l}^{2}\lambda_{v}^{2}=\lambda_{\rho}\lambda_{\nu}\lambda_{l}\lambda_{v}$。化简,得

$$\frac{\lambda_{v}\lambda_{l}}{\lambda_{\nu}}=1 \tag{5-33}$$

上式也可写成$\dfrac{v_{\mathrm{p}}l_{\mathrm{p}}}{\nu_{\mathrm{p}}}=\dfrac{v_{\mathrm{m}}l_{\mathrm{m}}}{\nu_{\mathrm{m}}}$,即

$$(Re)_{\mathrm{p}}=(Re)_{\mathrm{m}} \tag{5-34}$$

式中,$Re=\dfrac{vd}{\nu}$为雷诺数。

式(5-34)说明了两个流动的惯性力和黏滞力比例相等,则这两个流动相应的雷诺数相等,称为雷诺准则,或称为黏滞力相似准则。

例题 5-3　雷诺准则

已知:测量在标准空气中以 240 英里/小时的时速飞行的飞机阻力,在一个比例为 1:10 的加压风洞中进行。为了减少压缩效应的影响,风洞的空气速度也达到 240 英里/小时。

求解:(1)风洞内所需的压力(假设模型和原型的温度相同)?

图 5-4　飞机模型试验

解题过程：

如果模型和原型中的雷诺数是相同的，那么可以通过几何相似来预测模型中的阻力。因此

$$\frac{\rho_m v_m l_m}{\mu_m}=\frac{\rho v l}{\mu}$$

对于这个例子，$v_m=v$，$\frac{l_m}{l}=\frac{1}{10}$有

$$\frac{\rho_m}{\rho}=\frac{\mu_m}{\mu}\frac{v}{v_m}\frac{l}{l_m}=\frac{\mu_m}{\mu}\times 1\times 10=10\frac{\mu_m}{\mu}$$

所以

$$\frac{\rho_m}{\rho}=10\frac{\mu_m}{\mu}$$

这个结果表明，如果雷诺数保持不变，要求同一流体同时满足 $\rho_m=\rho$ 和 $\mu_m=\mu$。假定黏度不变，有

$$\frac{\rho_m}{\rho}=10$$

对于理想气体 $p=\rho RT$ 和恒温 $T=T_m$，所以$\frac{p_m}{p}=\frac{\rho_m}{\rho}$。

因此风洞中需要加压到

$$\frac{p_m}{p}=10$$

因为原型运行在标准大气压下，所以就要求风洞中的压力为 10 倍的大气压力，或者

$$p_m=10\times(14.7\ \text{psi})=147\ \text{psi}$$

例题分析：

可见满足实验要求需要很高的运行压力，这就是风洞实验室设计难度大和风洞实验昂贵的原因。

2. 弗劳德准则

当重力作用为主时

$$F=G=mg=\rho l^3 g$$

λ_g 为重力加速度比尺，将上式代入(5-31)得

$$\lambda_I=\lambda_F=\lambda_G$$
$$\lambda_F=\lambda_G=\lambda_\rho\lambda_l^3\lambda_g$$

即 $\lambda_\rho\lambda_l^2\lambda_v^2=\lambda_\rho\lambda_l^3\lambda_g$。化简得

$$\frac{\lambda_v}{\sqrt{\lambda_l\lambda_g}}=1 \tag{5-35}$$

上式也可写成

$$\frac{v_p}{\sqrt{l_p g_p}}=\frac{v_m}{\sqrt{l_m g_m}} \tag{5-36}$$

即

$$(Fr)_p=(Fr)_m$$

式中，$Fr=\frac{v}{\sqrt{lg}}$为一无量纲量，称为弗劳德数。

式(5-36)表明两个流体的惯性力和重力成比例，则它们的弗劳德数相等，称为弗劳德准则，或称为重力相似准则。

例题 5-4　弗劳德数相似

已知：图5－5中显示的大坝的泄洪道是20米宽且被设计为在洪峰时携带125 m^3/s的水量。建立了一个1∶15的模型，来研究通过泄洪道流动特性。忽略表面张力和黏性的影响。

求解：

（1）确定所需的模型宽度和流量。

（2）模型的运行时间为多少与原型中的24 h周期相对应？

图5－5　大坝的泄洪道

解题过程：

由于大坝的泄洪道的比例为$\lambda=1{:}15$，所以模型的宽度为

$$w_m=\frac{20}{15}=1.33\ \text{m}$$

当然，大坝泄洪道的其他几何特征也都得按照这个比例来伸缩。由于忽略了表面张力和黏性，如果模型和原型满足弗劳德数相同，那么模型和原型就会满足动力相似条件。因此有

$$\frac{v_m}{\sqrt{g_m l_m}}=\frac{v}{\sqrt{gl}}$$

由$g_m=g$有

$$\frac{v_m}{v}=\sqrt{\frac{l_m}{l}}$$

因为流量为$Q=vA$（A表示横截面面积），所以

$$\frac{Q_m}{Q}=\frac{v_m A_m}{vA}=\sqrt{\frac{l_m}{l}}\left(\frac{l_m}{l}\right)^2=\lambda^{\frac{5}{2}}$$

得$Q_m=\lambda^{\frac{5}{2}}Q=\left(\frac{1}{15}\right)^{\frac{5}{2}}\times 125\ m^3/s=0.143\ m^3/s$。

时间可以通过速度来求，由$v=\frac{l}{t}$得

$$\frac{v_m}{v}=\frac{l}{t}\frac{t_m}{l_m}\text{或者}\frac{t_m}{t}=\frac{v_m}{v}\frac{l_m}{l}=\sqrt{\frac{l_m}{l}}=\sqrt{\lambda}$$

这个结果表明如果$\lambda<1$，模型中的时间间隔将会是比原型中相应的间隔更小。所以

$$t_m=\sqrt{\frac{1}{15}}(24\ \text{hr})=6.20\ \text{h}$$

3．欧拉准则

若企图改变原有运动状态的力为流体压力时，则

$$F = P = pA$$

$$\lambda_F = \lambda_P = \lambda_p \lambda_l^2$$

式中，λ_p 为压强比尺，将上式代入式(5－31)，得

$$\lambda_p \lambda_l^2 = \lambda_\rho \lambda_l^2 \lambda_v^2$$

化简得

$$\frac{\lambda_p}{\lambda_\rho \lambda_v^2} = 1 \tag{5-37}$$

上式可以写成$\frac{p_p}{\rho_p v_p^2} = \frac{p_m}{\rho_m v_m^2}$，即

$$(Eu)_p = (Eu)_m \tag{5-38}$$

式中，$Eu = \frac{p}{\rho v^2}$为一无量纲量，称为欧拉数。

式(5－38)表明两个流动的惯性力和流动压力成比例，则它们的欧拉数相等，称为欧拉准则，或压力相似准则。

在大多数流动中，对流动起主要作用的是压强差 Δp，而不是压强的绝对值，欧拉数中常以相应点的压强差 Δp 代替压强 p，即

$$Eu = \frac{\Delta p}{\rho v^2}$$

4. 韦伯准则

当作用力表现为表面张力时

$$F = S = \sigma l$$

$$\lambda_F = \lambda_S = \lambda_\sigma \lambda_l$$

式中，λ_σ 为表面张力比尺，将上式代入式(5－31)得

$$\lambda_\rho \lambda_l^2 \lambda_v^2 = \lambda_\sigma \lambda_l$$

化简得

$$\frac{\lambda_\rho \lambda_l \lambda_v^2}{\lambda_\sigma} = 1 \tag{5-39}$$

上式可写成

$$\frac{\rho_p l_p v_p^2}{\sigma_p} = \frac{\rho_m l_m v_m^2}{\sigma_m}$$

$$(We)_p = (We)_m \tag{5-40}$$

式中，$We = \frac{\rho l v}{\sigma}$。

式(5－40)表明两个流动的惯性力和表面力成比例，则它们的韦伯数相等，称为韦伯准则，或称为表面张力相似准则。

5. 柯西准则

对于可压缩流，当作用力主要为弹性力时，则

$$F = E = Kl^2$$

式中的 E 为弹性力，K 为体积弹性模量。将上式带入(5－31)，得

$$\lambda_\rho \lambda_l^2 \lambda_v^2 = \lambda_K \lambda_l^2$$

化简得

$$\frac{\lambda_\rho \lambda_v^2}{\lambda_K}=1 \tag{5-41}$$

上式也可写成$\frac{\rho_p v_p^2}{K_p}=\frac{\rho_m v_m^2}{K_m}$,即

$$(Ca)_p=(Ca)_m \tag{5-42}$$

式中,$Ca=\frac{\rho v^2}{K}$为一无量纲量,称为柯西数。

上式表明两个流动的惯性力和弹性力成比例,则它们的柯西数相等,称为柯西准则,或称为弹性力准则。柯西数用于水击及水流诱发震动等问题的研究。

对于气体来说,音速$a=\sqrt{\frac{K}{\rho}}$,带入式(5-42),开方得

$$\frac{v_p}{a_p}=\frac{v_m}{a_m}$$

即

$$(Ma)_p=(Ma)_m \tag{5-43}$$

式中,$Ma=\frac{v}{a}$为一无量纲量,称为马赫数。

式(5-43)表明两个流动的惯性力和弹性力成比例,则它们的马赫数也相等,称为马赫准则,它也是弹性力准则。当可压缩气流流速接近或超过音速时,弹性力将成为影响流动的主要因素,实现可压缩气流的相似准则要求相应的马赫数相等。

在以上的5个准则中,雷诺准则、弗劳德准则和欧拉准则运用较为广泛。在研究气流流速很大,接近或超过音速时,则要考虑满足马赫准则。当流动规模较小,表面张力作用显著时,则要满足韦伯准则。在模拟试验中,当水流表面流速大于0.23 m/s,水深大约1.5 cm时,表面张力一般可以忽略。所以,对于不可压缩流体恒定流,一般只要同时满足雷诺、弗劳德和欧拉三个准则即可实现动力相似,也就是要求两个流动相应点上质点所受到的黏性力、重力、流体动压力与惯性力所构成的力多边形相似。根据多边形相似的概念,只要惯性力和其他任意两个同名力相似(即方向相同,大小成比例),另一个同名力必将相似。由于压强通常是待求的量,所以只要相应点的惯性力、黏性力和重力相似,根据力的多边三角形相似概念,压力将自行相似。也就是说,当雷诺准则、弗劳德准则得到满足,欧拉准则可自行满足。所以雷诺准则、弗劳德准则称为独立准则,欧拉准则称为导出准则。

例题5-5 相似准则

已知:汽车高为$h=1.5$ m,行驶速度为$v=108$ km/h,拟在风洞中进行动力特性实验,风洞风速为45 m/s,测得模型车的阻力为1.50 kN,试求模型车的高度以及原型车受到的阻力。

解 根据原型和模型的雷诺数相等有

$$\frac{\rho_\beta v_\beta l_\beta}{\mu_\beta}=\frac{\rho_m v_m l_m}{\mu_m}$$

由题意,原型和模型均处于常温下,且为不可压缩流体流动,则有

$$\rho_m=\rho_\beta,\mu_m=\mu_\beta$$

则

$$v_\beta l_\beta=v_m l_m,l_m=\frac{v_\beta l_\beta}{v_m}=\frac{\frac{108}{3.6}\times 1.5}{45}=1.0\ \text{m}$$

由动力相似条件

$$\lambda=\lambda_\rho \lambda_l^2 \lambda_v^2$$

$$\lambda_\rho=1,\lambda_l=\frac{1.0}{1.5}=\frac{2}{3},\lambda_v=\frac{45}{\frac{108}{36}}=\frac{3}{2}$$

$$\lambda_F = 1 \times \left(\frac{2}{3}\right)^2 \times \left(\frac{3}{2}\right)^2 = 1$$

$$\lambda_F = \frac{F_m}{F_p} = 1, F_m = F_p = 1\ 500\ \text{N}$$

5.5 控制方程的无量纲化

在本章前面的章节中，量纲分析主要用于获得相似定律。这是一种被广泛使用的建模方法。使用量纲分析方法时只需要了解其影响变量，分析简单且直观。但若遗漏一个或多个重要变量可能会导致模型设计中的严重错误。那么如果已知符合这种条件的方程（通常是微分方程），可采用另一种方法。即在这种情况下，即使不能得到方程的解析解，也可以在控制方程中运用相似定律。

为了说明这个过程，考虑不可压缩牛顿流体的流动。结果适用于一般的三维情况，为简单起见，我们先将流场局限于二维流动。由第 4 章可知控制方程是连续性方程

$$\frac{\partial u}{\partial x} + \frac{\partial v}{\partial y} = 0 \tag{5-44}$$

和 N－S 方程

$$\rho\left(\frac{\partial u}{\partial t} + u\frac{\partial u}{\partial x} + v\frac{\partial u}{\partial y}\right) = -\frac{\partial p}{\partial x} + \mu\left(\frac{\partial^2 u}{\partial x^2} + \frac{\partial^2 u}{\partial y^2}\right) \tag{5-45}$$

$$\rho\left(\frac{\partial v}{\partial t} + u\frac{\partial v}{\partial x} + v\frac{\partial v}{\partial y}\right) = -\frac{\partial p}{\partial y} - \rho g + \mu\left(\frac{\partial^2 v}{\partial x^2} + \frac{\partial^2 v}{\partial y^2}\right) \tag{5-46}$$

在 y 轴垂直的情况下，重力 ρg 只出现在含 y 的方程中。需要边界条件继续对问题进行数学描述。例如，可以指定所有边界上的速度，即在所有边界点 $x = x_B, y = y_B$ 使 $u = u_B, v = v_B$。在某些类型的问题中，可能需要指定边界某一部分的压力。对于某些与时间有关的问题，初始条件必须给出，即需要给出某个时刻所有因变量的值（通常取 $t = 0$）

若已知控制方程的边界条件和初始条件，接下来需重新定义一组新的无量纲变量，并为每种类型的变量设置一个引用量。在此问题中，变量是 u, v, p, x, y 和 t，所以我们需要一个参考速度 V，参考压力 p_0，参考长度 l 和参考时间 τ，这些参考量一般在问题中给出。

每一个变量都是通过一个恰当的参考量除以一个无量纲量得到

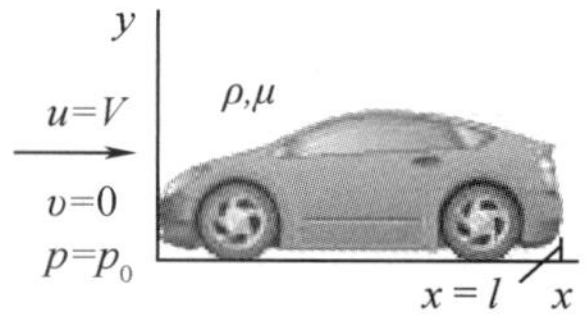

实际

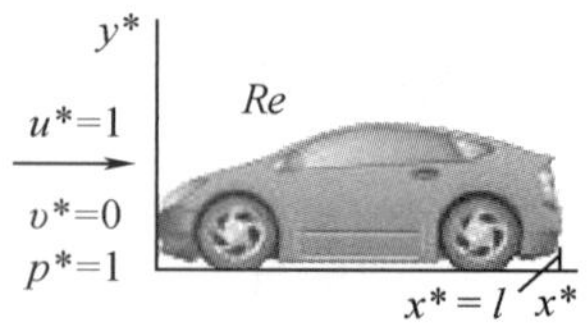

无量纲

在实际问题中，如右图所示：l 一般表示浸没在液体中的物体的特征长度或流体流过的通道的宽度，速度 V 可以是流体的自由速度或进口速度，新的无量纲量如下所示

$$u^* = \frac{u}{V}, v^* = \frac{v}{V}, p^* = \frac{p}{p_0}$$

$$x^* = \frac{x}{l}, y^* = \frac{y}{l}, t^* = \frac{t}{\tau}$$

并根据新变量改写控制方程

$$\frac{\partial u}{\partial x} = \frac{\partial(Vu^*)}{\partial x^*}\frac{\partial x^*}{\partial x} = \frac{V}{l}\frac{\partial u^*}{\partial x^*}$$

$$\frac{\partial^2 u}{\partial x^2} = \frac{V}{l}\frac{\partial}{\partial x^*}\left(\frac{\partial u^*}{\partial x^*}\right)\frac{\partial x^*}{\partial x} = \frac{V}{l^2}\frac{\partial^2 u^*}{(\partial x^*)^2}$$

方程中出现的其他变量可用类似的方式表示。因此，控制方程改写为

$$\frac{\partial u^*}{\partial x^*}+\frac{\partial v^*}{\partial y^*}=0 \tag{5-47}$$

$$\left[\frac{\rho V}{\tau}\right]\frac{\partial u^*}{\partial t^*}+\left[\frac{\rho V^2}{l}\right]\left(u^*\frac{\partial u^*}{\partial x^*}+v^*\frac{\partial v^*}{\partial y^*}\right)$$
$$=-\left[\frac{p_0}{l}\right]\frac{\partial p^*}{\partial x^*}+\left[\frac{\mu V}{l^2}\right]\left(\frac{\partial^2 u^*}{(\partial x^*)^2}+\frac{\partial^2 u^*}{(\partial y^*)^2}\right) \tag{5-48}$$

$$\underbrace{\left[\frac{\rho V}{\tau}\right]\frac{\partial v^*}{\partial t^*}}_{F_{\text{Il}}}+\underbrace{\left[\frac{\rho V^2}{l}\right]}_{F_{\text{Ic}}}\left(u^*\frac{\partial v^*}{\partial x^*}+v^*\frac{\partial v^*}{\partial y^*}\right)$$
$$=\underbrace{-\left[\frac{p_0}{l}\right]\frac{\partial p^*}{\partial y^*}}_{F_{\text{P}}}-\underbrace{[\rho G]}_{F_{\text{G}}}+\underbrace{\left[\frac{\mu V}{l^2}\right]}_{F_{\text{V}}}\left(\frac{\partial^2 v^*}{(\partial x^*)^2}+\frac{\partial^2 v^*}{(\partial y^*)^2}\right) \tag{5-49}$$

其中，F_{Il}为局部惯性力，F_{Ic}为对流惯性力，F_{P}为所受压力，F_{G}为重力，F_{V}为黏滞力。虽然该式也可使用，一般根据经验在无量纲化过程中对式(5-48)和式(5-49)除以$\frac{\rho V^2}{l}$得到对流惯性力指数，最后的无量纲形式表示如下

$$\left[\frac{l}{\tau V}\right]\frac{\partial u^*}{\partial t^*}+u^*\frac{\partial u^*}{\partial x^*}+v^*\frac{\partial v^*}{\partial y^*}$$
$$=-\left[\frac{p_0}{\rho V^2}\right]\frac{\partial p^*}{\partial x^*}+\left[\frac{\mu}{\rho Vl}\right]\left(\frac{\partial^2 u^*}{(\partial x^*)^2}+\frac{\partial^2 u^*}{(\partial y^*)^2}\right) \tag{5-50}$$

$$\left[\frac{l}{\tau V}\right]\frac{\partial v^*}{\partial t^*}+u^*\frac{\partial v^*}{\partial x^*}+v^*\frac{\partial v^*}{\partial y^*}$$
$$=-\left[\frac{p_0}{\rho V^2}\right]\frac{\partial p^*}{\partial y^*}-\left[\frac{gl}{V^2}\right]+\left[\frac{\mu}{\rho Vl}\right]\left(\frac{\partial^2 v^*}{(\partial x^*)^2}+\frac{\partial^2 v^*}{(\partial y^*)^2}\right) \tag{5-51}$$

从表达式中可看出，括号内的数是从量纲分析中得来的标准无量纲数(或其倒数)，$\frac{l}{\tau V}$是St(Strouhal)数的一种变形，$\frac{p_0}{\rho V^2}$为欧拉数，$\frac{gl}{V^2}$为弗劳德数平方的倒数，$\frac{\mu}{\rho Vl}$为雷诺数的倒数。从这一分析中可知每一个无量纲数都可以被解释为两种力的比值，并可以清楚地看出这些无量纲基团是如何从控制方程中产生的。

尽管根据以上过程并未获得这些方程的解析解，仍可使用该方程的无量纲形式，即式(5-47)、式(5-50)和式(5-51)来建立相似要求。如果两个系统受上述方程的支配，则若两个系统的4个参数$\frac{l}{\tau V}$，$\frac{p_0}{\rho V^2}$，$\frac{gl}{V^2}$，$\frac{\mu}{\rho Vl}$相等，则解析解相同，此两个系统动态相似。当然，在两个系统中，以无量纲形式表示的边界和初始条件也必须相同，这就需要完全的几何相似性。若考虑相同的变量，这些相同的相似性需求由量纲分析确定。此种处理控制方程的方法优点是：方程中的无量纲系数可以自然出现，不会遗漏任何重要变量。

可用无量纲变量表示的控制方程导出适当的无量纲群。

在前面的分析中,我们考虑了流动状态可能不稳定的一般状况,实际情况下压力和重力的影响尤为重要。如果删除了一个或多个条件,则可以减少相似条件的数量。例如,如果流量稳定,则可以消除无量纲数$\frac{l}{\tau v}$。

如果考虑空化现象(一般发生在如果流场中某些点上的压力达到蒸汽压力 p_v 情况下),那么实际的压强水平才是重要的,相对于蒸汽压力定义特征压力,即流场中的一些参考压力,此时,特征压力 $p_0 = p_r - p_v$,其中 p_r 是流场内部的参考压力。以这种方式定义的 p_0,相似参数 $\frac{p_0}{\rho V^2}$ 变为 $\frac{p_r - p_v}{\rho V^2}$,常被写为 $\frac{p_r - p_v}{\frac{1}{2}\rho V^2}$,称此参数为空化数。反之,若不考虑空化现象,则流动模式和压强差异不取决于压力水平。

弗劳德数(Fr)是由于重力存在而产生的,对于研究有自由面的问题非常重要。例如包括对河流的研究,通过液压结构泄流和船舶阻力的研究,在这些情况下,因自由表面的形状都受到重力的影响,弗劳德数成为一个重要的相似参数。然而,如果没有自由表面,重力的唯一作用是叠加的静水压力分布上作用于流体运动过程中的压力分布。静压分布可通过式(5-46)重新定义一个新的压力 $p' = p - \rho g y$ 消除,弗劳德数不再出现在无量纲方程中。

可得出结论,对于不含自由表面的不可压缩流体的稳定流动,如果(几何相似系统)雷诺数相似性存在,则可以实现动力和运动学相似。如果涉及自由表面弗劳德数也必须保持相等;对于自由表面流动,默认表面张力不对结果造成影响。然而,如果考虑表面张力,它会影响自由表面边界条件,韦伯数 $\frac{\rho V^2 l}{\sigma}$称为一个额外的相似参数。此外,如果考虑流体的可压缩性,则马赫数 $M_a = \frac{V}{c}$将作为附加的相似参数。

综上所述,我们之前用量纲分析法所得的所有常见无量纲群都出现在控制方程中,在描述流体运动时,这些方程都可以用无量纲变量表示。因此,利用控制方程来获得相似定律,为量纲分析提供了另一种方法。

5.6 模型实验

理论上,要想让两种流动相似,必须要保证几何相似,并且所有无量纲数相等。实际上这基本是不可能的,因为这样的模型就成了原型。之所以用模型实验代替原型实验,关键就是抓住主要影响因素,而忽略其他次要影响因素,体现在无量纲数上就是保证关键的无量纲数相等就可以了。

5.6.1 模型律的选择

对于不可压缩流体,两个流动相似,将要求模型和原型的雷诺数、弗劳德数和欧拉数分别相等。但由于欧拉准则是导出准则,欧拉数是一个被决定的相似准数,因此,只要两个流动的雷诺数和弗劳德数分别相等,就可以做到动力相似。而实际上要求雷诺准则和弗劳德准则同时成立也是很困难的。

因为要满足雷诺准则

$$(Re)_p = (Re)_m$$

即$\frac{v_p l_p}{\nu_p} = \frac{v_m l_m}{\nu_m}$,由上式可求得原型和模型的速度比尺为

$$\frac{v_p}{v_m} = \frac{\nu_p}{\nu_m}\frac{l_m}{l_p}$$

即

$$\lambda_{\mathrm{v}}=\frac{\lambda_{\nu}}{\lambda_{1}} \tag{5-52}$$

而要满足弗劳德准则

$$(Fr)_{\mathrm{p}}=(Fr)_{\mathrm{m}}$$

即$\frac{v_{\mathrm{p}}}{\sqrt{l_{\mathrm{p}}g_{\mathrm{p}}}}=\frac{v_{\mathrm{m}}}{\sqrt{l_{\mathrm{m}}g_{\mathrm{m}}}}$，由于 $g_{\mathrm{p}}=g_{\mathrm{m}}$，所以原型和模型速度比为

$$\frac{v_{\mathrm{p}}}{v_{\mathrm{m}}}=\sqrt{\frac{l_{\mathrm{p}}}{l_{\mathrm{m}}}}$$

即

$$\lambda_{v}=\sqrt{\lambda_{1}} \tag{5-53}$$

要同时满足雷诺准则和弗劳德准则，即要求式(5－52)和式(5－53)均成立，即可得

$$\frac{\lambda_{\nu}}{\lambda_{1}}=\lambda_{1}^{\frac{1}{\nu}} \tag{5-54}$$

若原型和模型采用同种流体，温度也一样，这时 $\nu_{p}=\nu_{\mathrm{m}}$，即 $\lambda_{\nu}=1$，代入式(5－51)得

$$\frac{1}{\lambda_{1}}=\lambda_{1}^{\frac{1}{2}}$$

显然，只有当 $\lambda_{1}=1$，即 $l_{p}=l_{\mathrm{m}}$ 时，上式才能成立，也就是说只有当模型和原型的尺寸一样时，才能同时满足雷诺准则和弗劳德准则，这实际上已经失去了模型的价值。

当模型和原型采用不同流体时，即 $\lambda_{\nu}\neq1$，由式(5－54)可得

$$\lambda_{\nu}=\lambda_{1}^{\frac{3}{2}}$$

即

$$\nu_{\mathrm{m}}=\frac{\nu_{\mathrm{p}}}{\lambda_{1}^{\frac{3}{2}}}$$

如长度比尺 $\lambda_{1}=20$，$\nu_{\mathrm{m}}=\frac{\nu_{\mathrm{p}}}{20^{\frac{3}{2}}}=\frac{\nu_{\mathrm{p}}}{89.4}$。若原型的流体是水，模型需选用运动黏度正好是水的$\frac{1}{89.1}$的一种流体作为实验流体，这样的流体是很难找到的。

因此，模型试验一般只能做到近似相似，也就是说只能保证对流体起主要作用的力相似。所谓模型律的选择就是选择一个合适的相似准则来进行模型设计，模型律选择的原则就是保证对流动起主要作用的力相似，而忽略其次要力的相似。

明槽流动为具有自由液面，且允许液面上下自由变动的各种流动，如河渠水流、孔口出流及堰顶溢流等。这些流动中重力起主要作用，所以，明槽流动一般按弗劳德准则来设计。

管流流动可以分为以下两种情况分别来进行研究。

(1)在雷诺数较小的情况下，管道流动可能处于层流区、临界过渡区、湍流光滑区和湍流过渡区，流动阻力都与雷诺数有关(湍流过渡区还与相对粗糙度有关，严格来讲，还应要求模型和原型的相对粗糙度做到几何相似)。

当模型和原型采用不同流体时，如飞机模型在水中的试验，战斗机 1:1 模型大型风间中进行吹风试验和列车模型在风洞中进行吹风试验。

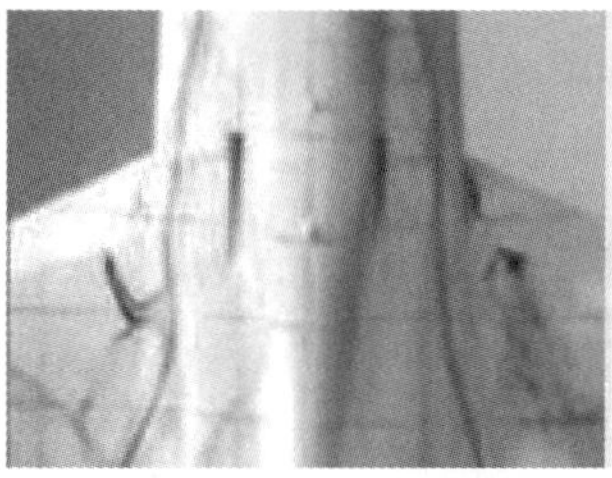

飞机模型在水中试验

大型风洞

风洞列车模型

以上几种流动情况的断面流速分布、沿程水头损失都决定于壁面摩阻作用的大小，在同一水头差的作用下，与管壁是否倾斜、倾斜的大小有关，说明这时重力不起作用，影响流速分布和流动阻力主要因素是黏性力，因此采用雷诺准则进行模型设计。

(2)在雷诺数较大的情况下，流动进入了湍流粗糙区(即阻力平方区)以后，流动阻力与雷诺数无关，只与相对粗糙度有关，所以只要保证两个流动几何相似(包括管壁粗糙度的相似)，流动就达到了动力相似，即流动进入自模区。

5.6.2 模型设计

在模型设计中，一般是先根据原型要求的试验范围、现有试验场地的大小、模型制作和测量条件，选择长度比尺 λ_l。然后根据对流动受力情况分析，满足对流动起主要作用的受力相似，选择模型律，并按所选用的相似准则，根据原型的最大流量，计算模型所要求的流量，检查实验室是否满足模型实验的要求，如不能满足，需要调整长度比尺或加大实验供水能力。再由选定的长度比尺和原型的实验范围，确定模型的几何边界。根据以上步骤实现原型和模型流动在一定条件下的流动相似。

根据常用的雷诺准则和弗劳德准则可导出各相应的物理量的比尺。

例如按照雷诺准则，模型与原型采用相同的流动进行实验，因此，$\lambda_\nu=1$，$\lambda_\rho=1$。由雷诺准则

$$\frac{\lambda_v\lambda_l}{\lambda_\nu}=1$$

可得

$$\lambda_v=\lambda_l^{-1}$$

$$\lambda_Q=\lambda_v\lambda_l^2=\lambda_l$$

$$\lambda_t=\lambda_l/\lambda_v=\lambda_l^2$$

$$\lambda_a=\lambda_v/\lambda_t=\lambda_l^{-3}$$

$$\lambda_F=\lambda_m\lambda_a=\lambda_\rho\lambda_l^3\lambda_a=\lambda_l^0$$

$$\lambda_p=\lambda_F/\lambda_l^2=\lambda_l^{-2}$$

$$\cdots$$

同理也可以推导出雷诺数($\lambda_v\neq1$)和按弗劳德准则进行模型设计时，各物理量的对应比尺，见表5-2。

表5-2 重力相似准则与黏性力相似准则比尺

物理量	重力相似准则	黏滞力相似准则	
		$\lambda_v\nu=1$	$\lambda_v\neq1$
流速比尺 λ_v	$\lambda_l^{\frac{1}{2}}$	λ_l^{-1}	$\lambda_v\lambda_l^{-1}$
加速度比尺 λ_a	λ_l	λ_l^{-3}	$\lambda_v^2\lambda_l^{-3}$
流量比尺 λ_Q	$\lambda_l^{\frac{5}{2}}$	λ_l	$\lambda_v\lambda_l$
时间比尺 λ_t	$\lambda_l^{\frac{1}{2}}$	λ_l^2	$\lambda_v^{-1}\lambda_l^2$
力的比尺 λ_F	λ_l^3	λ_l^0	λ_v^2
压强比尺 λ_p	λ_l	λ_l^{-2}	$\lambda_v^2\lambda_l^{-2}$
功的比尺 λ_w	λ_l^4	λ_l	$\lambda_v^2\lambda_l$
功率比尺 λ_P	$\lambda_l^{3.5}$	λ_l^{-1}	$\lambda_v^3\lambda_l^{-1}$

例题5-6 模型设计

已知：有一直径为 $d_p=15$ cm 的输油管，管长5 m，管中通过的流量为0.018 m^3/s，现用水来做模型试

验，当模型管径和原型一样即 $d_m = 15$ cm，水温为 10 ℃，油的运动黏度 $\nu_p = 0.013\ 1\ cm^2/s$。

求解：

(1)问模型中水的流量应为多少时才能够达到相似？

(2)若测得 5 m 长模型输水管两端的压强水头差为 3 cm。试求在 100 m 长输油管两端的压强差应为多少(用油柱高表示)？

解题过程：

(1)因为圆管中流动主要受黏滞力作用，所以相似条件应满足雷诺准则即

$$\frac{\lambda_v \lambda_l}{\lambda_\nu} = 1$$

由于 $d_p = d_m$，$\lambda_d = \lambda_l = 1$，则上式简化为 $\lambda_v = \lambda_\nu$。

流量比尺 $\lambda_Q = \lambda_v \lambda_l^2 = \lambda_v = \lambda_\nu$ 所以模型中水的流量为

$$Q_m = \frac{\nu_m}{\nu_p} Q_p = 0.018 \times \frac{0.013\ 1}{0.13} = 0.018\ 1\ m^3/s$$

(2)计算原型的压强差

由欧拉准则 $(Eu)_p = (Eu)_m$，即

$$\frac{\Delta p_p}{\rho_p v_p^2} = \frac{\Delta p_m}{\rho_m v_m^2}$$

已知模型测得压强水头 $\frac{\Delta p_m}{\rho_m g_m} = 3$ cm，则原型输油管两端的压强差(油柱)

$$\frac{\Delta p_p}{\rho_p g_p} = \frac{\Delta p_m}{\rho_m g_m} \frac{v_p^2}{v_m^2} \frac{g_m}{g_p}$$

已知

$$v_p = 0.018 \times 4/\pi \times 0.15^2 = 1.02\ m/s$$

$$v_m = 0.001\ 81 \times 4/\pi \times 0.15^2 = 0.102\ m/s$$

由于 $g_p = g_m$，因此 5 m 长输油管的压差为

$$\frac{\Delta p_p}{\rho_p g_p} = \frac{\Delta p_m}{\rho_m g_m} \frac{v_p^2}{v_m^2} = 0.03\ \frac{1.02^2}{0.010\ 2^2} = 3\ m$$

由此可求得在 100 m 长管道中的压强差为 $\frac{100}{5} \times 3 = 60$ m 油柱。

例题 5-7 模型设计

已知：桥孔过流模型实验，已知两桥台的距离为 90 m，中间设有一桥墩长 24 m，墩宽为 4.3 m，水深为 8.2 m，平均流速为 2.300 m/s，如实验室供水流量仅有 0.1 m^3/s。

求解：问该模型可取多大的几何比尺，并计算该模型的尺寸、平均流速和流量。

解题过程：

(1)桥孔过流主要是重力作用的结果，应按弗劳德准则设计模型，由 $(Fr)_p = (Fr)_m$

即 $\frac{\lambda_v}{\sqrt{\lambda_l \lambda_g}} = 1$，由于 $\lambda_g = 1$，所以

$$\lambda_v = \lambda_l^{\frac{1}{2}}$$

而

$$\lambda_Q = \lambda_v \lambda_l^2 = \lambda_l^{\frac{1}{2}} \lambda_l^2 = \lambda_l^{\frac{5}{2}}$$

原型流量

$$Q_p = v_p (B_p - b_p) h_p = 2.3 \times (90 - 4.3) \times 8.2 = 1\ 616\ m^3/s$$

实验室可供流量 $Q_m=0.1\ m^3/s$,则求得模型的最大几何比尺为

$$\lambda_l=\frac{l_p}{l_m}=\left(\frac{Q_p}{Q_m}\right)^{\frac{2}{5}}=\left(\frac{1\ 616}{0.1}\right)^{\frac{2}{5}}=48.24$$

一般模型几何比尺多选用整数值,为使实验室供给模型的流量不大于 0.1 m^2/s,应选用 48.24 稍大些的整数作为几何比尺 λ_l 数,现选用 $\lambda_l=50$,则

$$\lambda_Q=\lambda_l^{\frac{5}{2}}=20^{\frac{5}{2}}=17\ 677.7$$

$$Q_m=\frac{Q_p}{\lambda_Q}=0.091\ 4\ m^3/s<0.1\ m^3/s$$

满足实验要求。

(2)计算模型尺寸

桥墩长

$$l_m=l_p/\lambda_l=24/50=0.48\ m$$

桥墩宽

$$b_m=b_p/\lambda_l=4.3/50=0.086\ m$$

桥台距

$$B_m=B_p/\lambda_l=90/50=1.8\ m$$

水深

$$h_m=h_p/\lambda_l=8.2/50=0.164\ m$$

(3)模型平均流速

$$v_m=v_p/\lambda_v=\frac{v_p}{\lambda_l^{0.5}}=\frac{2.3}{50^{0.5}}=0.325\ m/s$$

思考题

5.1　什么是量纲,量纲和单位有什么不同?

5.2　什么是基本量纲,力学问题通常采用哪些基本量纲?

5.3　什么是诱导量纲,什么是量纲公式?

5.4　什么是无量纲量,无量纲量有什么特点?

5.5　什么是量纲和谐原理,一般经验公式是否满足量纲和谐原理?

5.6　瑞利法和 π 定理这两种量纲分析方法各适用何种情况?

5.7　如何使用瑞利法建立新的物理方程?

5.8　如何使用 π 定理建立新的物理方程?

5.9　如何判别几个基本物理量的量纲是否相互独立的?

5.10　流体力学相似包括哪些方面?它们的含义是什么?

5.11　什么是相似准则,模型试验如何选择相似准则?

5.12　各相似准数的物理意义是什么?

练习题

5.1 试将下面两组物理量合成无量纲量:(1)v、τ、ρ;(2)F、l、ρ、v。

5.2 试用瑞利法分析自由落体在重力作用下降落距离 S 的表达式。已知 S 与重力加速度 g 和时间 t 有关。

5.3 已知三角堰的流量 q_v 与作用水头 H、重力加速度 g 和三角堰的顶角 θ 有关,试用瑞利法推得三角堰流量公式。

5.4 一个质量为 m 的球体,在距地面高为 H 处自由下落,试用瑞利法分析球体落至地面时的速度表达式。

5.5 试用瑞利法分析溢流偃过流时单宽流量 q 的表达式。已知 q 与偃顶水头 H、水的密度 ρ 和重力加速度 g 有关。

5.6 试用 π 定理推求水流在通过桥墩时所产生的绕流阻力表达式。已知绕流阻力 F 与水流速度 v、水的密度 ρ 和动力黏度 μ、重力加速度 g 以及圆柱形桥墩的直径 D 有关。

5.7 试用 π 定理分析水上航行船只所受阻力表达式。已知阻力 F 与船舶航行速度 v、船的特性长度 l、水的密度 ρ 和重力加速度 g 有关。

5.8 试用 π 定理分析文丘里管的流量表达式。假定喉管流速与管径 D、喉管直径 d、流体密度 ρ 和动力黏度、压差有关。

5.9 若通过模型试验研究某工程溢流坝的布置。溢流坝的最大下泄流量为 180 m^3/s,而实验室的供水能力仅为 40 L/s,试根据供水能力确定模型的最大长度比尺寸是多少?

5.10 溢流坝的最大下泄流量为 800 m^3/s,采用长度比尺 $\lambda_1=50$ 的模型进行试验,试求模型中最大流量是多少。如测得模型中坝脚处收缩面流速 $v_m=2.5$ m/s,试求原型相应的流速是对少?

5.11 建筑物模型在风速为 8 m/s 时,迎风面压强为 45 Pa,背风面压强为 −27 Pa,若风温不变,风速增至 12 m/s 时,建筑物迎风面和背风面压强分别为多少?

5.12 一个长度比尺 $\lambda_1=40$ 的船舶模型,当船速为 1.2 m/s 时测得模型受到的波浪阻力为 0.03 N,试求原型船速和原型船舶所受到的波浪阻力为多少(以重力作用为主)?

5.13 有一直径 $d_p=50$ cm 的输油管,输送运动黏度 $\nu_p=40\times10^{-6}$ m^2/s 的油液,其流量 $Q_p=78$,若采用直径 $d_m=5$ cm 的圆管用水做实验,试求模型流量和流速(已知水的温度为20℃,$\nu_p=1.003\times10^{-6}$ m^2/s)。

5.14 一桥墩宽 1.5 m,长 5.0 m,平均水深 2.86 m,采用长度比尺 $\lambda_l=25$ 的模型进行实验,实测模型中流速为 0.68 m/s 时,桥墩所受动水作用力为 1.5 N,试求原型中相应的流速和作用力。

5.15 为了测定汽车运行时的阻力大小,在风洞中进行模型试验,已知汽车高 $h_p=1.2$ m,行车速度 $v_p=100.8$ km/h,实测风洞中风速 $v_m=42$ m/s,模型的阻力为 $F_m=15$ kN,试求模型中车的高度 h_m 及汽车所受的阻力。

5.16 为了测定长度为 3.75 m 的一只飞艇在温度为 15 ℃的大气中以 18 m/s 的速度运行时的阻力,用一只潜体模型在温度为 20 ℃的水中做模拟实验,实验中,当拖拽速度为 3 m/s 时,模型受到的阻力为 14 N,试确定潜体模型的长度和飞艇运行时的阻力。

5.17 拟通过模型试验测定一平底板上弧形闸门泄流时的流量系数,一致上游水深 $H=5$ m,闸门行近流速 $v_0=1$ m/s,闸孔开度 $e=1.5$ m,门宽 $b=8$ m,下游水深,弧形闸门下缘的切线与水平夹角,取长度比尺 $\lambda_1=10$。(1)试设计模型尺寸;(2)$Q_m=35$ L/s,试求原型上的流量 Q_p;(3)求原型上的流量系数值

（已知 $Q=\mu\sigma_s be\sqrt{2gH_0}$），式中 σ_s 为闸孔出流的淹没系数。

5.18　拟进行一项管道实验，测定一段输油管上的压差。已知输油管直径 $d=50$ cm，管长 $l=200$ m，运送重燃油的流量 $Q=0.1\ m^3/s$，20 ℃时油的黏度 $\nu=150\times10^{-6}\ m^2/s$。实验室提供的条件是 35 L/s，试验场地的最大长度为 15 m，试求：

（1）选择长度比尺；

（2）计算模型长度，校核试验场地是否满足要求；

（3）校核水泵提供的流量是否满足要求；

（4）若在模型上测得压强 $\dfrac{\Delta p}{\rho g}_{m}=4.5$ cm，求原型输油管上的压强 $\dfrac{\Delta p}{\rho g}_{p}$。

5.19　若流体的速度 V 是由长度 l、流体的密度 ρ 及黏度 μ 决定的。证明它们之间的关系即雷诺数 $Vl\rho/\mu$ 是一个常量。

5.20　若流体的速度 V 是由流体表面应力 σ、流体的密度 ρ 及管道的直径 d 决定的。证明它们之间的关系即韦伯数 $V^2 d\rho/\mu\sigma$ 是一个常量。

5.21　假定物体下落的速度 V 是由物体下落的高度、重力加速度 g 及物体的质量 m 决定的。写出速度 V 的表达式。

5.22　在 5.21 的基础上添加物体下落表面所在流体的密度 ρ、黏性系数 μ，试求在下落过程流体对物体的阻力。

5.23　试推旋转叶轮的离心力 F_C 与质量 m、旋转角速度 ω、叶轮半径 R 之间的关系式。

5.24　横梁的正应力 σ 决定于其所受的弯矩 M、距离中心轴的距离 y、转动惯量 I。若已知 σ 随 y 成线性变化，试确定 σ 与其他变量的关系。

5.25　试确定光滑管中平均速度与黏度、管道直径、压力梯度 $\Delta p/\Delta x$ 之间的关系式。

5.26　一个敞口容器在其底部开一小孔，试确定从小孔流出液体的速度与小孔距自由液面的高度 H、液体的密度及重力加速度之间的关系。

5.27　一个敞口容器在其底部开一小孔，试推导从小孔流出液体的速度与小孔距自由液面的高度 H、液体的黏度、密度及重力加速度、开孔直径之间的关系。

5.28　如习图 5－1 所示，流场中的机翼所受的推力 F_D，找出对 F_D 有影响的合适的变量，并写出最终的无量纲参数。

5.29　如习图 5－2 所示，浅液层中波纹的传播速度 V 取决于液体的深度 h，重力加速度 g，表面应力，液体的密度 ρ，试推传播速度 V 关于这些量的表达式。

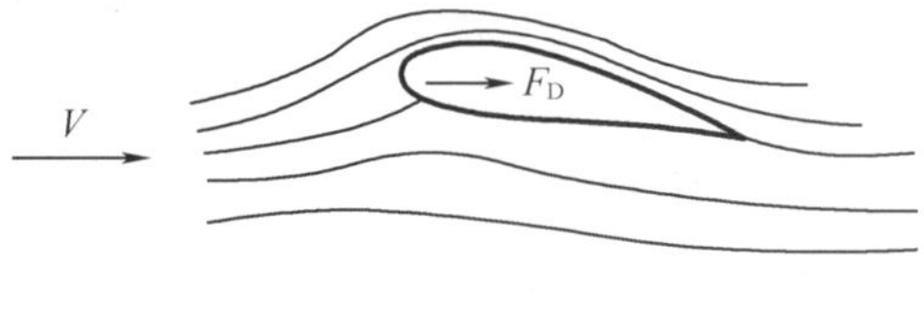

习图 5－1

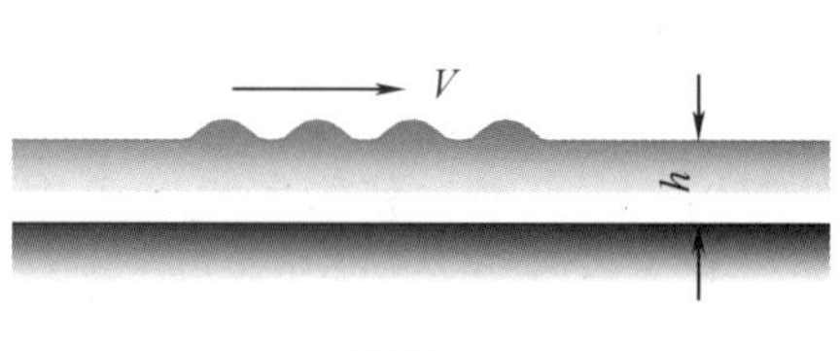

习图 5－2

5.30　螺旋桨所产生的推动力 T 是由螺旋桨的直径 D，空气的密度 ρ，空气的黏度 μ，飞机飞行的速度，试确定一个合适的无量纲常数来描述 $T=f(\rho\mu gvl)$。

5.31　在液体中以恒定速度下落的小球如习图 5－3 所示，其所受的阻力 F_D 是由速度 V，小球的密度 ρ_s，液体的密度 ρ 和黏度 μ，小球的直径 D 及重力加速度 g 决定，分别使用 M－L－T 和 F－L－T 来推导 F_D 的表达式。

5.32　从圆柱体上脱落的漩涡频率 f 是由黏度、密度、速度和圆柱体的直径有关。试推导 f 的表达式。

5.33　流过坝的水流速度，取决于水头及坝的宽度、重力加速度、黏度、水流密度、表面张力。试确定水流速度与其他参数的关系。

5.34　如习图 5 – 4 所示，关联扭矩 T 与其他变量的关系式。

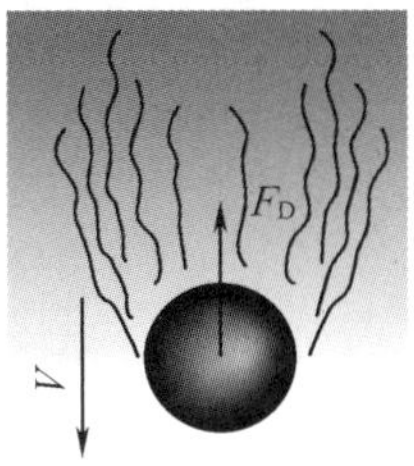

习图 5 – 3

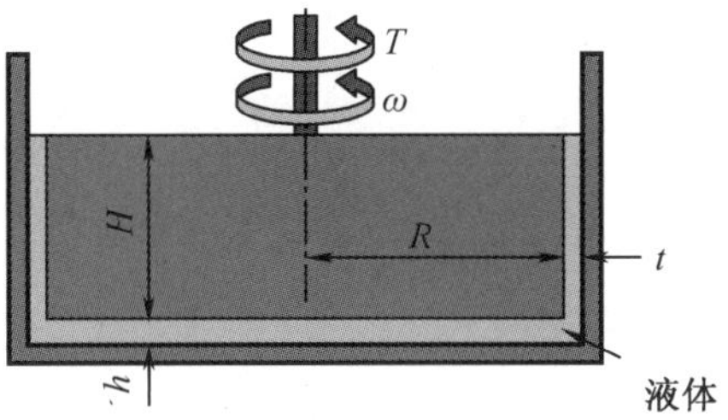

习图 5 – 4

5.35　一个 1:7 的模型，计算运行着的涡轮机，此涡轮机可以产生 200 kW 的功，它的体积流量为 1.5 m^3/s，试求此模型在如下两种情况下流量是多少？模型预期的功率是多少？

(a)模型机与原型机有相同的水温度。

(b)模型机的水温为 25 ℃，原型机的水温为 10 ℃。

5.36　一个 1:10 的水泵模型，测出其上的力为 45 N，如果水温情况如下面两种情况所述，则原型机期望的力各为多少？

(a)模型和原型机的水温相同。

(b)模型的水温为 30 ℃，原型机的水温为 15 ℃。

5.37　拟选用一个 1:10 的汽车模型，当原型汽车的速度达到 100 km/s，则风洞风速应该选择多大的作用于实验模型上是合理的，并论述原因。

5.38　一个尺寸比为 1:30 的船模型用来测试完全相似，则模型流体的黏度是多少，可以使用哪些流体来测试？可以推出哪些结论？

5.39　一个水坝上的水流量为 2 m^3/s，一个 1:10 水坝模型在水洞中进行测试。

(a)水洞中的水流量是多少？

(b)若模型中测得的力为 12 N，则水坝上的力应该为多少？

5.40　用一个模型来研究发电厂中一个高 300 m 直径为 13.5 m 的大烟囱，已知烟囱处在厚度为 360 m 的地面边界层之中，问能否在一个能够产生 1.2 m 厚度的边界层中研究这个烟囱？

5.41　用一个 1:10 的机翼模型在风洞中进行模拟，已知风洞的空气温度为 10 ℃。若飞机的速度为 250 m/s，飞行高度为 10 000 m，则风洞中气流速度该如何选取？若模型在风洞中的攻角为 5°，测得气流的速度为 250 m/s 绝对压强为 80 kPa，原型机翼在对应的位置处的气流速度和压强为多少，攻角是多少？

5.42　在一个气流速度为 60 m/s 的风洞中，测得 1:10 的风机模型的扭矩为 12 N · m。若模拟原型机产生 15 m/s 风速（忽略气流的黏性作用），则原型机中可以产生多大的扭矩？若模型的转速为 500 r/min，则原型机的角速度是多大？

5.43　推导连续性方程：$\dfrac{\partial\rho}{\partial t}+\dfrac{\partial}{\partial x}(\rho u)+\dfrac{\partial}{\partial y}(\rho v)=0$。使用特征速度 U，长度 l，密度 ρ，时间 t，这里的 f 是频率。需要引入了哪些无量纲参数？

5.44　推导欧拉方程：$\rho\dfrac{\mathrm{d}\boldsymbol{u}}{\mathrm{d}t}=\rho\boldsymbol{f}-\nabla p$。使用特征速度 U，长度 l，压强 ρU^2 及时间。确定方程引入的所有无量纲参数。

5.45　能量方程无量纲化。$\rho c_p\left(u\dfrac{\partial T}{\partial x}+v\dfrac{\partial T}{\partial y}\right)=K\nabla^2 T$，使用特征速度 U，长度 l 和温度 T_0，将普朗特常数表达在无量纲参数中。

管道中的黏性流动

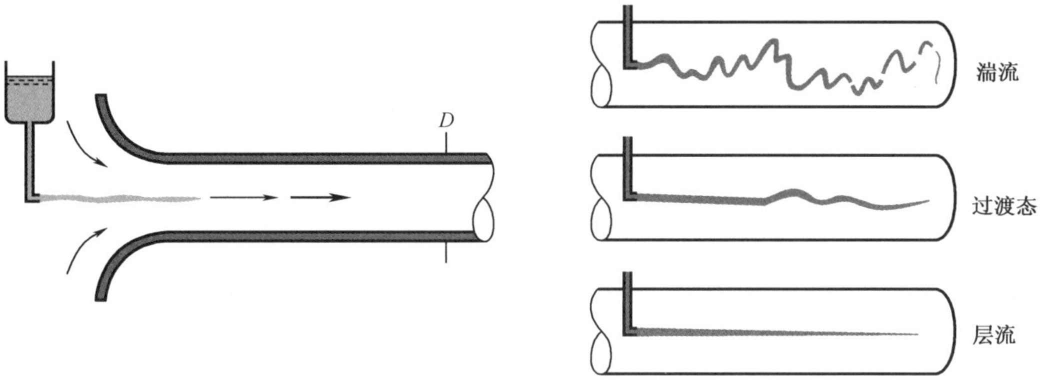

左上图为我国的战略工程“西气东输”中的输气管道，是我国距离最长、口径最大的输管气道，西起塔里木盆地的轮南，东至上海。右上图为阿拉斯加输油管（英语：Trans-Alaska Pipeline System，简称TAPS，州内俗称 the Alyeska Pipeline，州外俗称 Alaska Pipeline）是连接美国阿拉斯加州北部产油区和南部港口，再转运到美国本土炼油厂的管道运输系统，自 1977 年落成以来，管道已经输送了 150 亿桶原油（2.4 km^3）。下图为雷诺实验原理示意图，揭示了雷诺数与流体状态转变之间的关系，即当雷诺数较小时，流体质点只沿流动方向做一维运动，与其周围的流体间无宏观的混合，即分层流动，这种流动形态称为层流。当雷诺数增大到某个值后，流体质点除流动方向上的流动外，还向其他方向做随机的运动，即存在流体质点的不规则脉动，这种流体形态称为湍流。

在本章中，我们将把前面章节学到的基本原理应用到一个重要领域——在管道中流动的不可压缩流体。通过本章的学习对以下知识有一个清晰的认识。

（1）理解流动过程能量损失的分类；

（2）掌握并能够判别黏性流动的两种流态，理解两种流态的流动特征；

（3）掌握圆管中层流与湍流的流动损失计算方法；

（4）学会确定层流和湍流流动的速度分布规律；

（5）能够求解层流与湍流流动的过流截面的切应力；

（6）了解管流与明流局部损失的计算方法。

第 6 章　管道中的黏性流动

第 4 章介绍了恒定总流能量方程，这个方程要在工程实际中真正得到运用，还必须解决能量损失项的计算问题，而能量损失和流动阻力有着密切的关系。本章介绍在恒定流动（定常流动）情况下，流动阻力和能量损失的规律。其要点是黏性流体的两种流态——层流和湍流，及不同流态下流体在管道、渠道内流动的阻力规律和能量损失的计算方法。

6.1　流动阻力和能量损失的两种形式

实际流体都具有黏性。在流动过程中，流体内部质点间或流层间因相对运动，产生了流动阻力，流动阻力做功，将一部分机械能不可逆地转化为热能而散失，形成了能量损失。为便于分析计算，按流动边界情况的不同，流动阻力和能量损失可分为以下两种形式。

本章中管道流动中都假设管道中完全流满流体。

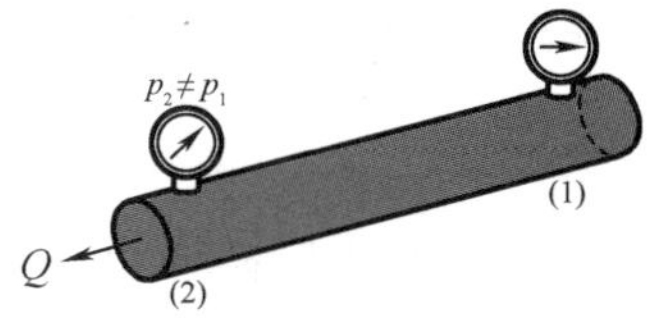

流体流经一段由于沿程阻力的作用，使得进口和出口处的总压头不相等，$p_2 < p_1$

6.1.1　沿程阻力与沿程损失

在边界沿程不变（包括边壁形状、尺寸、流动方向均不变）的均匀流段上，流动阻力就只有沿程不变的摩擦阻力，称为沿程阻力。克服沿程阻力所产生的能量损失，称为沿程损失。沿程损失均匀分布在整个流段上，与流程的长度成比例。沿程损失用水头损失表示时，称为沿程水头损失，用 h_f 表示；对于气体流动，沿程损失用压强损失表示，称为沿程压强损失，用 p_f 表示。

如图 6－1 所示的管道流动，ab、bc、cd 各段只有沿程阻力，$h_{f_{ab}}$、$h_{f_{bc}}$、$h_{f_{cd}}$ 分别表示各段的沿程水头损失，各段的总水头线表现为均匀下降。

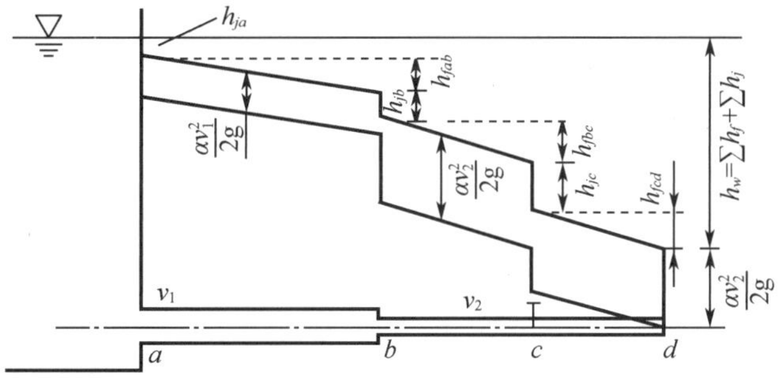

图 6－1　沿程阻力损失的组成

实验观察和理论分析指出，恒定有压管流的压强损失 Δp 和管长 l、直径 d、管壁粗糙度 Δ、运动黏度 ν、密度 ρ、流速 v 等因素有关。用量纲分析（π 定理）的方法可以推导出压强损失及沿程损失的公式。

函数关系式 $f(\Delta p, l, d, \Delta, \nu, \rho, v) = 0$，选取 d、v、ρ 作为独立的变量，它们的指数行列式

$$\begin{vmatrix} 1 & 0 & 0 \\ 1 & -1 & 0 \\ -3 & 0 & 1 \end{vmatrix} \neq 0$$

符合独立变量的条件。π 项应该有 $n-m=7$ 个 -3 个 $=4$ 个。即

$$\pi_1 = d^{\alpha_1} v^{\beta_1} \rho^{\gamma_1} \nu$$

$$\pi_2 = d^{\alpha_2} v^{\beta_2} \rho^{\gamma_2} l$$

$$\pi_3 = d^{\alpha_3} v^{\beta_3} \rho^{\gamma_3} \Delta$$

$$\pi_4 = d^{\alpha_4} v^{\beta_4} \rho^{\gamma_4} \Delta p$$

$$\dim \pi_1 = L \cdot L^{\alpha_1} (LT^{-1})^{\beta_1} \cdot (L^{-3}M)^{\gamma_1} \cdot L^2 T^{-1}$$

$$\begin{cases} L: 0 = \alpha_1 + \beta_1 - 3\gamma_1 + 2 \\ T: 0 = -\beta_1 - 1 \\ M: 0 = \gamma_1 \end{cases}$$

解得 $\alpha_1 = -1, \beta_1 = -1, \gamma_1 = 0$。所以

$$\pi_1 = \frac{\nu}{vd} = \frac{1}{Re}$$

同理可得 $\alpha_2 = -1, \beta_2 = 0, \gamma_2 = 0$。所以

$$\pi_2 = \frac{l}{d}$$

其他两个 π 项以同样的方法求得，分别为

$$\pi_3 = \frac{\Delta}{d} = \varepsilon(\text{相对粗超度})$$

$$\pi_4 = \frac{\Delta p}{\rho v^2} = Eu(\text{欧拉数})$$

根据 π 定理可得

$$F\left(\frac{1}{Re}, \frac{l}{d}, \frac{\Delta}{d}, \frac{\Delta p}{\rho v^2}\right) = 0$$

或

$$\frac{\Delta p}{\rho v^2} = F_1\left(Re, \frac{l}{d}, \frac{\Delta}{d}\right)$$

或

$$\Delta p = F_2\left(Re, \frac{\Delta}{d}\right)\frac{l}{d}\rho v^2 = F_3\left(Re, \frac{\Delta}{d}\right)\frac{l}{d}\frac{\rho v^2}{2}$$

令量纲一的数 $\lambda = F_3\left(Re, \frac{\Delta}{d}\right)$，则可得

$$\Delta p = \lambda \frac{l}{d}\frac{\rho v^2}{2} \tag{6-1}$$

上式即为有压管流中计算压强损失的公式。如以沿程水头损失 h_f 表示，则可改写成为

$$\frac{\Delta p}{\rho g} = h_f = \lambda \frac{l}{d}\frac{v^2}{2g} \tag{6-2}$$

上式的沿程损失的计算是由法国工程师达西(Darcy, H.)和法国水利学家魏斯巴赫(Weisbach, J. L.)在前人实验的基础上提出的计算圆管沿程水头损失的公式。

式中 l——管长；

d——管径；

$\Delta p = p_1 - p_2$

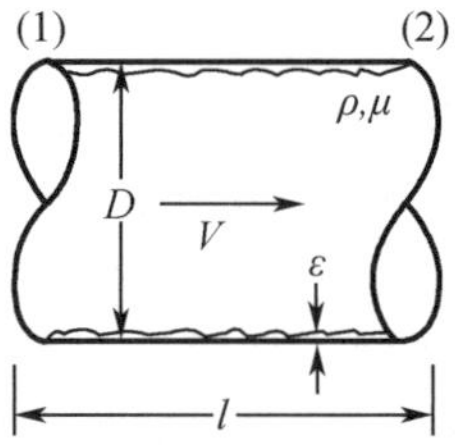

压强损失物理模型

v——断面平均流速；

g——重力加速度；

ρ——流体密度；

λ——沿程损失(阻力)系数。

式(6-1)和式(6-2)称为达西-魏斯巴赫公式(简称达西公式)。式中的沿程阻力系数并不是一个确定的常数，一般由通过实验给出的经验或半经验公式来确定。这样，达西公式就把计算沿程水头损失的问题转化为研究确定沿程阻力系数的问题。

6.1.2　局部阻力与局部损失

在边壁形状沿程急剧变化，流速分布急剧调整的局部区段上，集中产生的流动阻力称为局部阻力。克服局部阻力引起的能量损失称为局部损失。同样，局部损失用水头损失表示时，称为局部水头损失，用 h_j 表示；对于气体流动，局部损失用压强表示时，称为局部压强损失，用 p_j 表示。

变径管

例如，发生在管道入口、变径管、弯管、三通、阀门(如过程图所示)等各种管件处的能量损失，都是局部损失。如图6-2所示，管道入口、管径突然缩小以及阀门处均产生局部损失，h_{ja}、h_{jb}、h_{jc}分别表示各处的局部水头损失。

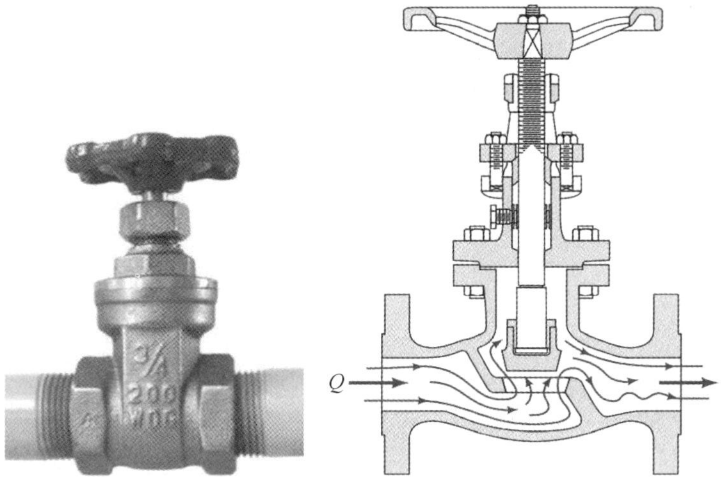

图6-2　水流过阀门

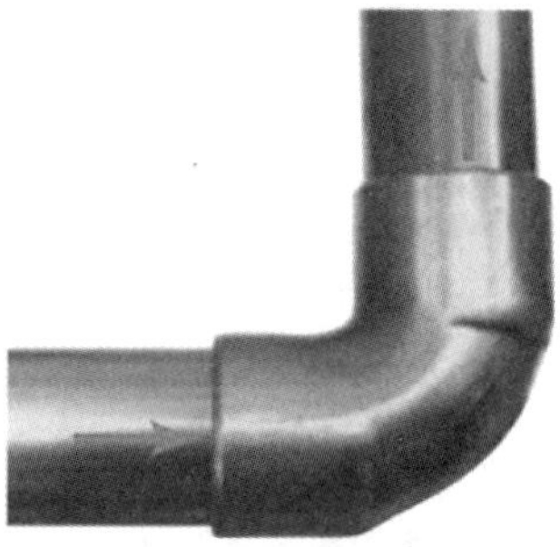

弯管

局部水头损失计算公式为

$$h_j = \zeta \frac{v^2}{2g} \tag{6-3}$$

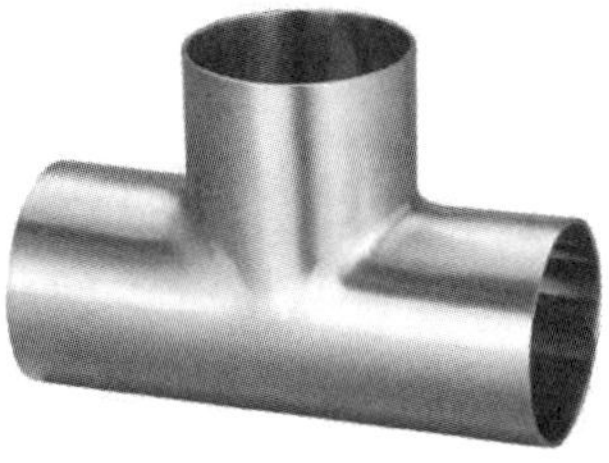

三通

写成压强损失的形式为

$$p_j = \zeta \frac{\rho v^2}{2} \tag{6-4}$$

式中　ζ——局部损失(阻力)系数，一般由实验确定；

v——断面平均流速；

ρ——流体密度；

g——重力加速度。

球阀

整个管道(或渠道)的水头损失 h_w 等于各管段(或各流段)的沿程水头损失和所有局部水头损失的总和，即

$$h_w = \sum h_f + \sum h_j$$

气体管道流动的能量损失用压强损失计算，即

$$p_w = \sum p_f + \sum p_j$$

压强损失与水头损失的关系为

$$p_w = \rho g h_w, p_f = \rho g h_f, p_j = \rho g h_j$$

例题 6－1 沿程阻力损失

已知：如图 6－3 所示，用直径 $d = 100$ mm，总长 $l = 20$ m 的虹吸管将水由高水池引入低水池，两池水面高差 $z = 5$ m，虹吸管顶点 C 到高池水面高差为 $h = 4$ m，管段 AC 之长 $l_1 = 8$ m，CB 之长 $l_2 = 12$ m，沿程损失系数 $\lambda = 0.04$，局部损失系数 $\zeta_1 = 0.8$，$\zeta_2 = \zeta_3 = 0.9$，$\zeta_4 = 1$。

求解：管流量 Q；若要求管道的真空压强不得超过 68 kPa，试校核顶点 C 的真空度是否满足要求。

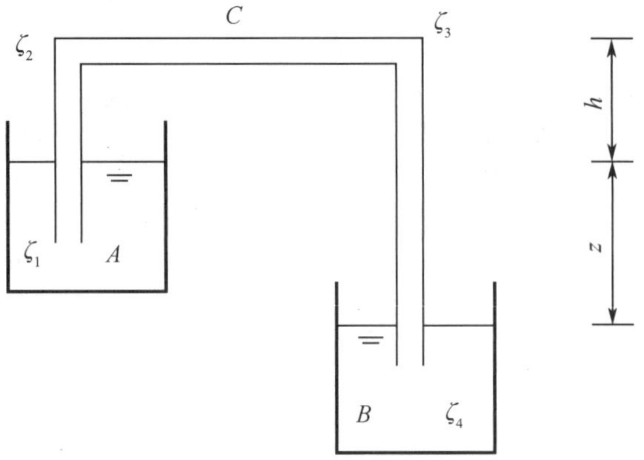

图 6－3 虹吸管

解题过程：

对于两池水面应用伯努利方程

$$z = \left(\lambda \frac{l}{d} + \zeta_1 + \zeta_2 + \zeta_3 + \zeta_4\right)\frac{v^2}{2g} = 11.6\frac{v^2}{2g}$$

$$v = 2.907\ 5 \text{ m/s}$$

$$Q = Av = 0.022\ 84 \text{ m}^3/\text{s}$$

对于左池水面和管道截面 C 应用伯努利方程

$$\frac{p_a}{\rho g} = h + \frac{p}{\rho g} + \left(1 + \lambda \frac{l_1}{d} + \zeta_1 + \zeta_2\right)\frac{v^2}{2g}$$

$$\frac{p_a - p}{\rho g} = h + \left(1 + \lambda \frac{l_1}{d} + \zeta_1 + \zeta_2\right)\frac{v^2}{2g} = 6.543\ 1$$

$$p_a - p = 64 \text{ kPa}$$

满足要求。

例题分析：

阻力损失包括沿程损失和局部损失，经阻力损失代入到总流的伯努利方程是解题的关键。

6.2 黏性流体的两种流态

上述的能量损失可以用实验来确定。例如，要确定如图 6－4 所示的

雷诺揭示了重要的流体流动机理，即根据流速的大小，流体有层流和湍流两种状态。

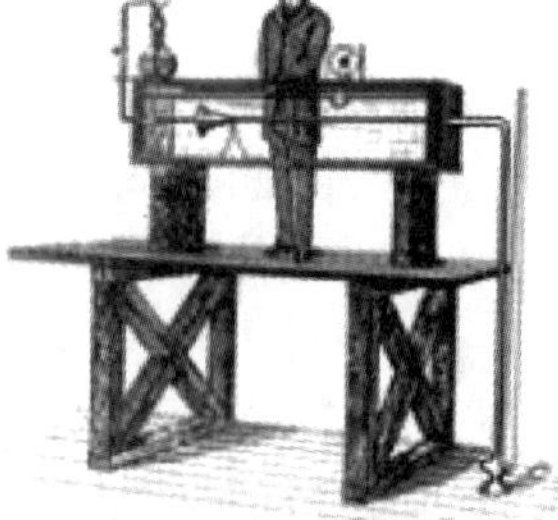

雷诺实验

某一水平放置的恒定均匀有压管流,它的单位质量液体由过流断面 1－1 流到过流断面 2－2 的沿程损失 h_f,可用总流的伯努利方程得到

$$h_f=\frac{p_1-p_2}{\rho g}$$

而上述的能量损失早在 19 世纪初,就有人发现在同样的边界条件下,能量损失和流体速度有一定的联系。直到 1883 年英国物理学家雷诺(Osborne Reynolds)通过实验研究发现,水头损失规律之所以不同,是因为黏性流体存在着两种不同的流态。

6.2.1　雷诺实验

雷诺实验装置如图 6－4 所示。实验时,水箱 A 内充满水,并始终保持自由表面稳定,使玻璃管 B 内的水流为恒定流。先稍微开启阀门,使管内水流速度(断面平均流)十分缓慢。然后再开启盛有有色液体(密度接近于水)容器 E 下的阀门,有色液体由细玻璃管注入玻璃管 B 内。这时,用眼睛可见玻璃管内,离注入处一定距离后的有色液体,除了由于分子的扩散作用,粗细沿程略有增大,呈现一股细直的流束,显示出水流质点互不掺混的特征,如图 6－4(a)所示。这种状态称为层流。

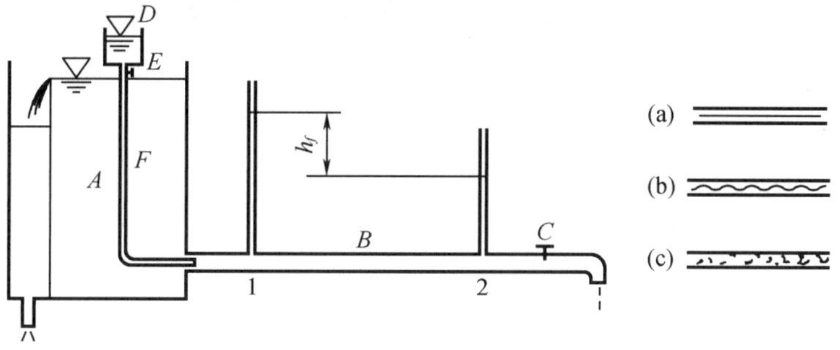

图 6－4　雷诺实验

逐渐开大阀门 C,玻璃管 B 内的流速随之增大,当增大到某一临界值 v_c'时,颜色水流束出现弯曲、波动,如图 6－4(b)所示,这种现象只是由于各点速度矢量随时间连续变化(脉动)的结果。再开大阀门 C,随着水流速度进一步增大,有色流束分离成小涡体与周围水流发生掺混。最后有色液体向外扩散,使管内全部水流着色,显示水流质点互相掺混的特征,此时流体质点的运动轨迹极不规则,各层流体质点剧烈掺混,这种流动状态称为湍流,如图 6－4(c)所示。

将上述实验按相反的顺序进行,先开大阀门 C,使玻璃管内为湍流,然后逐渐关小阀门 C,则按相反的顺序重演前面实验中发生的现象。但由湍流转变为层流的临界流速 v_c 小于由层流转变为湍流的临界流速 v_c',称v_c'为上临界流速,v_c 为下临界流速。

实验发现,上临界流速 v_c'是不稳定的,受起始条件和实验条件影响较大。在水箱水位稳定、管道入口平顺、管道边壁光滑、阀门开启缓慢条件下,v_c'可以比 v_c 大许多倍。而下临界流速 v_c 是稳定的,不受起始条件的影响。对任何起始湍流,当流速小于 v_c 值,只要管道足够长,流动终将发展成为层流。实际流动中,扰动难以避免,上临界流速实际意义不大,以后所指的临界流速即是下临界流速。

上述实验虽仅限于圆管内水流运动,但对其他任何边界形状、任何其他的实际液体和气体流动,都可以发现存在这两种流态——层流和湍流。层流的流动特征是流体质点相互不掺混,做有条不紊的线状运动;湍流流动特征是流体质点互相掺混,做无规则运动。

6.2.2　不同流态的阻力规律

为了分析不同流态沿程水头损失的变化规律,在图 6－4 所示的实验管道中,选取过流断面 1 和 2,并各安装一根测压管,则 1、2 两断面的伯努利方程为

$$z_1+\frac{p_1}{\rho g}+\frac{a_1v_1^2}{2g}=z_2+\frac{p_2}{\rho g}+\frac{a_2v_2^2}{2g}+h_w$$

因为该管道为等直径直管，管流为均匀流，故

$$v_1=v_2, a_1=a_2$$

1，2 断面间只有沿程水头损失，无局部水头损失，$h_w=h_f$，化简上式，得

$$\left(z_1+\frac{p_1}{\rho g}\right)-\left(z_2+\frac{p_2}{\rho g}\right)=h_f$$

h_f 即均匀流两断面间的沿程水头损失，其值等于两段面的测压管水头差。通过阀门调节流量，测量不同断面平均流速 v 时，相应的沿程水头损失 h_f，可得 h_f-v 的关系曲线，如图 6-5 所示。从图中可以看出当流速 v 由小变大时，试验点由 O 点沿线段 $OABDE$ 移动；在由 A 点向 B 移动过程中，当流速增大到 B 点的流速，结合上述观察结果，有色流体开始弯曲、波动，随后与水流掺混，相应地从层流转变为湍流。当流速由大变小时，实验点由 E 点沿线段 $EDCAO$ 移动，其中 DA 部分和 DBA 不重合；在由 E 点向 D 点移动过程中，当流速减小到 D 点时的流速，结合眼睛的观察，有色流束开始的弯曲、波动，由湍流向层流过度，只有到达 A 点的流速时才完全变为层流，相应的从湍流变为层流。实验曲线为 $EDCAO$。图中 A、D 两点分别对应的是 v_c 和 v_c'，即上临界流速和下临界流速。BD 段实验点分布比较散乱，是流态不稳定的过渡区域，由图 6-5 分析可得

$$h_f=Kv^m$$

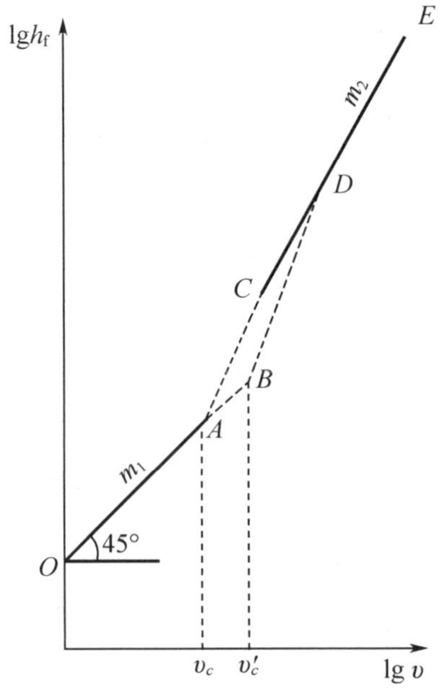

图 6-5　$h_f-\lg v$ 关系图

另外，还可以看出，图中的曲线明显地分为三段：

(1) OA 段。当 $v<v_c$ 时，流动为层流。实验点分布在与横轴成 45°角的直线上。其斜率 $m_1=1.0$，说明沿程损失与断面平均流速的一次方成比例。

(2) DE 段。当 $v>v_c'$时，流动为湍流。实验点都分布在 DE 线上，其斜率 $m_2=1.75\sim2.0$，说明沿程损失与断面的平均速度的 1.75 ~2.0 次方成比例即 $h_f=Kv^{1.75\sim2.0}$，其值视边界条件而定。

(3) ABD 段。当 $v_c<v<v_c'$时，流动可能为层流也可能为湍流，取决于流体的原点状态。当流速由小变大时，实验点分布在 ABD 线上；当流速由大变小时，则实验点分布在 DA 线上。实验点分布比较散乱。

对另一管径略大的玻璃管，进行上述实验，同样可以观察到上述的水流现象。

雷诺实验揭示了流体运动确实存在的两种性质不同的流态：层流和湍流；这两种流态时，不仅流体质

点运动的轨迹不同，其内部结构也不相同，因而在反应能量损失和扩散的规律上各不相同。所以分析实际流体运动时，例如计算能量损失时，首先必须判别流动的形态。

6.2.3 流态的判别

1. 圆管流动

从雷诺实验看，临界流速可以判别层流和湍流两种流态。但是不同的管径大小、流体种类和流体温度，得到的临界流速是不同的。实际工程中所遇到的管径大小和工作条件是多种多样的，要根据工程中某一具体条件下的流体运动速度和它的尚未知道的临界流速来比较，是不可能的。如果要想办法用临界流速来判别流态，也很不方便。所以需要用其他办法来判别流态。

为此，雷诺等人曾对不同直径的圆管和多种流体进行试验，发现临界流速与过流断面的特征几何尺寸（管径）d、流体的动力黏度μ和密度ρ有关，即$v_c=f(d,\mu,\rho)$。在第5章，已经用量纲分析法证明，由这四个量可以组成一个特征数（量纲一的数或无量纲数）称雷诺数Re，即

$$Re=\frac{vd\rho}{\mu}=\frac{vd}{\nu}$$

一定温度的流体在一定的圆管内以一定速度流动，就可以计算出相应的值。显然，Re越大，流动就越容易形成湍流；越小越不容易形成湍流。对应于下临界流速的雷诺数称下临界雷诺数。实验表明，尽管不同条件下的下临界流速不同，但对于通常所使用的粗糙管壁情况下的平直圆管均匀流来讲，任何管径大小和任何牛顿流体，它们的下临界雷诺数是相同的，其值为$Re_c=\frac{vd\rho}{\mu}=2\ 000\sim2\ 320$取2 000。对应于上临界流速的雷诺数称上临界雷诺数Re_c'，其值要比下临界雷诺数大很多，且不固定，其原因是与实验时流体是否受到扰动的情况有关，视实验的具体条件而不同。如实验时能保持高度的平稳条件，使流体不从外界得到微小扰动震荡，则Re_c'值可以提高；反之，则较低。另外，实验还表明，在上述情况下，流体流动只要稍受扰动，若原为层流则将迅速转变为湍流。由于实际流体运动中，扰动总是存在的，所以Re_c'值对于判别流态没有实际意义。这样，在确定某一具体流动的流态时，就可用它的雷诺数与下临界雷诺数来比较：

- 当$Re<Re_c$——层流；
- 当$Re>Re_c$——湍流。

从以上的讨论可知临界雷诺数是判别流态的准则。目前，一般认为雷诺数可以用来判别流态，是因为雷诺数等号右边的分子、分母部分分别反映了流动流体的惯性力和黏性力的大小，是惯性力对黏性力的比值。雷诺数越小，反映了黏性力作用越大，当黏性力对流体质点运动的约束作用达到一定程度，质点之间互不掺混，呈层流；反之，则呈湍流。由于雷诺数表征流体流动状态的特征，所以可用来判别流态。以上结论，虽然是以有压圆管流为对象，但所得结论亦适用于其他边界条件下的流动，如在明渠流中亦有层流和湍流，各种流动又都有自己的临界雷诺数，其大小由实验确定。

2. 非圆管流动及明流

对于非圆管道流动及明渠水流，同样可以用雷诺数判别流态。但要引用一个综合反应断面大小和几何形状对流动影响的特征长度，代替圆管流雷诺数中的直径d。这个特征长度是水力半径

$$R=\frac{A}{\chi} \tag{6-5}$$

式中 R——水利半径；

A——过流断面面积；

χ——过流断面上流体与固体边界接触部分的周长，称为湿周。

矩形断面明渠流动（图6-6(a)）的水力半径：

$$R=\frac{A}{\chi}=\frac{bh}{b+2h}$$

对于直径为 d 的圆管流(图 6 -6(b)),相应的水力半径为

$$R=\frac{\frac{1}{4}\pi d^2}{\pi d}=\frac{d}{4}$$

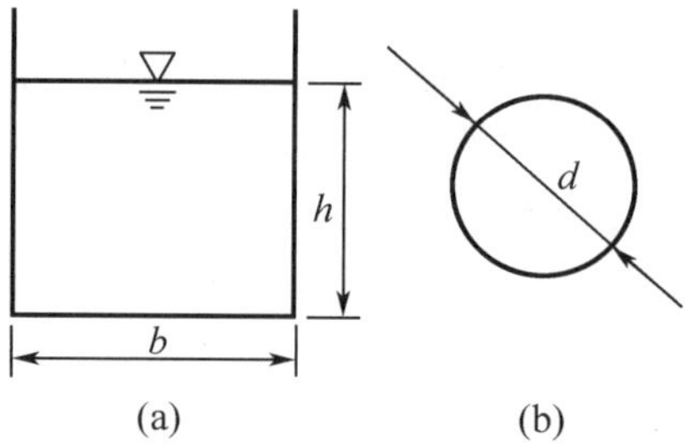

图 6 -6　水力半径

以水力半径为特征长度,相应的临界雷诺数

$$Re_c=\frac{vR}{\nu}=500$$

也就是说,采用不同的特征长度,有不同的临界雷诺数。

6.2.4　根据雷诺数判别流态

雷诺数反映了惯性力与黏性力作用的对比关系(详见第 5 章)。当 $Re<Re_c$ 时,黏性对流动起主导作用,因受微小扰动产生的湍动,在黏性的阻滞作用下会逐渐衰减下来,流动仍然保持为层流。随着 Re 的增加,黏性作用减弱,惯性对湍动的激励作用增强,到 $Re>Re_c$ 时,惯性对流动起主导作用,流动转变为湍流。雷诺数之所以能够判别流态,正是因为它反映了流态决定性因素的对比关系。

例题 6 -2　雷诺数的应用

已知:某低速送风管道,内径 $d=200$ mm,风速 $v=3$ m/s,空气温度为 40 ℃。

求解:

(1)风道内气体的流动状态;

(2)该风道内空气保持层流的最大速。

解题过程:

(1)根据已知条件,并经查表后可知,40 ℃时空气的运动黏性系数为 $\nu=16.8\times10^{-6}$ m²/s,则:

$$Re=\frac{vd}{\nu}=\frac{3\times0.2}{16.8\times10^{-6}}=3.57\times10^4>2\ 320$$

由此可知:此时风道内气体的流动状态为湍流。

(2)空气保持层流的最大速度为

$$v_{\max}=\frac{Re_\kappa\nu}{d}=\frac{2\ 320\times16.8\times10^{-6}}{0.2}=0.2\ \text{m/s}$$

例题分析:

圆管中流态的判别可以以上临界雷诺数为标准,只用比较实际雷诺数与临界雷诺数的大小即可判别流体的运动状态是湍流还是层流。

例题 6 -3　由雷诺数判断流态

已知:有一直径 $d=2$ cm 的水管,水温 15 ℃,测得管中流速 $v=8$ cm/s。

求解:试判别流态;若改变其流态,可以采取哪些措施?

解题过程：

(1)判别流态

由图1－12 查得 $t=15$ ℃水的运动黏度为 $\nu=1.14\times10^{-6}\ m^2/s$，则雷诺数

$$Re=\frac{vd}{\nu}=\frac{0.08\times0.02}{1.14\times10^{-6}}=1\ 404<2\ 000$$

管中水流为层流。

(2)如要改变其流态，可采取的办法

①改变流速，$Re_c=2\ 000$，则

$$v_c=\frac{Re_c\nu}{d}=\frac{2\ 000\times1.14\times10^{-6}}{0.02}=0.114\ m/s$$

当管中流速 $v>0.114$ m/s 时，层流转变为湍流。

②提高水温，降低黏性

$$\nu=\frac{vd}{Re_c}=\frac{0.08\times0.02}{2\ 000}=0.8\times10^{-6}\ m^2/s$$

由表1－3 查得 $t=30$ ℃时，$\nu=0.8\times10^{-6}\ m^2/s$，所以。若将水温提高到30 ℃以上时，也可以改变其流态。

例题分析：

流态的判别和改变都要以临界雷诺数为标准，无论采取什么措施，只要使雷诺数超过临界雷诺数就能使层流变成湍流。

6.3 沿程损失与剪切应力之间的关系

前面已经指出，均匀流的流动阻力只有沿程不变的摩擦阻力，单位面积上的摩擦阻力即为切应力。克服沿程阻力所产生的能量损失，称为沿程损失。因此，建立沿程损失与切应力之间的关系，再找出切应力的变化规律，就能解决沿程损失的计算问题。

6.3.1 圆管均匀流基本方程

如图6－7 所示的圆管均匀流，取圆管中恒定均匀流段1 和2 断面，作用在该流段上的外力有两端压力、壁面对流段的摩擦阻力和重力，三者之间沿着轴线的平衡方程式为

$$p_1A-p_2A+\rho gAl\cos\alpha-\tau_0\chi l=0 \tag{6-6}$$

式中 τ_0——单位壁面上的摩擦阻力，即壁面切应力；

χ——湿周。

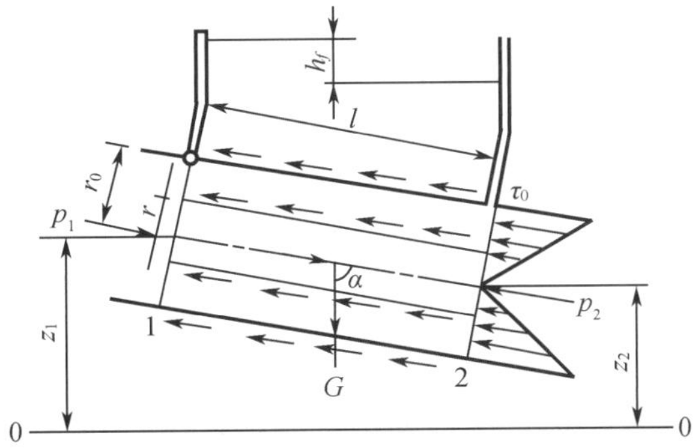

图6－7 圆管均匀流

将 $l\cos\alpha=z_1-z_2$ 代入上式，并以 ρgA 除式中各项，整理得

$$\left(z_1+\frac{p_1}{\rho g}\right)-\left(z_2+\frac{p_2}{\rho g}\right)=\frac{\tau_0\chi l}{\rho gA} \tag{6-7}$$

列 1 - 1、2 - 2 断面伯努利方程,化简得

$$\left(z_1+\frac{p_1}{\rho g}\right)-\left(z_2+\frac{p_2}{\rho g}\right)=h_f \tag{6-8}$$

由以上两式,可得

$$h_f=\frac{\tau_0\chi l}{\rho gA}=\frac{\tau_0 l}{\rho gR} \tag{6-9}$$

或

$$\tau_0=\rho gR\frac{h_f}{l}=\rho gRJ \tag{6-10}$$

其中定义 $J=\frac{h_f}{l}$,即流体从机械能较大的断面向机械能较小的断面流动时,沿流程每单位距离的水头损失,即总水头线的坡度,简称水力坡度。

式(6 - 9)和式(6 - 10)给出了圆管均匀流沿程水头损失和壁面切应力的关系,称为圆管均匀流基本方程。对于明渠均匀流,按上述步骤,列出流动方向力的平衡方程式,同样可以得到上述均匀流基本方程,所以该方程对于有压流和无压流均适用。

另外,由于均匀流基本方程只是根据在恒定均匀流段上外力平衡方程式求得的,并没有反映产生沿程水头损失的物理本质,没有涉及流体质点的运动状态,因此该方程对层流和湍流均适用。

6.3.2 圆管过流截面上的切应力分布

在图 6 - 7 所示圆管恒定均匀流中,取一半径为 r 的同轴圆柱体流束进行受力分析。同样可以求得流束的均匀流基本方程

$$\tau=\rho gR'J' \tag{6-11}$$

式中 τ——所取流束表面切应力;

R'——所取流束水力半径;

J'——所取流束水力坡度,与总流水力坡度相等,即 $J'=J$。

将 $R=\frac{r_0}{2}$ 和 $R'=\frac{r}{2}$ 分别代入式(6 - 10)和式(6 - 11),得

$$\tau_0=\rho g\frac{r_0}{2}J \tag{6-12}$$

$$\tau=\rho g\frac{r}{2}J \tag{6-13}$$

对比上述两式,得

$$\tau=\frac{r}{r_0}\tau_0 \tag{6-14}$$

式(6 - 14)表明圆管均匀流过流断面上切应力呈直线分布,管轴处 $r=0,\tau=0$;管壁处 $r=r_0,\tau=\tau_0$,切应力达最大值(参见图 6 - 7)。

6.3.3 阻力速度

为建立沿程阻力系数 λ 与壁面切应力 τ_0 的关系,将达西公式(6 - 1)和圆管水力半径 $R=\frac{d}{4}$ 代入均匀流基本方程式(6 - 10),得

$$\tau_0=\rho gRJ=\rho g\frac{d}{4}\frac{h_f}{l}=\rho g\frac{d}{4}\lambda\frac{1}{d}\frac{v^2}{2g}=\rho\frac{\lambda}{8}v^2$$

则

$$\sqrt{\frac{\tau_0}{\rho}} = v\sqrt{\frac{\lambda}{8}}$$

定义 $v_* = v\sqrt{\frac{\lambda}{8}}$ 具有速度的量纲，是反映壁面切应力大小的一个流速，故称为阻力速度，于是

$$v_* = v\sqrt{\frac{\lambda}{8}} \tag{6-15}$$

上式给出了 v_*、λ 和 v 三者之间的关系，在以后分析湍流沿程损失中广为引用。均匀流基本方程虽然给出了沿程损失和沿程阻力之间的关系，但还需要首先求得阻力规律，才能最终解决沿程损失计算的问题。而不同流态有不同的沿程阻力变化规律。所以下面将分别介绍层流和湍流的阻力规律与沿程损失计算。

6.4　圆管中的层流运动

在实际工程中，绝大多数流动是湍流运动。层流常见于一些低速、高黏性流体的流动，如环境工程中的沉淀设备、输油管道、润滑系统内的流动以及地下水的运动。研究层流运动不仅具有工程实际意义，而且通过对比，也可以加深对湍流的认识。

6.4.1　断面流速分布

在某些条件限制下，层流管道中的速度分布是抛物面。

如图 6－8 所示，流体在圆管中做层流运动，各流层间切应力服从牛顿内摩擦定律，即

$$\tau = \mu\frac{du}{dy}$$

式中，$y = r_0 - r$ 得到

$$\tau = -\mu\frac{du}{dr} \tag{6-16}$$

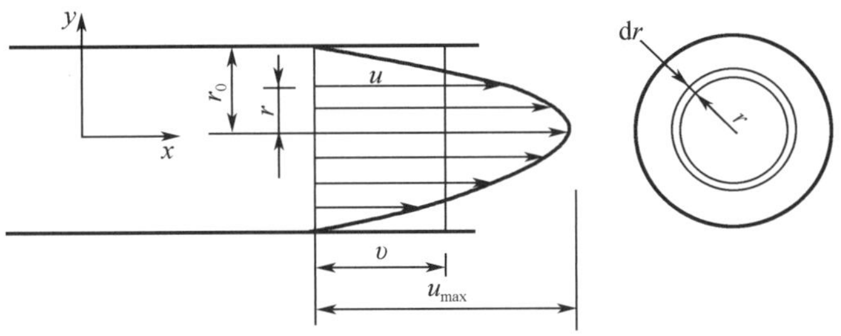

图 6－8　圆管中的层流

将式（6－16）代入圆管中流束的均匀流基本方程式（6－13），得

$$-\mu\frac{du}{dr} = \rho g\frac{r}{2}J$$

分离变量

$$du = -\frac{\rho gJ}{2\mu}r dr$$

其中ρ、g 和 μ 都是常数，在均匀流过流断面上 J 也是常数，积分上式，得

$$u=-\frac{\rho gJ}{4\mu}r^2+C$$

积分常数 C 由边界条件确定，当 $r=r_0$ 时 $u=0$，求得 $C=\frac{\rho gJ}{4\mu}r_0^2$，代回上式得

$$u=\frac{\rho gJ}{4\mu}(r_0^2-r^2) \tag{6-17}$$

式(6－17)表明，圆管层流运动过流断面上流速分布是一个旋转抛物面，这是圆管层流流动的重要特征之一。将 $r=0$ 代入式(6－17)，得管轴处最大流速为

$$u_{\max}=\frac{\rho gJ}{4\mu}r_0^2 \tag{6-18}$$

流量为

$$Q=\int_A u\mathrm{d}A=\int_0^{r_0}\frac{\rho gJ}{4\mu}(r_0^2-r^2)2\pi r\mathrm{d}r=\frac{\rho gJ}{8\mu}\pi r_0^4 \tag{6-19}$$

平均流速为

$$v=\frac{Q}{A}=\frac{Q}{\pi r_0^2}=\frac{\rho gJ}{8\mu}r_0^2 \tag{6-20}$$

对比式(6－18)和式(6－20)，得

$$v=\frac{1}{2}u_{\max}$$

即圆管层流运动的平均流速是最大流速的一半。圆管层流运动的动能修正系数 α 和动量修正系数 α_0 可根据它们的定义分别求得，即：

$$\alpha=\frac{\int_A u^3\mathrm{d}A}{v^3A}=\frac{\int_0^{r_0}\left[\frac{\rho gL}{4\mu}(r_0^2-r^2)\right]^3 2\pi r\mathrm{d}r}{\left(\frac{\rho gJ^3}{8\mu}\right)\pi r_0^2}=2$$

$$\alpha_0=\frac{\int_A u^2\mathrm{d}A}{v^2A}=\frac{\int_0^{r_0}\left[\frac{\rho gL}{4\mu}(r_0^2-r^2)\right]^2 2\pi r\mathrm{d}r}{\left(\frac{\rho gJ^2}{8\mu}\right)\pi r_0^2}=1.33$$

由于层流过流断面上的速度分布很不均匀，所以 α 和 α_0 的值均比 1 大得多。

例题 6－4 层流流动

已知：设有长 $l=1\ 000$ m，直径 $d=150$ mm 的水平管道，出口的压强为大气压，入口的表压强为 0.965×10^6 Pa，管内石油的密度 $\rho=920$ kg/m^3，运动黏性系数 $\nu=4\times10^{-4}$ m^2/s。

求解：试求油的体积流量 Q。

解题过程：

由题可得 $\mu=\rho\nu=0.368$ kg/m·s

假定流动为层流：

$$v=\frac{p_1-p_2}{l}\frac{r_0^2}{8\mu}=1.843\ 8\ \text{m/s}$$

$$Re=\frac{vd}{\nu}=691$$

故为层流，与假定相符，则流量为：

$$Q=\frac{\pi d^2}{4}v=0.032\ 6\ \text{m}^2/\text{s}$$

例题分析：

无法确定流体的流动状态是湍流还是层流时,可先假设一种流态,求出速度,再回代求出雷诺数来验证假设,这也是求解本题的关键。

例题 6-5　层流速度分布

已知:设有一沿倾斜平面均匀流下的薄液层,如图 6-9。试用微元体证明如下两条结论。

求解:

(1)该流层的速度分布为 $v=\rho g(b^2-s^2)\sin\dfrac{\theta}{2\mu}$,且向下运动;

(2)单位宽度上的流量 $q_V=\rho g b^3\sin\dfrac{\theta}{3\mu}$。

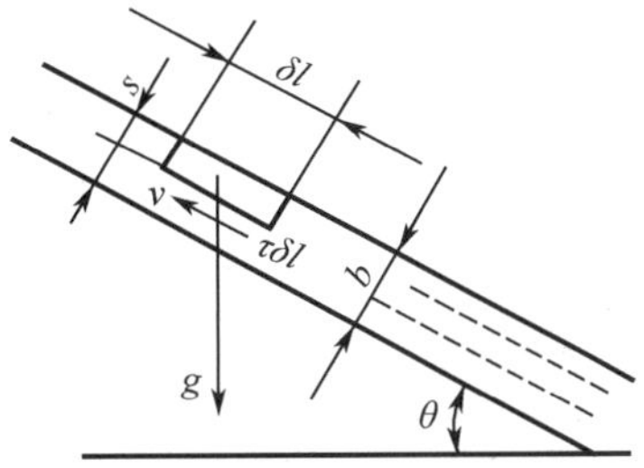

图 6-9　薄液层内流动分析

解题过程:

(1)在层流内取微元体如图 6-9 所示,其长度为 δl,厚度为 s,宽为 1。微元体所受的重力为 $\rho gs\delta l$,微元体所受的切向阻力为 $\tau\delta l$。

列力的平衡方程为 $\tau\delta l=\rho gs\delta l\sin\theta$,又有 $\tau=-\mu\dfrac{dv}{ds}$

所以

$$\frac{dv}{ds}=-\frac{\rho g}{u}s\sin\theta$$

分离变量后进行积分,可得 $v=-\dfrac{\rho gb^2}{2u}\sin\theta+C$,$C$ 为积分常数。

利用边界条件 $s=b$ 时 $v=0$,可求得:

$$C=\frac{\rho gb^2}{2u}\sin\theta$$

所以

$$v=\frac{\rho g}{2u}(b-s)^2\sin\theta$$

(2)

$$q_V=\int_0^b v\,ds=\int_0^b\frac{\rho g}{2u}(b-s)^2\sin\theta\,ds=\frac{\rho g}{2u}\sin\theta\left(b^2s\Big|_0^b-\frac{s^3}{3}\Bigg|_0^b\right)=\frac{\rho g}{3u}b^3\sin\theta$$

例题分析:

利用流体微团的受力分析,求出了管流层内的流动分析。对流速沿宽度上的积分即可求出单位宽度上的流量。

6.4.2　沿程水头损失的计算

将 $r_0=\dfrac{d}{2}$,$J=\dfrac{h_f}{l}$代入式(6-20),整理得

$$h_f=\frac{32\mu lv}{\rho gd^2}\tag{6-21}$$

该式从理论上证明了层流沿程水头损失与断面平均流速一次方成正比，这与6.2节的实验结果是一致的。

将式(6－21)写成计算沿程损失的一般形式

$$h_f = \lambda \frac{l}{d}\frac{v^2}{2g} = \frac{32\mu l}{\rho g d^2}v = \frac{64}{Re}\frac{l}{d}\frac{v^2}{2g}$$

由此式，可得圆管层流的沿程阻力系数的计算式

$$\lambda = \frac{64}{Re} \tag{6-22}$$

式(6－22)表明，圆管层流的沿程阻力系数只是雷诺数的函数，与管壁的粗糙度无关。

例题6－6 层流流动阻力损失

已知：AB为一段水平放置的输油管道，长$l = 500$ m，测得A点压强$p_A = 3$ at，B点压强$p_B = 3$ at，通过的流量$Q = 0.016\ \text{m}^3/\text{s}$，油的运动黏度$\nu = 1.71\times10^{-6}\ \text{m}^2/\text{s}$，密度$\rho = 890\ \text{kg/m}^3$。

求解：计算输油管直径。

解题过程：

(1)计算沿程损失

$$h_f = \left(z_A + \frac{p_A}{\rho g}\right) - \left(z_B + \frac{p_B}{\rho g}\right)$$

由于水平放置输油管，$z_A = z_B$，故

$$h_f = \frac{p_A - p_B}{\rho g} = \frac{(3-2)\times9.8\times10^{-4}}{890} = 11.32\ \text{m(油柱)}$$

(2)假设管中为层流运动

$$h_f = \frac{32\rho\nu l}{\rho g d^2}\frac{4Q}{\pi d^2}$$

整理得

$$d^4 = \frac{128\nu l Q}{\pi g h_f} = \frac{128\times171\times10^{-6}\times500\times0.016}{\pi\times9.8\times11.236}$$

求得$d = 0.15$ m

(3)验算

$$v = \frac{4Q}{\pi d^2} = \frac{4\times0.016}{\pi\times0.15^2} = 0.905\ \text{m/s}$$

$$Re = \frac{vd}{\nu} = \frac{0.905\times0.15}{171\times10^{-6}} = 794 < 2\ 000$$

故管中流动为层流，假设正确。

例题分析：

本题的求解思路是根据伯努利方程求解出管道阻力损失，再假设流动为层流，从而求出假设速度，由雷诺数来验证假设是否成立。

6.5 湍流运动简介

自然界和工程中的大多数流动都是湍流。工业生产中的许多工艺流程，如流体的输运、掺混、传热、冷却和燃烧等过程都涉及湍流问题，因此湍流更具有普遍性。

由于湍流流动伴随有涡体发生、发展和横向掺混，湍流的流动结构较为复杂，湍流流动的流速分布规律与沿程损失规律比圆管层流要复杂得多。本节先介绍湍流流动的一些基本概念，下一节再介绍湍流流动沿程损失的研究成果与计算方法。

6.5.1　湍流的基本特征

采用现代测量技术发现,湍流中不断产生无数大小不等,转向不同的涡体,涡体是具有旋转运动的流体团,而且无规则地运动。流体质点在流动过程中不断相互掺混,质点掺混使得流场中固定空间点上的各种运动要素,如流速、压强、浓度等都随时间不断波动,这种波动称为脉动。例如利用热线/热膜流速仪测定圆管湍流某一固定空间点上瞬时流速在圆管轴线方向的分量 $u_x(t)$ 随时间的变化过程如图 6–10 所示。研究发现,湍流脉动具有如下一些特点:

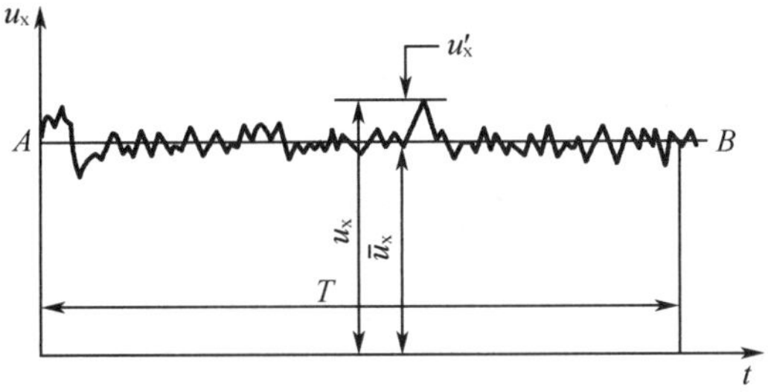

图 6–10　湍流瞬时速度

(1)随机性,即脉动是一个随机过程,脉动值时大时小,方向有正有负,但总是围绕一个平均值波动。

(2)三维性,即虽然主流的流动只沿一个方向(如上述等截面圆管中的流动),却都产生三个方向的脉动速度,其中沿主流流动方向的脉动量最大,而以垂直于主流流动方向又垂直于固体壁面方向的脉动量最小。

(3)脉动量的数值有时候很大,不能当做微量处理。其变化量可以是最大量的几分之一,甚至三分之一或二分之一。湍流脉动现象对很多工程问题有直接影响,如压强的脉动会在壁面上产生较大的瞬时载荷,流速的脉动会提高湍流所携带物质的扩散能力等。因此脉动现象已引起工程界的广泛注意,开展了大量的研究。

6.5.2　湍流运动的时均化

湍流的脉动现象十分复杂,脉动的幅度和频率变化无明显的规律性,为一种随机性质的波动。精确地描述、预测瞬时流速或瞬时压强随时间、空间的变化规律是十分困难的。直到目前为止,流体工程设计、研究中仍然广泛采用的方法是时间平均法①。时间平均法将湍流流动视为两种流动的叠加:时间平均流动与脉动流动。

在图 6–10 中,将 u_x 对某一时段 T 平均,即

$$\bar{u}_x = \frac{1}{T}\int_0^T u_x \mathrm{d}t \qquad (6-23)$$

只要所取的时间 T 不是很短,在 T 时段内瞬时量的时间变化过程能够代表该量所有可能出现的状态特征,$\bar{u}_x$ 值便与 T 的长短无关,$\bar{u}_x$ 就是该点 x 方向的时均流速。从图形上看,$\bar{u}_x$ 是 T 时段内与时间轴平行的直线

层流特性不同于湍流流动特性。

奶油中加入咖啡并搅拌的流动就是典型的湍流运动。

湍流涉及到随机波动函数。

在油漆中加入颜料并搅拌不同于上述上湍流运动。

① 时间平均并不严格,应用统计平均的概念。

AB 的纵坐标，显然 AB 线与时间轴包围的面积等于 $u_x=f(t)$ 曲线与时间轴所包围的面积。

定义了时均流速，瞬时流速就等于时均流速与脉动流速的叠加，即

$$u_x=\bar{u}_x+u'_x \tag{6-24}$$

式中，u'_x为该点在 x 方向的脉动速度。

脉动速度随时间而变化，在时段 T 内，脉动流速的时均值为零，即

$$\overline{u'_x}=\frac{1}{T}\int_0^T u'_x \mathrm{d}t=0 \tag{6-25}$$

同样，垂直于主流方向脉动流速时均值也为零，即 $\overline{u'_y}=0$，$\overline{u'_z}=0$。但脉动流速的均方值不等于零，其值为

$$\overline{u'^2_x}=\frac{1}{T}\int_0^T u'^2_x \mathrm{d}t \tag{6-26}$$

同样，y，z 方向的脉动流速的均方值表示为 $\overline{u'^2_y}$，$\overline{u'^2_z}$。常用湍流强度 N 来表示湍动程度

$$N=\frac{\sqrt{\frac{1}{3}(\overline{u'^2_x}+\overline{u'^2_y}+\overline{u'^2_z})}}{\overline{u_x}} \tag{6-27}$$

至此，流体力学中已经提及四种速度概念：

湍流参数可以用平均值和波动值来描述。

(1)瞬时流速 u，为某一空间点在某一时刻的实际流速，在湍流流态下随时间脉动；

(2)时均流速 $\bar{u}$，为某一空间点的瞬时流速在时段 T 内的时间平均值；

(3)脉动流速 u'，为某一空间点的瞬时流速与时均流速的差值；

(4)断面平均流速 v，为过流断面上所有各点的时均流速(层流时即为真实流速)的断面平均值，即 $v=\frac{1}{A}\int_A \bar{u}\mathrm{d}A$。

同样，湍流中的瞬时压强 p、时均压强 $\bar{p}$ 和脉动压强 p'之间的关系为

$$p=\bar{p}+p'$$

其中 $\bar{p}=\frac{1}{T}\int_0^T p\mathrm{d}t$，而$\overline{p'}=\frac{1}{T}\int_0^T p'\mathrm{d}t=0$。

引入了“时均”的概念，把湍流分解为时均流动和脉动流动的叠加，可以对时均流动和脉动流动分别进行研究。当然，时均流动是主要的，它反映了流动的基本特征。从瞬时来看，湍流不是恒定流，但从时均流动来看，可以认为其是恒定流，即运动要素的时均值不随时间而变化，为时均恒定流。这样，第 4 章中关于恒定流动的基本方程也都适用于湍流。

虽然通过运动要素时均化，为研究湍流带来了很大方便，但是在研究与湍流特征有关的问题，如脉动引起的横向掺混，各流层之间的质量、动量、热量的交换等问题，还必须从湍流的基本特征，即脉动和掺混进行分析研究。

6.5.3 湍流切应力

在层流流动中，由于各流层之间的相对运动，其切应力是由黏性所引起的，可用牛顿内摩擦定律进行计算。

流体湍流运动和剪切应力之间的关系是非常复杂的。

在湍流流动中，切应力由两部分组成：

(1)因流层相对运动而产生的时均黏性切应力$\overline{\tau_1}$仍然符合牛顿内摩

擦定律，即

$$\overline{\tau_1}=\mu\frac{\mathrm{d}\overline{u_x}}{\mathrm{d}y} \tag{6-28}$$

式中，$\frac{\mathrm{d}\overline{u_x}}{\mathrm{d}y}$为时均速度梯度。

(2)因湍流脉动导致上下层质点相互掺混，在相邻流层间产生了动量交换，从而在流层分界面上形成了湍流附加切应力$\overline{\tau_2}$。

由于湍流运动的复杂性，目前附加切应力主要根据一些半经验理论进行计算。湍流的半经验理论包括普朗特(Prandtl L.)、泰勒(Taylor G.)等学说。其中普朗特混合长度理论为计算平面恒定均匀湍流切应力建立了一个简易、可行的计算模型，而且在工程上得到了广泛运用，下面做简单介绍。

设有二维恒定均匀湍流，流向与 x 轴平行，如图 6－11 所示，A 点沿 x 方向的瞬时流速 $u_x=\bar{u}_x'+u_x'$，横向脉动流速为 u_y'，由于横向脉动，该处质点以 u_y'速度通过流层间的微小面积 ΔA 进入邻层，从而把本身所具有的动量传递给邻层，在 Δt 时段内，通过 ΔA，随质点转移的动量为

由于不规则的随机运动，湍流剪切应力大于层流剪切应力。

$$\Delta K=\Delta m(\bar{u}_x+u_x')=\rho\Delta A u_y'\Delta t(\bar{u}_x+u_x')$$

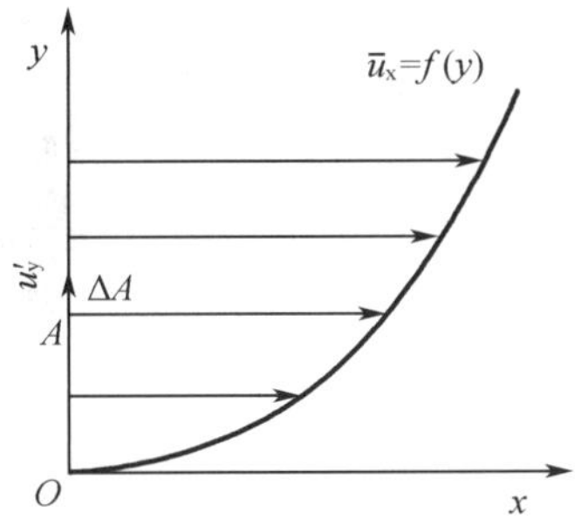

图 6－11　二维恒定湍流

根据质点动量定律，沿 x 方向(即流动方向)质点动量的变化 ΔK 等于 Δt 时段内作用在 ΔA 面上的切力 ΔT 的冲量。即

$$\Delta K=\Delta T\cdot\Delta t=\rho\Delta A u_y'\Delta t(\bar{u}_x+u_x')$$

$$\tau_2=\frac{\Delta T}{\Delta A}=\rho u_y'(\bar{u}_x+u_x')$$

取时间平均值

$$\overline{\tau_2}=\frac{1}{T}\int_0^T\rho u'_y(\bar{u}_x+u'_x)\mathrm{d}t=\rho\left(\frac{1}{T}\int_0^T u'_y\bar{u}_x\mathrm{d}t+\frac{1}{T}\int_0^T u'_y u'_x\mathrm{d}t\right)$$

而

$$\frac{1}{T}\int_0^T u'_y\bar{u}_x\mathrm{d}t=\frac{1}{T}\bar{u}_x\int_0^T u'_y\mathrm{d}t=0$$

故

$$\overline{\tau_2}=\rho\frac{1}{T}\int_0^T u'_x u'_y\mathrm{d}t\mathrm{d}t=\rho\,\overline{u'_x u'_y}$$

式中，$\overline{u_x'u_y'}$为脉动流速乘积的时均值。

下面分析附加切应力的方向问题。设流动的流速梯度$\frac{\mathrm{d}\overline{u_x}}{\mathrm{d}y}$为正值，如图 6－11 所示。当 u_y'为正时，质量从下层传递到上层，因下层的时均流速小于上层，有减缓上层流体运动的作用，在大多数情况下可以认为 u_x'为负

值，可以得 $u_x'u_y'$ 为负值。反之，当 u_y' 为负时，质量从上往下传递，由于上层的时均流速较大，所以其 u_x' 可以认为是正值，又得 $u_x'u_y'$ 为负值。所以，不论是流体质点从下层往上层，还是从上层往下层，$u_x'u_y'$ 值总是一个负值。为使附加切应力 $\overline{\tau_2}$ 与黏性切应力的表示方式一致，以正值出现，在 $\rho\overline{u_x'u_y'}$ 前面加"－"号，即

$$\overline{\tau_2} = -\rho\overline{u_x'u_y'} \tag{6-29}$$

式(6－29)为用脉动流速表示的湍流附加切应力。它表明，湍流附加切应力只与流体密度和脉动流速有关，而与流体黏性无关。该式是雷诺在 1895 年首先提出的，所以又称雷诺应力。湍流切应力是黏性切应力和附加切应力之和，即

$$\bar{\tau} = \overline{\tau_1} + \overline{\tau_2} = \mu\frac{d\overline{u_x}}{dy} - \rho\overline{u_x'u_y'} \tag{6-30}$$

在式(6－30)中，由于脉动流速 u_x'，u_y' 随时间无规则地变化，不易确定，需要把用脉动流速表示的附加切应力转化为以时均流速形式表示的的附加切应力。

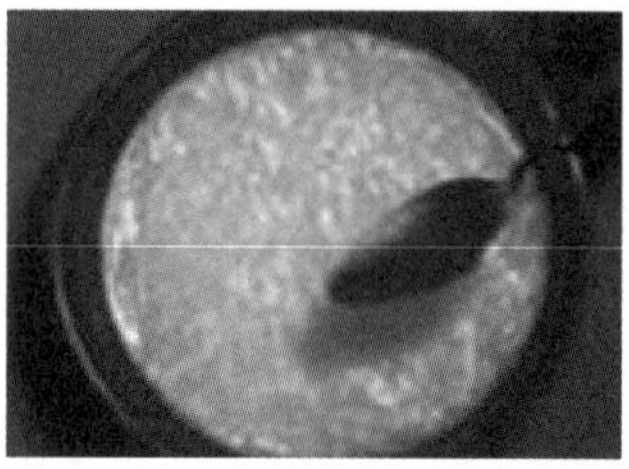

碗中的湍流

已经使用各种特殊假设来近似湍流剪切应力。

剪切应力是层流部分和湍流部分的叠加产生的。

1925 年德国力学家普朗特比拟气体分子自由程的概念，提出混合长度理论解决了这个问题。混合长度理论假设为：

(1)流体质点因横向脉动流速作用，在横向运动到相距为 l' 的空间距离上，才同周围质点发生动量交换，并且假定该质点在横向运动过程中的动量保持不变，直到到达新的位置时，才与周围的流体质点相混合(图 6－12)。距离为 l' 的两个流层时均流速差为

$$\Delta\bar{u}_x = \bar{u}_x(y+l') - \bar{u}_x(y) = \bar{u}_x(y) + l'\frac{d\overline{u_x}}{dy} - \bar{u}_x(y) = l'\frac{d\overline{u_x}}{dy}$$

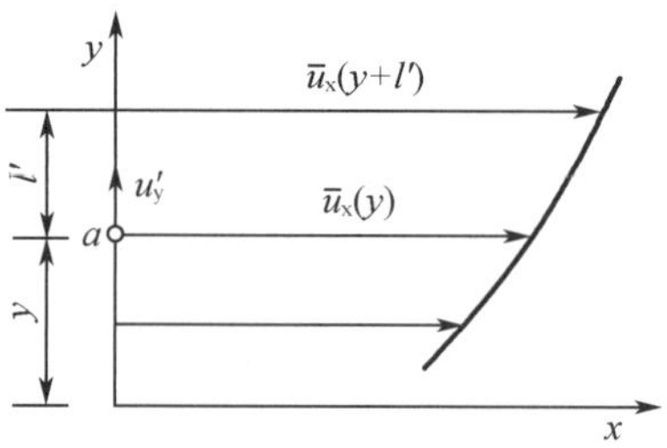

图 6－12 混合长度

(2)脉动流速 u_x' 与这两个流层的时均流速差 $\Delta\bar{u}_x$ 成正比，即

$$u_x' = \pm c_2 l'\frac{d\overline{u_x}}{dy}$$

(3)横向脉动流速 u_y' 与纵向脉动流速 u_x' 成比例，但符号相反，则可得

$$u_y' = \mp c_1 l'\frac{d\overline{u_x}}{dy}$$

于是

$$\overline{\tau_2} = -\rho\overline{u_x'u_y'} = \rho c_1 c_2 (l')^2\left(\frac{d\overline{u_x}}{dy}\right)^2$$

令 $l^2 = c_1 c_2 (l')^2$，则

$$\overline{\tau_2} = \rho l^2\left(\frac{d\overline{u_x}}{dy}\right)^2 \tag{6-31}$$

这就是用时均流速表示的附加切应力公式，其中 l 称为混合长度。将上式代入式(6－30)，即可得湍流切应力

$$\overline{\tau}=\overline{\tau_1}+\overline{\tau_2}=\mu\frac{\mathrm{d}\overline{u_x}}{\mathrm{d}y}+\rho l^2\left(\frac{\mathrm{d}\overline{u_x}}{\mathrm{d}y}\right)^2 \tag{6-32}$$

式中两部分切应力的大小随湍动情况而有所不同。在雷诺数较小，湍动较弱时，前者占主导地位。随着雷诺数加大，湍动程度加剧，后者逐渐加大。当雷诺数很大时，湍流充分发展，前者可忽略不计，则

$$\overline{\tau}=\rho l^2\left(\frac{\mathrm{d}\overline{u_x}}{\mathrm{d}y}\right)^2$$

为简便起见，略去下标 x 和表示时均量的横标线，上式可化简为

$$\overline{\tau}=\rho l^2\left(\frac{\mathrm{d}u}{\mathrm{d}y}\right)^2 \tag{6-33}$$

6.5.4 湍流断面流速分布

普朗特为了推求湍流的断面流速分布，进一步假定：(1)壁面附近的切应力等于壁面上的切应力，即 $\tau=\tau_0$；(2)混合长度 l 与质点到壁面的距离 y 成正比，即 $l=\kappa y$，式中 κ 为卡门常数，实验表明 $\kappa\approx 0.4$。将上述假定代入式(6－33)，得

$$\tau_0=\rho(\kappa y)^2\left(\frac{\mathrm{d}u}{\mathrm{d}y}\right)^2$$

$$\mathrm{d}u=\frac{1}{\kappa}\sqrt{\frac{\tau_0}{\rho}}\frac{\mathrm{d}y}{y}$$

积分上式，其中 τ_0 为定值，阻力速度 $v_*=\sqrt{\dfrac{\tau_0}{\rho}}$ 为常数，可得

$$u=\frac{v_*}{\kappa}\ln y+C \tag{6-34}$$

该式是湍流断面流速分布的对数公式。虽然它是根据壁面附近的条件推导出来的，但实验研究表明，该式适用于除黏性底层以外的整个过流断面。

上面由混合长度理论得到了湍流时均切应力表达式(6－31)和流速对数分布规律式(6－34)。同时也应看到这一理论的不足，其表现为基本假设不够严谨，如认为流体质点经过混合长度以后，才一次性与周围质点进行动量交换，然而由于流体是连续介质，质点在横向运动过程中不断地与周围质点进行动量交换。又如公式中的常数 κ、C 都需要由实验确定。尽管如此，由于这一理论是从湍流的基本特征出发，同时推导简单，理论结果与实验比较一致，故至今仍是工程上得到广泛应用的湍流阻力理论。

另外一种计算水力光滑管的湍流速度分布的一个较为方便的经验公式是指数规律，即

$$\frac{u}{u_{\max}}=\left(\frac{y}{R}\right)^{\frac{1}{n}} \tag{6-35}$$

n 随雷诺数的变化而变化，具体见表6－1，具体方法见例题6－7。

表6－1　n 值随雷诺数变化情况

Re	4.0×10^3	2.3×10^4	1.1×10^5	1.1×10^6	2.0×10^6	3.2×10^6
n	6.0	6.6	7.0	8.8	10	10
$\dfrac{v}{u_{\max}}$	0.791	0.808	0.817	0.848	0.865	0.865

6.5.5 湍流核心与黏性底层

以圆管内湍流流动为例，由于湍流运动中流体质点的横向掺混，断面速度呈对数分布形式，与层流的抛物线分布对比，湍流过流断面上的速度分布要均匀得多。图6－13给出了由实验资料得到的湍流过流断面的流速分布。

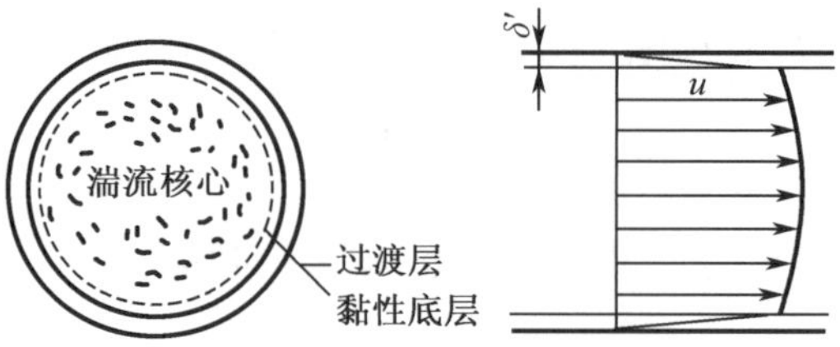

图6－13　湍流核心与黏性底层

从图6－13可以看出，圆管湍流过流断面上的流速分布大致可以分为三个区域。紧贴管壁的一层流体黏附在壁面上（满足黏性流体壁面上无滑移条件），使得靠壁面很薄的流层内，速度由零很快增至一定值，速度梯度很大，因而黏性切应力起主导作用，其流态基本上属层流。同时，由于壁面限制了质点横向掺混，脉动流速和附加切应力趋于消失。所以，紧靠壁面存在有一个黏性切应力起主导作用的薄层，称为黏性底层。

由于湍流脉动，质点相互掺混，产生动量交换的结果，使得离壁面不远处到管中心的绝大部分区域流速分布比较均匀，流体处于湍流运动状态，湍流附加切应力起主导作用，这一区域称为湍流核心。

在湍流核心和黏性底层之间存在着范围很小的过渡层。因其实际意义不大，可以不加考虑。

黏性底层内，流速分布近似为直线，壁面切应力

$$\tau_0 = \mu \frac{\mathrm{d}u}{\mathrm{d}y} \approx \mu \frac{u}{y}$$

将 $\mu = \rho\nu$ 代入上式，经变化可得

$$u = \frac{\tau_0}{\rho} \frac{y}{\nu} \tag{6-36}$$

考虑到阻力速度 $v_* = \sqrt{\frac{\tau_0}{\rho}}$，则黏性底层的速度分布可写成如下形式

$$\frac{u}{v_*} = \frac{v_* y}{\nu}$$

注意到$\frac{v_* y}{\nu}$是某一雷诺数。当 $y < \delta_0$ 时为层流，而当 $y \to \delta_0$ 时，$\frac{v_* y}{\nu}$为某一数值的临界雷诺数。实验资料表明此数值$\frac{v_* y}{\nu} = 11.6$，由此可得

$$\delta_0 = 11.6 \frac{\nu}{v_*} \tag{6-37}$$

将式（6－15）代入上式，可得

$$\delta_0 = 11.6 \frac{\nu}{v\sqrt{\frac{\lambda}{8}}} = \frac{32.8d}{Re\sqrt{\lambda}} \tag{6-38}$$

此式即为黏性底层理论厚度的计算公式。实际厚度比理论厚度要小一些。此式表明，δ_0 随 Re 的增加而减小。黏性底层厚度虽然很小，通常不足毫米，但它对湍流的流速分布和流动阻力都有重大影响，这一点将在下一节再做进一步阐述。

例题 6-7 湍流黏性底层厚度与速度分布

已知：温度为 20 ℃的水（$\rho = 998\ \text{kg/m}^3$，$\nu = 1.004 \times 10^{-6}\ \text{m}^2/\text{s}$）流过直径为 0.1 m 的水平管道，其中流量为 $Q = 4.0 \times 10^{-2}\ \text{m}^3/\text{s}$，单位长度管道压降为 2.59 kPa/m。

求解：

(1) 确定黏性底层的近似厚度。

(2) 估计中心线的 v_c 速度。

解题过程：

(1) 根据上述公式可知

$$\frac{\delta_s v_*}{\nu} = 5$$

故

$$\delta_s = 5\,\frac{\nu}{v_*}$$

这里有

$$v_* = \left(\frac{\tau_w}{\rho}\right)^{\frac{1}{2}}$$

壁面剪切应力可以利用压降数据求得，其对层流或湍流都是适用的。因此

$$\tau_w = \frac{D\Delta p}{4l} = \frac{0.1 \times (2.59 \times 10^3)}{4 \times 1} = 64.8\ \text{N/m}$$

从而

$$v_* = \left(\frac{64.8}{998}\right)^{\frac{1}{2}} = 0.225\ \text{m/s}$$

$$\delta_s = 5\,\frac{1.004 \times 10^{-6}}{0.255} = 1.97 \times 10^{-5} = 0.02\ \text{mm}$$

(2)

$$v = \frac{Q}{A} = \frac{0.04\ \text{m}^3/\text{s}}{\frac{\pi(0.1)^2}{4}} = 5.09\ \text{m/s}$$

雷诺数为

$$Re = \frac{vD}{\nu} = \frac{5.09 \times 0.1}{1.004 \times 10^{-6}} = 5.07 \times 10^5$$

查 6-1 表，可得 $n = 8.4$，故

$$\frac{v}{u} = \left(1 - \frac{r}{R}\right)^{\frac{1}{8.4}}$$

要确定中心线速度 u，必须知道平均速度 v 和 v_c 之间的关系，即$\frac{v}{v_{max}} = \left(\frac{u}{R}\right)^{\frac{1}{n}}$可以通过对速度分布关系式进行积分得到，如下所示

$$Q = Av = \int u\text{d}A = v_c \int_{r=0}^{r=R} \left(1 - \frac{r}{R}\right)^{\frac{1}{n}} (2\pi r)\,\text{d}r$$

由于流动是轴对称的，整合可得

$$Q = 2\pi R^2 v_c \frac{n^2}{(n+1)(2n+1)}$$

$$\frac{v}{v_c} = \frac{n^2}{(n+1)(2n+1)}$$

由 $n = 8.4$ 在这种情况下

$$v_c = \frac{(n+1)(2n+1)n^2}{2n^2}v = 1.186v = 1.186 \times 5.09 = 6.04\ \text{m/s}$$

例题分析：

如前所述，黏性底层厚度是非常薄的。管壁上的任何微小瑕疵将增大黏性底层的厚度并影响流动的一些性质，如将增大壁面剪切应力和压降。

6.6 湍流沿程损失的分析与计算

计算湍流沿程损失，关键是如何确定沿程阻力系数 λ 值。由于湍流运动的复杂性，湍流的沿程阻力系数 λ 至今未能像层流那样，严格地从理论上推导出来。为了探索湍流沿程阻力系数的变化规律，验证和发展普朗特混合长度理论，1933 年德国力学家尼古拉兹（Nikuradse, J.）在人工均匀沙砾粒粗糙管道中进行了系统的沿程阻力系数和断面流速分布的测定工作，称之为尼古拉兹实验。

6.6.1 尼古拉兹实验

1. 沿程阻力系数 λ 的影响因素

进行沿程阻力实验之前，首先要分析 λ 的影响因素。层流的阻力仅是黏性阻力，理论分析表明，在层流中，$\lambda = \frac{64}{Re}$，即 λ 仅与 Re 有关，与壁面粗糙度无关。而湍流的阻力是由黏性切应力和附加切应力形成的。壁面粗糙度在一定条件下会成为产生附加切应力的主要外因。每个粗糙点都将成为不断产生并向管中输送旋涡而引起湍动的源泉。所以管壁粗糙也是影响 λ 值的一个重要因素。这就是说，对于湍流来说，沿程阻力系数 λ 值不仅与 Re 有关，而且还与管壁粗糙度有关。

壁面粗糙度一般由粗糙突起的高度、形状、疏密和排列等许多因素造成。为了便于分析粗糙度影响，尼古拉兹在实验中采用了一种简化的粗糙模型——人工粗糙，即用经过筛选的均匀砂粒，紧密地贴在管道的内壁上，如图 6－14 所示。这样粗糙特性可以认为是一致的，可用砂粒突起的高度（砂粒直径）k_s 表示壁面的粗糙度，称为绝对粗糙度，k_s 与管径（或半径）之比 $\frac{k_s}{d}$（或 $\frac{k_s}{r_0}$）称为相对粗糙度，表示了不同直径管道管壁粗糙度的影响。从以上分析可以看出，雷诺数和相对粗糙度是沿程阻力系数的两个影响因素，即

$$\lambda = f\left(Re, \frac{k_s}{d}\right)$$

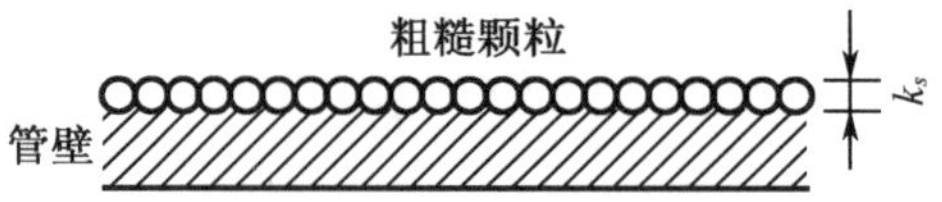

图 6－14 人工粗糙

2. 沿程阻力系数的测定和阻力分区图

尼古拉兹应用类似雷诺实验的装置，但采用的是人工粗糙管进行实验，实验管道相对粗糙度的变化范围 $\frac{k_s}{d} = \frac{1}{30} \sim \frac{1}{1\,014}$，对于每一根管道实测不同流量的断面平均流速 v 和沿程水头损失 h_f，算出 Re 和 λ 值，即

$$Re = \frac{vd}{\nu}$$

$$\lambda = \frac{d}{l}\frac{2g}{v^2}h_f$$

将其点绘在对数坐标纸上，就得到 $\lambda = f\left(Re, \frac{k_s}{d}\right)$ 曲线，即尼古拉兹实验曲线，如图 6－15 所示。根据尼古拉兹实验曲线，沿程阻力分为 5 个阻力区。

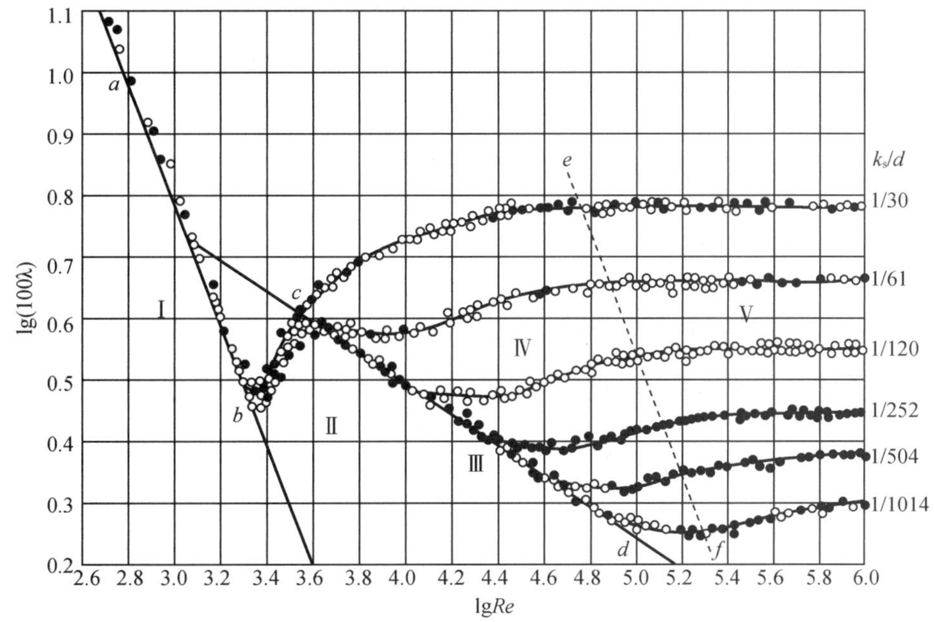

图 6－15　尼古拉兹试验曲线图

(1) I 区——层流区。当 $Re < 2000$ 时，不同相对粗糙管的实验点都落在同一根直线上（*ab* 线），表明 λ 仅随 Re 变化，而与相对粗糙度 $\frac{k_s}{d}$ 无关，并符合 $\lambda = \frac{64}{Re}$，这一实验结果与 6.4 节中的理论分析结果完全一致。

(2) II 区——临界区。$Re = 2\ 000 \sim 4\ 000$ 范围内，不同相对粗糙度管的实验点都落在同一条曲线上（*bc* 线），λ 仅随 Re 变化，而与相对粗糙度无关。此区间是层流向湍流的过渡区，该区的范围很窄，实用意义不大。

(3) III 区——湍流光滑区。$Re > 4\ 000$ 以后，不同相对粗糙度的实验点都落在同一条曲线上（*cd* 线），表明 λ 仅随 Re 变化，而与相对粗糙度无关。但要注意，随着 Re 的加大，$\frac{k_s}{d}$ 大的管道，实验点在 Re 较低时，便偏离了光滑区曲线；而 $\frac{k_s}{d}$ 小的管道，在 Re 较大时才偏离光滑区曲线。

(4) IV 区——湍流过渡区。不同相对粗糙管的实验点分别落在不同的曲线上，形成一簇波状曲线（*cd*、*ef* 之间的曲线簇），表明 λ 既与 Re 有关，也与 k_s/d 有关。

(5) V 区——湍流粗糙区。不同相对粗糙管的实验点分别落在一些与横坐标平行的直线上（*ef* 右侧的水平直线簇），表明 λ 只与 $\frac{k_s}{d}$ 有关，而与 Re 无关。在这个阻力区，对于一定的管道，$\frac{k_s}{d}$ 为定值，λ 是常数，由式(6－1)可知，沿程水头损失与流速平方成正比，因此湍流粗糙区又称为阻力平方区。

1938 年苏联学者蔡克士大仿照尼古拉兹实验，在人工粗糙的矩形明槽中进行了沿程阻力系数的实验研究，其结果如图 6－16 所示。从图中可以看出，明槽流动中 λ 值变化规律与圆管流动的情况类似，图中雷诺数 $Re = \frac{vR}{\nu}$，R 为水力半径。

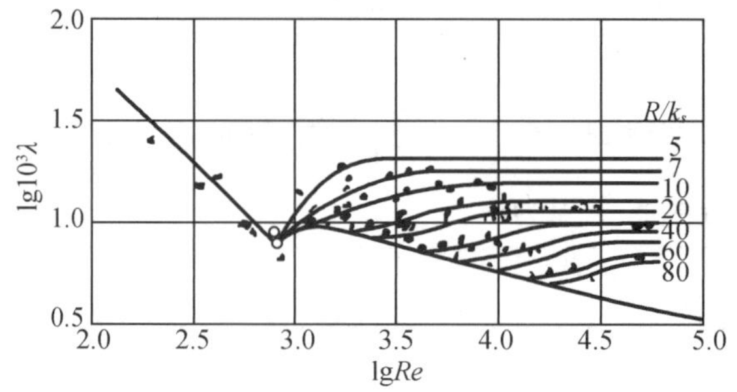

图 6－16　蔡克士大试验曲线

3．**湍流为什么分为三个阻力区？**

尼古拉兹实验表明，湍流中沿程阻力系数 λ 值的确定决定于 Re 和$\frac{k_s}{d}$这两个因素。但是湍流为什么又分为三个阻力区，各区的 λ 变化规律又如此不同呢？这个问题可以用黏性底层的厚度是否能掩盖粗糙突起的高度来解释。

（1）在湍流光滑区，黏性底层的厚度 δ 显著地大于粗糙突起的高度（图 6－17（a）），粗糙突起完全被掩盖在黏性底层内，对湍流核心的流动几乎没有影响，就好像在完全光滑的壁面上流动一样。因而 λ 只与 Re 有关，而与$\frac{k_s}{d}$无关。

（2）在湍流过渡区，由式（6－38）可知，随着 Re 数增大，黏性底层的厚度变薄，接近粗糙突起的高度（图 6－17（b）），粗糙影响到湍流核心区内流动，加大了核心区内的湍动强度，增加了流动阻力和能量损失。这时，λ 不仅与 Re 有关，而且与$\frac{k_s}{d}$有关。

（3）在湍流粗糙区，黏性底层更薄，粗糙突起几乎全部暴露在湍流核心之中（图 6－17（c）），成为产生附加切应力的主要原因，而 Re 数的影响已微不足道。所以，此时 λ 只与$\frac{k_s}{d}$有关，而与 Re 无关。

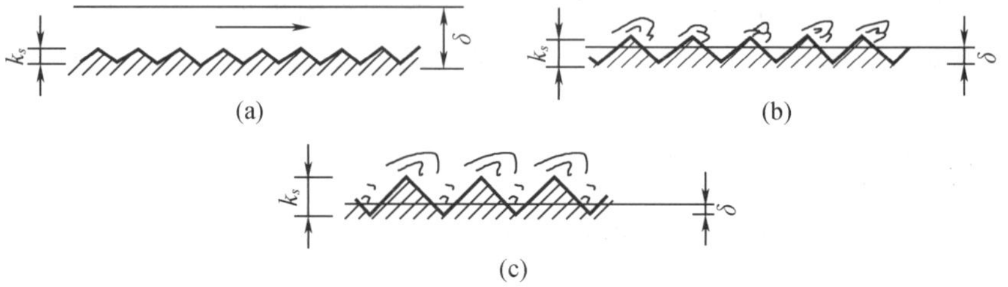

图 6－17　黏性底层的变化

4．**阻力区的判别**

由式（6－37），黏性底层厚度

$$\delta = 11.6\frac{\nu}{v_*}$$

将上式两边同时除以绝对粗糙度 k_s，得

$$\frac{\delta}{k_s} = 11.6\frac{\nu}{v_* k_s} = 11.6\frac{1}{Re_*} \tag{6-39}$$

式中，$Re_* = \frac{v_* k_s}{\nu}$为粗糙雷诺数，可作为人工粗糙管阻力分区的判别标准。

根据尼古拉兹实验，人工粗糙管湍流三个阻力区的判别标准为

湍流光滑区

$$Re_* \leqslant 5 \text{ 或 } \frac{k_s}{\delta} \leqslant 0.4$$

湍流过渡区

$$5 < Re_* \leqslant 70 \text{ 或 } 0.4 < \frac{k_s}{\delta} \leqslant 6$$

湍流粗糙区

$$Re_* > 70 \text{ 或 } \frac{k_s}{\delta} > 6 \tag{6-40}$$

6.6.2　人工粗糙管沿程阻力系数的半经验公式

湍流沿程阻力系数的半经验公式是根据普朗特半经验理论，求得断面流速分布，再结合尼古拉兹实验结果推导出来的。现分别叙述光滑区和粗糙区的公式。

1. 湍流光滑区

(1)流速分布

湍流光滑区的流速分布分为黏性底层和湍流核心区两部分。黏性底层的流速按式(6－36)为线性分布，即

$$u = \frac{\tau_0}{\mu} y \quad (y \leqslant \delta)$$

在湍流核心流速为对数分布，由式(6－34)得

$$u = \frac{v_*}{\kappa} \ln y + C$$

由边界条件 $y = \delta, u = u_b$，代入上式可得

$$C = u_b - \frac{v_*}{\kappa} \ln \delta$$

又由式(6－36)，并考虑到 $v_* = \sqrt{\frac{\tau_0}{\rho}}$，可得

$$\delta = \frac{u_b \nu \rho}{\tau_0} = \frac{u_b}{v_*^2} \nu$$

将 C, δ 代回式(6－34)，整理得

$$\frac{u}{v_*} = \frac{1}{\kappa} \ln \frac{v_* y}{\nu} + \frac{u_b}{v_*} - \frac{1}{\kappa} \ln \frac{u_b}{v_*}$$

令 $C_1 = \frac{u_b}{v_*} - \frac{1}{\kappa} \ln \frac{u_b}{v_*}$，则

$$\frac{u}{v_*} = \frac{1}{\kappa} \ln \frac{v_* y}{\nu} + C_1$$

根据尼古拉兹实验，取 $\kappa = 0.4, C_1 = 5.5$ 代入上式，并把自然对数换算成常用对数，便得到湍流光滑区流速分布公式

$$\frac{u}{v_*} = 5.75 \lg \frac{v_* y}{\nu} + 5.5 \tag{6-41}$$

湍流光滑区的流速分布除上述半经验公式外，尼古拉兹根据实验结果，还提出一个更为简便的指数公式

$$\frac{u}{u_{max}} = \left(\frac{y}{r_0}\right)^n \tag{6-42}$$

式中 u_{max}——管轴处的最大流速；

r_0——圆管半径；

n——指数，随雷诺数而变化，见表6－2。

表6－2　湍流流速分布指数

R_e	4×10^3	2.3×10^4	1.1×10^5	1.1×10^6	2.0×10^6	3.2×10^6
n	$\frac{1}{6.0}$	$\frac{1}{6.6}$	$\frac{1}{7.0}$	$\frac{1}{8.8}$	$\frac{1}{10}$	$\frac{1}{10}$
$\frac{v}{u_{max}}$	0.791	0.808	0.817	0.849	0.865	0.865

指数公式虽然是经验性的，但公式形式简单，被广泛应用。表6－2同时还列出断面平均流速v与最大流速u_{max}的比值和R_e的关系，据此只要测得管轴上的最大流速，便可由此求出断面平均流速和流量。

(2)断面平均流速

由于黏性底层很薄，计算流量时可略去不计，则得

$$v = \frac{Q}{A} = \frac{\int_A u\mathrm{d}A}{A} = \frac{\int_0^{r_0} 2u\pi r\mathrm{d}r}{\pi r_0^2}$$

式中，u以半经验公式(6－41)表示代入，积分可得

$$v = v_* 5.75\lg\frac{v_* r_0}{\nu} + 1.75 \tag{6-43}$$

(3)λ的半经验公式

以式$v_* = v\sqrt{\frac{\lambda}{8}}$代入上式，整理可得$\frac{1}{\sqrt{\lambda}} = 2.03\lg(Re\sqrt{\lambda}) - 0.9$根据尼古拉兹实验，将式中常数分别修正为2.0和0.8，于是上式可改写为

$$\frac{1}{\sqrt{\lambda}} = 2\lg(Re\sqrt{\lambda}) - 0.8$$

或

$$\frac{1}{\sqrt{\lambda}} = 2\lg\frac{Re\sqrt{\lambda}}{2.51} \tag{6-44}$$

上式称为尼古拉兹光滑管公式。

2. 湍流粗糙区

(1)流速分布

由于粗糙区的黏性底层厚度远小于壁面粗糙突起的高度，黏性底层已无实际意义，整个断面上流速分布可认为符合对数规律，即式(6－34)

$$u = \frac{v_*}{\kappa}\ln y + C$$

式中C与管壁粗糙度有关，采用边界条件$y = k_s$，$u = u_s$代入上式，得积分常数

$$C = \frac{u_s}{v_*} - \frac{1}{\kappa}\ln k_s$$

将C代回式(6－34)，整理得

$$\frac{u}{v_*}=\frac{1}{\kappa}\ln\frac{y}{k_s}+\frac{u_s}{v_*}=\frac{1}{\kappa}\ln\frac{y}{k_s}+C_2$$

式中 $C_2=\frac{u_s}{v_*}$，根据尼古拉兹实验，取 $\kappa=0.4$，$C_2=8.48$ 代入上式，并把自然对数换算为常用系数，便得到湍流粗糙区流速分布半经验公式，即

$$\frac{u}{v_*}=5.75\ln\frac{y}{k_s}+8.48 \tag{6-45}$$

(2)断面平均流速

将式(6-45)代入 $v=\frac{Q}{A}=\frac{\int_0^{r_0}2u\pi r\mathrm{d}r}{\pi r_0^2}$，积分可得

$$\frac{v}{v_*}=5.75\ln\frac{r_0}{k_s}+4.75 \tag{6-46}$$

(3)λ 半经验公式

以式 $v_*=v\sqrt{\frac{\lambda}{8}}$ 代入上式，整理可得

$$\frac{1}{\sqrt{\lambda}}=2.03\lg\frac{r_0}{k_s}+1.68 \tag{6-47}$$

根据尼古拉兹实验，将式中常数分别修正为 2.0 和 1.74，于是式(6-47)可改写为

$$\frac{1}{\sqrt{\lambda}}=2\lg\frac{r_0}{k_s}+1.74$$

或

$$\frac{1}{\sqrt{\lambda}}=2\lg\frac{3.7d}{k_s} \tag{6-48}$$

式(6-48)称为尼古拉兹粗糙管公式。

6.6.3　工业管道和柯列勃洛克公式

由普朗特的混合长度理论结合尼古拉兹实验，得到了湍流光滑区和粗糙区 λ 的半经验公式(6-34)和式(6-48)，但未能求得湍流过渡区的 λ 计算公式。同时，上述两个半经验公式都是在人工粗糙管的基础上得到的，而人工粗糙管和一般工业管道的粗糙有很大差异，如何把这两种不同的粗糙形式联系起来，使尼古拉兹半经验公式也能适用于一般工业管道就是本节要研究的问题。

在湍流光滑区，工业管道和人工粗糙管虽然粗糙情况不同，但都被黏性底层所掩盖，粗糙对湍流核心均无影响，实验表明，式(6-44)也适用于工业管道。

在湍流粗糙区，工业管道和人工粗糙管，粗糙突起都突入了湍流核心，实验表明，λ 有相同的变化规律，因此，式(6-48)也可以用于工业管道。问题是工业管道的粗糙突出高度、形状和分布都是没有规律的，如何确定它的绝对粗糙度。为解决此问题，可以以尼古拉兹实验采用的人工粗糙管为度量标准，把工业管道的粗糙折算成人工粗糙度，引入当量粗糙度的概念。所谓当量粗糙度是指和工业管道粗糙区 λ 值相等的同直径尼古拉兹粗糙管的粗糙突起高度，就是以工业管道湍流粗糙区实测的 λ 值，代入尼古拉兹粗糙管公式(6-48)，反算得出的 k_s 值。可见工业管道的当量粗糙度是按沿程水头损失效果相同的人工粗糙突起得出的折算高度，它反映了粗糙表面各种因素对 λ 的综合影响。有了当量粗糙度，式(6-48)就可以用于工业管道了。常用工业管道的当量粗糙度见表6-3。

表 6－3　常用工业管道的当量粗糙度

管道材料	k_s/mm	管道材料	k_s/mm
铅管、铜管、玻璃管	0.01	塑料板制风管	0.01
钢管	0.046	钢板制风管	0.15
涂沥青铸铁管	0.12	矿渣石膏板风管	1.0
镀锌钢管	0.15	胶合板风道	1.0
新铸铁管	0.15～0.5	矿渣混凝土板风道	1.5
旧铸铁管	1～1.5	地面沿墙砌造风道	3～6
混凝土管	0.3～3.0	铁丝网抹灰风道	10～15

在湍流过渡区，工业管道的不均匀粗糙突破黏性底层深入湍流核心是一个逐渐过程，不同于粒径均匀的人工粗糙同时突入湍流核心，两者 λ 的变化规律相差很大，因此，尼姑拉兹过渡区试验资料完全不适用于工业管道。柯列勃洛克（Colebrook，C. F.）根据大量的工业管道实验资料，提出了适用于工业管道湍流过渡区的 λ 计算公式

$$\frac{1}{\sqrt{\lambda}}=2\lg\left(\frac{k_s}{3.7d}+\frac{2.51}{Re\sqrt{\lambda}}\right) \tag{6-49}$$

式中，k_s 为工业管道的当量粗糙度。

显然，柯列勃洛克公式实际上是尼古拉兹光滑管公式和粗糙管公式的结合。当 Re 值很小时，公式右边括号内第一项相对于第二项很小，柯氏公式接近于尼古拉兹光滑管公式。当 Re 值很大时，公式右边括号内第二项很小，柯氏公式又接近尼古拉兹粗糙管公式。因此，柯氏公式不仅适用于工业管道过渡区，而且可用于湍流的全部三个阻力区，故又可称为湍流 λ 的综合公式。由于该公式适用范围广，与工业管道实验结果符合良好，因此在国内外得到了广泛应用。

对于任何管道，不管是否是光滑的，水头损失都不是零。

为简化计算，莫迪（Moody）以柯氏公式为基础，以相对粗糙度 $\frac{k_s}{d}$ 为参数，把 λ 作为 Re 的函数，绘制工业管道的沿程阻力系数曲线图，称为莫迪图（图 6－18）。在图上可根据 $\frac{k_s}{d}$ 和 Re 直接查出 λ 值，并确定在该条件下所在的阻力区。

例题 6－8　莫迪图的使用及湍流流动速度求解

已知：20 ℃的水，在直径 $d=200$ mm，$\varepsilon=0.5$ mm，$l=10$ m 的钢管中流动，若流动损失 $h_f=0.06$ m。

求解：求管道中的流速。

例题分析：

假设流动处于完全粗糙区 $\frac{\varepsilon}{d}=\frac{0.5}{200}=0.0025$，参照莫迪图，$\lambda$ 取 0.02。

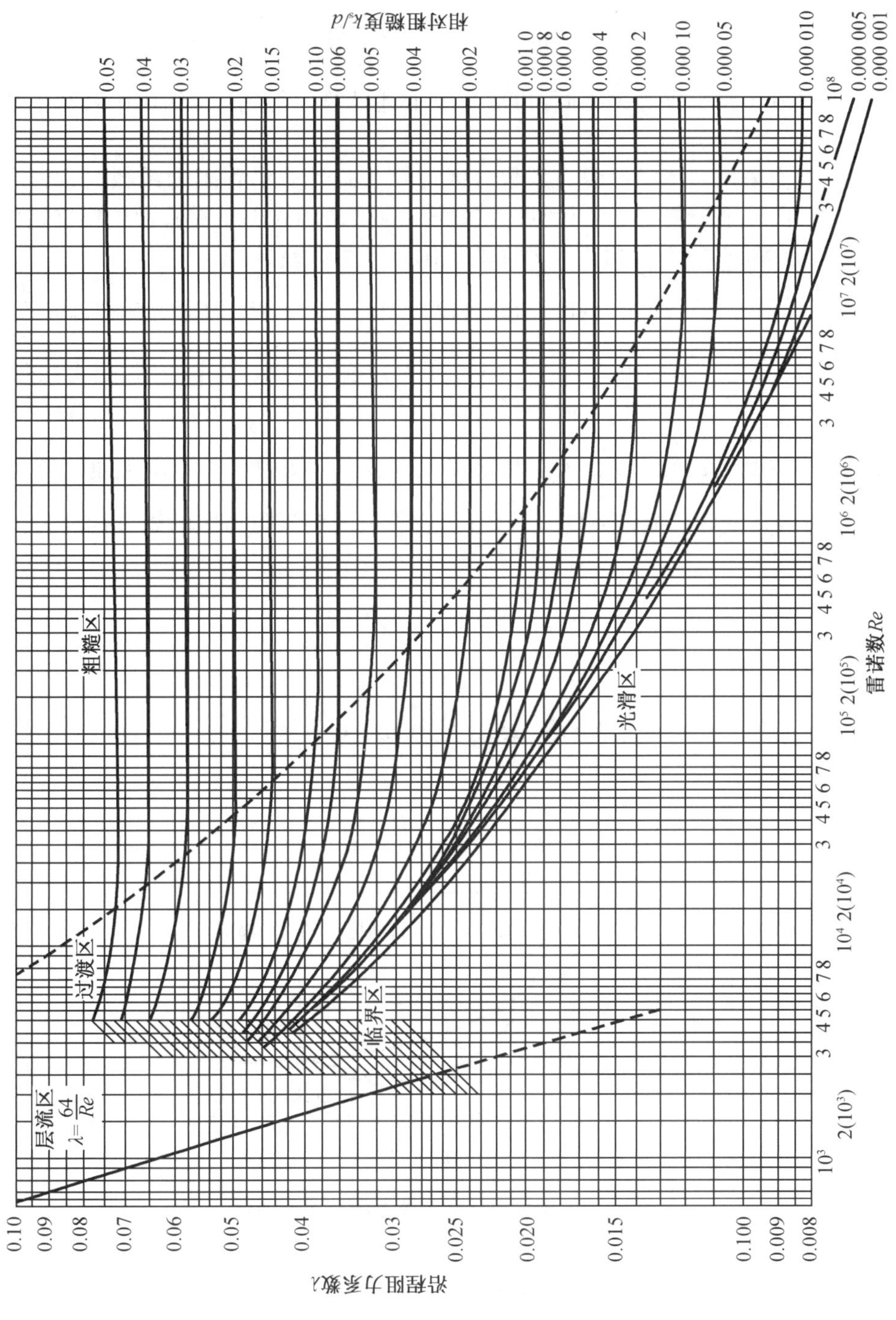

图6-18　莫迪图

由 $h_f=\lambda\frac{l}{d}\frac{v^2}{2g}$，可得 $v=\sqrt{\frac{h_f\times d\times 2\times g}{l\times\lambda}}$

$$v=\frac{0.153\ 4}{\sqrt{\lambda}}=0.97\ \text{m/s}$$

20 ℃时水的运动黏度 $\nu=1.0\times10^{-6}\ \text{m}^2/\text{s}$ 则

$$Re=\frac{vd}{\nu}=\frac{0.97\times0.2}{1.0\times10^{-6}}=1.94\times10^5$$

再次查莫迪图可得 $\lambda=0.026\ 2$，与试取的不一致，取 $\lambda=0.026\ 5$，重新进行计算

$$v=\frac{0.1534}{\sqrt{\lambda}}=0.95\ \text{m/s}\quad Re=\frac{vd}{\nu}=\frac{0.95\times0.2}{1.0\times10^{-6}}=1.9\times10^{5}$$

查莫迪图可得 $\lambda=0.0265$ 与所取得 λ 不同,再次重复上述计算。得到 $\lambda=0.0265$,与上次所取值一致,得到流速为 0.94 m/s。

在不使用莫迪图,而采用湍流沿程阻力系数分区计算公式计算沿程阻力系数时,必须首先判别实际流动所处的湍流阻力区,才能选择有关的计算公式;而工业管道和人工粗糙管由于粗糙均匀性不同,两种管道不仅 λ 值的变化规律不同,而且湍流阻力区的范围也有很大差异。

从图 6－19 所示的两种管道的综合阻力曲线可以看出,若以 $\lg Re_*$ 为横坐标轴,$2\lg\frac{d}{k_s}-\frac{1}{\sqrt{\lambda}}$ 为纵坐标轴点绘曲线,式(6－48)变为一条水平线,式(6－44)变为一条斜率为－2 的直线,尼古拉兹实验点落在一条曲线附近,该曲线称为综合阻力曲线。而柯氏公式所代表的曲线是以尼古拉兹光滑区斜直线和粗糙区的水平线为渐进线,其过渡区的范围要比人工粗糙管大得多。从图中可以看出工业管道在 $Re_*=\frac{k_s v_*}{\nu}\approx0.3$ 时,已从湍流光滑区转变为湍流过渡区。因此,工业管道的湍流阻力区的划分标准为:

湍流光滑区

$$Re_*\leqslant0.3\ \text{或}\ \frac{k_s}{\delta}\leqslant0.025$$

湍流过渡区

$$0.3<Re_*\leqslant70\ \text{或}\ 0.025<\frac{k_s}{\delta}\leqslant6$$

湍流粗糙区

$$Re_*>70\ \text{或}\ \frac{k_s}{\delta}>6$$

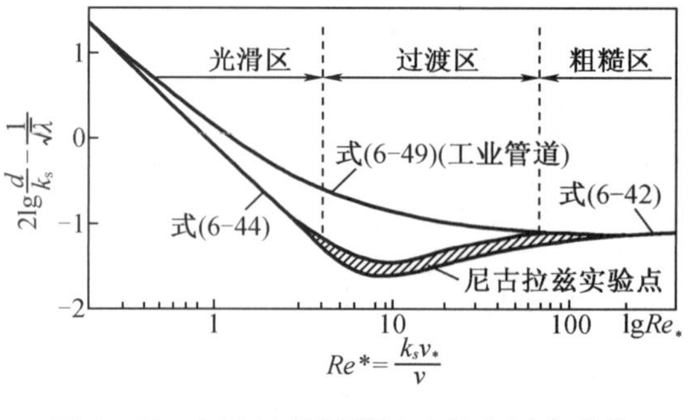

图 6－19　圆布拉休斯管流动综合阻力曲线

6.6.4　湍流沿程阻力系数的经验公式

圆管湍流沿程阻力系数除上述两个半经验公式和柯氏公式外,还有许多根据实验资料整理而成的经验公式,下面介绍几个应用最广的公式,这些公式形式简单,计算方便。

1. 布拉休斯(Blasius,H.)公式

$$\lambda=\frac{0.3164}{Re^{0.25}}\tag{6-50}$$

该式适用于湍流光滑区,在 $Re<10^5$ 范围内,有较高的精度,得到了广泛应用。

2. 希弗林松公式

$$\lambda = 0.11\left(\frac{k_s}{d}\right)^{0.25} \tag{6-51}$$

式(6-51)适用于湍流粗糙区。

3. 阿里特苏里公式

$$\lambda = 0.11\left(\frac{k_s}{d} + \frac{68}{Re}\right)^{0.25} \tag{6-52}$$

式(6-52)是柯氏公式的近似公式,也是适用于湍流三个区的综合公式。当 Re 很小时括号内的第一项可忽略,公式实际上成为布拉休斯公式,即

$$\lambda = 0.11\left(\frac{68}{Re}\right)^{0.25} = \frac{0.3164}{Re^{0.25}}$$

当 Re 很大时,括号内第二项可以忽略,公式和粗糙区的希弗林松公式一致。

4. 舍维列夫公式

对于旧钢管和旧铸铁管来说,湍流过渡区(即 $v < 1.2$ m/s)为

$$\lambda = \frac{0.0179}{d^{0.3}}\left(1 + \frac{0.867}{v}\right)^{0.3} \tag{6-53}$$

湍流粗糙区(即 $v \geqslant 1.2$ m/s)为

$$\lambda = \frac{0.021}{d^{0.3}} \tag{6-54}$$

式中 d——管径,m;

v——断面平均流速,m/s。

式(6-54)主要用于给水排水工程设计。式(6-54)是对旧管的计算公式,对于新管也按此式计算,因为新管使用后总会发生锈蚀和沉垢。

5. 谢才公式

$$v = C\sqrt{RJ} \tag{6-55}$$

式(6-55)是1769年由法国工程师谢才综合渠道和塞纳河的实测资料提出来的水力学最早的公式之一。式中,v 为断面平均流速;R 为水力半径;J 为水力坡度;C 为谢才系数,为一有量纲的系数,单位为 $m^{0.5}/s$。

式(6-55)与达西公式(6-2)实际上是一致的。将达西公式变换形式

$$v^2 = \frac{2g}{\lambda}d\frac{h_f}{l}$$

以 $d = 4R, J = \frac{h_f}{l}$ 代入,整理可得

$$v = \sqrt{\frac{8g}{\lambda}}\sqrt{RJ} = C\sqrt{RJ} \tag{6-56}$$

式(6-56)中

$$C = \sqrt{\frac{8g}{\lambda}} \tag{6-57}$$

式(6-57)给出了谢才系数 C 和沿程阻力系数 λ 的关系。表明 C 和 λ 一样是反映沿程摩阻的一个系数。对于谢才系数 C 的确定,目前应用较广的是曼宁公式和巴普洛夫斯基公式。

(1)曼宁(Manning)公式

$$C=\frac{1}{n}R^{\frac{1}{6}} \tag{6-58}$$

式中,n 为粗糙系数,是综合反映壁面对水流阻滞作用的一个系数。

曼宁公式由于形式简单;粗糙系数可依据长期积累的丰富资料选定;对于 $n<0.02$,$R<0.5$ m 的输水管道和小型渠道,适用性较好,至今仍被国内外工程界广泛应用。

(2)巴普洛夫斯基公式

$$C=\frac{1}{n}R^{y} \tag{6-59}$$

式中指数 y 由下式确定

$$y=2.5\sqrt{n}-0.13-0.75\sqrt{R}(\sqrt{n}-0.10) \tag{6-60}$$

或者近似地根据

$$R<1.0\ \text{m},y=1.5\sqrt{n} \tag{6-51a}$$

$$R>1.0\ \text{m},y=1.3\sqrt{n} \tag{6-51b}$$

来计算。巴甫洛夫斯基公式的适用范围较广,为 $0.1<R<3.0$,$0.011\leqslant n\leqslant 0.04$。

最后必须指出,就谢才公式(6-55)本身而言,可适用于有压或无压均匀流的各阻力区。但是,现在计算谢才系数 C 的经验公式只与 n 和 R 有关,而与 Re 无关,用这些经验公式计算的 C 值,谢才公式理论上仅适用于湍流粗糙区(阻力平方区)。

6.6.5 非圆管道的沿程损失计算

输送流体的管道不一定都是圆形断面,例如通风管道、烟风道大多是矩形或方形的。对于这些非圆形断面的管道,圆管流动的沿程阻力计算公式、沿程阻力系数公式以及雷诺数仍然适用,但要把公式中的直径 d 用当量直径 d_e 来代替,这里就要引入一个当量直径的概念。

由于水力半径是综合反映过流断面大小和几何形状对流动影响的物理量,如果非圆形管道的水力半径等于某圆管的水力半径,当其他条件(v、l)相同时。可以认为这两个管道的沿程损失是相等的。因此,和非圆形管道的水力半径相等的圆管直径称为该非圆形管道的当量直径,用 d_e 来表示。和圆形管道相类比,非圆形管道当量直径是水力半径的 4 倍,即

水力直径用于非圆形管道计算。

$$d_e=4R$$

相邻边长为 a、b 的矩形管,当量直径

$$d_e=4R=4\frac{A}{\chi}=4\frac{ab}{2(a+b)}=\frac{2ab}{a+b}$$

边长均为 a 的方形管,当量直径

$$d_e=4R=4\frac{a^2}{4a}=a$$

有了当量直径,只要用 d_e 代替 d,同样可以用式(6-1)来计算非圆形管道的沿程水头损失,即

$$h_f=\lambda\frac{l}{d_e}\frac{v^2}{2g}$$

注意上式中 v 为非圆形管道的断面平均流速，即 $v=\dfrac{Q}{A}$，A 为非圆形管道的实际过流面积。

以当量直径为特征长度，非圆管道的雷诺数为

$$Re=\frac{vd_e}{\nu}=\frac{v(4R)}{\nu}$$

用当量直径计算的雷诺数也可近似用于判别非圆管的流态。其临界值仍然是2 000。同样可以用当量相对粗糙 $\dfrac{k_s}{d_e}$ 代入沿程阻力系数公式计算非圆管流的 λ 值。

根据非圆形断面管道和圆管的 $\lambda \sim Re$ 对比实验发现，应用当量直径计算非圆形管道的沿程损失并不适用所有情况，这主要表现在以下两个方面：

(1)断面形状同圆管差异很大的非圆管，如长缝形($\dfrac{b}{a}>8$)、狭环形($d_2<3d_1$)、星形断面，应用当量直径计算存在较大误差。

(2)由于层流的流速分布和湍流不一样，流动阻力和沿程损失不像湍流那样集中在管壁附近，所以在层流中应用当量直径进行计算，也会造成较大误差。

例题6-9　湍流沿程阻力损失

已知：某镀锌输水管长500 m，直径为200 mm，流量为50 L/s，水温为10 ℃。

求解：试求该管段的沿程水头损失。

解题过程：

(1)计算 Re 和 $\dfrac{k_s}{d}$

$$v=\frac{Q}{A}=\frac{4Q}{\pi d^2}=\frac{4\times 0.05}{\pi\times 0.2^2}=1.59\ \text{m/s}$$

查图1-12，$t=10$ ℃，水的黏度系数 $\nu=1.31\times 10^{-6}\ \text{m}^2/\text{s}$。

$$Re=\frac{vd}{\nu}=\frac{1.59\times 0.2}{1.71\times 10^{-6}}=2.427\times 10^5$$

查表6-3，镀锌钢管 $k_s=0.15$ mm

$$\frac{k_s}{d}=\frac{0.15}{200}=0.000\ 75$$

(2)确定沿程阻力系数

由式(6-52)

$$\lambda=0.11\left(\frac{k_s}{d}+\frac{68}{Re}\right)^{0.25}=0.11\times\left(0.000\ 75\times\frac{68}{2.427\times 10^5}\right)^{0.25}=0.019\ 7$$

(3)计算

$$h_f=\lambda\frac{l}{d}\frac{v^2}{2g}=0.019\ 7\times\frac{500}{0.2}\times\frac{1.59^2}{19.6}=6.352\ \text{m}$$

例题6-10　比较层流压降和湍流压降

已知：标准大气以 $v=50$ m/s(平均速度)的速度流过直径为4 mm的管子，在这种情况下流动将是湍流流动，但是如果采取预防措施来消除对流动的干扰，如采取使管道入口非常光滑，空气无尘，管道不振动等措施保证流动为层流。(管道绝对粗糙度 $\varepsilon=0.001\ 5$ mm)

求解：

(1)如果流动为湍流流动，则流经0.1 m的管道长度产生的压降是多少？

(2)如果流动为层流流动，则流经0.1 m的管道长度产生的压降是多少？

解题过程：

空气在标准状况下 $\rho=1.23\ \text{kg/m}^3$，黏度为 $\mu=1.79\times 10^{-5}\ \text{N}\cdot\text{s/m}^2$，因此雷诺数为

$$Re=\frac{\rho vD}{\mu}=\frac{1.23\times 50\times 0.004}{1.79\times 10^{-5}}=13\ 700$$

通常情况该雷诺数下的流动为湍流。

(1)如果流动为层流,则 $\lambda=\frac{64}{Re}=\frac{64}{13\ 700}=0.004\ 67$,通过上述管道长度的压降为

$$\Delta p=\lambda\frac{l}{D}\frac{1}{2}\rho v^2=0.004\ 67\times\frac{0.1}{0.004}\frac{1}{2}\times 1.23\times 50^2=0.179\ \text{kPa}$$

如果流动为湍流,则 $\lambda=\varphi\left(Re,\frac{\varepsilon}{D}\right)$,查表可得 $\varepsilon=0.001\ 5$ mm,$\frac{\varepsilon}{D}=\frac{0.001\ 5}{4.0}=0.000\ 375$,由莫迪图可得 $\lambda=0.028$,则由此可求压降的估计值为

$$\Delta p=\lambda\frac{l}{D}\frac{1}{2}\rho v^2=0.028\times\frac{0.1}{0.004}\frac{1}{2}\times 1.23\times 50^2=1.076\ \text{kPa}$$

例题分析:

如果在这个雷诺数下的流动可以保持为层流,那么就可以减小沿程压降。一般来说,在大雷诺数的流动条件下,维持层流是非常困难的,尽管现在已经能够做到在雷诺数为 $Re=100\ 000$ 的条件下保证流动为层流。在本题中损失的计算方法也可以通过其他的模型来计算。

例题 6-11　非圆管道阻力损失

已知:采用镀锌钢板制成的矩形断面风道,断面尺寸为 300 mm×500 mm,长 30 m,通过的流量为 7 560 m^3/h,空气温度为 20 ℃,密度为 1.20 kg/m^3。

求解:试求该管段的沿程水头损失。

(1)计算当量直径

$$d_e=4R=4\frac{A}{\chi}=4\frac{ab}{2(a+b)}=\frac{2\times 0.3\times 0.5}{0.3+0.5}=0.375\ \text{m}$$

(2)计算雷诺数

查 $t=20$ ℃,$\nu=1.57\times 10^{-6}\ m^2/s$

$$v=\frac{Q}{A}=\frac{\frac{7\ 560}{3\ 600}}{0.3\times 0.5}=14\ \text{m/s}$$

$$Re=\frac{vd}{\nu}=\frac{14\times 0.375}{1.57\times 10^{-6}}=3.34\times 10^5$$

(3)计算沿程阻力系数 λ

$$\lambda=0.11\left(\frac{k_s}{d}+\frac{68}{Re}\right)^{0.25}=0.11\times\left(\frac{0.15}{375}+\frac{68}{3.34\times 10^{-5}}\right)=0.017\ 7$$

或查莫迪图(图 6-15),由 $\frac{k_s}{d_e}=\frac{0.15}{375}=0.000\ 4$ 和 $Re=3.34\times 10^5$ 可得

$$\lambda=0.017\ 7$$

(4)计算压强损失

取 $\lambda=0.017\ 7$

$$p_f=\lambda\frac{l}{d_e}\frac{\rho v^2}{2}=0.017\ 7\times\frac{30}{0.375}\times\frac{1.2\times 14^2}{2}=166.52\ \text{N/m}^2$$

6.7　管流和明流的局部损失

各种工业管道或渠道都要安装一些阀门(或闸门)、弯管(或弯道)、分岔管、拦污格栅等部件和设备,用于控制和调节管内或渠道里的流动。流体在流经这些部件时,均匀流动受到破坏,流速的大小、方向和

分布发生变化。在较短的范围内,由于流动的急剧调整,而集中产生的流动阻力为局部阻力,所产生的能量损失称为局部损失,造成局部损失的部件和设备称为局部阻碍。局部阻碍种类繁多,形状各异,其边壁的变化大多比较复杂,加以湍流本身的复杂性,除个别形状简单的局部阻碍外,绝大多数局部损失计算,还不能从理论上解决,必须借助于实验求得一些经验公式或者经验系数。

实验表明,局部损失和沿程损失一样,不同的流态有不同的变化规律。在实际工程中,由于局部阻碍的强烈扰动作用,使流动在较小的雷诺数时就达到了充分湍动,所以,本节将只讨论湍动条件下的局部损失问题。

6.7.1　局部损失产生的原因

下面通过对一些典型的局部阻碍处的流动分析,说明湍流局部损失产生的原因(参见图6－20)

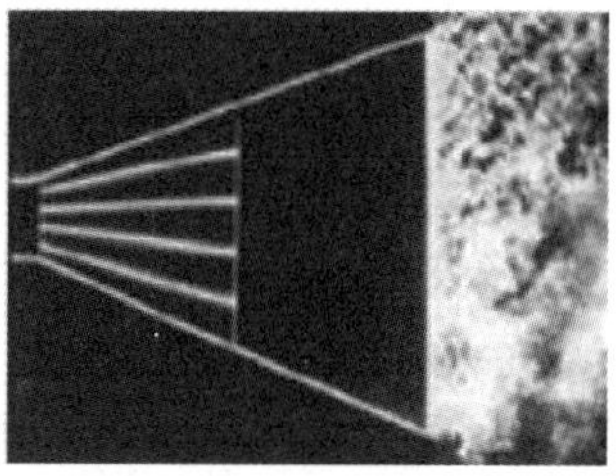

扩散器中的分流也会产生局布损失。

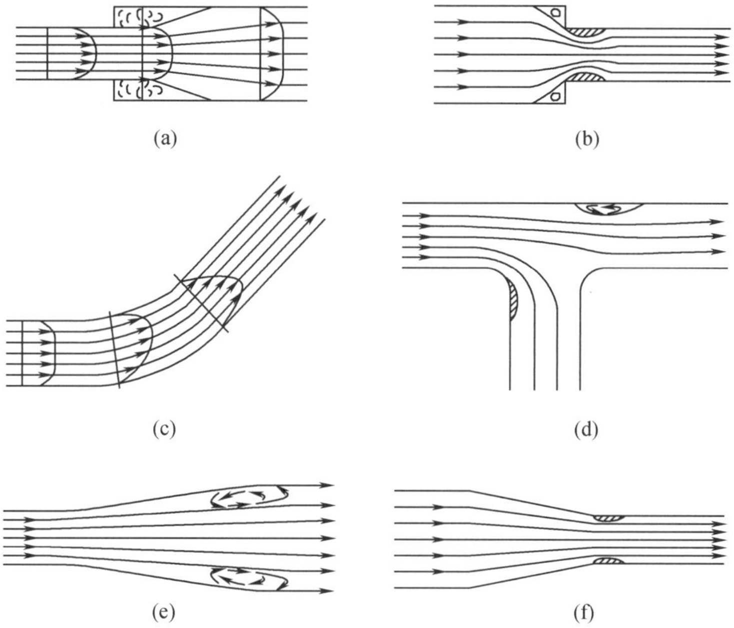

图6－20　几种典型的局部阻碍

(a)突扩管;(b)突缩管;(c)圆弯管;(d)圆角分流三通;(e)渐扩管;(f)渐缩管

(1)主流与边壁分离,形成旋涡区是产生局部损失的主要原因

流体在通过突然扩大、突然缩小、弯管、三通等局部阻碍时,因惯性作用,主流与边壁脱离,在主流和边壁间形成旋涡区(图6－20(a)～(d))。在渐扩管内,沿程减速增压,靠近管壁附近低速流层的流体质点,在与流动方向相反的压差作用下,流速逐渐减小到零,随后主流与边壁脱离,并形成旋涡区(图6－20(e))。在渐缩管内,沿程增速减压,流体质点受到与流动方向一致的正压差作用,不断加速,因此,在减缩管内不会出现旋涡区。但是,如收缩角较大,紧接渐缩管之后,因惯性作用,也会产生一个不大的旋涡区(图6－20(f))。通过以上分析可以看出,无论是改变流速的大小,还是改变其方向,局部损失总是和旋涡区的形式有关。旋涡加剧了流体的湍动,加大了能量损失;同时旋涡区和主流区之间不断进行质量

交换，旋涡运动质点被主流带向下游，加剧了下游一定范围内主流的湍动程度，进一步加大了能量损失；此外，局部阻碍处附近，流速分布的重新调整，加大了速度梯度和层流间的切应力，也将造成一定的能量损失。但是，如果边壁变化仅造成流速分布的一些变化，不出现旋涡区，其局部损失一般都比较小。

综上所述，主流脱离边壁，在主流和边壁间形成旋涡区是造成局部损失的主要原因。实验表明，局部阻碍处旋涡区愈大，旋涡强度愈大，局部损失也愈大。

(2)流动方向的变化形成二次流，也将产生一定的能量损失

当流体流经弯管时，不但会发生分离，形成旋涡区，而且还会产生与主流方向正交的二次流（图6－21）。这是由于沿着弯管运动的流体质点在离心惯性力作用下，使得弯管外侧（E处）流体的压强高于内侧（H处），而弯管左右两侧（F、G处）由于靠近管壁附近处流速很小，离心力也小，压强变化不大。在外侧和内侧的压强差作用下，弯管内产生一对如图所示的涡流，这个二次流和主流叠加，在弯管内形成一对螺旋流，这将加大弯管内的流动能量损失。在弯管内形成的二次流，消失较慢，因而加大了弯管对后面管道的影响范围。弯管的影响长度最大可超过50倍管径。二次流的能量损失一般都和分离损失一起计算。

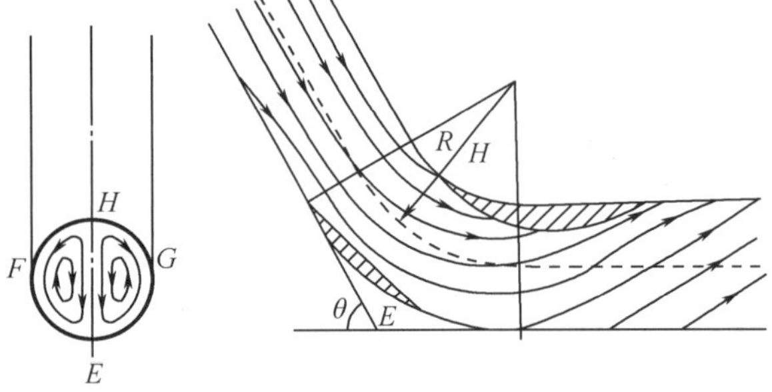

图6－21　弯管中的二次流

6.7.2　局部阻力系数的影响因素

和沿程损失一样，局部损失一般也用流速水头的倍数来表示，前面已经给出局部损失计算公式(6－3)

$$h_j = \zeta \frac{v^2}{2g}$$

式中　ζ——局部阻力系数；

v——与ζ对应的断面平均流速。

理论上局部阻力系数应与局部阻碍处的雷诺数 Re 和边界情况有关。但是，实际上流动受到局部阻碍的强烈扰动，较早地进入了阻力平方区，ζ与 Re 无关，只决定于局部阻碍的形状，即

$$\zeta = f(\text{局部阻碍的形状})$$

理论上可以计算突然膨胀的局部阻力系数。

6.7.3　常用流道局部阻力系数的确定

局部阻碍种类繁多，流动现象极其复杂，局部阻力系数多由实验确定。只有个别（如突扩管）简单的情况，能够在一定假设条件下通过理论

管件造成的损失以损失系数为依据。

分析导出其局部损失的变化规律。现分别介绍如下：

设突然扩大同轴管如图 6－22 所示，列出扩大前断面 1－1 和扩大后流速分布与湍流脉动已接近均匀流状态的断面 2－2 之间的伯努利方程，忽略两断面间的沿程损失，有

$$z_1+\frac{p_1}{\rho g}+\frac{\alpha_1 v_1^2}{2g}=z_2+\frac{p_2}{\rho g}+\frac{\alpha_2 v_2^2}{2g}+h_j$$

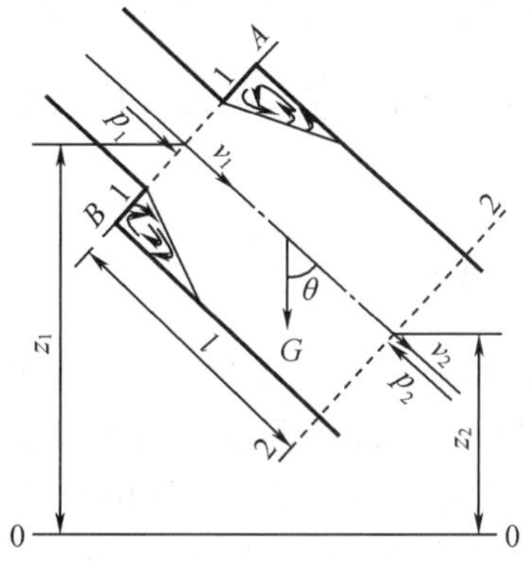

图 6－22　突然扩大管

得

$$h_j=\left(z_1+\frac{p_1}{\rho g}\right)-\left(z_2+\frac{p_2}{\rho g}\right)+\frac{\alpha_1 v_1^2-\alpha_2 v_2^2}{2g} \tag{6-62}$$

式(6－62)中符号的意义如图 6－22 所示。

对 AB、2－2 断面和两断面间侧壁面所构成的控制体，列流动方向的动量方程

$$\sum F=\rho Q(\beta_2 v_2-\beta_1 v_1)$$

式中 $\sum F$ 包括：作用在 AB 面上的压力 P_{AB}，这里 AB 受压面积不是 A_1，而是 A_2，其中环形部分位于旋涡区，实验观察表明，这个环形面积上的压强基本上符合静压强分布规律，故 $P_{AB}=p_1A_2$；作用在 2－2 断面上的压力 $P_2=p_2A_2$；重力在管轴上的投影

$$G\cos\theta=\rho gA_2(z_2-z_1)$$

将 $Q=v_2A_2$ 代入，并以 ρgA_2 除各项，整理得

$$\left(z_1+\frac{p_1}{\rho g}\right)-\left(z_2+\frac{p_2}{\rho g}\right)=\frac{v_2}{g}(\beta_2 v_2-\beta_1 v_1)$$

将上式代入式(6－62)，对于湍流，近似取 $\alpha_1=\alpha_2=1$，$\beta_1=\beta_2=1$，整理可得

$$h_j=\frac{(v_1-v_2)^2}{2g} \tag{6-63}$$

式(6－63)表明，突然扩大的局部损失等于以平均流速差计算的流速水头。该式又称包达(Borda)公式，经实验验证，该式具有足够的准确性。

为把式(6－63)变为局部损失的一般形式，只需将 $v_2=v_1\dfrac{A_1}{A_2}$或 $v_1=v_2\dfrac{A_2}{A_1}$代入，可得

$$h_j=\left(1-\frac{A_1}{A_2}\right)^2\frac{v_1^2}{2g}=\zeta_1\frac{v_1^2}{2g}$$

或

$$h_j=\left(\frac{A_2}{A_1}-1\right)^2\frac{v_2^2}{2g}=\zeta_2\frac{v_2^2}{2g}$$

所以，突然扩大的局部阻力系数为

$$\zeta_1 = \left(1 - \frac{A_1}{A_2}\right)^2 \tag{6-64}$$

或

$$\zeta_2 = \left(\frac{A_2}{A_1} - 1\right)^2 \tag{6-65}$$

以上两个局部阻力系数，分别与突然扩大前、后两个断面平均流速相对应。当流体从管道流入断面很大的容器中或气体流入大气时，由式(6-64)，$\frac{A_1}{A_2} \approx 0$，$\zeta_1 = 1$，这是突然扩大的特殊情况，称为出口阻力系数。

6.7.4 局部阻力之间的相互干扰

局部阻力系数 ζ 值都是在局部阻碍前后都有足够长的均匀流段的条件下，由实验测定的。测得的局部损失也不仅仅是局部阻碍范围内的损失，还包括下游一段距离范围内，因湍动加剧而引起的损失。若两个局部阻碍之间相距很近，前一个局部阻碍没有足够的影响长度，损失不能完全显示出来；后一个局部阻碍前的流速分布和湍动情况又不同于正常均匀流的情况。这样相连的两个局部阻碍，存在着相互干扰问题，其局部阻力系数不等于正常条件下，两个局部阻碍的阻力系数之和。实验研究表明，局部阻碍直接连接，相互干扰的结果使局部水头损失即可能减少，也可能增大，变化幅度约为两个正常局部水头损失总和的0.5~3.0倍；若两个局部阻碍之间的距离大于3倍管径，忽略相互干扰的影响的计算结果，一般是偏于安全的。

例题6-12 局部损失的计算

已知：如图6-23所示，流速由 v_1 变为 v_2 的突然扩大管中，如果中间加一中等粗细管段是形成两次突然扩大，略去局部阻力的相互干扰，用叠加的方法确定如下两个问题的解。

求解：

(1)中间流管中流速为何值时，总的局部损失最小；

(2)计算总的局部损失，并与只经过一次扩大时相比较。

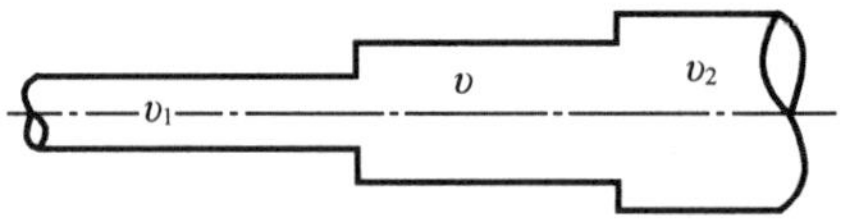

图6-23 截面突然扩大管道示意图

解题过程：

假设中间管中流速为 v，则两次突然扩大时的局部损失为

$$h_j = h_{j1} + h_{j2} = \frac{(v_1 - v)^2}{2g} + \frac{(v - v_2)^2}{2g}$$

总的局部损失最小时，有

$$\frac{dh_j}{dv} = -\frac{2(v_1 - v)}{2g} + \frac{2(v - v_2)}{2g} = 0$$

得

$$v = \frac{v_1 + v_2}{2}$$

(2)总的局部损失为

$$h_j = \frac{\left(v_1 - \frac{v_1 + v_2}{2}\right)^2}{2g} + \frac{\left(\frac{v_1 + v_2}{2} - v_2\right)^2}{2g} = \frac{(v_1 - v)^2}{4g}$$

而管道一次突然扩大时的局部损失为

$$h_j=\frac{(v_1-v)^2}{2g}$$

上式表明两次突然扩大时的总的局部损失为一次突然扩大时的1/2倍。

例题分析：

两次突然扩大时的损失反而比一次突然扩大时的损失减小了，这表明两次的突然扩大使速度的变化趋于缓和，所以损失减小。

例题6－13　明流局部损失

已知：水箱的垂直壁面上有一如图6－24所示的收缩扩散喷管。假设收缩段无损失，在扩散段的损失为其出口动能的0.18倍，出口处的大气压为10.4 m水柱，喉部允许的最低绝对压力为2.5 m水柱。当水箱的水位为$H=1.5$ m时，喷管能通过的流量为$q_V=0.004\ 5\ \text{m}^3/\text{s}$。

求解：试计算喷管的流量和出口处的直径为多少？并证明：随着水位的逐渐降低，喉部的压力将与水位呈线性关系。中间流管中流速为何值时，总的局部损失最小。

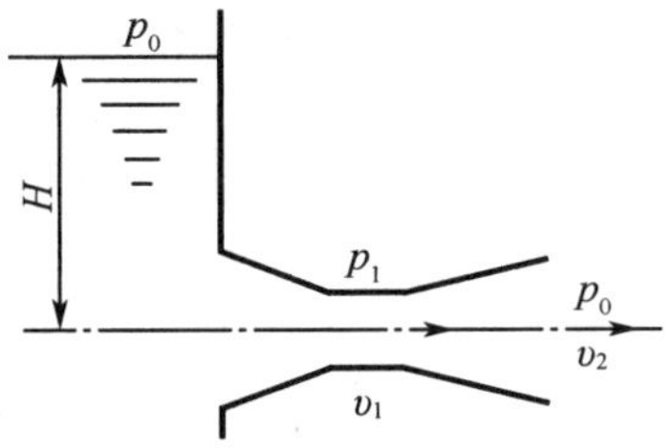

图6－24　收缩扩散喷管

解题过程：

对水位的自由截面和喷嘴喉部列伯努利方程，并以下标1表示喉部的参数。可得

$$H+\frac{p_0}{\rho g}=\frac{p_1}{\rho g}+\frac{v_1^2}{2g}$$

以$\dfrac{p_0}{\rho g}=10.4$ m，$\dfrac{p_1}{\rho g}=2.5$ m，$H=1.5$ m代入上式，可得$v_1=13.6$ m/s

由于$q_V=\dfrac{\pi d_1^2}{4}v_1$，$d_1=20.5$ mm

对自由液面和喷管出口处列伯努利方程，并以下标2来表示出口处的参数。因为只有在扩散段有能量损失，可得

$$H+\frac{p_0}{\rho g}=\frac{p_0}{\rho g}+\frac{v_2^2}{2g}+0.18\frac{v_2^2}{2g}$$

可以求得$v_2=\sqrt{\dfrac{2gH}{1.18}}=5$ m/s

设出口直径为d_2

$$d_2=\sqrt{\frac{4q_V}{\pi v_2}}=\sqrt{\frac{4\times0.004\ 5}{3.14\times5}}=0.035\ \text{m}$$

由自由界面和喷管喉部的伯努利方程可得喷管喉部的压力为

$$\frac{p_1}{\rho g}=H+\frac{p_0}{\rho g}-\frac{v_1^2}{2g}$$

根据连续性方程，有

$$\frac{\pi d_1^2}{4}v_1=\frac{\pi d_2^2}{4}v_2$$

$$v_1^2=v_2^2\left(\frac{d_2}{d_1}\right)^4=\frac{2gH\left(\frac{d_2}{d_1}\right)^4}{1.18}$$

故由

$$\frac{p_1}{\rho g}=H+\frac{p_0}{\rho g}-\left(\frac{d_2}{d_1}\right)^4\frac{H}{1.18}=\frac{p_0}{\rho g}\left[1-\frac{1}{1.18}\left(\frac{d_2}{d_1}\right)^4\right]H$$

例题分析：

本题反复使用伯努利方程，喷管出口处的伯努利方程是要区别出口在喷管内还是喷管外，出口处的局部损失不能忽略。

本章小结

本章主要介绍了黏性流体总流的伯努利方程，并给出了黏性流体在管内流动的两种能量损失，即沿程损失和局部阻力损失，及两者之间的关系；在将黏性流体的流动状态划分为两类（层流和湍流）的基础，介绍了判断流态的方法，对管道中的沿程损失与剪切力之间的关系进行了详细的分析。

本章对圆管中的层流流动进行了定量分析，包括层流断面的速度分布、沿程水头的计算方法；同时对湍流流动中涉及的基本概念和理论进行了论述，包括湍流的基本特征，湍流的流速分布、湍流切应力、湍流核心与黏性底层等基本概念与理论；介绍了具体应用尼古兹实验曲线结果和莫迪图在工程中来进行湍流沿程损失的计算与分析；最后介绍了局部损失的定量计算，但是本书局限于管道截面突扩时的情况，其他管件的局部损失系数可以参考相关手册。

思考题

6.1　雷诺数为什么能够判别流态？雷诺数与哪些因素有关？

6.2　为什么均匀流基本方程既能适用于层流也能适用于湍流？

6.3　层流、湍流的基本特征是什么？

6.4　为什么用下临界雷诺数而不用上临界雷诺数来判别流态？

6.5　两个不同管径的管道，通过不同黏性的流体，它们的临界雷诺数是否相同？

6.6　湍流研究中为什么要引入时均参数？

6.7　湍流时的切应力有哪两种形式，它们各与哪些因素有关？

6.8　湍流中黏性底层的厚度对湍流分析有何影响？

6.9　湍流为什么分为三个阻力区？

6.10　水力光滑管和水力粗糙管分别是如何定义的，二者之间是否可以相互转换？

6.11　试根据圆管层流、湍流光滑区、湍流粗糙区的阻力系数 h_f 来分析沿程水头损失和流速 v 之间的关系？

6.12　$\tau_0=\rho gRJ$、$h_f=\lambda\frac{l}{d}\frac{v^2}{2g}$、$v=C\sqrt{RJ}$ 三个公式之间有何联系和区别？这三个式子是否在管流和明流中，层流和湍流中，均匀流和非均匀流中均可适用？

练习题

6.1　通常用细长管来测量流体的黏度，通过测量流过细管的流量和压降的函数关系来确定黏度。校准常数 $K=\frac{Q}{\Delta p}$，可以通过假定流动恒为层流来计算。试确定管径（直径）分别为 0.5 mm、1.0 mm 和

2.0 mm 的黏度计来测量 20 ℃的水和标准大气时的最大流量。

6.2　对于在圆管中完全发展的层流管，流速分布由 $u(r)=2(1-\frac{r^2}{R^2})$ 来确定。其中 R 是管道的内径。假设管道直径是 4 cm，试分别确定管道最大速度、平均速度和体积流量。

6.3　比重量 $SG=0.87$、动力黏度为 $\nu=2.2\times10^{-4}\ \mathrm{m^2/s}$ 的油以 $v=4\times10^{-4}\ \mathrm{m^3/s}$ 的速度流过如图 6-1 所示的垂直管道，试确定压力计的度数 h？

6.4　在上题中，如果流体倒流，试确定压力计读数 h？

6.5　如习图 6-2 所示，用注射器抽吸比重量 $SG=0.96$、饱和蒸气压 $p_v=1.2\times10^4\ \mathrm{N/m^2}$。要使注射器中不发生气穴现象，最大流量是多少？

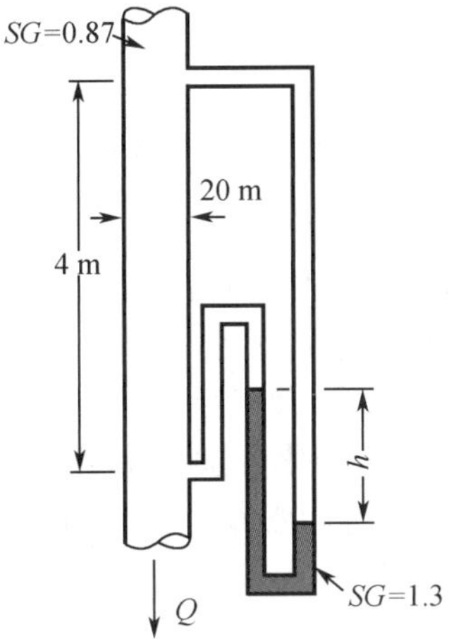

习图 6-1

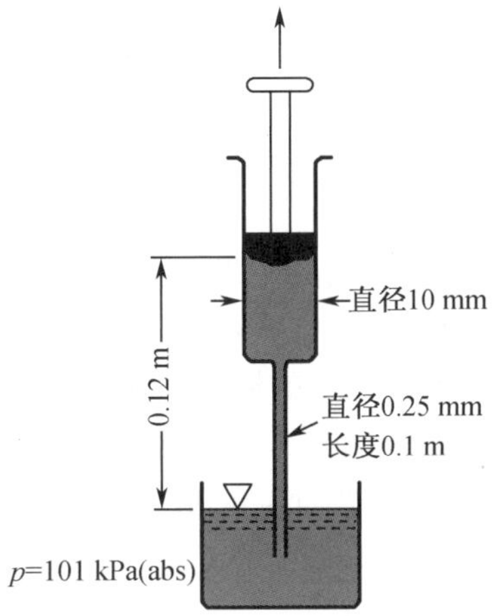

习图 6-2

6.6　比重量 $SG=0.86$、黏度 $\mu=0.025\ \mathrm{Nm^2/s}$ 的油以 0.3 $\mathrm{m^3/s}$ 的流量通过直径为 500 mm 的圆管，试计算雷诺数，并确定流动状态。

6.7　水以 10 cm/s 的速度流过直径为 0.2 m 的水平塑料管。使用莫迪图确定每米管道的压降。

6.8　对于问题 6.7，计算每米管道摩擦损失的功。

6.9　水以 5.0 m/s 的速度通过直径为 10 mm 的镀锌铁管向下流动，出口与大气相连。管道出口上方 4 m 处有一个小孔，试确定水通过小孔时水会通过这个孔泄漏出来，还是空气会通过这个孔进入管道？重复这个问题，如果平均速度是 0.5 m/s，情况将会如何？

6.10　已知油管直径 $d=10$ mm，长度 $l=16$ km，油的密度 $\rho=915\ \mathrm{kg/m^3}$，运动黏度 $\nu=0.000\ 186\ \mathrm{m^2/s}$，管为水平放置，若油管中通过的油的质量流量为 $q_m=50\times10^3$ kg/h，求该管路的沿程损失 h_f。

6.11　动力黏度 $\mu=0.048$ Pa·s 的油以 0.3 m/s 的平均速度流经直径 $d=18$ mm 的管计算通过 45 m 长的管子所产生的压强降，并求在距离管壁 3 mm 处的流速。密度为 $\rho=900\ \mathrm{kg/m^3}$。

6.12　输油管直径为 $d=150$ mm，长 $l=500$ mm，绝对粗糙度 $\Delta=0.4$ mm，油的密度 $\rho=859\ \mathrm{kg/m^3}$，运动黏度 $\nu=2.5\times10^{-6}\ \mathrm{m^2/s}$，若已知通过油管的质量流量 $q_m=273\times10^3$ kg/h，求输油管的水头损失 h_f（忽略局部损失）。

6.13　一根输送流体的管道，长度 $l=200$ mm，绝对粗糙度 $\Delta=0.046$ mm，流体的运动黏度 $\nu=10^{-5}\ \mathrm{m^2/s}$，若要求输送流量 $q_v=1\ 000\ \mathrm{m^3/h}$，而允许的最大水头损失 $h_f=20$ m，试确定管道直径 d。（本题需试算，可先取 $\lambda=0.02$）

6.14　截面积相等的圆管和正方形管道，管长相等，沿程水头损失也相等，流动均处于阻力平方区，沿程损失系数也相等，问圆管与方管输送流量的能力相差多少。

6.15　某制冷系统中，用内径 $d=10$ mm，长 $l=3$ m 的输油管输送润滑油，已知该润滑油的运动粘滞系数 $\nu=1.802\times10^{-4}\ \mathrm{m^2/s}$ 时，求流量 $Q=75\ \mathrm{cm^3/s}$ 时，润滑油在管道上的沿程损失。

6.16 某钢板制矩形风道，断面尺寸为400 mm×200 mm，长度 $l=50$ m，管内平均流速 $v=10$ m/s，空气温度 $t=20$ ℃，试求风道内气体的沿程损失。

6.17 某段给水管道采用的是直径 $d=20$ cm，长 $l=500$ m 的旧无缝钢管，输水量为60 L/s，水温为 $t=10$ ℃，试求这段管道的沿程损失。（旧无缝钢管 $\Delta=0.2$ mm）

6.18 镀锌铁皮风道输送 $t=20$ ℃的空气，已知直径 $d=450$ mm，风量为 $Q=1.0$ m³/s，$\Delta=0.5$ mm 试判断流体处于什么阻力区，并求 λ 值。

6.19 铸铁管直径 $d=50$ mm，输水温度 $t=20$ ℃，$\Delta=0.3$ mm，求保持水流处于阻力平方区的最小流量。

6.20 矩形风道断面尺寸为500 mm×400 mm，风道内空气温度为 $t=40$ ℃，流量为 $Q=2\ 000$ m³/h，风道壁面的当量粗糙度 $\Delta=0.1$ mm，风道长 $l=80$ m，求风道上产生的沿程损失。

6.21 试证明两无限大固定平行平板间层流流动的平均流速与最大流速之比为$\frac{2}{3}$。

6.22 方形光滑管道的边长为 a 和 b，截面积一定，求流过一定流量时，沿程损失最小的$\frac{a}{b}$值（设流动为层流）。

6.23 如习图6－3所示，用一根长40 m、直径为12 mm、摩擦系数为0.020的管道，抽取水槽中30 ℃的水。若软管内没有空穴现象，确定 h 允许的最大值（不计其他损失）？

6.24 水以0.04 m³/s的流量在直径为0.12 m的管道流动，该管道直径突然收缩到0.06 m。试确定通过该收缩截面的压力损失？确定由于损失所产生的压差和动能变化分别是多少？

6.25 如习图6－4所示，空气在管道中以1.50 m/s的速度流过如图6－4所示的细网纱，试确定细网纱的损失系数？

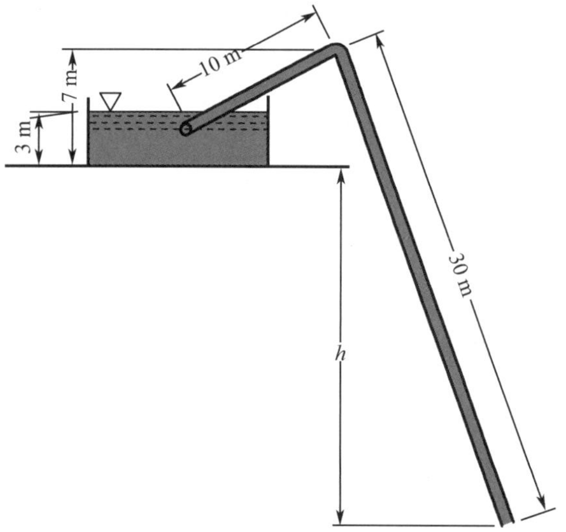

习图6－3

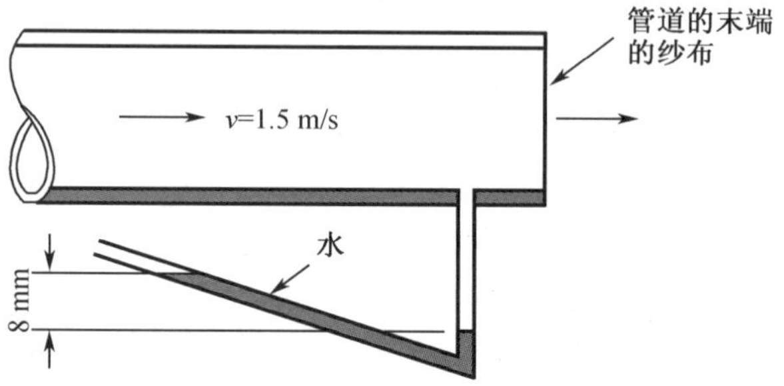

习图6－4

6.26 如习图6－5所示一个风扇产生恒定速度为40 m/s的空气流流过循环管道，这个管道直径为3 m而且光滑，四个转弯处的损失系数都为0.30。试确定风扇的输出功率是多少？

6.27 如习图6－6所示，水从两个大的开罐之间被抽出，如果泵给水增加了50 kW的能量，通过两个开罐之间的流速是多少？（假定摩擦系数为0.02且不计其他损失。）

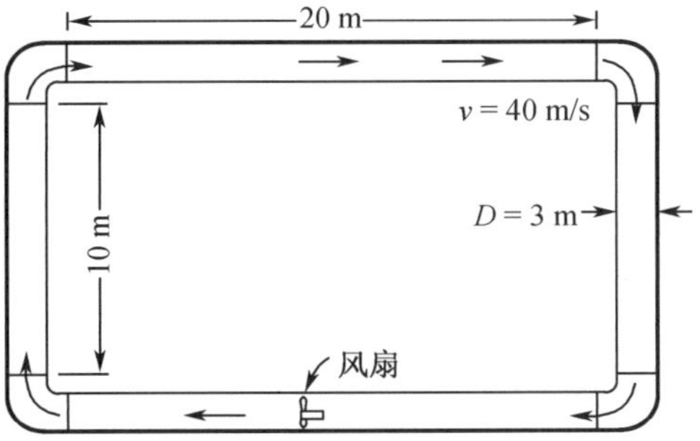

习图 6 – 5

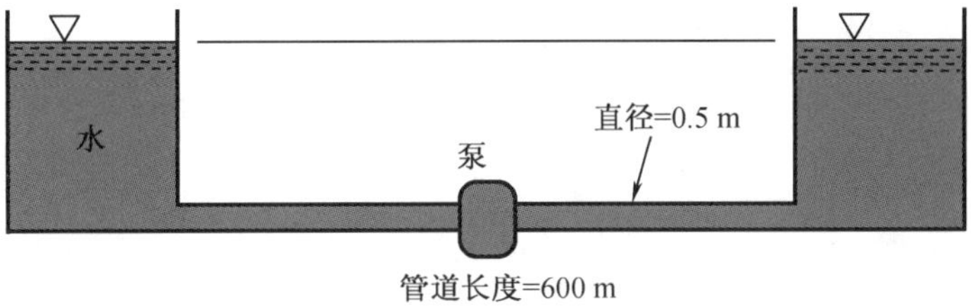

习图 6 – 6

6.28　如习图 6 – 7 所示雨水以 0.006 m^3/s 的流量流过竖直向下的镀锌的铁管。如果它是一个长宽比为 1.7:1 而且完全充满了水的矩形，试确定水管截面积的大小？（忽略了在自由表面的水槽里的水的速度和转弯处的损失。）

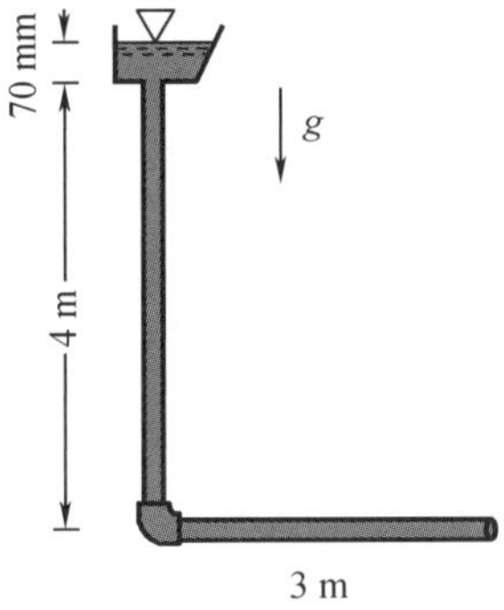

习图 6 – 7

6.29　两个大型开放式水库之间相距 1.5 km，其间通过水泵和管道相连，且两个水库的水面处于同一高度。当泵的输出功率为 20 kW。如果损失可以忽略不计，请确定管道直径。

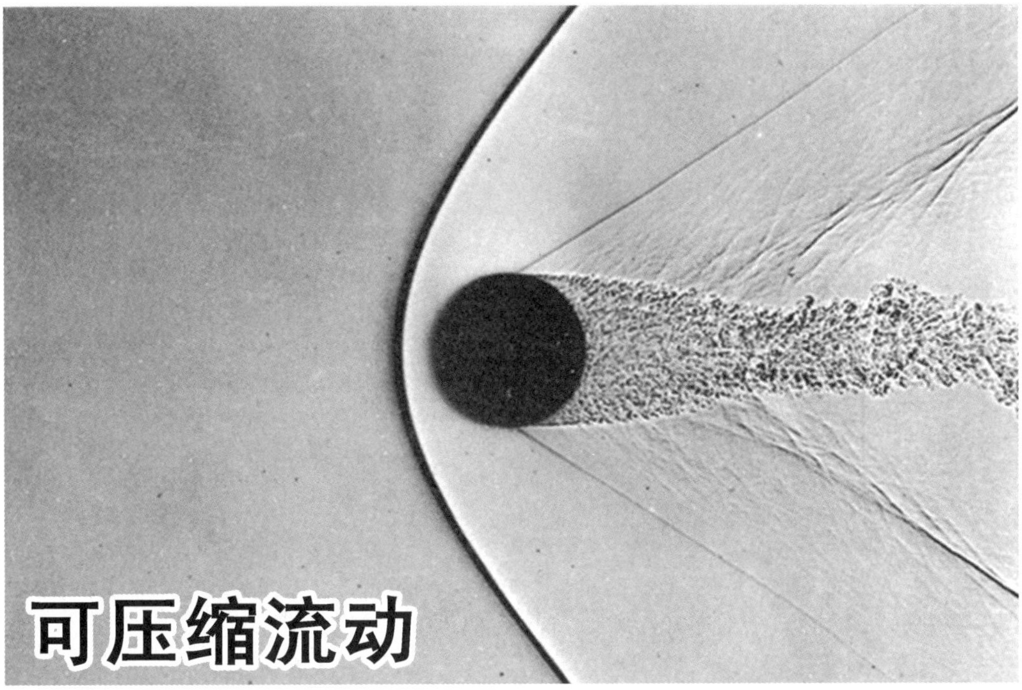

可压缩流动

如上图所示的小球以1.53倍的音速飞行时的纹影照片。当飞行器以超音速飞行时，下游的扰动来不及传到飞行器的前面去，结果前面的气体受到飞行器突跃式的压缩，形成集中强扰动，这时出现一个压缩过程的界面，称为激波。经过激波，气体的压强、密度、温度都会突然升高，流速则突然下降，另外压强的跃升产生可闻的爆响。飞机在较低的空域中做超音速飞行时，地面上的人可以听见这种响声，即所谓音爆。

前面章节所研究的基本都是不压缩流体静止或流动的问题，然而，仅研究不可压缩流体对流体力学而言将是不完整的，在流体力学的许多工程应用中，流体压缩性是非常重要的影响因素。例如，高速气流的流速测量需要可压缩流动理论；燃气涡轮发动机部件中的流动通常是可压缩的；许多飞机的飞行速度很高，必须考虑空气的可压缩性。可压缩流动流体密度的变化需要注意密度和其他流体性质的关系。通常不可压缩流动的流体状态方程在可压缩流动的分析中也是至关重要的，此外，可压缩流的温度变化通常是显著的，因此能量方程也是非常重要的。

本章学习目标

(1)理解声速和马赫数的概念；

(2)掌握可压缩流动一维定常流动基本方程；

(3)理解气体流动的几种基本模型和滞止参数；

(4)掌握气流流动的重要速度参数；

(5)学会使用气动函数来解决实际工程的流动问题；

(6)了解膨胀波和激波的形成过程，着重掌握激波的特点及分类；

(7)着重掌握变截面流动中的收缩喷管和拉法尔喷管的流动特点。

第 7 章　可压缩流动

严格说来,任何真实流体都是可压缩介质,或者说,任何流体的密度都是可以变化的。而在前面的各章讨论中,除个别章节外,都假定了流体是不可压缩的,即认为流体的密度是一个常数,这样大大地简化了所研究的问题。一般情况下,液体和低速气体(如气流速度小于 50 m/s 时)的压缩性很小,可以看作是不可压缩流体。当气流速度接近或超过音速时,其运动参数的变化规律将与不可压缩流体有本质的区别。如速度 v = 70 m/s 的静止大气中飞行的飞行器,其前端的密度可上升 12%。当飞行器速度更高时,该点密度上升更加明显。显然,在这样的条件下,不能认为整个流场中密度为常数,这是由于对于高速气流,压力的变化将引起流体的密度和温度的变化,这时不仅需要考虑气体的压缩性,而且必须考虑其热力变化。

打火机中的流体就是典型的可压缩的流体。

本章主要讨论声速和马赫数,气体一维定常流动基本方程,气流流动的基本模型和滞止参数,及气流的重要速度参数,气体动力学函数,然后介绍膨胀波和激波,最后介绍可压缩气流在变截面管道中的流动特点。

7.1　声速和马赫数

7.1.1　微弱扰动(声速)的物理概念

在研究可压缩流体运动时,为何首先要研究微弱扰动在流体中的传播呢?这是因为小扰动在流体中的传播特征,是区别流体可压缩性的主要标志。在不可压缩流场中,任何微弱扰动总是立即传播到整个流场。相当于扰动在刚度极大的介质中传播。而在可压缩流场中,扰动以一定的速度在流体中传播,而且并不是在任何情况下扰动都可能传播到整个流场中。

扰动在流体中的传播速度取决于流体的物理性质和扰动过程。扰动的传播速度是流体的物理状态变化的过程参数。显然,在研究流体运动之前,首先研究这个至关重要的参数是必要的。

所谓的微弱扰动,是指流体介质经过这种扰动之后,其宏观物理参数仅发生一种属于无限小的变化,可以对应于数学上的微分变化量,例如压强 p 的微弱扰动就写成 $\mathrm{d}p$,一个物理量的传播面通常称为波。下面将运用之前学的流体力学基本方程,来推导微弱扰动传播速度的计算公式。

我们用一个比较简单的例子说明微弱扰动的概念并推导声速的计算公式,假设有一根半无限长的直圆管,左端由一个活塞封住,如图 7-1(a)所示。取“半无限长”是为了可以不考虑管的端头对管内气体运动的影响,从而使问题简化。圆管内充满静止的气体,其压强、密度、温度分

别为 p、ρ、T。将活塞轻轻向右推动，使活塞速度从零增加到 $\mathrm{d}v$，然后活塞保持 $\mathrm{d}v$ 向右运动。推动活塞的这个动作，给管内气体一个微弱的扰动。则这个扰动借助于气体之间的压缩作用而在管内向右传播出去。活塞由静止状态加速到 $\mathrm{d}v$ 时，近贴活塞的那层气体最先受到压缩，压强、密度和温度略有增大，直到这层气体在活塞的作用下也以 $\mathrm{d}v$ 运动为止。这层被压缩后以速度 $\mathrm{d}v$ 运动的气体，对于第二层气体来说，就像活塞一样，又压缩第二层气体，使其压强、密度和温度略有增大，并迫使第二层气体也以速度 $\mathrm{d}v$ 运动。这样压缩作用一层一层地传播出去（见图 7-1(b)）。

如果圆管中活塞不是向右而是向左运动，见图 7-1(c)，则近贴活塞的那层气体先膨胀，压强、密度和温度略微减小，直到这层气体随活塞以相同的速度运动为止。已膨胀的这层气体，对第二层气体来说，就好像活塞一样，当它随活塞运动后，第二层气体也将膨胀，它的压强、密度和温度也将略微减小，直到第二层气体也随活塞以相同的速度运动为止。依次类推。扰动也将一层一层地向右方传播出去。

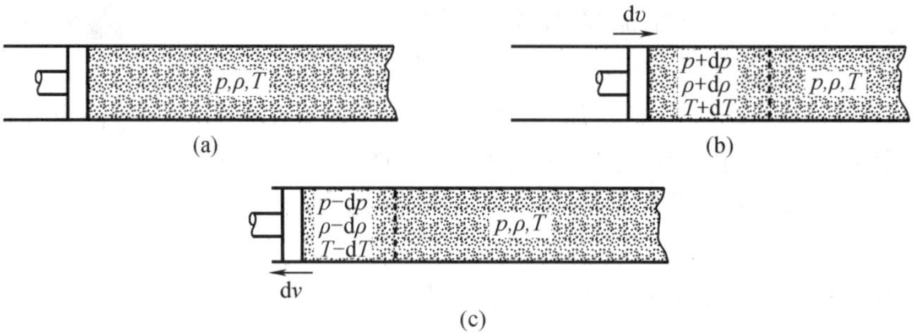

图 7-1　活塞造成的微弱扰动

从上述两种情况可知，气体受到压缩所引起的扰动在气体中的传播情况和气体膨胀所引起的扰动在气体中的传播情况类似。从图 7-1(b)或图 7-1(c)可以看出，在微弱扰动的传播过程中，所受扰动和尚未受到扰动气体之间的有一个分界面（如图中虚线所示），在分界面两侧，气体参数的值略有不同，这个分界面叫作微弱扰动波。气体的微弱扰动如果是由活塞压缩气体而产生的，叫作微弱扰动压缩波；如果是由活塞移动产生稀薄区使气体发生膨胀而产生的，叫作微弱扰动膨胀波，无论是微弱扰动的压缩波或膨胀波，都是向着远离扰动的空间传播的，不同的是压缩波所经过之处，气体的压强、密度和温度都略微增大，而膨胀波所经过之处，气体的压强、密度和温度都略微减小。

如果活塞不是向着一个方向运动，而是左右振动，气体的微弱扰动就将交替地以压缩波和膨胀波的形式进行传播。由交替的压缩波和膨胀波所组成的微弱扰动波，就是所谓的声波。在流体力学中，不论是哪一种微弱扰动，其传播速度都称为声速。这里再强调一下，在流体力学中，声速这个名词指的是所有微弱扰动波的传播速度，而不仅仅是指声音的传播速度。下面我们就从微弱扰动压缩波的传播为例来推导声速公式。

7.1.2　声速的推导

在图 7-2(a)中，假设微弱扰动压缩波在半无限长的直圆管中以速度 c 向右传播，波扫过的流体，压强为 $p+\mathrm{d}p$，密度为 $\rho+\mathrm{d}\rho$，温度为 $T+\mathrm{d}T$，并以微小的速度 $\mathrm{d}v$ 向右运动。波前方的流体压强为 p，密度为 ρ，温度为 T，并且是静止不动的。显然，对于一个静止的观察者来说，这是一个非定常的一维流动问题。

为了分析简单起见，选用与扰动波一起运动的相对坐标系，对位于该坐标系的观察者来说，上述流动过程就转化为定常的了。图 7-2(b)表明了观察者以速度 c 向右运动时所看到的这一过程的现象。扰动波静止不动，而压强为 p、密度为 ρ、温度为 T 的气体以速度 c 向扰动波流来，当气体经过扰动波之后，速度降为 $c-\mathrm{d}v$，同时压强增大 $p+\mathrm{d}p$，密度由 ρ 升高到 $\rho+\mathrm{d}\rho$，温度由 T 变为 $T+\mathrm{d}T$。在数学上这种变换相当于在图 7-2(a)的气体上叠加了一个向左的速度 c。取图 7-2(b)中包围扰动波的虚线为控制体，并忽略作用在这个控制体的黏性力，下面应用控制体中一维定常流的基本方程来求解声速 c。在控制体

进口、出口之间应用连续性方程,有

$$\dot{m}_1=\rho cA=(\rho+\mathrm{d}\rho)(c-\mathrm{d}v)A=\dot{m}_2$$

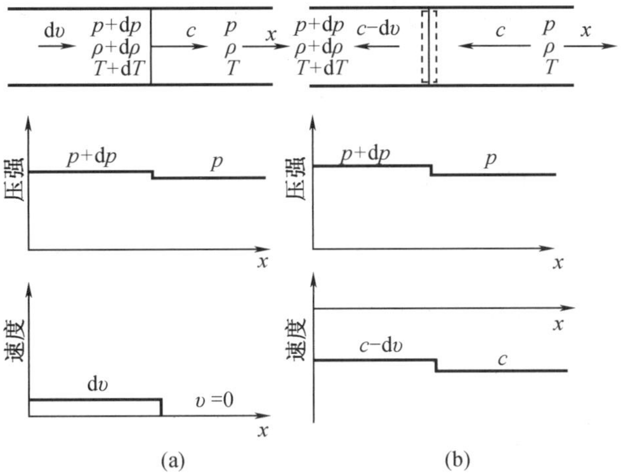

图 7-2 声速推导

展开并忽略高阶无穷小 $\mathrm{d}\rho\cdot\mathrm{d}v$,得

$$c\mathrm{d}\rho=\rho\mathrm{d}v \tag{a}$$

对控制体沿 x 方向施用动量方程,有

$$\sum F=\dot{m}(v_1-v_2) \text{ 或 } -pA+(p+\mathrm{d}p)A=\rho cA[-(c-\mathrm{d}v)]-\rho cA(-c)$$

即

$$\mathrm{d}p=\rho c\mathrm{d}v \tag{b}$$

联立(a)式和(b)式,消去波面扫过之后气体所产生的运动速度 $\mathrm{d}v$,而解出声速为

$$c=\sqrt{\frac{\mathrm{d}p}{\mathrm{d}\rho}} \tag{7-1}$$

式(7-1)是根据微弱扰动压缩波的传播推导出来的,如果用微弱膨胀波的传播可推导出相同的结果,这说明在相同的介质条件下,它们的传播速度是一样的,声波是由微弱扰动的压缩波和微弱扰动的膨胀波交替组成的微弱扰动波,既然上述两种波的传播速度是相同的,因此声波的传播速度也相同。所以用声波的传播速度——声速,来作为微弱扰动波传播速度的统称。

按式(7-1)来计算气体的声速,还必须知道在微弱扰动传播的过程中压强 p 和密度 ρ 的函数关系。首先完全气体遵循状态方程 $p=\rho RT$,即 p 一般受 ρ 和 T 两者的影响,因此式(7-1)的写法仅表示推导过程中的一种记号。实际上应该严格写为$\sqrt{\dfrac{\partial p}{\partial \rho}}$。其次,为求出这个偏导数,现在必须要弄清楚波的传播过程中 p 和 ρ 之间经历哪一种热力过程。这样做的实质是引入能量关系,因为热力过程实质上就确定了一种过程中的能量变化关系。这里既可以直接列出能量方程,也可以写出一个符合微弱扰动的物理现实过程方程,因为在热力过程中推导各种热力过程方程的时候,实际上已采用了热力学第一定律——能量方程。那么到底是什么热力过程呢?历史上,计算结果与声速测量实验的对比最终表明,微弱扰动的传播是可逆的绝热过程——等熵过程。其解释为,在微弱扰动的传播过程中,气流的压力、密度和温度的变化是一个无限小的量,即 $\mathrm{d}p\to0$,$\mathrm{d}\rho\to0$,$\mathrm{d}T\to0$,若忽略黏性作用过程,则整个过程接近于可逆过程;由于此过程进行得非常迅速而来不及与外界进行热交换,就使得传播过程接近于绝热过程。这样在扰动波强度无限微弱的极限情况下,微弱扰动的传播过程就是等熵过程。由式(7-1)有

$$p = C\rho^k, \left(\frac{\partial p}{\partial \rho}\right)_s = Ck\rho^{k-1} = k\frac{p}{\rho} = kRT \tag{7-2}$$

上式中的符号$\left(\frac{\partial p}{\partial \rho}\right)_s$表示等熵过程。至此，声速公式可写为

$$c = \sqrt{\left(\frac{\partial p}{\partial \rho}\right)_s} = \sqrt{k\frac{p}{\rho}} = \sqrt{kRT} \tag{7-3a}$$

对于空气，$k = 1.4$，$R = 287.06$ J/(kg·K)则

$$c = 20.05\sqrt{T} \tag{7-3b}$$

在标准大气压的海平面上，空气的温度为288.2 K，计算出的声速为340.3 m/s，在11 000～24 000 m高的同温层高空，空气的温度为216.7 K，计算出的声速为295.1 m/s。

应当注意我们在讨论微弱扰动波的传播速度时，并未对介质提出特别的要求，因此这个结果，也适用于固体，既适用于一切连续介质。

7.1.3　马赫数与可压缩流动的分类

马赫数是当地流速与当地声速之比。

在前面几章的不可压缩流动中，雷诺数经常作为一个重要的无量纲数出现。而在可压缩流动中，还有一个最重要的无量纲数——马赫数。气流的马赫数用于表征气流的运动速度，是一种无量纲化的或相似化的气流速度参数。马赫数不仅能够表征气流的可压缩性程度，在研究气体高速运动的规律以及气体流动问题的计算方面，更有着极其重要和广泛的用途。

在气体动力学中，常将气流本身的速度v与该点处（即当地）气体的声速c的比值，叫作该点处气流的马赫数，以符号Ma表示，即

$$Ma = \frac{v}{c} = \frac{v}{\sqrt{kRT}} = \frac{\text{气体宏观运动速度}}{\text{介质同一点处声波的传播速度}} \tag{7-4}$$

在航空上，当气流流速小于当地声速，即$Ma<1$，这种气流称为亚音速气流；当气流速度大于当地声速时，即$Ma>1$，这种气流称为超音速气流，$Ma=1$这种气流叫作声速气流。

由于声速并不是一个定值，相同的马赫数并不表示相同的速度。比如说一种战斗机的巡航马赫数能达到2.0，并不是说它的速度能达到我们通常记得的声速340 m/s的2倍，即680 m/s，而是指其在平流层内巡航时的速度。我们知道平流层大气温度约为零下60摄氏度，从声速公式可以算出那里的声速为290 m/s左右。马赫数2.0对应的速度为580 m/s。

既然马赫数并不表示实际的速度，那为什么在气体动力学中用它来表示流速的大小呢？这其实和不可压流动中使用雷诺数来描述速度大小是类似的道理。马赫数表示了流体中两种作用力的对比关系，和雷诺数一样是决定流动状态的无量纲数。雷诺数表示的是惯性力与黏性力之比，雷诺数越大则说明黏性力的影响越小；马赫数表示了惯性力与弹性力之比，马赫数越大则说明弹性力的影响越小。马赫数比较高时，惯性力主导流动，类似于弹簧的质量很大但弹性模量却很小，比较容易被强烈地压缩或拉伸。比如，空气从静止开始等熵加速到$Ma=3.0$，其密度会变为静

止时的8%左右，相当于被大大地拉伸了。

对于实际的流动问题，当马赫数较高时，压缩性对流动的影响往往远大于黏性。图7－3给出了球的阻力系数随雷诺数和马赫数的变化，可以看出球阻力的结论其实只适用于马赫数很低的不可压缩流动，当马赫数较高时，雷诺数的影响几乎可以忽略。

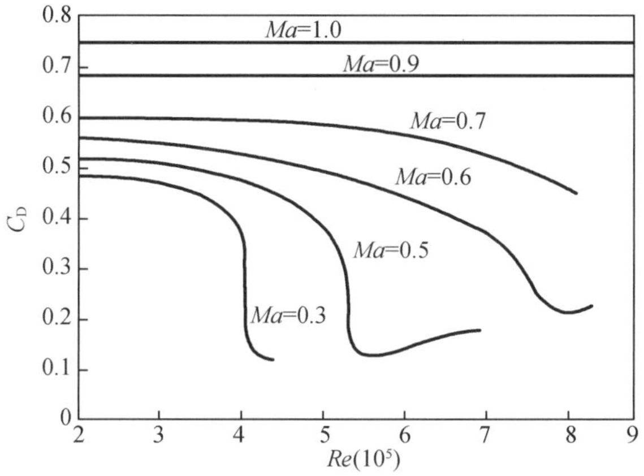

图7－3 球的阻力系数随雷诺数和马赫数的变化

也就是说，当压缩性的影响变得明显，黏性的影响就退居次席了。高速流动中应主要考虑压缩性的影响。

压缩性和马赫数的关系可以从一维欧拉方程得出。气流的一维欧拉方程为

压缩效应在较高的马赫数下更为重要。

$$\frac{\mathrm{d}p}{\rho}+v\mathrm{d}v=0$$

经过简单变化可写为

$$\frac{\mathrm{d}p}{\mathrm{d}\rho}\cdot\frac{\mathrm{d}\rho}{\rho}=-v\mathrm{d}v$$

将声速公式$\frac{\mathrm{d}p}{\mathrm{d}\rho}=c^2$和马赫数定义$Ma=\frac{v}{a}$代入上式中，得

$$\frac{\mathrm{d}\rho}{\rho}=-Ma^2\frac{\mathrm{d}v}{v} \tag{7-5}$$

$-\frac{\mathrm{d}\rho}{\rho}$、$\frac{\mathrm{d}v}{v}$分别表示在当前的密度$\rho$和速度$v$的基础上，气流流经微段所产生的密度和速度的相对变化量。式(7－5)证明了在绝能等熵流动中，马赫数是气流密度相对变化量与速度相对变化量的比值，并且该比值与马赫数成正比。该比值越大，显示表明气流在做变速运动时的可压缩性越强。

通常情况下由于液体的声速相对气体较大，所以可将液体看作不可压流体。

可以看出，$Ma=0.3$时，密度相对变化量为速度相对变化量的9%，流场中速度变化10%，密度变化还不到1%，所以一般可以认为密度是不变的，即$Ma\leqslant0.3$时认为气流是不可压缩的。$Ma>0.3$就必须考虑气流的压缩性了。

从此式还可以得出一个有趣的结论：当$Ma>1.0$时，随着速度的增加，密度以更快的速率减小，密流ρv是下降的，为了满足连续方程$\rho Av=\mathrm{const}$，超声速流动经过扩张通道时，速度反而会增加。

例题 7-1 马赫数求解

已知：大气温度 T 随海拔高度 z 的变化关系式为 $T=T_0-0.0065z$，$T_0=288$ K，一架飞机在 10 km 高空时以时速 900 km/h 飞行。

求解：求其飞行马赫数？

解题过程：

已知 $z=10^4$ m，$T=T_0-0.0065z=233$ K

则

$$c=\sqrt{kRT}=299.33\ \text{m/s}$$

故

$$Ma=\frac{v}{c}=0.835\ 2$$

例题解析：

马赫数与当地温度有很大的关系，同一流动速度，在不同的温度下对应着不同的马赫数。

7.2 气体一维定常流动基本方程

我们从气体入手来研究可压缩流体的性质，作为预备知识我们需要了解一些基本的方程和概念。

首先，介绍将完全气体的处理方法应用于实际气体的可行性。完全气体即完全遵循完全气体状态方程的气体。完全气体分子本身没有体积，分子间没有内聚力，即无黏性，是一种理想模型。而一般实际气体，比容比较大，分子间的内聚力和分子本身的体积可忽略不计，故其性质和完全气体的性质比较接近。实际气体（如氧、氢、氮和空气）在常温下，压强、温度、密度三者之间基本上符合完全气体状态方程，所以在常温下，完全气体一维定常流动的基本方程均可用于实际气体。

对于一维定常流动，利用质量守恒、动量守恒和能量守恒原理，可以等到三个基本方程。

7.2.1 连续方程

根据质量守恒定律，气体做一维定常流动时，每单位时间流过任意两个截面的质量流量必然相等，即

$$\rho_1 v_1 A_1=\rho_2 v_2 A_2 \text{或} \rho vA=\text{常数}$$

在研究气体参数沿管长变化时，基本方程常采用微分形式，对上式两边取对数，得

$$\ln(\rho vA)=\text{常数}$$

两边微分，得

$$\frac{d\rho}{\rho}+\frac{dA}{A}+\frac{dv}{v}=0 \qquad (7-6)$$

连续性方程是气体动力学中最基本又最常用的方程式之一。

例题 7-2 连续方程

已知：某飞机尾喷管进口截面 1 处的气流参数为：$p_1=2.05\times10^5$ N/m^2，$T_1=865$ K，$v_1=288$ m/s，$A_1=0.19$ m^2 出口截面 2 处的气流参数为 $p_2=1.143\times10^5$ N/m^2，$T_2=766$K，$A_2=0.153\ 8$ m^2。

求解：通过尾喷管的燃气质量流量和尾喷管的出口流速。给定燃气的气体常数 $R=287.4$ kg·K。

解题过程：

根据连续方程得

$$\dot m=\rho Av=\frac{p}{RT}\cdot A\cdot v=\frac{p_1A_1v_1}{RT_1}=\frac{2.05\times10^5\times0.19\times288}{287.4\times865}=45.1\ \text{kg/s}$$

因为 $\dot m=\dfrac{p_1A_1v_1}{RT_1}=\dfrac{p_2A_2v_2}{RT_2}$

故 $v_2=v_1\cdot\frac{A_1}{A_2}\cdot\frac{p_1}{P_2}\cdot\frac{T_1}{T_2}=288\times\frac{0.19}{0.1538}\times\frac{2.05\times10^5}{1.143\times10^5}\times\frac{766}{865}=565.1\ \text{m/s}$

解题过程：

连续性方程是质量守恒方程在流体上的具体应用，适用于不可压缩流体也适用于可压缩流体。

7.2.2　动量方程

对于一维流动，沿轴线 s 方向，应用完全气体微分方程，单位质量力在 s 方向分力以 S 表示，可得

$$S-\frac{1}{\rho}\frac{\partial p}{\partial s}=\frac{\mathrm{d}v_s}{\mathrm{d}s}=\frac{\partial v_s}{\partial t}+\frac{\partial v_s}{\partial s}\frac{\partial s}{\partial t} \tag{7-7}$$

对于一维定常流动

$$\frac{\partial p}{\partial s}=\frac{\mathrm{d}p}{\mathrm{d}s};\frac{\partial v_s}{\partial s}=\frac{\mathrm{d}v_s}{\mathrm{d}s};\frac{\partial v_s}{\partial t}=0 \tag{7-8}$$

当质量力仅为重力，气体在同介质中流动，浮力与重力平衡，不计质量力 S，并去掉脚标 s，则得

$$\frac{1}{\rho}\frac{\mathrm{d}p}{\mathrm{d}s}+v\frac{\mathrm{d}v}{\mathrm{d}s}=0 \tag{7-9}$$

这就是完全气体一维定常流动的运动方程，又称为欧拉方程。对于这个方程的积分，取决于压强和密度之间的变化关系，与气流的热力过程有关。

7.2.3　能量方程

取微元流管作为控制体，如图 7－4 所示，对它建立定常流动能量方程，输入控制面的热量以 δq 表示，能量方程可写为

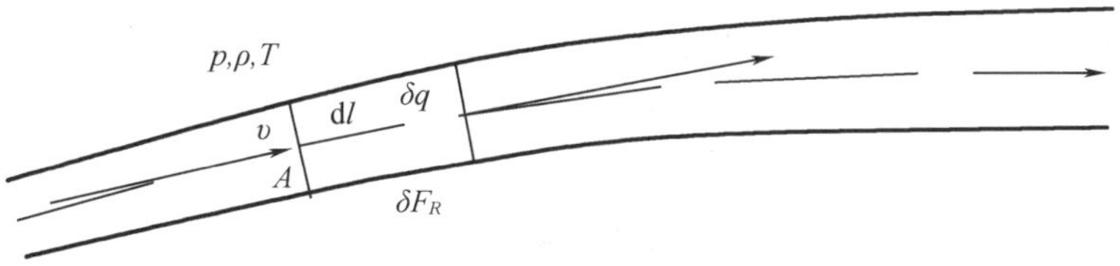

图 7－4　管流控制体

$$\rho vA\frac{1}{2}\left[v^2-\left(v^2+\frac{\mathrm{d}v^2}{\mathrm{d}l}\cdot\mathrm{d}l\right)\right]+\left[pAv-\left(pAv+\frac{\mathrm{d}pAv}{\mathrm{d}l}\cdot\mathrm{d}l\right)\right]+\rho vA\left[e-\left(e+\frac{\mathrm{d}e}{\mathrm{d}l}\cdot\mathrm{d}l\right)\right]=\rho vA\delta q$$

整理可得

$$v\mathrm{d}v+\mathrm{d}\left(e+\frac{p}{\rho}\right)=\delta q \tag{7-10}$$

或

$$\mathrm{d}\left(\frac{v^2}{2}\right)+\mathrm{d}h=\delta q \tag{7-11}$$

1. 绝热定常管流

对于绝热管流 $\delta q=0$，能量方程积分可得

$$\frac{v^2}{2}+h=\text{const} \tag{7-12}$$

此为绝热条件下沿管流的能量方程。任一两个截面的关系为

$$\frac{v_1^2}{2}+h_1=\frac{v_2^2}{2}+h_2 \tag{7-13}$$

应当指出，能量方程只要求满足绝热条件，并不要求流动可逆。因此无论过程是否可逆，能量方程均可适用。例如，在有节流损失的绝热管流中，仍然适用。

由热力学可知，对于完全气体，则

$$h = c_p T = \frac{c_p}{R}\frac{p}{\rho} = \frac{c_p/c_v}{(c_p - c_v)/c_v}\frac{p}{\rho} = \frac{k}{k-1}\frac{p}{\rho}$$

故式 $h + \frac{v^2}{2} = C$ 可写成

$$\frac{k}{k-1}\frac{p_1}{\rho_1} + \frac{v_1^2}{2} = \frac{k}{k-1}\frac{p_2}{\rho_2} + \frac{v_2^2}{2} = C \tag{7-14}$$

或

$$\frac{k}{k-1}\frac{p}{\rho} + \frac{v^2}{2} = C \tag{7-15}$$

现在来分析一下能量方程的物理意义。将上式写成

$$\frac{1}{k-1}\frac{p}{\rho} + \frac{p}{\rho} + \frac{v^2}{2} = C \tag{7-16}$$

由热力学可知，上式第一项表示单位质量气体所具有的内能，因为

$$\frac{1}{k-1}\frac{p}{\rho} = \frac{c_v}{c_p - c_v}\frac{p}{\rho} = \frac{c_v}{R}\frac{p}{\rho} = c_v T = e \tag{7-17}$$

而后两项是单位质量气体的压力能和动能。所以完全气体的一维定常绝热流动的能量方程的意义是：在完全气体的一维定常流动中，气流流过任意截面上单位质量的内能、压力能和动能之和保持不变。

2. 等熵定常管流

若流动也是等熵的，则对于完全气体，压力比及密度比为

$$\frac{p_2}{p_1} = \left(\frac{T_2}{T_1}\right)^{k/(k-1)} = \left(\frac{\rho_2}{\rho_1}\right)^k$$

由热力学第一定律及热力学第二定律，计算纯物质的熵变比

$$T\mathrm{d}s = \mathrm{d}h - \frac{\mathrm{d}p}{\rho}$$

若等熵过程，$\mathrm{d}s = 0$，则

$$\mathrm{d}h = \frac{\mathrm{d}p}{\rho}$$

将上式代入 $\mathrm{d}h + v\mathrm{d}v = 0$ 可得

$$\frac{\mathrm{d}p}{\rho} + v\mathrm{d}v = 0 \tag{7-18}$$

式(7－18)是定常无黏流体在不计重力时的伯努力方程。因此，可以看出等熵流动的假设就是不计能量损失沿流线成立的伯努力方程，所以等熵的假设是可行的。从这个方程还可以看出，气流压力增大的地方，流速减小；压力减小的地方，流速增大。

例题 7－3　气体流动基本方程的应用

已知：输送氩气（$k = 1.67$，$R = 1\ 004.8$ J/(kg·K)）的管道中装置一皮托管，测得某点的全压强为 158 kPa，静压为 104 kPa，管中的气体温度 20 ℃。

求解：求下面两种情况下的流速，并计算相对误差：

(1)不计气体的可压缩性；

(2)按绝热压缩计算。

解题过程：

(1)气体的密度 $\rho=\dfrac{p}{RT}=\dfrac{1.04\times10^{3}}{208\times(273+20)}=1.706\ \mathrm{kg/m^{3}}$

由于

$$p_0=p+\rho\frac{v^2}{2}$$

所以

$$v=\sqrt{\frac{2(p_0-p)}{\rho}}=\sqrt{\frac{2\times(158-104)\times10^3}{1.706}}=252\ \mathrm{m/s}$$

(2)因为是绝热流动，所以有 $\dfrac{p_0}{p}=\left[1+\dfrac{2(k-1)}{2}Ma^2\right]^{\frac{k}{k-1}}$

可得

$$Ma=\sqrt{\frac{2}{k-1}\left[\left(\frac{p_0}{p}\right)^{\frac{k-1}{k}}-1\right]}=\sqrt{\frac{2}{0.67}\times\left[\left(\frac{158}{104}\right)^{\frac{1.67-1}{1.67}}-1\right]}=0.737$$

$$c=\sqrt{kRT}=\sqrt{1.67\times208\times293}=319\ \mathrm{m/s}$$

$$v=Ma\cdot c=0.737\times319=236\ \mathrm{m/s}$$

所以不计气体的压缩性，计算流速的相对误差为

$$\frac{252-235}{235}\times100\%=7.2\%$$

例题解析：

由以上的对比可以知道，当马赫数超过一定值之后，如果仍然按不可压来进行计算时会引起较大的误差。

7.3 气体流动的基本模型和滞止参数

在理论力学中，例如在质点的动力学中，人们首先研究最简单的，也就是包含最主要影响因素的运动形式，它们是理论上清晰而完美的一类运动，其所有变量都可以容易地被计算出来。然后人们引入摩擦等在实际问题中不可完全忽略的现象，以便精确地计算实际质点力学系统的运动。在流体力学中，这种思想实际上被完全地采取了，使人们能够较为容易地进入这种关于大量质点的整体宏观行为的力学。当首先寻找最纯粹的理想化的气体流动时，人们得到了概念极为重要的两种基本的气体流动模型：

(1)绝能流动；

(2)绝能流动 + 可逆流动 = 等熵流动。

我们知道，为了描述流场中一点的状态，可以给出该点的压强、温度和速度等参数的数值。但在力学研究中，为了能够深刻、统一、方便地描述运动和预言现象，人们已经知道应该去发现运动的一些守恒量，或者称为总量，例如运动的总能量。为了在上述两种流动中整理出气流的一些总能量，人们又提出了气流的滞止参数的概念。如果按一定的流动过程，准确地说按热力学中的某种热力过程，将气流速度滞止到零，此时气流的热力学参数就叫作滞止参数。

在气体动力学研究中，事实上往往是给出一点处气流的滞止参数，例如滞止温度、滞止压强等，再给出气流的速度数值，例如无量纲速度马赫数。这种方法在工程设计中概念清晰、方便，同时滞止参数也比较容易测量得到。

7.3.1 绝能滞止，滞止温度

气体没有与外界的热交换，没有气体微团之间的热交换，也不对外界做功或吸收外界的功，这样的气

流流动称为绝能流动。这时单位质量的气流有一定的宏观运动机械能，也有一定量的微观热运动动能，这两种能量可以合成而记为一个总能量，并且事实上已经表明这两种能量有一定程度的互相转换。下面用能量守恒定律来研究这一问题，在控制体进口1、出口2之间应用单位质量流体定常绝能流动的能量方程式，有

$$h_1+\frac{v_1^2}{2}=h_2+\frac{v_2^2}{2}=h+\frac{v^2}{2}$$

因为控制体的进出口可以在流动管道中任意指定，这样上式在控制体中任意一处都有一个常数或守恒量，即上式最右端的量 $h+\frac{v^2}{2}$。下式定义这个常数为滞止焓 h_0

$$h_0=h+\frac{v^2}{2}=\text{气流的最大焓值}=\text{常数}$$

因为上式对于流动过程可逆与否都可以成立，所以滞止焓的概念只要求滞止过程为绝能的，而不要求一定是等熵的。对于绝能流动，滞止焓在整个流动过程中不变，因此可作为一种状态参数，它与所研究的气体的实际流动过程无关。由上式可见，气流的滞止焓由两项组成，第一项 h 是气体的焓，又叫静焓；第二项 $v^2/2$ 相当于气流速度滞止时，动能转变成的焓。因此滞止焓又叫总焓。它代表气流所具有的总能量的大小。

如果研究的是定比热容的气体，$h=c_pT$，则上式可改写为

$$T_0=T+\frac{v^2}{2c_p}$$

式中，T_0 为气流的滞止温度，它是把气流速度绝能滞止到零时的温度。同样，气流的滞止温度由两项组成，第一项 T 是气体的温度，又叫静温；第二项 $v^2/2$ 相当于气流速度滞止到零时，动能转变成焓而引起的气体温度的升高，一般称为动温。

因此，滞止温度又叫总温。对于绝能流动，不论过程等熵与否，以上两式都是适用的，对于滞止温度 T_0 有一滞止音速。

$$c_0=\sqrt{kRT_0}$$

式中，c_0 为气流的滞止音速，是一个常用的参考速度。

利用关系式 $c_pT=\frac{k}{k-1}RT=\frac{c^2}{k-1}$，故可得

$$\frac{T_0}{T}=1+\frac{(k-1)v^2}{2c^2} \tag{7-19}$$

或

$$\frac{T_0}{T}=1+\frac{k-1}{2}Ma^2 \tag{7-20}$$

式(7-20)可以说成是定比热容完全气体绝能流动的能量方程。可见，总温 T_0 是这个绝能流动的气流所能达到的最高温度，其出现在 $Ma=0$ 时。又可见总温与静温之比决定于气流的马赫数，当马赫数很小时，$\frac{T_0}{T}$接近于1，马赫数较大时，静温与总温有较大的差别。

7.3.2 等熵滞止，滞止压强

气体与外界没有热交换，没有气体微团之间的热交换，叫作绝热；气体所含的机械能没有通过摩擦等耗散途径转换为热能，叫作可逆流动。具有这两种性质的流动叫作等熵流动。这时单位质量的气流有一定的宏观运动机械能，由动能$\frac{v^2}{2}$和流动功$\frac{p}{\rho}$两者构成，也有一定的微观热运动动能，表现为其内能 c_pT。

显然，上述两种机械能应该可以合成而记为一个总量，并且由于绝热又可逆，等熵流动这个机械能总量是守恒的。下面用能量守恒和热力学的等熵过程来研究这一问题。

观察可压缩流的伯努利方程式，它说明一维绝能等熵流的流管（或流线）上点 2 的压强 p_2 是随点 2 的气流速度 v_2 的减小而增大。设想，令管流的一个一般点上具有速度 $v \neq 0$ 的气流绝能地、等熵地减速到滞止状态 $v=0$。这样滞止后的气体压强称为等熵滞止压强，用符号 p_0 表示，这样滞止后的气体密度称为等熵滞止密度，用符号 ρ_0 表示。相应地，这个一般点上在原有速度下气流的压强 p 和密度 ρ 现在分别称为气流的静压强和静密度。

取这里所研究的气体为定比容的完全气体，在原有速度下它符合状态方程 $p=\rho RT$，而注意到 T_0 是绝能滞止得到的，p_0 和 ρ_0 由绝能等熵滞止得到的，显然这个滞止的完全气体也符合上式称为绝能等熵滞止条件下的气体状态方程。它所对应的气流速度是零。

$$p_0=\rho_0 RT_0$$

由等熵过程关系式 $p_0/p=(\rho_0/\rho)^k=(T_0/T)^{k/k-1}$ 代入得

$$\frac{p_0}{p}=\left(1+\frac{k-1}{2}Ma^2\right)^{\frac{k}{k-1}} \tag{7-21}$$

$$\frac{\rho_0}{\rho}=\left(1+\frac{k-1}{2}Ma^2\right)^{\frac{1}{k-1}} \tag{7-22}$$

可见，对于绝能等熵流，随着马赫数的增大，气流的温度、音速、压力和密度都将降低。

以上式(7-20)，式(7-21)，式(7-22)是最主要的可压缩流体力学公式。后两式与前一式的不同是，导出条件要求等熵滞止，因而更加严格。由于气流没有机械能损失，简称没有损失，等熵滞止压强 p_0 是气流流动全程中可能得到的最高压强，等熵滞止密度 ρ_0 是可能得到的最高密度，因此也将它们称为总压、总密度，对应着气流机械能中的动能完全转变为压力能，机械能的总量没有丝毫向热能的耗散。显然，在有摩擦等现象存在的所谓非等熵流动中，气流机械能损失一部分，而导致滞止压力小于等熵滞止压力 p_0，滞止密度小于等熵滞止密度 ρ_0。可见等熵流动确实是人们找到的一种最理想的流动模型。

完全可以在一般的实际等熵气流中，在一点处想象使气流通过一根绝能等熵的流管而滞止，得到总温、总压和总密度，而不必真让该气流停滞下来。在流场中每一点都有一个当地的滞止状态，它是假想把这个点处的气流绝能等熵地流入到一个容积很大的储气箱，使其速度滞止到零。

综上所述有如下结论，第一，在气体动力学中引进滞止状态的概念把滞止状态作为一个参考状态，它与所研究的气体的实际流动过程无关。第二，总温、总压是一组代表的参数能量，总温是气流所含总能量的代表，总压是气流所含总机械能的代表，它可以转化为静压和速度所体现的机械能。第三滞止参数是点函数，在任意流动过程中的每一点都具有确定的滞止参数数值。显然在实际流动中，从流场的一点到另一点的滞止参数可以是变化的，通常滞止参数的变化与实际流动中气体与外界的热量交换、功的交换以及摩擦等因素有关。

7.3.3 滞止参数的应用

气流的滞止参数既然是按一定的过程将气流速度滞止到零时的气流参数，应用滞止参数来分析问题时，动能就不会作为单独的一项出现，也就不需要单独考虑动能的变化，这将使分析或计算问题较为方便。

引用总焓或总温的概念以后，能量方程式就可以简化：

$$q-w_s=\left(h_2+\frac{v_2^2}{2}\right)-\left(h_1+\frac{v_1^2}{2}\right)$$

故

$$q-w_s=h_{02}-h_{01} \tag{7-23}$$

进而定比热完全气体，有

$$q - w_s = c_p(T_{02} - T_{01}) \tag{7-24}$$

这就是总焓的能量方程式。它表明，由于气流和外界交换热量和功的结果，使气流的总焓发生变化。当气流做绝能流动时，$q = 0$，$w_s = 0$，式(7-24)简化为

$$h_{02} = h_{01},\ T_{02} = T_{01} \tag{7-25}$$

即气体做绝能流动时，不论过程是否可逆，总焓和总温保持不变。这就是绝能流动的一个基本性质。

例题 7-4 利用滞止参数计算气流参数

已知：涡轮导向器进口燃气参数为 $p_{01} = 1.2 \times 10^6$ Pa，总温 $T_{01} = 1\ 110$ K，出口静压 $p_2 = 7.0 \times 10^5$ Pa。

求解：燃气在导向器内做绝能等熵流动时的出口流速 v_2。

图 7-4 涡轮导向器进出口照片

解题过程：

在绝能等熵流动中气流的总温、总压不变，所以

$$p_{02} = p_{01} = 1.2 \times 10^6 \text{ Pa}$$

$$T_{02} = T_{01} = 1\ 110 \text{ K}$$

由式 $\dfrac{p_0}{p} = \left(1 + \dfrac{k-1}{2} Ma^2\right)^{\frac{k}{k-1}}$ 得

$$Ma_2 = \sqrt{\frac{2}{k-1}\left[\left(\frac{p_0}{p}\right)^{\frac{k-1}{k}} - 1\right]} = \sqrt{\frac{2}{k-1}\left[\left(\frac{12}{7}\right)^{0.248} - 1\right]} = 0.93 \quad (k = 1.33)$$

由式 $\dfrac{T_0}{T} = 1 + \dfrac{k-1}{2} Ma^2$ 得

$$T_2 = \frac{T_0}{\left(1 + \dfrac{k-1}{2}\right) Ma^2} = \frac{1\ 110}{1 + 0.143} = 971 \text{ K}$$

$$c_2 = \sqrt{kRT_2} = \sqrt{1.33 \times 287.4 \times 971} = 609 \text{ m/s}$$

所以

$$v_2 = c_2 Ma_2 = 609 \times 0.93 = 567 \text{ m/s}$$

例题解析：

涡轮导向器就是燃气涡轮发动机涡轮动叶前端的静叶，其作用就是改变气流的方向，使气流推动动叶做功，本题中涡轮导向器中滞止参数的计算公式的联合运用是求解出口速度的关键。

例题 7-5 滞止参数的计算

已知：若飞机在 11 000 m 高空以 $Ma = 2.5$ 的速度匀速飞行。

求解：问机翼表面可能达到的最高温度是多少？假定流动绝热。

(a)　　　　(b)

图 7-5　高空高马赫数飞行

(a)飞机;(b)返回舱

解题过程:

把坐标系固定在飞机上,气流则以 $Ma=2.5$ 的速度流向飞机。飞机机翼前缘驻点处的温度最高。由大气参数表查得 11 000 m 高空的温度 $T=216.7$ K。

所以驻点温度为

$$T_0=T\left(1+\frac{k-1}{2}Ma^2\right)=216.7(1+0.2\times2.5^2)=487.6\ \text{K}$$

例题解析:

如果在大气中飞行的马赫数很高(如返回地球的高超声速飞行器),由这种气动加热所造成的高温将会产生严重的烧蚀现象。区分本题中的总温与静温及滞止温度计算公式是求解本题的关键。

7.4　气流的重要速度参数

前面主要介绍了气流的基本模型,及其中的滞止参数。滞止参数是对应于气流速度为零状态的热力学参数。在另一方面,显然也能以某些非零的速度参数来定义气流的一些状态,这时就得到几个重要的气流速度参数。本节主要介绍绝能流动、绝能等熵流动和一般流动中,各种速度量的概念以及它们之间的关系。

7.4.1　三个特征速度

根据绝能流动的能量方程,即

$$h_0=h+\frac{v^2}{2}=\text{气流的最大焓值}=\text{常数}\quad\text{或}\quad T_0=T+\frac{v^2}{2c_p}$$

1. 极限速度(最大速度状态)

由上式可知,在绝能流动中,随着气流速度的不断增大,气流的静温不断下降。而极限状态是指如果气流的绝对温度降低到零,即气流的焓全部转化为动能,这时气流的速度将达到极限速度 v_{max}。由能量方程 $h+\frac{v^2}{2}=h_0$ 并且利用 $h=c_pT=\frac{k}{k-1}RT$,得

$$\frac{k}{k-1}RT+\frac{v^2}{2}=\frac{k}{k-1}RT_0=h_0$$

$T=0$ 时,$v=v_{max}$,则

$$v_{max}=\sqrt{\frac{2}{k-1}kRT_0}$$

极限速度仅仅是一个理论上的极限值,实际上并不可能达到。对于一定的气体,v_{max}只决定于气流总温,在绝能流动中是一个不变的常数,因此,v_{max}常被用来作为一个参考速度。

进一步化简可以得到

$$\frac{k}{k-1}\frac{p}{\rho}+\frac{v^2}{2}=\frac{c^2}{k-1}+\frac{v^2}{2}=\frac{c_0^2}{k-1}=\frac{v_{max}^2}{2}=h_0 \tag{7-26}$$

可见,极限速度只是另一种间接表示气流总能的物理量。

2. 滞止声速

参照声速的公式,把其中的温度换成总温来定义一个参考速度,则在绝能流动中该参考速度是个不变量,即

$$c_0=\sqrt{kRT_0} \tag{7-27}$$

这个速度称为滞止声速,它相当于气体静止时的声速。当气体开始流动起来时,温度就会降低,实际的声速也会随着降低。

显然,在绝能流动中 c_0 也是一个不变的常数,因此,它也常被用来作为一个参考速度。

3. 临界状态

由式子$\frac{k}{k-1}\frac{p}{\rho}+\frac{v^2}{2}=\frac{c^2}{k-1}+\frac{v^2}{2}=\frac{c_0^2}{k-1}=\frac{v_{max}^2}{2}=h_0$可知,流动中声速 c 随气流速度的增加而减小。当气流速度被滞止到零时,当地声速上升到滞止音速 c_0;当气流速度被加速到极限速度 v_{max}时,当地音速下降到零。因此,在气流速度由小变大和当地声速由大变小的过程中,必然会出现气流速度恰好等于当地声速的状态,即 $Ma=1$ 的状态,该状态便是临界状态。该音速称为临界声速,以 c_{cr}表示,相应的速度称为临界速度,以 v_{cr}表示,显然,$c_{cr}=v_{cr}$。如果这个加速流动不仅是绝能的,还是等熵的,这样气流的机械能$\frac{v^2}{2}+\frac{p}{\rho}$就没有损失。这个临界状态点上所对应的静温、静压、静密度称为临界温度、临界压力、临界密度,并各以 T_{cr}、p_{cr}、ρ_{cr}表示,或统称为临界状态参数。

令 $v=c_{cr}=v_{cr}$,并且有 $c_0=\sqrt{kRT_0}$,则

$$c_{cr}=\sqrt{\frac{2}{k+1}}c_0=\sqrt{\frac{k-1}{k+1}}v_{max}=\sqrt{\frac{2k}{k+1}RT_0} \tag{7-28}$$

由上式(7-28)可见,对于给定的气体,临界音速 c_{cr}只决定于总温 T_0,在绝能流动中是一个不变的常量。因此,临界音速也是一个参考速度。

7.4.2 特征速度的几个重要比值

由(7-26)式(7-27)和式(7-28),易于得到绝能流动的三个特征速度之间的关系,以及当工质为空气($k=1.4$,$R=287.06$ J/(kg·K))时它们的数值,为

$$\frac{c_{cr}}{c_0}=\sqrt{\frac{2}{k+1}}=0.913$$

$$\frac{v_{max}}{c_0}=\sqrt{\frac{2}{k-1}}=2.24$$

$$\frac{v_{max}}{c_{cr}}=\sqrt{\frac{k+1}{k-1}}=2.25 \tag{7-29}$$

根据绝能等熵流动的温度、压力和密度随马赫数的变化关系式(7-19)、式(7-20)、式(7-21)、式(7-22)可以得到常温空气的临界状态下的静总参数之比:

$$\frac{T_{cr}}{T_0}=\frac{2}{k+1}\approx 0.833$$

$$\frac{p_{cr}}{p_0}=\left(\frac{2}{k+1}\right)^{\frac{k}{k-1}}\approx 0.528$$

$$\frac{\rho_{cr}}{\rho_0}=\left(\frac{2}{k+1}\right)^{\frac{1}{k-1}}\approx 0.634 \tag{7-30}$$

从上面的压力比我们可以推出这样一个事实:不考虑摩擦损失,当压缩空气从大容器内流出时,只要容器内的压力与大气压之比达到$\frac{1}{0.528}=1.89$,喷口上的流速就可以达到声速。用打气筒给轮胎打气时,气筒内的压力可以达到两个大气压以上,在刚开始轮胎内压力还比较低的时候,气流是以音速进入的。天然气罐和高压氧气罐内部的压力更高,出口的流速都可以达到声速。

这里体会一下上述参数的规律性,有助于建立清晰的物理概念。首先,特征速度和临界参数之间的比值只与气体常数 k 有关,而与 R 值无关。其次临界声速仅比滞止声速下降 10% 左右,极限速度也不过是滞止声速的 2 倍多。再者达到临界声速时,气流的静温刚下降 20% 左右,而静压已下降 50% 左右,静密度下降 40% 左右。

应该指出,在一维流动的每一个截面上,都有相应于截面的临界参数,就好像气流的每一个截面上都有相应的滞止参数一样。气流在某一截面上的马赫数恰等于 1,则该截面上气流的状态就是临界状态,该截面上气流的静参数就是临界参数,该截面就叫作临界截面。气流马赫数不等于 1 的截面也有临界截面,只是该截面气流的静参数不等于临界参数。如果把该截面的气流绝能等熵地转变为 $Ma=1$,则可得到该截面的临界参数。

应该特别注意声速和临界声速的区别,在气流的每一个截面上都有不同的声速和临界声速,前者是由截面的静温确定的,后者是由该截面的临界温度确定的,只有在临界截面 $Ma=1$ 处两者才相等。

7.4.3　无量纲速度系数及其与马赫数之间的关系

如果用滞止声速来定义一个类似于马赫数的无量纲数,那么由于总温不变,这个无量纲数就将只与速度相关,貌似比马赫数更好用,即

$$Ma_0=\frac{v}{c_0}=\frac{v}{\sqrt{kRT_0}} \tag{7-31}$$

但这样定义有一个问题,我们知道马赫数有明确的物理意义,$Ma<1$ 时为亚声速,$Ma>1$ 时为超声速。而使用滞止声速来定义马赫数的话,声速为 $Ma_0=0.845$。这不是一个好记的数。再者,马赫数的增大由两种因素引起即:速度的增加和声速的降低,在高超声速时声速的降低成为马赫数增大的主要因素。虽然极限速度是个有限值,但那时的声速为零,所以马赫数为无穷大。在气体动力学中临界声速是一个性质很好的速度基准,因此,人们又定义了另外一个无量纲化的速度,称为无量纲速度系数。

$$\lambda=\frac{v}{c_{cr}} \tag{7-32}$$

如果用速度系数来描述流动状态,最大可能的速度系数将是一个有限值,人们以此为新的参考量,即

$$\lambda_{max}=\frac{v_{max}}{c_{cr}}=\frac{\sqrt{\frac{2k}{k-1}RT_0}}{\sqrt{\frac{2k}{k+1}RT_0}}=\sqrt{\frac{k+1}{k-1}} \tag{7-33}$$

如粗略认为比热比 k 为常数 1.4,则 $\lambda_{max}=2.45$。

速度系数和马赫数之间有固定的关系。由

$$Ma^2=\frac{v^2c_{cr}^2}{c_{cr}^2c^2}=\lambda^2\frac{\frac{2kR}{k+1}T_0}{kRT}=\lambda^2\frac{2}{k+1}\left(1+\frac{k-1}{2}Ma^2\right)$$

最终结果为

$$Ma^2=\frac{2\lambda^2}{(k+1)-(k-1)\lambda^2}\tag{7-34}$$

$$\lambda^2=\frac{(k+1)Ma^2}{2+(k-1)Ma^2}\tag{7-35}$$

图 7-6 表示了气流在加速过程中，Ma 和 λ 随速度 v 的变化关系，这里假定了比热比为常数 1.4。亚声速时，两者相差不大，超声速时，马赫数增长迅速，速度系数则一直与速度是线性关系，最大值为 2.45。亚音速时 Ma 和 λ 都小于 1，超声速时它们都大于 1。可见，使用速度系数 λ 一样也可以方便地表示亚声速和超声速。

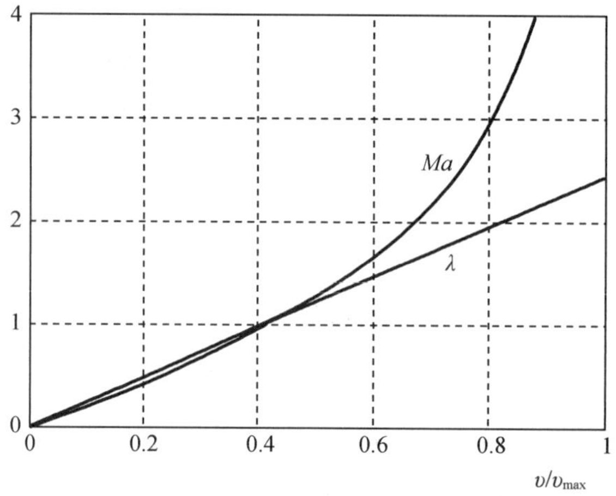

图 7-6　马赫数和速度系数随速度的变化

例题 7-6　速度参数的计算

已知：某发动机尾喷管进口燃气参数为 $p_{01}=2.4\times10^5$ Pa，$T_{01}=790$ K，出口截面处于临界状态，尾喷管总压恢复系数 $\delta=0.98$（喷管出口总压与进口总压的比值）。

求解：出口流速、静温和静压。其中 $k=1.33$，$R=287.4$ J/(kg·K)。

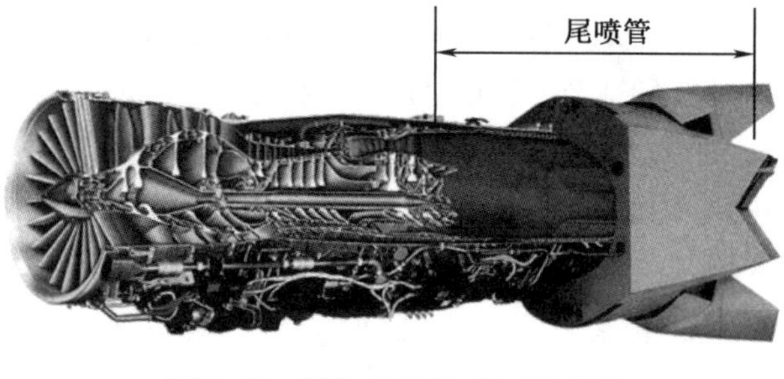

图 7-7　燃气涡轮发动机尾喷管

解题过程：

尾喷管内是绝能流动，则 $T_{02}=T_{01}$，而 $\lambda_2=1.0$，故

$$v_2=c_{cr}\lambda_2=\sqrt{\frac{2k}{k+1}RT_0}=18.1\sqrt{T_0}=509.1\ \text{m/s}$$

由式 $\frac{T}{T_0}=1-\frac{k-1}{k+1}\lambda^2$ 得

$$T_{2cr}=T_{02}\left(1-\frac{k-1}{k+1}\lambda^2\right)=790\times\left(1-\frac{0.33}{2.33}\right)=677.8K$$

$$p_{02}=\sigma p_{01}=0.98\times2.4\times10^5\ \text{Pa}$$

$$p_{2cr}=p_{02}\left(\frac{2}{k+1}\right)^{\frac{k}{k-1}}=2.35\times(0.858)^{4.03}\times10^5=1.27\times10^5\ \text{Pa}$$

例题解析：

此题是发动机尾喷管一维设计的基础，利用无量纲速度系数和特征速度的几个重要的比值是求解问题的关键。

7.5 气动函数

从前面的章节的讨论中可以看到，气流的静参数和总参数之比可以用气流的马赫数或 λ 数的一元函数表示，下面将会看到，气流的流量、动量、能量，以及作为基本定律的流量方程、动量方程、能量方程，也可以用马赫数或 λ 数的一元函数和流动的总参数表示出来。这些马赫数或者 λ 数的函数叫作气体动力学函数，气体动力学函数在气动分析和气动设计中有着广泛的应用。

7.5.1 气动函数

气体动力学中经常使用一些以 λ 为自变量的函数，称为气动函数。使用它们可以使计算更为方便，这些函数中最基础的就是总静参数的关系函数，即温比函数、压比函数和密度比函数：

$$\tau(\lambda)=\frac{T}{T_0}=1-\frac{k-1}{k+1}\lambda^2 \tag{7-36}$$

$$\pi(\lambda)=\frac{p}{p_0}=\left(1-\frac{k-1}{k+1}\lambda^2\right)^{\frac{k}{k-1}} \tag{7-37}$$

$$\varepsilon(\lambda)=\frac{\rho}{\rho_0}=\left(1-\frac{k-1}{k+1}\lambda^2\right)^{\frac{1}{k-1}} \tag{7-38}$$

其实，这三个关系式前面已经用 Ma 表示过了，即式(7－20)、式(7－21)和式(7－22)。

图7－8表示了这三个函数分别随 Ma 和 λ 的变化曲线。它们都是单调递减的关系，并且在低速时都接近于1且变化较为平缓。

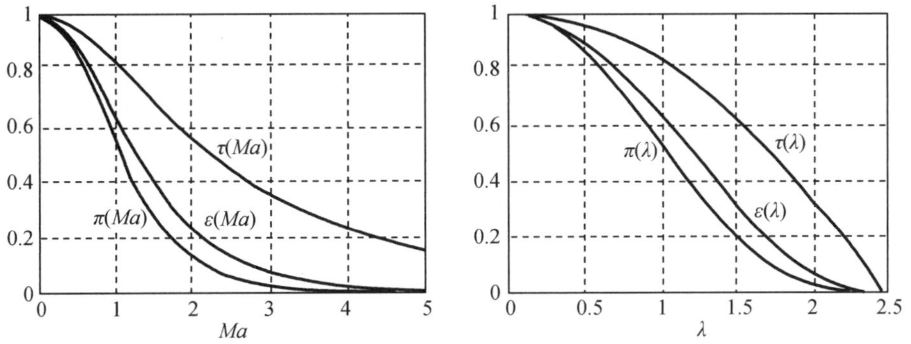

图7－8 气动函数随马赫数和速度系数的变化

例题7－7 气动函数的应用

已知：涡轮导向器(图7－9)进口总温、总压以及出口静压分别为 $p_{01}=1.2\times10^6$ Pa，$T_{01}=1\ 110$K，$p_2=7.0\times10^5$ Pa。由于摩擦，导向器出口流速降为 $v_2=555$ m/s。

求解：查气动函数表求导向器的总压恢复系数 σ。设 $c_p=1.17$ kJ/(kg·K)。

图 7-9 涡轮导向器模型

解题过程：

对燃气 $k=1.33$，$R=287.4\ \mathrm{J/(kg\cdot K)}$，有

$$c_{cr}=18.1\sqrt{T_{02}}=18.1\sqrt{1110}=603\ \mathrm{m/s}$$

$$\lambda_2=\frac{v_2}{c_{cr}}=\frac{555}{603}=0.92$$

由 $k=1.33$ 查气动函数表（见附表），当 $\lambda_2=0.92$ 时，查得

$$\pi(\lambda_2)=\frac{p_2}{p_{02}}=0.5977$$

所以

$$p_{02}=\frac{p_2}{\pi(\lambda_2)}=\frac{7.0\times10^5}{0.5977}=11.7\times10^5\ \mathrm{Pa}$$

$$\sigma=\frac{p_{02}}{p_{01}}=11.7/12=0.97$$

例题解析：

由于摩擦等不可逆损失，使流过涡轮导向器的总压降低，通过气动参数可以非常方便地求解出总压损失的大小。

7.5.2 流量函数

在气动计算中，如果直接用气体动力学原始参数表达式 $\dot{m}=\rho Av$ 来计算通过某个截面的流量，则必须先求出该截面的速度 v 和密度 ρ。由于这样做没有抓住气流的一些守恒量，因此计算的过程很烦琐。而如果把流量公式写成气流总参数和无量纲速度系数 λ 表示的形式，则计算会大大简化，更重要的是流量的主要物理影响因素将显示得很清楚。

在某个截面上的流量公式可以改写为

$$\dot{m}=\rho Av=\frac{\rho v}{\rho_{cr}v_{cr}}\rho_{cr}v_{cr}A$$

式中 $\rho v=\dfrac{\dot{m}}{A}$——密流，就是单位面积上的流量；

$\dfrac{\rho v}{\rho_{cr}v_{cr}}$——无量纲密流，是面积 A 上的密流 ρv 与临界截面 A_{cr} 上的密流 $\rho_{cr}v_{cr}$ 两者之间的一个比值。

流量函数可定义为

$$q(\lambda)=\frac{\rho v}{\rho_{cr}v_{cr}}=\left(\frac{k+1}{2}\right)^{\frac{1}{k-1}}\lambda\left(1+\frac{k-1}{k+1}\lambda^2\right)^{\frac{1}{k-1}} \tag{7-39}$$

流量函数的物理意义是无量纲密流，表示了单位面积上通过质量流量的能力。

应用气动函数 $q(\lambda)$，就可以得到流量公式。先将式(7－39)的另外两个参数改写为

$$\rho_{\mathrm{cr}}=\rho_0\varepsilon(1)=\rho_0\left(\frac{2}{k+1}\right)^{\frac{1}{k-1}}=\frac{p_0}{RT_0}\left(\frac{2}{k+1}\right)^{\frac{1}{k-1}}$$

$$v_{\mathrm{cr}}=c_{\mathrm{cr}}=\sqrt{\frac{2kR}{k+1}T_0}$$

将以上三式合并，得到的流量公式为

$$\dot{m}=K\frac{p_0}{\sqrt{T_0}}Aq(\lambda) \tag{7-40}$$

式中，$K=\sqrt{\frac{k}{R}\left(\frac{2}{k+1}\right)^{\frac{k+1}{k-1}}}$。

式(7－40)在气体动力学中非常有用。因为很多问题都近似满足绝能等熵流动，流体的总参数在流动过程中基本不变，根据连续方程，在任意截面处有

$$A_1q(\lambda_1)=A_2q(\lambda_2) \tag{7-41}$$

$$Aq(\lambda)=\mathrm{const} \tag{7-42}$$

若两点之间绝能不等熵，$T_{01}=T_{02}$，$\frac{P_{01}}{P_{02}}=\sigma$ 则简化为

$$A_1q(\lambda_1)=\sigma A_2q(\lambda_2) \tag{7-43}$$

又将式(7－41)用于管道临界截面和任意截面，由于在临界截面上 $q(\lambda)=1$ 得

$$Aq(\lambda)=A_{\mathrm{cr}} \tag{7-44}$$

$$q(\lambda)=\frac{A_{\mathrm{cr}}}{A} \tag{7-45}$$

该式说明，在绝能等熵流动中，任一截面上的 $q(\lambda)$ 值等于临界截面面积与该截面面积之比。因此该式也称为面积比公式。

流量函数 $q(\lambda)$ 随速度系数 λ 的变化如图7－10所示，可以看出该函数在亚声速时随流速增加而增加，超声速时随流速增加而减小。在声速处取得最大值1.0。也就是说声速时流体的密流 ρv 达到最大，或者说相同面积可通过的流量最大。

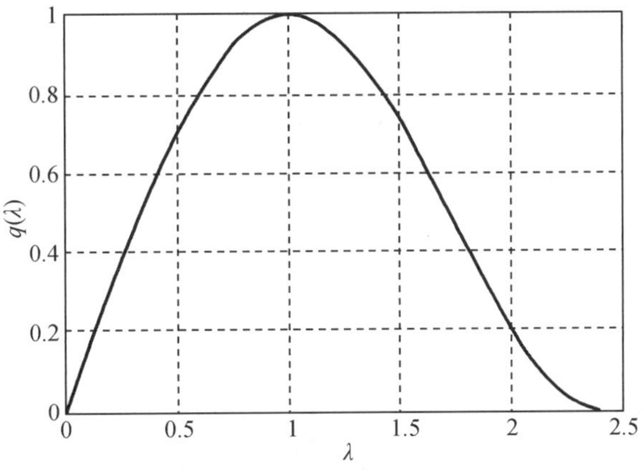

图7－10　流量函数随速度系数的变化

当气体通过一维管道定常流动时，流速越接近声速的地方需要的流通面积越小。亚声速时管道收缩对应着流动加速；超声速时管道扩张对应着流动加速。

在一维流动中，如果想要让流体定常地从亚声速一直加速到超声速，需要通道面积先收缩再扩张才能做到。喷管中部会有一个面积最小的位置，称为喉部，此处的流动速度为声速。这种管道是由瑞典工程师拉瓦尔(Custaf de Laval，1845—1913)在研制冲击式汽轮机的时候最先提出的，称为拉瓦尔喷管。图7-11表示为了增加汽轮机的功率，要求冲击涡轮叶片的气流速度越快越好，拉瓦尔通过收缩-扩张喷管的方式使气流达到了声速。火箭发动机的喷管也是一个典型的拉瓦尔喷管，可以让高温高压的燃气从内部开始一直加速到喷口处，给火箭提供推进力。

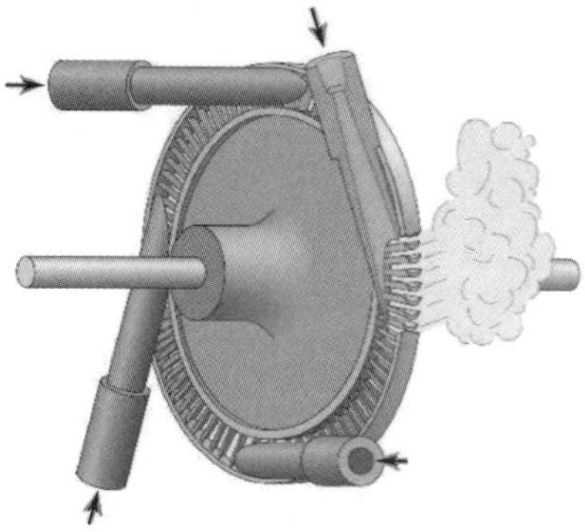

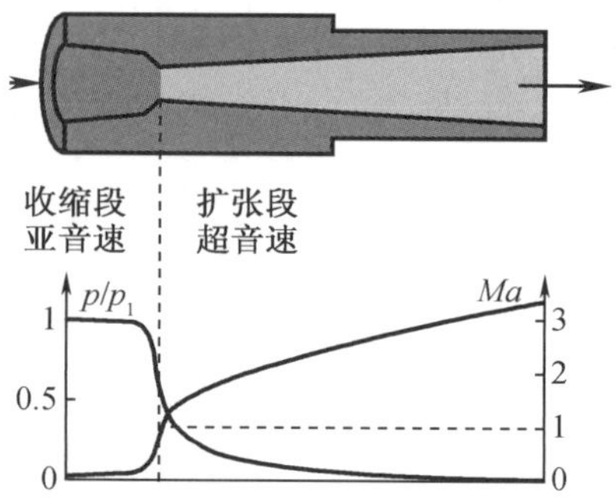

图7-11　蒸汽轮机及其所采用的拉法尔喷管

例题7-8　流量函数

已知：如图7-12所示某压气机出口截面积 $A=0.1\ \mathrm{m}^2$，测量得知出口静压 $p=4.12\times10^5$ Pa，空气流量 $q_m=50$ kg/s，总温 $T_0=480$ K。

求解：压气机出口截面上的气流总压。

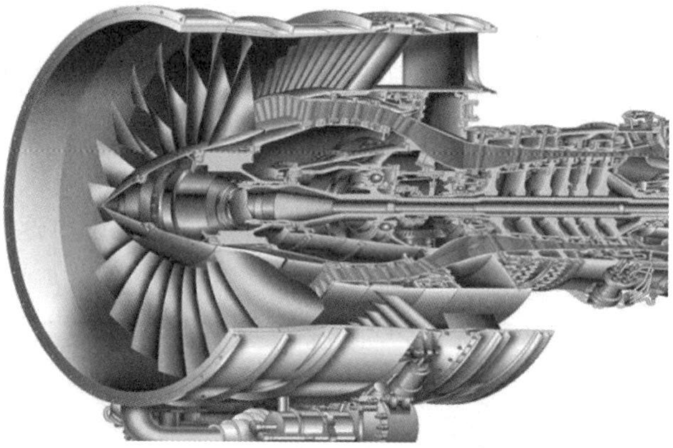

图7-12　PW6000发动机的压气机部分

解题过程：

由式 $q_m=KA\dfrac{p}{\sqrt{T_0}}\dfrac{q(\lambda)}{\pi(\lambda)}$ 得

$$\frac{q(\lambda)}{\pi(\lambda)}=\frac{q_m\sqrt{T_0}}{KAp}=\frac{50\sqrt{480}}{0.040\ 4\times0.1\times4.12\times10^5}=0.658$$

查表，当 $k=1.4$ 时，得 $\pi(\lambda)=0.907$ 则

$$p_0=\frac{p}{\pi(\lambda)}=\frac{4.12\times10^5}{0.907}=4.52\times10^5\ \mathrm{Pa}$$

例题解析：

航空发动机或燃气轮机的核心机包括:压气机、燃烧室、涡轮。压气机由涡轮带动,对来流空气做功加压。本题通过流量函数的相关关系式,很简单地求出了压气机出口截面上的出口总压,不用再烦琐地利用连续性方程来求解流量问题。

7.6 膨胀波和激波

在之前的讨论中可知,在绝能等熵流动中,当 $Ma<0.3$ 时,流体可近似看作是不可压缩的。随着流速的不断增加,压缩性的影响将变得越来越重要,当马赫数 $Ma>1$ 时,流动是超音速的,在物体上会形成激波和膨胀波。

激波与膨胀波是超声速气流中的重要现象,超声速气流减速时一般会出现激波,超声速气流加速时,要产生膨胀波。随着飞机和发动机性能的提高,超声速进气道、超声速压气机和超声速喷管已经被广泛地采用。超声速燃烧室和超声速涡轮也在研究之中。在分析和研究这些部件中气流的运动规律时,首先就要遇到激波与膨胀波的问题。在研究膨胀波之前,需要找到微弱扰动在气流中的传播规律。

7.6.1 微弱扰动在气流中的传播

在研究激波和膨胀波之前,需要知道微弱扰动在气流中的传播规律。在本章第一节中已经论证过,微弱扰动是指经过这种扰动作用之后,气流的宏观参数仅发生一种无限小量级的变化。在本章第一节中,我们已经知道微弱扰动相对于气体是以声速向周围传播的。本节将研究微弱扰动在气流中的传播规律,特别是在超声速气流中的传播规律。

首先讨论弱扰动在静止气体中的传播情况。若有一个静止的弱扰动源位于 o 点,如图 7-13(a)所示,它在气体中所造成的弱扰动是以球面波的形式向周围传播的,即受扰动的气体与未受扰动的气体的分界面是一个球面。如果不考虑气体黏性的损耗,而且气流参数分布均匀,则随着时间的推移,这个扰动可以传遍整个流场,而且其传播速度在各个方向上均等于声速 c,在图 7-13 中表示了扰动波于第一秒末、第二秒末、第三秒末……所达到的位置,即扰动波是以扰动源点为中心连续不断地发出扰动,显然在不同时刻发出的扰动将构成一系列的同心球面。

如果扰动源随气流以小于音速的速度 v 在静止气体中做直线运动,此时,扰动源发出的弱扰动波仍然是一系列球面。假如扰动源从 o 点自右向左做匀速直线运动,经过 1 秒钟,扰动源的中心移动至点 o_1,点 o 与点 o_1 间的距离为 v。经过两秒钟,扰动源的中心移至点 o_2,点 o 与点 o_2 间的距离为 $2v$,以此类推,如图 7-13(b)所示。因为 $v<c$,球面扰动波始终在扰动源的前面,即扰动源还没有到达之前气体就被扰动了。这时,扰动波在各方向上的传播速度不一样,顺流方向为 $v+c$,逆流方向为 $v-c$,其他方向上则介于两者之间。在亚音速气流中,弱扰动波可以传遍整个流场,这是弱扰动在亚音速气流中传播的主要特点。

若气流速度恰好等于声速,即相当于弱扰动源的速度 v 恰好等于音速 c,则弱扰动波的传播情况如图 7-13(c)所示。这时扰动波和扰动源同时到达某一位置,无数的球面扰动波相切,在该切点处出现了一个分界面。这就是说,分界面上游的流场不受扰动的影响,只有分界面下游的流场才受扰动的影响。

若气流速度大于声速,即相当于扰动源以超音速在静止气体中运动,扰动源总是在扰动波的前面,如图 7-13(d)所示。受扰动和未受扰动的气体的分界面是一个以扰动源为顶点的圆锥面,扰动永远不能传到圆锥面之外,这个圆锥叫马赫锥,圆锥的母线与来流速度方向之间的夹角叫马赫角,用符号 α 表示。马赫角的大小,反映了受扰动区域的大小,并随着马赫数 $Ma=\dfrac{v}{c}$ 的增大而逐渐减小,它们之间的关系为

$$\sin \alpha = \frac{c}{v} = \frac{1}{Ma}$$

因此,马赫角 α 决定于气流的马赫数,马赫数越大,则 α 角越小;反之马赫数越小,则 α 越大。当 $Ma=1$时,$\alpha=90°$,即图 7 – 13(c)所示的情况。因为 $\sin \alpha \leqslant 1$ 故当 $Ma<1$ 时,则上式是没有意义的。

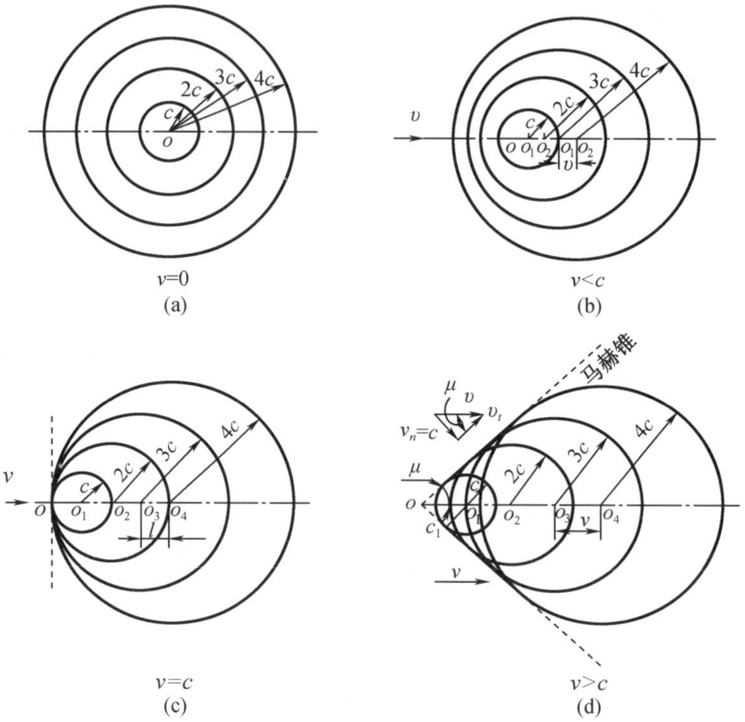

图 7 – 13　弱扰动在气流中的传播

由上述分析可知,马赫锥外面的气体不受扰动的影响,称为寂静区域,而弱扰动波的影响仅在马赫锥内部,即弱扰动波不能向马赫锥以外传播。例如当超音速飞机飞行时,这个马赫锥以飞机为顶点并随飞机前进,锥前面的空气是不受影响的。所以,即使看见了超音速飞机在前面飞行,但听不到声音,只有飞机飞过一定时间后才能听见声音。超音速弱扰动在气流中不能传遍整个流场,这是超音速弱扰动与亚音速弱扰动的一个重要差别。

对于直线的扰动源(如平板)所产生的平面扰动波,扰动波的波面为一楔面,如图 7 – 14 所示,楔面在平面上的投影称为马赫线。通常把面向下游(顺气流方向)看,从扰动源伸向左方的称为左伸马赫线,伸向右方的称为右伸马赫线。

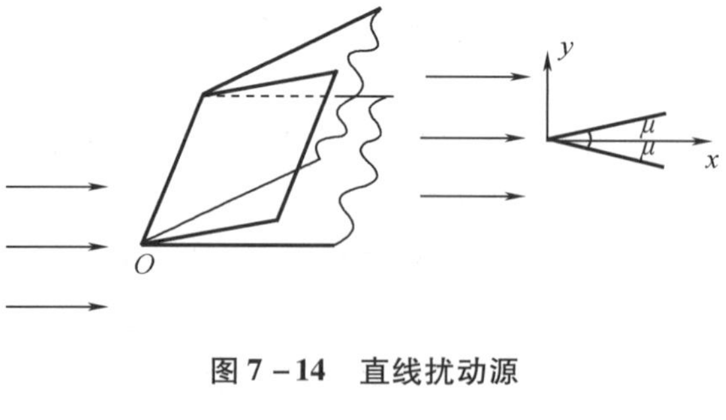

图 7 – 14　直线扰动源

例题 7 – 9　超音速飞机声音传播的相关计算

已知:如图 7 – 15 所示的飞机在环境温度为 20 ℃,海拔 $z=1\ 000$ m 的高空以马赫数为 1.5 的速度从头顶飞过。

求解：如图 7－15 所示，飞机从观察者的头顶飞过多久后才能听到声音。

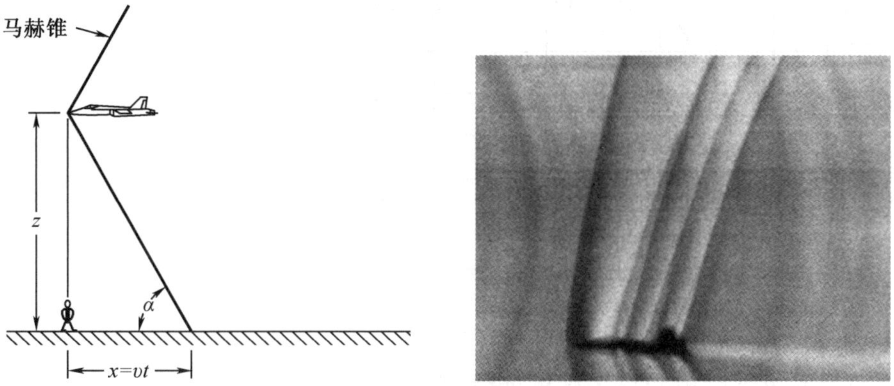

(a) (b)

图 7－15 超音速飞机飞行及飞行时激波照片

(a)超音速飞机飞行；(b)T－38 以马赫数为 1.1 的速度飞行时的激波照片

解题过程：

由于飞机正在超声速飞行，所以可以想象一个起源于飞机前端的马赫锥，如图 7－15(a)示。这种现象的照片如图 7－15(b)所示，当马赫锥越过观察者时，"声音"才能够被感知。图 7－15(a)显示了海拔高度和地面距离之间的关系，如下式所示

$$\alpha = \tan^{-1}\frac{z}{x} = \tan^{-1}\frac{1\ 000}{vt}$$

另外，假设马赫数随海拔的变化可以忽略不计，由马赫数可以求出马赫锥的相关角度

$$Ma = \frac{1}{\sin\ \alpha}$$

联立可得

$$Ma = \frac{1}{\sin\left[\tan^{-1}\left(\frac{1\ 000}{vt}\right)\right]}$$

查表可得当地声速为 $c = 343.3\ \text{m/s}$，由 $v = Ma \cdot c$ 可得

$$1.5 = \frac{1}{\sin\left[\tan^{-1}\left(\frac{1\ 000}{(t \cdot 343.3)}\right)\right]}$$

得

$$t = 2.17\ \text{s}$$

例题解析：

根据上述分析可以计算得到不同的马赫数对应不同的延迟。如图 7－16 所示，当马赫数小于 1 时，由于声音的传播速度比飞机的大，所以没有延迟。

跨音速压气机：气流在流过压气机叶片时，流速由亚声速变为超声速。

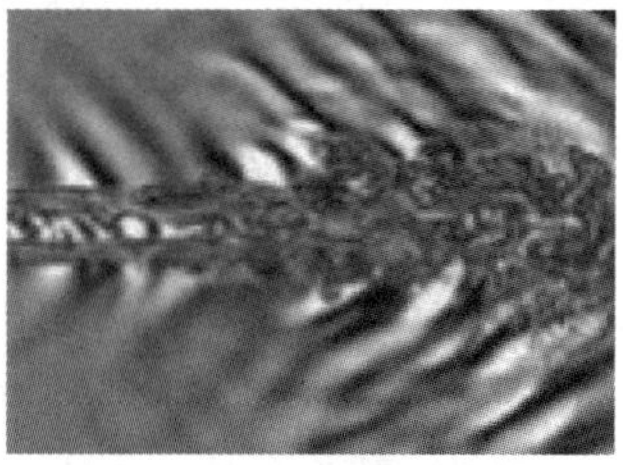

喷气噪声

是由于气流由喷口喷出形成喷柱产生的噪声，由于其强度高，可能对人的产生多种危害。

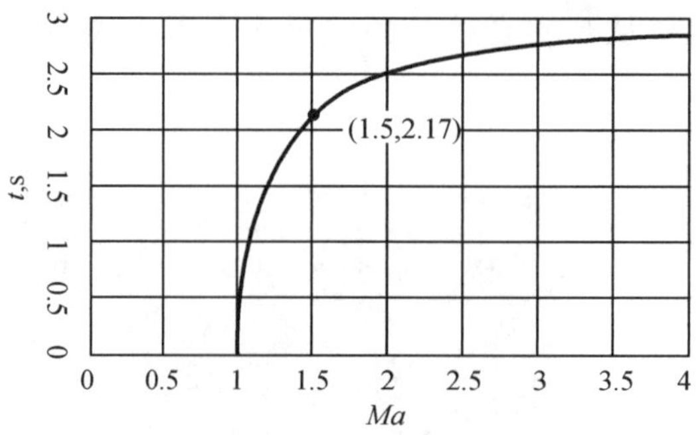

图 7-16　马赫数与延迟时间关系

补充　流动可视化

流动的可视化方法印证了通过马赫锥能够引起压力密度的突然改变，流动可视化的方法包括纹影、阴影图和干涉仪技术等，如边缘图所示的喷气噪声及图 7-17 所示的跨音速压气机气体流动等可视化例子。

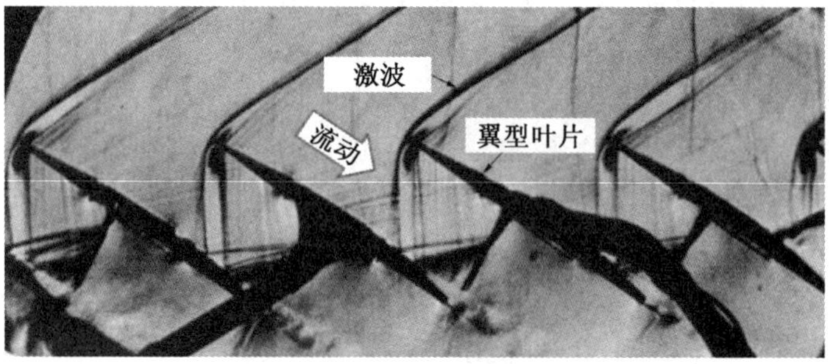

图 7-17　跨音速压气机激波可视化

7.6.2　膨胀波及压缩波的形成和普朗特—迈耶公式

1. 膨胀波的形成

超声速直匀流沿如图 7-18 所示的外凸壁流动，在壁面转折处，产生一道马赫波，其马赫角为 $\sin^{-1}(1/Ma)$。气流通过马赫波之后，流动方向将沿波后壁面折转一个 $d\theta$，称为气流折转角。通常规定，相对于来流方向逆时针方向折转角为正，而顺气流方向折转角为负。

假设气流流经壁面 *AOB* 为无摩擦的理想流动，气流穿过微弱扰动波本身又是一个绝能等熵过程，因此超声速气流流经马赫波 *OL* 为绝能等熵流动。在绝能等熵流动条件下，当超声速气流流管截面面积增大时，气流速度增大，压强相应地降低。因此，超声速气流流经微小外折角所引起的马赫波 *OL* 后，气流加速，压强和密度下降，这种马赫波就是膨胀波。

除了超声速气流沿外凸壁流动外，在其他一些情况下，如扰动源为压强差，也可能会产生膨胀波。

对于定常均匀平面超声速流绕外凸壁面的流动，通常称为普朗特—迈耶流动，如图 7-19 所示。

当气流流过图 7-20 所示的外凸壁时，可以看作是流过一系列折转无限小的外凸壁的流动，从而形成不平行也不相交的发散的膨胀波系。如果壁面的几个折转点都无限接近点 O_1，就形成了如图 7-19 所示的普朗特—迈耶流动。

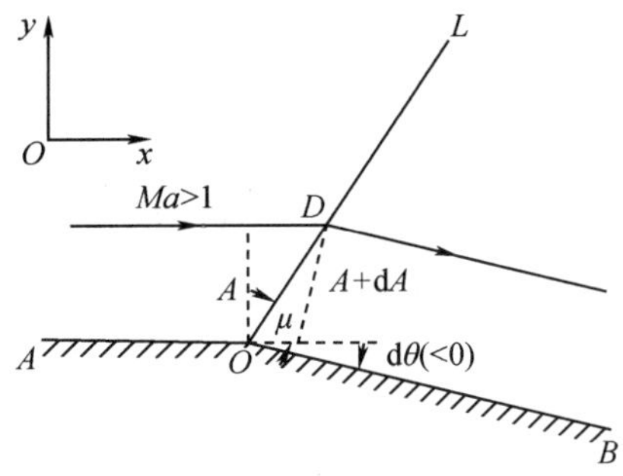

图 7-18 气流经膨胀波后的折转

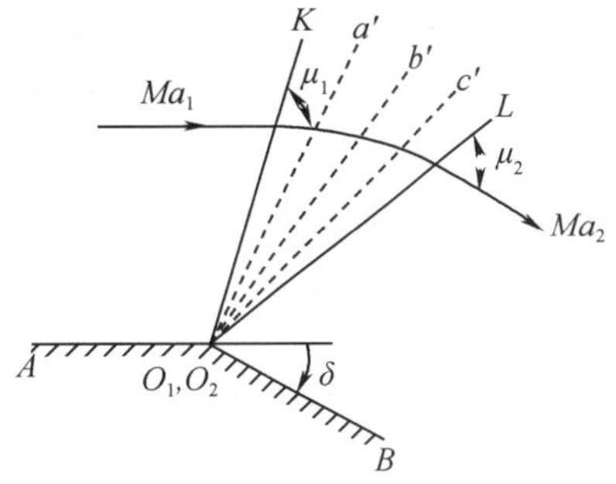

图 7-19 普朗特—迈耶流动

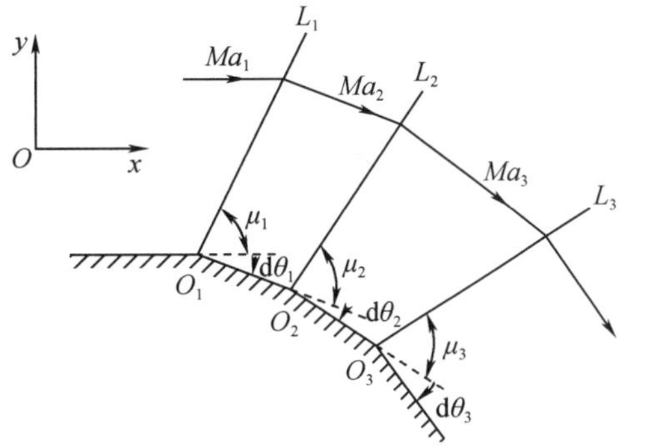

图 7-20 普朗特—迈耶流动的形成

2. 压缩波的形成

假设超声速直匀流沿如图 7-21 所示的内壁 COB 流动，壁面在 O 点向内转折一个微小的角度 $\mathrm{d}\theta$。于转折处将产生一道马赫波 OL，气流经过 OL 流动方向向内转折一个微小的角度 $\mathrm{d}\theta(>0)$，与壁面 OB 平行，气流参数发生一个微小的变化。从图中可以看出，通过波 OL 时，气流的横截面积减小，即，根据超声速流动的规律，流管横截面积减小，气流速度和马赫数降低，压强增大，且温度密度随之增大。因此这种波叫作微弱压缩波。

如果壁面在 O_1 点内折了一个微小的角度 $\mathrm{d}\theta_1$ 之后，在 O_2、O_3……一系列点处，继续内折 $\mathrm{d}\theta_2$、$\mathrm{d}\theta_3$……，那么在 O_1、O_2、O_3、……一系列点处，将分别发出一系列的弱压缩波，如图 7-22 所示。和膨胀波不同的是，这时气流是逐渐减速的，所以各压缩波的波角是逐渐加大的。

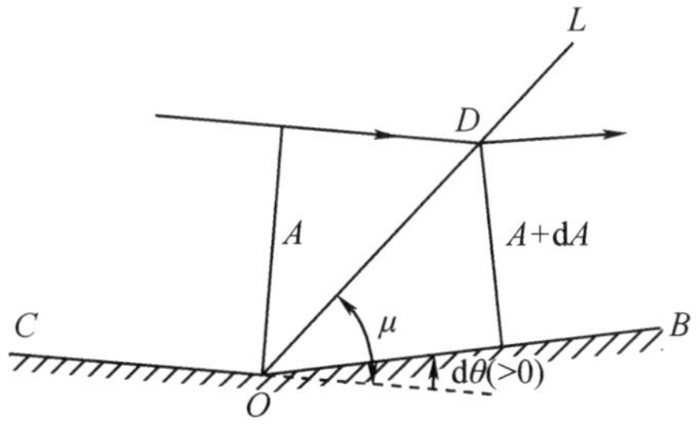

图 7-21 压缩波的产生

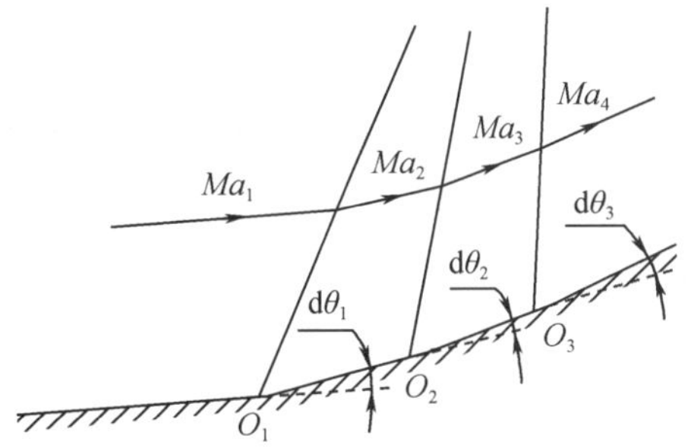

图 7-22 压缩波的形成

由图 7-22 看出，每经过一道压缩波，气流就向内转折一个角度，再加上 α 角又逐渐加大，所以压缩波会相交。

在压缩波未相交之前，气流穿过微弱压缩波系为等熵压缩过程，但是，由无限多的微弱压缩波聚集而成一道波，则再也不是弱压缩波而是强压缩波，即激波了。后面将知道气流穿过激波，熵永远增大。

根据极限的概念，一个连续的凹曲面壁，可以看成由无数段内折的微元折壁所组成。当超声速气流绕过凹壁流动时，曲面上每一点都相当于一个折点，因此每一点都将发出一道微弱压缩波，所有的压缩波组成一个连续的等压缩波区。气流每经过一道微弱压缩波，参数值有一个微小的变化，转折一个微小的角度，通过整个压缩波区后，参数值及转折角发生一个有限量的变化。

3. 普朗特—迈耶流动的数学特征

在上节中我们已经清楚，气流通过弱扰动波，不管是压缩波还是膨胀波，所经历的过程都是等熵过程，因此，根据绝能等熵模型，在弱波前后，气流总参数不变，静参数只是马赫数或速度系数的函数。而从上两节又得知，马赫数的增减与气流方向的转折角 $\mathrm{d}\theta$ 即速度方向的改变有关。那么应该导出气流的马赫数与气流的方向角 $Ma(\theta)$ 的关系式，普朗特—迈耶流动理论给出了这个问题的精确解。

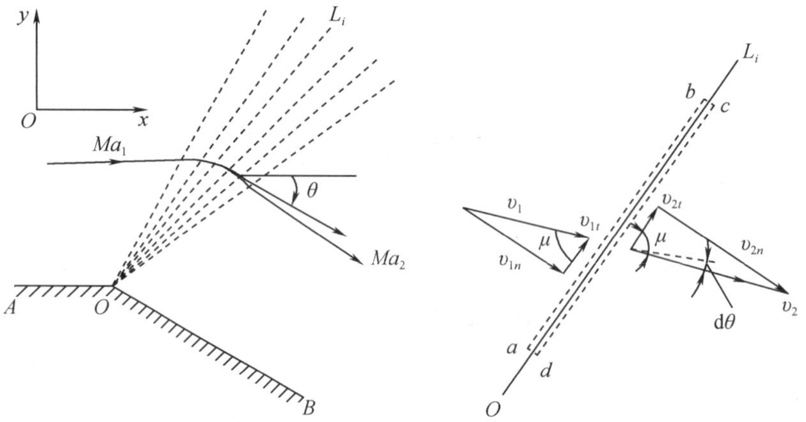

图 7－23　超声速气流流过外凸壁

对于图 7－23 所示的左侧膨胀波，将波前后的流速 v_1、v_2 分解为与波面平行和与波面垂直的分量，如图7－23(a)所示。并沿波面取控制体，对该控制体应用连续方程，即

$$\rho v_{\mathrm{n}} = 常数$$

由于沿波面方向的 $\sum F_t = 0$，所以，沿波面方向的动量方程为

$$\rho v_{\mathrm{n}} v_{\mathrm{t}} = 常数$$

因此可得

$$v_{\mathrm{t}} = 常数$$

即超音速气流经过膨胀波后，气流沿膨胀波方向的分速度不变。这样，将膨胀波前后气流速度向量画在一起（见图 7－23(b)），显然，经过膨胀波，气流方向必定要向离开波面的方向折转 $\mathrm{d}\theta$ 角度。

在起始条件一定的情况下，根据图 7－23(b)的速度三角形得气流速度增量 $\mathrm{d}v$ 与 $\mathrm{d}\theta$ 的关系

$$\tan(\alpha - \mathrm{d}\theta) = -\frac{\mathrm{d}v}{v\mathrm{d}\theta}$$

式中的 $\mathrm{d}\theta$ 为负值。

当 $\mathrm{d}\theta$ 比马赫角小很多时，则可以认为 $\tan(\alpha - \mathrm{d}\theta) \approx \tan\alpha$，则上式可写成

$$\frac{\mathrm{d}v}{v} = -\tan\alpha \mathrm{d}\theta$$

又由式子 $\sin\alpha = \dfrac{c}{v} = \dfrac{1}{Ma}$得

$$\tan\alpha=\frac{\sin\alpha}{\cos\alpha}=\frac{1}{\sqrt{Ma^2-1}}$$

代入$\frac{dv}{v}=-\tan\alpha d\theta$可以得到膨胀波的速度变化与气流方向角之间的关系

$$\frac{dv}{v}=-\frac{d\theta}{\sqrt{Ma^2-1}} \tag{7-46}$$

这就是超声速气流沿外凸壁流动的基本微分方程。

由于在膨胀波前后气流的总参数不变，则静参数只是气流 Ma（或 λ）的函数。显然建立气流转折后的方向角 θ 与 Ma 之间的关系，对于通过膨胀波气流参数的计算是比较方便的。

由 $v=Ma\cdot c$，对其取对数后微分可得

$$\frac{dv}{v}=\frac{dMa}{Ma}+\frac{dc}{c}$$

由 $c^2=kRT=kRT_0/\left(1+\frac{k-1}{2}Ma^2\right)$，对该式取对数后再微分，于是有

$$\frac{dc}{c}=-\frac{(k-1)MadMa}{2+(k-1)Ma^2}$$

将上式代入$\frac{dv}{v}=\frac{dMa}{Ma}+\frac{dc}{c}$，得

$$\frac{dv}{v}=\frac{dMa}{Ma}\left[1-\frac{(k-1)Ma^2}{2+(k-1)Ma^2}\right]$$

将上式代入微分方程式$\frac{dv}{v}=-\frac{d\theta}{\sqrt{Ma^2-1}}$，得

$$d\theta=-\frac{\sqrt{Ma^2-1}\,dMa^2}{Ma^2[2+(k-1)Ma^2]} \tag{7-47}$$

积分得到

$$\theta=-\sqrt{\frac{k-1}{k+1}}\arctan\sqrt{\frac{k-1}{k+1}(Ma^2-1)}+\arctan\sqrt{Ma^2-1}+C_1=-v(Ma)+C_1 \tag{7-48}$$

其中

$$v(Ma)=\sqrt{\frac{k+1}{k-1}}\arctan\sqrt{\frac{k-1}{k+1}(Ma^2-1)}-\arctan\sqrt{Ma^2-1}$$

式中，$v(Ma)$为普朗特—迈耶函数。

7.6.3　激波的形成及其特点

超声速气流在流过物体时，物体头部附近的气体受到压缩，这种扰动在气流中的传播方式和前面提到的弱扰动的传播规律是不同的。如果按照弱扰动传播规律，物体头部产生的扰动按声速传播，在超声速流场中是无法到达上游的，也就是说，超声速气流将在物体头部驻点处速度变为零，这是违反了能量守恒定律的。因此，这种情况下产生的扰动不再是弱扰动，而是强扰动。强扰动在气体中以超声速的速度传播，表现为流场中出现的一个间断面。我们称之为激波。经过激波，气体的压强、密度、温度都会突跃上升。

1. 激波的形成

由于气体经过激波时，气体参数在极短的时间和极短的距离内发生极大的变化，因此不但激波厚度很薄，而且参数变化的每一状态不可能是热力平衡状态，这种过程必然是一个不可逆的耗散过程，因此必然会引起熵的增加。即气体经过激波是一个不可逆的绝热过程。在这个过程中，气体的黏性、热传导占

有重要的地位，使得激波内部的结构非常复杂。本书中讨论激波时，都忽略激波的厚度（一般情况下，激波厚度大约是 2.5×10^{-5} cm），只研究激波前后气流参数的变化关系，即不讨论其内部的复杂过程。

跨音速压气机内翼型叶片的激波分布情况。

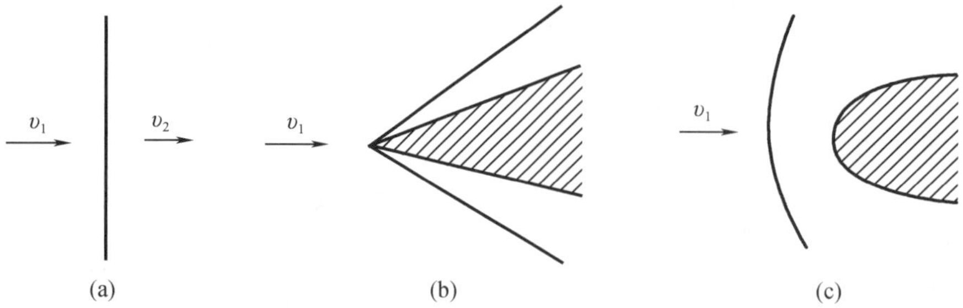

图 7－24　几种激波的示意图

(a)正激波；(b)斜激波；(c)曲面激波

按照激波的形状，将激波分为以下几种：

(1)正激波　激波的波面为平面且与来流方向垂直，如图 7－24(a)所示。超声速气流流经正激波后，速度突跃地变为亚声速，经过激波的气流方向不变。此外超声速在管道流动中产生的激波可以视为正激波。

(2)斜激波　激波波面为平面但与来流方向不垂直。超声速气流经过斜激波后，速度突越地降低且气流方向发生改变。当超声速气流流过楔形结构时，在物体外缘往往产生斜激波，如图 7－24(b)。

(3)曲面激波　激波的波面为曲面，例如超声速气流流过钝头物体时，在物体前面往往产生弓形的曲面激波，如图 7－24(c)。

这里扼要说明传统教材是如何描述运动激波形成过程的。有一根很长的等截面直管，管内的左端放置一个活塞，活塞右侧充满着静止的气体。现对活塞施加外力使之向右加速运动，在 t 时间内速度由零加速到 v，为便于说明问题，今将加速的全过程分成 n 个微小的阶段，每个阶段占有的时间 $\Delta t=\dfrac{t}{n}$，显然 n 选得很大时，则每个阶段内活塞的速度增量 Δv 将很小。所以每个阶段都可以看成是一个微弱的压缩扰动，都要产生一道微弱的扰动压缩波。

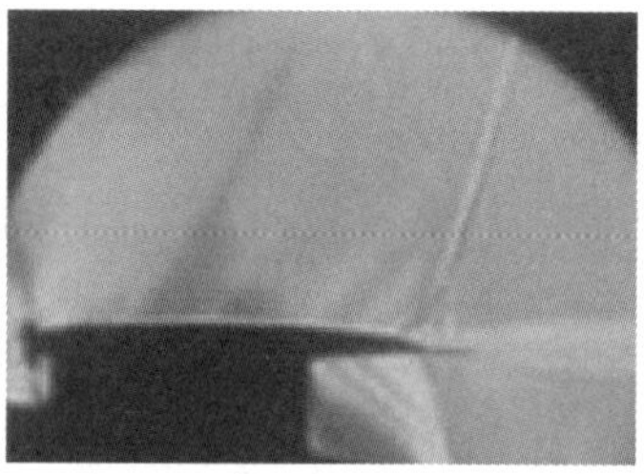

利用可视化技术呈现的二维可压缩波。

显然，每经过一个微小的阶段，在气体内就多了一道微弱压缩波，每道压缩波总是在经过前几次压缩后的气体中以当地声速相对于气体向右传播。气体每压缩一次，声速就增大一次，而且随着活塞速度的增大，活塞附近气体跟活塞一起向右移动的速度也增大，所以后面产生的微弱压缩波的绝对传播速度比前面的快。

经过 t 时间后，活塞的速度增加到 v，在管内形成的 n 道微弱压缩波，因为后面的波比前面的波的传播速度快，因此随着时间的推移，波与波之间的距离逐渐缩小。最后后面的波终于赶上了前面的波，使所有的微弱压缩波都聚集到一起，汇成了一道波，这道波就不再是弱的压缩波，而是强压缩波，即激波。以后只要活塞以不变的速度 v 前移，在管内就能维持一个强度不变的激波。

2. 激波的特点

从以上讨论可见，活塞的速度从零增加到 v 的过程是非常短暂的，因而气体被压缩产生的一系列压缩波聚集的过程也是非常迅速的，这种量的变化引起了质的飞跃，使激波的性质与微弱压缩波有着本质的区别。其主要表现为：

(1)激波是强压缩波，经过激波气流参数变化是突跃的；

(2)气体经过激波受到突然地、强烈地压缩，必然在气体内部造成强烈的摩擦和热传导，因此气流经过激波是绝能不等熵流动；

(3)激波厚度、强弱与气流受压缩的程度(或扰动的强弱)有直接关系。

7.6.4　正激波

本节讨论正激波两侧的气流参数关系。在上一节中我们提到了管内由多道弱压缩波集聚形成正激波的情景，除此之外，激波管也可产生正激波，激波管将不同压力的气体用薄膜分开，当薄膜突然破坏后，会产生一道正激波从高压气体端向低压气体端传播。上述两种情况是激波相对于观察者是运动的情况，在管内，超声速气流向低压气体端传播。在管内，超声速气流遇到压缩，大多会产生固定的一道或多道激波。

正激波的一个典型效果是使流体的速度从超声速变为亚声速，下面我们通过控制体分析方法来看看流体经过正激波时气流参数的定量变化规律。

如图7－25所示，取正激波为控制体进行研究。根据连续方程，激波前后的流通面积不变，则有：

- 连续方程：$\rho_1 v_1 = \rho_2 v_2$；
- 动量方程：$p_2 - p_1 = \rho_2 v_2^2 - \rho_1 v_1^2$；
- 能量方程：$c_p T_1 + \frac{1}{2} v_1^2 = c_p T_2 + \frac{1}{2} v_2^2$。

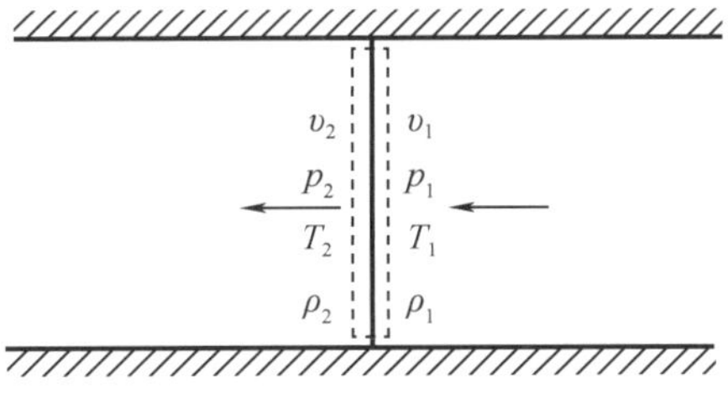

图7－25　正激波为控制体

根据这几个方程，并结合前面已经介绍过的气动函数关系式，可以得出正激波前后的参数关系如下：

速度系数 λ：

$$\lambda_1 \lambda_2 = 1 \tag{7-49}$$

马赫数 Ma：

$$Ma_2^2 = \frac{Ma_1^2 + \frac{2}{k-1}}{\frac{2k}{k-1} Ma_1^2 - 1} \tag{7-50}$$

压力 p：

$$\frac{p_2}{p_1} = \frac{2k}{k+1}(Ma_1^2 - 1) + 1 \tag{7-51}$$

温度 T：

$$\frac{T_2}{T_1}=\frac{\left(1+\frac{k-1}{2}Ma_1^2\right)\left(\frac{2k}{k-1}Ma_1^2-1\right)}{\frac{(k+1)^2}{2(k-1)}Ma_1^2} \tag{7-52}$$

密度 ρ：

$$\frac{\rho_2}{\rho_1}=\frac{\left[\frac{(k+1)Ma_1^2}{2+(k-1)Ma_1^2}\right]^{\frac{k}{k-1}}}{\left[\frac{2k}{k+1}Ma_1^2-\frac{k-1}{k+1}\right]^{\frac{1}{k-1}}} \tag{7-53}$$

总温 T_t：

$$T_{02}=T_{01} \tag{7-54}$$

气流经过激波时受到突然的压缩，激波内部存在着剧烈的黏性和传热作用，流动中部分机械能不可逆地转化为内能，因此总压下降。但这个过程在很小的空间和很短的时间内完成，和外界之间可以认为是绝能的关系，因此总温不变。图 7－26 表示了不同来流马赫数下的正激波前后参数的变化关系。

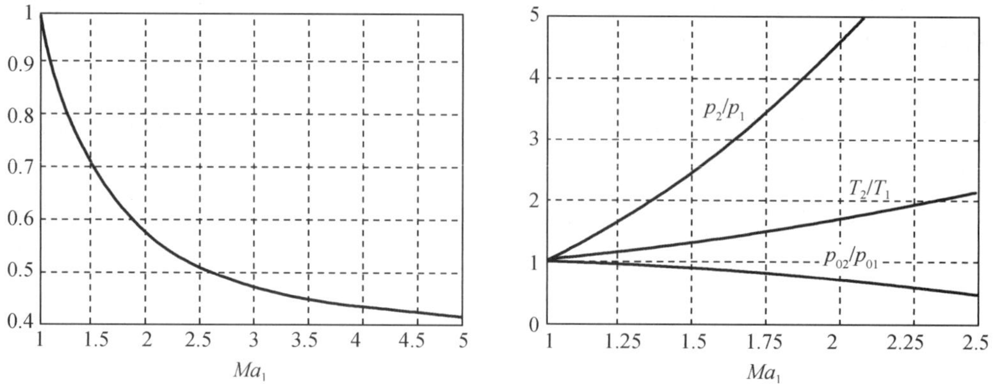

图 7－26　气流流过正激波后参数的变化

7.6.5　斜激波

在实际工程问题中，上节中的正激波是激波的一种特殊形式，更一般的情况是斜激波，超声速气流在遇到楔形体或凹折面时受到压缩产生斜激波。本节讨论斜激波前后的气流参数关系。

从图 7－24(c)可以看到，超声速气流遇到钝体障碍物后，正前方产生正激波，正激波后的流体变为亚声速并从流体两侧绕过。在两侧，激波不再是垂直于来流，而是形成曲线形式。这种激波整体叫作弓形激波(或曲线激波)，是超声速气流遇到钝体时产生的现象。由于物体前缘滞止点的存在，激波并不接触物体，所以有时又称之为脱体激波。

如果物体前端是尖锐的，则前缘点附近不存在气流速度滞止到零的现象，激波是可以直接附着在前缘点上的。从前缘点开始形成两道与来流呈一定角度的激波，称为斜激波。如果物体是一个二维的尖劈，则这两道激波就形成两个平面，如图 7－27 所示。

正激波是超声速气流需要减速时形成的，而斜激波则是超声速气流需要转向而形成的。如图 7－27 所示，超声速气流经过斜激波后不但速度大小有所改变，还转折了一个角度，折转后的气流正好就是顺着壁面流动的了，所以这个转折角是由尖劈的角度决定的。斜激波的倾斜角度则不只与气流需要的折转角有关，还与来流的马赫数相关。

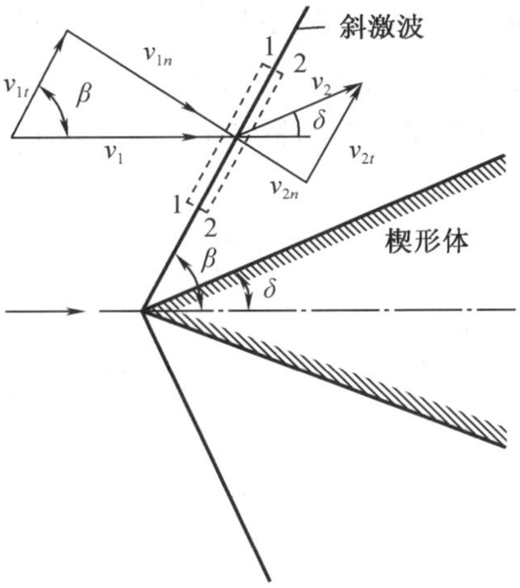

图 7-27　斜激波

因为激波非常薄，波前波后的气流沿波面方向的分速度应该相等，即

$$v_{t1} = v_{t2}$$

于是可以根据连续方程得出气流的折转角与激波的倾斜角之间的关系，即

$$\tan\delta = \frac{Ma_1^2\sin^2\beta - 1}{\left[Ma_1^2\left(\frac{k+1}{2} - \sin^2\beta\right) + 1\right]\tan\beta} \tag{7-55}$$

式中　δ——气流的折转角；

　　β——斜激波的倾斜角。

图 7-28 给出了这两个角度和来流马赫数之间的关系。可以看出，来流 $Ma=1.0$ 时，将会产生一道激波。而对其他所有超声速情况，同样的气流转折角可以对应着两种斜激波角度。其中角度大的那个对应的激波称为强激波，角度小的那个对应的激波称为弱激波。具体流动中会形成哪种激波是由激波前后的压力关系决定的，很显然后方的阻力越大激波就会越强，所以强激波对应着高压升，弱激波对应着低压升。强激波产生的损失较大，其后的气流一定是亚声速的；弱激波产生的损失较小，其后的气流仍然可以是超声速的。

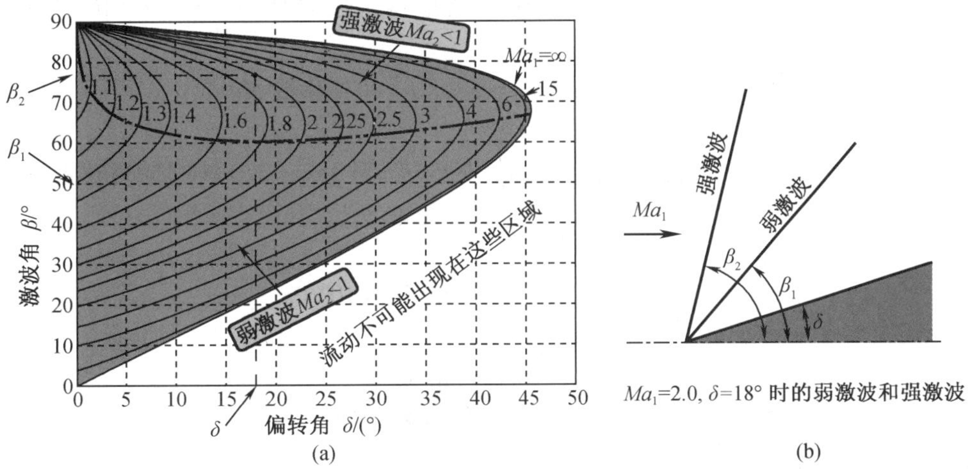

图 7-28　二维斜激波角度与气流转角的关系

从图 7-28 还可以看出，对于一个固定的来流马赫数，存在一个最大的气流转折角 δ。若固定来流马赫数，逐渐加大尖劈的角度，弱斜激波角度也将逐渐加大，当尖劈的半角超过了图 7-28 中的最大转角

后，激波将不能附着于尖劈前缘，而形成脱体激波，如图 7－24(c) 所示。激波和物体前缘之间将出现一个亚声速区域，尚未转折到位的气流在这个区域内可以通过压力的连续传递来转折。

根据三大方程，同样可以得出斜激波前后的参数关系，具体如下：

速度系数：

$$\lambda_{n1}\lambda_{n2}=1,\lambda_{t1}=\lambda_{t2} \tag{7-56}$$

马赫数 Ma：

$$Ma_2^2=\frac{Ma_1^2+\dfrac{2}{k-1}}{\dfrac{2k}{k-1}Ma_1^2\sin^2\beta-1}+\frac{Ma_1^2\cos^2\beta}{\dfrac{k-1}{2}Ma_1^2\sin^2\beta+1} \tag{7-57}$$

压力 p：

$$\frac{p_2}{p_1}=\frac{2k}{k+1}Ma_1^2\sin\beta-\frac{k-1}{k+1} \tag{7-58}$$

温度 T：

$$\frac{T_2}{T_1}=\frac{\left(1+\dfrac{k-1}{2}Ma_1^2\sin^2\beta\right)\left(\dfrac{2k}{k-1}Ma_1^2\sin^2\beta-1\right)}{\dfrac{(k+1)^2}{2(k-1)}Ma_1^2\sin^2\beta} \tag{7-59}$$

总压 p_0：

$$\frac{p_{02}}{p_{01}}=\frac{\left[\dfrac{(k+1)Ma_1^2\sin^2\beta}{2+(k-1)Ma_1^2\sin^2\beta}\right]^{\frac{k}{k-1}}}{\left[\dfrac{2k}{k+1}Ma_1^2\sin^2\beta-\dfrac{k-1}{k+1}\right]^{\frac{1}{k-1}}} \tag{7-60}$$

总温 T_0：

$$T_{02}=T_{01} \tag{7-61}$$

上面这些公式中，若令 $\beta=90°$，则它们就是前面的正激波关系式。根据这些关系式可以绘制出各种关系曲线，从而可以方便地分析和计算各种情况下的激波前后参数的变化关系。

例题 7－10　正激波与斜激波

已知：马赫数 $Ma_1=3.0$ 的空气流过顶角为 30°的楔形体，气体静压 $p_1=1.0\times10^4\ \mathrm{N/m^2}$，静温 $T_1=216.5\ \mathrm{K}$。

求解：激波后的静压 p_2、静温 T_2、密度 ρ_2、速度 v_2、总压 p_{02} 和马赫数 Ma_2？

解题过程：

气流转折角 $\delta=15°$。根据斜激波前后气流参数表（见附表）得 $Ma_1=3.0,\delta=15°$时激波角为 32.2°。得

$$\frac{p_2}{p_1}=\frac{2.8}{2.4}3^2\sin^2 32.3°-\frac{0.4}{2.4}=2.831$$

$$p_2=2.831\times1\times10^4=2.831\times10^4\ \mathrm{Pa}$$

由连续方程有

$$\frac{\rho_2}{\rho_1}=\frac{v_{1n}}{v_{2n}}=\frac{\tan\beta}{\tan(\beta-\delta)}=\frac{\tan 32.3°}{\tan(32.3°-15°)}=2.03$$

由状态方程得

$$\rho_2=\frac{\rho_2}{\rho_1}\rho_1=2.03\times\frac{p_1}{RT_1}=2.03\times\frac{1\times10^4}{287.06\times216.5}=0.327\ \mathrm{kg/m^3}$$

$$T_2=\frac{p_2}{R\rho_2}=\frac{2.831\times10^4}{287.06\times0.327}=301\ \mathrm{K}$$

由图 7－27 所示几何关系及连续方程,可得

$$\frac{v_2}{v_1}=\frac{v_{2n}}{v_{1n}}\frac{\sin\beta}{\sin(\beta-\delta)}=\frac{\rho_1}{\rho_2}\frac{\sin\beta}{\sin(\beta-\delta)}=\frac{\sin 32.3^\circ}{2.03\times\sin 17.3^\circ}=0.888$$

$$v_1=Ma_1c_1=3\times 20.05\sqrt{216.5}=885\ \text{m/s}$$

$$v_2=\frac{v_2}{v_1}v_1=0.888\times 885=783\ \text{m/s}$$

方向是向内折转 15°,故有

$$Ma_2=\frac{v_2}{c_2}=\frac{783}{20.05\sqrt{301}}=2.25$$

$$p_{02}=\frac{p_2}{\pi(Ma_2)}=\frac{2.831\times 10^4}{0.0862}=3.28\times 10^5\ \text{Pa}$$

例题解析:

本题根据斜激波的计算公式可以很容易地求解激波前后的各个参数,熟练地运用斜激波的计算公式是求解本题的关键。

7.7　变截面管流流动分析

前几节已经介绍了有关气流流动的基本概念,一维定常流动的基本方程,气体动力学函数,膨胀波及激波的概念和计算方法。现在我们就可以运用这些知识来分析和计算气体管道中的流动。

在一般情况下,影响管道中气体流动的因素很多,例如管道截面积的变化、气流与管壁的摩擦、热量交换、加入或引出流等。在实际流动中往往几种因素同时存在,本节具体研究管道面积的变化对流动的影响。如喷气发动机中把高压燃气(或空气)转变为动能,使气流在其中膨胀加速以高速向外喷射而产生反作用推力的部件,又称排气喷管、推力喷管或尾喷管。喷管的类型有很多,有固定的或可调的收敛喷管、收敛－扩散喷管、引射喷管和塞式喷管等,根据飞行器性能和发动机工作特点选用。高速歼击机大多采用可调的收敛喷管和可调的收敛－扩散喷管或引射喷管;火箭发动机常用固定式收敛－扩散喷管;垂直或短距起落飞机采用换向喷管,如图 7－29 所示。

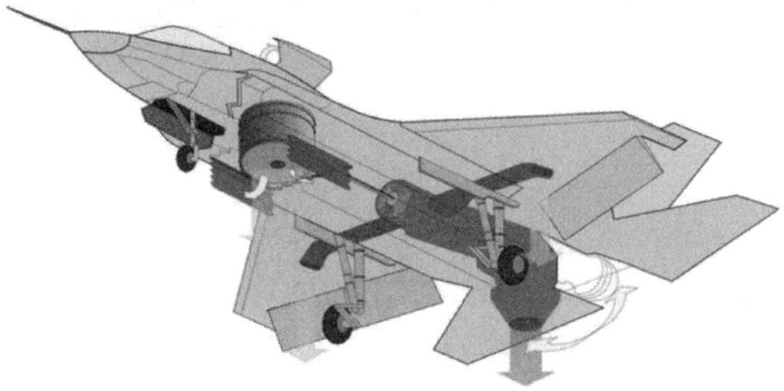

图 7－29　美军 F35 发动机矢量(换向)喷管

7.7.1　变截面管流

本节主要讨论管道截面变化对气流的影响。假设在流动中没有热量和功的交换,没有质量的加入或引出,也不计气体与管壁的摩擦作用,所讨论的气体是定比热容的完全气体,流动是一维定常的。喷气发动机的尾喷管、进气道以及实验风洞的流动近似地看作是这样的流动。

在以前章节中已经讲过,对于不可压缩流沿变截面管道流动,当截面面积减小时,流体的运动速度加

大，当截面面积增大时，流体的运动速度减小。对于可压缩气体在变截面管道中的流动，气体速度与截面积之间的关系就不完全是这样了。下面我们详细讨论可压缩流的情况。

一维定常流动的连续性方程的微分方程为

$$\frac{d\rho}{\rho}+\frac{dA}{A}+\frac{dv}{v}=0$$

对于理想的一维定常流动，动量方程的微分形式为

$$dp+\rho v dv=0$$

根据 Ma 的定义 $Ma=\frac{v}{\sqrt{kRT}}$ 和完全气体状态方程 $p=\rho RT$，可以将上式改写为

$$\frac{dp}{p}+kMa^2\frac{dv}{v}=0$$

绝能流动的能量方程式的微分形式为

$$c_p dT+d(\frac{v^2}{2})=0$$

上式可以简化为

$$\frac{dT}{T}+\frac{vdv}{c_p T}=0$$

进一步可以化为

$$\frac{dT}{T}+(k-1)Ma^2\frac{dv}{v}=0$$

完全气体状态方程 $p=\rho RT$ 取对数后再微分，可得

$$\frac{dp}{p}-\frac{d\rho}{\rho}-\frac{dT}{T}=0$$

Ma 的定义 $Ma=\frac{v}{\sqrt{kRT}}$ 取对数后再微分。可得

$$\frac{dMa}{Ma}-\frac{dv}{v}+\frac{dT}{2T}=0$$

以上几个方程中，包括六个变量 $\frac{dp}{p}$、$\frac{d\rho}{\rho}$、$\frac{dT}{T}$、$\frac{dMa}{Ma}$、$\frac{dv}{v}$ 和 $\frac{dA}{A}$，若将 $\frac{dA}{A}$ 看作独立变量，则可以从上述方程组中解出其余五个变量与 $\frac{dA}{A}$ 得关系，即

$$\frac{dp}{p}=\frac{kMa^2}{1-Ma^2}\cdot\frac{dA}{A} \tag{7-62}$$

$$\frac{d\rho}{\rho}=\frac{Ma^2}{1-Ma^2}\cdot\frac{dA}{A} \tag{7-63}$$

$$\frac{dT}{T}=\frac{(k-1)Ma^2}{1-Ma^2}\cdot\frac{dA}{A} \tag{7-64}$$

$$\frac{dv}{v}=-(\frac{1}{1-Ma^2})\frac{dA}{A} \tag{7-65}$$

$$\frac{dMa}{Ma}=-\frac{1+\frac{k-1}{2}Ma^2}{1-Ma^2}\cdot\frac{dA}{A} \tag{7-66}$$

根据这些方程，面积变化对气流参数的影响可综合成表 7－1。其清楚地表明了截面积变化对气流参数的影响。

表 7－1 截面变化对气流参数影响表

气流参数	$dA<0$		$dA>0$	
	$Ma<1$	$Ma>1$	$Ma<1$	$Ma>1$
dv	>0	<0	<0	>0
dMa	>0	<0	<0	>0
dp	<0	>0	>0	<0
$d\rho$	<0	>0	>0	<0
dT	<0	>0	>0	<0

7.7.2 收缩喷管

从表 7－1 可得，截面积逐渐减小的管道，可以使亚声速气流不断加速，这种管道叫作收缩喷管或收敛喷管。收缩喷管在实验设备及涡轮喷气发动机中，是常用的部件之一。在涡轮喷气发动机中，喷管进口的燃气具有较高的总温总压，在喷管进出口压强差的作用下，高温燃气在喷管中膨胀，气体的部分热焓转变成动能，到喷管出口，燃气以很高的速度喷出，高温燃气使发动机产生很大的推力。

由于喷管内不存在激波，流动可以看成是绝能等熵的流动，各个截面的总温、总压相等且都等于进口截面的总温、总压。以注脚 0 和 e 分别表示喷管进口和出口截面上的气流参数，则由绝能流动的能量方程

$$c_p T_{00} = c_p T_{0e} = c_p T_e + \frac{v_e^2}{2}$$

$$v_e = \sqrt{2c_p(T_{0e}-T_e)} = \sqrt{2c_p T_{0e}\left(1-\frac{T_e}{T_{0e}}\right)} = \sqrt{\frac{2k}{k-1}RT_{0e}\left[1-\left(\frac{p_e}{p_{0e}}\right)^{\frac{k-1}{k}}\right]}$$

$$\frac{p}{p_0} = \pi(Ma) = \left(1+\frac{k-1}{2}Ma_2\right)^{-\frac{k-1}{k}}$$

出口马赫数及其他参数为

$$Ma_e = \sqrt{\frac{2}{k-1}\left[\left(\frac{p_{0e}}{p_e}\right)^{\frac{k-1}{k}}-1\right]} \tag{7-67}$$

$$v_e = M_e c_e = \lambda_e c_{cr} \tag{7-68}$$

$$\rho_e = \rho_0\left(\frac{p_e}{p_{0e}}\right)^{\frac{1}{k}} \tag{7-69}$$

$$T_e = \frac{p_e}{R\rho_e} = \frac{p_0^{\frac{1}{k}} p_e^{\frac{k-1}{k}}}{R\rho_0} \tag{7-70}$$

临界压比：所谓的临界压比就是，由于亚声速气流在收缩喷管里面的最小截面（即是出口截面），速度最大只能达到当地声速，即出口截面上的气流 Ma 最大只能达到 1。我们记当 $Ma=1$ 时的压强比 p_{ecr}/p_0 为临界压强比，用 β_{cr} 表示

$$\beta_{cr} = \frac{p_{ecr}}{p_{0e}} = \left(\frac{2}{k+1}\right)^{\frac{k}{k-1}} \tag{7-71}$$

对于空气 $k=1.4$，$\beta_{cr}=0.5283$，对于燃气 $k=1.33$，$\beta_{cr}=0.540\ 4$

通过喷管的质量流量为

$$q_m = K\frac{p_{0e}}{\sqrt{T_{0e}}}q(\lambda_e)A_e \tag{7-72}$$

或

$$q_m = \rho_e v_e A_e \tag{7-73}$$

当压强比 p_e/p_0 下降时，λ_e 将随之增大，因而 $q(\lambda_e)$ 也随之增大，由上式可见，通过喷管的质量流量也相应地增大，当出口截面上的气流压强比达到 β_{cr} 时，由于 $\lambda_{cr}=1$，$q(\lambda_e)=1$，所以质量流量达到最大值，即

$$q_{max} = K\frac{p_0}{\sqrt{T_0}}A_e \tag{7-74}$$

其质量流量随 p_b/p_0 的变化如图 7－30 所示。

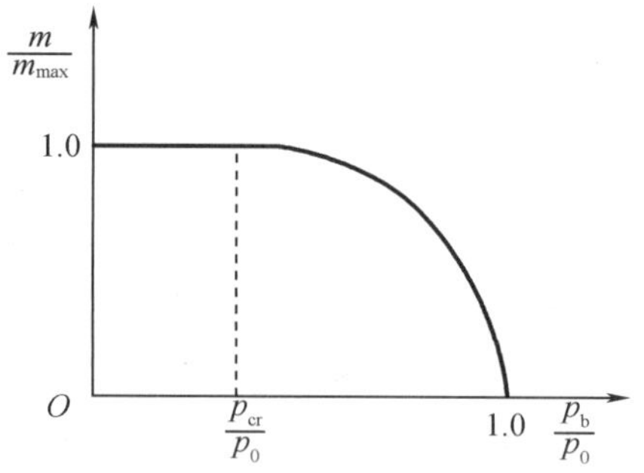

图 7－30　收缩喷管中质量流量随压强比的关系

从图 7－30 中我们可以看出，当 p_b/p_0 较大时（大于 p_{ecr}/p_0），由于反压较大（p_0 给定），因而喷管出口流速小于当地声速，此时喷管出口压强与外界反压相等。若反压增加，出口压强也增强；反压减小，出口压强 p_e 也减小。因此，在来流总压不变的情况下，随着 p_b 减小，λ_e 增大，$q(\lambda)$ 也随之增大，相应地 p_b/p_0 减小，排气速度 v_e 提高，因而通过喷管的质量流量增大。一旦 $p_b/p_0=\beta_{cr}$，由于喷管出口马赫数等于 1，因此流量达到最大值 q_{mmax}。

收缩喷管的流动规律：收缩喷管中气体流动状态完全是由反压比 p_b/p_0 确定的，对于给定的喷管，流量和流速随反压比的降低而增大，但当流速到达音速后，即使反压比再大，出口气流速度达到声速，流量也不再增大。我们将根据来流是亚声速还是超声速来分别分析流动的特征。

（1）当进口为亚声速时

图 7－31 表示了压力罐中的气体经过一个收缩管道流进入大气的例子，这是一种典型的亚声速气流的加速流动。在这种问题中，人们最关心的往往是流量。那么流量是多大呢？根据流量方程，流量为

$$\dot{m} = K\frac{p_0}{\sqrt{T_0}}Aq(\lambda) \tag{7-75}$$

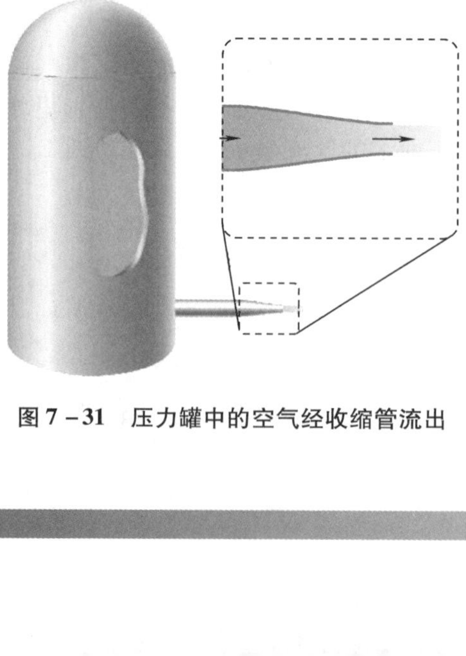

图 7－31　压力罐中的空气经收缩管流出

只要压力罐足够大,其内部的压力和温度就可以认为是上式(7-75)中的总压和总温。喷口面积 A 为已知,只需要知道喷口的速度系数 λ(或马赫数 Ma)就可以得出流量,而 λ 则可以由该处的总静压比得到,总压为已知,现在只需要知道该处的静压即可。对于亚音速流动,射流在出口处的静压应该等于环境的压力,而环境压力一般是已知的。

当压力罐中的压力增加到某一值时,喷口处的气流速度达到了声速,因为通道是收缩的,再怎么增加来流压力,喷口处的气流都保持为声速。只要压力罐中的气体温度不变,喷口处的气流速度也不再改变。虽然再继续增加压力罐中的压力,流量仍然会增加,但这仅仅是由于气体密度的增加而产生的。

图7-32表示了保持压力罐中温度不变而增加压力时,喷管流量的变化规律。在亚声速时流量随压力的升高而快速增大,因为喷口处气流的速度和密度都随压力增加。当喷口达到音速后,流量随压力的升高线性增大,因为这时只有密度随压力增加。如果这个问题改为保持压力罐中的温度和压力不变,而通过减小环境压力的方式来增大喷口的速度,则当喷口达到声速后,再怎么减小环境压力,流量也不会变化了。

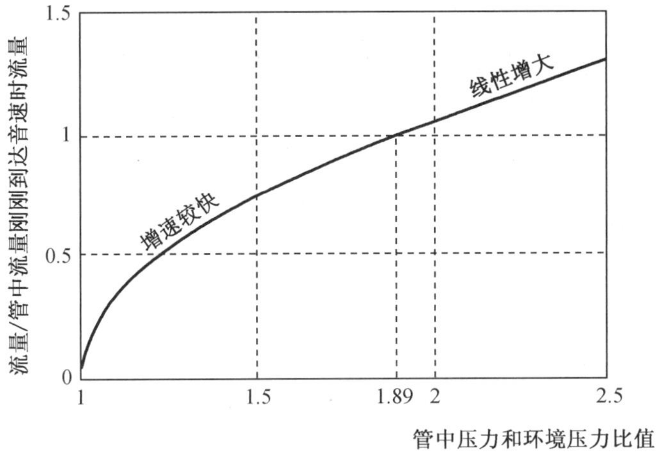

图7-32 收缩喷管的流量与来流总压的关系

我们知道流体达到声速时的总静压比是个定值:

$$\frac{p_0}{p}=\left(1+\frac{k-1}{2}Ma^2\right)^{\frac{1}{k-1}}=\left(1+\frac{k-1}{2}\right)^{\frac{k}{k-1}} \tag{7-76}$$

$k=1.4$ 时这个值约为1.89。当压力罐中的压力与环境压力比大于这个值时,喷口处仍然保持为声速,说明此时喷口处的静压并不等于环境的压力,这与喷口为亚声速时是不同的。对于声速和超声速射流来说,其压力可以不等于环境压力。在喷口外,气流继续膨胀降低压力,最后通过黏性作用与环境气体掺混。

(2)当进口为超声速时

当收缩管道的进口就已经是超声速时,气流会减速增压。在出口处可能仍然是超声速流动,也可能是声速流动,但不会是亚声速流动。给定进口马赫数,出口的马赫数只取决于进出口的面积比

$$q(Ma_2)=\frac{A_1}{A_2}\cdot q(Ma_1) \tag{7-77}$$

现在假设收缩喷管的进口马赫数固定,出口面积可调,则其出口马赫数随面积比 $\frac{A_1}{A_2}$ 的变化如图7-33所示。

可以看出,对于每一个进口马赫数,都有一个固定的收缩比,称为临界收缩比,达到这一值时,出口马赫数下降到1。如果继续减小出口面积,那么流动是无法满足一维定常等熵关系式的。于是,流动无法稳定存在,这时的流动会是什么情况呢?

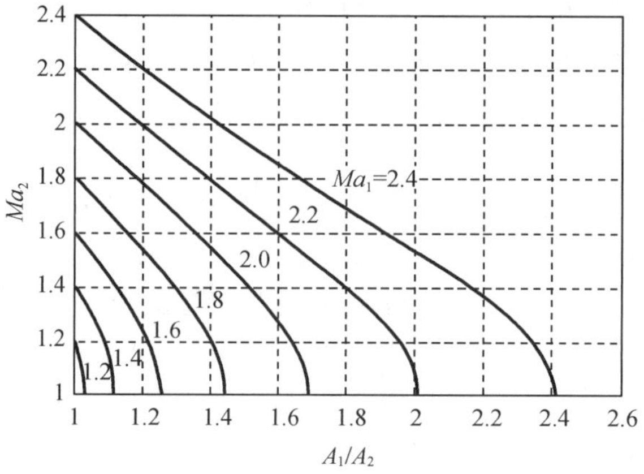

图 7－33　出口马赫数与收缩比的关系

图 7－34 表示了随着喷口面积的减小流动的变化，图中也画出了喷管内部压缩波的变化。当收缩比较小时，出口仍然为超声速，气体流出喷管后压力高于环境压力，在外面形成膨胀波，之后形成交替的压缩波和膨胀波，其中也可能会存在周期性的正激波。随着喷口面积的减小，气流压力逐渐升高，喷口外的膨胀波和压缩波都向喷口靠拢，当达到临界收缩比时，在喷口处形成一道正激波。再减小喷口面积，激波会前移进入到喷管内部。但是，激波是无法稳定地存在于收缩喷管内部的，所以激波会迅速向上游推进，使收缩段全部变成亚音速流动。

如果一个收缩管道的定常流动中进口是超声速的，那只有两种可能，一种可能是这个管道在做超声速运动，比如装在飞机上超声速飞行；另一种可能是这个管道前面有一个拉瓦尔喷管将亚音速的气流加速到了超声速。如果喷管是超声速运动的，则存在进口，向前推进的正激波会被推出进口前部形成脱体激波，使喷管内全部变成亚声速流动，如图 7－34 所示。如果喷管前面存在一个拉瓦尔喷管，则正激波会被推进到前一个喉部的扩张处，或者干脆全部推到上游，使所有流动都变成亚声速的，如图 7－35 所示。

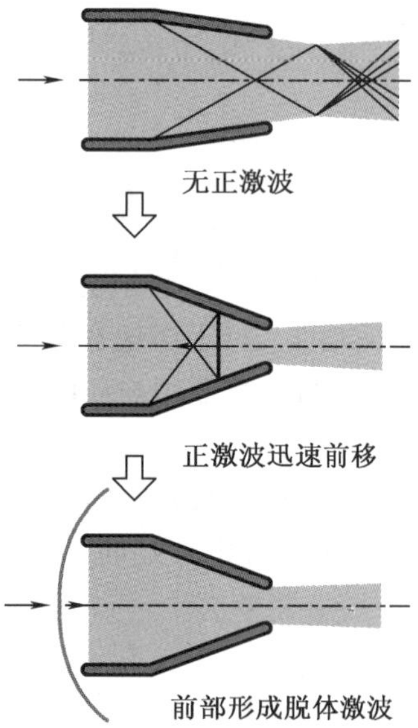

图 7－34　收缩喷管激波前移

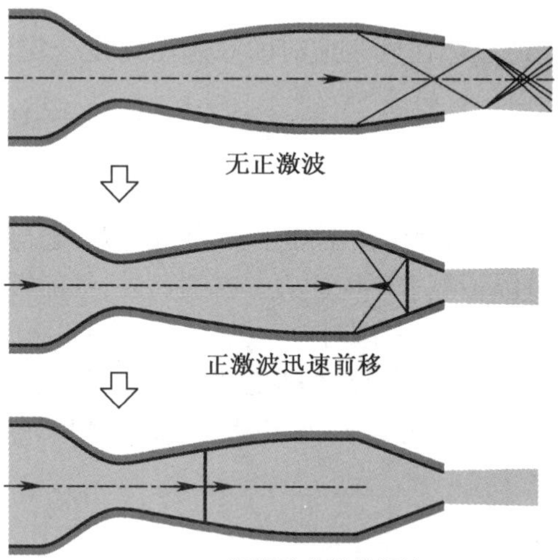

图 7－35　拉法尔喷管激波前移

现在我们来讨论一下正激波为什么不能稳定地存在于收缩喷管的问题。

激波的强度是由其前后的压差决定的，压差大则激波强，压差小则激波弱，而激波的强弱又直接与其相对来流的传播速度相关，我们就根据激波的这种特性来分析一下激波的稳定性问题。

如果在收缩管内存在一道正激波，则激波前是超声速的减速流动，激波后是亚声速的加速流动，如图7－36(a)所示。当出口的压力稍有降低时，激波后面的压力都会相应地降低，激波会变弱。变弱的激波相对来流的传播速度有所减小，于是激波会后移。后移到面积更小位置的激波前部的马赫数更低，于是激波变得更弱，进一步移向下游。这样，当出口压力稍有降低时，激波在收缩通道内无法稳定下来，直到被推出出口之外；同样，当出口的压力稍有升高时，激波会不断移向上游并最终推出进口外。

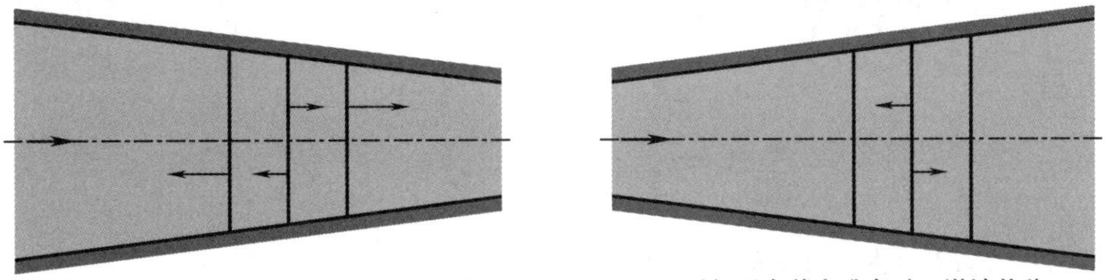

图7－36　正激波在收缩管道内不稳定，在扩张管道内可以稳定

如果是图7－36(b)所示的扩张喷管情况就不同了，当出口的压力稍有降低时，激波后的压力降低，激波后移。后移到面积更大位置的激波前部的马赫数更高，激波引起的压升更大，与其后的静压匹配，于是激波会在原来下游一点的位置重新稳定下来。当出口的压力稍有升高时，激波则会在上游一点的位置重新稳定下来。

例题7－11　收缩喷管的参数

已知：高压容器内的空气通过一收缩形喷管等熵地膨胀到外界大气压强，如图7－37所示。已知容器内的压强为7.0×10^5 Pa，温度为288 K，大气压强为1.0133×10^5 Pa，喷管出口面积为$0.0015\ \mathrm{m}^2$。

求解：

(1)初始空气的出口速度v_e和通过喷管的流量q_m；

(2)设容器体积为1 m^3，求保持此状态的时间。

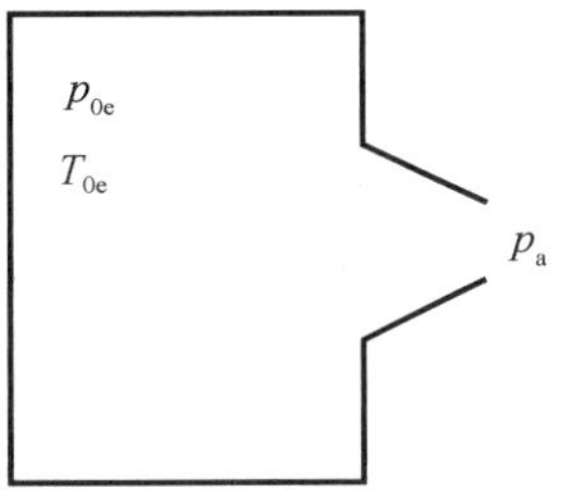

图7－37　从高压容器经过收缩喷管的流动计算

解题过程：

(1)高压容器内的初始压强为初始总压p_{0e}，温度为总温T_{0e}。

$$\frac{p_a}{p_{e0}}=\frac{1.0133}{7.0}=0.1488<\beta_{cr}$$

流动为超临界状态，因此，$Ma_e=1.0$，有

$$p_e=p_{0e}\beta_{cr}=7.0\times10^5\times0.5283=3.6981\times10^5\ \mathrm{Pa}$$

$$v_e=c_{cr}=\sqrt{\frac{2kRT_{0e}}{k+1}}=\sqrt{\frac{2.8\times287.06\times288}{2.4}}=310.57\ \mathrm{m/s}$$

通过喷管的流量为

$$q_m = q_{m,max} = K\frac{p_{0e}}{\sqrt{T_{0e}}}A_e = 0.040\,4\times\frac{7.0\times10^5}{\sqrt{288}}\times0.001\,5 = 2.5\ \text{kg/s}$$

(2)随着空气不断地流出，容器内的压强不断下降，当容器内的压强值降低到临界状态的压强值时，即 $p = p_{0cr} = \dfrac{p_a}{\beta_{cr}}$时，该流态将不能再维持下去，故终了状态的总压

$$p_{0cr} = \frac{1.013\,3\times10^5}{0.528\,3} = 1.918\times10^5\ \text{Pa}$$

根据连续方程有

$$-\frac{dm}{dt} = K\frac{p_{0e}}{\sqrt{T_{0e}}}A_e = q_{m,max}$$

$$d\left(-\frac{p_{0e}}{RT_{0e}}v\right) = K\frac{p_{0e}}{\sqrt{T_{0e}}}A_e dt$$

故

$$t = -\int\frac{\sqrt{T_0}}{Kp_0A_e}d\left(\frac{p_0}{RT_0}v\right) = -\int_{p_{0e}}^{p_{0cr}}\frac{v}{KR\sqrt{T_0}A_e}\frac{dp_0}{p_0} = \frac{v}{KR\sqrt{T_0}A_e}\ln\frac{p_{0e}}{p_{0cr}}$$

$$= \frac{1}{0.040\,4\times287.06\times0.001\,5\sqrt{288}}\ln\frac{7.0\times10^5}{1.918\times10^5} = 4.39\ \text{s}$$

7.7.3 拉瓦尔喷管

可以使气流加速到超声速的收敛—扩张喷管称为拉法尔喷管。亚音速气流进入拉法尔喷管之后，在喷管收缩段逐渐加速，在喉道处气流到达声速，然后在喷管扩张段进一步加速到超声速。

火箭发动机喷管就是一个典型的拉瓦尔喷管

拉法尔喷管的扩张段可能出现超声速流动，因此在某些情况下会出现激波。当喷管内出现激波时，流动不能等熵流动；喷管不出现激波时，在激波前和激波后的区域，流动是绝能等熵流动。

1. 等熵面积比公式

气流在拉瓦尔喷管内流动，不计摩擦。当外界反压足够小时，亚声速气流在收缩段加速，到喉部 $Ma=1$，进一步加速到出口的超声速气流。在这种流动中没有激波存在，因此流动是绝能等熵的。对喉部（临界截面）与任一截面写出连续方程，即可得到所谓的等熵面积比公式

$$\frac{A_{cr}}{A} = q(Ma) \tag{7-78}$$

或

$$\frac{A}{A_{cr}} = \frac{1}{Ma}\left[\left(1+\frac{k-1}{2}Ma^2\right)\frac{2}{k+1}\right]^{\frac{k+1}{2(k-1)}} \tag{7-79}$$

流动面积与临界面积的比值对于等熵管流是一个非常有用的概念。

式中 A——喷管任一截面面积；

A_{cr}——喷管喉部为临界音速时的面积。

应当注意，式(7-79)在喉部与截面 A 之间不存在激波时才能使用。当然截面 A 可以位于喷管的超声速段，也可以位于亚声速段。

由式(7-79)还可以看出，对于给定的气体，面积比仅仅与 Ma 有关，

即面积比与 Ma 一一对应，其变化比曲线如图 7－38 所示。由图可以看出，要在喷管出口截面上达到一定 Ma_e 的超声速气流，对应的面积比 A_e/A_{cr}是唯一的。另外，每一个面积比，对应着两个马赫数，一个是亚声速气流的 Ma，一个是超声速气流的 Ma。

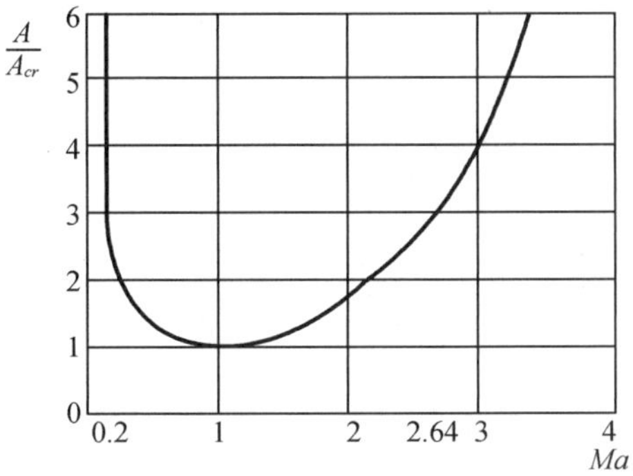

图 7－38　面积比与马赫数的关系曲线

拉瓦尔喷管出口截面上的气流速度仍可按式(7－67)计算。但对于拉瓦尔喷管，由于 Ma_e 与面积比 A_e/A_{cr}对应，而 Ma 又与压强比对应，因此，压强比也与面积比对应。

从面积比公式式(7－19)中可以看出，造成一定出口马赫数的喷管面积比 A_e/A_{cr}还与 k 值有关，不同绝热指数 k，对喷管面积比有一定影响，这一点在喷管面积设计时应当注意。

2. 拉瓦尔喷管计算

拉瓦尔喷管内的流动状态计算一般有两种：

第一类是正问题，即给定喷管面积比 A_t/A_e、反压与总压比 p_b/p_0 和总温 T_0，需要计算喷管内的流动状态参数。这类问题的求解步骤是首先按面积比公式确定三个特征压强比；其次根据给定的 p_b/p_0 与三个特征压强比相比较，从而判断出实际流动状态。最后根据流动状态的特征进行计算。

第二类是逆问题，即给定喷管出口 Ma，须确定面积比 A_e/A_t 和反压比 p_b/p_0。

若 $Ma<1$，通常不需要采用拉瓦尔喷管，利用收缩喷管即可达到要求。

若 $Ma>1$，此时喉部必然是临界面积，即 $Ma=1$，而且扩张没有激波，可以使用等熵面积比式(7－79)来确定喷管的面积比 A_e/A_t，由 Ma_e 可以计算 p_e/p_0。

根据要求的马赫数分布 $Ma(x)$，可以由式(7－79)确定整个喷管的截面积分布 $A(x)/A_t$。

总之，对于流动状态为Ⅰ、Ⅱ、Ⅲ的情况下(即$\frac{p_b}{p_0}\leqslant\beta_{cr}$)，这三种流态的喉部马赫数均等于1，因此，质量流量公式中的 $q(\lambda_t)=1$，所以质量流量为

$$q_m=K\frac{p_0}{\sqrt{T_0}}A_t=q_{mmax} \tag{7-80}$$

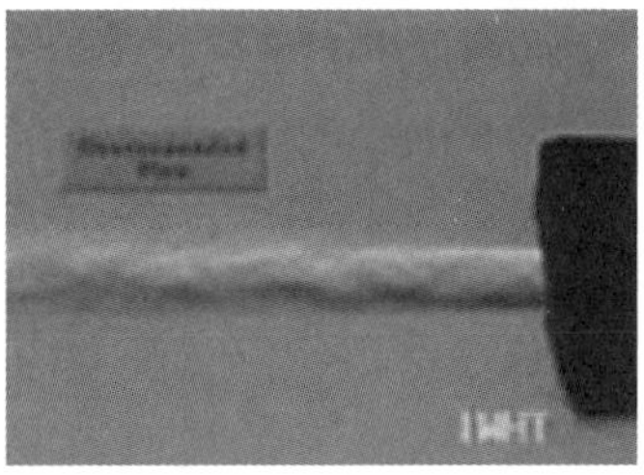

空气经超音速喷嘴/引射器后流动的可视化图片。

当$\frac{p_b}{p_0} > \beta_{cr}$时，可取最小截面或流动参数已知的任一截面按流量公式计算喷管的质量流量。

由于背压及进口流速的不同在拉法尔喷管中可能会发生各种流动情况。

拉瓦尔喷管是收缩扩张管道，我们仍然分进口亚声速和超声速两种情况讨论。

(1)当进口为亚声速时

当进口为亚声速时，流体在收缩段加速，如果到了喉部还没有达到声速，则在扩张段减速。只要雷诺数足够高，这时的整个过程就接近于等熵流动，可以用基本气体动力学函数来计算。如果流体在喉部加速到了声速，则在扩张段可能有三种流动形式：亚声速、超声速、超声速 + 激波 + 亚声速，如图 7 - 39 所示。

现在假设保持进口总温、总压不变，逐渐降低出口外的环境压力，则整个管道内的流速逐渐增加，一开始还都是亚声速的。分别用 1,2,3 来代表进口、喉部和出口，则有如下等熵流动关系式

$$A_1 q(\lambda_1) = A_2 q(\lambda_2) = A_3 q(\lambda_3) \tag{7-81}$$

$$\frac{p_1}{\pi(\lambda_1)} = \frac{p_2}{\pi(\lambda_2)} = \frac{p_3}{\pi(\lambda_3)} \tag{7-82}$$

p_3 决定 λ_3，λ_3 与$\frac{A_3}{A_2}$一起决定 λ_2，所以喉部马赫数只与出口静压 p_3 相关。当出口静压下降到一定程度时，喉部达到声速，气流在扩张段再次降为亚声速。除了喉道，整个喷管内的流动都还是亚声速的，如图 7 - 39(a)所示。

出口静压继续下降时，喉部后面一点的位置的压力开始比喉部还低，于是这里的流速比喉部还要高，即变为超声速。超声速流动在扩张通道内是加速流动的，这样加速下去到出口的压力会很低，无法满足给定的条件，于是会在扩张段生成一道正激波，正激波后的流动为亚声速，并在下游继续减速增压，如图 7 - 39(c)所示。

继续降低环境压力，激波后面的压力会降低，使得激波向下游移动。当环境压力下降到某一值时，激波移动到出口处，扩张段管内全部变成超声速流动。继续降低环境压力，这时出口处的压力还是小于环境压力，于是在出口处形成斜激波来增压已达到环境压力，如图 7 - 39(b)所示。

如果再继续降低环境压力，扩张管道内的流动已经不会再受影响了。环境压力降低到某一值时，出口的气流压力正好等于环境压力，这时出口没有激波，也没有膨胀波。再继续降低环境压力，出口的气流压力将高于环境压力，于是在喷管外形成膨胀波。

气流在出口处压力小于环境压力的情况称为“过膨胀”，出口压力大于环境压力的情况称为“欠膨胀”。两种情况下，在下游都会形成周期性的压缩和膨胀作用，称为葫芦波，英文称为 Mach Diamond。一般在火箭喷口和超声速飞机发动机喷口可以看到这个现象。

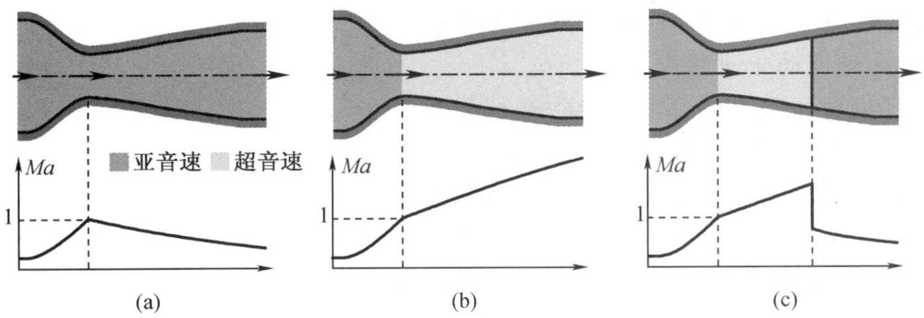

图7-39　拉瓦尔喷管的进口为亚声速，喉部为声速时的三种可能的流动状态

(a)出口亚声速；(b)出口亚超声速；(c)出口超声速+激波+亚声速

(2)当进口为超声速时

当拉瓦尔喷管的进口是超声速时，则气流在收缩段减速。在喉部，气流未必会减速到声速，该处的气流速度完全取决于其与进口的面积比，只有特定的面积比才能让气流在喉部刚好是声速(这个面积比称为临界面积比)。当喉部面积不够小时，该处的气流速度仍然是超声速的，而当喉部面积太小时，则进口根本就不可能保持给定的马赫数。

如果喉部是超声速，则在下游扩张段中可能有两种流动形式：超声速、超声速+激波+亚声速。如果喉部是声速，则在下游扩张段中可能有三种流动形式：超声速、超声速+激波+亚声速、亚声速，如图7-40所示。

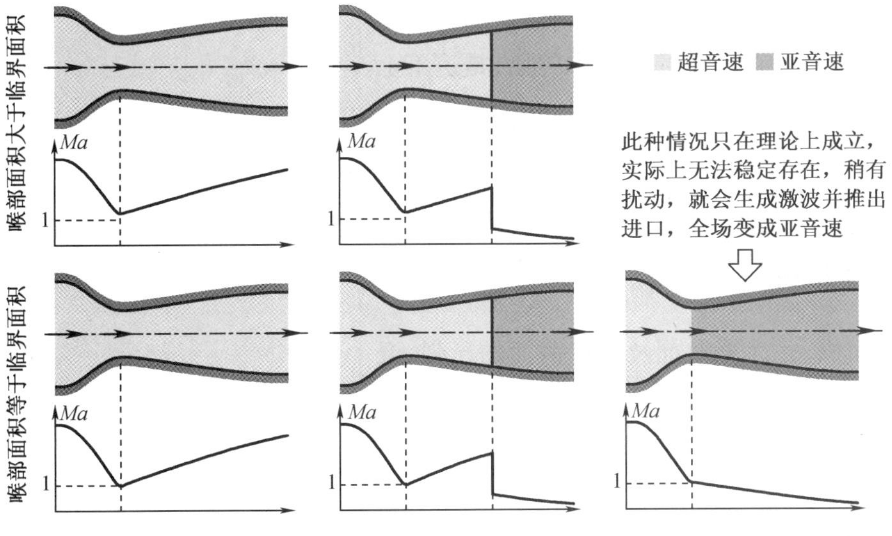

图7-40　拉瓦尔喷管的进口为超声速时的几种可能的流动状态

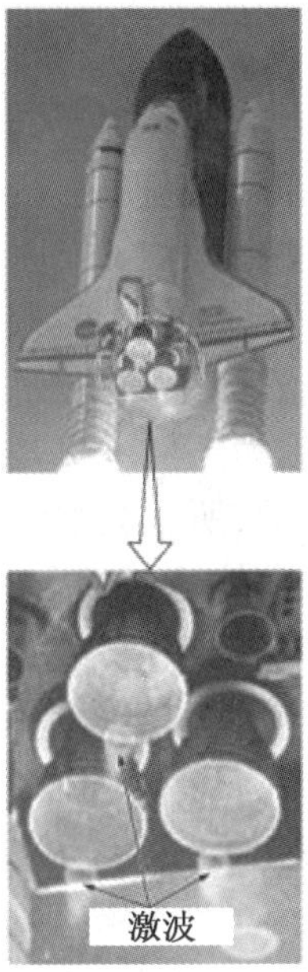

当进口为亚声速时，随激波后面压力降低，激波向下游移动到出口处，管内全部变成超声速流动。

对于一个拉瓦尔喷管，假设一开始全流场(包括喉部)都是超声速的。现在保持进口总温、总压以及马赫数不变，逐渐增加出口外的环境压力，则出口处逐渐形成一道正激波，并开始向上游移动进入管道内，其下游变为亚声速。随着出口压力的增加，激波逐步前移至喉部，一旦激波进入收缩段，则其就会迅速向上游推进，整个拉瓦尔喷管内部将全部变为亚声速流动，不再能满足进口马赫数不变的条件了。

当拉瓦尔喷管的面积比和进口条件合适，而且喉道的流动为声速时，只要背压合适，其下游的扩张段可以是亚声速流动。这种情况下，气流在经过拉瓦尔喷管时,全程都是减速的,并且没有激波,这种减速形式显然是损失最小的,所以是最理想的超声速流动减速形式。

不过,这种流动是不稳定的,任何背压的升高都可能导致喉部前面的流动也变成亚声速的,在收缩段形成激波,激波在收缩段无法稳定,就会被向前推,直到推出进口之外。这种现象在飞机的超声速进气道中被称为进气道的"未启动"。所以,真正损失小又稳定的气流减速方式是让气流在喉部仍然是超声速的,并且在其后还存在一小段超声速区,然后通过一道较弱的正激波减速为亚声速流动。

我们以下面这样一个例子来结束本章的讨论。

音爆现象

对于常见的在一定高度亚声速飞行的民航飞机来说,无论它是向我们飞来还是离我们远去,我们都能听到它的声音,只不过由于它的速度已经很接近声速,所以在我们听到声音的时候,顺着声音看去它并不在那里,因为声音传到我们耳朵这一段时间飞机已经向前飞了一段距离。

如果是超声速飞行的飞机,则很显然,它向我们飞来的时候,我们是听不到它的声音的,因为声音被它落在后面了。但是,当飞机通过我们头顶一段距离之后,我们会听到一声或多声巨响,这种被称为"音爆"的现象是由飞机产生的激波造成的。飞机过去后,我们还能持续听到它发出的噪音,因为虽然飞机是超声速飞走的,但它发出的声音却是在静止的空气中传播的,所以会继续向后传播,只是这时我们听到的声音存在明显的多普勒频移效应,和原本的声音大不相同。

反过来,对于已经超声速飞走的飞机上面的飞行员来说,后面地面上发出的声音他是听不到的,因为这些声音在静止的空气中传播,是追不上飞机的。

例题 7-12 拉瓦尔喷管的参数

已知:一等截面直管后接一拉瓦尔喷管,如图 7-41 所示。已知直管的截面积为 0.15 m^2,拉瓦尔喷管入口处的压强 $p_i = 3.5\times10^5$ Pa,温度为 $T_i = 340$ K,马赫数 $Ma_i = 0.15$,喷管出口处的马赫数 $Ma_e = 1.5$。不计摩擦损失。

求解:喷管喉部面积及出口面积,并计算喉部及出口截面的压强、温度和速度。

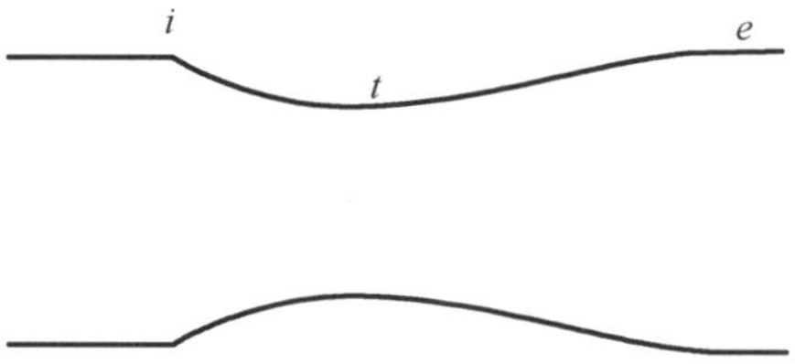

图 7-41 拉瓦尔喷管计算中的逆问题

解题过程:

这是一个逆问题。因为 $Ma_e > 1$,故喉部是临界截面,即

$$A_t = A_{cr}, Ma_t = 1$$

故

$$T_{0i} = T_i\left(1 + \frac{k-1}{2}Ma_i^2\right) = 340 \times \left(1 + \frac{0.4}{2} \times 0.15^2\right) = 341.53\ \text{K}$$

$$p_{0i}=p_i\left(1+\frac{k-1}{2}Ma_i^2\right)^{\frac{k}{k-1}}=3.5\times10^5\times(1+0.2\times0.15^2)^{3.5}=3.555\times10^5\text{Pa}$$

喷管进口与喉部运用连续方程，即

$$K\frac{p_{0i}}{\sqrt{T_0}}A_iq(\lambda_i)=K\frac{p_{0t}}{\sqrt{T_0}}A_t$$

由于不计摩擦损失，绝能等熵流动，故有

$$T_{0i}=T_{0t}=T_{0e},p_{0t}=p_{0i}=p_{0e}$$

由 $Ma_i=0.15$ 查气动函数表，得 $q(\lambda_i)=0.260$，所以有

$$A_t=A_iq(\lambda_i)=0.15\times0.260=0.039\ \text{m}^2$$

喉部和喷管出口运用连续方程，且由于流动为绝能等熵的，由 $Ma_e=1.5$，查表得 $q(\lambda_e)=0.849$，故

$$A_e=\frac{A_t}{q(\lambda_e)}=\frac{0.039}{0.849}=0.046\ \text{m}^2$$

喉部气流参数为

$$p_{cr}=p_{0i}\left(\frac{2}{k+1}\right)^{\frac{k}{k-1}}=3.555\times10^5\times0.5283=1.8781\times10^5\ \text{Pa}$$

$$T_{cr}=T_{0i}\frac{2}{k+1}=341.53\times0.8333=284.61\text{K}$$

$$v_{cr}=c_{cr}=\sqrt{kRT_{cr}}=\sqrt{1.4\times287.06\times284.61}=338.2\ \text{m/s}$$

喷管出口气流参数，由 $Ma_e=1.5$ 查气动函数表得

$$\frac{p_e}{p_0}=\pi(\lambda_e)=0.273,\frac{T_e}{T_0}=\tau(\lambda_e)=0.69,\lambda_e=1.366$$

故

$$p_e=p_{0i}\pi(\lambda_e)=3.555\times10^5\times0.273=0.9705\times10^5\ \text{Pa}$$

$$T_e=T_{0i}\tau(\lambda_e)=341.53\times0.69=235.66\ \text{K}$$

$$v_e=\lambda_ec_{cr}=1.366\times338.2=461.98\ \text{m/s}$$

例题解析：

此题是一个拉法尔喷管逆问题的求解，要求首先判断 Ma_e 是否是超音速流动，若是超音速流则喉部刚好达到音速，这个条件是求解此题的关键。

本章小结

本章主要介绍了由于流体的高速流动引起的流体密度的大幅度变化，通常认为液体的流动是不可压缩的（液体在流动过程中密度保持不变）或者在很宽的速度范围内是不可压缩的，但是气体和蒸汽的高速流动可能会引起流体密度的大范围变化。在较低的速度下，气体和蒸汽密度变化不明显，因此这些流动可以被视为不可压缩流体。由于在可压缩流动中流体的密度或者其他流体的性质在流动的过程中会发生显著地变化，所以对可压缩流动的研究对工程实际应用具有深刻的意义。再者完全气体具有明确的流体性质关系，被用作实际气体的近似值。这种重要的简化为可压缩流动研究带来很多有用的结论。

本章介绍了声速和马赫数的概念，并给出了微弱扰动波在空气中的传播规律；介绍了气体一维流动的连续性方程和能量方程；建立了气体在滞止状态和临界状态下的有关计算公式，并介绍了与此相关的速度系数；最后给出了气流参数和通道截面面积之间的关系，并对收缩喷管和缩放喷管在设计工况下的流动进行了详细地分析。

本章的另一个重点就是超音速流动中经常出现的膨胀波和激波。介绍了各种形式激波的概念和性质，分析了激波产生的条件，建立了正激波和斜激波波前波后的参数关系，并研究了两种喷管的流动。

思考题

7.1　何谓声速，在气体中声速的大小与哪些因素有关？

7.2　马赫数的定义及其物理意义是什么？

7.3　气流的流动状态如何按马赫数分类？

7.4　气体做等温流动时的声速和做绝热流动时的声速是否一样？

7.5　如何计算马赫数？

7.6　在流场中出现扰动时，亚音速流动和超音速气流的流动状态图形有什么本质上的区别？

7.7　为什么超音速战斗机飞过头顶后，你才能听到它的声音？

7.8　为什么在一些资料中，常常指出当气流速度 $v_e<50$ m/s 时，可以忽略其压缩性的影响？

7.9　一元恒定气流的连续性方程的微分形式和积分形式是什么？

7.10　什么是滞止参数，什么是临界参数，在工程上有什么意义？

7.11　什么是速度系数，引入速度系数有哪些好处？

7.12　气流可以按照不可压缩流体来处理的限度是什么？

7.13　什么是普朗特—迈耶流动？什么是普朗特—迈耶波？

7.14　气体经过膨胀波时，压强、温度、密度和速度怎样变化？

7.15　什么是激波，有哪几类，经过激波后气体的参数如何变化？

7.16　正激波和斜激波是如何形成的？

7.17　普朗特关系式表征的是怎样的流动规律，如何用该公式说明激波的方向？

7.18　激波在边界上形成发射的原因是什么？

7.19　对于亚声速气流和超声速气流，气流参数和通道截面积之间的关系是什么？

7.20　收缩喷管所能达到最大速度是什么，请解释原因？

7.21　当环境从临界压强再继续降低时为什么收缩喷管中的流量保持不变，并始终等于最大流量？

练习题

7.1　计算 65 ℃氢气中的声速是多少？

7.2　已知位于海平面上和大气同温层的干燥空气的气温，分别为 25 ℃和 −55 ℃。试求其声速？

7.3　已知大气层中，沿高度的空气温度递减率为 0.006 5 ℃/m，若地面温度为 15 ℃，求高空 3 000 m 和 8 000 m 处的音速？

7.4　飞机在 20 000 m 高空（−56.5 ℃）中以 2 400 km/h 的速度飞行，求气流相对于飞机的马赫数？

7.5　如习图 7−1 所示，高压空气引射器，已知 $p_1=1\ 177\ \mathrm{kN/m^2}$，$v_1=100$ m/s，$t_1=27$ ℃喷管出口断面 $p_2=981\ \mathrm{kN/m^2}$，求出口断面 T_2 和 v_2。

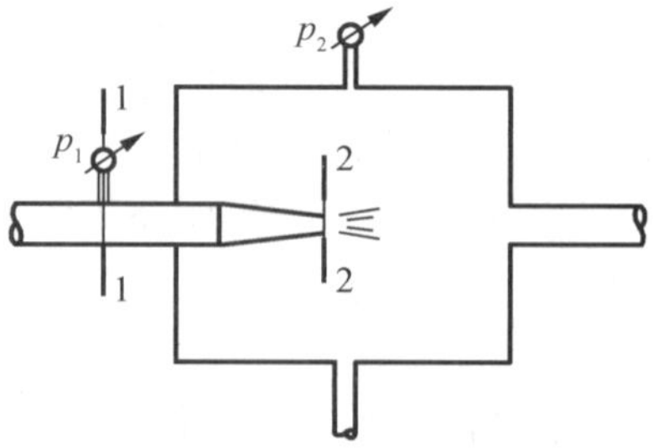

习图 7−1　高压空气引射器

7.6　二氧化碳气体做等熵流动，在流场中第一点上的温度为 60 ℃、速度为 14.8 m/s 在同一流线上第二点温度为 30 ℃，求这点上的速度。

7.7　做绝热流动的氦气，已知断面 1 的温度为 60 ℃，速度为 10 m/s，断面 2 的速度为 180 m/s，求断面 2 处的温度和两断面的压强比值。

7.8　空气做等熵流动，已知滞止压强 $p_0 = 490$ kPa，滞止温度 $T_0 = 293$ K，试求滞止声速及马赫数为 0.8 时的声速、气流速度和压强？

7.9　已知进入动叶的过热蒸汽温度为 430 ℃，压强为 5 000 kPa，气体常数为 461.5 J/kg · K，$\gamma = 1.329$，速度为 525 m/s，试求动叶片前过热蒸汽的滞止压强和滞止温度。

7.10　通风管要求输送流量为 2.25×10^{-3} m³/s，空气压强为 240 kPa，温度为 27 ℃，管内允许 $v_{\max} = 5.8$ m/s，试求所需管的最小直径。

7.11　飞机在 10 000 m 的高空（$T = 223.15$K，$p = 0.264 \times 10^5$ Pa）以速度 800 km/h 飞行，燃烧室的进口扩压通道朝向前方，设空气在扩压通道中可逆压缩，若相对于扩压器的出口马赫数为 0.36 。试确定：(1)相对于扩压器的来流马赫数。(2)相对于扩压器的出口速度。

7.12　绝热流动的空气，温度为 15 ℃，要求压强的相对误差 $\dfrac{\Delta p}{\dfrac{\rho v^2}{2}}$ 不超过 15%，问气流速度多大时，可允许在计算压强时不考虑气体的压缩性。

7.13　一收缩性喷管，已知上游参数 $p_1 = 140$ kPa，$v_1 = 80$ m/s，$T_1 = 293$ K。喷管出口 $p_2 = 110$ kPa，求喷管出口的空气速度？

7.14　已知容器中空气温度为 25 ℃、压强为 50 kPa(绝对)，空气从出口截面直径为 10 cm 的收缩喷管中排出，求等熵条件下，外界压强分别为 30 kPa、20 kPa 和 10 kPa(绝对压强)时出口截面处的温度和速度。

7.15　过热蒸汽[$\gamma = 1.33$，$R = 462$ J/kg · K]的滞止压强和滞止温度分别为 $p_0 = 2 \times 10^5$ kPa，$T_0 = 380$ K，气流经过一收缩喷管等熵的流出，试求(1)当出口外部的背压 $p_b = 1.4 \times 10^5$ kPa 时，喷管的质量流量；(2)如果要使喷管的质量流量最大，出口外部的背压应降为多少？此时的质量流量为多少？

7.16　封闭容器中氮气的 $p_1 = 390$ kPa，$t_1 = 25$ ℃，通过出口直径 50 mm 的收敛性喷嘴排出大气，求氮气的质量流量和喷嘴的出口流速？

7.17　已知进口处的压强 $p_1 = 108$ kPa，温度 $t_1 = 280$ ℃，速度 $v_1 = 205$ m/s，试求空气在喷管中的临界速度？

7.18　储气箱的压强为 689.3 kPa，温度为 60 ℃、从储气箱接一缩放喷管，喷管出口截面积和喉部截面积之比为 2，求出口处的压强、速度、马赫数。

7.19　喷管前蒸汽的滞止参数为 $p_0 = 1\,180$ kPa，$t_0 = 300$ ℃，喷管后的压强 $p_{\text{amb}} = 294$ kPa。蒸汽流量 $q_m = 12$ kg/s。试问应采用什么形式的喷管，在无摩擦绝热的理想情况下，喷管的截面积为多大？

7.20　滞止压强 $p_0 = 6 \times 10^5$ kPa 的空气气流在拉法尔喷管中做等熵流动，如果出口面积与喉部面积之比为 5，试求出口截面上的压强。

7.21　大型容器中的空气静压为 4.8×10^5 Pa、静温 320 K、经过内径为 0.075 m 的管道排出大气(压强为 1.013×10^5 Pa)。如果有 335 kJ/kg 的热量传给气体，试计算：

(1)管道进口和出口的气流马赫数；

(2)出口的压强；

(3)进出口质量流量。已知 $\gamma = 1.4$，$c_p = 1\,004.8$ J/(kg · K)。

7.22　空气在管道中发生正激波，已知波前的马赫数为 2.5，绝对压强为 30 kPa，温度为 25 ℃，求激波后的马赫数、压强、温度、和速度。

7.23　$Ma_1 = 1.0$ 的空气绕外钝角加速到 $Ma_1 = 2.25$，问此外钝角转折了多少度？起始马赫线的马赫角多大？

7.24　已知子弹头部的激波角为40°，未扰动空气的压强为101.3 Pa，温度为10 ℃，估算子弹端部的温度？

7.25　某厂标定的缩放喷管，已知通过喷管气流为超声速气流，用皮托管测得静压为35 000 Pa，总压和静压的差为0.384 m水银柱高，试确定气流通过喷嘴的马赫数。

7.26　已知正激波的空气流参数为 $p_2=360$ kPa，$v_2=210$ m/s，$T_2=50$ ℃，试求激波前的马赫数。

7.27　核爆炸产生的激波以12 000 m/s的速度在静止大气中传播，大气的压强为 10^5 kPa，温度为300 K，试求激波相对于静止空气的马赫数，以及激波扫过后气流的压强和温度。

7.28　如习图7－2所示试证超声速皮托管中的压强公式：

$$p_{T2}=p_\infty\left(\frac{k+1}{2}Ma^2\right)^{k(k-1)}\left(\frac{2k}{k+1}Ma^2-\frac{k-1}{k+1}\right)^{\frac{-1}{(k-1)}}$$

7.29　如习图7－3所示，超声速空气流绕过一个角度 δ 发生气流方向内折，同时出现斜激波。已知激波前的参数为 $p_1=7\times10^5$ kPa，$T_1=273$ K，$v_1=660$ m/s 测得激波后的压强 $p_2=13.5\times10^5$ kPa，求激波角 β，转折角 δ 以及激波后的温度、密度、速度。

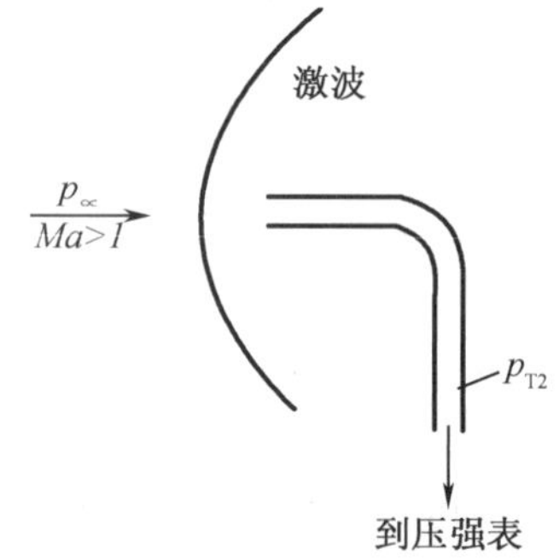

习图7－2　超声度皮托管

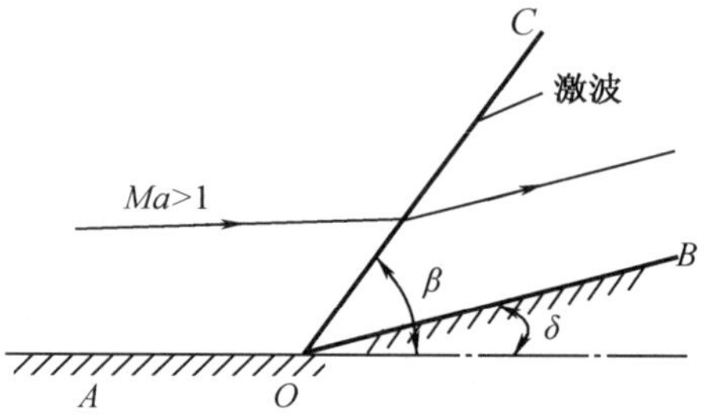

习图7－3　斜激波

7.30　如习图7－4所示，问 $Ma_1=1.2$、$t=460$ ℃的超声速燃气流（$\gamma=1.33$）在叶片上的温升等于多少？

7.31　如习图7－5所示的二维收缩喷管出口的超声速空气流 $Ma_1=1.5$，$p_1=4.211\times10^4$ kPa 喷管出口外的背压 $p_{amb}=1.013\times10^5$ kPa。求气流射出后边界流线的内转折角、激波角、波后马赫数和总压比。

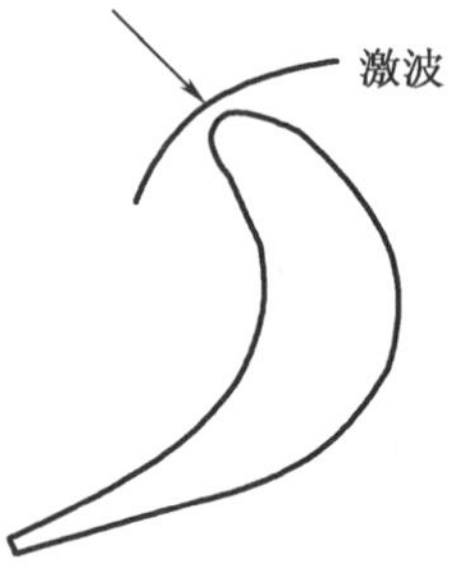

习图7－4　超音速涡轮导叶

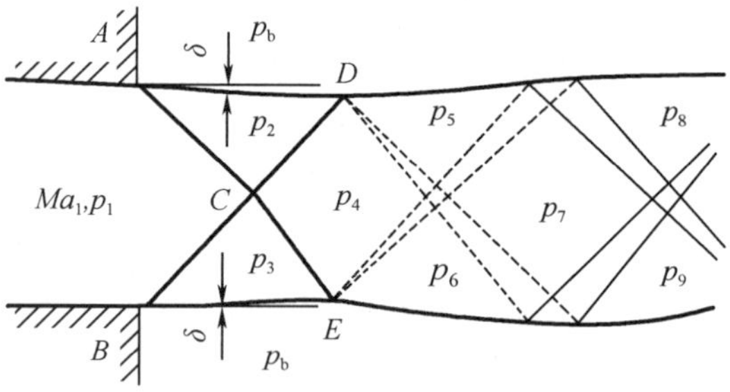

习图7－5　二维收缩喷管

边界层理论

以上各图分别描述了气体的圆柱绕流、流线型汽车三维外部流线、方程式赛车的外部流动情况。气流通过结构最为简单的圆柱体所产生的结构复杂的边界层的例子，说明了外部流动边界层精确分析的难度较大。

在自然界和工程实际中，存在大量的流体绕过物体流动的问题(简称绕流问题)，例如河水流过桥墩，飞机在空中飞行，船舶在海洋中航行，压气机、涡轮、泵中绕过叶栅流动，在锅炉中烟气和空气横向流过受热面束，煤粉颗粒和尘埃在空气中运动，等等。在流体绕流时，黏性存在产生了边界层和阻力，为了克服阻力就要损失一部分能量。

本章学习目标

(1)掌握边界层的基本概念，特别是边界层几种厚度的定义；

(2)能够推导边界层基本方程和边界层积分方程；

(3)能够进行平板边界层的计算；

(4)理解边界层分离的现象和条件；

(5)能够分析绕流阻力和尾迹损失产生的原因、后果及减阻的方法。

第 8 章　边界层理论

流体和固体之间的相互作用，是流体力学的主要研究内容之一。边界层理论不仅可以解释绕流物体尾流及旋涡的形成等复杂流动现象，而且为解决高雷诺数流动问题提供了有效的方法和手段。边界层理论是普朗特于 1904 年首次提出的，它具有广泛的理论和实际意义，发展非常迅速，目前已成为黏性流体动力学的一个重要领域。

本章主要介绍边界层的概念和边界层几种厚度的定义，导出二维不可压缩流体边界层的微分方程，然后对微分方程进行积分，计算平板边界层的厚度和摩擦阻力，最后介绍曲壁边界层的分离、绕流阻力和尾迹损失。

8.1　边界层的概念和边界层几种厚度的定义

任何物体在真实流体中都将受到流体给予它的黏性阻力。但是在高速运动的条件下，黏性只在物体附近的薄层中起作用，为了了解黏性阻力的产生机理，首先必须对此薄层进行详细的定义。

8.1.1　边界层概念

如前所述，雷诺数是用于度量作用在流体上的惯性力与黏性力之比的准则数，高雷诺数（$Re \gg 1$）下的运动就意味着运动中的惯性力远大于黏性力的影响，黏性力相对于惯性力可以忽略不计，于是可以把流体看成是理想流体。由理想流体理论，我们可以得到流体的速度分布、压强分布。但是由实验发现，由理想流体理论得到的速度场在壁面附近与实际情况相差甚远。在真实流动中，贴近壁面的流体与壁面之间并无相对运动，在壁面附近沿其法线方向存在相当大的速度梯度，故在壁面附近的一层流动区域中，黏性力与惯性力相比不能忽略。因此不能应用理想流体动力学来解决贴近物面的区域中的流体的运动问题。

高雷诺数流场可以分为黏性和非黏性区域。

1904 年普朗特（Ludwig Prandtl，1875 – 1953）第一次提出了边界层流动的概念。他认为对黏性较小的流体（例如水和空气）绕流物体时，黏性的影响仅限于贴近物面的薄层中，在这一层以外，黏性的影响可以忽略，运用经典的理想流体力学方程来解决这里的流动问题是合理的。普朗特称这个薄层为边界层（附面层）。

简单的实验就可以证实普朗特的思想。例如直接测量翼型表面附近的速度分布（见图 8 – 1）可以发现边界层的存在。由图（8 – 1）可见，整个流场可以划分为边界层、尾迹流和外部势流三个区域。

在边界层内，流速由壁面上的零值急剧地增加到与来流速度 v_0 同样数量级的值。因此沿物面法线方向上的速度梯度很大，即使流体的黏性系数比较小，但黏性应力可以达到很高的数值。此外，由于速度梯度很大，使得通过边界层的流体有相当大的涡旋强度，流体是有旋的。

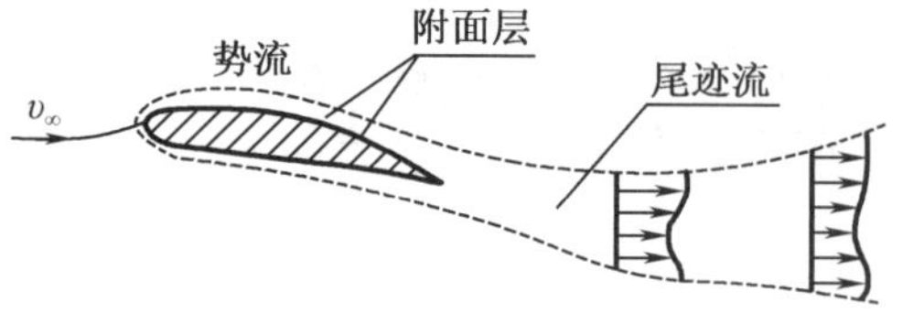

图 8－1　翼型表面流场

当边界层内的黏性有旋流离开物体而进入下游时，在物体的后面形成尾迹流，在尾迹流中初始阶段还带有一定强度的涡旋，速度梯度还相当显著，但是由于不存在固体壁面的阻滞作用，不能产生新的涡旋，随着远离物体，原有的涡旋即将扩散和衰减，速度分布渐趋均匀，直到在下游处完全消失。

在边界层和尾迹以外的区域，流体的速度梯度很小，黏性力的影响可以忽略，流体可以看成是无黏性的或无旋的。由此可见，当黏性流动绕流物体时，在边界层和尾迹区域的流动是黏性流动的有旋流动，在边界层和尾迹区域外的流动可以视为无黏性流体的无旋流（势流），因此问题归纳为分别讨论这两种流体运动，然后把所有的解拼合起来，就可以获得整个流场的解。

8.1.2　边界层形成及边界层的主要特征

对于定常均匀来流，来流流速为 v_0，在平行于流动方向放置一块薄平板，如图 8－2 所示。如平板静止，与平板接触的流体质点由于黏性作用流速为零。平板附近的流体质点，通过流体内摩擦阻力作用，其流速也会有不同程度的减小，离平板越远作用越不明显。理论上只有在无穷远处流速才不会受到平板的影响。实际上较为明显的影响则只是在平板两侧的流动薄层，即边界层内。

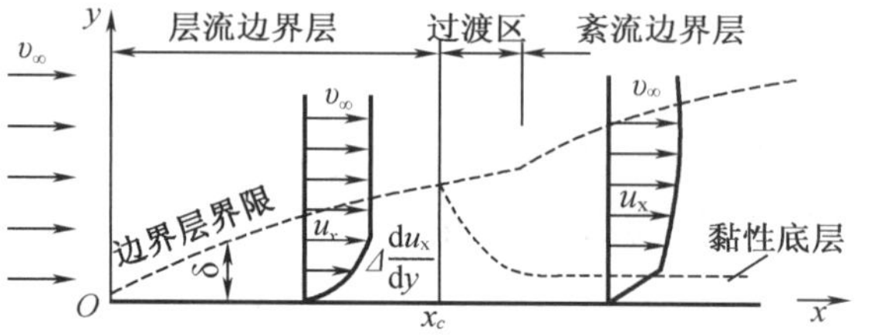

图 8－2　边界层的形成

可通过流动显示的方法观察到边界层流动的图形。当流体质点接触到平板前段时，由于受到平板的阻滞，流速变为零，在这一点上边界层厚度为零。随着流体的流动，平板对流体的阻滞作用逐渐向平板两侧（远离平板上方和下方方向）横向扩展，边界层厚度随流层逐渐增加，如图 8－3 所示。

将绕流物体的运动分解为边界层内外两个不同区域的流动以后，边界层内的流动同时受到黏性力和惯性力作用，并且由于存在速度梯度，流体是有旋流动。边界层的厚度一般较物体的特征长度要小得多，即 $\frac{\delta}{L}$ 是

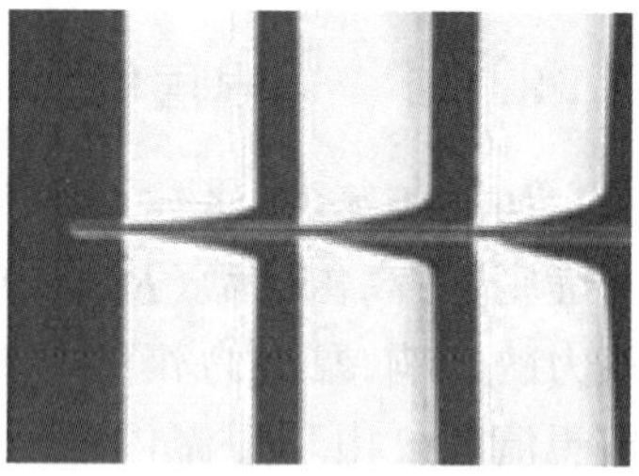

如上图所示，若钢板无限长，且雷诺数较大时的边界层可认为是层流边界层。

如上图所示烟雾在上升的过程中经历的过渡区。

一个小量。

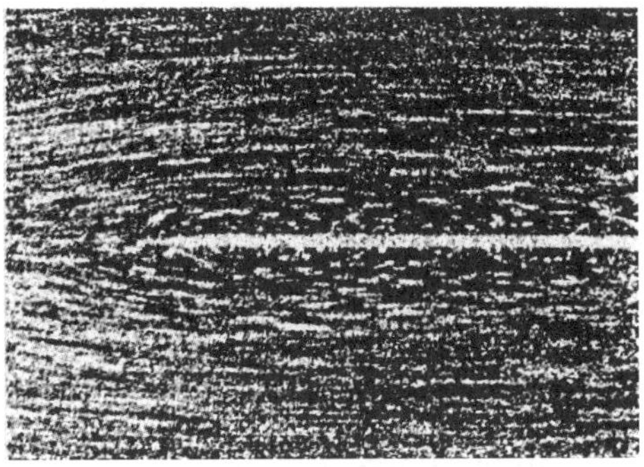

图8-3 边界层流动可视化

边界层内的流动是黏性流动，同样也存在两种流动形态，亦即边界层有层流边界层和湍流边界层的区别。如对应于图8-4所示的平板绕流，从平板前缘起自层流开始，随x的增加，边界层厚度逐渐增加，壁面对流体扰动的稳定作用逐渐减弱，直至发生流态的转捩，在边界层内形成湍流。影响边界层从层流边界层发展为湍流边界层的因素有很多而且很复杂。所以层流与湍流的转折不是在某个断面突然发生的，而是在一个过渡区内完成的。从层流转变为湍流的过渡区称为转捩区，但是为了研究问题方便，常常将转捩区的长度设为零，此时转捩段变为转捩点。用来流速度及转捩点与前缘间的距离x_T作为特征长度计算得到的雷诺数称为临界雷诺数，即

$$Re_{cr}=\frac{v_\infty x_T}{\nu} \tag{8-1}$$

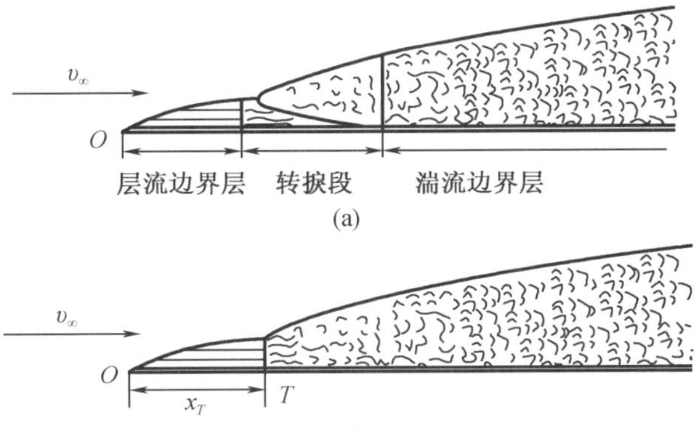

图8-4 边界层结构

Re_{cr}的数值由实验来确定，它与物面的形状以及来流的湍流度有关。对于沿平板的流动，在一般的情况下，$Re_{cr}=5\times10^5\sim3\times10^6$。显然转折点$x_T=Re_{cr}\dfrac{\nu}{v_\infty}$。利用边界层理论可以成功计算物体在流体中运动时物面所受到的摩擦阻力和热传递率，解释脱体旋涡的产生以及尾流的产生等复杂流动情况。

8.1.3 边界层的几种厚度

在解决实际问题的时候，不仅需要在几何尺度上定义边界层厚度（名

转捩流是指层流到湍流的过渡流态。固体壁面上的附面层前一段通常为层流，后一段可能为紊流，中间有一过渡期，称为转捩区。该区有时很窄，可近似视作一点，称转捩点。1883年，雷诺首先指出，当雷诺数大于临界值时层流即不稳定，这是转捩的先兆。这一假设是迄今大多数理论研究的出发点。影响转捩的因素很多，诸如：自由流紊流度，马赫数，雷诺数，壁面曲度（压强梯度），壁面粗糙度，壁面稳定（热传递），三维效应（次生流），噪声和结构振动等。

层流边界层到湍流边界层的转变

义厚度),而且需要定义一些具有明确物理意义的厚度概念,由此说明边界层的基本特征。

1. 边界层厚度(名义厚度)

边界层与外部势流之间并无明显的分界面。所谓边界层边界或者说边界层厚度,都是按一定条件人为规定的。当流体绕流物体时,速度由物面上的零值恢复到外部势流速度值是一个渐近的连续变化过程。如果以 v_0 表示边界层外部的流动速度,实验表明,边界层内的速度 u_x 沿物面法线方向很快接近于 v_0 的数值,通常把各个横截面上速度恢复到 $u_x = 0.99u_0$ 值的所有点的连线定义为边界层外边界,而从外边界到物面的垂直距离定义为边界层的名义厚度,简称为边界层厚度,通常用 δ 来表示。

现在让我们来估计一下边界层厚度 δ 的数量级。在边界层中,速度梯度较大,黏性力与惯性力相比不能忽略。由于在边界层内惯性力和黏性力具有相同的数量级,因此可以找到符合这个条件的区域,这个区域的厚度就是边界层厚度。以平面绕流为例说明。

图 8-5 为平板的平面绕流,来流速度为 v_∞,平板在 z 方向的宽度为无穷大,在 x 方向的长度为 L,边界层厚度为 δ。单位体积的惯性力可用 $\rho u_x \dfrac{\partial u_x}{\partial x}$来表示,它具有 $\rho \dfrac{v_\infty^2}{L}$的数量级;单位体积的黏性力可用 $\mu \dfrac{\partial^2 u_x}{\partial y^2}$这一项来代表,它具有 $\mu \dfrac{v_\infty}{\delta^2}$的数量级。因此,在边界层内则应该应有

$$\mu \frac{v_\infty}{\delta^2} \sim \rho \frac{v_\infty^2}{L}$$

即

$$\frac{\delta}{L} \sim \frac{1}{\sqrt{Re}}, Re = \frac{\rho v_\infty L}{\mu}$$

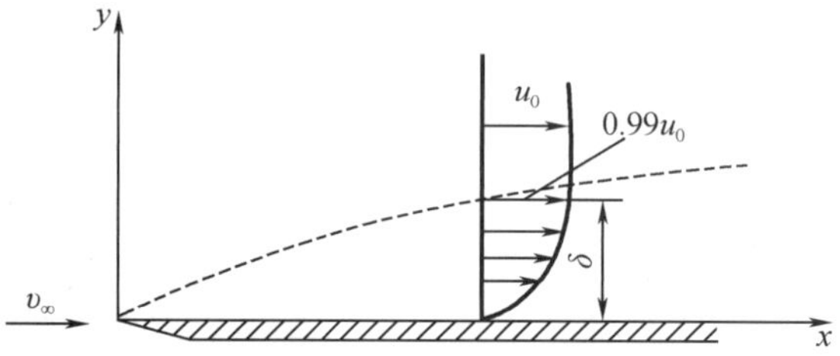

图 8-5　平板平面扰流边界层

由此可见,在高雷诺数的条件下,边界层厚度远小于被绕物体的特征长度,即

$$\frac{\delta}{L} \ll 1$$

边界层的厚度通常很薄,例如对于空气沿平板的流动,若板长 $L = 100$ cm,$\nu = 0.15$ cm^2/s,设自由来流速度 $v_\infty = 10$ m/s,求得 $Re \approx 7 \times 10^5$,则边界层厚度 δ 约为 1.2 mm。

2. 边界层位移厚度

边界层位移厚度又称为边界层流量排挤厚度,是指由于边界层的存在,

边界层位移厚度根据体积流量来定义。

使边界层外部势流的流速按理想流体处理计算时其流动的虚拟边界向壁面以外移动的距离。

单位时间内通过边界层某一断面的流体若为理想流体，其质量流量应为 $\int_0^\delta \rho u_0 \mathrm{d}y$，其中 u_0 为该断面边界层外缘流动的速度。而对实际黏性流体，边界层内实际通过的流体质量为 $\int_0^\delta \rho u_x \mathrm{d}y$，两个流量的差值即为由于流体黏性而减少的流量，这部分流量将从边界层内排挤到层外，相当于在边界层外流动中增加了一层速度为 u_0 而厚度为 δ^* 的流体，如图 8－6 所示。边界层使来流的流线向外排挤了位移厚度的距离，所以位移厚度也称为排挤厚度，可表示为

$$\rho u_0 \delta^* = \int_0^\delta \rho u_0 \mathrm{d}y - \int_0^\delta \rho u_x \mathrm{d}y$$

即

$$\delta^* = \int_0^\delta \left(1 - \frac{u_x}{u_0}\right) \mathrm{d}y \tag{8-2}$$

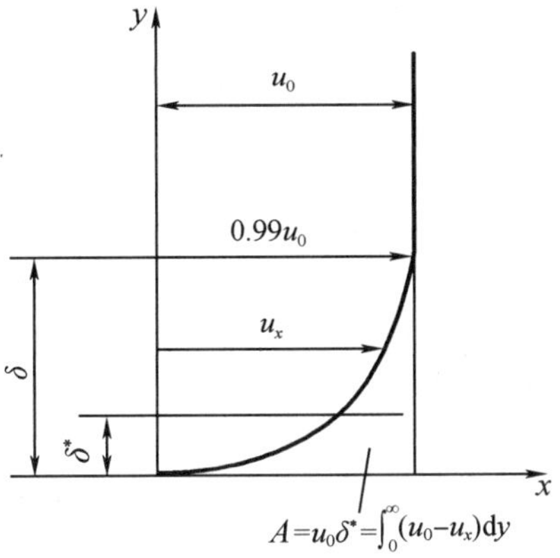

图 8－6　边界层位移厚度的物理意义

式(8－2)对于任意不可压缩流体边界层都是正确的。注意到 y 变量在积分后已消失，因此 δ^* 只是 x 的函数。

位移厚度的概念对于流道设计具有重要的实际意义。例如设计喷管时通常把喷管中的流体看作是无黏的，求出理想型线，然后考虑黏性的影响，把理想型线各点都增加当地的位移厚度 δ^*，如图 8－7 所示。图中虚线是理想型线，实线是做了边界层修正之后的实际型线。

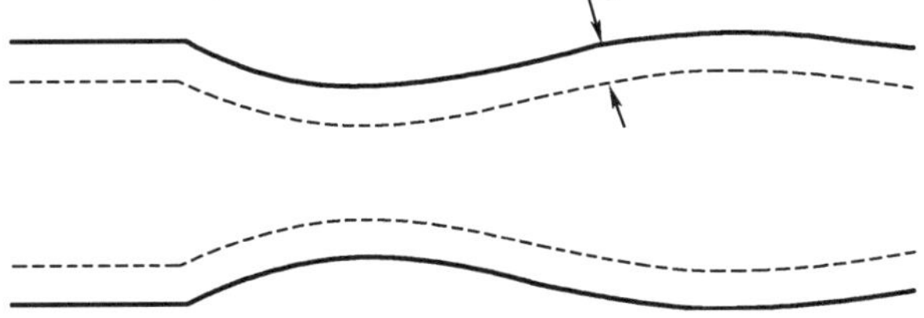

图 8－7　喷管流动

3. **动量损失厚度**

边界层动量厚度根据动量通量来定义。

既然边界层的存在会使速度减小，那么流体的动量也会减少，单位时间内通过边界层厚度 δ 的流体实际所具有的动量为 $\int_0^\delta \rho u_x^2 \mathrm{d}y$。而此部分流体若以层外的速度 u_0 运动时所具有的动量是 $\left(\int_0^\delta \rho u_x \mathrm{d}y\right)u_0$。因此动量损失为

$$\int_0^\delta \rho u_x u_0 \mathrm{d}y - \int_0^\delta \rho u_x^2 \mathrm{d}y$$

它等于单位时间内通过 δ^{**}（一个假想的厚度）的速度为 u_0，密度为 ρ_0 的流体所具有的动量 $\rho_0 u_0^2 \delta^{**}$ 即

$$\rho_0 u_0^2 \delta^{**} = \int_0^\delta \rho u_x u_0 \mathrm{d}y - \int_0^\delta \rho u_x^2 \mathrm{d}y \tag{8-3}$$

这个假想的厚度 δ^{**} 就叫作动量损失厚度。上式经过变换后即可得 δ^{**} 的表达式为

$$\delta^{**} = \int_0^\delta \frac{\rho}{\rho_0}\frac{u_x}{u_0}\left(1 - \frac{u_x}{u_0}\right)\mathrm{d}y \tag{8-4}$$

对于不可压缩流体，$\rho = \rho_0$，则

$$\delta^{**} = \int_0^\delta \frac{u_x}{u_0}\left(1 - \frac{u_x}{u_0}\right)\mathrm{d}y \tag{8-5}$$

以后我们将会看到物体所受到的阻力常和动量损失厚度 δ^{**} 联系起来。

4. **能量损失厚度**

能量损失厚度的定义与动量损失厚度的定义是类似的，边界层能量损失厚度是指由于边界层的存在，边界层内损失的能量折合成按理想流体处理时具有相同能量的等效厚度。

既然边界层的存在会使速度减小，那么流体的动量也会减少，单位时间内通过边界层厚度 δ 的流体实际所具有的能量为 $\int_0^\delta \rho u_x u_x^2 \mathrm{d}y$。而此部分流体若以层外的速度 u_0 运动时所具有的能量是 $\left(\int_0^\delta \rho u_x \mathrm{d}y\right)u_0^2$。因此能量损失为

$$\int_0^\delta \rho u_x u_0^2 \mathrm{d}y - \int_0^\delta \rho u_x u_x^2 \mathrm{d}y$$

它等于单位时间内通过 δ^{***}（一个假想的厚度）的速度为 u_0，密度为 ρ_0 的气流所具有的动量 $\rho_0 u_0^3 \delta^{***}$。

$$\rho_0 u_0^3 \delta^{***} = \int_0^\delta \rho u_x u_0^2 \mathrm{d}y - \int_0^\delta \rho u_x^3 \mathrm{d}y \tag{8-6}$$

对于不可压缩流体，$\rho = \rho_0$，则

$$\delta^{***} = \int_0^\delta \frac{u_x}{u_0}\left(1 - \frac{u_x^2}{u_0^2}\right)\mathrm{d}y \tag{8-7}$$

下面先介绍边界层内流体的运动方程，称为边界层微分方程，其是边界层流动的基本方程。

例题 8-1　边界层厚度综合问题

已知：一实验风洞的试验截面为 305 mm^2 见方的正方形（图 8-8）。在两个横截面上测量边界层速度剖面，并用测量值计算位移厚度。在截面 1 处，自由来流速度是 $v_1 = 26$ m/s，位移厚度是 $\delta_1^* = 1.5$ mm。在截面 1 下游截面 2 处，$\delta_2^* = 2.1$ mm。试验在标准大气压下进行，空气视作均值不可压缩流体，重力影响不计。

求解：计算截面 1 和 2 之间的静压变化，并用截面 1 处的动压的分数来表示。

图 8-8　多功能环境风洞

解题过程：

对于主流来说，截面 1 的尺寸可视为 $305 - 2 \times 1.5$ mm 见方的正方形，截面 2 可视为 $305 - 2 \times 2.1$ mm见方的正方形。

由连续性方程：

$$v_1 = \frac{(305 - 2 \times 2.1)^2}{(305 - 2 \times 1.5)^2} v_2$$

由伯努利方程：

$$p_1 + \frac{1}{2}\rho v_1^2 = p_2 + \frac{1}{2}\rho v_2^2$$

则：

$$\frac{p_1 - p_2}{0.5\rho v_1^2} = \left(\frac{v_2}{v_1}\right)^2 - 1 = \frac{(305 - 2 \times 1.5)^4}{(305 - 2 \times 2.1)^4} - 1 = 0.016\,1 \text{ 或 } 1.61\%$$

例题分析：

正确的理解边界层的位移厚度是求解本题的关键，边界层位移厚度又称为边界层流量排挤厚度，是指由于边界层的存在，使外部流体按理想流体处理时其流动的虚拟边界向壁面以外移动的距离。

8.2　边界层微分方程

前已述及，流体绕流运动的流场可以分成理想区（边界层以外）和边界层区两个区域，而理想区可以使用前面章节介绍过的方法，这里重点介绍的是如何求解边界层内黏性流动的问题。描述边界层黏性流动的仍然是 N-S 方程。运用边界层理论对 N-S 方程进行适当简化，得到研究边界层的运动微分方程，简称边界层方程。

N-S 方程是描述流场中流体所受到的惯性力、压力、黏滞力及质量力之间的关系。在这四种力当中，如果有一种力与其他力相比为极小量，则这种力可以忽略。这种分析方法称为量级分析法，即通过比较方程中各项数量级的大小，把数量级较大的项目保留下来，而舍去数量级较小的项。

为了简单起见，这里只讨论流体沿平板的定常二维流动，由于边界层在 y 坐标方向的厚度 δ 较之 x

坐标方向的长度小得多，因而可以大大简化黏性流体的运动方程（N－S方程）。并假设边界层内的流动都为层流，同时忽略质量力，则二维定常不可压黏性流体的N－S方程和连续性方程为

$$\begin{cases} u_x \dfrac{\partial u_x}{\partial x} + u_y \dfrac{\partial u_x}{\partial y} = -\dfrac{1}{\rho} \dfrac{\partial p}{\partial x} + \dfrac{\mu}{\rho}\left(\dfrac{\partial^2 u_x}{\partial x^2} + \dfrac{\partial^2 u_x}{\partial y^2}\right) & (8-8) \\ u_x \dfrac{\partial u_y}{\partial x} + u_y \dfrac{\partial u_y}{\partial y} = -\dfrac{1}{\rho} \dfrac{\partial p}{\partial y} + \dfrac{\mu}{\rho}\left(\dfrac{\partial^2 u_y}{\partial x^2} + \dfrac{\partial^2 u_y}{\partial y^2}\right) & (8-9) \\ \dfrac{\partial u_x}{\partial x} + \dfrac{\partial u_y}{\partial y} = 0 & (8-10) \end{cases}$$

首先将上式中各项无量纲化，长度均除以 x 方向的特征长度 L，流速均除以未扰动的来流流速 v_∞，得下列无量纲量：

$$x^0 = \frac{x}{L}, y^0 = \frac{y}{L}$$

$$u_x^0 = \frac{u_x}{v_\infty}, u_y^0 = \frac{u_y}{v_\infty}$$

$$p^0 = \frac{p}{\rho v_\infty^2}$$

代入式(8－8)、式(8－9)、式(8－10)中 x 方向方程式的各项中：

$$u_x \frac{\partial u_x}{\partial x} = v_\infty \left(\frac{u_x}{v_\infty}\right) \frac{\partial\left(\dfrac{u_x}{v_\infty}\right) v_\infty}{\partial\left(\dfrac{x}{L}\right) L} = v_\infty u_x^0 \frac{\partial u_x^0 v_\infty}{\partial x^0 L} = \frac{v_\infty^2}{L} u_x^0 \frac{\partial u_x^0}{\partial x^0}$$

$$u_y \frac{\partial u_x}{\partial y} = v_\infty \left(\frac{u_y}{v_\infty}\right) \frac{\partial\left(\dfrac{u_x}{v_\infty}\right) v_\infty}{\partial\left(\dfrac{y}{L}\right) L} = v_\infty u_y^0 \frac{\partial u_x^0 v_\infty}{\partial y^0 L} = \frac{v_\infty^2}{L} u_y^0 \frac{\partial u_x^0}{\partial y^0}$$

$$\frac{1}{\rho} \frac{\partial p}{\partial x} = \frac{1}{\rho} \frac{\partial\left(\dfrac{p}{\rho v_\infty^2}\right) \rho v_\infty^2}{\partial\left(\dfrac{x}{L}\right) L} = \frac{v_\infty^2}{L} \frac{\partial p^0}{\partial x^0}$$

$$\frac{\mu}{\rho} \frac{\partial^2 u_x}{\partial x^2} = \frac{\mu}{\rho} \frac{\partial^2\left(\dfrac{u_x}{v_\infty}\right) v_\infty}{\partial\left(\dfrac{x}{L}\right)^2 L^2} = \frac{\mu}{\rho} \frac{v_\infty}{L^2} \frac{\partial^2 u_x^0}{\partial x^{0\,2}}$$

$$\frac{\mu}{\rho} \frac{\partial^2 u_x}{\partial y^2} = \frac{\mu}{\rho} \frac{\partial^2\left(\dfrac{u_x}{v_\infty}\right) v_\infty}{\partial\left(\dfrac{y}{L}\right)^2 L^2} = \frac{\mu}{\rho} \frac{v_\infty}{L^2} \frac{\partial^2 u_x^0}{\partial y^{0\,2}}$$

得

$$\frac{v_\infty^2}{L} u_x^0 \frac{\partial u_x^0}{\partial x^0} + \frac{v_\infty^2}{L} u_y^0 \frac{\partial u_x^0}{\partial y^0} = -\frac{v_\infty^2}{L} \frac{\partial p^0}{\partial x^0} + \frac{\mu}{\rho} \frac{v_\infty}{L^2}\left(\frac{\partial^2 u_x^0}{\partial x^{0\,2}} + \frac{\partial^2 u_x^0}{\partial y^{0\,2}}\right)$$

将上式各项均除以 $\frac{v_\infty^2}{L}$，则可得

$$u_x^0 \frac{\partial u_x^0}{\partial x^0} + u_y^0 \frac{\partial u_x^0}{\partial y^0} = -\frac{\partial p^0}{\partial x^0} + \frac{\mu}{\rho v_\infty L}\left(\frac{\partial^2 u_x^0}{\partial x^{0\,2}} + \frac{\partial^2 u_x^0}{\partial y^{0\,2}}\right) \quad (8-11)$$

式中，$\frac{\mu}{\rho v_\infty L}=\frac{1}{Re}$，用同样的方法，可将式(8－8)、式(8－9)、式(8－10)全部无量纲化得到

$$\begin{cases} u_x^0\dfrac{\partial u_x^2}{\partial x^0}+u_y^0\dfrac{\partial u_x^0}{\partial y^0}=-\dfrac{\partial p^0}{\partial x^0}+\dfrac{1}{Re}\left(\dfrac{\partial^2 u_x^0}{\partial x^{02}}+\dfrac{\partial^2 u_x^0}{\partial y^{02}}\right) \\ u_x^0\dfrac{\partial u_y^2}{\partial x^0}+u_y^0\dfrac{\partial u_y^0}{\partial y^0}=-\dfrac{\partial p^0}{\partial y^0}+\dfrac{1}{Re}\left(\dfrac{\partial^2 u_y^0}{\partial x^{02}}+\dfrac{\partial^2 u_y^0}{\partial y^{02}}\right) \\ \dfrac{\partial u_x^0}{\partial x^0}+\dfrac{\partial u_y^0}{\partial y^0}=0 \end{cases} \tag{8-12}$$

由于限于研究边界层内的流动，边界层很薄，$\delta\ll L$，无量纲的边界层厚度 $\delta^0=\frac{\delta}{L}$是一个小量，$\delta^0\ll 1$。由此可以建立下面系列的量级：

$$\frac{1}{\delta^{02}},\frac{1}{\delta^0},1,\delta^0,\delta^{02}$$

用符号 $\sim O(\ )$表示相当于某一个量级，分析式(8－11)中各项的量级

$$x^0=\frac{x}{L}\sim O(1)$$

$$y^0=\frac{y}{L}\sim O(\delta^0)$$

$$u_x^0=\frac{u_x}{v_0}\sim O(1)$$

$$\frac{\partial u_x^0}{\partial x^0}\sim O(1)$$

$$\frac{\partial u_x^0}{\partial y^0}\sim O\left(\frac{1}{\delta^{02}}\right)$$

由无量纲的连续性方程$\frac{\partial u_x^0}{\partial x^0}+\frac{\partial u_y^0}{\partial y^0}=0$ 可以得到$\frac{\partial u_y^0}{\partial y^0}\sim O(1)$，即 u_y^0 与 y^0 为同一量级，$u_y^0\sim O(\delta^0)$。$\frac{\partial^2 u_x^0}{\partial x^{02}}$仍然是 $\sim O(1)$，而

$$\frac{\partial^2 u_x^0}{\partial y^{02}}\sim O\left(\frac{1}{\delta^{02}}\right)$$

在边界层中假定纳维斯托克斯方程的惯性项与黏性具有同一数量级。在黏性项中，如果是平板或曲率很小的曲面，则$\frac{\partial^2 u_x}{\partial x^2}\ll\frac{\partial^2 u_x}{\partial y^2}$，可以忽略$\frac{\partial^2 u_x}{\partial x^2}$项，所以按数量级分析得惯性项$\left(\frac{u^2}{L}\right)\propto$黏性项$\left(\frac{\mu u}{\rho\delta^2}\right)$，即$\frac{\rho u}{L\mu}\propto\frac{1}{\delta^2}$。两端均乘以 L^2，则

$$\frac{\rho L u}{\mu}\propto\frac{1}{\dfrac{\delta^2}{L^2}},\quad \frac{Lu}{v}\propto\frac{1}{\dfrac{\delta^2}{L^2}}$$

即

$$Re\sim O\left(\frac{1}{\delta^{02}}\right)$$

这样可以把式(8－12)中的每一项的量纲列在它们的下面，便于相互比较。于是得

$$\begin{cases}u_x^0\dfrac{\partial u_x^0}{\partial x^0}+u_y^0\dfrac{\partial u_x^0}{\partial y^0}=-\dfrac{\partial p^0}{\partial x^0}+\dfrac{1}{Re}\left(\dfrac{\partial^2 u_x^0}{\partial x^{0\,2}}+\dfrac{\partial^2 u_x^0}{\partial y^{0\,2}}\right)\\ 1\quad 1\quad \delta^0\ \dfrac{1}{\delta^0}\qquad\qquad \delta^{02}(1\qquad \dfrac{1}{\delta^{02}})\\ u_x^0\dfrac{\partial u_y^0}{\partial x^0}+u_y^0\dfrac{\partial u_y^0}{\partial y^0}=-\dfrac{\partial p^0}{\partial y^0}+\dfrac{1}{Re}\left(\dfrac{\partial^2 u_y^0}{\partial x^{0\,2}}+\dfrac{\partial^2 u_y^0}{\partial y^{0\,2}}\right)\\ 1\quad \delta^0\quad \delta^0\ 1\qquad\qquad \delta^{02}(\delta^0\qquad \dfrac{1}{\delta^0})\\ \dfrac{\partial u_x^0}{\partial x^0}+\dfrac{\partial u_y^0}{\partial y^0}=0\\ 1\qquad 1\end{cases}\tag{8-13}$$

需要指出，$\frac{\partial p^0}{\partial x^0}$在某些情况下可以忽略，例如水流绕平板的流动，而在某些情况下却不能忽略，这里予以保留。在式(8－13)中把所有量级小于1的项忽略将不会引起太大的误差，因此，得到下列方程

$$\begin{cases}u_x^0\dfrac{\partial u_x^0}{\partial x^0}+u_y^0\dfrac{\partial u_x^0}{\partial y^0}=-\dfrac{\partial p^0}{\partial x^0}+\dfrac{1}{Re}\dfrac{\partial^2 u_x^0}{\partial y^{0\,2}}\\ \dfrac{\partial u_0^x}{\partial x^0}+\dfrac{\partial u_y^0}{\partial y^0}=0\end{cases}\tag{8-14}$$

由 y 方向的方程，可得到$\frac{\partial p^0}{\partial y^0}\sim O(\delta^0)$，即$\frac{\partial p^0}{\partial y^0}$为 δ^0 级小量。将式(8－14)恢复为有量纲的量，可得边界层微分方程，称为普朗特边界层方程式，即

$$\begin{cases}u_x\dfrac{\partial u_x}{\partial x}+u_y\dfrac{\partial u_x}{\partial y}=-\dfrac{1}{\rho}\dfrac{\partial p}{\partial x}+\dfrac{\mu}{\rho}\dfrac{\partial^2 u_x}{\partial y^2}\\ \dfrac{\partial u_x}{\partial x}+\dfrac{\partial u_y}{\partial y}=0\end{cases}\tag{8-15}$$

边界条件为

$$\begin{cases}y=0:\qquad u_x=0,\qquad u_y=0\\ y=\infty:\qquad u_x=u_0\end{cases}\tag{8-16}$$

也可以近似地写成 $y=\delta, u_x=u_0$，u_0 为边界层外边界上的势流流速。

由$\frac{\partial p}{\partial y}\to 0$ 可以得到边界层的一个性质，即沿着固体边界层的外法线，边界层内的压力基本保持不变，它等于边界层外边界的压强。这一点由实验所证实。这个性质具有很大的实用意义。因为边界层外边界上的压强可由势流理论求得，因此在边界层中压强就是已知量。式(8－16)中未知量只有 u_x，u_y 所以是可解的。

又由 $Re\sim O(\frac{1}{\delta^{02}})$，可以得出$\frac{\rho u_0 L}{\mu}\propto(\frac{L}{\delta})^2$，所以

$$\delta\propto\frac{L}{\sqrt{Re}}$$

则边界层的厚度与 $\sqrt{Re}$成反比，Re 越大 δ 越薄。

当边界层内流动为湍流时，式(8－12)中第一式应该改为

$$u_x\frac{\partial u_x}{\partial x}+u_y\frac{\partial u_x}{\partial y^0}=-\frac{1}{\rho}\frac{\partial p}{\partial x}+\frac{1}{\rho}\frac{\partial}{\partial y}(\mu\frac{\partial u_x}{\partial y}-\rho\overline{u_x'u_y'})\tag{8-17}$$

上面所述不仅适用于平板边界层，对于具有曲率的边界，只要曲率较平坦，没有突然地变化，x 坐标

沿曲面边界，y 坐标沿曲面外法线方向，这些方程和论述也是适用的。

与 N－S 方程相比，边界层微分方程要简单多了，但非线性项（惯性力项）仍然存在，求解还是要费一番功夫的。与 N－S 方程一样，边界层方程也只有在有限的特定条件下可以得到解析解，对于其中最简单的顺流向放置的平板层流边界层，普朗特的学生布拉修斯（Heinrich Blasius，1883—1970）在 1908 年得到了准解析解。这个解是基于上述的边界层方程得出的，其正确性也得到了实验的验证。目前对绕外形复杂的物体和湍流边界层还不能求得精确解。因此实际上发展了许多边界层微分方程的近似解，由于其比较简单、方便，至今仍有很大的应用价值。

例题 8－2 普朗特边界层理论应用

已知：设顺流长平板的层流边界层中，板面上的速度梯度 $k=\frac{\partial u_x}{\partial y}\big|_{y=0}$。

求解：试证板面附近的速度分布可用下式表示 $u_x=\frac{1}{2\mu}\frac{\partial p}{\partial x}y^2+ky$，式中$\frac{\partial p}{\partial x}$为板长方向的压力梯度，$y$ 为至板面的距离。

解题过程：

对于二维平板边界层，普朗特边界层方程为

$$u_x\frac{\partial u_x}{\partial x}+u_y\frac{\partial u_x}{\partial y}=-\frac{1}{\rho}\frac{\partial p}{\partial x}+\frac{\mu}{\rho}\frac{\partial^2 u_x}{\partial y^2}$$

由于平板很长，可认为

$$\frac{\partial u_x}{\partial x}=0$$

由连续性方程

$$\frac{\partial u_x}{\partial x}+\frac{\partial u_y}{\partial x}=0$$

故

$$\frac{\partial u_y}{\partial x}=0$$

在平板壁面上 $u_y=0$，因此在边界层内 $u_y=0$。由此边界层方程可见简化为

$$\frac{\partial^2 u_x}{\partial y^2}=\frac{1}{\mu}\frac{\partial p}{\partial x}$$

上式中右端是 x 的函数，左端是 y 的函数，两者必须相等，故

$$\frac{\partial p}{\partial x}=\text{const}$$

将其积分 1 次

$$\frac{\partial u_x}{\partial y}=\frac{1}{\mu}\frac{\partial p}{\partial x}y+C$$

再积分

$$u_x=\frac{1}{2\mu}\frac{\partial p}{\partial x}y^2+Cy+D$$

由边界条件，$y=0$，$\frac{\partial u_x}{\partial y}=k$ 得 $C=k$。在 $y=0$ 时，由无滑移条件 $u_x=0$，得 $D=0$，故

$$u_x=\frac{1}{2\mu}\frac{\partial p}{\partial x}y^2+ky$$

例题分析：

边界层微分方程是由 N－S 方程得出的，本题已知速度梯度，求出了边界层上的速度分布，关键是对边界层微分方程的应用和边界条件的理解。

8.3　边界层动量积分方程

尽管普朗特边界层微分方程大大化简了二维不可压黏性流动的 N－S（纳维—斯托克斯）方程，但由于方程的非线性性质没有改变，求解起来仍然十分困难。为解决这一问题，冯·卡门等人从控制体的角度，忽略控制体内部流体质点流动的细节，提出一种近似解法，又称冯·卡门动量积分方程式解法。该解法是以边界层的动量积分方程为基础，成功地解决了流体绕流固体表面的阻力问题，求解相对简单，具有很强的实际意义。下面就用动量定理推导冯·卡门边界层动量积分方程。

参看图 8－9，设流体沿具有某一形状的壁面运动，在壁面上形成边界层。我们在边界层内取一控制体 $ABCD$，$\mathrm{d}x$ 为无限小长度，假设流体为定常平面流动，垂直于壁面高度为单位高度。对此控制体运用动量定理来建立边界层的积分关系式。

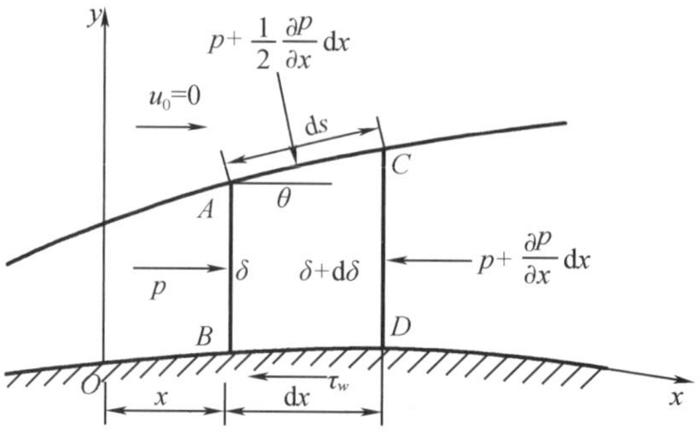

图 8－9　边界层动量积分推导图

单位时间内从 AB 面流入的流体质量为

$$\int_0^\delta \rho u_x \mathrm{d}y$$

单位时间内从 CD 面流出的流体质量为

$$\int_0^\delta \rho u_x \mathrm{d}y + \frac{\partial}{\partial x}\left(\int_0^\delta \rho u_x \mathrm{d}y\right)\mathrm{d}x$$

因此，经 AB 和 CD 流出控制体的静质量为

$$\frac{\partial}{\partial x}\left(\int_0^\delta \rho u_x \mathrm{d}y\right)\mathrm{d}x$$

对定常流动来说，从控制体流出的质量应等于流进此控制体的质量，即在单位时间内，由 AC 边流进控制体的质量应是

$$\frac{\partial}{\partial x}\left(\int_0^\delta \rho u_x \mathrm{d}y\right)\mathrm{d}x$$

在单位时间内通过 AB 流入的动量在 x 方向的投影为

$$\int_0^\delta \rho u_x^2 \mathrm{d}y$$

在单位时间内通过 CD 流出的动量在 x 方向的投影为

$$\int_0^\delta \rho u_x^2 \mathrm{d}y + \frac{\partial}{\partial x}\left(\int_0^\delta \rho u_x^2 \mathrm{d}y\right)\mathrm{d}x$$

在单位时间内通过 AC 流入的动量在 x 方向的投影为

$$u_0 \frac{\partial}{\partial x}\left(\int_0^\delta \rho u_x \mathrm{d}y\right)\mathrm{d}x$$

应该注意,这里将边界层外边界上的速度看成是相同的,都等于 A 点的速度 u_0,只是由于 AC 边为无限小量。如果要将上式沿 x 坐标轴方向积分时,速度 u_0 并不一定是一项常数,$u_0(x)$ 需要视壁面形状而定。

所以单位时间内通过控制体 $ABCD$ 的动量在 x 方向增量应为流出与流入动量的差值,即

$$\frac{\partial}{\partial x}\left(\int_0^\delta \rho u_x^2 \mathrm{d}y\right)\mathrm{d}x - u_0 \frac{\partial}{\partial x}\left(\int_0^\delta \rho u_x \mathrm{d}y\right)\mathrm{d}x$$

再看作用在控制体上的力。略去质量力,并注意边界层边界上的摩擦力为零,而且 AB 及 CD 面上的摩擦力在 x 方向没有分量,所有只考虑 AB、CD、AC 三个面上的压力以及物面 BD 上的摩擦力就行了,且压强沿边界层厚度不变;此外 AC 的长度为无限小量,故作用在 AC 上各点的压强都相同,等于作用在 A 点上的压强 p。因此作用在 AB、CD、AC 三个面上的压力在 x 方向的投影分别为

$$p\delta, \quad -\left[p\delta + \frac{\partial(p\delta)}{\partial x}\mathrm{d}x\right], \quad p\frac{\partial \delta}{\partial x}\mathrm{d}x$$

以 τ_w 表示作用在 BD 面上的切向摩擦应力,方向向左,则在 BD 面上的摩擦力在 x 方向的投影为

$-\tau_{\mathrm{w}}\mathrm{d}x$(这里 τ_{w} 为绝对值)

根据动量定理,在单位时间内通过控制体 $ABCD$ 的动量在 x 方向的增量等于作用在其上的外力在 x 方向的投影,即

$$\frac{\partial}{\partial x}\left(\int_0^\delta \rho u_x^2 \mathrm{d}y\right)\mathrm{d}x - u_0 \frac{\partial}{\partial x}\left(\int_0^\delta \rho u_x \mathrm{d}y\right)\mathrm{d}x = p\delta - \left[p\delta + \frac{\partial(p\delta)}{\partial x}\mathrm{d}x\right] + p\frac{\partial \delta}{\partial x}\mathrm{d}x - \tau_{\mathrm{w}}\mathrm{d}x$$

经过变换后,上式可写成

$$\frac{\partial}{\partial x}\left(\int_0^\delta \rho u_x^2 \mathrm{d}y\right)\mathrm{d}x - u_0 \frac{\partial}{\partial x}\left(\int_0^\delta \rho u_x \mathrm{d}y\right)\mathrm{d}x = -\delta\frac{\partial p}{\partial x} - \tau_{\mathrm{w}} \tag{8-18}$$

这就是边界层的动量积分方程(momentum integral equation of boundary layer),也叫卡门—波尔豪森积分关系式。$\frac{\partial p}{\partial x}$可根据伯努利方程求解。因此未知量只有 v_x、τ_{w}、δ。要想求解该方程必须补充两个关系式。边界层内 u_x 的分布函数一般根据经验假定,方程求解的正确与否很大程度上依靠于假定的 u_x 分布函数是否符合实际。同时冯卡门边界层动量积分方程在推导过程中未对流动特性及壁面上的切应力提出任何假定。因此上面得出的公式对层流边界层和湍流(时均值来代替真实值)边界层均适用。对于不可压缩流体,密度 ρ 是常数,则方程(8-18)可写为

$$\frac{\mathrm{d}}{\mathrm{d}x}\left(\int_0^\delta u_x^2 \mathrm{d}y\right)\mathrm{d}x - u_0 \frac{\mathrm{d}}{\mathrm{d}x}\left(\int_0^\delta u_x \mathrm{d}y\right)\mathrm{d}x = -\frac{\delta}{\rho}\cdot\frac{\mathrm{d}p}{\mathrm{d}x} - \frac{\tau_{\mathrm{w}}}{\rho} \tag{8-19}$$

式(8-18)和式(8-19)称为冯·卡门边界层动量积分方程,是冯·卡门在1921年得出的。有了这个公式,一般的流动问题就可以用主流和边界层迭代的方法来求解了,其中有一种方法的计算步骤可以概括如下:

(1)假定流动为无黏,用势流法求出沿壁面的速度分布 $u(x)$,从而就得到了其沿 x 方向的速度梯度$\frac{\mathrm{d}u}{\mathrm{d}x}$。

(2)通过假设边界层内的速度分布,补充关系式 $u=f(y)$,并应用壁面上的牛顿切应力公式 $\tau_{\mathrm{w}} = \mu\frac{\partial u}{\partial y}$,求解式(8-18)。

(3)根据得到的排挤厚度来修正壁面形状,再次用势流法求速度分布 $u(x)$。

(4)重复上述步骤直到精度满足要求。

应用边界层积分关系式的一个典型的壁面边界层的计算问题是研究不可压二维定常流经过平板的

问题。

例题 8－3　动量积分方程的应用

已知：平板层流边界层内速度分布规律为$\left(\frac{u_x}{v_\infty}\right)=2\frac{y}{\delta}-\left(\frac{y}{\delta}\right)^2$

因为平板层流所以$\frac{\mathrm{d}p}{\mathrm{d}x}=0$，试求边界层厚度与雷诺数 Re 的关系式（忽略压力梯度）。

解题过程：

由边界层积分方程得

$$\frac{\mathrm{d}}{\mathrm{d}x}\int_0^\delta u_x^2\mathrm{d}y-v_\infty\frac{\mathrm{d}}{\mathrm{d}x}\int_0^\delta u_x\mathrm{d}y=-\frac{\tau_\omega}{\rho} \tag{8-20}$$

由题可得

$$u_x=v_\infty\left[2\frac{y}{\delta}-\left(\frac{y}{\delta}\right)^2\right] \tag{8-21}$$

利用牛顿内摩擦定律和式（8－21）得出

$$\tau_\omega=\mu\left(\frac{\mathrm{d}u_x}{\mathrm{d}y}\right)_{y=0}=\frac{2\mu v_\infty}{\delta}\left(1-\frac{y}{\delta}\right)_{y=0}=\frac{2\mu v_\infty}{\delta} \tag{8-22}$$

为便于计算边界层厚度，先求下列 2 个积分式

$$\int_0^\delta u_x\mathrm{d}y=\int_0^\delta v_\infty\left[2\left(\frac{y}{\delta}\right)-\left(\frac{y}{\delta}\right)^2\right]\mathrm{d}y=\frac{2}{3}v_\infty\delta \tag{8-23}$$

$$\int_0^\delta u_x^2\mathrm{d}y=\int_0^\delta v_\infty^2\left[2\left(\frac{y}{\delta}\right)-\left(\frac{y}{\delta}\right)^2\right]^2\mathrm{d}y=\frac{8}{15}v_\infty^2\delta \tag{8-24}$$

将式（8－22）、式（8－23）、式（8－24）代入式（8－20）中得

$$\frac{1}{15}v_\infty\delta d\delta=\frac{\mu}{\rho}\mathrm{d}x$$

积分后得

$$\frac{1}{30}v_\infty\delta^2=\frac{\mu}{\rho}x+C$$

因为在平板壁面前缘点处边界层厚度为 0，即 $x=0,\delta=0$，所以积分常数 $C=0$。于是得边界层厚度为

$$\delta=5.48\sqrt{\frac{\mu x}{\rho v_\infty}}=5.48xRe_x^{-\frac{1}{2}}$$

位移厚度

$$\delta_1=\int_0^\delta\left(1-\frac{u_x}{v_\infty}\right)\mathrm{d}y=\frac{1}{3}\delta=1.83xRe_x^{-\frac{1}{2}}$$

动量损失厚度

$$\delta_2=\int_0^\infty\frac{u_x}{v_\infty}\left(1-\frac{u_x}{v_\infty}\right)\mathrm{d}y=\frac{2}{15}\delta=0.73xRe_x^{-\frac{1}{2}}$$

8.4　平板边界层的计算

流经平板问题的研究，在摩擦阻力理论研究方面起着很大的作用。顺流动方向放置的平板是最简单的流线型体，其阻力是唯一由于切应力而造成的，由平板所求得的关系式 $\delta=\delta(x)$ 和摩擦阻力系数的大小，可以用来近似地计算其他流线型物体，例如薄翼的摩擦阻力等。下面将利用边界层动量积分方程推求光滑平板所受到的摩擦阻力。

设有一极薄的静止光滑平板顺流放置于二维恒定均匀流场中，如图 8－10 所示。以平板上游端为坐标原点，取平板表面为 x 轴，来流流速为 v_∞，且平行于 x 轴，平板长度为 L。依据平板末端的雷诺数 Re_L 与临界雷诺数 Re_{cr} 对比，可以将光滑平板的边界层（图 8－11）计算分为以下三种情况：

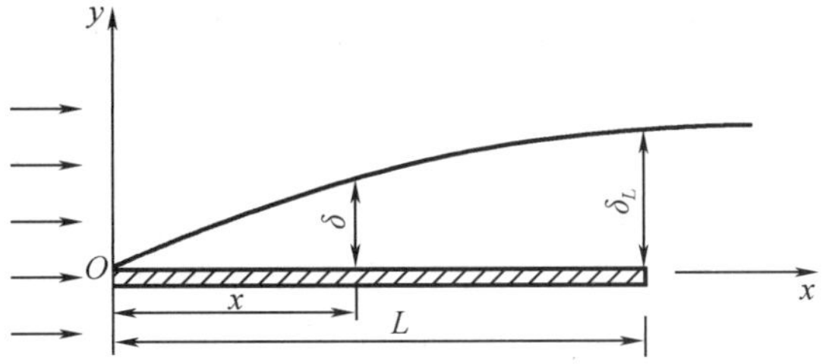

图 8－10　层流边界层

(1) 当 $Re_L < Re_{cr}$，即 $L < x_c$ 时，整个平板边界层内流动状态为层流，这种边界层为层流边界层。

(2) 当 $Re_L > Re_{cr}$，即 $L > x_c$ 时，在平板前段仍保持层流，在转捩点 x_c 后转捩为湍流，在层流和湍流之间有一个过渡段。这种边界层称为混合边界层。

(3) 当 $Re_L \gg Re_{cr}$，即 $L \gg x_c$ 时，混合边界层中层流部分相对于湍流部分很小，这时可以假定整个边界层都是湍流状态，称为湍流边界层。

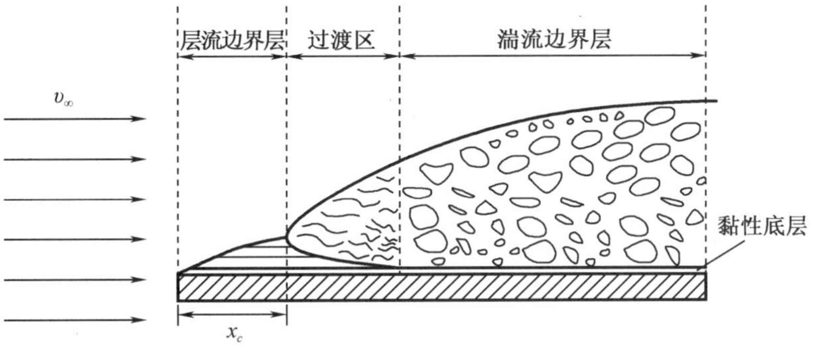

图 8－11　边界层

8.4.1　平板边界层的计算公式

平板边界层的计算公式是根据边界层动量积分方程推导而来的。当流体以均匀速度 v_∞ 沿平板做恒定流动时，假想平板很薄，认为其厚度等于零。由于边界层厚度与平板长度相比通常很小，因此，可以认为平板的存在并不影响流体在边界层以外的运动，仍然可以将边界层以外的运动看成是与平面平行的无旋运动。因此边界层外边界的边界条件是：

(1) 外边界上的流速 u_0 处处相等，且等于来流流速；

(2) 边界层外按理想流体处理，根据能量方程，由于流速不变，所以边界层外边界上的压强也处处相等，即 $\frac{dp}{dx}=0$。

另外，对于不可压缩匀质流体，ρ = 常数，可提到积分号外面，这样边界层动量积分方程式可改写为

$$\frac{d}{dx}\int_0^\delta u_x^2 dy - u_0 \frac{d}{dx}\int_0^\delta u_x dy = -\frac{\tau_w}{\rho} \tag{8-25}$$

式(8－25)即为计算平板边界层的基本方程，对于层流和湍流均可使用。

8.4.2　平板上层流边界层的近似计算

由于上述方程存在三个未知数 u_x、τ_w、δ，因此补充两个关系式。

平板上的阻力取决于边界层内的速度分布。

1. 第一个关系式 $u_x = u_x(y)$

平板上层流边界层(图 8－12)第一个补充关系式为边界层内的流速分布关系式 $u_x = u_x(y)$，假定层流边界层内的流速分布和管流中的层流流速分布相同，即

$$u = u_m\left(1 - \frac{r^2}{r_0^2}\right)$$

将上式应用于平板上的边界层时，管流中的 r_0 对应于边界层中的 δ，r 对应为 $(\delta - y)$，u_m 对应于 u_0，u 对应 u_x。这样，上式可改写为

$$u_x = u_0\left[1 - \frac{(\delta - y)^2}{\delta^2}\right]$$

化简得

$$u_x = \frac{2u_0}{\delta}\left(y - \frac{y^2}{2\delta}\right) \tag{8－26}$$

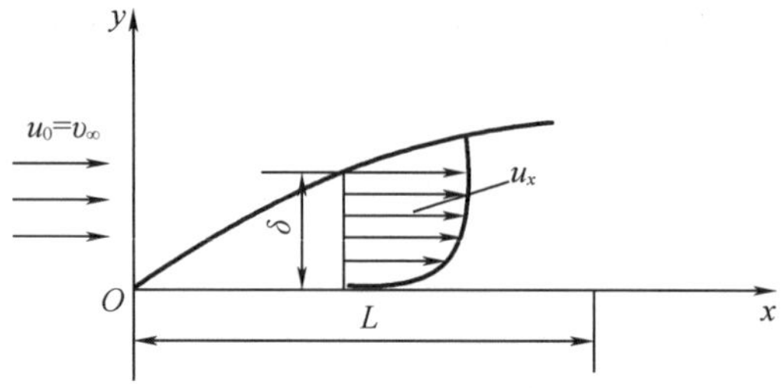

图 8－12　层流边界层

2. 第二个补充关系式 $\tau_w = \tau_w(\delta)$

第二个补充方程为平板上切应力与边界层厚度的关系式 $\tau_w = \tau_w(\delta)$，由于层流符合牛顿内摩擦定律，求平板上切应力时，只要令 $y = 0$，并将式(8－26)代入牛顿内摩擦定律，可得

$$\tau_w = -\mu\frac{du_x}{dy}\bigg|_{y=0} = -\mu\frac{d}{dy}\left[\frac{2u_0}{\delta}\left(y - \frac{y^2}{2\delta}\right)\right]\bigg|_{y=0}$$

式中负号表示切应力和 x 轴相反。现在去掉负号，取绝对值，并经整理化简后得

$$\tau_w = \mu\frac{2u_0}{\delta} \tag{8－27}$$

故剪切应力与边界层厚度成反比。

把以上式(8－26)、式(8－27)带入边界层动量积分方程式(8－25)计算可得

$$\frac{d}{dx}\int_0^\delta\left[\frac{2u_0}{\delta}\left(y - \frac{y^2}{2\delta}\right)\right]^2 dy - u_0\frac{d}{dx}\int_0^\delta\left[\frac{2u_0}{\delta}\left(y - \frac{y^2}{2\delta}\right)\right]dy = -\frac{2\mu u_0}{\rho\delta}$$

上式左端是在某一固定断面上对 y 进行的积分。由于边界层厚度 δ 对固定端面是定值，其可提到积分符号外，但 δ 沿 x 方向是变化的，所以不能移到对 x 的全导数符号外，u_0 沿 x 方向是不变的，可以移到对 x 的全导数符号外。这样上式可得

$$\frac{1}{15}u_0\frac{\mathrm{d}\delta}{\mathrm{d}x}=\frac{\mu}{\rho\delta}$$

积分可得

$$\frac{1}{15}\frac{u_0}{\mu}\frac{\rho\delta^2}{2}=x+C$$

积分常数 C 由边界条件确定，当 $x=0,\delta=0$，得 $C=0$。代入上式得

$$\frac{1}{15}\frac{u_0}{\mu}\frac{\rho\delta^2}{2}=x$$

因 $\nu=\frac{\mu}{\rho}$，上式化简后得

$$\delta=5.477\sqrt{\frac{\nu x}{v_0}} \tag{8-28}$$

上式即为平板层流边界层厚度沿 x 方向的变化规律。它说明平板上的层流边界层厚度与 $x^{\frac{1}{2}}$ 成正比。

将上式代入(8－27)，化简后可得

$$\tau_w=0.365\sqrt{\frac{\mu\rho u_0^3}{x}} \tag{8-29}$$

式(8－29)即为平板上层流边界层切应力沿 x 轴方向的变化规律。说明 τ_w 和 $x^{\frac{1}{2}}$ 成反比。

作用在平板上一面的摩擦阻力 F_f 为

$$F_f=\int_0^L\tau_w b\mathrm{d}x$$

式中 b——平板的宽度；

L——平板的长度。

将式(8－29)代入上式，积分后可得

$$F_f=\int_0^L 0.365\sqrt{\frac{\mu\rho u_0^3}{x}}b\mathrm{d}x=0.73b\sqrt{\mu\rho u_0^3L} \tag{8-30}$$

如要求流体对平板两面的总摩擦力时，只需要将上式乘以 2 即可。

通常将绕流摩擦阻力的计算式写成单位体积来流的动能 $\frac{\rho u_0^2}{2}$ 与某一面积的乘积，再乘以摩阻系数的形式，即

$$F_f=C_f\frac{\rho u_0^2}{2}A_f \tag{8-31}$$

式中 C_f——无量纲摩阻系数；

ρ——流体密度；

u_0——流体来流速度；

A_f 通常指切应力作用的面积或某一有代表性的投影面面积，在这里指平面面积，$A_f=b\times L$。

对比式(8－30)和式(8－31)可得

$$C_f=1.46\sqrt{\frac{\mu}{\rho u_0L}}=1.46\sqrt{\frac{\nu}{u_0L}}=\frac{1.46}{\sqrt{Re_L}} \tag{8-32}$$

以上各式即为平板上层流边界层的计算公式。而由布拉修斯从普朗特边界方程求得的，并与实验结果吻合较好的解为

$$\delta=4.92\sqrt{\frac{\nu x}{u_0}}$$

$$F_f = 0.664b\sqrt{\mu\rho u_0^3 L}$$

$$C_f = \frac{1.328}{\sqrt{Re_L}} \tag{8-23}$$

需要强调的是，上述各式的适合条件为 $Re_L < 3\times10^5 \sim 10^6$。根据以上式子求的结果一般与实际值存在一些误差，但不会超过10%。产生误差的原因是因为冯·卡门动量积分方程在求解平板层流边界层时，需要假定边界层内的分布速度 $u_x = u_x(y)$，而在确定速度分布时，仅保证其在界面上满足边界条件，而边界层内部是否符合不作要求，也就是说不考虑控制体内部的流动细节，仅考虑在控制体表面受到的已知条件的约束，由此带来误差。

例题 8-4 层流边界层

已知：设有一（静止）光滑平板长 5 m，宽 2 m，顺流放置于二维恒定均匀流场中。已知水流以 0.1 m/s 的速度绕流过平板，平板长边与水流方向一致，水温为 15 ℃，相应的运动黏度为 $\nu = 1.139\times10^{-6}\ \mathrm{m^2/s}$，密度为 $\rho = 999.1\ \mathrm{kg/m^3}$。

求解：

（1）距平板前端 1 m 和 4 m 处的边界层厚度 δ_1 和 δ_2。

（2）当 $y = 5$ mm 时，上述两点处的速度 u_{x1} 和 u_{x2}。

（3）平板一面所受的摩擦阻力 F_f。

解题过程：

首先判别流态

$$Re_L = \frac{u_0 L}{\nu} = \frac{0.1\times5}{1.139\times10^{-6}} = 4.39\times10^5 < 5\times10^5$$

所以该平板在给定的长度范围内为层流边界层。

$$\delta_1 = 5.477\sqrt{\frac{\nu x}{u_0}} = 5.477\sqrt{\frac{1.139\times10^{-6}\times1}{0.1}}\ \mathrm{m} = 1.85\ \mathrm{cm}$$

$$\delta_2 = 5.477\sqrt{\frac{\nu x}{u_0}} = 5.477\sqrt{\frac{1.139\times10^{-6}\times4}{0.1}}\ \mathrm{m} = 3.70\ \mathrm{cm}$$

因此有

$$u_{x1} = \frac{2u_0}{\delta_1}\left(y - \frac{y^2}{2\delta_1}\right) = \frac{2\times10}{1.85}\left[0.5 - \frac{(0.5)^2}{2\times1.85}\right]\mathrm{cm/s} = 4.65\ \mathrm{cm/s}$$

$$u_{x2} = \frac{2u_0}{\delta_2}\left(y - \frac{y^2}{2\delta_2}\right) = \frac{2\times10}{3.70}\left[0.5 - \frac{(0.5)^2}{2\times3.70}\right]\mathrm{cm/s} = 2.54\ \mathrm{cm/s}$$

$$C_f = \frac{1.46}{\sqrt{\mathrm{Re}_L}} = \frac{1.46}{\sqrt{4.39\times10^5}} = 2.2\times10^{-3}$$

$$F_f = C_f\frac{\rho u_0^2}{2}A_f = 2.2\times10^{-3}\times\frac{1}{2}(999.1\times0.1^2)\times5\times2 = 0.11\ \mathrm{N}$$

例题分析：

本题首先要判断流态，然后才能套用层流边界层的计算公式。

8.4.3 平板上湍流边界层的近似计算

层流边界层仅限于临界雷诺数以下的区域，超出了临界雷诺数就是湍流边界层（图 8-13）。实际上，在自然界中各种工程技术中更多的是湍流流动。所以研究湍流边界层具有更重要的实际意义。前已述及，冯·卡门动量积分式也适用于湍流边界层，但是层流边界层的两个补充关系式在湍流边界层中不再适用，而需要根据湍流边界层的特点，提出新的补充关系式。

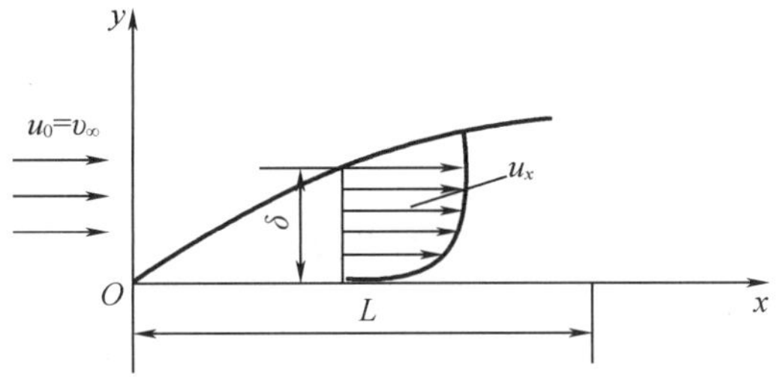

图 8-13 湍流边界层

1. 速度分布

由于脉动而产生的附加切应力，在湍流边界层内如何计算尚不清楚，补充方程目前尚不能在理论上推导出来。但是人们对圆管内的湍流运动规律研究比较充分，普朗特假设平板边界层内的速度分布与圆管内的速度分布相同。当然这样的假设不够精确，因为圆管内的速度分布是在有压力梯度的情况下形成的，而平板上的压力梯度是等于零的。考虑到阻力计算是通过动量积分获得，因而速度分布的微小差别对计算结果的影响不大，另外大量实验证实，在很大雷诺数范围内，该假设能得到很好地满足。因此平板湍流边界层的速度分布可以近似地用圆管湍流的 1/7 次方规律来表示。用边界层外边界上的速度来代替管内流动的管中心的最大速度，用边界层厚度代替管径，即

$$u_x = u_0\left(\frac{y}{\delta}\right)^{\frac{1}{7}} \tag{8-34}$$

2. 切应力 $\tau_w=\tau_w(\delta)$

根据管流中切应力公式 $\tau_w=\dfrac{\lambda}{8}\rho v^2$ 和计算湍流光滑区 λ 值的布拉修斯公式 $\lambda=\dfrac{0.316\ 4}{Re^{\frac{1}{4}}}$，可求得光滑区切应力公式为

$$\tau_w=\frac{\lambda}{8}\rho v^2=\frac{\rho v^2}{8}\frac{0.316\ 4}{Re^{\frac{1}{4}}}=0.332\rho v^{\frac{7}{4}}\left(\frac{\nu}{r_0}\right)^{\frac{1}{4}} \tag{8-35}$$

式中，v 为圆管内的平均流速。

为了用于平板边界层，需将上式用来流速度 v_0 来表示。为此需要再推求管流中平均流速与最大流速的关系式，即

$$v=\frac{Q}{A}=\frac{\int_0^{r_0}u\mathrm{d}A}{\pi r_0^2}=\frac{\int_0^{r_0}u_m\left(\frac{y}{r}\right)^{\frac{1}{7}}2\pi r\mathrm{d}r}{\pi r_0^2}$$

因 $r=r_0-y$，$\mathrm{d}r=-\mathrm{d}y$，代入上式，积分后得

$$v=0.817u_m \tag{8-36}$$

将式(8-36)代入式(8-35)，且管流中的 u_m 对应 u_0，r_0 对应为 δ，则得平板上的切应力与边界层厚度关系式为

$$\tau_w=0.023\ 3\rho u_0^2\left(\frac{\nu}{\delta u_0}\right)^{\frac{1}{4}} \tag{8-37}$$

将式(8-34)代入式(8-25)边界层动量积分关系式得

$$\frac{\mathrm{d}}{\mathrm{d}x}\int_0^{\delta}u_0^2\left(\frac{y}{\delta}\right)^{\frac{2}{7}}\mathrm{d}y-u_0\frac{\mathrm{d}}{\mathrm{d}x}\int_0^{\delta}u_0\left(\frac{y}{\delta}\right)^{\frac{1}{7}}\mathrm{d}y=-\frac{\tau_w}{\rho}$$

积分并移项后得

$$\frac{7}{72}\rho u_0^2 d\delta = \tau_w dx$$

将式(8－37)代入上式，可得

$$\frac{7}{72}\rho u_0^2 d\delta = 0.023\ 3\rho u_0^2\left(\frac{\nu}{\delta u_0}\right)^{\frac{1}{4}} dx$$

积分并移项后得

$$\left(\frac{7}{72}\right)\left(\frac{4}{5}\right)(\delta)^{\frac{5}{4}} = 0.023\ 3\left(\frac{\nu}{u_0}\right)^{\frac{1}{4}} x + C$$

式中，C 为积分常数，由边界条件决定。

当 $x=0$，$\delta=0$ 代入上式可得 $C=0$。所以得

$$\left(\frac{7}{72}\right)\left(\frac{4}{5}\right)(\delta)^{\frac{5}{4}} = 0.023\ 3\left(\frac{\nu}{u_0}\right)^{\frac{1}{4}} x$$

化简后得

$$\delta = 0.381\left(\frac{\nu}{u_0 x}\right)^{\frac{1}{5}} x = 0.381\frac{x}{Re_x^{\frac{1}{5}}} \tag{8-38}$$

上式即为光滑平板上湍流边界层厚度沿 x 方向的变化规律。说明光滑平板上湍流边界层厚度 δ 和 $x^{\frac{4}{5}}$ 成正比。与层流边界层的厚度 δ 和 $x^{\frac{1}{2}}$ 成正比相比较，可见湍流边界层的厚度比层流边界层的厚度增加得更快些，这是湍流边界层内流体质点发生横向脉动，使厚度迅速增加的结果。

将式(8－38)代入式(8－37)，可得

$$\tau_w = 0.029\ 6\rho u_0^2\left(\frac{\nu}{u_0 x}\right)^{\frac{1}{5}} \tag{8-39}$$

式(8－39)即为光滑平板上湍流边界层切应力沿 x 方向的变化规律。说明切应力 τ_w 和 $x^{\frac{1}{5}}$ 成反比。与层流边界层 τ_w 和 $x^{\frac{1}{2}}$ 成反比相比较，可见湍流边界层的切应力的减小比层流边界层更慢一些。

作用在平板上一面的摩擦阻力 F_f 为

$$F_f = \int_0^L \tau_w b dx$$

将式(8－39)代入上式后，可得

$$F_f = 0.037 b\rho u_0^2 L\left(\frac{\nu}{u_0 L}\right)^{\frac{1}{5}} \tag{8-40}$$

如果求平板两面的总摩擦阻力，只需要将式(8－40)乘以 2 即可求得。

将式(8－40)代入式(8－31)，可得摩擦系数 C_f 为

$$C_f = 0.074\left(\frac{\nu}{u_0 L}\right)^{\frac{1}{5}} = \frac{0.074}{Re_L^{\frac{1}{4}}} \tag{8-41}$$

以上各式就是光滑平板上湍流边界层的各项计算公式，适用于 $5\times10^5 \leqslant Re \leqslant 10^7$ 的范围，该范围公式与实验结果较符合。

当雷诺数再继续增大($Re>10^7$)时，边界层内的速度分布与管流对数速度分布稍有不同，应为

$$u = u_*\left(5.85\lg\frac{yu_0}{\nu} + 5.56\right) \tag{8-42}$$

计算可推导出平板的摩擦阻力系数为

$$C_f = \frac{0.455}{(\lg Re_L)^{2.58}} \tag{8-43}$$

上式称为普朗特－施利希廷公式，这是大雷诺数（$Re_L = 10^9$）下流体绕流平板的摩擦阻力系数计算的常用公式。

通过以上两小节中的论述，发现从减小摩擦阻力出发，层流边界层优于湍流边界层。当在物面上没有分离时，应尽量延长层流边界层区域，也就是说应该尽量把转捩区往下游推延。

近年来一些科学工作者致力于控制边界层的研究，在航空方面已获得显著的成效。根据上述原则设计出来的层流翼型，其摩擦阻力较一般的机翼小。

例题 8－5　湍流边界层

已知：设有一光滑平板长为 8 m，宽为 2 m，顺流放置于二维均匀流场中，平板长边与水流方向一致，水流以 1 m/s 的速度绕流过平板。已知水温为 15 ℃，相应的运动黏度 $\nu = 1.139 \times 10^{-6}\ \mathrm{m^2/s}$，密度 $\rho = 999.1\ \mathrm{kg/m^3}$。

求解：平板末端边界层的厚度 δ 和一面的摩擦阻力 F_f。

解题过程：

$$Re_L = \frac{u_0 L}{\nu} = \frac{1 \times 8}{1.139 \times 10^{-6}} = 7.02 \times 10^6 > 5 \times 10^5$$

所以为湍流边界层。

$$x_{cr} = \frac{5 \times 10^5 \times \nu}{U_0} = 5 \times 10^5 \times 1.139 \times 10^{-6}\,\mathrm{m} = 0.57\ \mathrm{m}$$

现假定从平板上游首端开始就是湍流边界层

$$\delta = 0.381\frac{L}{Re_L^{\frac{1}{5}}} = 0.381 \times \frac{8}{(7.02 \times 10^6)^{\frac{1}{5}}}\,\mathrm{m} = 0.13\ \mathrm{m}$$

$$F_f = 0.037\rho u_0^2 bL\left(\frac{\nu}{u_0 L}\right)^{\frac{1}{5}} = 0.037 \times 999.1 \times 1^2 \times 2 \times 8 \times \left(\frac{1}{7.02 \times 10^6}\right)^{\frac{1}{5}}\,\mathrm{N} = 25.27\ \mathrm{N}$$

8.4.4　平板混合边界层近似计算

一般情况下，当雷诺数增大到某一数值时，平板长度 $L > x_c$ 时，从平板的前缘开始先是一段层流边界层，经过过渡段而变为湍流边界层。前面已经介绍过这种边界层称为混合边界层。在平板很长或来流速度很大的情况下，由于层流边界层在整个平板上所占的长度很小，才能将平板上的边界层当作湍流边界层进行近似计算。但在一般情况下应按照混合边界层进行计算。为了研究方便，假设层流边界层在某一点处全部变为湍流边界层。此外还要假设湍流边界层外边界的起点不是从转折点开始的，而是从前缘点开始的。

根据上述假设，可以用下列方法计算平板的摩擦力阻力：

令　L——表示平板的总长度；

x_c——表示平板层流部分的长度；

C_f——表示从前缘开始平板全部为湍流时的摩擦阻力系数；

C_{f_t}——表示 x_c 一段为湍流部分的摩擦阻力系数；

C_{f_l}——表示 x_c 一段为层流部分的摩擦阻力系数；

C_{f_m}——表示混合流时整个平板的摩擦阻力系数；

则单位宽度平板一侧的摩擦阻力系数计算如下：

$$\frac{1}{2}\rho u_0^2 L C_{f_m} = \frac{1}{2}\rho u_0^2 (L C_f - x_c C_{f_t} + x_c C_{f_l})$$

故

$$C_{f_m} = C_f - \frac{x_c}{L}(C_{f_t} - C_{f_l})$$

因为

$$Re_L = \frac{u_0 L}{\nu}, Re_{cr} = \frac{u_0 x_c}{\nu}$$

故

$$C_{f_m} = C_f - \frac{Re_{cr}}{Re_L}(C_{f_t} - C_{f_l}) = C_f - \frac{A}{Re_L} \quad (8-44)$$

式中，$A = 0.074Re_{cr}^{\frac{4}{5}} - 1.328Re_{cr}^{\frac{1}{2}}$。

对不同的临界雷诺数，A 的数值可取如下数值

Re_{cr}	5×10^5	10^6	3×10^6
A	1 700	3 000	8 700

当 Re_{cr} 很大时，层流部分的影响可以忽略不计。通常认为 $Re_{cr} > 5\times10^6$ 时，平板的前端层流的范围较小，对于整个平板的阻力不产生显著的影响。

例题 8－6　混合边界层

已知：矩形薄板宽 $b = 0.6$ m，长 $L = 50$ m，平板以速度 $v_\infty = u_0 = 10$ m/s 在石油中滑动，不考虑板厚影响，石油的黏性系数 $\mu = 0.012\ 8$ N·s/m^2，密度 $\rho = 850$ kg/m^3，设临界雷诺数 $Re_{cr} = 5\times10^5$。

求解：

(1) 沿平板层流边界层的长度 x_c；

(2) 平板所受阻力 F_D。

解题过程：

(1) 可利用临界雷诺数来确定层流边界层的长度 x_c

$$Re_{x_c} = \frac{\rho u_0 x_c}{\mu} = 5\times10^5$$

故

$$x_c = 5\times10^5 \times \frac{0.012\ 8}{850\times10} = 0.075\ 3\ \text{m}$$

(2) 由混合边界层摩擦阻力系数公式，根据 $Re_{x_c} = 5\times10^5$，可经上表查得 $A = 1\ 700$

$$Re_l = \frac{\rho u_0 l}{\mu}\ \frac{850\times10\times50}{0.012\ 8} = 3.32\times10^7$$

则平板受到的阻力为：

$$F_D = C_f \cdot \frac{1}{2}\rho u_0^2 \cdot 2bL = \left\{\frac{0.455}{[\lg(3.32\times10^7)]^{2.58}} - \frac{1\ 700}{3.32\times10^7}\right\}\times850\times10^2\times0.6\times50 = 6\ 234\ \text{N}$$

8.5　曲壁边界层分离

前面我们讨论了沿平板的边界层的流动，这是一种最简单的情况，在边界层外边界上的速度是常数，因而可以根据边界层积分关系式较容易确定平板所受的阻力。但是，当流体流经曲壁时，边界层外边界上各点的速度不同的，就涉及曲壁的形状的问题，同时这也给边界层积分关系式对沿壁面长度方向进行积分带来许多困难。

8.5.1 边界层分离现象

在边界层中，由于固体边界的阻滞作用，流体质点的流速均较来流流速有所降低，这些减速了的流体质点并不总是在边界层中流动。在某些情况下，如边界层的厚度顺流急剧增厚，则边界层内会发生反向回流，这样就迫使边界层内的流体质点向边界层外流动。这种现象称为边界层的分离(separation of boundary layer)。边界层的分离常常伴随着旋涡的产生和能量的损失，并增加流动的阻力，因此边界层的分离是一个很重要的现象。

边界层内的黏性效应导致边界层分离。

通常将固体壁面设计为流线型状，来减少分离。

前述二维平行流动中放置的平行薄板上产生的边界层，是边界层流动中最简单的情况。因为在整个流场中，除了边界层内的流动以外，处处流速和压强都相同。在边界层内虽然各点流速均不同，但是从同一个固体边界上的点开始，沿固体边界外法线上各点的压强均与该点边界层外来流的压强相同。因此在平板边界层中，各点的压强均相等。也就是说沿固体边界的压力梯度 $\frac{\mathrm{d}p}{\mathrm{d}x}=0$，这样的边界层不会发生分离。然而钝形物体绕流就不同了，现在我们来讨论一下曲壁边界层分离的机理及特点。

8.5.2 曲壁边界层分离的原因及特点

参看图 8－14，假设气流绕曲壁为平面流动。设在边界层的外边界上，主流压强分布如图 8－14 下部所示，在 $A-M$ 之间为顺压力梯度 $\left(\frac{\partial p}{\partial x}<0\right)$。在 M 截面后的一段距离内为逆压力梯度$\left(\frac{\partial p}{\partial x}>0\right)$。由于边界层内沿壁面的法线方向压强是不变的，边界层内压强分布情况和理想外部流动一样。因此，在 $A-M$ 之间的边界层内部，虽然，在运动过程中流体质点受到物面及流体的黏性阻滞作用，要消耗一部分动能，但因为顺压梯度推动流体质点前进，有增速作用，故不会发生气流从壁面的分离。在 M 截面后的边界层内部，由于有逆压梯度，流体为减速扩压流动，在靠近壁面附近处的流体质点由于克服相当大的摩擦阻力而消耗掉较多的动能。因此，靠近壁面处的流体质点的速度由于双重的阻碍作用而快速地减小，结果到了 S 截面，靠近壁面附近的流体层实际上已经停止前进。那里的速度分布呈尖端形状，在壁面处有

$$\left(\frac{\partial u_x}{\partial y}\right)_{y=0}=0 \tag{8-45}$$

S 点成为分离点。S 点以后，在逆压梯度的作用下，壁面附近的流体质点做逆向运动，从而出现倒流，它们在来流的冲击下又将顺流回来，这样就在分离点附近形成了明显可见的大涡旋，从而将边界层和物体分离开来(见图 8－14)。

现在来分析边界层界面上的速度剖面，从而找到确定边界层分离的辨别方法。

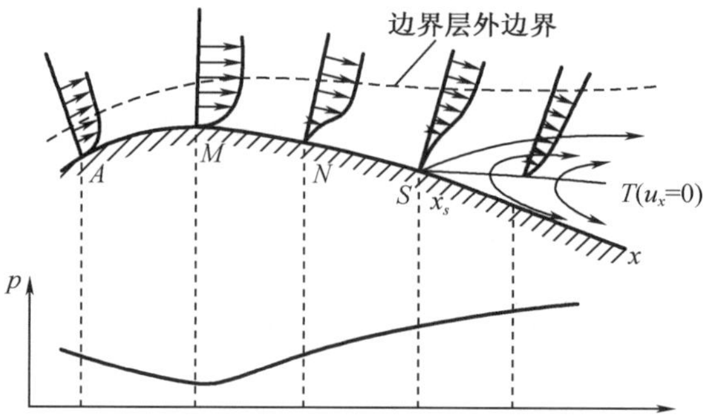

图 8 – 14　流体绕曲壁流动

从边界层微分方程式(8 – 15)导出,对于定常平面不可压缩流动,在物面 $y=0$ 上,$u_x=u_y=0$,则有

$$\mu\left(\frac{\partial^2 u_x}{\partial y^2}\right)_{y=0}=\frac{\partial p}{\partial x} \tag{8-46}$$

式(8 – 46)表明,在物面附近速度剖面的曲率只依赖于压强梯度,随着压强梯度的变号,速度剖面的曲率也将改变它的符号。

(1)顺压梯度区$\left(\frac{\partial p}{\partial x}<0\right)$,此时$\left(\frac{\partial^2 u_x}{\partial y^2}\right)_{y=0}<0$。另一方面,当接近边界层外边界时,因为在外边界上没有摩擦阻力,故$\frac{\partial u_x}{\partial y}$不断减小并趋于零。因此,当 $y=\delta$ 时,$\left(\frac{\partial^2 u_x}{\partial y^2}\right)_{y=\delta}<0$。因此推出,在加速区$\frac{\partial^2 u_x}{\partial y^2}$永远是负的,整个截面上的速度分布曲线的曲率中心在曲线的左侧,是一条没有拐点的光滑曲线,如图 8 – 14 中 A 截面所示。

(2)零压强梯度$\left(\frac{\partial p}{\partial x}=0\right)$,此时$\left(\frac{\partial^2 u_x}{\partial y^2}\right)_{y=0}=0$,而在边界层外边界总是存在$\left(\frac{\partial^2 u_x}{\partial y^2}\right)_{y=\delta}<0$,因此速度分布曲线在物面上($y=0$)存在拐点,如图 8 – 14 中 M 截面上的速度剖面所示。

(3)逆压强梯度区$\left(\frac{\partial p}{\partial x}>0\right)$,此时$\left(\frac{\partial^2 u_x}{\partial y^2}\right)_{y=0}>0$,而在边界层外边界总存在$\left(\frac{\partial^2 u_x}{\partial y^2}\right)_{y=0}<0$。因此速度分布线在 $0<y<\delta$ 之间存在拐点,如图 8 – 14 中 N 截面上的速度剖面所示。速度分布曲线的曲率中心在拐点以上在曲线左侧,在拐点以下则在曲线右侧。于是在边界层速度逐渐下降的过程中,有可能在某一个位置 $x=x_s$ 处出现$\left(\frac{\partial u_x}{\partial y}\right)_{y=0}=0$,如图 8 – 14 中 S 截面所示。我们把 $x=x_s$ 称为边界层分离点。在此点以后的流体流动将失去边界层流动的特点。一般说来,边界层方程只适用于分离点之前。在分离点下游,由于边界层大大增厚,u_x、u_y 的量阶关系发生了根本变化。因此推导的边界层方程的基本假设已经不再适用,边界层理论失效,因此需要从完整的 $N-S$ 方程出发考虑问题。

从上面的分析,可以得出下列结论:边界层的分离只能发生在断面逐渐扩大,压力沿程增加的区段,即减速增压段(边界层脱体只可能在逆压力梯度的条件下发生)。黏性流体在顺压梯度和零压梯度的条件下,不可能出现边界层脱体。造成分离的原因,在于逆压力梯度作用和壁面的黏性滞止效应的共同影响,使边界层开始分离。

8.5.3　曲壁边界层分离机理

从物理上来说,边界层内由于存在黏性必然存在能量耗散。设想如果不能连续地向边界层内提供动能,则边界层内的动能将会很快地耗散,流动将被滞止。边界层之所以能够维持,其根本原因在于,有一部分主流区的流体不断进入到边界层内,从而输入了新的动能。在顺压梯度区中,由于顺压差引起边界层区中流体的流动加速，即动能不断增加，因而边界层中流动不会出现滞止。但在逆压梯度区中，逆压差引起边界层区中流动减速，另一方面主流区提供给边界区的动能又有所减小。而近壁面处的动能本来就低，故在逆压梯度作用下，可能首先产生滞止。因此，逆压梯度越大，越容易产生分离，在逆压梯度区足够长的区域中，最终将产生分离，分离以后的区域，已不属于边界层区域，分离点下游的物面上流动不在具有边界层的特点。

当边界层出现分离时，在分离点后形成了强烈的旋涡，使物体后面的压强达不到势流中应有的大小，流动方向出现压差。从而产生一定的阻力，这种阻力称为压差阻力。它是由物面上的压强所产生的对物体的合力在来流方向的分量。

图8－15(a)，为理想流体流过圆柱体时的势流压强分布(压差阻力为零)图8－15(b)为真实流体流过圆柱时，物体存在分离区圆柱面上的压强分布。

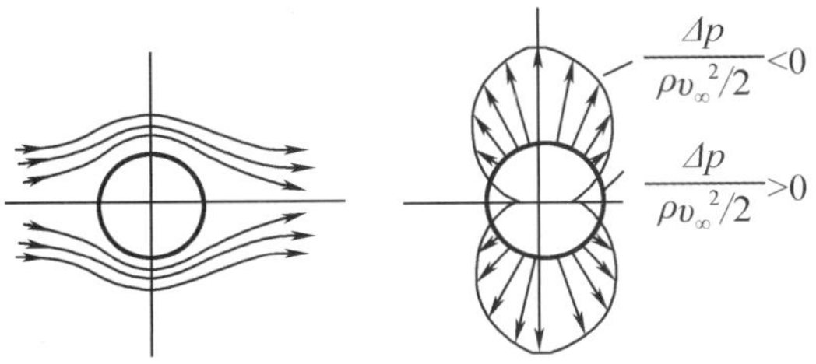

(a)

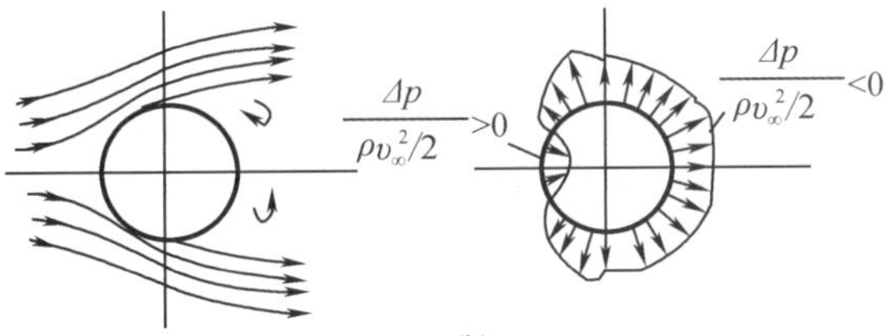

(b)

图8－15　圆柱扰流

压差阻力和摩擦阻力(作用在物体表面上的切应力在来流方向的总和)共同构成物体的全部阻力。在下一节中对其进行详细的介绍。

边界层的分离不仅与绕流物体的形状有关，与来流和物体的相对方向也有关。例如薄平板绕流，当平板平行至于流场中时，不产生分离现象。但当平板与来流方向垂直放置时，则在平板的两端产生分离，如图8－16所示。物体与来流成一夹角 α 时，也会产生边界层分离，如图8－17所示。这个夹角称为攻角或冲角。

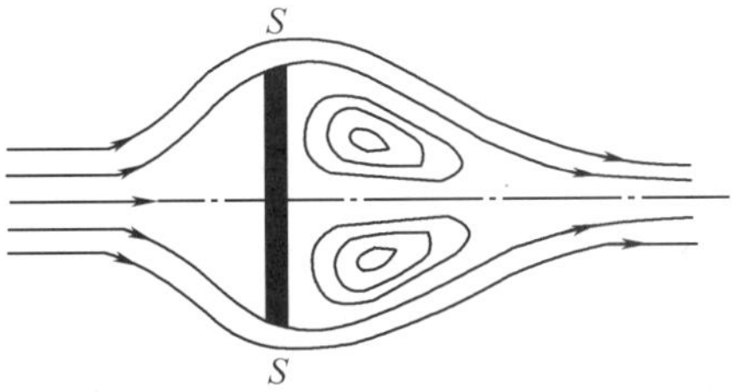

图8－16　垂直于来流方向放置的薄平板扰流图形

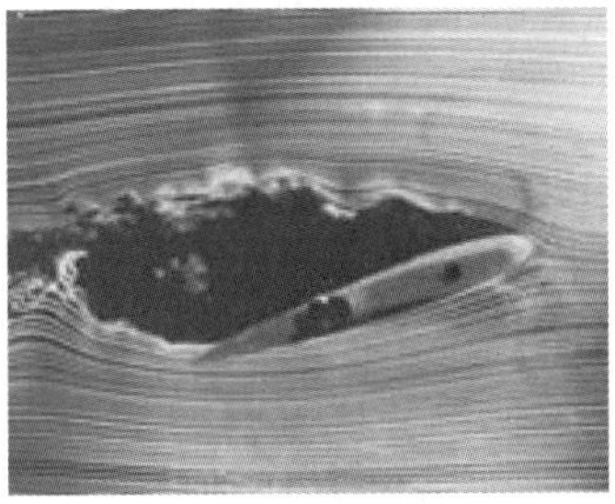

当攻角过大的情况下下，边界层分离，翼型失速。

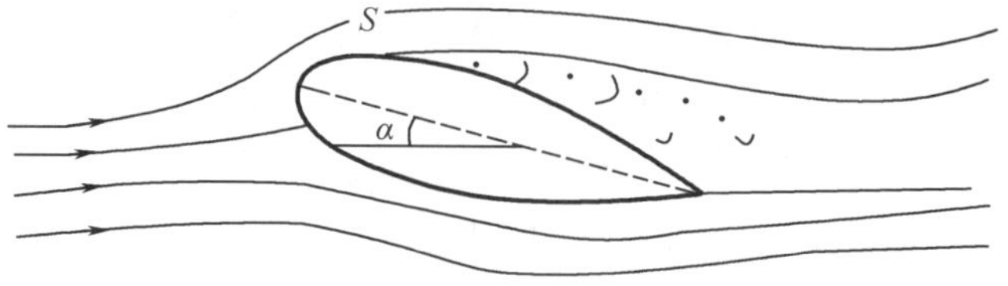

图 8 – 17　流线型物体与来成 α 夹角时的扰流图形

边界层内的流体是夹在主流和固体边界之间的，它既受到固体边界的阻滞作用，同时也受到主流的带动作用。在湍流边界层的情况下，由于物体质点的掺混作用，使得主流对边界层的带动作用加强了，增加了边界层内流体质点的动能，因此湍流边界层的分离点往往向下游推移。这样就减少了分离点后的旋涡区，从而使阻力减少。

前面提到，边界层分离后将产生旋涡，而在物体尾部形成尾迹区。尾迹区内的强烈旋涡消耗能量，造成物体前后明显的压差，产生绕流阻力或压差阻力。分离会给工程上带来很大危害，例如造成机翼表面失速，阻力剧增，为推后或避免边界层分离，常将机翼做成具有圆头和细长尾部的流线型，这样沿物体边界的压力梯度就很小。因此，分离流动的研究和控制在理论和实用上很有价值。

8.6　绕流阻力与尾迹损失

流动阻力和流动损失是流体力学在工程应用中永恒的主题。流体的静力学问题已经得到了完美的解决，无黏流动也有较为完美的势流方法，但与流动阻力和流动损失相关的问题还没有较好的理论和解决方法。目前还只能针对具体问题专门分析来解决，很多时候还依赖以往的经验模型和试验得到的数据。

我们知道，当流体没有黏性时，是不会产生流动阻力和流动损失的。所以要解决流动阻力和流动损失问题，就必须要研究黏性的作用机理，湍流则让这个问题大大复杂化了。由于湍流展现出增大流体黏性剪切力和黏性耗散两方面的特征，一旦出现湍流，就要同时考虑分子黏性和湍流涡黏性的影响，而湍流涡黏性的特性至今为止并没有得到较好的解决，这就是流动阻力和流动损失问题至今不能得到较好解决的关键所在。

8.6.1　流动阻力

虽然流动阻力是由黏性造成的，但从直接效果上来看，很多时候压差力才是阻力的最大贡献者。例如，图 8 – 18 所示的垂直来流放置的零厚度平板，我们都知道它会受到较大的阻力，但值得注意的是，这个阻力却与黏性力没有直接关系，因为它没有侧表面，平板表面的黏性力是不会产生流向分量的。因此，这种情况下阻力完全是由压差力造成的。

通过分析可以知道，该平板迎着流体面上的中心处压力等于来流的总压。流体被滞止后会沿径向加速流动，压力相应降低，绕过平板的边缘，并受主流带动再次大致沿流向流动。由平行的流线压力相等的概念，我们可以猜测平板后面流体的压力大概等于刚绕过平板的流体压力，由于绕过平板的流体速度会比来流速度更大一些，所以这个压力会小于来流的静压。可见，对于这个平板来说，迎面的压力接近于来流总压，背面的压力小于来流静压，由此我们大概可以判断，作用在平板上的阻力应该稍大于来流的动压与平板面积的乘积(实验证明这种流动中平板阻力是这个值的 1.1 倍左右)。

工程上把上面这种由压差力造成的阻力称为压差阻力或形状阻力。虽然完全由压差力提供，但并不是说这个阻力与黏性力无关，因为如果流体是无黏的流动，流动形式可以如图 8 – 19 所示那样，来流被滞止并绕过平板，汇聚到平板背面再向下游流动，前后是完全对称的。从积分观点看，流体经过平板后动量没有变化，因此不会给予平板作用力。从微分观点看，平板迎风面和背风面的压力分布完全相同，平板不受作用力。所以说,压差阻力也是由黏性造成的,是黏性影响了压力分布。

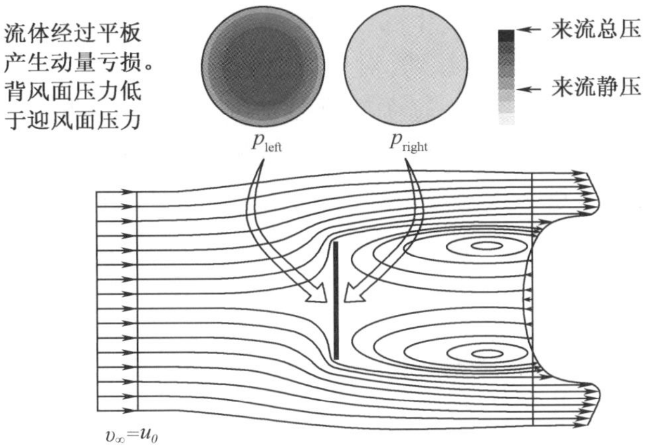

图 8-18 垂直来流的零厚度平板的真实流动

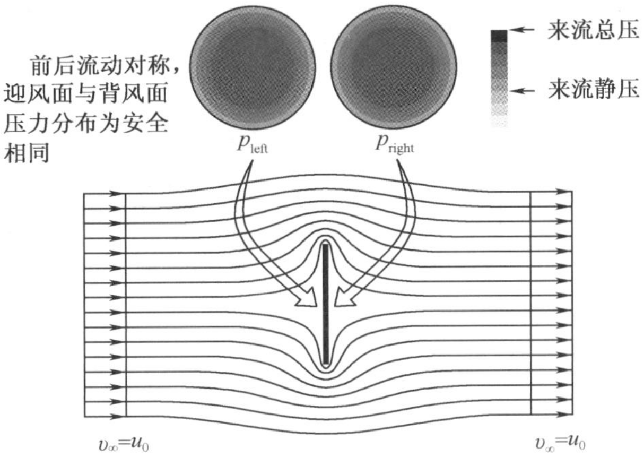

图 8-19 垂直来流的零厚度平板势流

我们接着来分析平板所受的流动阻力,这次把平板顺流向放置,如图 8-20 所示。很显然在这种情况下,由于没有迎风面积,压差阻力必然为零,上下表面的黏性切应力的合力构成了平板所受的全部阻力。这种由表面黏性切应力造成的阻力称为摩擦阻力。从常识我们知道,对于同样大小的平板,顺流向放置的阻力要远远小于垂直流向放置的阻力。也就是说,在作用面积相同的情况下,压差力造成的阻力要远远大于黏性力造成的阻力。这种从生活中得出的常识其实是建立在高雷诺数流动的基础上的,只有当雷诺数足够高时,压差力才会远大于黏性力。

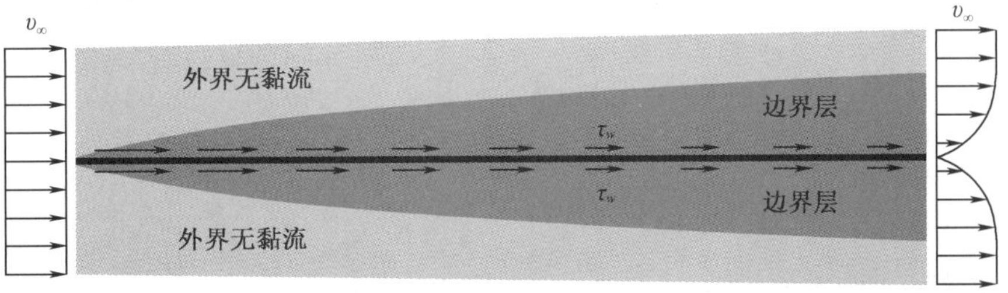

图 8-20 顺流向放置的平板附近的流动和流体对壁面的摩擦力

对于一般的迎风面积和侧面积都不为零的物体,阻力为压差阻力和摩擦阻力之和,这两种阻力哪一种居主要地位要看压力和黏性力的分布形式以及分别的作用面积。在图 8-21 和图 8-22 中给出了几种典型的物体的压差阻力和摩擦阻力占总阻力的比例。要注意的是这两种阻力通常都与雷诺数相关，所以图 8－22 中的圆柱和翼型的结果是针对特定雷诺数而言的。例如，后面我们会看到，对于圆柱，当压差阻力占 90% 时，对应的雷诺数是 2025。对于翼型，这个问题更加复杂些，不但与雷诺数相关，还与其后部扩张程度（影响分离点）直接相关。因此，图 8－22 中的结果并不具有一般性意义。尽管如此，该图还是可以让我们对这两种阻力有一个定性的认识。

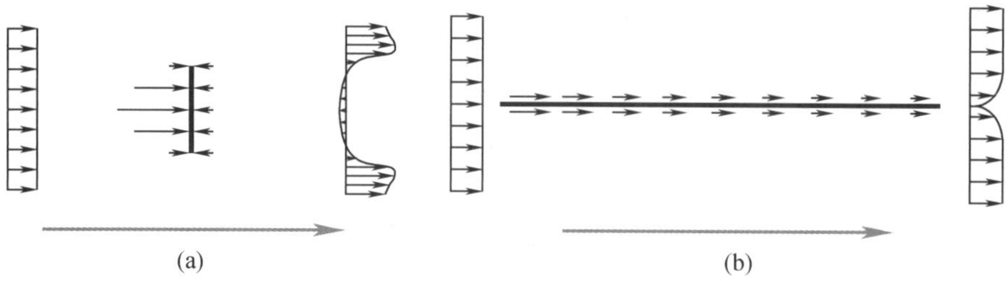

图 8－21　平板流动阻力分布

（a）垂直来流平板 100% 的压差阻力；（b）顺流向二维平板 100% 的摩擦阻力

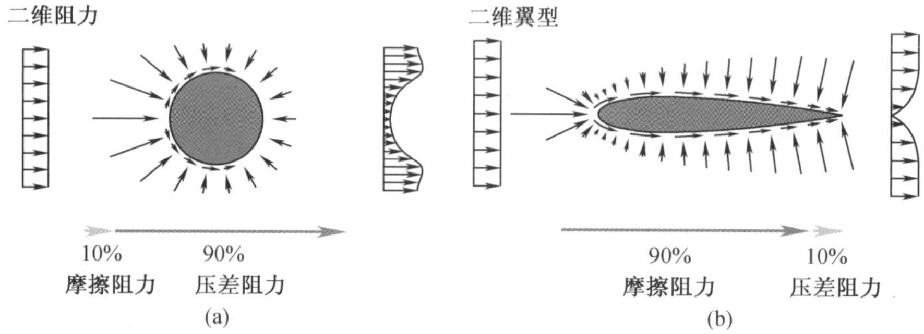

图 8－22　圆柱和翼型阻力分布

（a）圆柱绕流；（b）翼型绕流

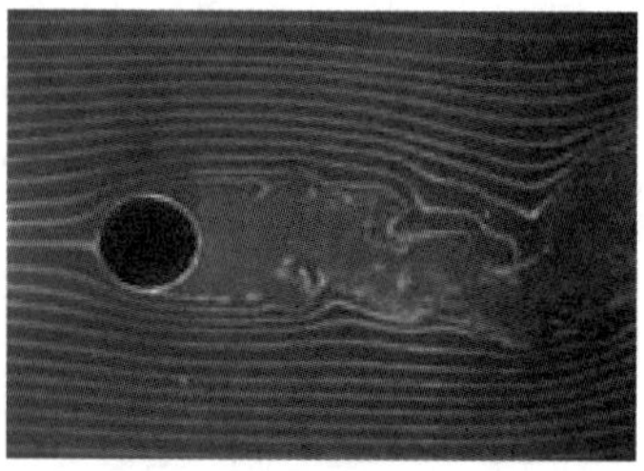

二维圆柱绕流

以图 8－22 中的二维圆柱为例，其摩擦阻力主要由前半部壁面上的黏性切应力决定，因为其后半部的边界层是分离状态，壁面上的黏性切应力是很小的。同样由于分离的原因，后半部的压力没有能恢复到与前半部相同的水平，因此产生了较大的压差阻力。

定义阻力系数如下：

$$C_D = \frac{F_D}{\frac{\rho v^2}{2}A} \tag{8-47}$$

式中　F_D——阻力；

v——来流速度；

A——物体的迎风面积。

圆柱的阻力系数随雷诺数的变化关系如图 8－23 所示。雷诺数的不同可以是速度、尺度或流体黏性的不同，我们这里以速度变化为例进行分析。

（1）$Re \ll 1$ 时，流速极低时，流体绕过圆柱后在其后部汇聚，流动看起来前后对称，但前后的压力并不相等。因为这时黏性力占主导地位，惯性力几乎可忽略，黏性力直接和压差力平衡，这种流动又称为蠕动流。这时的压差阻力和摩擦阻力都很大，因此阻力系数很大。

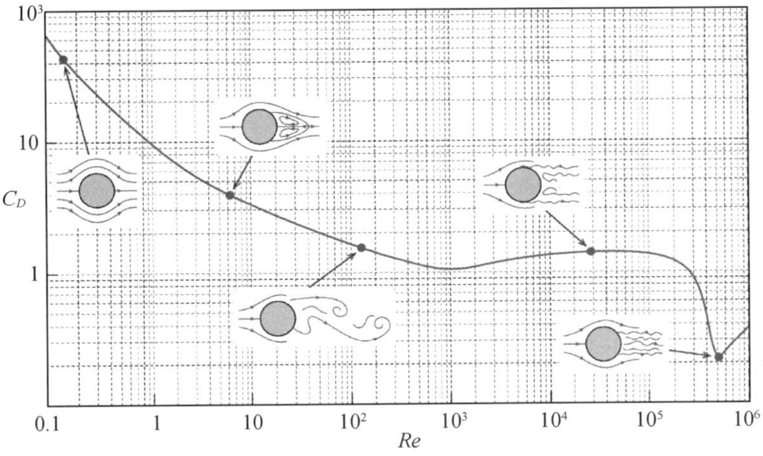

图 8－23　圆柱阻力系数关于雷诺数的曲线

(2) $Re<1$ 时，随着来流速度的增加，壁面附近的法向速度梯度随流速近似线性增加，从而使摩擦阻力与流速成正比，于是阻力系数近似与流速(雷诺数)成反比，线性下降。

薄的边界层可能在高雷诺数流动中发展。

(3) $1<Re<10^3$ 时，在这一范围内，随着流速的增加，圆柱后部出现分离，压差阻力开始成为阻力的主要组成部分。压差阻力的增加是由于分离点前移引起的，阻力系数比起之前的线性下降放缓了一些，大概与流速的$\frac{1}{2}$次方成反比。

(4) $10^3<Re<3\times10^3$ 时，在这一范围内，压差阻力明显大于摩擦阻力。压差阻力主要与分离点位置直接相关，这时圆柱前半部边界层都是层流，分离点大约稳定在从前缘滞止点算起 82°左右，因此这一阶段阻力系数基本与雷诺数无关。

(5) $Re\approx3\times10^5$ 时，在这一雷诺数附近，随着雷诺数的增加，阻力会突然减小。这是因为圆柱前半部的层流边界层在分离点之前发生了转捩，转捩后的湍流抗分离能力更强，使分离点大大后移(大约为 125°)。于是，圆柱后半部的低压区相对更小，压差阻力突然减少了很多。

(6) $Re>3\times10^5$ 时，在这一范围内，流速继续增加，分离点位置基本保持不变。压差阻力对阻力系数的影响不大，但摩擦阻力增加，使阻力系数随流速增加。

上面提到的在雷诺数高于某一值的时候阻力突然变小的现象在历史上称为“阻力危机”。所谓的危机并不是流动现象有什么很坏的影响，而是说这个现象使传统的流体力学理论受到了挑战，学术界出现了危机。现在我们很清楚，这是由于层流边界层在还没有达到分离的时候先转捩成了湍流的原因。可以根据阻力的来源分别定义压差阻力系数 C_{Dp} 和摩擦阻力系数 C_{Df}，来研究这两种阻力的大小关系。对于 $Re=10^3\sim10^5$ 的绕圆柱流动而言，分离点前的边界层为层流，因此有较好的理论解，并且有较多的试验数据验证，因此这里针对这个雷诺数范围进行分析。这时的摩

擦阻力与雷诺数的关系为

$$C_{\mathrm{Df}} = \frac{5.9}{\sqrt{Re}} \tag{8-48}$$

这个雷诺数范围下压差阻力与雷诺数无关,基本为常数,$C_{\mathrm{Dp}} = 1.2$。摩擦阻力占总阻力的比例为

$$\frac{F_{\mathrm{Df}}}{F_{\mathrm{D}}} = \frac{C_{\mathrm{Df}}}{C_{\mathrm{D}}} = \frac{\dfrac{5.9}{\sqrt{Re}}}{\dfrac{5.9}{\sqrt{Re}} + 1.2} = \frac{1}{1 + 0.2\sqrt{Re}} \tag{8-49}$$

当 $Re = 10^3$ 时,$\dfrac{F_{\mathrm{Df}}}{F_{\mathrm{D}}} = 14\%$;

当 $Re = 10^5$ 时,$\dfrac{F_{\mathrm{Df}}}{F_{\mathrm{D}}} = 1.6\%$。

例题 8-7 摩擦阻力系数

已知:黏性不可压缩流体流过如图 8-24(a)所示的圆柱体。根据边界层流理论,圆柱体上的边界层直到 $\theta = 108.8°$时发生分离,无量纲壁面剪切应力如图 8-24(b)所示。尾流区域的圆柱体上的剪应力可以忽略不计。

求解:基于摩擦阻力确定圆柱体的阻力系数。

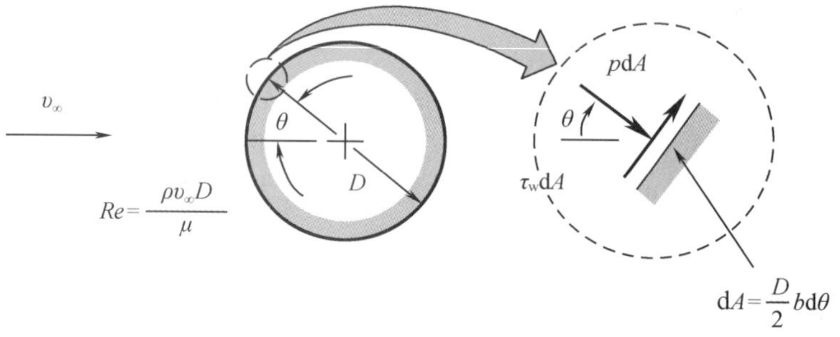

(a)

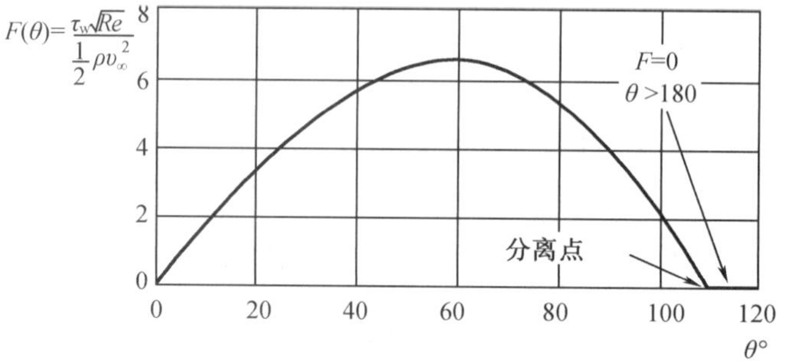

(b)

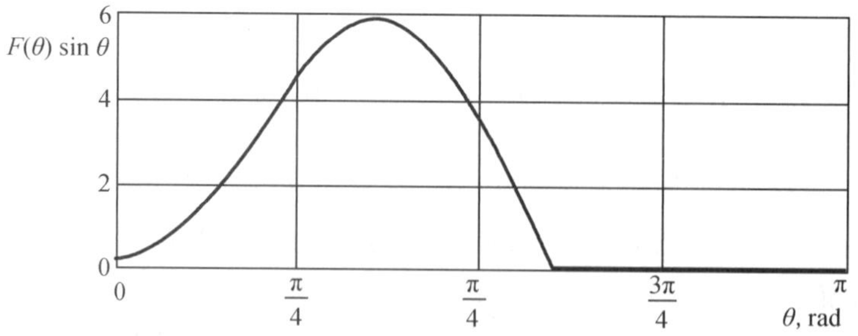

(c)

图 8-24 圆柱扰流圆柱表面应力分布情况

(a)不可压缩流体圆柱绕流;(b)不可压缩流体圆柱绕流;(c)不可压缩流体圆柱绕流

解题过程:

摩擦阻力可由下式确定

$$f = \int \tau_w \sin\theta \mathrm{d}A = 2\left(\frac{D}{2}\right) b \int_0^{\pi} \tau_w \sin\theta \mathrm{d}\theta$$

其中 b 是圆柱体的长度,θ 的单位是弧度,则 $\mathrm{d}A = 2\left(\frac{D}{2}\right) b\mathrm{d}\theta$,因此

$$C_{\mathrm{Df}} = \frac{f}{\frac{1}{2}\rho v_\infty^2 bD} = \frac{2}{\rho v_\infty^2}\int_0^{\pi} \tau_w \sin\theta \mathrm{d}\theta$$

可以通过使用图 8－24(b)中给出的无量纲剪应力参数进行无量纲化,如下所示

$$C_{\mathrm{Df}} = \int_0^{\pi} \frac{\tau_w}{\frac{1}{2}\rho v_\infty^2} \sin\theta \mathrm{d}\theta = \frac{1}{\sqrt{Re}}\int_0^{\pi} \frac{\tau_w \sqrt{Re}}{\frac{1}{2}\rho v_\infty^2} \sin\theta \mathrm{d}\theta$$

这里 $Re = \frac{\rho v_\infty D}{\mu}$,因此,

$$C_{\mathrm{Df}} = \frac{1}{\sqrt{Re}}\int_0^{\pi} F(\theta) \sin\theta \mathrm{d}\theta$$

图 8－24(b)中得到的函数绘制在图 8－24(c)中,通过适当的数字技术或图形方法得到 8－24(c)所围的面积。

$$\int_0^{\pi} F(\theta) \sin\theta \mathrm{d}\theta = 5.93$$

故 $C_{\mathrm{Df}} = \frac{5.93}{\sqrt{Re}}$。

例题分析:

注:总阻力必须包括摩擦阻力和压差阻力。对于圆柱体来说,大部分的阻力都是由于压差引起的。上述摩擦阻力结果只有在圆柱体上的边界层流是层流时才是有效的。但对于光滑的圆柱体来说,只有保证足够大的雷诺数,才能确保上述的边界层结构。

我们知道很多工程上的流动问题的雷诺数都大于 10^5,从上面的分析可以看出,对于圆柱这样的钝体来说,这时摩擦阻力还不到总阻力的 2%。要减小物体的阻力,主要应该从压差阻力下手,也就是尽量控制物体表面的分离,其中让边界层提前转捩为湍流就是一种行之有效的控制分离的方法,提高来流的湍流度,增加壁面的粗糙度,在壁面加局部小的扰动等都是常见的方法。高尔夫球表面的凹坑就有这个作用,由于阻力的减小,比起光滑的高尔夫球,有凹坑的高尔夫球的飞行距离可以增加 4～5 倍。

对于流线型的物体,例如机翼,其表面边界层基本无分离,则摩擦阻力占主导地位。湍流边界层的摩擦阻力要远大于层流边界层的摩擦阻力,因此这时将边界层太早转捩成湍流并不是一个好的选择。一种减小阻力的方案是:先让边界层尽量保持层流来减小摩擦阻力,在经历逆压梯度快要发生分离时,让边界层转捩为湍流。使用这种原理的翼型称为可控扩散翼型(CDA 翼型),目前在机翼和发动机叶片上广泛采用。

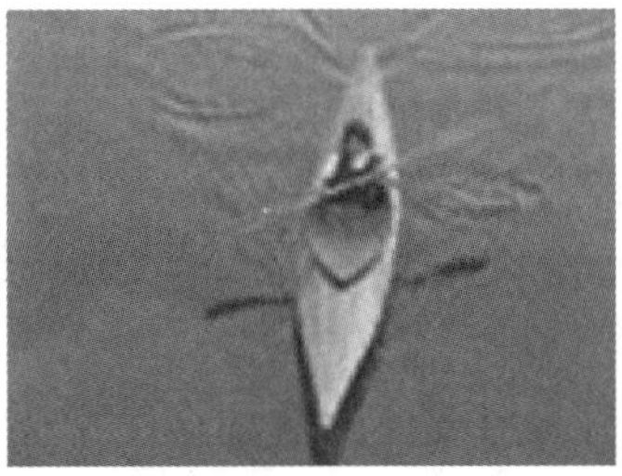

流线型和钝体

如果采用积分方法通过动量方程来分析,则不需要区分摩擦阻力还是压差阻力,可以直接通过尾迹的速度亏损大小来得出阻力。因为摩擦阻

力大则边界层就会厚,压差阻力大则分离区就应该大,尾迹的速度亏损实际上反映了上述两种作用之和。图8－25给出了一个机翼在不同迎角下,边界层和分离区分别对尾迹区动量亏损的贡献的示意图。可见,机翼在正常工作状态下,摩擦阻力应该占主导地位,只有当发生明显的分离时,压差阻力才会成为阻力的主要来源。

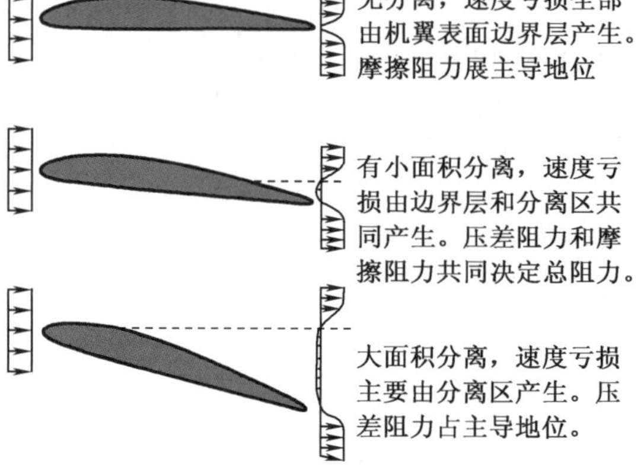

图8－25　二维机翼的阻力构成

有一种说法,一个物体的阻力主要取决于其后部的形状,而不是前部(有人甚至将压差阻力直接称为后部阻力)。这种说法是有一定道理的,我们可以通过图8－26所示的几种物体来分析一下。这些分析只适用于亚音速流动,对于超跨声速流动而言会很不一样。

图8－26(a)所示的流线型物体是实践中总结出的阻力较小的物体,其特点是前圆后尖,自然界中的鱼和鸟等也基本上是这个体型。流过该物体的流线如图中所示,由于其后部是逐渐变尖的,沿流向的逆压梯度较小,边界层不会分离,仅仅在尾缘处存在一点突扩导致的分离。因此说,要想物体的阻力小,其后部应该逐渐变小,且尾缘尺寸越小越好,这就是将压差阻力称为后部阻力的合理之处。如果将这个流线型物体倒置,其后部变化变得很剧烈,流向逆压程度大,流体绕过最高点后很快就会发生分离,形成比较大的低压区,这时的阻力就要大得多,如图8－26(b)所示。

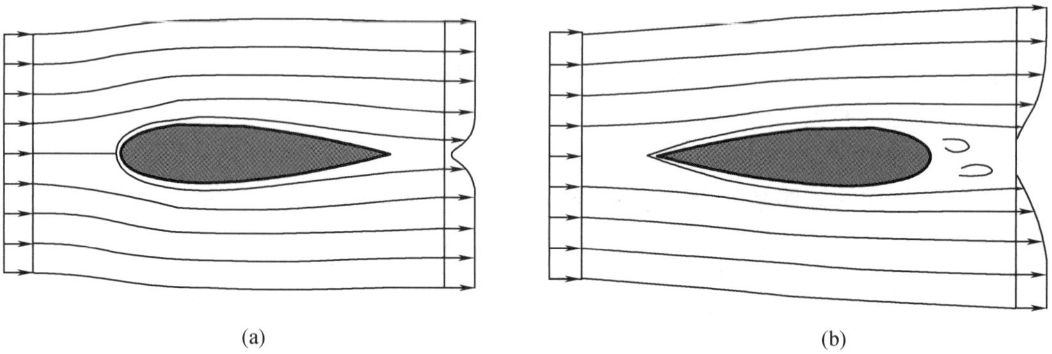

图8－26　流线型物体的正放与倒置

(a)流线型物体阻力小;(b)倒置的流线型物体阻力大

然而,物体的前部形状对阻力的影响同样可以很大。图8－26所示流线型物体的前端是尖一些还是圆一些,影响都不大,但如果是齐头的,如图8－27(a)所示,流体在绕过尖角后一定会发生分离,如果这个分离一直不能恢复,延续到物体的尾缘的话,就会在后部形成很大的分离区,从而产生很大的阻力。如果将这个物体倒置,如图8－27(b)所示,我们很有可能会惊奇地发现它的阻力比正放的时候要小。这时因为倒置后虽然还会在物体后部发生分离,但这个分离区的大小就跟物体的迎风面积差不多,而不会像正放那样,形成明显大于物体迎风面积的分离区。

回头来看看图8－26(a)中的流线型物体的前部形状,如果把物体前部的圆头改成尖头,阻力一般并不会减小,甚至可能会增加。因为只要没有分离,改变前部的形状就基本不会影响压差阻力,前部改成尖头会增加物体的长度和表面积,产生额外的摩擦阻力,所以总阻力会增加。从动量积分方程的角度看,物体长度大导致的是边界层变厚,产生更大的动量亏损。

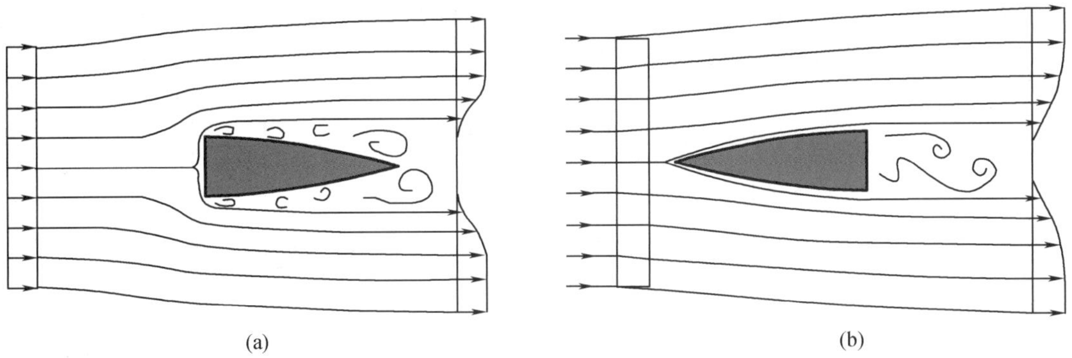

图 8-27 流线型物体的正放与倒置

(a)切掉前部的流线型物体其阻力会很大;(b)倒置阻力减小

综上所述,在亚声速流动中,物体后部的形状对其阻力具有决定性的作用,但其前部的形状也很重要。有些时候"前钝后尖"的物体阻力小,有些时候"前尖后钝"的物体阻力小,并不能一概而论,关键是要控制表面边界层的分离。对于一般的物体,决定阻力大小的主要因素是压差阻力,其次才是摩擦阻力,这两者可以统一用尾迹区的大小来衡量。

工程师们一直在努力减小汽车的风阻,很显然把汽车做成流线型的阻力是最小的,但这种形状并不实用。比起几十年前,现在的汽车在保证实用性的前提下已经大幅降低了阻力,靠的是对流动更深入的理解。一般常规的措施是通过全面地优化汽车前部、后部、车顶和底盘等处的形状来实现的。对于方头方脑的大型集装箱卡车来说,驾驶室上方普遍安装了整流罩,这是通过改变前部形状来减阻的措施。对于其后部的形状,目前并没有太多的改变。可以预计,随着能源危机的加重,卡车的形状优化必然会越来越受到重视,针对其后部的形状优化也会多起来。

图 8-28 给出了几种典型的物体在常见雷诺数下的阻力系数,这些结果都是通过实验得到的。可以看出,物体的前部和后部的形状对阻力都有明显的影响,其中阻力最小的流线体的阻力系数只有 0.04,而阻力最大的半圆球壳的阻力系数高达 1.42。也就是说,相同迎风面积的这两种物体的阻力相差 30 多倍。飞机的外形就是本着阻力最小设计的,而降落伞则是本着阻力最大设计的。战斗机在短跑道着陆时,打开减速伞,阻力大大增加,可以有效地减小滑跑距离。

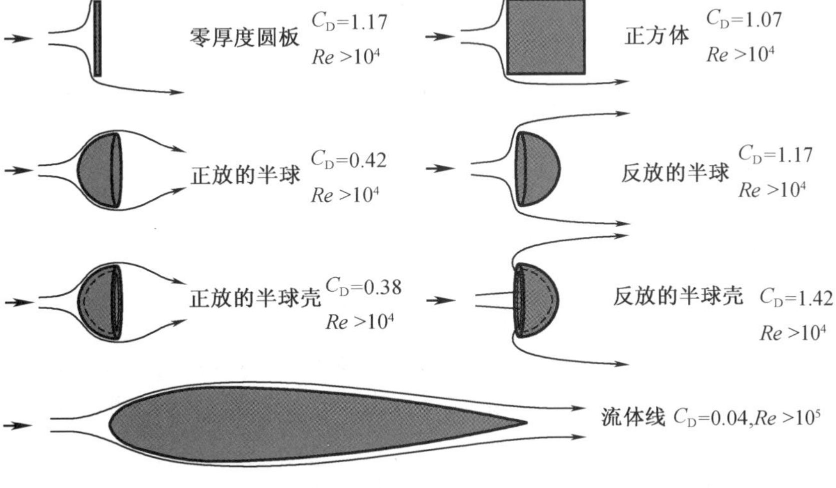

图 8-28 几种典型的三维物体在常见的雷诺数下的阻力系数

例题 8－8　摩擦阻力系数

已知：黏性的不可压缩流体流过例题 8－7 中图 8－24(a)所示的圆柱体。由实验测量确定的圆柱表面上的压力系数如图 8－29(a)所示。

求解：确定该流动的压差阻力系数。结合例题 8－7 和例题 8－8 的结果来确定圆柱体的阻力系数。将计算结果与图 8－30 给出的实验结果进行比较。

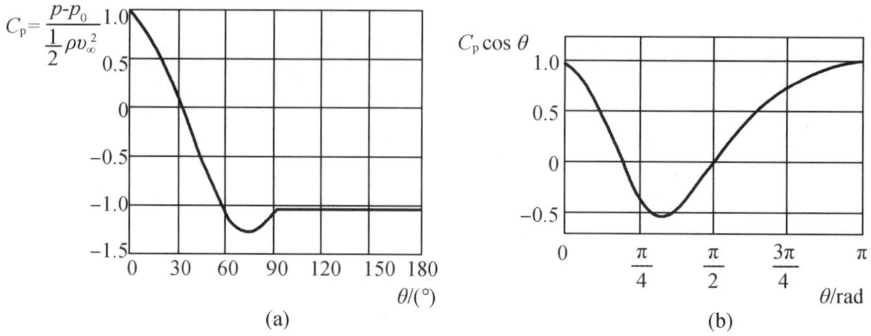

图 8－29　圆柱饶流圆柱表面压力系数分布情况

(a)圆柱表面压力系数;(b)cos θ 函数曲线

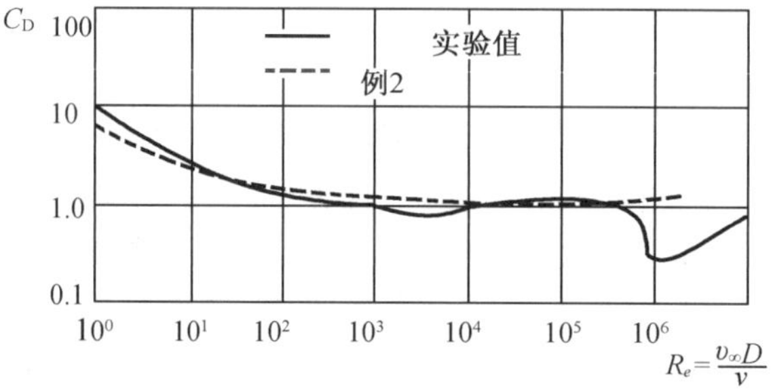

图 8－30　计算值与真实值的对比

解题过程：

压力阻力系数可由下式确定

$$C_{Dp}=\frac{1}{A}\int C_p\cos\theta \mathrm{d}A=\frac{1}{bD}\int_0^{2\pi}C_p\cos\theta b\left(\frac{D}{2}\right)\mathrm{d}\theta$$

由于对称性

$$C_{Dp}=\int_0^{\pi}C_p\cos\theta\mathrm{d}\theta$$

其中 b 和 D 是圆柱体的长度和直径。通过一些数值积分方案或通过确定图 8－29(b)所示曲线包围的面积来完成，得

$$C_{Dp}=1.17$$

圆柱上的净阻力是摩擦阻力和压差阻力的总和。因此结合上一例题可得

$$C_D=C_{Df}+C_{Dp}=\frac{5.93}{\sqrt{Re}}+1.17$$

这个结果与本节讨论的标准实验值进行比较如图 8－30 所示，对于 $Re<10$ 的曲线不重合，因为流动的边界层类型不满足条件。对于 $Re>3\times10^5$，曲线不重合是由于从层流到湍流边界层的变化，导致的压力分布的相应变化。

例题分析：

比较摩擦阻力在圆柱绕流的总阻力所占的百分比是有意义的

$$\frac{f_{\mathrm{f}}}{f}=\frac{C_{\mathrm{Df}}}{C_{\mathrm{D}}}=\frac{\dfrac{5.93}{\sqrt{Re}}}{\dfrac{5.93}{\sqrt{Re}}+1.17}=\frac{1}{1+0.197\sqrt{Re}}$$

当雷诺数分别取 $Re=10^3,10^4,10^5$ 时，对应的百分比分别为 0.138，0.0483，0.0158，由此可以得出圆柱上的大部分阻力是压力阻力，即边界层分离的结果。

8.6.2 尾迹流动损失

流体流经物体时，黏性力不但在物体表面产生损失，同时也造成一个速度亏损，这个速度亏损在流体离开物体之后仍然存在，形成尾迹。尾迹区在向下游的流动过程中，会逐渐地与主流掺混均匀，这个掺混过程几乎完全是由黏性力主宰的，因此会产生明显的损失。

这里通过一个顺流向放置的零厚度平板来分析一下尾迹区的掺混损失。首先来分析平板边界层产生的损失，取一个控制体如图实线区域所示，进口为平板前缘，出口为平板尾缘，下表面为壁面，上表面为一条流线，这条流线在出口处和边界层外界相交，如图 8－31 所示。

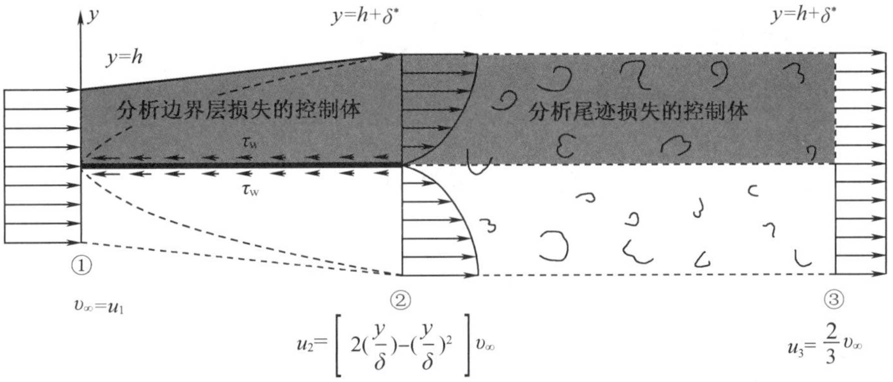

图 8－31 平板边界层的摩擦损失和尾迹的掺混损失

设流体在进口处的总压为 p_{t}，静压为 p_{s}，到出口时，静压仍然为 p_{s}，但总压则有所损失，损失的大小完全取决于速度亏损。在壁面处，动压完全损失，$p_{\mathrm{w}}=p_{\mathrm{s}}$，在边界层外界处，总压没有损失，$p_{\mathrm{e}}=p_{\mathrm{t}}$。对整个出口的总压较为合理的评估是采用质量加权平均，即

$$\overline{p_{\mathrm{t2}}}=\frac{1}{\dot{m}}\int_0^{\delta}p_{\mathrm{t2}}\cdot\rho u_2\mathrm{d}y \tag{8-50}$$

其中的流量等于进口处的流量，设进口处控制体的高度为 h，则它等于出口处的边界层厚度 δ 减去排挤厚度 δ^*，于是有

$$\dot{m}=\rho h v_{\infty}=\rho v_{\infty}(\delta-\delta^*)$$

在出口处，总压为当地的静压与动压之和

$$p_{\mathrm{t2}}=p_{\mathrm{s}}+\frac{1}{2}\rho v_{\infty}^2$$

根据上面两个公式，出口的平均总压为

$$\overline{p_{\mathrm{t2}}}=\frac{1}{\rho v_{\infty}(\delta-\delta^*)}\int_0^{\delta}\left(p_{\mathrm{s}}+\frac{1}{2}\rho u_2^2\right)\cdot\rho u_2\mathrm{d}y \tag{8-51}$$

对于层流边界层，假设流速为二次曲线是比较接近实际情况的，这个二次曲线前面已经得出，如下所示

$$\frac{u}{v_\infty}=2\left(\frac{y}{\delta}\right)-\left(\frac{y}{\delta}\right)^2 \quad 0\leqslant y\leqslant\delta$$

有了速度分布，代入上面的平均总压的关系式中，可得

$$\overline{p_{t2}}\approx p_s+0.69\left(\frac{1}{2}\rho v_\infty^2\right)$$

就得到边界层的总压损失系数为

$$\frac{p_{t1}-\overline{p_{t2}}}{\frac{\rho v_\infty^2}{2}}\approx 0.31 \tag{8-52}$$

现在我们来看尾迹区的损失。仍然假设各处静压都相等，则尾迹区的流体基本上为平行流动，另外假设尾迹区的流体离开平板后就不再受到主流的剪切作用，而是自行掺混，并在下游某处掺混均匀。

取尾迹区控制的控制体如图 8－31 中的虚线区域所示，根据连续方程，进出口流量相等，即

$$\int_0^\delta \rho u_2 \mathrm{d}y = \rho u_3 \delta$$

上式中左边积分号内部的速度 u_2 也就是边界层结束处的速度，使用前面假定的二次分布，可以得到掺混均匀后的速度为

$$u_3=\frac{2}{3}v_\infty$$

于是掺混均匀后的总压为

$$p_{t3}=p_s+\frac{1}{2}\rho u_3^2\approx p_s+0.44\left(\frac{1}{2}\rho v_\infty^2\right)$$

按照平板之前未受扰动的来流动压计算，总压损失系数为

$$\frac{\overline{p_{t2}}-p_{t3}}{\frac{\rho v_\infty^2}{2}}\approx 0.24 \tag{8-53}$$

可见，流体通过一个顺流向放置的无厚度平板，如果流动是层流，按照二次速度分布估算，在平板表面边界层内产生的损失为来流动压的 31%，在其后的尾迹内产生的损失为来流动压的 24%，总的损失是来流动压的 55%。

上面的结果只是针对边界层内部的这些流体而言的，根据边界层占整个流动问题中流量的多少，具体的总压损失会有所不同。不过这里要强调的是，相比边界层内而言，尾迹区的损失也是不可忽视的。在本例中，边界层和尾迹对总损失的贡献分别为

边界层 $$\frac{Loss_{\mathrm{BL}}}{Loss_{\mathrm{Total}}}=\frac{0.31}{0.55}=56\%$$

尾迹 $$\frac{Loss_{\mathrm{Wake}}}{Loss_{\mathrm{Total}}}=\frac{0.24}{0.55}=44\%$$

在风机和泵等流体机械中，除了边界层的摩擦损失、尾迹的掺混损失以及分离引起的掺混损失之外，还会存在大量的“二次流动”掺混损失。所谓的二次流动，就是那些与设计的流动方向垂直的速度分量构成的流动。这些二次流动的存在造成整个主流区也存在大量的剪切作用，产生可观的损失。这里不再详细讨论。

例题 8－9 低雷诺数流动阻力

已知：如图 8－32(a)所示，一艘过往的船只上掉落了一粒直径为 0.10 mm，比重量为 2.3 的沙子。

求解：确定它在水中通过的速度有多快？

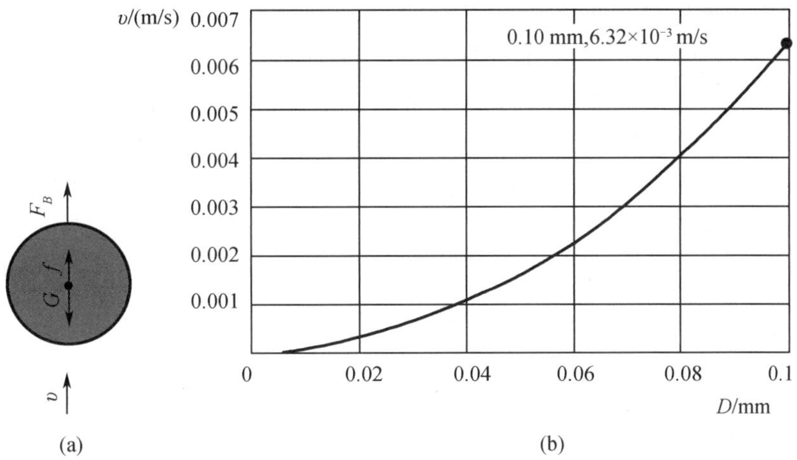

图 8－32　沙粒沉降

(a)沙粒沉降;(b)沙粒直径与沙粒沉降速度关系曲线

解题过程:

沙子颗粒以恒定的速度 v 向下移动,颗粒的重力,周围的水的浮力以及颗粒上的阻力之间的平衡,使颗粒保持恒定的速度 v。由受力平衡可得

$$G = f + F_B$$

$$G = SG\gamma_{水}\frac{\pi}{6}D^3$$

$$F_B = \gamma_{水}\frac{\pi}{6}D^3$$

由于流动是小雷诺数的情况下进行的,假定 $Re < 1$ 从而有

$$f = \frac{1}{2}\rho_{水} v^2 \frac{\pi}{4}D^2 C_D = \frac{1}{2}\rho_{水} v^2 \frac{\pi}{4}D^2 \frac{24}{\frac{\rho_{水} vD}{\mu_{水}}} = 3\pi\mu_{水} vD$$

联立上式可得

$$v = \frac{(SG-1)\rho_{水} gD^2}{18\mu_{水}}$$

查表在 15.6 ℃的条件下 $\rho_{水} = 999\ \text{kg/m}^3$,$\mu_{水} = 1.12 \times 10^{-3}\ \text{N}\cdot\text{s/m}^2$。得

$$v = 6.32 \times 10^{-3}\ \text{m/s}$$

计算雷诺数得

$$Re = \frac{\rho_{水} vD}{\mu_{水}} = 0.564$$

由于 $Re < 1$ 故假设成立。

例题分析:

通过重复计算各种颗粒直径 D,得到图 8－32(b)所示的结果。值得注意的是,非常小的粒子下降非常缓慢。因此,需要相当长的时间才能将淤泥沉淀到河流湖底。

本章小结

本章主要阐述了流体和固体之间的相互作用——边界层,其是流体力学的主要研究内容之一。边界层理论不仅可以解释绕流物体尾流及旋涡的形成等复杂流动现象，而且为解决高雷诺数的流动问题提供了有效的方法和手段，是分析物体绕流阻力和能量损失的理论基础。

本章的第一部分重点讨论了边界层的形成，边界层的基本概念和几种边界层厚度，边界层的三种厚度是要重点讨论和掌握的。本章第二部分根据 N－S 方程推导出了边界层微分方程，进一步推导出了边界层动量积分方程。本章的第三部分讨论了典型的边界层计算问题——平板边界层的计算问题，包括平板上层流、湍流、混合流的计算问题。接着又详细地讨论了边界层的分离机理，重点是曲壁边界层的分离原因和机理。最后介绍了各种绕流的绕流阻力和尾迹损失，重点讨论了圆柱绕流问题，给出了相应的减阻措施，为研究和解决工程实际问题奠定了必要的理论基础。

思考题

8.1　边界层的概念是什么？边界层理论对流体力学发展有什么重要的意义？

8.2　边界层内的流动有何特点？

8.3　光滑平板上边界层内的流动，由层流变为湍流的判别标准是什么？临界雷诺数和哪些因素有关？

8.4　光滑平板上的边界层，有哪些特征？在建立边界层微分方程（普朗特边界层方程）的过程中分析得到的两点结论。

8.5　用数量级分析方法简化边界层微分方程时，做了哪些基本假定？

8.6　求解边界层动量积分方程时，原则上需要补充哪两个方程？

8.7　光滑平板上层流边界层和湍流边界层的概念是什么，它们的厚度、切应力的变化规律是怎么样的，有什么不同？如何计算作用在平板上的摩擦阻力，它和哪些因素有关？

8.8　同一雷诺数下，湍流边界层的速度型与层流边界层的速度型相比有何不同，其原因是什么？

8.9　试导出定常可压流流过一块顺流平板的边界层（附面层）动量积分关系式。

8.10　光滑平板上混和边界层的概念是什么，计算它是做了哪两个假设？

8.11　光滑平板和粗糙平板的概念是什么，如何判别？设在相同的平板平面尺寸和流动条件下，试问哪一种平板所受摩擦阻力大？

8.12　简述曲面边界层分离的现象，它发生的条件是什么，和哪些因素有关？

8.13　边界层是否只在绕流运动中出现？管道中局部构件附近产生的涡旋现象与绕流的尾涡是否类似？

8.14　试述卡门涡街的概念和如何防止卡门涡街的危害？在设计高层建筑等时为什么要关注这一问题？

8.15　什么是压差阻力，引起压差阻力的因素有哪些，流过尖锐的物体会不会产生压差阻力？

8.16　计算绕流阻力和绕流升力的公式形式是怎么样的，分别和哪些因素有关？

8.17　圆柱在静止流体中做等速前进时没有阻力的达朗贝尔佯缪，如何解释？

练习题

8.1　光滑平板长 $l=1$ m、宽 $b=0.5$ m，顺流放置在均匀流速 $v=0.4$ m/s 的水流中，水温 $t=20$ ℃，试求平板末端边界层厚度及平板两侧所受的总摩擦力。

8.2　温度为 25℃的空气，以 30 m/s 的速度纵向绕流一块极薄的平板，压强为大气压，计算离平板前缘 200 mm 处边界层的厚度为多少？

8.3　如习图 8－1 所示，一个直径为 0.30 m 的软木球（$SG=0.21$）系在河底的一个物体上，估计河流的速度(忽视电缆的质量)。

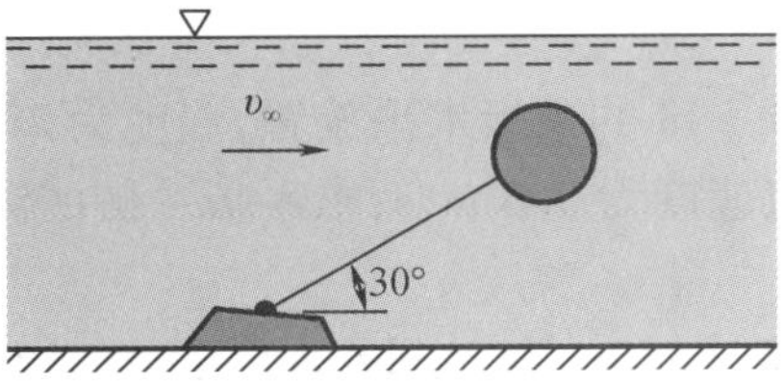

习图 8 - 1

8.4　设平板很薄,可以认为边界层外的有势流动是均匀流,流速等于来流速度 v_∞,并有$\frac{dp}{dx}=0$。设平板边界层的层流边界层速度分布为$\frac{u_x}{v_\infty}=a\left(\frac{y}{\delta}\right)+b\left(\frac{y}{\delta}\right)^3$,求平板表面摩擦切应力的表达式。$a$、$b$ 是待定系数,由边界条件决定。

8.5　温度为 20 ℃、$\rho=925\ \mathrm{kg/m^3}$ 的油流,以 60 m/s 的速度纵向绕流一宽为 15 cm、长为 50 cm 的薄平板。试求总摩擦阻力和边界层厚度。在 20 ℃时油的运动黏度 $\nu=7.9\times10^{-5}\ \mathrm{m^2/s}$。

8.6　空气以速度 75 m/s,压强 $p=1\times10^5$ Pa,温度为 20 ℃流过水平放置的光滑平板,平板长 2 m,宽 1 m,空气的运动黏度 $\nu=1.5\times10^{-5}\ \mathrm{m^2/s}$。

(1)若平板表面分别为层流和湍流附面层,求平板末端的附面层厚度和总阻力,并比较之。

(2)设临界雷诺数为 3×10^5,求平板总阻力。

8.7　设有一个极薄的静止正方形光滑平板,边长为 a,顺流按水平和垂直方向分别放置于二维恒定匀速 v 的水流中。试问按层流边界层计算,平板两种放置分别所受的总摩擦力是否相等,为什么?

8.8　设有一静止光滑平板,如习图 8 - 2 所示,边长为 1 m,上宽为 0.88 m,下宽为 0.38 m,顺流铅垂放置在均匀流速 $v=0.6$ m/s 的水流中,水温 $t=15$ ℃。试求作用在平板两侧的总摩擦力?

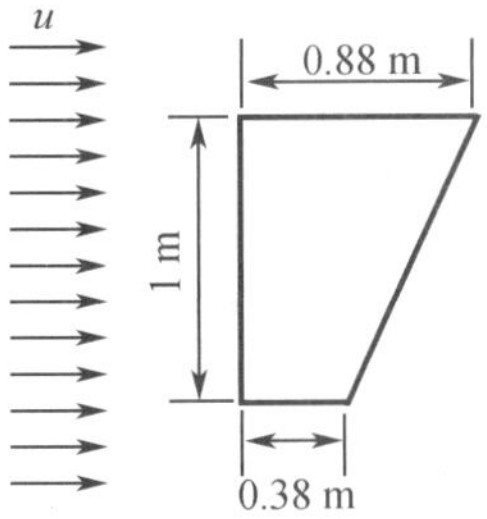

习图 8 - 2

8.9　长为 10 m 的平板,水的流速为 0.5 m/s,运动黏性系数 $\nu=0.8\times10^{-6}\ \mathrm{m^2/s}$,$Re_{cr}=5\times10^5$ 试决定平板边界层的流动状态。如为混合边界层,则转捩点在什么地方?设$\frac{x_c}{l}\leqslant5\%$时可称全板为湍流边界层,试分别决定这一平板为层流边界层和湍流边界层时,水的流速应为多少?

8.10　平板边界层内的速度分布规律为$\frac{u_x}{v_\infty}=2\frac{y}{\delta}-\left(\frac{y}{\delta}\right)^2$,试求边界层的厚度和摩擦阻力系数与雷诺数的关系?

8.11　平板边界层内的速度分布规律为正弦曲线 $u_x=v_\infty\sin\left(\frac{\pi y}{2\delta}\right)$,试求 δ、C_{Df}与 Re 之间的关系?

8.12　根据边界层内湍流速度分布的指数规律$\frac{u_x}{v_\infty}=\left(\frac{y}{\delta}\right)^{\frac{1}{9}}$和 $\lambda=0.185Re^{-\frac{1}{2}}$,试求湍流边界层厚度 δ。

8.13　在相同雷诺数 Re_l 的情况下，试求 20 ℃的水和 30 ℃的空气平行流过长度为 l 的平板时所产生的摩擦阻力之比？

8.14　宽度为 0.15 m，长度为 0.5 m 的平板水平放置，温度为 20 ℃，密度为 923.3 kg/m^3，运动黏度系数为 0.73×10^{-4} m^2/s 的原油来流速度为 0.6 m/s，求平板一侧的流动阻力、边界层厚度和平板末端切应力。

8.15　一平板长为 5 m，水以速度 0.19 m/s 流过平板。试分别求距前端 1 m 及 4.5 m 处附面层的厚度。并求在该两点垂直距离板面 5 mm 处的速度。（设 $Re_{cr}=5\times10^5$，水的运动黏性系数为 $\nu=1.145\times10^{-6}$ m^2/s）。

8.16　边长为 1 m 的正方形平板放置在 1 m/s 的水流中，求边界层的最大厚度及摩擦阻力，分别计算层流边界层和湍流边界层两种情况。

8.17　空气在 20 ℃和 101 kPa 的情况下以 5 cm/s 的速度流过相距为 2.5 cm 的平行平板。求距离入口多远处平板上的边界层相汇合。

8.18　汽车以 60 km/h 的速度行驶，汽车在运动方向上的投影面积为 2 m^2，绕流阻力系数 $C_D=0.3$，空气温度为 0 ℃，试求克服空气阻力所消耗的汽车功率。

8.19　某河道中有一圆形桥墩，已知桥墩直径 $d=1$ m，水深 $h=2$ m，河道中水流速度 $v=3$ m/s，水温 20 ℃，试求桥墩所受的水流作用力？

8.20　一平驳船（长 40 m，宽 0.3 m）以 1.543 m/s 的速度在 20 ℃的海水中航行。假定海水是静止的，求作用在驳船底面上的摩擦力。

8.21　如习图 8 - 3 所示，短波无线电天线由圆形构件组成。估计风速为 100 km/h 时天线所受的风力。

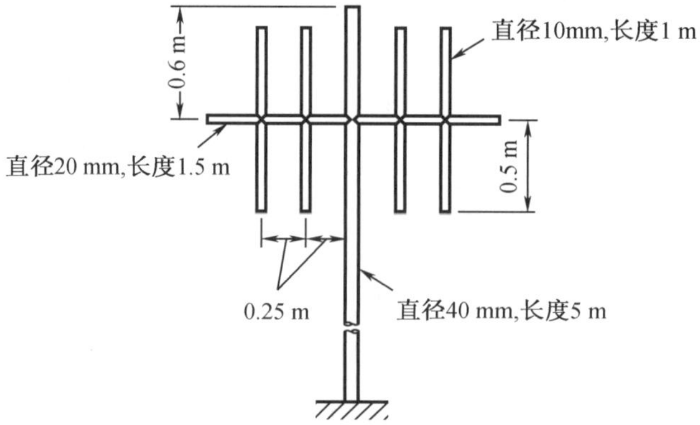

习图 8 - 3

8.22　一圆柱形烟囱，高 $H=20$ m，直径 $D=0.6$ m，水平风速 $v_\infty=20$ m/s，空气密度 $\rho=1.293$ kg/m^3，运动黏度 $\nu=13.7\times10^{-6}$ m^2/s，试求烟囱的水平推力。

8.23　一飞行员及降落伞共重 687 N。如跳伞降落时，要求其下降速度不超过 4 m/s，问降落伞的半径 R 需要多大？已知伞的绕流阻力系数为 1.33，空气温度为 10 ℃。

8.24　在风洞实验中，风速为 12 m/s，吹向一直径为 500 mm 圆盘，圆盘平面与风速正交，空气温度为 20 ℃，试求圆盘所受的推力。

8.25　一直径为 0.5 m 的光滑圆球以 6 m/s 速度在空气中运动，求圆球所受的阻力。设空气的 $\rho=1.205$ kg/m^3，$\nu=15\times10^{-6}$ m^2/s。若球的直径为 1m，其他条件不变，阻力又是多少？

8.26　一流线型火车，高和宽都为 3 m，长为 120 m，以 145 km/h 的速度行驶，顶面和两侧面可看作是光滑平面，若空气温度为 20 ℃，求这三个面上所受的总摩擦力和克服此阻力所需要的功率。

8.27　如习图 8 - 4 所示，鸟类可以通过展翅膀和尾羽来改变体型和增加面积，从而降低飞行速度。

如果着陆过程中身体面积增加50%，升力系数增加了30%，而其他所有参数保持不变，飞行速度降低的百分比是多少？

习图8-4

8.28 汽车的空气阻力取决于汽车的“形状”。如图所示8-5所示的汽车在窗户和车顶关闭时的阻力系数为0.36。在窗户和屋顶打开的情况下，阻力系数增加到0.45。求上述两种状态下汽车以65英里/小时的速度克服空气动力阻力所需的功率的比值。

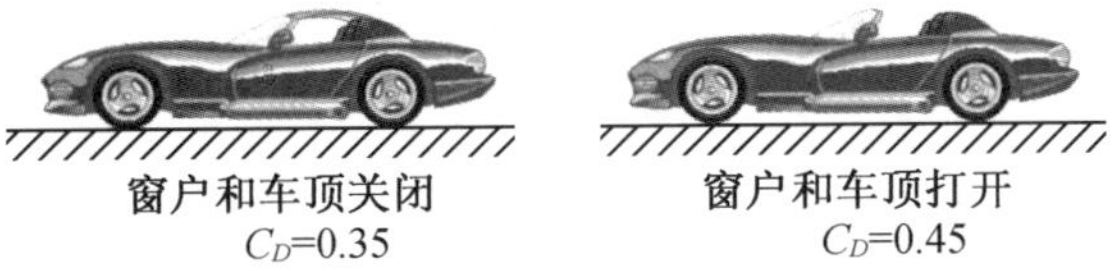

习图8-5

流体机械原理

上图是一台混合排气的双涵道涡轮风扇发动机简图,气体从左前方进入发动机,首先经过风扇被压缩,其总温和总压升高;而后分为内涵和外涵两路,靠近旋转轴的内涵空气,经过高压压气机被进一步压缩,总温和总压进一步升高;高压气体进入燃烧室,与泵油嘴喷入的燃料混合、燃烧,变成高温高压燃气;高温高压燃气进入涡轮膨胀做功,最后在尾喷管中与风扇后离轴较远的外涵气流混合,并膨胀加速,高速排入大气。尾喷管排出的燃气对发动机施加反作用力,推动飞机前进。

在前几章中,我们经常使用通用的“黑匣子”来表示诸如泵或涡轮之类的流体机械。本章的目的是了解这些流体机械的具体工作原理,并学会使用工程流体力学知识解决流体机械的相关问题。

本章学习目标:

(1)熟悉各种透平机械工作原理。

(2)了解涡轮和泵之间的异同点。

(3)认识到最大限度减少透平机械损失的重要性。

(4)能够为特定工况选择合适的涡轮和泵。

(5)了解透平机械流体力学(例如设计、开发和研究)的工程应用。

第 9 章　流体机械原理

以流体为工作介质、与流体进行机械能交换的机械我们称之为流体机械。例如燃气轮机、蒸汽轮机、风力机、水轮机等原动机和鼓风机、水泵等工作机都是典型的流体机械。又如喷气发动机、往复式发动机和压缩机亦属于流体机械。但本章主要介绍透平(叶轮)机械。

透平机械涉及力、扭矩、功和功率等相关参数。

风力发电站的风扇叶轮

9.1　透平机械工作原理

透平机械通常包括燃气轮机、蒸汽轮机、水轮机、离心泵、离心风机、离心压气机、轴流压气机、轴流鼓风机等。这类机械的基本功能是实现流体与叶轮之间的机械能交换。

泵和压气机存在多种形式。通常来说,叶轮向流体输送能量使流体移动或增加压力的机械,包括泵、风扇、风机和压气机等。

涡轮机和上面的耗功类流体机械同是和流体间进行能量交换的叶轮式机械,这决定了他们之间有许多相似之处。对于燃气涡轮来说,涡轮和压气机与气流间的能量转换在程序上恰恰相反。气流经过压气机时从工作叶片获得能量,因而提高了焓和压力;而在涡轮中,气流将焓转变为动能,然后将部分动能通过叶片转换为涡轮轴上的机械功。

一般人对于帆船往往会有一个错误观念,以为帆船是被风推着跑的。其实帆船的最大动力来源是所谓的——伯努利效应,也就是说当空气流经一类似机翼的弧面时,会产生一向前向上的吸引力,也因此,帆船才有可能朝某角度的逆风方向前进。而正顺风航行时,伯努利效应消失,船只反而不能达到最高速。

9.1.1　透平机械的分类

使用食品搅拌机制作水果饮料就是透平机械的一个简单例子。搅拌器的叶片被电机带动绕轴旋转,旋转的叶片使水果和冰块粉碎,并将粉碎物与基础液混合就做出了水果冰沙。另外有一个相反的例子,如边缘图中的帆船,风吹帆船上的帆并在帆上产生压力差,这个压力差产生了驱动船运动的驱动力。帆和船作为从空中抽取能量的机器就类似涡轮上的叶片。

透平机械中的工作流体可以是气体(如排气扇或燃气轮机)也可以是液体(如汽车中的水泵或水力发电厂的水轮机)。虽然液体或气体的基本原理是相同的,但是不同的流体可能会涉及流体流动在动力学方面的显著差异。例如,如果液体中任意一点的压力降低到饱和蒸汽压时,则气相可能是设计时重要的考虑因素。如果工作气体的马赫数变得过大,在设计时就要考虑压缩效应的影响。

许多透平机械的转子被壳体(蜗壳)包围,从而形成流体流通的内部通道,如图 9 - 1 所示。当然也有一些没有壳体的透平机械,如风力发电厂的风车和日常用的风扇。一些透平机械除了转子叶片外,还有固定叶片或叶排(静子叶片),这些静子叶片可以被布置成类似于喷管功能的形式使流体加速,还可以布置成类似于扩压器的形式使气体扩张增压。

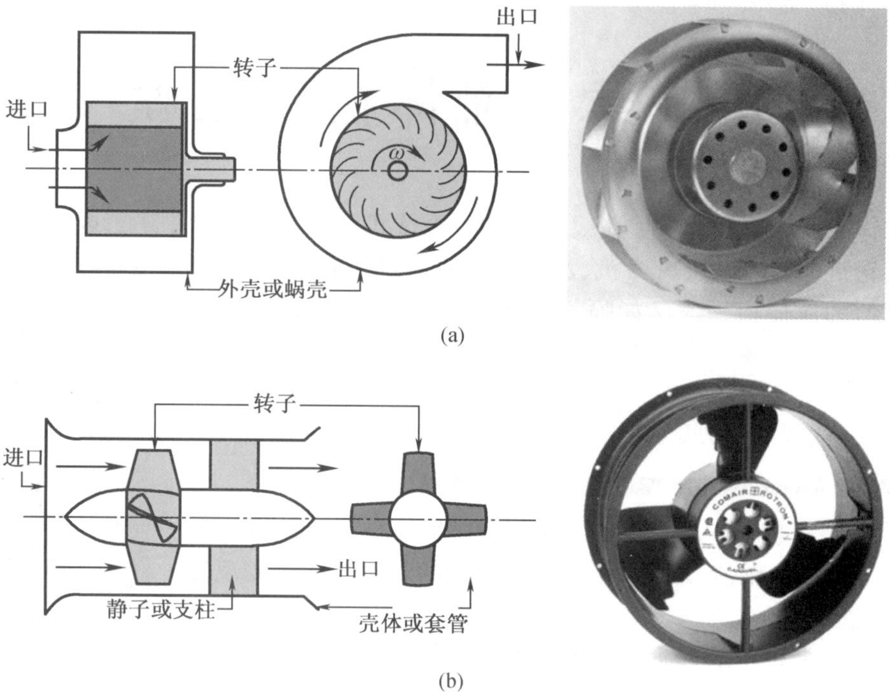

图 9-1　透平机的两种常见形式

(a)径流式风机;(b)轴流式风机

从叶轮机械的子午面看,凡是流体运动基本是沿轴向流动的,称为轴流式叶轮机械;凡是流体运动基本是沿着径向流动的,称为径流式叶轮机械或离心式叶轮机械;凡是流动方向介于上述两种情况之间的,则称为混流式透平机械。

离心式泵与压气机的工作原理是叶轮高速旋转产生的离心力使流体获得能量,即流体通过叶轮后,压力能和动能都得到提高,从而能够被输送到高处和远处。离心式泵和压气机最简单的结构形式如图 9-2 所示。它们的主要部件包括叶轮、壳体、进口段、扩压器等。叶轮连续旋转,在叶轮入口处不断形成真空,从而使流体连续不断地被泵或压气机吸入和排出。叶轮与流体之间进行功能的转换。

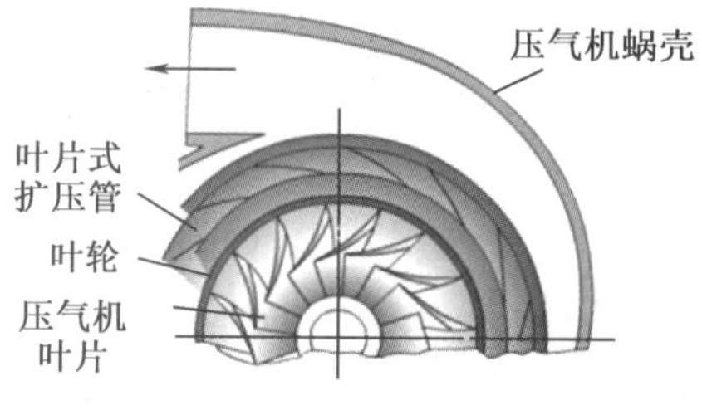

图 9-2　离心式压气机结构形式图

典型的多级轴流式叶轮机械如图 9-3 所示,其中每一级都有一组与机壳固接在一起的固定叶片,另一组与轮毂固连在一起的运动叶片。我们分别称他们为静叶和动叶。流体通过动叶并与它进行机械能交换,从子午面上看,气流沿轴向进入,最后由轴向流出。

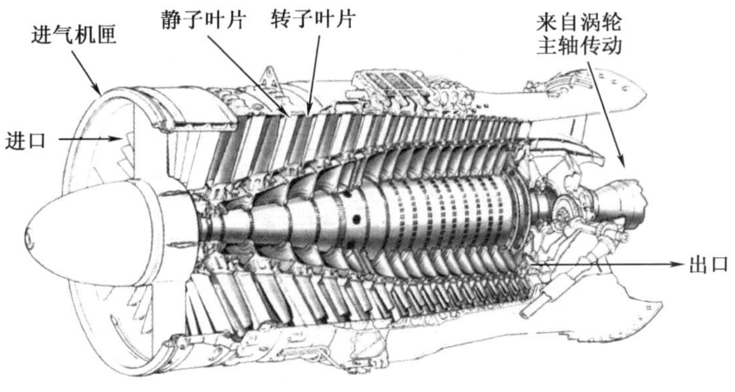

图 9-3 航空发动机前部轴流压气机结构图

混流式叶轮如图 9-4 所示，在子午面上看，它们既有轴向速度，又具有径向速度，称为混流式叶轮机械。

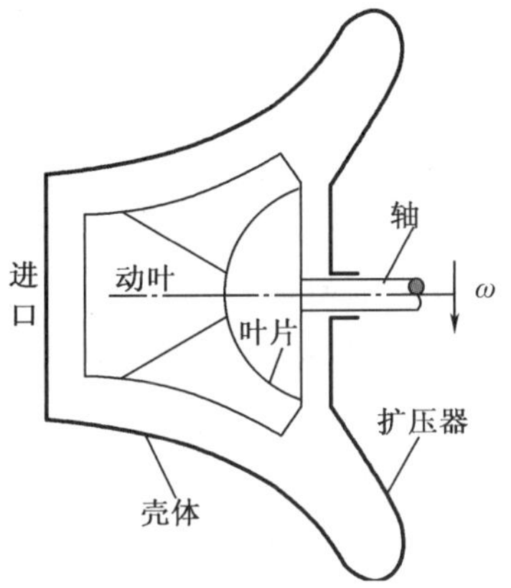

图 9-4 混流式叶轮结构图

9.1.2 速度三角形

下面通过对电风扇或者风车的讨论来理解透平机械的工作原理。尽管通过这些叶轮的流动非常复杂（三维和非定常的），但是通过简化流动（一维定常）和速度三角形可以说明基本流动现象。

如图 9-5(a) 所示，电机以恒定的角速度 ω 驱动风扇叶片，则叶片上任意一点的圆周速度（牵连速度）为 $u=\omega r$，其中 r 为任意一点到风扇轴线的距离。风扇的绝对速度用 v 表示（地面上静止不动的观察者观察到的速度），相对速度用 w 表示（随风扇一起转动的观察者观察到的速度）。如右侧边缘图所示，绝对速度等于叶片的圆周速度（牵连速度）与相对速度的矢量和。

风扇半径 r 处的流体"进入"和"离开"风扇叶片的速度草图如图 9-5(b) 所示。其中 9-5(b) 中的阴影面积 $a-b-c-d$ 是图 9-5(a) 中圆柱形截面中的一部分（通过叶片的切面）。假设流体平滑地流过叶片，即相对速度方向和叶片的前缘点和后缘点所在的叶片轮廓线的切线平行。这里假设流体在相同的半径处（与旋转轴距离相同处）进入和离开风扇，故 $u_1=u_2$。而在实际的叶轮中，进入和离开叶片的流体不一定和叶片相切，且流线各点处曲率也是在变化的，这些变化在设计工况和非设计工况条件下都很重要。

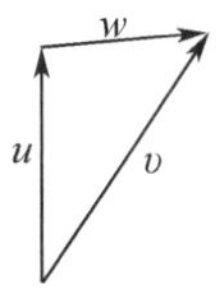

速度三角形：根据力学中速度分解和合成的原理，叶轮中任一流体质点的绝对速度都可以分解为沿叶轮叶片流动的相对速度和随着叶轮一起旋转的牵连速度，这三个速度向量构成一个闭合的三角形，一般把这个三角形称为叶轮速度三角形。

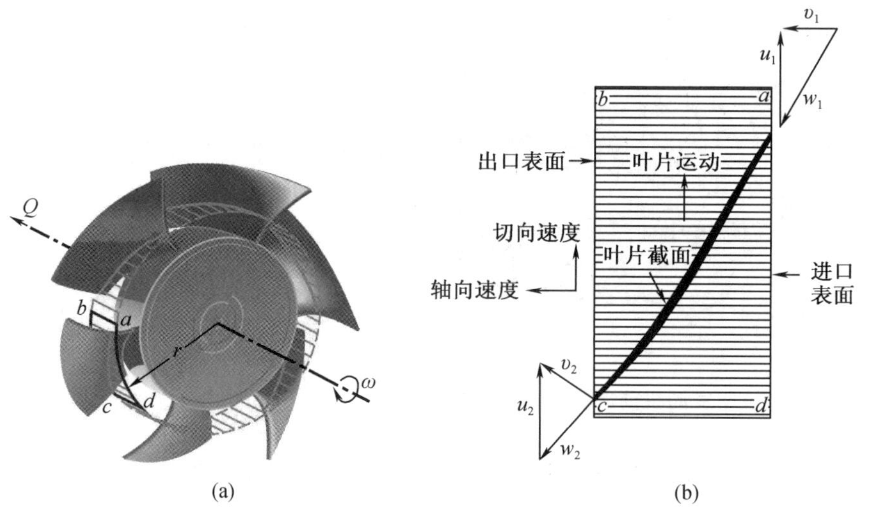

图 9－5　风扇的理想流动

(a)风扇叶片;(b)进出口速度三角形

利用这些信息,可以画出进、出口处的速度三角形,如图 9－5(b)所示。其中该图的视角自风扇的顶部沿半径方向向旋转轴看,叶片向上运动,并假定空气从水平方向即轴线方向流向叶片。由图 9－5(b)可知,由于风扇叶片(形状和运动)对气流的推动导致了气流绝对速度方向在进、出口处发生偏转。最初的绝对速度在叶片运动方向上没有分量,既没有切向分量,当流体离开叶片时,气流的绝对速度在切向上的分量变为非零量了。为了使气流绝对速度发生上述变化,叶片必须沿切线方向推动流体。即叶片对流体施加沿叶片运动方向的切向分力。类似的,泵也是叶片对流体做功的。

与风扇相反的一个典型例子就是风车,如图 9－6 所示。风车转子的转动不是由电动机带动,而是靠气流吹过每个叶片产生的升力来驱动的。由于叶片的形状、运动方式与上述的风扇不同,所以要对风车转子做进一步的分析。从图 9－6 可知气流流进和流出风车转子的绝对速度的方向不同,要实现这样的变化,风车叶片对流体有一个推力,推力方向与叶片运动方向相反。由牛顿第三定理可知,气流对叶片必有一个沿叶片运动方向大小相同的反作用力,使叶片旋转。这就使流体中的能量转化为叶片的机械能。

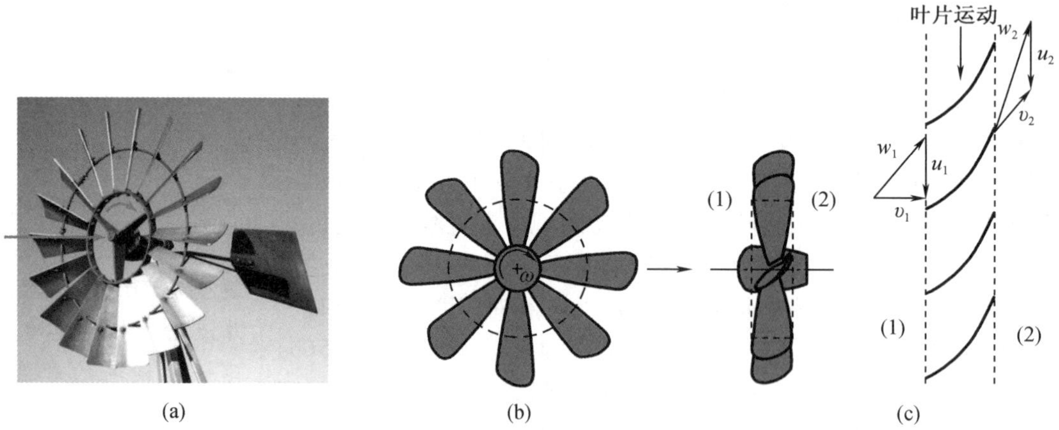

图 9－6　通过风车的理想流动

(a)风车;(b)叶片几何形状;(c)进出口速度三角形

以上两个例子都是轴流式叶轮和流体之间进行能量转换,类似的概念也适用于混流和径向流叶轮。

例题 9－1　由速度三角形来判断转子是泵类还是涡轮

已知:如图 9－7(a)所示,转子以恒定的角速度 $\omega=100$ rad/s 旋转。尽管流体从轴线方向接近转子,但是流体在转子流道中的流动是沿径向向外的。测量显示流体在进口处和出口处的绝对速度为 $v_1 = 12\ \text{m/s}$，$v_2 = 15\ \text{m/s}$。

求解：判断转子是泵类转子还是涡轮？

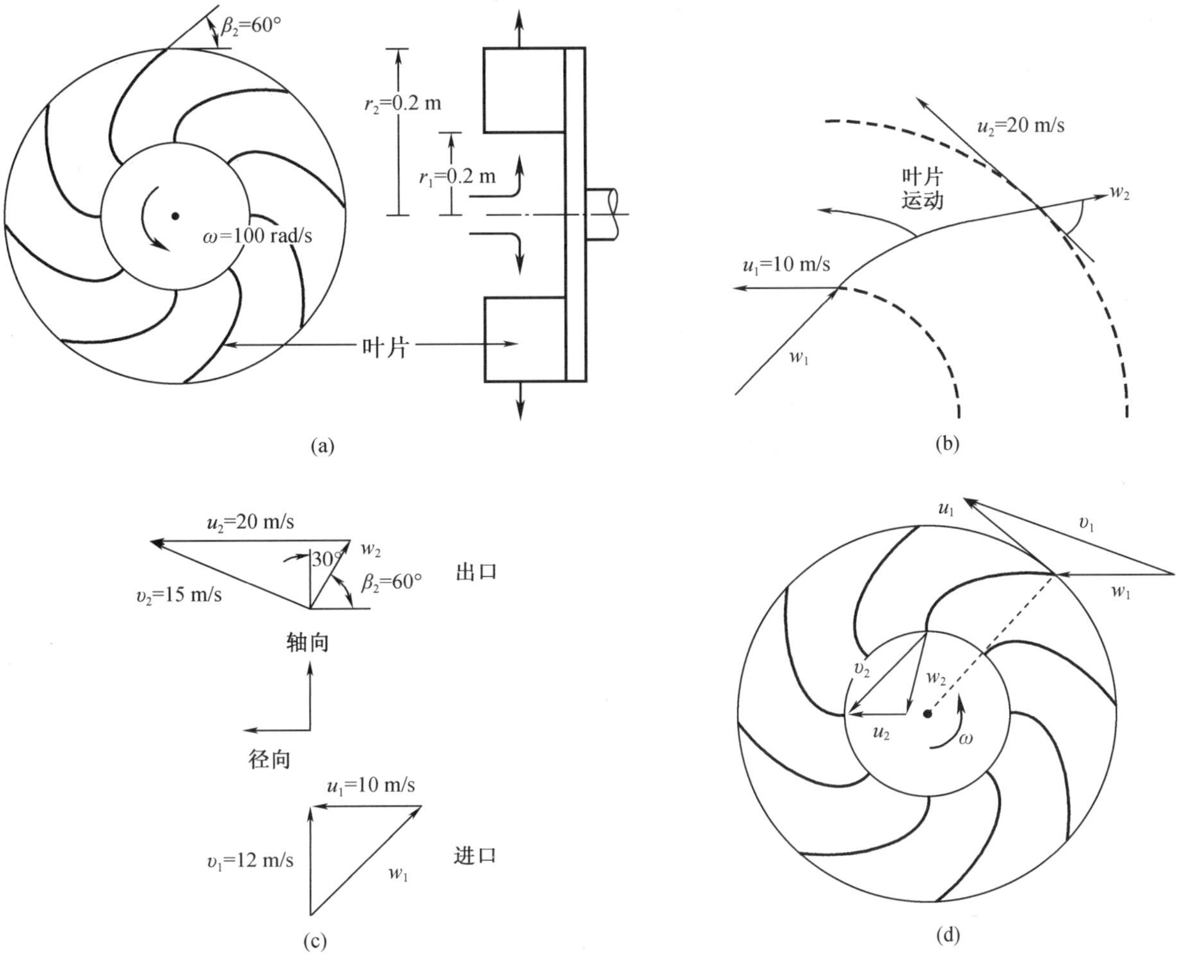

图 9-7 例 9-1 图

(a)径流转子；(b)转子进出口速度情况；(c)转子进出口速度三角形；(d)径流式涡轮速度三角形

解题过程：

要判断转子是泵类转子还是涡轮类转子，就要知道叶片在流体上的切向分力与叶片的运动方向是否相同（相同为泵类，相反为涡轮类的）。假设流体在叶片进出口处的相对速度方向和叶片相切，如图 9-7(b) 所示，同时可以计算进出口处的相对速度。

$$u_1 = \omega r_1 = (100\ \text{rad/s})(0.1\ \text{m}) = 10\ \text{m/s}$$

$$u_2 = \omega r_2 = (100\ \text{rad/s})(0.2\ \text{m}) = 20\ \text{m/s}$$

已知入口处的绝对速度和叶片圆周速度，可以画出入口处的速度三角形，如图 9-7(c) 所示。其中进口处的绝对流动是径向方向。在出口处，已知了叶片的圆周速度 u_2，出口处的绝对速度大小及相对速度的方向 β_2（由叶片的几何形状决定），因此，可以通过作图的方法来确定出口处的速度三角形。通过比较进出口处的速度三角形中的绝对速度沿叶片方向的分量，可以看出，在叶片进口处绝对速度在叶片圆周运动方向没有分量，然而在出口方向切向分量不为零。

也就是说，叶片沿着运动方向推动并转动流体，从而对流体做功，增加流体的能量。所以该转子为泵类转子。

例题分析：

相反的，如果流体运动的方向是从半径较大处流向半径较小处，则上述转子将变为径流式涡轮。这种情况下流体的流动方向（如图9－7(d)所示）和图9－7(a)、(b)、(c)流动方向相反，速度三角形如图9－7(d)所示。围绕转子叶片周边的静叶片将使流体的速度方向预旋到如图所示的 v_1 方向，且出口处的绝对速度的切向分量小于进口处的绝对速度切向分量。叶片对流体的力的方向和叶片的运动方向相反，即流体对叶片力的方向和叶片的运动方向相同，从而使流体推着叶片运动。

9.1.3 能量方程

为了建立叶轮机械中流动方程的一般关系式，以混流叶轮作为分析对象。取叶轮所占据的空间作为控制体，如图9－8中虚线所示。但是应该注意控制体并不随动轮旋转。分别以 r_1、r_2 表示进、出口截面半径。为简单起见，只讨论不可压流体。首先对控制体建立连续方程

$$A_1\rho v_1 = A_2\rho v_2 = \rho Q$$

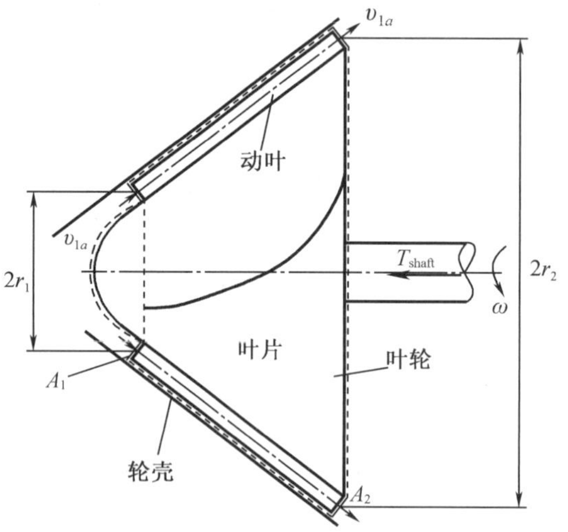

图9－8 混流式透平机械

对控制体建立动量矩方程。外界对控制体作用的摩擦力不计，由于控制面的轴对称性，控制体的法线都位于相应的子午面上，故作用在控制面上的压力对 z 不产生力矩。外界通过动轮对控制面传递的力矩以 M_s 表示。单位时间由控制面流入的动量矩以 $Q\rho v_{1u}r_1$ 表示，流出的动量矩以 $Q\rho v_{2u}r_2$ 表示，式中 v_{1u}、v_{2u} 为进出口绝对速度在周线方向的分量。

根据动量矩守恒原理，单位时间内流入控制体的动量矩与外界对控制体所加的力矩 M_s 之和等于单位时间内流出控制体的动量矩。

$$Q\rho v_{1u}r_1 + T_{shaft} = Q\rho v_{2u}r_2$$

故

$$T_{shaft} = \rho Q(r_2v_{2u} - r_1v_{1u})$$

$$T_{shaft} = \rho Q(r_2v_{2u} - r_1v_{1u}) \tag{9-1}$$

当轴转矩和轴的旋转在同一个方向时，此透平机械是泵类机械。当轴转矩和轴的方向是相反的方向，则为涡轮。

草坪洒水车

此式称为叶轮机械的欧拉方程。

外界对控制体输入的有效功率为

$$N_s = T_{shaft}\omega = \rho Q(r_2\omega v_{2u} - r_1\omega v_{1u}) = \rho Q(u_2 v_{2u} - u_1 v_{1u}) \tag{9-2}$$

式中 $u_1 = r_1\omega, u_2 = r_2\omega$ 为进、出口切线速度。

对于 $N_s > 0$ 的情况，外界对控制体做功，此为叶轮压缩机（泵、风机、压气机等等）；对于 $N_s < 0$ 的情况，控制体对外界做功，此为涡轮（汽轮机、水轮机等等）。

应当指出，式(9-2)中的轴功率 N_s 是指有效轴功率。其实外界除给控制体输入上述功率外，尚要克服控制面上的摩擦阻力（包括轴承阻力），这部分功率为损耗功率，可用 N_f 表示。

对于压缩机而言，流体获得的有效功为 $N_s = \rho Q(u_2 v_{2u} - u_1 v_{1u})$，为此而输入的功率为 $N_c = N_s + N_f$，故透平机械的效率为

$$\eta = \frac{N_s}{N_c} = \frac{N_s}{N_s + N_f} = \frac{\rho Q(u_2 v_{2u} - u_1 v_{1u})}{\rho Q(u_2 v_{2u} - u_1 v_{1u}) + N_f} \tag{9-3}$$

对于涡轮而言，流体输出的有效功为 $N_s = \rho Q(u_2 v_{2u} - u_1 v_{1u})$，其中有一部分转换成损耗功率 N_f，由轴输出的有效功为 $N_t = N_s - N_f$，故涡轮的效率为

$$\eta = \frac{N_t}{N_s} = \frac{N_s - N_f}{N_s} = \frac{\rho Q(u_2 v_{2u} - u_1 v_{1u}) - N_f}{\rho Q(u_2 v_{2u} - u_1 v_{1u})} \tag{9-4}$$

下面我们重点讨论离心式叶轮机械和轴流式叶轮机械，分别给出它们的进出口速度三角形和特性曲线。

9.2　轴流式透平

如图9-9所示的单级动叶轮工作原理。气流以轴向速度 v_a 进入静叶，静叶使气流的压力能转换为动能，并改变流动方向，然后流入动叶。静叶出口处气流绝对速度 v_1 与当地动轮切线速度 u_1 的夹角以 α_1 表示。动叶栅进口处的气流相对速度 w_1 与当地动轮切线速度 u_1 的夹角用 β_1 表示。动轮出口处的相对速度 w_2 与当地动轮切线速度 u_2 夹角用 β_2 表示。

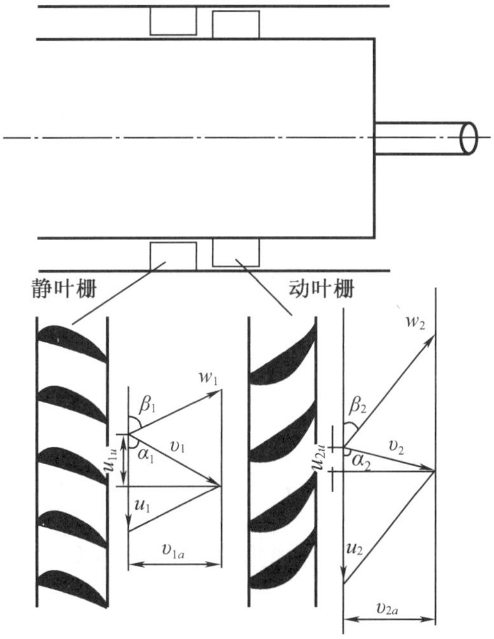

图9-9　单级轴流透平速度图

9.2.1　轴流透平的速度三角形和欧拉方程

假设进出口截面面积相同，故由连续性方程知

$$v_{1a}=v_{2a}=v_a$$

由图9－9中的速度图知

$$v_{1u}=v_a\cot\alpha_1$$

$$v_{2u}=v_a\cot\alpha_2$$

于是欧拉方程可以写为

$$T_{shaft}=\rho Q(r_2v_{2u}-r_1v_{1u})=\rho Qr(v_{2u}-v_{1u})=\rho Qrv_a(\cot\alpha_2-\cot\alpha_1)\tag{9-5a}$$

这是轴流式透平机械的欧拉方程。

对于泵类（压气机），$M_s>0$，故要求 $\cot\alpha_2>\cot\alpha_1$，即要求 $\alpha_2<\alpha_1$。

对于轴流式涡轮，$M_s<0$，故要求 $\cot\alpha_2<\cot\alpha_1$，即要求 $\alpha_2>\alpha_1$。

将此结果绘于图9－10上，可以清楚地看到气流通过动轮前后，其绝对速度所发生的变化。

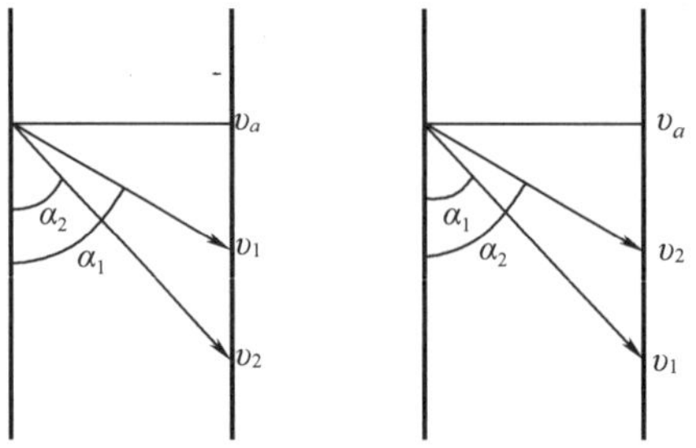

图9－10　轴流透平动轮前后绝对速度

（a）压气机；（b）涡轮

式（9－5a）还可改造成另一种形式。由图9－9知

$$v_{2u}=u_2-w_2\cos\beta_2=u_2-v_a\cot\beta_2$$

于是

$$v_{2u}-v_{1u}=(u_2-w_2\cos\beta_2)-v_a\cot\alpha_1=(u_2-v_a\cot\beta_2)-v_a\cot\alpha_1$$

代入到欧拉方程中去

$$T_{shaft}=\rho Qr[u_2-v_a(\cot\alpha_1+\cot\beta_2)]$$

于是单位质量流量的轴功率可写成

$$\frac{T_{shaft}\omega}{\rho Q}=r\omega[u_2-v_a(\cot\alpha_1+\cot\beta_2)]=u^2\left[1-\frac{v_a}{u}(\cot\alpha_1+\cot\beta_2)\right]\tag{9-5b}$$

若令$\frac{T_{shaft}\omega}{\rho Q}=g\Delta H$，则单位质量流量的无量纲轴功率表达式可写为

$$\frac{g\Delta H}{u^2}=\left[1-\frac{v_a}{u}(\cot\alpha_1+\cot\beta_2)\right]\tag{9-5c}$$

ΔH 又称为透平机的总压头。上式的左侧可视为透平机械的无量纲总压头，右侧中的$\frac{v_a}{u}$视为无量纲流量（流量系数）。将上式绘于图9－11上，于是得到透平机械的特性曲线。曲线的斜率取决于 $\cot\alpha_1+\cot\beta_2$ 的数值。式中的 α_1、β_2 将由静叶的出口几何角 α_{1b}及动叶的出口几何角 β_{2b}来保证。通常 $\beta_{2b}=\beta_2$、$\alpha_{1b}=\alpha_1$。

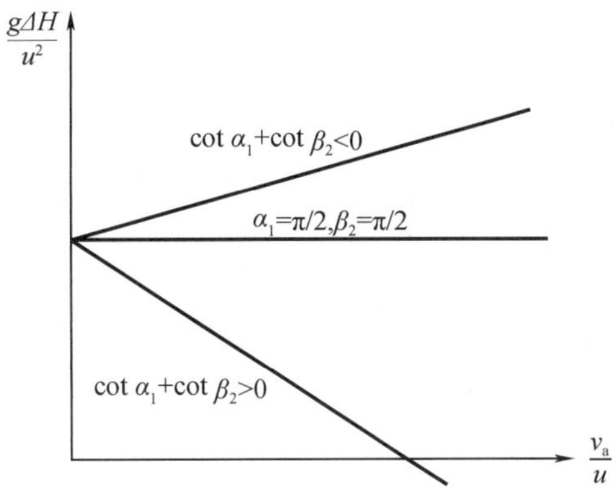

图 9-11 透平机械特性曲线

9.2.2 轴流冲击式透平欧拉方程

对于冲击式透平，其欧拉方程的形式更为简单。冲击式透平是一种特殊透平，气流在动轮叶片进出口的相对速度大小相等，即 $w_1=w_2=w$，而且气流角 β_1、β_2 满足 $\beta_1=\pi-\beta_2$，如图 9-12 所示，在此条件下，有关系式

$$\begin{aligned}v_{2u}-v_{1u}&=(u_2-w_2\cos\beta_2)-(u_1-w_1\cos\beta_1)\\&=(u-w\cos\beta_2)-(u+w\cos\beta_2)\\&=-2w\cos\beta_2\end{aligned}$$

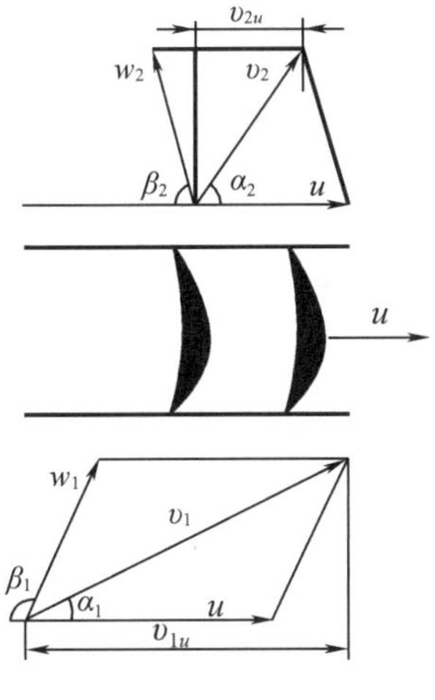

图 9-12 冲击式透平

将上式代入欧拉方程中去，可得

$$T_{\text{shaft}}=-2\rho Qrw\cos\beta_2 \tag{9-6a}$$

又由于 $w\cos\beta=v_a\cot\beta$，故上式又可写成

$$T_{\text{shaft}}=-2\rho Qrv_a\cot\beta \tag{9-6b}$$

式(9-6b)为冲击式透平的欧拉方程。

例题 9-2 轴流冲击透平沿叶高各参数的求解

已知：一轴流冲击透平，其旋转角速度为 $\omega=60$ rad/s，流量为 $Q_m=10$ kg/s，轮毂半径 $r_h=0.1$ m，动轮半径（到叶尖）$r_t=0.5$ m，动轮进口的轴向速度 $v_a=10$ m/s，在 $r=0.3$ m 处动轮叶片的出口角 $\beta_2=0.5$ rad。

求解：透平的理论力矩 M_s 及功率 N_s。注意，由于叶片长度与动轮直径相比不是小量，因此必须将叶片分隔成若干小段计算，每段长度 $\Delta h=0.05$ m。

解题过程：

对每一小段叶片所对应的叶栅应用欧拉方程

$$T_{shaft}=-\frac{2\rho Qrv_a\cot\beta_2\Delta h}{r_t-r_h}=\frac{2\times10\times r\times10\cot\beta_2\times0.05}{0.4}=-25r\cot\beta_2$$

在此近似的认为，流量按每段叶片对应的环形面积平均分配。

已知条件 $(\beta_2)_{r=0.3}=0.5$ rad 只是说明在 $r=0.3$ 处，叶片出口角为 $\beta_2=0.5$ rad。叶片在其他高度上的 β_2 尚待确定。

由透平进口处的速度三角形知

$$v_{1u}-u=-v_a\cot\beta_1$$

即

$$\tan\beta_1=\frac{v_a}{\omega r-v_{1u}}$$

利用条件 $(\beta_2)_{r=0.3}=0.5$ rad，可知

$$(\beta_1)_{r=0.3}=\pi-0.5=0.641\ 6\ \text{rad}$$

于是上式可得

$$\tan0.641\ 6=\frac{10}{60\times0.3-v_{1u}}$$

于是可得

$$(v_{1u})_{r=0.3}=36.3\ \text{m/s}$$

由于动轮来流绝对速度均匀，故沿叶片高度处有

$$v_{1u}=36.3\ \text{m/s}$$

其他各段计算结果见表 9－1。

表 9－1　各段计算结果

$\bar{r}$/m	r/m	β_1/rad	β_2/rad	$25r\cot\beta_2$
0.10～0.15	0.125	2.807 4	0.334 2	9.00
0.15～0.20	0.175	2.754 0	0.369 8	10.717
0.20～0.25	0.225	2.728 3	0.413 3	12.825
0.25～0.30	0.275	2.673 9	0.467 7	13.613
0.30～0.35	0.325	2.604 7	0.536 9	13.650
0.35～0.40	0.375	2.514 5	0.627 1	12.938
0.40～0.45	0.425	2.394 6	0.747 0	11.475
0.45～0.50	0.475	2.232 3	0.908 4	9.269

故理论扭矩 M_s 及功率 N_s 为

$$M_s=T_{shaft}=\sum\Delta T_{shaft}=-93.48\ \text{N}\cdot\text{m}$$

$$N_s=T_{shaft}\omega=-93.48\times60=-5.61\ \text{hW}$$

例题分析：

本题主要运用冲击式透平基本方程来进行求解，可以看出不同叶高（半径处）流动参数是不同的，这就是在进行叶片设计时要进行扭曲设计的原因。

9.3　径流式透平

离心式压气机与离心泵是典型的径流式叶轮机械，离心式压气机与离心泵工作时，原动机带动叶轮，迫使叶轮内的流体高速旋转，流体的压力能和动能增加，流体在离心力的作用下，高速流出叶轮。叶轮中心部位形成真空，外界流体在大气压的作用下沿叶轮中心进入叶轮。叶轮连续旋转，流体不断吸入和排出。

9.3.1　离心泵简介

离心泵涉及径向外流。

离心泵有两个主要的部件，第一个是连接在旋转轴上的叶轮，另一个是封闭叶轮的壳体或蜗壳。其中叶轮是由弯曲的叶片（刀片）绕旋转轴按照规则的方式排列而成的。离心泵基本特征的草图如图 9－13 所示。当叶轮旋转时，流体通过叶轮中心正对的进口流入，并在叶轮中沿径向向外流动，旋转的的叶片对流体做功，使流体在径向向外流动的过程中压力和绝对速度都增大。对于结构简单的离心泵，流体直接排放到蜗壳中，蜗壳形状使流体离开叶轮后的速度逐渐减小，且减小的动能转换为压力能，从而使流体压力升高，流体离开叶轮后，流体将沿着蜗壳中的流道流到泵的排出口，为了使蜗壳中的流体的速度减小和分布均匀，蜗壳中流道的面积被设计成逐渐增大的形式。对于大型离心泵，通常要在叶轮的外围设置导流叶片即扩压器，当流体进入泵壳流过扩散器时使流体的流速减小从而达到增压的目的，这种离心泵被称为扩散泵。

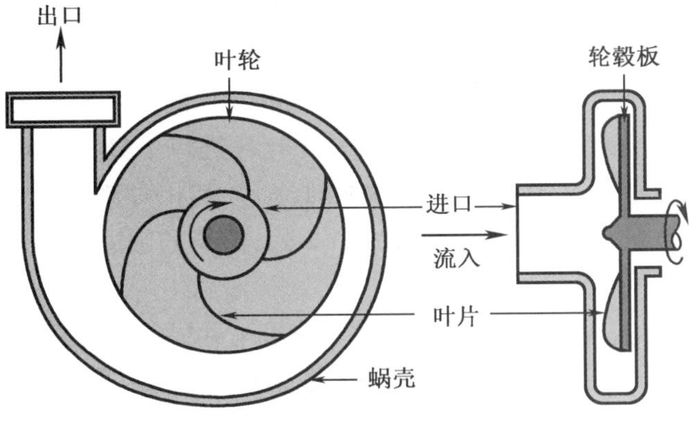

图 9－13　离心泵的结构图

离心泵的叶轮通常有两类。第一类如图 9－14(a)所示的开式叶轮，开式叶轮的叶片布置在轮毂上或背板上且另一侧（套管或护罩）是打开的。对于第二种类型的叶轮，称为闭式叶轮，叶片被覆盖在轮毂和护罩之间，如图 9－14(b)所示。

离心泵叶轮还可以分为单吸式和双吸式叶轮。对于单吸式叶轮，流体仅通过叶轮中心的一侧进入，而对于双吸式叶轮，流体沿叶轮轴线从两侧进入叶轮。双吸式的排布可以减少轴上的推力，并且由于净入口流动面积较大使入口速度较低。

(a)

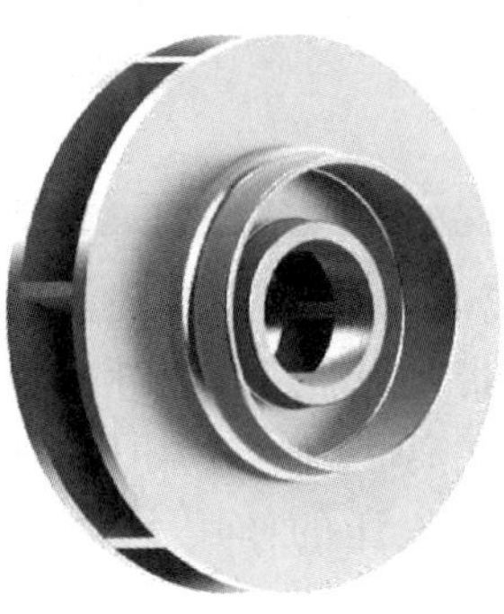

(b)

图 9 - 14　离心泵叶轮模型

(a)开式叶轮;(b)闭式叶轮

离心泵可以是单级或多级的。对于单级泵,只有一个叶轮安装在轴上,而对于多级泵,几个叶轮串联在同一个轴上,即从第一级叶轮出口的流体流入第二级叶轮的入口,来自第二级出口的流体流入第三级叶轮的入口,后面以此类推。流体在每一级中的流量是相同的,但每通过一级流体的压力都会相应地增加。因此,可以通过多级泵来获得高压头或高压力的流体。

离心泵的部件具有各种组合方式(开式或闭式叶轮、单吸或双吸式叶轮,蜗壳泵或扩散泵),但其基本工作原理保持不变。通过旋转叶片对流体做功(离心力和叶片切向力在流体沿径向运动的过程中做功),从而使流体的动能增大,当流体从叶轮流出,进入包围叶轮的蜗壳中,动能被转换成压力增加。

9.3.2　离心泵中的速度三角形

叶轮流道的几何形状常用轴面投影图(从子午面上看)和平面投影图来表示。其中 D_1、D_2 分别为叶轮的进、出口直径,b_1、b_2 分别为叶片的进出口宽度,β_1、β_2 分别为叶片进出口几何角。几何角指叶片进、出口处切线与圆周的方向之间的夹角,用来表示叶片的弯曲方向。

流体在叶轮流道中的运动十分复杂,为了便于分析其规律,现以等宽度叶片的离心泵作为分析对象。离心泵进、出口的流动运动情况如图 9 - 15(a)所示。当叶轮旋转时,在叶片进口 1 处,流体一方面随叶轮做圆周牵连运动,其圆周速度为 u_1;另外一方面又沿叶片方向做相对流动,其相对速度为 w_1。因此在进口处的绝对速度 v_1 应为 u_1 与 w_1 两者的矢量和。同理,在叶片出口 2 处,流体的圆周速度 u_2 与相对速度 w_2 的矢量和为绝对速度 v_2。

为了便于分析,通常将流体质点的圆周速度 u、相对速度 w 和绝对速度 v 共同绘制在同一张图中,即流体质点的速度三角形,如图 9 - 15(b)、(c)所示。在速度三角形中,通常绝对速度 v 分解为与流量有关的径向分速度 v_r 和与压头有关的切向分速度 v_u。径向分速度 v_r 的方向与叶轮的半径方向相同,切向分速度 v_u 与叶轮的圆周运动方向相同。

绝对速度和圆周速度之间的夹角叫作叶片的工作角。α_1、α_2 分别为叶片的进口工作角与出口工作角。相对速度与圆周速度反方向的夹角用 β 表示。

当叶轮流道的几何形状(安装角已定)及尺寸确定后,如已知叶轮转速 n 和流量 Q,即可求得叶轮内半径 r 上某处的速度三角形。其中,流体在叶轮中的圆周速度 u 可以表示为

$$u = \omega r = \frac{\pi D n}{60},(n\ 为转速,单位:转/分)$$

流体在叶轮中运动到叶轮的出口处,然后,流体通过叶片与前后盖板组成的流道径向流出,流体在叶轮中的过流断面为一圆周环面。因此,泵在叶轮中流量 Q 等于径向速度 v_r 乘以垂直于 v_r 的过流断面(圆环周面)面积 A,即

$$Q = v_r A$$

式中 A 为圆环面积，可以近似地认为它等于半径 r 处以叶轮宽度为母线，绕轴心线旋转一周所形成的曲面面积，即

$$A = \varepsilon \pi D b$$

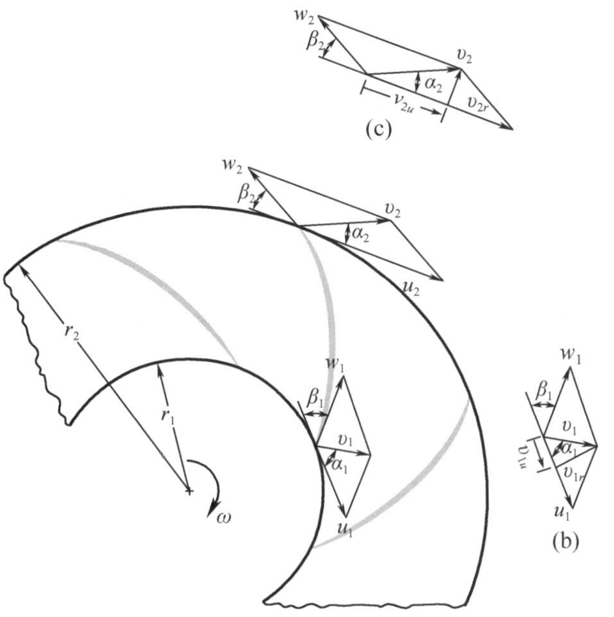

图 9－15　离心泵叶轮进、出口速度三角形

因此流量可以表示为

$$Q = \varepsilon \pi D b v_r$$

式中 ε 为叶片排挤系数，它反映了叶片厚度对流道过流面积的排挤程度。

9.3.3　离心泵中的能量方程

由连续性方程知 $v_{1r}\varepsilon\pi D_1 b_1 = v_{2r}\varepsilon\pi D_2 b_2$，由于假设为等宽度叶片，所以 $b_1 = b_2$，化简得

$$v_{1r} r_1 = v_{2r} r_2$$

由图 9－15 中几何关系知 $v_{1u} = v_{1r}\cot\alpha_1$，$v_{2u} = v_{2r}\cot\alpha_2$ 将它们及连续性方程带入到欧拉方程中去得

$$T_{\text{shaft}} = \rho Q(r_2 v_{2u} - r_1 v_{1u}) = \rho Q(r_2 v_{2r}\cot\alpha_2 - r_1 v_{1r}\cot\alpha_1) = \rho Q r_2 v_{2r}(\cot\alpha_2 - \cot\alpha_1) \tag{9-7a}$$

由几何关系知 $v_{2u} = u_2 - v_{2r}\cot\beta_2$，故欧拉方程又可写成

$$T_{\text{shaft}} = \rho Q r_2 u_2\left(1 - \frac{v_{2r}}{u_2}\cot\beta_2\right) - \rho Q r_1 v_{1r}\cot\alpha_1 \tag{9-7b}$$

单位质量流量的理论功率为

$$\frac{T_{\text{shaft}}\omega}{\rho Q} = \omega r_2 u_2\left(1 - \frac{v_{2r}}{u_2}\cot\beta_2\right) - \omega r_1 v_{1r}\cot\alpha_1 = u_2^2\left(1 - \frac{v_{2r}}{u_2}\cot\beta_2\right) - u_1 v_{1r}\cot\alpha_1$$

若令 $\frac{T_{\text{shaft}}\omega}{\rho Q} = g\Delta H$，则单位质量流量的无量纲功率表达式为

$$\frac{g\Delta H}{u_2^2} = \left(1 - \frac{v_{2r}}{u_2}\cot\beta_2\right) - \frac{u_1 v_{1r}}{u_2^2}\cot\alpha_1$$

若进口处无导叶，则气流沿径向方向进入动叶流道，此时 $\cot\alpha_1 = 0$，故无量纲功率表达式可写成

$$\frac{g\Delta H}{u_2^2} = \left(1 - \frac{v_{2r}}{u_2}\cot\beta_2\right)$$

或

$$\Delta H=\frac{u_2^2}{g}-\frac{u_2 v_{2r}\cot\beta_2}{g} \tag{9-8}$$

由前面的分析可知流量 Q 与绝对速度的径向分量相关即 $Q=\varepsilon\pi Dbv_r$，为了简化计算这里令 $\varepsilon=1$，忽略叶片的堵塞作用，代入上式可得

$$\Delta H=\frac{u_2^2}{g}-\frac{u_2\cot\beta_2}{\pi D_2 b_2 g}Q \tag{9-9}$$

应当指出上述各式中的 β_2 为气流相对于旋转叶轮的平均出口角。其中 ΔH 为理论扬程或理论压头。

正常范围为 $20°<\beta_2<25°$、$15°<\beta_1<50°$。另外 $\beta_2<90°$ 的称为后弯叶片，$\beta_2=90°$ 时称为径向叶片，$\beta_2>90°$ 称为前弯叶片。在设计时通常不选用前弯叶片，因为前弯叶片倾向于不稳定流动。

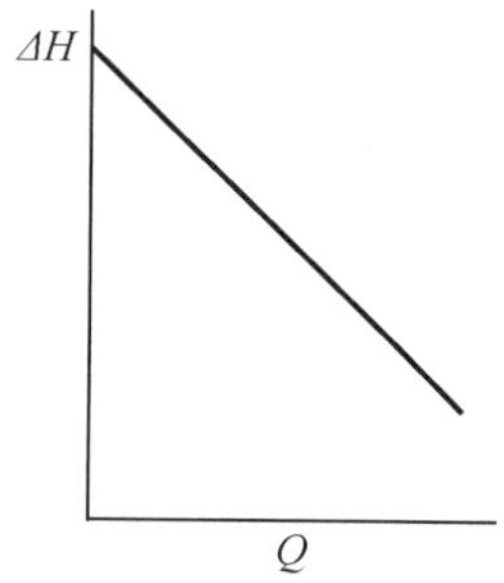

离心泵(后弯叶片)
理论压头线

图 9－16 给出了三种不同叶型泵的理论流量－扬程曲线。显然由于斜率 $\frac{u_2\cot\beta_2}{\pi D_2 b_2 g}$ 所代表的曲线斜率不同，因而三种叶型具有各自的曲线的趋势。

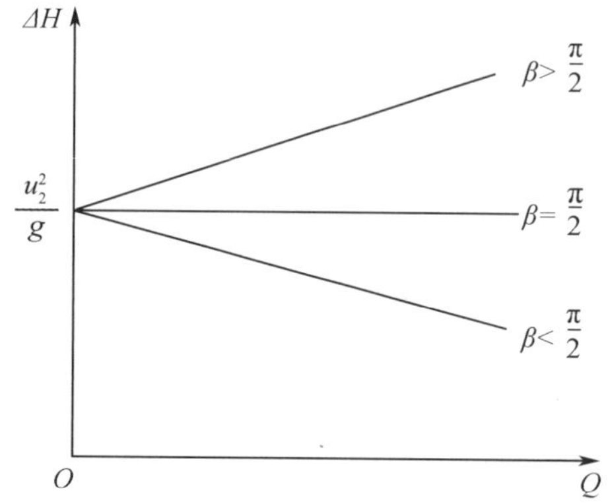

图 9－16　离心泵的三种叶型的理想压头线

9.3.4　离心泵的实际压头曲线

以后弯叶型为例，由理论（没有损失）流量和扬程的关系可以绘制出一条理论流量－扬程曲线（$Q-\Delta H$）曲线。能够预测的是相同的流量条件下实际的压头比理论压头要小。因此实际压头曲线在理论压头曲线下方，并且实际压头随流量的变化显示出非线性关系，如图 9－17 所示。造成两条曲线之间的差异（由曲线之间的阴影区域来表示）来源主要由以下几点。诸如，由于流体在流道中的黏性摩擦损失（流体与流体之间、流体与壁面之间）、流体与叶片之间的流动分离损失、流体的间隙泄漏流动损失（容积损失），流体的三维流动效应。在设计值附近，以上损失达到最小，该工况称为额定工况或设计工况。

泵的实际压头比理论压头小，有相当部分的压头损失。

实际上影响损失的因素非常复杂，无法用具体的解析式来确定实际特性曲线。目前，实际压头特性曲线都是通过实验测定绘制出来的。

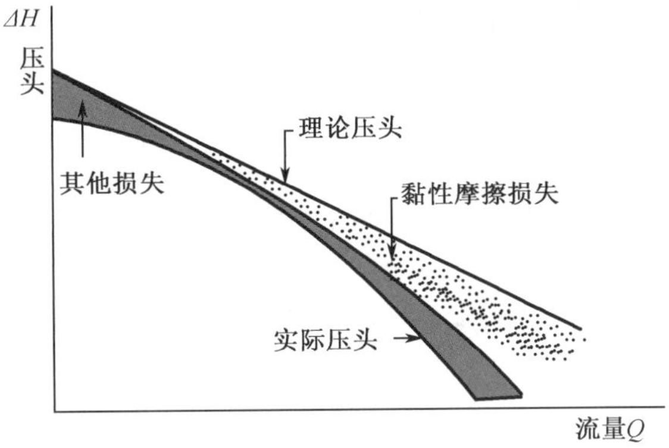

图 9-17 实际压头与理论压头曲线

9.3.5 离心泵的性能曲线

图 9-18 为离心泵的性能曲线图。它包括扬程曲线 H(实际压头曲线),轴功率曲线 P,效率曲线 η 和允许吸上真空度 H_s,这些曲线反映了水泵在额定转速下,扬程 H、轴功率 P、效率 η 和允许吸上真空度 H_s 随流量 Q 的变化规律。

从该图可以看出,当流量较小时,扬程较大,随着流量的增加,扬程逐渐下降。对常用的后弯叶片水泵,其扬程曲线一般是单调下降的。流量为零时(调节阀完全关闭)称为初始扬程或者零扬程,用 H_0 表示。

泵的轴功率是随着流量的增加而逐渐增加的。当流量为零时,轴功率最小,所以离心泵要在调节阀完全关闭的情况下启动。

泵的效率呈驼峰型,当流量为零时,效率为零;随着流量的增大,效率急剧的增大。当为设计流量时,损失最小,效率最高;若流量继续增大,效率则随之减小。

图中未反映的是允许吸上真空度 H_s 与流量的关系曲线。允许吸上真空度 H_s 反映了泵的抗汽蚀能力的大小,它是生产厂家通过汽蚀试验并考虑泵的安全流量后得到的。一般来说,水泵的允许吸上真空度是随着流量的增加而减小的,即水泵的流量越大,它所具有的汽蚀余量的能力就越小。H_s 的值是确定水泵吸水高度的重要参数。

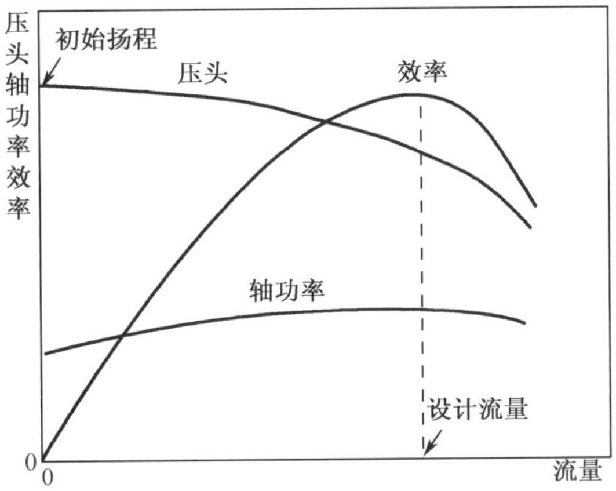

图 9-18 离心泵性能曲线

例题 9-3 离心泵叶轮分析

已知:离心式水泵叶轮的旋转速度 $\omega = 90$ rad/s,叶轮进口半径 $r_1 = 8$ cm,出口半径 $r_2 = 16$ cm。叶轮宽度 $b_1 = 5$ cm,叶片几何角分别为 $\beta_{1b} = 0.45$ rad,$\beta_{2b} = 0.25$ rad。不计流动损失。

求解：试确定流量 Q，总压头 H_s，功率 N_s 及动轮进出口压差。

解题过程：

动轮进口切线速度 $u_1=\omega r_1=90\times0.08=7.2\ \mathrm{m/s}$。由进口速度关系知 $\dfrac{v_1}{u_1}=\tan\beta_1$，则

$$v_1=u_1\tan\beta_1=3.478\ \mathrm{m/s}$$

通过透平流量为 $Q=v_{1r}2\pi r_1 b, v_{1r}=v_1$，于是有

$$Q=3.478\times2\pi\times0.08\times0.05=0.087\ 4\ \mathrm{m^3/s}$$

由于 $v_{1u}=0$，且 $v_{2u}=u_2-v_{2r}\cot\beta_2$，代入到透平总压头公式中去，则

$$H_s=\frac{u_2^2}{g}\left(1-\frac{v_{2r}}{u_2}\cot\beta_2\right)$$

由连续性方程可以得到动轮出口速度 v_{2r}：

$$v_{2r}=\frac{Q}{2\pi r_2 b}=\frac{0.087\ 4}{2\pi\times0.16\times0.05}=1.739\ \mathrm{m/s}$$

$$u_2=\omega r_2=90\times0.16=14.4\ \mathrm{m/s}$$

将上式代入到 H_s 计算式中去

$$H_s=\frac{14.4^2}{9.81}\left(1-\frac{1.739}{14.4}\cot 0.25\right)=11.14\ \mathrm{m}$$

将已知条件带到 v_{2u}, v_2 计算式中去

$$v_{2u}=u_2\left(1-\frac{v_{2r}}{u_2}\cot\beta_2\right)=14.4\left(1-\frac{1.739}{14.4}\cot 0.25\right)=7.590\ \mathrm{m/s}$$

$$v_2=\sqrt{v_{2r}^2+v_{2u}^2}=\sqrt{1.739^2+7.590^2}=7.787\ \mathrm{m/s}$$

$$\cot\alpha_2=\frac{v_{2u}}{v_{2r}}=\frac{7.590}{1.739}=4.365$$

由此可得

$$\alpha_2=0.022\ 52\ \mathrm{rad}$$

轴功率为

$$N_s=\rho QgH_s=1\ 000\times0.874\times9.81\times11.4=9.551\ \mathrm{kW}$$

从能量的角度来看，水在动轮中获得的总压头为 H_s，因此动轮出口处的机械能总和与进口处机械能总和相差 H_s，即

$$\frac{v_2^2}{2}-\frac{v_1^2}{2}+\frac{1}{\rho}(p_2-p_1)=gH_s$$

由此可得

$$p_2-p_1=g\rho H_s-\frac{\rho}{2}(v_2^2-v_1^2)=1\ 000\times9.81\times11.41-\frac{1}{2}1\ 000\times(7.787^2-3.478^2)=85\ \mathrm{kPa}$$

例题分析：

由进、出口的各项速度参数可以画出进、出口的速度三角形。如图 9－19 所示。

图 9－19　进、出口速度三角形

9.4 叶轮机械的相似定律

无量纲分析和相似性定理在透平机械的研究中具有重要的应用。

相似理论广泛应用于透平机械领域,在透平机械的设计、制造、研究及使用等方面都起着十分重要的作用。流体在叶轮通道中的运动十分复杂,现有的理论无法精确地预测其内部流动,也不能精确地预测其工作性能。但相似理论在透平机械中的应用一定程度上可以解决上述问题,主要体现在以下几个方面,下面以离心泵为例:

(1)针对现有的大量性能良好的离心泵,按照相似理论统计出一些经验系数值,可以用于指导新叶轮的设计;

(2)新设计的泵,需要将原型泵设计为便于试验的模型泵,对模型进行系统实验,再用相似理论来预测原型的性能;

(3)根据泵性能参数间的互相关系,在改变转速、叶轮几何尺寸及流体密度时,进行性能参数的相似换算。

9.4.1 泵的相似条件

在流体力学中讨论流动相似,必须满足几何相似、运动相似和动力相似以及初始条件相似和边界条件相似,即满足模型和原型流动中任意一对应点上的同一个物理量之间保持相同的比例条件。以下标 m 表示模型参数,以 n 表示原型机参数。

1. 几何相似

几何相似是指模型和原型各对应点的几何尺寸成比例,比值相同,对应角、叶片数相等,即

$$\begin{cases} \dfrac{D_{1n}}{D_{1m}} = \dfrac{D_{2n}}{D_{2m}} = \dfrac{b_{1n}}{b_{1m}} = \dfrac{b_{2n}}{b_{2m}} = \cdots = \lambda_1 \\ \beta_{1n} = \beta_{1m} \\ \beta_{2n} = \beta_{2m} \end{cases} \tag{9-10}$$

式中 λ_1 为相应的线性尺寸比值。

通常选取叶轮的外径 D_2 作为线性特征尺寸。严格来说,过流部分的壁面粗糙度也应该相似。

2. 运动相似

运动相似是指模型和原型对应各点的速度方向相同,大小成一定比例,对应角相等,即流体在各点的速度三角形相似

$$\begin{cases} \dfrac{v_{1n}}{v_{1m}} = \dfrac{v_{2n}}{v_{2m}} = \dfrac{u_{1n}}{u_{1m}} = \dfrac{u_{2n}}{u_{2m}} = \dfrac{w_{1n}}{w_{1m}} = \dfrac{w_{2n}}{w_{2m}} \cdots = \lambda_v \\ \alpha_{1n} = \alpha_{1m} \\ \alpha_{2n} = \alpha_{2m} \end{cases} \tag{9-11}$$

式中 λ_v 为相应速度比值。

3. **动力相似**

动力相似是指原型和模型中对应点的各种力的方向相同、大小成同一比例。对于不可压缩流体，其动力相似，则模型与原型反映惯性力与重力相对比值的弗劳德相似准则数 $Fr=\frac{v^2}{gl}$ 相等。同时反映惯性力与黏性力相对比值的雷诺数 $Re=\frac{vl}{\nu}$ 相等。

在泵或风机的流道中不存在自由表面，且流体的静压力和重力对流体的作用力互相平衡，故可以不考虑 Fr。对于黏性力的影响，考虑到泵或风机内部流动的雷诺数非常大，处于自由模化区（即湍流水力粗糙区），因此也可以忽略不计。

因此动力相似在泵中可以忽略。

9.4.2 泵中的相似定律

在泵中，通常不采用相似准则数来判断流动是否相似，而是根据运行工况相似来提出相似关系。

相似工况是指原型性能曲线在某一工况点 A 与模型性能曲线上工况点 A' 所对应的流体运动相似，也就是相应的速度三角形相似，则 A 与 A' 两个工况点为相似工况，如图 9-20 所示，相似工况下模型与原型性能之间的关系又称相似定律。

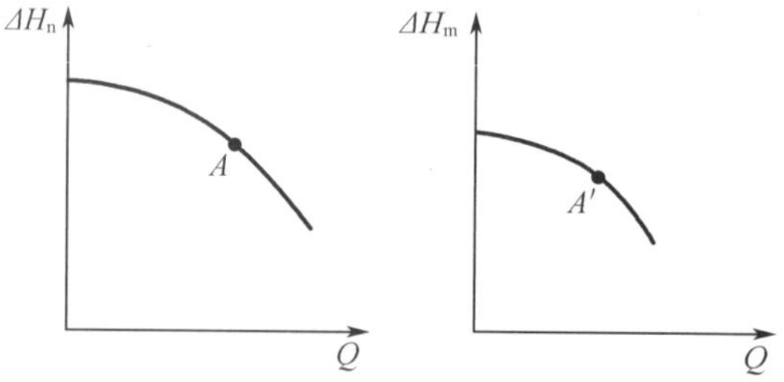

图 9-20　相似工况

1. **流量相似关系**

泵的流量为

$$Q=\varepsilon\pi D_2 b_2 v_{r2}$$

在相似工况下，流量相似关系为

$$\frac{Q_n}{Q_m}=\frac{\varepsilon_n D_{2n} b_{2n} v_{2rn}}{\varepsilon_m \pi D_{2m} b_{2m} v_{2rm}} \tag{9-12}$$

如几何相似，则排挤系数相等

$$\varepsilon_n=\varepsilon_m$$

并且存在

$$\frac{D_{2n}}{D_{2m}}=\frac{b_{2n}}{b_{2m}}$$

$$\frac{v_{2rn}}{v_{2rm}}=\frac{u_n}{u_m}=\frac{D_{2n}n_n}{D_{2m}n_m}$$

将上式代入式(9-12)得

$$\frac{Q_n}{Q_m}=\left(\frac{D_{2n}}{D_{2m}}\right)^3\frac{n_n}{n_m} \tag{9-13}$$

其中 n 代表转速，式(9-13)称为流量相似定律，它表明：几何相似的泵，在相同的工况条件下运行时，其流量之比与几何尺寸之比（一般用叶轮出口直径 D_2）的三次方成正比，与转速比的一次方成正比。

2. 扬程相似关系

泵的理论扬程为

$$\Delta H=\frac{u_2v_{2u}-u_1v_{1u}}{g}$$

在相似工况下，扬程的相似条件为

$$\frac{\Delta H_n}{\Delta H_m}=\frac{u_{2n}v_{2\,un}-u_{1n}v_{1\,un}}{u_{2m}v_{2\,um}-u_{1m}v_{1\,um}} \tag{9-14}$$

如运动相似，则有

$$\frac{u_{2n}v_{2\,un}}{u_{2m}v_{2\,um}}=\frac{u_{1n}v_{1\,un}}{u_{1m}v_{1\,um}}=\left(\frac{D_{2n}n_n}{D_{2m}n_m}\right)^2$$

将上式代入(9－14)中，可得

$$\frac{\Delta H_n}{\Delta H_m}=\left(\frac{D_{2n}}{D_{2m}}\right)^2\left(\frac{n_n}{n_m}\right)^2 \tag{9-15}$$

式(9－15)称为扬程相似定律。它表明：几何相似的泵，在相似工况下，其扬程之比与几何尺寸之比的平方成正比，与转速比的平方成正比。

3. 功率相似关系

泵的总轴功率为

$$P=\frac{\rho gQ\Delta H}{\eta}$$

在相似工况下，轴功率的相似关系为

$$\frac{P_n}{P_m}=\frac{\rho_nQ_n\Delta H_n\eta_m}{\rho_mQ_m\Delta H_m\eta_n} \tag{9-16}$$

将式(9－13)、式(9－15)代入式(9－16)中，得

$$\frac{P_n}{P_m}=\left(\frac{D_{2n}}{D_{2m}}\right)^5\left(\frac{n_n}{n_m}\right)^3\frac{\rho_n}{\rho_m}\frac{\eta_n}{\eta_m} \tag{9-17}$$

上式称为功率相似定律。它可以表述为：几何相似的泵，在相似工况下运行时，其功率之比与几何尺寸的五次方成正比，与转速的三次方成正比，与密度的一次方成正比，与机械效率的一次方成正比。

经验表明，若模型与原型的转速和几何尺寸相差不大，可以认为在相似工况下运行时，各种效率相等，则流量、扬程、功率相似关系可以简化为

$$\frac{Q_n}{Q_m}=\left(\frac{D_{2n}}{D_{2m}}\right)^3\frac{n_n}{n_m} \tag{9-18a}$$

$$\frac{\Delta H_n}{\Delta H_m}=\left(\frac{D_{2n}}{D_{2m}}\right)^2\left(\frac{n_n}{n_m}\right)^2 \tag{9-18b}$$

$$\frac{P_n}{P_m}=\left(\frac{D_{2n}}{D_{2m}}\right)^5\left(\frac{n_n}{n_m}\right)^3\frac{\rho_n}{\rho_m} \tag{9-18c}$$

为了简明起见，将下标 m、n 去掉，泵的相似工况各点性能参数之间的相似关系可以表示为更一般的形式，即

$$\frac{Q_m}{n_mD_{2m}^3}=\frac{Q_n}{n_nD_{2n}^3}=\frac{Q}{nD^3}=\lambda_Q \tag{9-19a}$$

$$\frac{\Delta H_m}{n_m^2D_{2m}^2}=\frac{\Delta H_n}{n_n^2D_{2n}^2}=\frac{\Delta H}{n^2D^2}=\lambda_{\Delta H} \tag{9-19b}$$

$$\frac{P_m}{\rho_m n_m^3 D_{2m}^5}=\frac{P_n}{\rho_n n_n^3 D_{2n}^5}=\frac{P}{\rho n^3 D^5}=\lambda_P \tag{9-19c}$$

4. 相似定律的特例

实际生产中应用相似定律时，往往并不是几何尺寸、转速和密度三个参数同时改变，通常只是其中一个参数改变。

(1)改变转速时各参数的变化

如果两台泵的几何尺寸相等或是同一台泵，且输送着相同的流体介质，则相似定律简化为

$$\frac{Q_n}{Q_m}=\frac{n_n}{n_m},\frac{\Delta H_n}{\Delta H_m}=\left(\frac{n_n}{n_m}\right)^2,\frac{P_n}{P_m}=\left(\frac{n_n}{n_m}\right)^3$$

以上三式表示同一台泵，只改变转速时的流量、扬程、轴功率与转速的比例关系，故称为比例定律。

(2)改变叶轮直径 D 时各参数的变化

切割叶轮外径将使泵的流量、扬程(压头)、功率降低。同样增大叶轮外径将使泵的流量、扬程、功率增加。当叶轮外径变化不大时，可近似认为改变前后的流动状态近似相似，应用相似定律可得

$$\frac{Q_n}{Q_m}=\left(\frac{D_{2n}}{D_{2m}}\right)^3,\frac{\Delta H_n}{\Delta H_m}=\left(\frac{D_{2n}}{D_{2m}}\right)^2,\frac{P_n}{P_m}=\left(\frac{D_{2n}}{D_{2m}}\right)^5$$

以上这组公式称为切割定律。

(3)改变密度时参数的变化

若两台泵的转速相同，几何尺寸也相同，仅改变密度时，只有功率发生变化

$$\frac{P_n}{P_m}=\frac{\rho_n}{\rho_m}$$

9.4.3 比转速

泵的相似定律是根据相似原理导出的在相似工况下的流量、扬程、功率之间的相互关系。在具体设计、选型以及判断泵是否相似，使用相似定律并不是十分方便。本节将在相似定律的基础上得出一个包括流量 Q、扬程 ΔH 以及转速 n 在内的综合相似特征参数，这个特征参数称为比转速，用符号 N_{sd} 表示，比转速在泵的理论研究和设计中具有重要的意义。

1. 泵的比转速

将式(9－19a)和式(9－19b)两端分别平方和立方得

$$\left(\frac{Q_m}{n_m D_{2m}^3}\right)^2=\left(\frac{Q_n}{n_n D_{2n}^3}\right)^2,\left(\frac{\Delta H_m}{n_m^2 D_{2m}^2}\right)^3=\left(\frac{\Delta H_n}{n_n^2 D_{2n}^2}\right)^3$$

两式相除并开四次方得

$$\frac{n_n\sqrt{Q_n}}{\Delta H_n^{\frac{3}{4}}}=\frac{n_m\sqrt{Q_m}}{\Delta H_m^{\frac{3}{4}}}$$

即

$$N_{sd}=\frac{n\sqrt{Q}}{\Delta H^{\frac{3}{4}}} \tag{9-20}$$

式中 Q 的单位取 m^3/s，扬程 ΔH 的单位为 m，转速 n 的单位为 r/min。

式(9－20)是在相似定律的基础上，消去了几何参数后得到的与性能有关的比转速的计算公式。

2. 比转速意义

(1)比转速是泵分类的重要依据。由比转速公式可以看出：比转速 N_{sd} 与转速 n 成正比，与流量 Q 的

平方根成正比，与扬程 ΔH 的 3/4 次方成反比。在一定转速下，ΔH 越高，Q 越小，N_{sd} 就越低，反之，ΔH 越低，Q 越大，N_{sd} 就越高。根据比转速的大小，可将叶片泵分为离心泵、混流泵和轴流泵三大类，其中离心泵又可分为低比转速、中比转速、高比转速三种。

(2)比转速是初步选择泵型的关键参数。如果所选泵的流量 Q、扬程 ΔH 已经确定，当选定动力机后，转速已知，即可算出比转速 N_{sd}，然后就可以根据表 9-2 初步确定所选泵型，以便进一步使用泵性能表来确定泵的具体形状。

(3)比转速是进行相似设计的参考。相似设计的方法就是根据给定的设计参数计算出比转速值，然后可选择先有水泵中 N_{sd} 值相同、效率高、抗气蚀性能好、运行可靠的模型泵。这样再根据选定的模型泵和给定的参数，利用相似理论，求出所设计泵的尺寸和特征。

表 9-2 泵型选取的比转速参考依据

泵的类型	离心泵			混流泵	轴流泵
	低比转速	正常比转速	高比转速		
比转速	$30<N_{sd}<80$	$80<N_{sd}<150$	$150<N_{sd}<300$	$300<N_{sd}<500$	$500<N_{sd}<1\ 000$

9.4.4 泵中的无量纲性能参数

用无量纲性能参数表示的曲线叫作无量纲曲线，无量纲性能曲线的优点是只需一条曲线就可以代替某一系列所有泵在各种转速下的性能曲线，从而大大简化曲线图或性能表。

1. 无量纲性能参数

(1)压头系数。叶轮外径处的圆周速度用 u_2 来表示，用压头系数 C_H 来代替 $\lambda_{\Delta H}$，则可得到压头系数 C_H 为

$$C_H=\frac{g\Delta H}{u_2^2} \tag{9-21}$$

(2)流量系数。叶轮外径处的圆周速度用 u_2 来表示，同时用面积 $\frac{\pi D_2^2}{4}$ 代替 D^2，并用流量系数 C_Q 来代替 λ_Q，则流量系数 C_Q 可以表示为

$$C_Q=\frac{Q}{3\ 600u_2\times\frac{\pi D_2^2}{4}} \tag{9-22}$$

(3)功率系数。叶轮外径处的圆周速度用 u_2 来表示，同时用面积 $\frac{\pi D_2^2}{4}$ 代替 D^2，并用功率系数 C_P 来代替 λ_P，则功率系数 C_P 可以表示为

$$C_P=\frac{1\ 000P}{\frac{\pi D_2^2}{4}\rho u_2^2} \tag{9-23}$$

(4)效率。效率本身就是无量纲量(量纲统一)量，所以其意义与前面所讲的一致，他同样可以通过无量纲计算获得，即

$$\eta=\frac{\rho gQ\Delta H}{P} \tag{9-24}$$

值得注意的是，C_H、C_Q、C_P 是无量纲数，它是取决于相似工况点的函数，不同的相似工况点对应的 C_H、C_Q、C_P 是不同的。

2. 无量纲性能曲线

在某一系列中选用一台泵作为模型机，在不同的流量的条件下，开启泵并以固定转速 n 运行，测出相应的压力、轴功，同时取得所输送介质的密度 ρ，就可以计算出上述的四个无量纲参数。用光滑的曲线连接这些点，就可以描绘出一组无量纲特性线。

图 9－22(a)显示了某一离心泵的特性曲线，图 9－22(b)显示了根据计算出的无量纲性能参数绘制出来的无量纲性能曲线。根据这些曲线可以预测几何相似泵的性能，得到这些曲线也可以预测转速的变化对泵性能的影响。

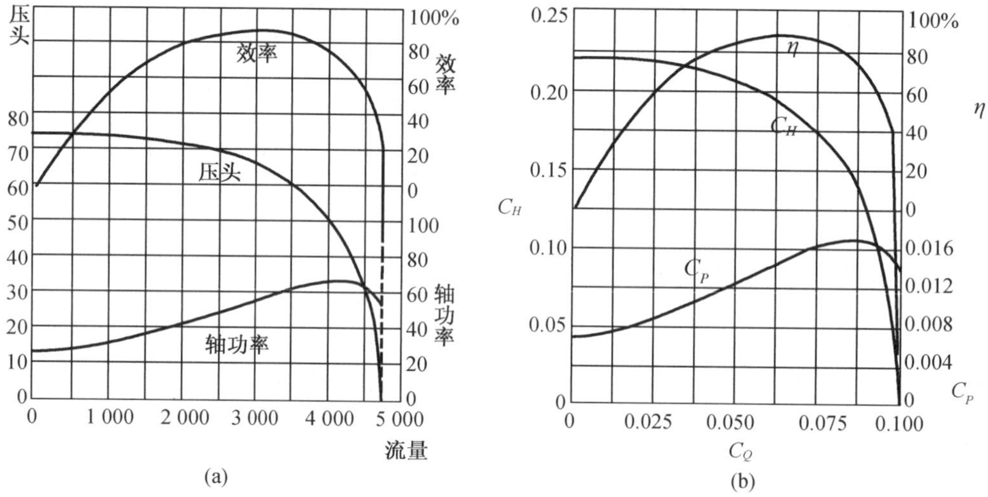

图 9－22　某一离心泵的特性曲线(左)、无量纲性能曲线(右)

例题 9－4　透平机械的无量纲特性参数

已知：某类水泵的无量纲特性曲线图如图 9－23 所示。试问叶轮直径 $D=1.2$ m 的同类水泵，在 $n=1\ 750$ r/min 条件下。

求解：要求输出流量为 $Q=1.3\ m^3/s$ 时的总压头为何值？

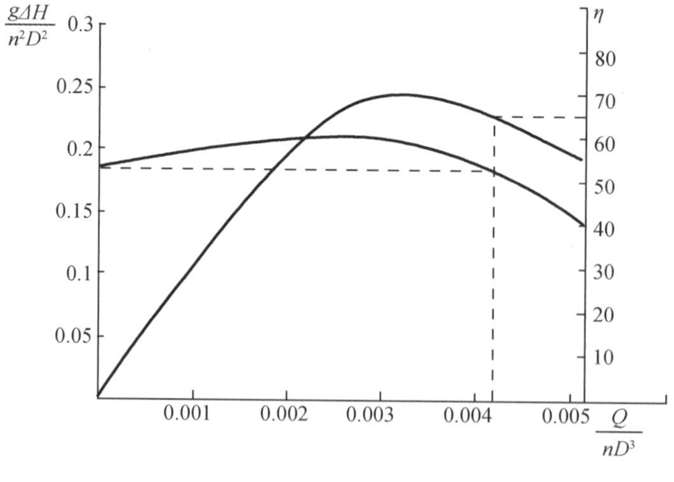

图 9－23　无量纲特性曲线

解题过程：

首先确定无量纲流量

$$\frac{Q}{nD^3}=\frac{1.300}{(1\ 750\times\frac{2\pi}{60})\times1.2^3}=0.004\ 11$$

由图 9－23 所示，查出对应的效率和无量纲压头

$$\eta=65\%,\frac{g\Delta H}{n^2D^2}=0.17$$

由此可得

$$\Delta H=\frac{0.17}{0.81}(1\ 750\frac{2\pi}{60})^2(1.2)^2=838\ \text{m}$$

例题分析：

由某一类叶轮机械的无量纲特性曲线可以很容易地估计某一特定的叶轮的各种特性，这就体现了无量纲参数的实用性。

9.5 轴流和混流泵

如前所述，离心泵是径流式流体机械，在低流量和高压头的要求下可以高效地工作，转速一般不超过 4 000 转/分。但是在需要高流量和低压头的场合如排水和灌溉，离心泵并不能够满足要求。在这些场合通常使用轴流泵，轴流泵从外形上来看主要是圆柱形的外壳和类似于螺旋桨的转子组成，所以轴流泵通常称为螺旋桨泵。从流体的流动方向来看，流体在轴流式泵中的流动方向是轴向的（平行于转动轴），和离心式泵的流体流动方向不同。从压头增加的方式来看，离心泵是由离心力的作用而使压头升高，而轴流泵压头主要是靠转子叶片对流体施加的切向力来增加的。图 9－24 所示为用于垂直输送流体的轴流泵的示意图。转子通过传动轴连接到电动机，当电动机带动轴转动（较高的旋转速度）流体通过入口被吸入，并流过转子被做功，在离开转子后，通常要流过转子后的静子叶排（导向器）来校正流体速度方向。另外一些轴流泵要在转子叶排上游加装一排静子叶排来对进口速度施加一个切向分量。还有一些多级轴流泵，即转子静子成对串联布置而成的轴流泵。轴流泵的转速通常大于 9 000 转/分。

在离心泵中的一些定义和概念可以直接应用于轴流泵中，但是两者的特性曲线却是完全不同的。如图 9－25 同时给出了离心泵和轴流泵的特性曲线。其中两台泵的设计压头（最大效率点）驱动动力完全相同。但随着流量的降低，当流量降低为零时（关闭出口阀）离心泵的输入功率下降到 180 马力①，而轴流泵，输入功率增加到 520 马力。当实际流量较设计流量下降较多时，轴流泵的这种特性可能导致驱动电机过载，从而损坏电机。另外，轴流泵的理论压头曲线在离心泵的压头曲线上方，且相差较大，这就意味着在使用轴流泵时流量的微小变化会使压头有较大的变化，而离心泵流量的变化引起的压头变化会很小。从图 9－25 还可以看出，除设计点外，轴流泵的效率低于离心泵的效率。为了改善轴流泵的操作特性，一些轴流泵采用可调叶片的方法。

① 1 马力 = 735 瓦

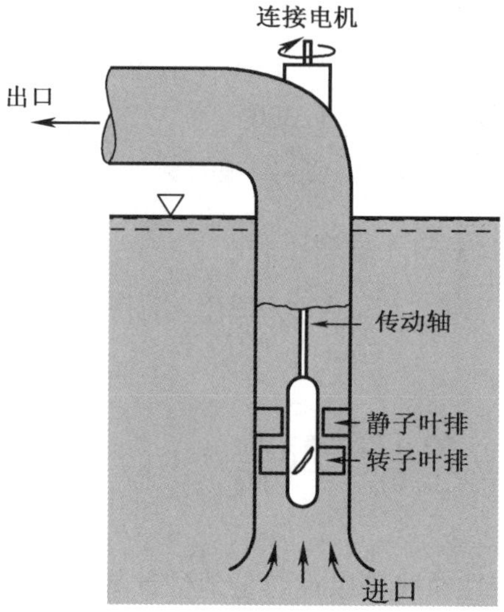

图 9－24　轴流泵的示意图

对于要求转速高于离心泵的转速范围而低于轴流泵的转速范围时就需要用第三种形式的泵，即混流式泵，其主要用于转速在 4 000 ~9 000 转/分这个特殊范围的场合。顾名思义，混流泵中的流体流速同时具有轴向分量和径向分量。数据表明，随着比转速的增加，不管是离心泵，还是混流泵或轴流泵，它们流速增加，压头减小，速度增加，叶轮直径减小。

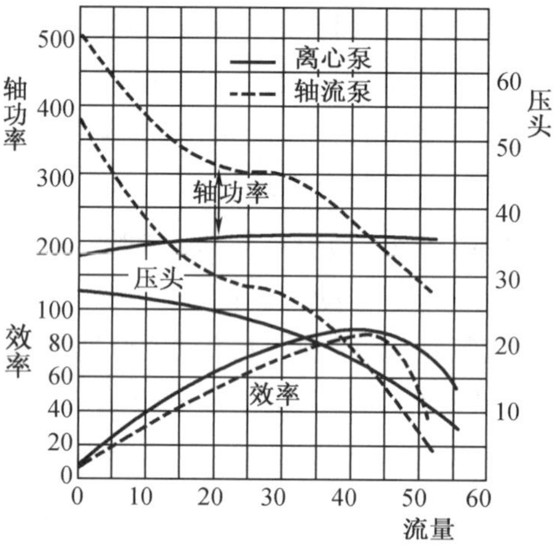

图 9－25　离心泵和轴流泵特性曲线

在泵的无量纲分析中定义的各种无量纲参数和比例关系不仅适用于离心泵，而且也适用于混流泵和轴流泵。

9.6　风机

当要输送的流体是气体时，如空气、蒸气等，这时就要用到风机。在工业中使用的大型风机（如用于大型建筑物通风的风机）不同于冷却台式电脑的小型风扇。风机通常以相对较低的转速运行并能输送大量气体。虽然风机的工质是气体，但是通过风机的气体的密度的变化通常不超过7%，以空气为例，通过风机前后空气的压强仅增加约 1 psi，因此，常常认为通过风机前后气体的密度可以视为常数，流动分析可以用不可压流动的理论来进行。由于风机处理的气体压升较低，所以构成风机的叶片通常是轻质的金属板。风机也被称为鼓风机、增压器和引风机，这主要取决于风机在系统中的具体安装位置。也就是说，鼓风机位于系统入口处，引风机位于系统出口处，增压器位于系统内的某个中间位置。相比于风机，气流流过另一类叶轮机械使其压力和密度增加较多，这类机械被称为压气机，压气机将在 9.8 节中进行详细地讨论。

风机用来泵送空气、蒸气等其他气体。

风机的分类和泵的分类类似，包括离心式风机、混流式风机和轴流式风机。风机的特性分析与泵的特性分析相似。离心式和轴流式风机典型特性曲线的形状与离心式和轴流式泵特性曲线形状非常相似。不同的是风机的性能是用增压比（静压或总压）来表示的，而不是像泵那样用压头表示。

泵的缩放关系同样可以用于风机中，上述的缩放关系不仅适用于泵也适用于风机，在用于风机时只要将压头 ΔH 用$\dfrac{p_a}{\rho g}$来代替即可

$$\frac{p}{n_{1m}^2 D_{2m}^2}=\frac{p}{n_{1n}^2 D_{2n}^2}=\frac{p}{n^2 D^2}=\lambda_p \tag{9-25}$$

如前所述，式(9－25)中下标 1 和 2 表示来自几何相似的风机系列的任何两个风机。

9.7　水轮机

在透平机械的分类中提到，涡轮是从流动的流体中吸收能量并将其转化为机械能的叶轮机械，涡轮机的几何形状使得流体在转子上施加方向为叶轮旋转方向的扭矩，所产生的轴功可用于驱动发电机或其他设备。本节主要讨论以水为工作介质的水轮机，以及以水汽混合物为工质的汽轮机（工质中水蒸气含量较低，水含量较高，工质的密度在汽轮机进出口处发生显著的变化）。

尽管水轮机的设计方法很多，但这些水轮机可以简单地分为两种基本的类型，分别是冲击式水轮机和反力式水轮机（这里的反力度定义为工质通过动叶静压下降的数值占整个级中动叶静叶静压下降的比值，转子静压降越大就意味着反力度越大）。对于冲击式水轮机，转子上的压降为零，在级上的所有压降发生在喷嘴叶排中。图 9－26 所示的佩尔顿轮是冲击式涡轮的典型例子。

两种基本类型的水轮机是冲击式和反力式水轮机。

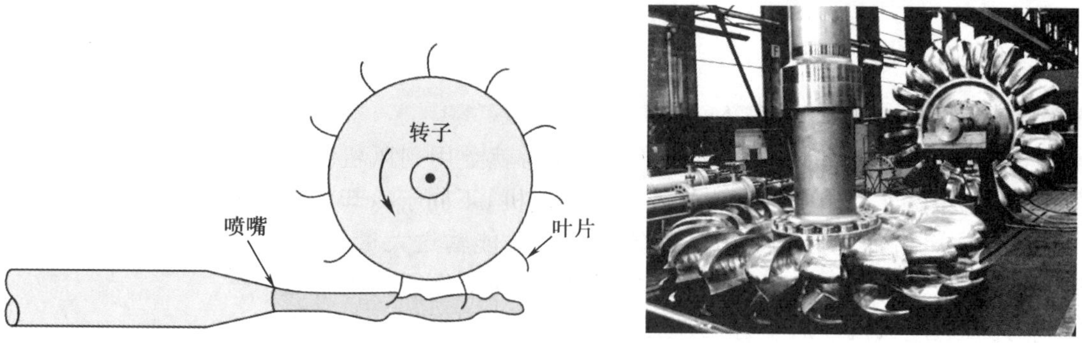

(a) (b)

图 9－26　佩尔顿轮

(a)佩尔顿轮机构示意图;(b)佩尔顿轮机的照片

对于冲击式水轮机,进入水轮机中的液体总压头(静压头、动压头、重力压头)在喷嘴中转化为较高的动压头。通过动叶的压降及由于相对速度(流体速度相对于转动的叶片)的变化引起的压降和动叶上动能的减少相比可以忽略不计。转子周围的空间没有完全充水。喷射流体的冲击是产生扭矩的动力来源。

对于反力式水轮机,转子在完全充满液体的壳体(蜗壳)中工作。通过转子的流体其压强下降且相对速度也发生变化。径流式水轮机的工作示意图如图 9－27 所示,导向叶排作为喷嘴加速流动,并在流体进入转子时沿适当的方向转动。因此,部分压降发生在导向叶排中,部分压降发生在转子上。在许多方面,反力式水轮机的工作类似于离心泵逆向流动工作。

冲击式和反力式水轮机都可以使用 9.3 节中讨论的角动量守恒定理进行分析。一般来说,冲击式水轮机是高压头,低流量水轮机,而反力式水轮机是低压头,高流量装置。

9.7.1　冲击式水轮机

冲击式涡轮的设计方法有很多,佩尔顿水轮机可能是比较著名的冲击式水轮机之一,佩尔顿(Lester Pelton 1829—1908)是加利福尼亚黄金开采期间的美国采矿工程师。佩尔顿水轮机在现在也被很多的领域所使用。当水流压头较大(例如水源的高度远远高于涡轮前的喷嘴高度)时佩尔顿水轮机的效率较高,高压头的水流在流过涡轮后,在涡轮出口处具有较大的相对速度。在这种水轮机的设计过程中要充分考虑在运输管道中的压头损失,喷嘴的设计和转子上动叶的设计是设计过程的关键环节。

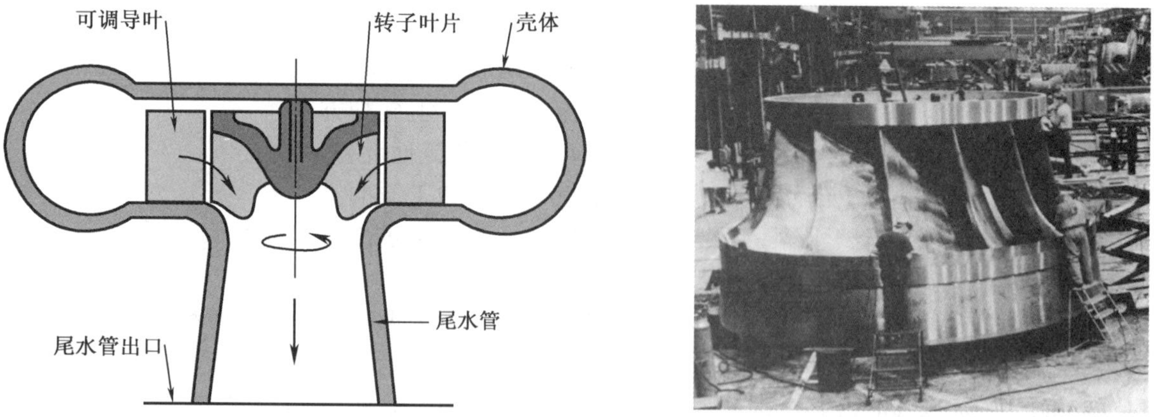

(a) (b)

图 9－27　经流式水轮机工作示意图

(a)反力式水轮机结构的示意图;(b)反力式水轮机的照片

如图 9－28 所示，高速喷射的水撞击了佩尔顿轮的水斗，水轮机发生旋转。水流以自由射流的形式进入和离开包围叶轮的控制体。和叶轮动叶一起运动的人观察水流穿过动叶的过程中水流的水平速度的大小是没有改变的（假定黏性阻力可以忽略），即：相对速度的大小没有变化，但是它的方向发生了改变。流体射流的相对速度方向的变化使转子产生了扭矩，并从水轮机轴上输出机械功。

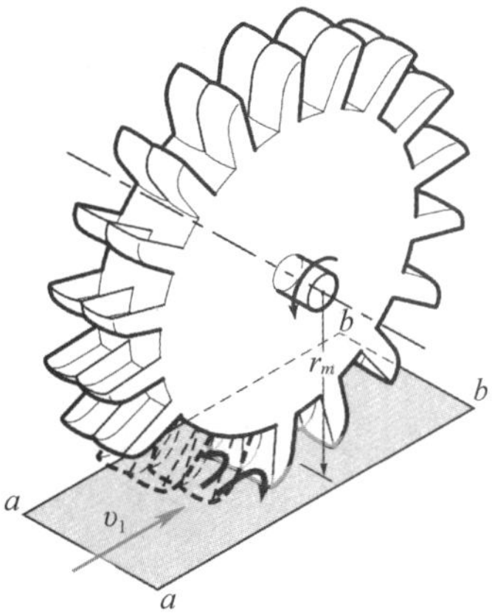

(a)

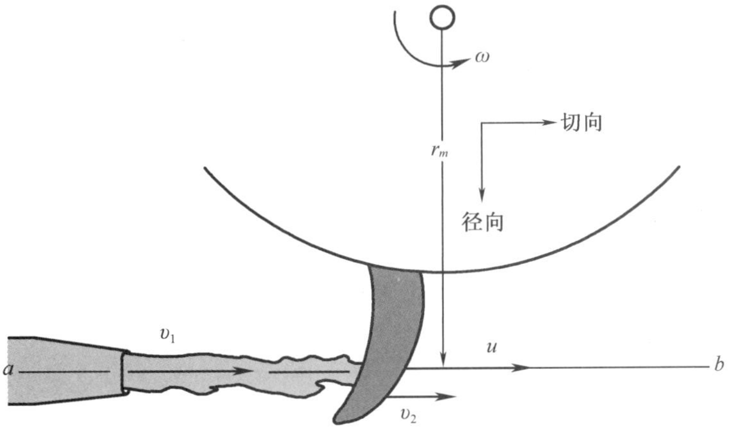

(b)

图 9－28　佩尔顿轮流动原理

(a)佩尔顿轮流动；(b)佩尔顿轮流动细节

要设计最佳的冲击式水轮机，就意味着要设计复杂形状的动叶来获得最大的输出功，这是非常困难的。理想情况下，流体进入和离开如图 9－29 所示的控制体，没有速度的径向分量。（在实际的流动中，常常存在微小的且可以忽略的速度径向分量）。此外，在理想情况下动叶可以将相对速度方向转过 180°，但是几何约束决定了转过的角度为 β，即叶片边缘出口角，$\beta < 180°$。流体离开叶片时的相对速度是有轴向的速度分量的。

叶轮的算术平均半径处的入口和出口速度三角形（假定的）如图 9－30 所示。为了计算扭矩和功率，我们必须知道入口和出口处绝对速度的切向分量（从 9.1 节的讨论中可以看出，转矩或功率方程都包含有速度的径向和轴向分量）。

佩尔顿轮在高水头和低流速工况下可以高效运行。

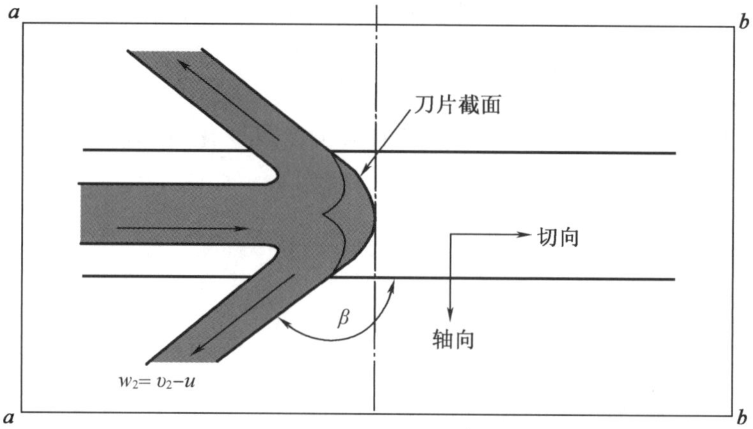

图 9－29　佩尔顿轮上流动的相对速度

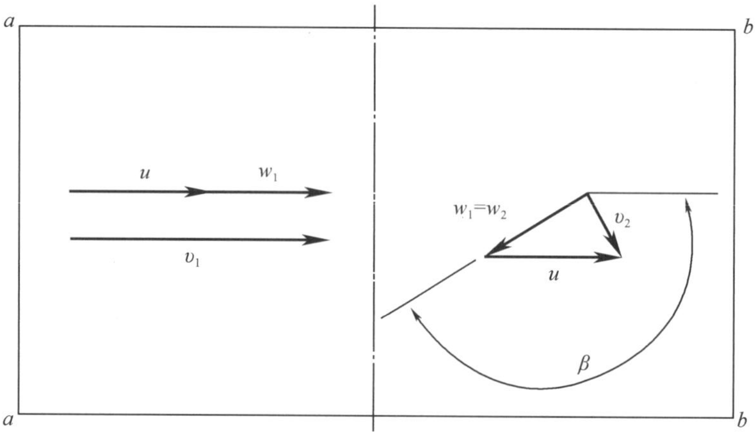

图 9－30　佩尔顿轮进出口速度三角形

从图 9－30 可以看出

$$v_{1u} = v_1 = w_1 + u \tag{9-26}$$

$$v_{2u} = w_2 \cos\beta + u \tag{9-27}$$

假设 $w_1 = w_2$，即流体的相对速度大小不随着水斗的偏转而改变，联立式(9－26)和式(9－27)可得

$$v_{2u} - v_{1u} = (u - v_1)(1 - \cos\beta)$$

切向速度的改变量与 9.1 节中的转矩和功率方程组合可得

$$T_{shaft} = \dot{m} r_m (u - v_1)(1 - \cos\beta)$$

其中 $\dot{m} = \rho Q$ 是水轮机的质量流量。由于 $u = \omega r_m$，故

$$W_{shaft} = T_{shaft}\omega = \dot{m} u (u - v_1)(1 - \cos\beta) \tag{9-28}$$

将理论计算值与实验值绘制在同一个图中，如图 9－31 所示。注意 $v_1 > u$（射流冲击水斗）$W_{shaft} < 0$（水轮机从流体中获取能量）。

从上述结果得出一些有用的结论。首先，功率是 β 的函数，然而，由于 β 的值通常取 165°（最佳值为 180°），这就使输出功较 $\beta = 180°$时降低了 3%（$1 - \cos 165° = 1.966$ 较 $1 - \cos 180° = 2$ 减小了 3%）。

其次，尽管水轮机停止旋转时产生的转矩值是最大的，但是这种情况下却没有动力输出（输出动力需要力和运动）。当 $u = \dfrac{v}{2}$时，功率输出是最大的。也可以利用式(9－28)求 W_{shaft}关于 u 的导数即$\dfrac{dW_{shaft}}{du}$，并使$\frac{dW_{shaft}}{du}=0$得出水斗速度为流体在喷嘴出口处速度的一半时输出功率达到最大。第三，水轮机的最大转速发生在$T_{shaft}=0$时（这时负载完全从水轮机上移除，如连接水轮机与发电机的传动轴断裂），这种情况水轮机是“自由轮式”，这时水流简单地通过转子而不会在叶斗上施加任何力。

在佩尔顿轮的分析中，假设流体的相对速度是恒定的（无摩擦）。

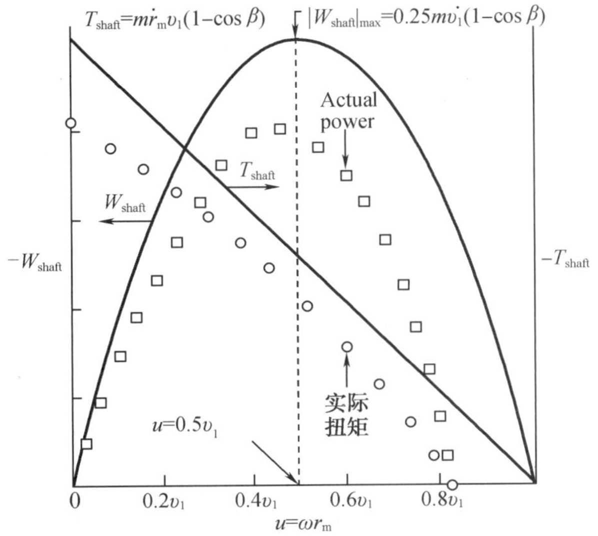

图9－31　佩尔顿轮的理论计算值与实验值比较

虽然佩尔顿轮的实际流动比上述简化分析的流动复杂得多，但运用动量矩守恒定理分析可以获得合理的结果和趋势。如图9－32所示是另一种类型的冲击式涡轮（以空气为工质）也被广泛应用。在转子上游均布着一系列喷嘴，气体从周向均布的喷嘴中以射流冲击叶片，如佩尔顿轮一样，流过转子的气流的绝对速度的大小和方向都发生了改变，压力不变，相对速度的大小也不变（摩擦效应可以忽略）。

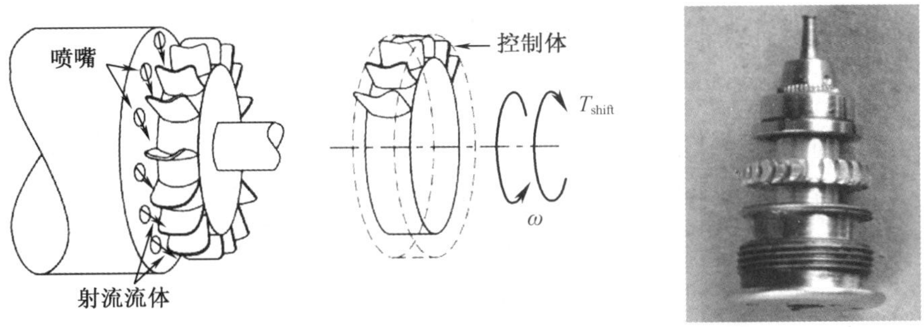

图9－32　以空气为工质的多喷嘴非佩尔顿冲击式涡轮

典型的入口和出口速度三角形如图9－33所示。如第9.1节所述，为了使气流绝对速度的改变和气流在叶片通道中的流动相适应，就必须使叶片对流体施加沿旋转方向相反的反推力，因此气体对叶片施加一个沿旋转方向的推力从而使传动轴旋转，对外输出轴功。

牙医钻机通常是冲击式涡轮带动的。

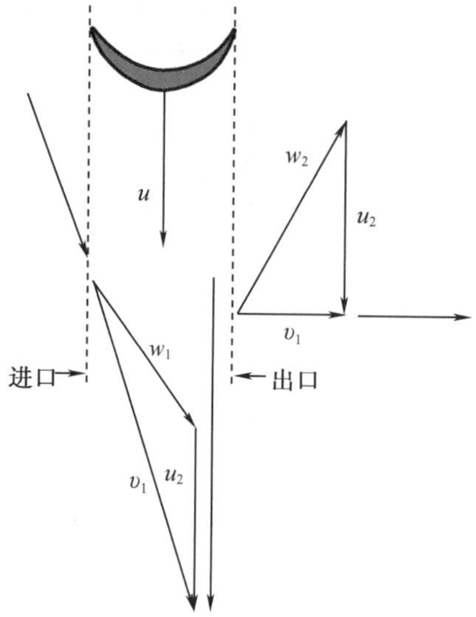

图 9－33　入口和出口速度三角形

9.7.2　反力式水轮机

如上一节所述，冲击式水轮机主要应用于低流量，高压头的场合。而本节所讲的反力式水轮机主要适用于高流量低压头的场合，如通过拦截河道而建的水电站。在反力式水轮机中，工作流体完全充满流动的通道(不像冲击式水轮机那样含有一个或多个相互独立的喷射流体)。当流体通过涡轮转子时，流体的角动量、压力和速度降低，涡轮转子从流体中提取能量。

反力式水轮机的工作工况通常为高流量低压头。

与泵一样，反力式水轮机也可以按照流体在叶轮中的流动方向分为三种形式，即径流式、混流式和轴流式。典型的径流和混流式反力式水轮机被称为弗朗西斯水轮机，以美国工程师詹姆斯·弗朗西斯(James B. Francis)命名。轴流式水轮机(螺旋桨式水轮机)主要用在流体压头较低的场合。卡普兰水轮机，以德国教授卡普兰(Victor Kaplan)命名，是一种可调叶片的高效轴流水轮机。不同类型的反力式水轮机的横截面图如图 9－34 所示。

如图 9－34(a)所示的径流式水轮机，流体流经转子的速度在径向上的分量是主要分量。进口导向叶片(可能是可调导叶，使进口速度达到最佳状态)使进入转子的流体速度具有一定的切向分量。离开转子后流体的绝对速度基本上没有切向分量。因此，转子使通过的流体角动量减小，即流体在旋转方向上对转子施加转矩，从而使转子从流体中提取能量。在 9.2 节中讨论的离心泵的欧拉方程式中的功率方程对该水轮机同样有效。

如图 9－34(b)所示的是轴流式卡普兰水轮机。流体流过入口导流叶片，即在到达转子之前形成具有切向速度的涡流(漩涡)。流体在转子流道中的流动主要是沿轴向方向流动(速度的轴向分量占主体)。入口的导流叶片和转子叶片都可以通过改变角度来适应流动条件的变化从而达到最佳的工作条件(输出功率最大)。例如，流体可用压头随着季节变化而变化或通过转子流量的变化而变化。

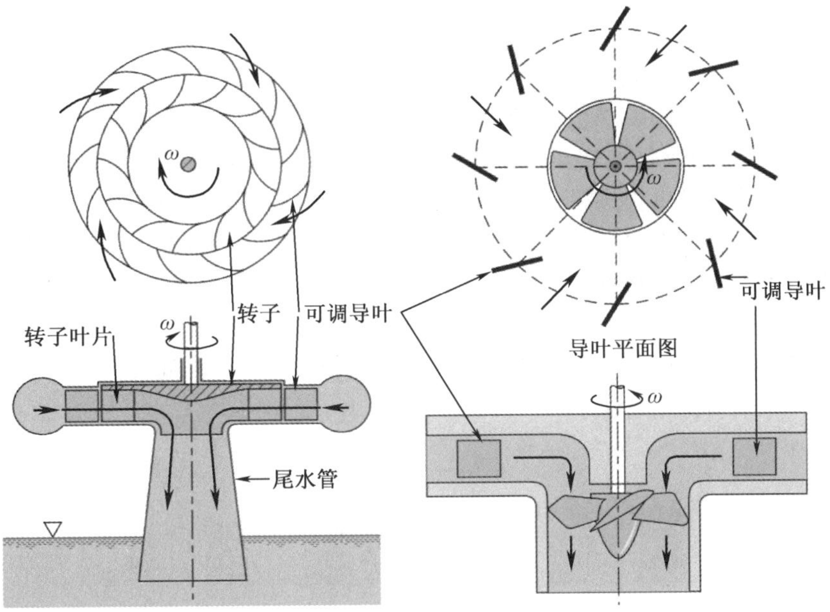

图9－34　反力式水轮机的横截面

(a)典型的径流式弗朗西斯水轮机;(b)典型的轴流式卡普兰水轮机

泵和水轮机通常被认为是彼此的"倒数"。泵向流体加入能量,涡轮吸收流体中的能量。舷外马达(一种泵)上的螺旋桨和卡普兰水轮机上的螺旋桨在某些方面是几何相似的,但它们的功能却是相反的。离心泵和弗朗西斯水轮机可以进行类似的比较。事实上,水力发电厂的一些大型水轮机被设计为在大功率需求期间(白天)作为水轮机运行,而在低功率需求期间(夜晚)作为泵来运行将下游水库中的水补充到上游。因此,不同种类的泵通常有其对应的水轮机。

与泵一样,不可压缩流动水轮机性能也通常使用无量纲特征参数来表示。流量系数 $C_Q=\dfrac{Q}{\omega D^3}$,压头系数 $C_H=\dfrac{gH}{\omega^2 D^2}$和功率系数 $C_P=\dfrac{W_{shaft}}{\rho\omega^3 D^5}$的定义和离心泵中的定义方式相同。另一方面,水轮机的效率是泵效率的倒数。也就是说,效率是输出轴功率与流动流体中可用的功率的比值,即

$$\eta=\frac{W_{shaft}}{\rho g Q H}$$

对于几何相似的水轮机,可以忽略雷诺数和表面粗糙度差异的影响,无量纲参数之间存在如下关系

$$C_H=\varphi_1(C_Q)、C_P=\varphi_2(C_Q)、\eta=\varphi_3(C_Q)$$

这些无量纲系数 φ_1、φ_2、φ_3 的功能依赖于具体的水轮机类型。此外,对于水轮机,效率也可以用其他的无量纲系数来表示,即

$$\eta=\frac{C_w}{C_H C_Q}$$

如上所述,在进行细节设计之前,水轮机设计师可以对给定工况选择上述的任何一种水轮机,但对于设计师来说选择最佳类型的水轮机(效率最高)适应给定工况是极为重要的。与泵一样,使用比转速参数可以解决上述问题的有关信息。在流量系数和功率系数之间消去转子直径 D 就可以获得功率比转速,其中

$$N_s'=\frac{\omega\sqrt{\dfrac{W_{shaft}}{\rho}}}{gH} \tag{9-29}$$

使用常用的比转速定义

$$N'_{sd}=\frac{\omega\sqrt{W_{\text{shaft}}}}{H^{\frac{5}{4}}} \tag{9-30}$$

即比转速 N'_{sd} 以角速度计算，角速度单位为转/分；轴功率单位为马力；实际压头单位为英尺。如图 9－35 所示，水轮机（大型水轮机）的效率是比转速的函数，另外图 9－35 也显示了不同类型水轮机的转子和套管的横截面。这里要强调的是冲击式涡轮机的转速较低，即冲击式水轮机适用于高的水压头和低流量的场合。而轴流式水轮机的工况条件刚好相反，它在水流压头较低和流量较大的工况条件下性能优异。对于比转速位于中间值时径流式和混流式水轮机表现良好。

图 9－35 所示的数据仅在水轮机选型时提供一些指导，现实中给定的水轮机效率依赖水轮机的详细设计。设计一台性能优异的水轮机，需要大量的经验、分析、实验。图 9－35 的数据是具有一定的代表性。

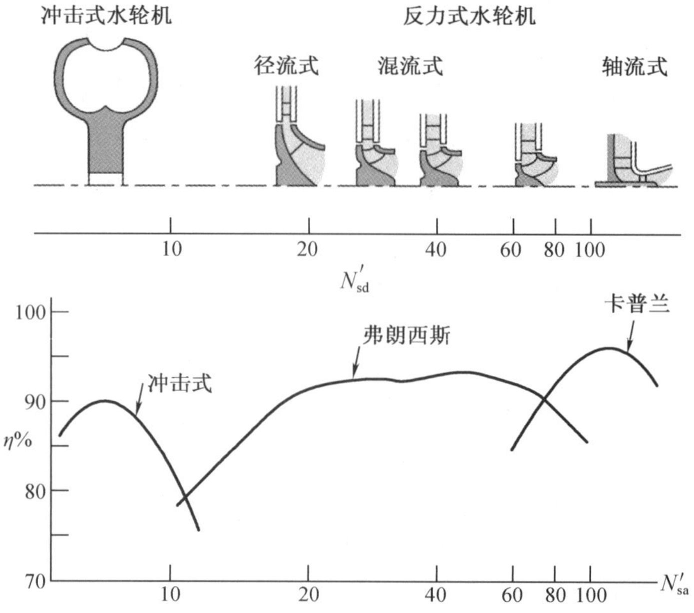

图 9－35　水轮机的比转速与水轮机的选型

9.8　可压缩流体的透平机械

可压缩透平机械和本章前面所述的不可压缩透平机械有许多相似的特征。主要区别是流体(气体或蒸汽)的密度从可压缩叶轮机械的入口到出口发生了显著的变化，这个区别给问题的研究带来了不同处理方法。

压气机是类似于前面的泵类机械，其通过叶片向流体输送能量，使流体的压力显著地升高，密度对应地发生显著的增大。另一方面，可压缩涡轮（燃气涡轮、蒸汽涡轮）从流体吸收能量，使出口处的压力和密度较入口处的有了显著的降低。在 9.1 节中讲到的速度三角形和能量方程（动量守恒）可以直接用于可压缩叶轮机械相关问题的处理。

如第 7 章所述，可压缩流动研究需要了解相关的可压缩热力学原理。类似地，对可压缩叶轮机的深入分析需要使用各种热力学概念。在本节中，我们仅讨论压气机和可压缩涡轮的一些一般特性。

9.8.1　压气机

气体连续地流过压气机并不断地被压缩，由于压力和密度出现了显著的增加，所以由气体状态方程可知，气体的温度也必然要发生显著地升高。

径流（或离心）压气机的叶轮形式类似于前面所述的离心泵（9.2 节），只是叶轮处理的流体由液体变为气体,结构如图9-36所述。离心压气机的特点通常是高的升压比、低流量和轴向紧凑的叶轮机。

采用串联多个离心压气机制成的多级压气机可以获得较高的升压比,其中多级压气机中前一级的出口流体就是下一级的进口流体。如果每级具有相同的增压比 π,n 级后的总压力就是 π^n。如多级离心压气机共有四级,其中每一级的增压比为2,则可以将标准空气101.325 kPa压缩到 $2^4\times101.325$ kPa。绝热压缩(没有热量交换)往往导致压缩气体的温度升高,从而比相同总增压比的等温压缩(温度不变)消耗更多的压缩功。如图9-37所示的级间安装冷却器(换热器)可以使工质温度降低从而使压缩功降低。

相对于离心泵来说,尺寸相当的离心压气机具有更高的旋转速度。这就使转子叶片出口速度和离开叶轮的绝对流速度可能大于声速。离心压气机的设计增压比和速度的平方项相关,所以离心压气机就需要较高的气流速度。

图9-36　离心式压气机叶片

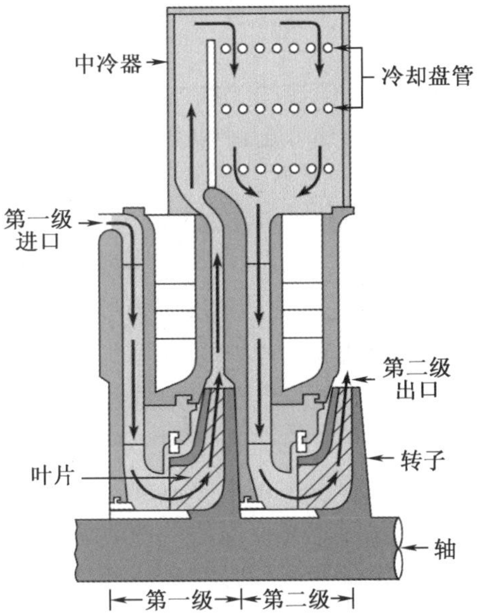

图9-37　带中冷器的两级离心压气机

轴流式压气机是另一种广泛应用的压缩设备,其广泛应用于燃气轮机及航空发动机中。一台轴流式压气机通常是由多个单级轴流压气机串联于一根轴(或多根转速不同的轴)上组成的,其每一级的增压比较低,一般为1.2~1.5,具有较高的流速,且和离心压气机相比其径向尺寸较小。

如图9-38所示,轴流式压缩机通常由几级组成,每级包含转子叶排和静子叶排。对于级数为11级的多级轴流压气机来说,每级的增压比给定为1.2,则总的增压比为 $1.2^{11}=7.4$。并且随着气体被压缩,流经轴流压气机的气体密度在不断地增加,压缩机的入口到出口的通道尺寸只有逐级减小才能适应密度的增加,所以轴流式压气机环形横截面面积逐渐减少。典型的涡轮喷气飞机发动机主要部件之一就是轴流压气机,如图9-39所示。

轴流式压气机的作用是利用外界供给的机械功连续不断地使气体压缩并输送出去,当压气机工作时,气体首先进入进气道,然后再流过进口导向器(位于第一级动叶排之前的静子叶排),进口导向器是具有收缩流道的静止环形叶栅。气流在这里一方面加速,另一方面使气流获得一定的预先扭转,即获得一定的切向分速度(优化了第一排转子的进口相对速度),随后气体进入工作轮(转子叶排),外界的机械功通过动叶传递给气体,使气体的压力和动能都发生变化,通常工作轮的气体压力和动能都是增加的。工作轮之后连着导向器(动叶排后的静子叶排),它也是由静止叶片构成的环形叶栅,其作用是使气体的动能部分地转换为压力能。气体由一级的导向器出来之后进入下一级的工作轮。在多级轴流压气机中一级跟着一级串联起来,使气体压力逐渐升高,每一级都是由工作轮和导向器组成。

典型多级轴流压气机沿轴方向的压力、速度和焓分布如图9-38所示。(可以用温度代替“焓”作为近似值)。轴流压气机的级反力度定义为通过工作轮使气体静压或焓(温度)上升量占整级的静压或焓(温度)上升量的比值。现代大多数的轴流式压气机反力度多设计为50%或更高。

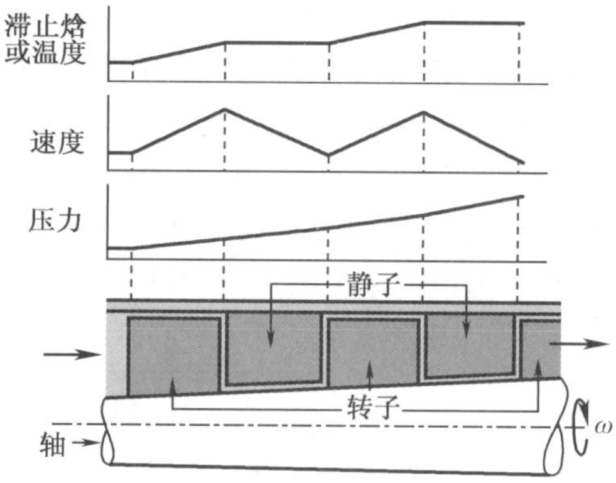

图9－38　多级轴流压气机焓、压力速度分布沿各级分布

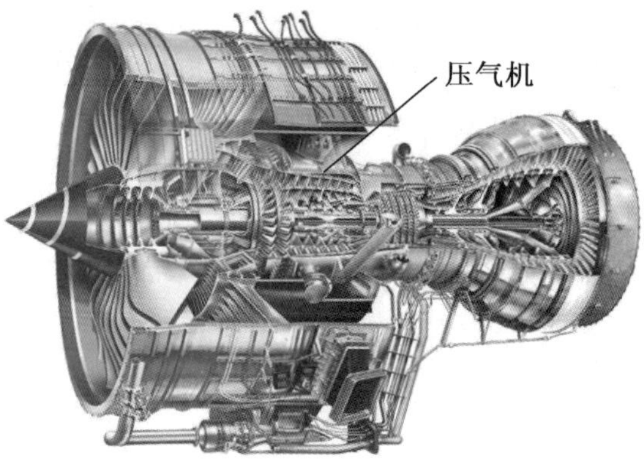

图9－39　罗－罗 Trent－900 三轴涡扇发动机

轴流式压气机的叶片是经过专门设计的叶型,它们可以使流过叶片的气体产生合适的升力和阻力,就如同飞机机翼那样,机翼理论可参考有关文献来进行介绍,这里不做介绍。当实际流量较设计流量减小过多时,转子叶排进口处的速度三角形表示出来的相对速度与叶片前缘组成的入射角较设计值增大过多(冲角增加),可能造成叶片表面气流的分离,进而可能会发生叶片的旋转失速,导致压气机失速或喘振(不稳定的流动条件),从而导致压气机过大的振动、噪音、性能下降,严重的还会造成压气机损坏。压气机的低流量限制与这些不稳定的流动现象的形成(旋转失速、喘振)有关,如图9－40所示。

其他一些重要的可压缩流动现象,如超音速流动时的马赫锥、激波、阻塞等经常出现在轴流压气机中。这些现象对于几何条件的微弱变化非常敏感,所以对于压气机设计者来说,必须要进行仔细的设计,在设计时要保证激波的强度最低,以减少激波损失,确定压气机所能通过的最大流量(发生堵塞时的流量)如图9－40所示。

压气机的特性曲线是通过系统的参数分析得出的。正如前面所述,使用总压比表示压气机性能,而不是使用在泵、鼓风机和风机中使用的相关压升系数来表示。

通常情况下使用等熵效率或多变效率来表示压气机的效率。这些效率的详细解释超出了本书的范围。有兴趣了解这些参数的读者可以参考相关叶轮机械原理的书籍。从根本上来说,这些效率可以定义为完成一定的增压比的压缩任务所需要的理想压缩功和实际压缩功的比值。等熵效率的定义可以概括为完成一定增压比的压缩任务所需要的等熵压缩功(绝热无摩擦)与实际压缩功的比值,而多变压缩效率的定义为实际压缩的开始滞止状态到压缩结束滞止状态所经历的多变过程所需的多变压缩功(无摩擦)与实际过程的压缩功的比值。

压气机中的流量通常用一个无量纲系数表示(通过量纲分析得到)

$$\frac{R\dot{m}\sqrt{kRT_{01}}}{D^2 p_{01}}$$

式中　R——气体常数;

$\dot{m}$——质量流量;

k——比热比;

T_{01}——压气机入口处的滞止温度;

D——特征长度;

p_{01}——压气机入口处的滞止压力。

考虑到测试条件的变化,可以采用如下所示的方法

$$\left(\frac{R\dot{m}\sqrt{kRT_{01}}}{D^2 p_{01}}\right)_{\text{test}} = \left(\frac{R\dot{m}\sqrt{kRT_{01}}}{D^2 p_{01}}\right)_{\text{std}}$$

式中下标“test”是指具体的试验条件，“std”是指在标准大气条件下（$p_0 = 101.325\ \text{kPa}$，$T_0 = 25\ ℃$）。当给定的流体在给定的压气机中流动（$R$、$k$、$D$ 是常数），上述公式中的量减少到只有

$$\dot{m}_{\text{std}} = \frac{\dot{m}_{\text{test}}\sqrt{\dfrac{T_{01\text{test}}}{T_{01\text{std}}}}}{\dfrac{p_{01\ \text{test}}}{p_{0\ \text{std}}}} \tag{9-31}$$

实质上，压气机进口的测试流量要折合到标准大气进口条件下，折合的是压气机的质量流量而不是流量系数。通常压气机的质量流量 $\dot{m}$ 要和压气机进口的流通面积分开考虑。

在前面讨论的泵、风机中，转子速度被考虑在流量系数中。而从上述讨论的轴流压气机流量系数可知，轴流压气机的转速不在折合质量流量中。因此，就需要寻找另一个无量纲系数来表示转子转速 $\dfrac{ND}{\sqrt{kRT_{01}}}$。

在同一台压气机压缩同样的气体时，可以消去 R、k、D，得到一与折合流量相类似的折合转速：通常使用折合转速占设计转速的百分比来表示。

$$N_{\text{std}} = \frac{N}{\sqrt{\dfrac{T_{01}}{T_{\text{std}}}}} \tag{9-32}$$

一个典型压气机特性曲线图如图 9-40 所示。

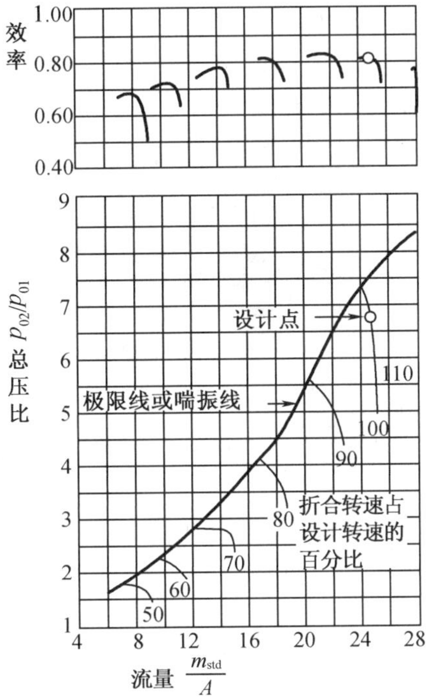

图 9-40　轴流式压气机的性能特点

9.8.2　涡轮

以可压缩气体（燃气或蒸汽）为工质的涡轮和前面讨论的水轮机有许多相似之处。涡轮按照反力度是否为零可以分为冲击式涡轮和反力式涡轮，按照气流流动方向可以分为轴流式涡轮、混流式涡轮和径

流式涡轮。气体在流经涡轮的过程中由于膨胀所引起的一些现象,在水轮机工作中是不会出现的,也是接下来要重点讨论的。(注:通常把以气体为工质的涡轮叫作“燃气涡轮”,然而“燃气轮机”通常指的是用于飞行器推进(航空发动机)或固定发电(工业燃气轮机)的燃气涡轮发动机,如图 9-39 所示,压气机、燃烧室、涡轮为燃气轮机的三大部件。)

对于涡轮而言,轴流式是最为常见的,但是径流式涡轮由于特殊的用途而被用于各种场合。如图 9-36 所示,径流式涡轮一个典型用途就是驱动汽车的涡轮增压器中的压气机。径流式涡轮机的主要优点为(1)坚实耐用;(2)轴向紧凑;(3)造价较低。径流式涡轮的效率通常要比轴流式涡轮的效率低,但是由于径流式涡轮的初始造价比轴流式涡轮的低,在一定条件上弥补了效率低的缺点。

轴流式涡轮是广泛使用的涡轮,如发电厂、船用推进的蒸汽轮机和燃气轮机中的涡轮多为轴流式涡轮。尽管也生产单级涡轮,但是通常使用的是多个轴流式涡轮串联组成的多级涡轮,和压气机类似,多级轴流式涡轮也是由多级组成,每一级则由静止的叶片环(一般叫作喷嘴环,又称为导向器)和旋转的叶片环(叫作工作轮)组成,不过在涡轮中静止的喷嘴环在旋转的工作轮前面,如图 9-42 所示,这些单级涡轮可以是冲击式涡轮或反力式涡轮。对于涡轮来说,反力度可定义为气流通过工作轮时,工作轮使气流的静温或静焓的下降量占整个级的下降量的百分比,而不是静压差的百分比。严格意义上的冲击式涡轮(零压降)有较小的负反力度,因为气流通过工作轮时气流的静态焓或温度实际是上升了。零反力度的涡轮不涉及通过整个工作轮上气流的静焓或静温的变化,但涉及气流轻微的压降。

如图 9-41(a)所示的是两级轴流冲击式涡轮。气体通过进口喷嘴加速,通过第一级工作轮时气流的一部分能量被吸收,之后加速通过第二级的喷嘴环,在通过第二级工作轮时气流的能量被进一步的吸收。如图 9-41(b)所示,静压力在工作轮上保持不变,在第二级喷嘴环中,静压降低,绝对速度增加,总焓(温总)恒定。跨过第二级工作轮的流动与穿过第一级转子后的流动类似。由于工作流体是气体,所以涡轮机静压力的显著降低导致密度的显著降低,此时,流动是可压缩的。因此,要对此流程进行详细的讨论就必须通过引入第 7 章中可压缩流动的各种理论来进行。由于可压缩性,可能在涡轮流道中出现激波及在叶片喉道处达到音速而出现堵塞的现象。

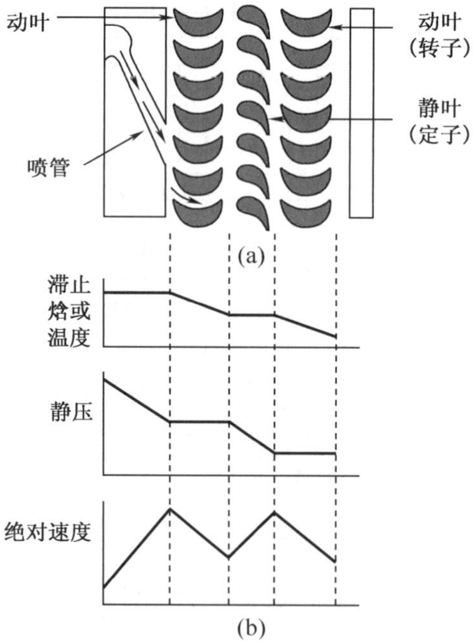

图 9-41　两级冲击式涡轮的滞止焓、速度压力分布

三级轴流反力式涡轮的转子和喷嘴叶片如图 9-42(a)所示。压力和速度的轴向变化如图 9-42(b)所示。气流在静叶排和转子叶排中的流动类似于在加速喷管中的流动,即:气流流过静叶排和转子叶排时静压力和焓(温度)都在流动方向上减小,这将反力式涡轮与冲击式涡轮(只有在转子叶排上才能吸收气体能量而在静子叶排上的滞止焓或温度是不变的)相区别开来。

在多级轴流式涡轮中沿气体流动方向(下游方向)静压力的降低,气体膨胀,所以沿气流流动方向,流道面积必须从该涡轮机的入口到出口逐渐增加。可以从图 9 -42(b)中看出。

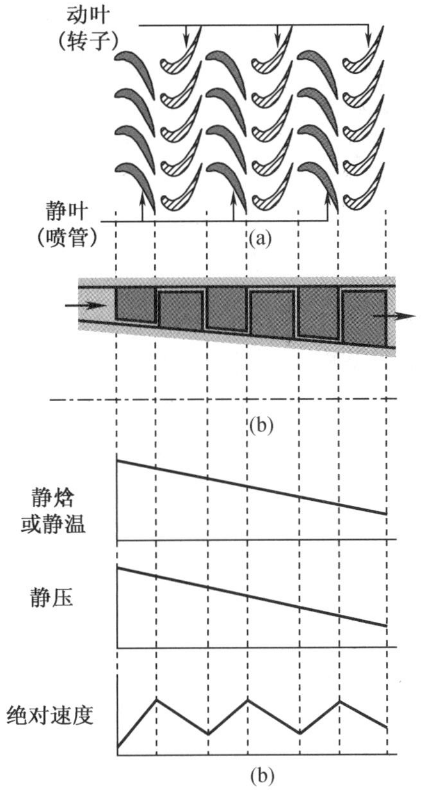

图 9 -42　三级反力式涡轮的焓速度、压力分布

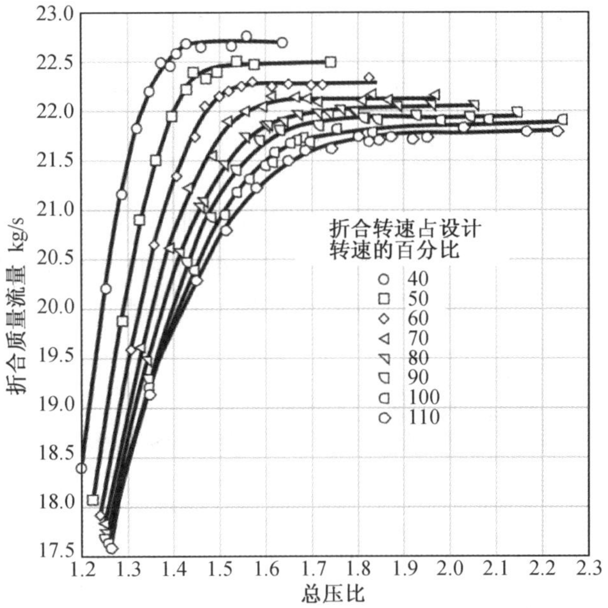

图 9 -43　典型的涡轮特性图

本章小结

本章主要讨论叶轮机械的流动问题。其中流体角动量变化与轴扭矩之间的关系是求解压气机等耗功机械和涡轮如何工作的关键。根据入口速度三角图和出口速度三角图来描述流体在流过叶轮机械时角动量的轴向分量的变化所引起的轴扭矩。速度三角形给出了绝对速度相对速度和叶片切线速度之间的关系。

本章的开始讨论了离心泵的性能特点。介绍了标准的无量纲泵参数、相似性法则和比转速等概念来进行泵的分析。介绍了如何使用泵性能曲线来选择合适的泵。给出了轴流泵和混流泵的简要介绍。简要讨论了径流式和轴流式反力式涡轮。

本章最后对可压缩流体机械相关特性进行了介绍,重点介绍了多级轴流式压气机和离心式压气机的工作原理,给出它们的特性曲线。最后对燃气涡轮的分类及相关布局给出了说明,也简单地介绍了有关参数沿程的变化趋势及燃气涡轮的特性曲线。

思考题

9.1　简述离心泵的工作原理。

9.2　简述轴流风机的工作原理。

9.3　什么是速度三角形，如何绘制轴流压气机进出口速度三角形？

9.3　泵或者风机在相似工况下运行，当泵或风机的各种效率相等时，简述其流量、扬程（全压）、功率相似关系。

9.4　什么是比转速？简述比转速的意义。

9.5　泵中的无量纲参数有哪些，都有什么物理意义？

9.6　简述轴流泵和混流泵的优缺点？

9.7　查阅相关资料区别风机和压气机。

9.8　分别简述冲击式水轮机和反力式水轮机的工作原理。

9.9　压气机的种类有哪些？

9.10　多级压缩和中间冷却压气机的优缺点是什么？

9.11　简述轴流压气机和离心压气机的优缺点。

9.12　压气机的不稳定工作状态有哪些，它们的现象是什么？

9.13　简述燃气涡轮的工作原理和分类？

9.14　压气机和燃气涡轮的进出口面积在沿程的变化特点是什么，为什么要这么布局？

9.15　解释本书中轴流涡轮的特性线。

练习题

9.1　如习图 9－1 所示的转子顺时针旋转。假设流体沿径向进入，且相对速度方向与叶片转动方向相切，并且在整个转子上保持恒定。该设备是泵还是涡轮机？请解释说明。

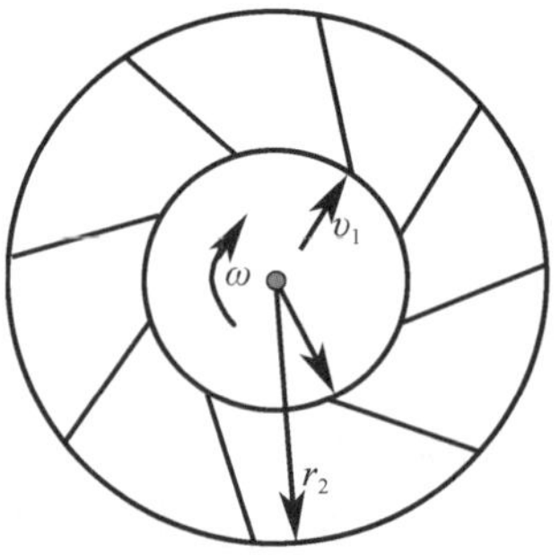

习图 9－1

9.2　通过沿轴向施加扭矩的方式而被迫在流体中旋转的涡轮机转子是否会移动该流体？试着进行解释并说明对旋转方向的影响。

9.3　试从动量方程角度进行解释，为什么只有在水流达到阈值时，喷头臂开始旋转？当流量增加到超过该阈值时会发生什么？如果出口喷嘴角度可以改变，当角度增加到 90°时，对于设定的流量高于阈值会发生什么？降至 0°时呢？

9.4　一叶轮直径为 0.5 m 的离心水泵以 900 r/min 的速度工作，如果出口叶片角度为 25°，确定当泵流量为 0.16 m^3/s 时转动叶轮所需的轴功率。均匀的刀片高度为 50 mm。

9.5　用离心泵送水，对于 240 gpm（1 gpm = 0.2271 m^3/h）长度为 200 m，直径为 50 mm 的水平光滑管中的流量，所需的输入功率为 6 马力。此离心泵的泵效率为 62%，实际上被泵输送的水量为多少？

9.6　如习图 9－2 所示，将 40 ℃的水从开放的罐中泵入长度为 200 m，直径为 200 mm 的水平光滑管中，并以 3 m/s 的速度排放到大气中，次要损失可忽略不计。

(1)如果泵的效率为70%,则向泵供应的功率为多少?

(2)泵入口处的有效汽蚀余量NPSHa是多少?在将泵连接到油箱的短管中忽略损失,并假设为标准大气压。

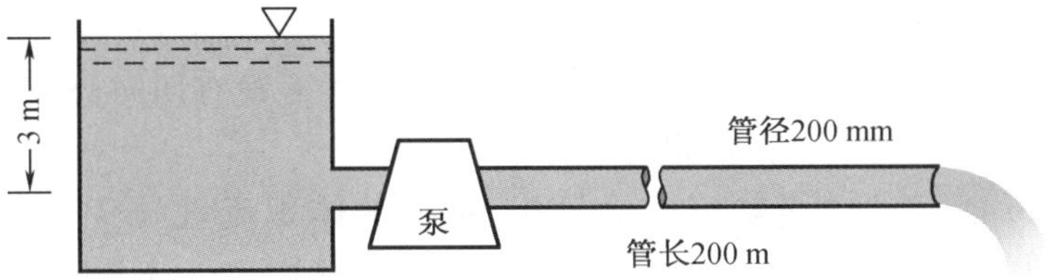

习图9-2

9.7 一水泵 $n_1=2\ 900$ r/min,$Q_1=608$ m^3/h,$H_1=120$ m,另一相似水泵 $Q_2=2\ 300$ m^3/h,$H_2=80$ m,则 $n_2=$?

9.8 一单吸四级水泵,额定流量 $Q=64$ m^3/h,扬程 $H=280$ m,转速 $n=2\ 900$ r/min。

(1)该泵属于什么类型($n_s=$?)

(2)当此泵在转速 $n=1\ 450$ r/min下运转时,此转速 n_s 为多少?

9.9 有一台转速为1 450 r/min的离心泵,流量 $Q_1=35$ m^3/h 时的扬程 $H_1=62$ m,轴功率 $N=7.6$ kW,若流量增加到 $Q_2=52.5$ m^3/h:

(1)原动机的转速提高到多少才能满足要求?

(2)此时,扬程和轴功率应为多少?

9.10 如习图9-3所示为轴流冲击透平的动轮叶栅和固定叶栅。轴向速度为100 m/s,动轮线速度为 $u=175$ m/s若流量为20 kg/s,试求输出功率。

9.11 如习图9-4所示为轴流压气机动轮叶片的剖面。已知 $C_L=1.2$、$C_D=0$。试求叶片所受的轴向力和切向力。若动轮的平均半径以50 cm计,试求叶片所受力矩。已知轴向速度为100 m/s,翼弦为5 cm,翼长为8 cm,空气的平均密度为1.5 kg/m^3。(注:$C_L=\dfrac{F_L}{0.5\rho\omega_m^2 A}$,$w_m=e_z\omega_z+e_t\dfrac{1}{2}(\omega_{1t}+\omega_{2t})$)

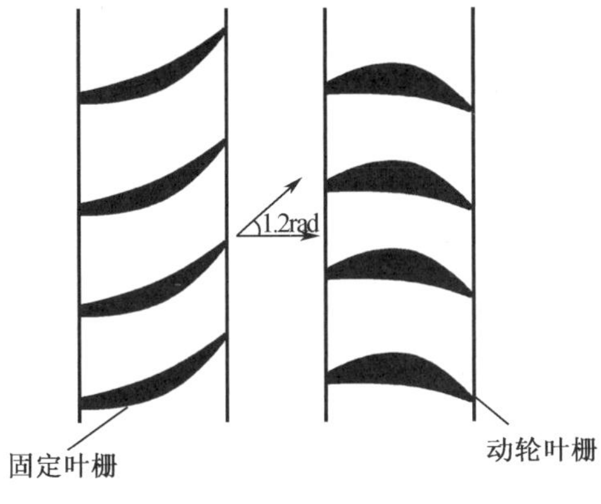

习图9-3

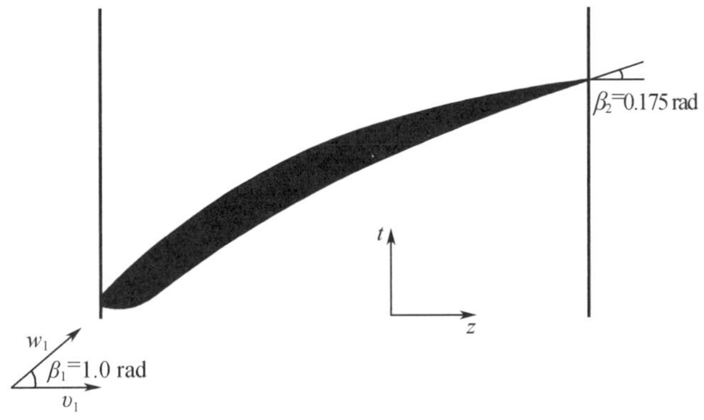

习图9-4

9.12 轴流泵的进出口安装角为 $\beta_1=0.45$ rad,$\beta_2=0.75$ rad。下游固定叶片用以改变流动方向从而消除切向分量。进入动叶的轴向速度为 $u_a=4$ m/s。试确定总压头的变化量及固定叶轮的进口角。

9.13 空气加热炉的径流式鼓风机的转速为80 rad/s,它提供的流量为0.2 m^3/s。空气密度为1.2 kg/m^3,叶轮通道宽度为0.3 m,外径为0.3 m,内径为25 cm,气流进口角。试计算气流出口角,压头增量及所需功率。已知动叶出口安装角为 $\beta_2=0.20$ rad。

9.14 不可压流体通过径流透平的固定导叶,如习图9-5所示。进口速度 u_1,出口速度 u_2,密度以

ρ。试推导出固定导叶上的力矩表达式，并问气流通过导叶引起的压力变化。（写出表达式）

9.15 离心泵以 120 rad/s 转速运行。煤油的流量为 15 L/s，动轮出口宽度为 2 cm，叶片为后弯式，β_2 = 0.60 rad，出口径向速度为 2.5 m/s。试问此水泵在此转速条件下是否可能产生 1.5 m 的扬程。

9.16 试确定某离心泵的理论特性（ΔH_i 与 Q 的关系）。动轮进口半径为 7.5 cm，出口半径为 12.5 cm，进口宽度为 3.75 cm，出口宽度为 2.5 cm。进口来流速度没有切向分量，叶轮转速为 150 rad/s，θ_2 = 0.40 rad，若 β_1 = 0.25 rad，试求此泵的设计流量。

9.17 如习图 9－6 所示的单级轴流式涡轮机，水流的体积流量是 9 立方米每秒。转子转速为 600 rpm。环形流道的内径和外径分别为 0.46 m 和 0.61 m。当从固定壳体观察时，水流进入转子排并离开静子排的流动是轴向的。这个装置是涡轮还是泵？估计流入或流出流体的功率。

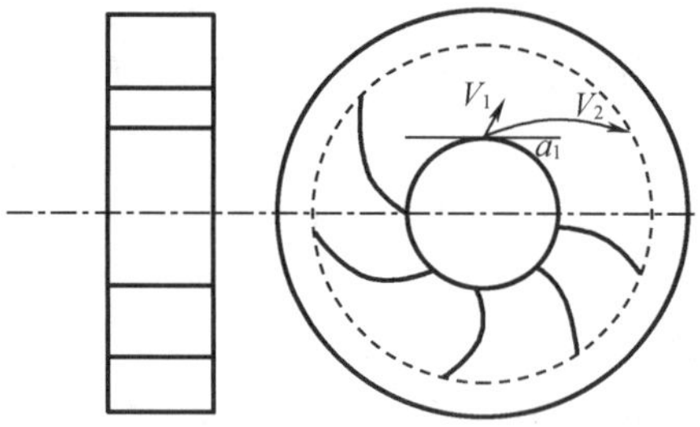

习图 9－5

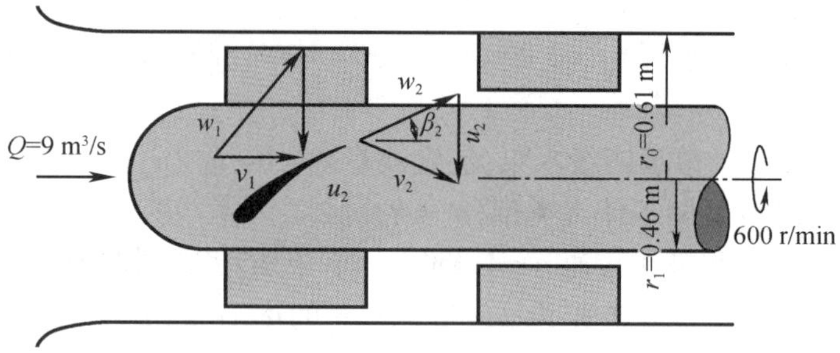

习图 9－6

附录 A　可压缩流函数表

表 A1　标准大气表

H/m	T/K	c/(m/s)	p/Pa	ρ/(kg/m^3)	$\mu\times10^5$/(Pa·s)
0	288.2	340.3	$1.013\ 3\times10^5$	1.225	1.789
500	284.9	338.4	0.954 61	1.167	1.774
1 000	281.7	336.4	0.893 76	1.111	1.758
1 500	278.4	331.5	0.845 60	1.058	1.742
2 000	275.2	322.5	0.795 01	1.007	1.726
2 500	271.9	330.6	0.746 92	0.957 0	1.710
3 000	268.7	328.6	0.701 21	0.909 3	1.694
3 500	265.4	326.6	0.657 80	0.863 4	1.678
4 000	262.2	324.6	0.616 60	0.819 4	1.661
4 500	258.9	322.6	0.577 53	0.777 0	1.645
5 000	255.7	320.5	0.540 48	0.736 4	1.628
5 500	252.4	318.5	0.505 39	0.697 5	1.612
6 000	249.2	316.5	0.472 18	0.660 1	1.595
6 500	245.9	314.4	0.440 75	0.624 3	1.578
7 000	242.7	312.3	0.411 05	0.590 0	1.561
7 500	239.5	310.2	0.383 00	0.557 2	1.544
8 000	236.2	308.1	0.356 52	0.525 8	1.527
8 500	233.0	306.0	0.331 54	0.495 8	1.510
9 000	229.7	303.8	0.308 01	0.467 1	1.493
9 500	226.5	301.7	0.285 85	0.439 7	1.475
10 000	223.3	299.5	0.265 00	0.413 5	1.458
11 000	216.7	295.1	0.227 00	0.364 8	1.422
12 000	216.7	295.1	0.193 99	0.311 9	1.422
13 000	216.7	295.1	0.165 80	0.266 6	1.422
14 000	216.7	295.1	0.141 70	0.227 9	1.422
15 000	216.7	295.1	0.121 12	0.194 8	1.422
16 000	216.7	295.1	0.103 53	0.166 5	1.422
17 000	216.7	295.1	$8.849\ 7\times10^3$	0.1423	1.422
18 000	216.7	295.1	7.565 2	0.121 7	1.422
19 000	216.7	295.1	6.467 5	0.104 0	1.422
20 000	216.7	295.1	5.529 3	0.088 91	1.422
25 000	221.5	298.4	2.549 2	0.040 08	1.448

表 A1(续)

H/m	T/K	c/(m/s)	p/Pa	ρ/(kg/m^3)	$\mu\times10^5$/(Pa·s)
30 000	226.5	301.7	1.197 0	0.018 41	1.475
35 000	236.5	308.3	0.574 59	0.008 463	1.529
40 000	250.4	317.2	0.287 14	0.003 996	1.601
45 000	264.2	325.8	0.149 10	0.001 966	1.671
50 000	270.7	329.8	$7.977\ 9\times10^1$	0.001 027	1.704
55 000	265.6	326.7	4.275 16	0.000 560 8	1.678
60 000	255.8	320.6	2.246 1	0.000 305 9	1.629
65 000	239.3	310.1	1.144 6	0.000 166 7	1.013
70 000	219.7	297.1	$5.520\ 5\times10^0$	0.000 087 54	1.438
75 000	200.2	283.6	2.490 4	0.000 043 35	1.329
80 000	180.7	269.4	1.036 6	0.000 019 99	1.216

表 A2(a)　一维等熵流气动函数表($k=1.4$)(以 Ma 为自变量)

Ma	T/T^*	p/p^*	ρ/ρ^*	$1/q$	λ
0	1.000 0	1.000 0	1.000 0	∞	0
0.01	0.999 98	0.999 9	0.999 9	57.874	0.011 0
0.02	0.999 92	0.999 7	0.999 8	28.942	0.021 9
0.03	0.999 8	0.999 4	0.999 6	19.300	0.032 9
0.04	0.999 7	0.998 9	0.999 2	14.482	0.043 8
0.05	0.999 5	0.998 3	0.998 8	11.591 5	0.054 8
0.06	0.999 3	0.997 5	0.998 2	9.665 9	0.065 7
0.07	0.999 0	0.996 6	0.997 6	8.291 5	0.076 6
0.08	0.998 7	0.995 5	0.996 8	7.261 6	0.087 6
0.09	0.998 4	0.994 4	0.995 0	6.461 3	0.098 5
0.10	0.998 0	0.993 0	0.995 0	5.821 8	0.109 4
0.11	0.997 6	0.991 6	0.994 0	5.299 2	0.120 4
0.12	0.997 1	0.990 0	0.992 8	4.864 3	0.131 3
0.13	0.996 6	0.988 3	0.991 6	4.496 8	0.142 2
0.14	0.996 1	0.986 4	0.990 3	4.182 4	0.153 1
0.15	0.995 5	0.984 4	0.988 8	3.910 3	0.164 0
0.16	0.994 9	0.982 3	0.987 3	3.672 7	0.174 8
0.17	0.994 3	0.980 0	0.985 7	3.463 5	0.185 7
0.18	0.993 6	0.977 7	0.984 0	3.277 9	0.196 5
0.19	0.992 8	0.975 1	0.982 2	3.112 2	0.207 4
0.20	0.992 1	0.972 5	0.980 3	2.963 5	0.218 2
0.21	0.991 3	0.969 7	0.978 3	2.829 3	0.229 0

表 A2(a)(续)

Ma	T/T^*	p/p^*	ρ/ρ^*	$1/q$	λ
0.22	0.990 4	0.966 9	0.976 2	2.707 6	0.239 8
0.23	0.989 5	0.963 8	0.974 0	2.596 8	0.250 6
0.24	0.988 6	0.960 7	0.971 8	2.495 6	0.261 4
0.25	0.987 7	0.957 5	0.969 4	2.402 7	0.272 2
0.26	0.986 7	0.954 1	0.967 0	2.317 3	0.282 9
0.27	0.985 6	0.950 6	0.964 5	2.238 5	0.293 6
0.28	0.984 6	0.947 0	0.961 9	2.165 6	0.304 4
0.29	0.983 5	0.943 3	0.959 2	2.097 9	0.315 0
0.30	0.982 3	0.939 5	0.956 4	2.035 1	0.325 7
0.31	0.981 1	0.935 5	0.953 5	1.976 5	0.336 4
0.32	0.979 9	0.931 5	0.950 6	1.921 8	0.347 0
0.33	0.978 7	0.927 4	0.947 6	1.870 7	0.357 6
0.34	0.977 4	0.923 1	0.944 5	1.822 9	0.368 2
0.35	0.976 1	0.918 8	0.941 3	1.778 0	0.378 8
0.36	0.974 7	0.914 3	0.938 0	1.735 8	0.389 4
0.37	0.973 4	0.909 8	0.934 7	1.696 1	0.399 9
0.38	0.971 9	0.905 2	0.931 3	1.658 7	0.410 4
0.39	0.970 5	0.900 4	0.927 8	1.623 4	0.420 9
0.40	0.969 0	0.895 6	0.924 3	1.590 1	0.431 3
0.41	0.967 5	0.890 7	0.920 7	1.558 7	0.441 8
0.42	0.965 9	0.885 7	0.917 0	1.528 9	0.452 2
0.43	0.964 3	0.880 7	0.913 2	1.500 7	0.462 6
0.44	0.962 7	0.875 5	0.909 4	1.474 0	0.472 9
0.45	0.961 1	0.870 3	0.905 5	1.448 7	0.483 3
0.46	0.959 4	0.865 0	0.901 6	1.424 6	0.493 6
0.47	0.957 7	0.859 6	0.897 6	1.401 8	0.503 9
0.48	0.956 0	0.854 1	0.893 5	1.380 1	0.514 1
0.49	0.954 2	0.848 6	0.889 4	1.359 4	0.524 3
0.50	0.952 4	0.843 0	0.885 2	1.339 8	0.534 5
0.51	0.950 6	0.837 4	0.880 9	1.321 2	0.544 7
0.52	0.948 7	0.831 7	0.876 6	1.303 4	0.554 8
0.53	0.946 8	0.825 9	0.872 3	1.286 4	0.564 9
0.54	0.944 9	0.820 1	0.867 9	1.270 3	0.575 0
0.55	0.943 0	0.814 2	0.863 4	1.255 0	0.585 1
0.56	0.941 0	0.808 2	0.858 9	1.240 3	0.595 1
0.57	0.939 0	0.802 2	0.854 4	1.226 3	0.605 1
0.58	0.937 0	0.796 2	0.849 8	1.213 0	0.615 0
0.59	0.934 9	0.790 1	0.845 1	1.200 3	0.624 9

表 A2(a)(续)

Ma	T/T^*	p/p^*	ρ/ρ^*	$1/q$	λ
0.60	0.932 8	0.781 0	0.840 5	1.188 2	0.634 8
0.61	0.930 7	0.777 8	0.835 7	1.176 6	0.644 7
0.62	0.922 6	0.771 6	0.831 0	1.165 6	0.654 5
0.63	0.926 5	0.765 4	0.826 2	1.155 1	0.664 3
0.64	0.924 3	0.759 1	0.321 3	1.145 1	0.674 0
0.65	0.922 1	0.752 8	0.816 4	0.135 6	0.683 7
0.66	0.919 9	0.746 5	0.811 5	1.126 5	0.693 4
0.67	0.917 6	0.740 1	0.806 6	1.117 8	0.703 1
0.68	0.915 4	0.733 8	0.801 6	1.103 6	0.712 7
0.69	0.913 1	0.727 4	0.796 6	1.101 8	0.722 3
0.70	0.910 8	0.720 9	0.791 6	1.094 37	0.731 8
0.71	0.908 4	0.714 5	0.786 5	1.087 29	0.741 3
0.72	0.906 1	0.708 0	0.781 4	1.080 57	0.750 8
0.73	0.903 7	0.701 6	0.776 3	1.074 19	0.760 2
0.74	0.901 3	0.695 1	0.771 2	1.068 14	0.769 8
0.75	0.898 9	0.688 6	0.766 0	1.062 42	0.778 9
0.76	0.896 4	0.682 1	0.760 9	1.057 00	0.788 3
0.77	0.894 0	0.675 6	0.755 7	1.051 88	0.797 5
0.78	0.891 5	0.669 1	0.750 5	1.047 05	0.806 8
0.79	0.889 0	0.662 5	0.745 2	1.042 50	0.816 0
0.80	0.886 5	0.656 0	0.740 0	1.038 23	0.825 1
0.81	0.884 0	0.649 5	0.734 7	1.034 22	0.834 3
0.82	0.881 5	0.643 0	0.729 5	1.030 46	0.843 3
0.83	0.878 9	0.636 5	0.724 2	1.026 96	0.852 4
0.84	0.876 3	0.630 0	0.718 9	1.023 70	0.861 4
0.85	0.873 7	0.623 5	0.713 6	1.020 67	0.870 4
0.86	0.871 1	0.617 0	0.708 3	1.017 87	0.879 3
0.87	0.868 5	0.610 6	0.703 0	1.015 30	0.888 2
0.88	0.865 9	0.604 1	0.697 7	1.012 94	0.897 0
0.89	0.863 2	0.597 7	0.692 4	1.010 80	0.905 8
0.90	0.860 6	0.591 3	0.687 0	1.008 86	0.914 6
0.91	0.857 9	0.584 9	0.681 7	1.007 13	0.923 3
0.92	0.855 2	0.578 5	0.676 4	1.005 60	0.932 0
0.93	0.852 5	0.572 1	0.671 1	1.004 26	0.940 7
0.94	0.849 8	0.565 8	0.665 8	1.003 11	0.949 3
0.95	0.847 1	0.5595	0.660 4	1.002 14	0.957 8

表 **A2(a)**(续)

Ma	T/T^*	p/p^*	ρ/ρ^*	$1/q$	λ
0.96	0.844 4	0.553 2	0.655 1	1.001 36	0.966 3
0.97	0.841 6	0.546 9	0.649 8	1.000 76	0.974 8
0.98	0.838 9	0.540 7	0.644 5	1.000 38	0.983 3
0.99	0.836 1	0.534 5	0.639 2	1.000 08	0.991 7
1.00	0.833 3	0.528 3	0.633 9	1.000 00	1.000 0
1.01	0.830 6	0.522 1	0.628 7	1.000 08	1.008 3
1.02	0.827 8	0.516 0	0.623 4	1.000 33	1.016 6
1.03	0.825 0	0.509 9	0.618 1	1.000 74	1.024 8
1.04	0.822 2	0.503 9	0.612 9	1.001 30	1.033 0
1.05	0.819 3	0.497 9	0.607 7	1.002 02	1.041 1
1.06	0.816 5	0.491 9	0.602 4	1.002 90	1.049 2
1.07	0.813 7	0.486 0	0.597 2	1.003 94	1.057 3
1.08	0.810 8	0.480 1	0.592 0	1.005 12	1.065 3
1.09	0.808 0	0.474 2	0.586 9	1.006 45	1.073 3
1.10	0.805 2	0.468 4	0.581 7	1.007 93	1.081 2
1.11	0.802 3	0.462 6	0.576 6	1.009 55	1.089 1
1.12	0.799 4	0.456 8	0.571 4	1.011 31	1.097 0
1.13	0.796 6	0.451 1	0.566 3	1.013 22	1.104 8
1.14	0.793 7	0.445 5	0.561 2	1.015 27	1.112 6
1.15	0.790 8	0.439 8	0.556 2	1.017 46	1.120 3
1.16	0.788 0	0.434 3	0.551 1	1.019 78	1.128 0
1.17	0.785 1	0.428 7	0.546 1	1.022 24	1.135 0
1.18	0.782 2	0.423 2	0.541 1	1.024 84	1.143 2
1.19	0.779 3	0.417 8	0.536 1	1.027 57	1.150 3
1.20	0.776 4	0.412 4	0.531 1	1.030 44	1.158 3
1.21	0.773 5	0.407 0	0.526 2	1.033 44	1.165 8
1.22	0.770 6	0.401 7	0.521 3	1.036 57	1.173 2
1.23	0.767 7	0.396 5	0.516 4	1.039 83	1.180 6
1.24	0.764 8	0.391 2	0.511 5	1.043 23	1.187 9
1.25	0.761 9	0.386 1	0.506 7	1.046 76	1.195 2
1.26	0.759 0	0.380 9	0.501 9	1.050 41	1.202 5
1.27	0.756 1	0.375 9	0.497 1	1.054 19	1.209 7
1.28	0.753 2	0.370 8	0.492 3	1.058 10	1.216 9
1.29	0.750 3	0.365 9	0.487 6	1.062 14	1.224 0
1.30	0.747 4	0.360 9	0.482 9	1.066 3	1.231 1
1.31	0.744 5	0.356 0	0.478 2	1.070 6	1.238 2

表 A2(a)(续)

Ma	T/T^*	p/p^*	ρ/ρ^*	$1/q$	λ
1.32	0.741 6	0.351 2	0.473 6	1.075 0	1.245 2
1.33	0.738 7	0.346 4	0.469 0	1.079 6	1.252 2
1.34	0.735 8	0.341 7	0.464 4	1.084 2	1.259 1
1.35	0.732 9	0.337 0	0.459 8	1.089 0	1.266 0
1.36	0.730 0	0.332 3	0.455 3	1.094 0	1.272 9
1.37	0.727 1	0.327 7	0.450 8	1.099 0	1.279 7
1.38	0.724 2	0.323 2	0.446 3	1.104 2	1.286 5
1.39	0.721 3	0.318 7	0.441 8	1.109 5	1.293 2
1.40	0.718 4	0.314 2	0.437 4	1.114 9	1.299 9
1.41	0.715 5	0.309 8	0.433 0	1.120 5	1.306 5
1.42	0.712 6	0.305 5	0.428 7	1.126 2	1.313 1
1.43	0.709 7	0.301 2	0.424 4	1.132 0	1.319 7
1.44	0.706 9	0.296 9	0.420 1	1.137 9	1.326 2
1.45	0.704 0	0.292 7	0.415 8	1.144 0	1.332 7
1.46	0.701 1	0.288 6	0.411 6	1.150 2	1.339 2
1.47	0.698 2	0.284 5	0.407 4	1.156 5	1.345 6
1.48	0.695 4	0.280 4	0.403 2	1.162 9	1.352 0
1.49	0.692 5	0.276 4	0.399 1	1.169 5	1.358 3
1.50	0.689 7	0.272 4	0.395 0	1.176 2	1.364 6
1.51	0.686 8	0.268 5	0.390 9	1.183 0	1.370 8
1.52	0.684 0	0.261 6	0.386 9	1.189 9	1.377 0
1.53	0.681 1	0.260 8	0.382 9	1.197 0	1.383 2
1.54	0.678 3	0.257 0	0.378 9	1.204 2	1.389 4
1.55	0.675 5	0.253 3	0.375 0	1.211 5	1.395 5
1.56	0.672 6	0.249 6	0.371 1	1.219 0	1.401 6
1.57	0.669 8	0.245 9	0.367 2	1.226 6	1.407 6
1.58	0.667 0	0.242 3	0.363 3	1.234 3	1.413 5
1.59	0.664 2	0.238 8	0.359 5	1.242 2	1.419 5
1.60	0.661 4	0.235 3	0.355 7	1.250 2	1.425 4
1.61	0.658 6	0.231 8	0.352 0	1.258 3	1.431 3
1.62	0.655 8	0.228 4	0.348 3	1.266 6	1.437 1
1.63	0.653 0	0.225 0	0.344 6	1.275 0	1.442 9
1.64	0.650 2	0.221 7	0.340 9	1.283 5	1.448 7
1.65	0.647 5	0.218 4	0.337 3	1.292 2	1.454 4
1.66	0.644 7	0.215 2	0.333 7	1.301 0	1.460 1
1.67	0.641 9	0.212 0	0.330 2	1.309 9	1.465 7

表 A2(a)(续)

Ma	T/T^*	p/p^*	ρ/ρ^*	$1/q$	λ
1.68	0.639 2	0.208 8	0.326 6	1.319 0	1.471 3
1.69	0.636 5	0.205 7	0.323 2	1.328 2	1.476 9
1.70	0.633 7	0.202 6	0.319 7	1.337 6	1.482 5
1.71	0.631 0	0.199 6	0.316 3	1.347 1	1.488 0
1.72	0.628 3	0.196 6	0.312 9	1.356 7	1.493 5
1.73	0.625 6	0.193 6	0.309 5	1.366 5	1.498 9
1.74	0.622 9	0.190 7	0.306 2	1.376 4	1.504 3
1.75	0.620 2	0.187 8	0.302 9	1.386 5	1.509 7
1.76	0.617 5	0.185 0	0.299 6	1.396 7	1.515 0
1.77	0.614 8	0.182 2	0.296 4	1.407 1	1.520 3
1.78	0.612 1	0.179 4	0.293 1	1.417 6	1.525 6
1.79	0.609 5	0.176 7	0.290 0	1.428 2	1.530 8
1.80	0.606 8	0.171 0	0.286 8	1.439 0	1.536 0
1.81	0.604 2	0.171 4	0.283 7	1.449 9	1.541 2
1.82	0.601 5	0.168 8	0.280 6	1.461 0	1.546 3
1.83	0.598 9	0.166 2	0.277 6	1.472 3	1.551 4
1.84	0.596 3	0.163 7	0.274 5	1.483 7	1.556 4
1.85	0.593 7	0.161 2	0.271 5	1.495 2	1.561 4
1.86	0.591 1	0.158 7	0.268 6	1.506 9	1.566 4
1.87	0.588 5	0.156 3	0.265 6	1.518 8	1.571 4
1.88	0.585 9	0.153 9	0.262 7	1.503 8	1.576 3
1.89	0.583 3	0.151 6	0.259 8	1.542 9	1.581 2
1.90	0.580 7	0.149 2	0.257 0	1.555 2	1.596 1
1.91	0.578 2	0.147 0	0.254 2	1.567 7	1.590 9
1.92	0.575 6	0.144 7	0.251 4	1.580 4	1.595 7
1.93	0.573 1	0.142 5	0.248 6	1.593 2	1.600 5
1.94	0.570 5	0.140 3	0.245 9	1.606 2	1.605 2
1.95	0.568 0	0.138 1	0.243 2	1.619 3	1.609 9
1.96	0.565 5	0.136 0	0.240 5	1.632 6	1.614 6
1.97	0.563 0	0.133 9	0.237 8	1.646 1	1.619 3
1.98	0.560 5	0.131 8	0.235 2	0.659 7	1.623 9
1.99	0.558 0	0.129 8	0.232 6	1.673 5	1.628 5
2.00	0.555 6	0.127 8	0.230 1	1.687 5	1.633 0
2.01	0.553 1	0.125 8	0.227 5	1.701 7	1.637 5
2.02	0.550 6	0.123 9	0.225 0	1.716 0	1.642 0
2.03	0.548 2	0.122 0	0.222 5	1.730 5	1.646 5

表 A2(a)(续)

Ma	T/T^*	p/p^*	ρ/ρ^*	$1/q$	λ
2.04	0.545 8	0.120 1	0.220 0	1.745 2	1.650 9
2.05	0.543 3	0.118 2	0.217 6	1.760 0	1.655 3
2.06	0.540 9	0.116 4	0.215 2	1.775 0	1.659 7
2.07	0.538 5	0.114 6	0.212 8	1.790 2	1.664 0
2.08	0.536 1	0.112 8	0.210 5	1.805 6	1.668 3
2.09	0.533 7	0.111 1	0.208 1	1.821 2	1.672 6
2.10	0.531 4	0.109 4	0.205 8	1.836 9	1.676 9
2.11	0.529 0	0.107 7	0.203 5	1.852 9	1.681 1
2.12	0.526 6	0.106 0	0.201 3	1.869 0	1.685 3
2.13	0.524 3	0.104 3	0.199 0	1.885 3	1.689 5
2.14	0.521 9	0.102 7	0.196 8	1.901 8	1.693 6
2.15	0.519 6	0.101 1	0.194 6	1.918 5	1.697 7
2.16	0.517 3	0.099 6	0.192 5	1.935 4	1.701 8
2.17	0.515 0	0.098 0	0.190 3	1.952 5	1.705 9
2.18	0.512 7	0.096 5	0.188 2	1.969 8	1.709 9
2.19	0.510 4	0.095 0	0.186 1	1.987 3	1.713 9
2.20	0.508 1	0.093 5	0.184 1	2.005 0	1.717 9
2.21	0.505 9	0.092 1	0.182 0	2.022 9	1.721 9
2.22	0.503 6	0.090 6	0.180 0	2.040 9	1.725 8
2.23	0.501 4	0.089 2	0.178 0	2.059 2	1.729 7
2.24	0.499 1	0.087 8	0.176 0	2.077 7	1.733 6
2.25	0.496 9	0.086 5	0.174 0	2.096 4	1.737 4
2.26	0.494 7	0.085 1	0.172 1	2.115 4	1.741 2
2.27	0.492 5	0.083 8	0.170 2	2.134 5	1.745 0
2.28	0.490 3	0.082 5	0.168 3	2.153 1	1.748 8
2.29	0.488 1	0.081 2	0.166 4	2.173 4	1.752 5
2.30	0.485 9	0.080 0	0.164 6	2.193 1	1.756 3
2.31	0.483 7	0.078 7	0.162 8	2.213 1	1.760 0
2.32	0.481 6	0.077 5	0.161 0	2.233 3	1.763 7
2.33	0.479 4	0.076 3	0.159 2	2.253 7	1.767 3
2.34	0.477 3	0.075 1	0.157 4	2.274 4	1.770 9
2.35	0.475 2	0.074 0	0.155 6	2.295 3	1.774 5
2.36	0.473 1	0.072 8	0.153 9	2.316 4	1.778 1
2.37	0.471 0	0.071 7	0.152 2	2.337 7	1.781 7
2.38	0.468 9	0.070 6	0.150 5	2.359 3	1.785 2
2.39	0.466 8	0.069 5	0.148 9	2.381 1	1.788 7

表 A2(a)(续)

Ma	T/T^*	p/p^*	ρ/ρ^*	$1/q$	λ
2.40	0.464 7	0.068 4	0.147 2	2.403 1	1.792 2
2.41	0.462 6	0.067 3	0.145 6	2.425 4	1.795 7
2.42	0.460 6	0.066 3	0.144 0	2.447 9	1.799 1
2.43	0.458 5	0.065 3	0.142 4	2.470 6	1.802 5
2.44	0.456 5	0.064 3	0.140 8	2.493 6	1.805 9
2.45	0.454 4	0.063 3	0.139 2	2.516 8	1.809 3
2.46	0.452 4	0.062 3	0.137 7	2.540 3	1.812 6
2.47	0.450 4	0.061 3	0.136 2	2.564 0	1.815 9
2.48	0.448 4	0.060 4	0.134 7	2.588 0	1.819 2
2.49	0.446 4	0.059 5	0.133 2	2.612 2	1.822 5
2.50	0.444 4	0.058 5	0.131 7	2.636 7	1.825 8
2.51	0.442 5	0.057 6	0.130 2	2.661 5	1.829 3
2.52	0.440 5	0.056 7	0.128 8	2.686 5	1.832 2
2.53	0.438 6	0.055 9	0.127 4	2.711 7	1.835 4
2.54	0.436 6	0.055 0	0.126 0	2.737 2	1.838 6
2.55	0.434 7	0.054 2	0.124 6	2.763 0	1.841 7
2.56	0.432 8	0.053 3	0.123 2	2.789 1	1.844 8
2.57	0.430 9	0.052 5	0.121 9	2.815 4	1.847 9
2.58	0.428 9	0.051 7	0.120 5	2.842 0	1.851 0
2.59	0.427 1	0.050 9	0.114 2	2.868 9	1.854 1
2.60	0.425 2	0.050 1	0.117 9	2.896 0	1.857 2
2.61	0.423 3	0.049 4	0.116 6	2.923 4	1.860 2
2.62	0.421 4	0.048 6	0.115 3	2.951 1	1.863 2
2.63	0.419 6	0.047 8	0.114 0	2.979 1	1.866 2
2.64	0.417 7	0.047 1	0.112 8	3.007 4	1.869 2
2.65	0.415 9	0.046 4	0.111 5	3.035 9	1.372 1
2.66	0.414 1	0.045 7	0.110 3	3.064 7	1.875 0
2.67	0.412 2	0.045 0	0.109 1	3.093 8	1.877 9
2.68	0.410 4	0.044 3	0.107 9	3.123 3	1.880 8
2.69	0.408 6	0.043 6	0.106 7	3.153 0	1.883 7
2.70	0.406 8	0.403 0	0.105 6	3.183 0	1.886 5
2.71	0.405 1	0.042 3	0.104 4	3.213 3	1.889 4
2.72	0.403 3	0.041 7	0.103 3	3.244 0	1.892 2
2.73	0.401 5	0.041 0	0.102 2	3.274 9	1.895 0
2.74	0.399 8	0.040 4	0.101 0	3.306 1	1.897 8
2.75	0.298 0	0.039 8	0.099 9	3.337 6	1.900 5

表 A2(a)(续)

Ma	T/T^*	p/p^*	ρ/ρ^*	$1/q$	λ
2.76	0.396 3	0.039 2	0.098 9	3.369 5	1.903 2
2.77	0.394 5	0.038 6	0.097 8	3.401 7	1.906 0
2.78	0.392 8	0.038 0	0.096 7	3.434 2	1.908 7
2.79	0.391 1	0.037 4	0.095 7	3.467 0	1.911 4
2.80	0.389 4	0.036 9	0.094 6	3.500 1	1.914 0
2.81	0.387 7	0.036 3	0.093 6	3.533 6	1.916 7
2.82	0.386 0	0.035 7	0.092 6	3.567 4	1.919 3
2.83	0.384 4	0.035 2	0.091 6	3.601 5	1.922 0
2.84	0.382 7	0.034 7	0.090 6	3.635 9	1.924 6
2.85	0.381 0	0.034 2	0.089 6	3.670 7	1.927 1
2.86	0.379 4	0.033 6	0.088 7	3.705 8	1.929 7
2.87	0.377 7	0.033 1	0.087 7	3.741 3	1.932 2
2.88	0.376 1	0.032 6	0.086 7	3.777 1	1.934 8
2.89	0.374 5	0.032 1	0.085 8	3.813 3	1.937 3
2.90	0.372 9	0.031 7	0.084 9	3.849 8	1.939 8
2.91	0.371 3	0.031 2	0.084 0	3.886 6	1.942 3
2.92	0.369 7	0.030 7	0.083 1	3.923 8	1.944 8
2.93	0.368 1	0.030 3	0.082 2	3.961 4	1.947 2
2.94	0.366 5	0.029 8	0.081 3	3.999 3	1.949 7
2.95	0.364 9	0.020 4	0.080 4	4.027 6	1.952 1
2.96	0.363 3	0.028 9	0.079 6	4.076 3	1.954 5
2.97	0.361 8	0.028 5	0.078 7	4.115 3	1.956 9
2.98	0.360 2	0.028 1	0.077 9	4.154 7	1.959 3
2.99	0.358 7	0.027 6	0.077 1	4.194 4	1.961 6
3.00	0.357 1	0.027 2	0.076 2	4.234 6	1.964 0
3.10	0.342 2	0.023 5	0.068 5	4.657 3	1.986 6
3.20	0.328 1	0.020 2	0.061 7	5.121 0	2.007 9
3.30	0.314 7	0.017 5	0.055 5	5.628 7	2.027 9
3.40	0.301 9	0.015 1	0.050 1	6.183 7	2.048 6
3.50	0.289 9	0.013 1	0.045 2	6.789 6	2.064 2
3.60	0.278 4	0.011 4	0.040 9	7.450 1	2.080 8
3.70	0.267 5	0.009 9	0.037 0	8.169 1	2.096 4
3.80	0.257 2	0.008 6	0.033 6	8.950 6	2.111 1
3.90	0.247 4	0.007 5	0.030 4	9.799 0	2.125 0
4.00	0.238 1	0.006 58	0.027 7	10.719	2.138 1
4.10	0.229 3	0.005 77	0.025 2	11.715	2.150 5

表 A2(a)(续)

Ma	T/T^*	p/p^*	ρ/ρ^*	$1/q$	λ
4.20	0.220 9	0.005 06	0.022 9	12.792	2.162 2
4.30	0.212 9	0.004 45	0.020 9	13.955	2.173 2
4.40	0.205 3	0.003 92	0.019 1	15.210	2.183 7
4.50	0.198 0	0.003 46	0.017 5	16.562	2.193 6
4.60	0.191 1	0.003 05	0.016 0	18.018	2.203 0
4.70	0.184 6	0.002 70	0.014 6	19.583	2.211 9
4.80	0.178 3	0.002 40	0.013 4	21.264	2.220 4
4.90	0.172 4	0.002 13	0.012 3	23.067	2.228 4
5.00	0.166 7	0.189×10^{-2}	0.113×10^{-1}	25.000	2.236 1
6.00	0.122 0	0.633×10^{-3}	0.519×10^{-2}	53.180	2.295 3
7.00	0.092 6	0.242×10^{-3}	0.261×10^{-2}	104.143	2.333 3
8.00	0.072 5	0.102×10^{-3}	0.141×10^{-2}	190.109	2.359 1
9.00	0.058 1	0.474×10^{-4}	0.815×10^{-3}	327.189	2.377 2
10.00	0.047 6	0.236×10^{-4}	0.495×10^{-8}	535.938	2.390 4
∞	0	0	0	∞	2.449 5

表 A2(b) 一维等熵流气动函数表($k=1.4$)(以 λ 为自变量)

λ	$\tau(\lambda)$	$\pi(\lambda)$	$\varepsilon(\lambda)$	$q(\lambda)$	$y(\lambda)$	$z(\lambda)$	$f(\lambda)$	$r(\lambda)$	Ma
0.00	1.000 0	1.000 0	1.000 0	0.000 0	0.000 0	∞	1.000 0	1.000 0	0.000 0
0.01	1.000 0	0.999 9	0.999 9	0.015 8	0.015 8	100.1	1.000 0	0.999 9	0.009 1
0.02	0.999 9	0.999 8	0.999 8	0.031 5	0.031 6	50.02	1.000 2	0.999 6	0.018 3
0.03	0.999 9	0.999 5	0.999 7	0.047 3	0.047 3	33.36	1.000 6	0.998 9	0.027 4
0.04	0.999 7	0.999 0	0.999 3	0.063 1	0.063 1	25.04	1.000 9	0.998 1	0.036 5
0.05	0.999 6	0.998 6	0.999 0	0.078 8	0.078 9	20.05	1.001 5	0.997 1	0.045 7
0.06	0.999 4	0.997 9	0.998 5	0.094 5	0.094 7	16.727	1.002 1	0.995 8	0.054 8
0.07	0.999 2	0.997 1	0.997 9	0.110 2	0.110 5	14.356	1.002 8	0.994 3	0.063 9
0.08	0.998 9	0.996 3	0.997 4	0.125 9	0.126 3	12.580	1.003 8	0.992 5	0.073 1
0.09	0.998 7	0.995 3	0.996 7	0.141 5	0.142 2	11.201	1.004 7	0.990 6	0.082 2
0.10	0.998 3	0.994 2	0.995 9	0.157 1	0.158 0	10.100	1.005 8	0.988 5	0.091 4
0.11	0.998 0	0.992 9	0.994 9	0.172 6	0.173 9	9.201	1.007 0	0.986 0	0.100 5
0.12	0.997 6	0.991 6	0.994 0	0.188 2	0.189 7	8.453	1.008 3	0.983 4	0.109 7
0.13	0.997 2	0.990 1	0.992 9	0.203 6	0.205 6	7.822	1.010 0	0.980 6	0.119 0
0.14	0.996 7	0.988 6	0.991 8	0.219 0	0.221 6	7.283	1.011 3	0.977 6	0.128 0
0.15	0.996 3	0.987 0	0.990 7	0.234 4	0.237 5	6.816	1.012 9	0.974 4	0.137 2
0.16	0.995 7	0.985 1	0.989 3	0.249 7	0.253 5	6.410	1.014 7	0.970 9	0.146 0
0.17	0.995 2	0.983 2	0.988 0	0.264 9	0.269 5	6.052	1.016 5	0.967 3	0.156 0

表 A2(b)(续)

λ	τ(λ)	π(λ)	ε(λ)	q(λ)	y(λ)	z(λ)	f(λ)	r(λ)	Ma
0.18	0.994 6	0.981 2	0.986 6	0.280 1	0.285 5	5.735	1.018 5	0.963 4	0.165 0
0.19	0.994 0	0.979 1	0.985 0	0.295 2	0.301 5	5.453	1.020 6	0.959 4	0.174 0
0.20	0.993 3	0.946 8	0.983 4	0.310 2	0.317 6	5.200	1.022 7	0.955 1	0.183 0
0.21	0.992 7	0.974 5	0.981 7	0.325 2	0.333 7	4.972	1.025 0	0.950 7	0.192 0
0.22	0.991 9	0.972 0	0.979 9	0.340 1	0.349 9	4.765	1.027 4	0.946 1	0.202 0
0.23	0.991 2	0.969 5	0.978 1	0.354 9	0.366 0	4.577	1.029 8	0.941 4	0.210 9
0.24	0.990 4	0.966 8	0.976 2	0.369 6	0.382 3	4.407	1.031 5	0.937 3	0.220 2
0.25	0.989 6	0.964 0	0.974 2	0.384 2	0.398 5	4.250	1.035 0	0.931 4	0.229 0
0.26	0.988 7	0.961 1	0.972 1	0.393 7	0.414 8	4.106	1.037 8	0.926 1	0.238 7
0.27	0.987 9	0.958 1	0.969 9	0.413 1	0.431 1	3.974	1.040 6	0.920 7	0.248 0
0.28	0.986 9	0.955 0	0.967 7	0.427 4	0.447 5	3.851	1.043 5	0.915 2	0.257 3
0.29	0.986 0	0.951 8	0.965 3	0.441 6	0.464 0	3.738	1.046 5	0.909 5	0.267 0
0.30	0.985 0	0.948 5	0.963 0	0.455 7	0.480 4	3.633	1.049 6	0.903 7	0.276 0
0.31	0.984 0	0.945 1	0.960 5	0.469 7	0.497 0	3.536	1.052 8	0.897 7	0.285 0
0.32	0.982 9	0.941 5	0.957 9	0.483 5	0.513 5	3.445	1.055 9	0.891 7	0.294 7
0.33	0.981 9	0.937 9	0.955 2	0.497 2	0.530 2	3.360	1.059 3	0.885 4	0.304 0
0.34	0.980 7	0.934 2	0.952 5	0.510 9	0.546 9	3.282	1.062 6	0.879 1	0.313 4
0.35	0.979 6	0.930 3	0.949 7	0.524 3	0.563 6	3.207	1.066 1	0.872 7	0.322 8
0.36	0.978 4	0.926 5	0.946 9	0.537 7	0.580 4	3.138	1.069 6	0.866 2	0.332 2
0.37	0.977 2	0.922 4	0.943 9	0.550 9	0.597 3	3.073	1.073 2	0.859 5	0.341 7
0.38	0.975 9	0.918 3	0.940 9	0.564 0	0.614 2	3.012	1.076 8	0.852 8	0.351 1
0.39	0.974 7	0.914 1	0.937 8	0.576 9	0.631 2	2.954	1.080 5	0.846 0	0.360 6
0.40	0.973 3	0.909 7	0.934 6	0.589 7	0.648 2	2.900	1.084 2	0.839 1	0.370 1
0.41	0.972 0	0.905 3	0.931 4	0.602 4	0.665 4	2.849	1.308 80	0.832 1	0.379 6
0.42	0.970 6	0.900 8	0.928 1	0.614 9	0.682 6	2.801	1.091 8	0.825 1	0.389 2
0.43	0.969 2	0.896 2	0.924 7	0.627 2	0.699 8	2.756	1.095 7	0.817 9	0.398 7
0.44	0.967 7	0.891 5	0.921 2	0.639 4	0.717 2	2.713	1.099 6	0.810 8	0.408 3
0.45	0.966 3	0.886 8	0.917 8	0.651 5	0.734 6	2.672	1.103 6	0.803 5	0.417 9
0.46	0.964 7	0.881 9	0.914 2	0.663 3	0.752 1	2.634	1.107 6	0.796 3	0.427 5
0.47	0.963 2	0.877 0	0.910 5	0.675 0	0.769 7	2.598	1.111 6	0.788 9	0.437 2
0.48	0.961 6	0.871 9	0.906 7	0.686 5	0.787 4	2.563	1.115 6	0.781 6	0.446 8
0.49	0.960 0	0.866 8	0.902 9	0.697 9	0.805 2	2.531	1.119 7	0.774 1	0.456 5
0.50	0.958 3	0.861 6	0.899 1	0.709 1	0.823 0	2.500	1.123 9	0.766 6	0.466 3
0.51	0.956 7	0.856 3	0.895 1	0.720 1	0.840 9	2.471	1.124 9	0.759 2	0.476 0
0.52	0.954 9	0.850 9	0.891 1	0.730 9	0.859 0	2.443	1.132 0	0.751 7	0.485 8
0.53	0.953 2	0.845 5	0.887 1	0.741 6	0.877 1	2.417	1.136 2	0.744 2	0.495 6

表 A2(b)(续)

λ	$\tau(\lambda)$	$\pi(\lambda)$	$\varepsilon(\lambda)$	$q(\lambda)$	$y(\lambda)$	$z(\lambda)$	$f(\lambda)$	$r(\lambda)$	Ma
0.54	0.951 4	0.840 0	0.882 9	0.752 0	0.895 3	2.39 2	1.140 3	0.736 6	0.505 4
0.55	0.949 6	0.834 4	0.878 7	0.762 3	0.913 6	2.36 8	1.144 5	0.729 0	0.515 2
0.56	0.947 7	0.828 7	0.874 4	0.772 4	0.932 1	2.34 6	1.148 6	0.721 5	0.525 1
0.57	0.945 9	0.823 0	0.870 1	0.782 3	0.950 6	2.32 4	1.152 8	0.713 9	0.535 0
0.58	0.943 9	0.817 2	0.865 7	0.792 0	0.969 2	2.30 4	1.156 9	0.706 4	0.545 0
0.59	0.942 0	0.811 2	0.861 2	0.801 5	0.988 0	2.28 5	1.161 0	0.698 7	0.554 9
0.60	0.940 0	0.805 3	0.856 7	0.810 9	1.006 9	2.26 7	1.165 1	0.691 2	0.564 9
0.61	0.938 0	0.799 2	0.852 1	0.819 8	1.025 8	2.24 9	1.169 1	0.683 6	0.575 0
0.62	0.935 9	0.793 2	0.847 5	0.828 8	1.044 9	2.23 3	1.173 3	0.676 0	0.585 0
0.63	0.933 9	0.787 0	0.842 8	0.837 5	1.064 1	2.21 7	1.177 2	0.668 5	0.595 1
0.64	0.931 7	0.780 8	0.838 0	0.845 9	1.084 2	2.20 3	1.181 2	0.661 0	0.605 3
0.65	0.929 6	0.774 5	0.833 2	0.854 3	1.103 0	2.18 9	1.185 2	0.653 5	0.615 4
0.66	0.927 4	0.768 1	0.828 3	0.862 3	1.122 6	2.17 5	1.189 1	0.646 0	0.625 6
0.67	0.925 2	0.761 7	0.823 3	0.870 1	1.142 3	2.16 3	1.192 9	0.638 6	0.635 9
0.68	0.922 9	0.755 3	0.818 3	0.877 8	1.162 2	2.15 1	1.196 7	0.631 1	0.648 1
0.69	0.920 7	0.748 8	0.813 3	0.885 2	1.182 2	2.13 9	1.200 5	0.623 7	0.656 5
0.70	0.918 3	0.742 2	0.808 2	0.892 4	1.202 4	2.12 9	1.204 2	0.616 3	0.666 8
0.71	0.916 0	0.735 6	0.803 0	0.899 3	1.222 7	2.11 9	1.207 8	0.609 0	0.677 2
0.72	0.913 6	0.728 9	0.797 8	0.906 1	1.243 1	2.10 9	1.211 4	0.601 7	0.687 6
0.73	0.911 2	0.722 1	0.792 5	0.912 6	1.263 7	2.10 0	1.214 8	0.594 4	0.698 1
0.74	0.908 7	0.715 4	0.787 2	0.918 9	1.284 5	2.09 1	1.218 3	0.587 2	0.708 6
0.75	0.906 3	0.708 6	0.781 9	0.925 0	1.305 4	2.083 3	1.221 6	0.580 0	0.719 2
0.76	0.903 7	0.701 7	0.776 4	0.930 8	1.326 5	2.075 8	1.224 9	0.572 9	0.729 8
0.77	0.901 2	0.694 8	0.771 0	0.936 4	1.347 8	2.068 7	1.228 0	0.565 8	0.740 4
0.78	0.898 6	0.687 8	0.765 5	0.941 8	1.369 2	2.062 0	1.231 1	0.588 7	0.751 1
0.79	0.896 0	0.680 9	0.759 9	0.946 9	1.390 8	2.055 8	1.234 1	0.551 7	0.761 9
0.80	0.893 3	0.673 8	0.754 3	0.951 8	1.412 6	2.050 0	1.237 0	0.544 7	0.772 7
0.81	0.890 7	0.666 8	0.748 6	0.956 5	1.434 6	2.044 6	1.239 8	0.537 8	0.783 5
0.82	0.887 9	0.659 7	0.742 9	0.961 0	1.456 7	2.039 5	1.242 5	0.530 9	0.794 4
0.83	0.885 2	0.652 6	0.737 2	0.965 2	1.479 0	2.034 8	1.245 1	0.524 1	0.805 3
0.84	0.882 4	0.645 4	0.731 4	0.069 1	1.501 6	2.030 5	1.247 5	0.517 4	0.816 3
0.85	0.879 6	0.638 2	0.725 6	0.972 9	1.524 3	2.026 5	1.249 8	0.510 7	0.827 4
0.86	0.876 7	0.631 0	0.719 7	0.976 4	1.547 3	2.022 8	1.252 0	0.504 0	0.838 4
0.87	0.873 9	0.623 8	0.713 8	0.979 6	1.570 4	2.019 4	1.254 1	0.497 4	0.849 6
0.88	0.870 9	0.616 5	0.707 9	0.982 6	1.593 8	2.016 4	1.258 0	0.490 8	0.860 8
0.89	0.868 0	0.609 2	0.701 9	0.985 4	1.617 4	2.013 6	1.257 9	0.484 3	0.872 1

表 A2(b)(续)

λ	$\tau(\lambda)$	$\pi(\lambda)$	$\varepsilon(\lambda)$	$q(\lambda)$	$y(\lambda)$	$z(\lambda)$	$f(\lambda)$	$r(\lambda)$	Ma
0.90	0.865 0	0.601 9	0.695 9	0.987 9	1.641 2	2.011 1	1.259 5	0.477 9	0.883 3
0.91	0.862 0	0.594 6	0.689 8	0.990 2	1.665 2	2.008 9	1.261 1	0.471 5	0.894 7
0.92	0.858 9	0.587 3	0.683 8	0.992 3	1.689 5	2.006 9	1.262 5	0.465 2	0.906 2
0.93	0.855 9	0.580 0	0.677 6	0.994 1	1.714 0	2.005 3	1.263 7	0.458 9	0.917 7
0.94	0.852 7	0.572 6	0.671 5	0.995 7	1.738 8	2.003 8	1.264 8	0.452 7	0.929 2
0.95	0.849 6	0.565 3	0.665 3	0.997 0	1.763 8	2.002 6	1.265 8	0.446 6	0.940 9
0.96	0.846 4	0.557 9	0.659 1	0.998 1	1.789 1	2.001 7	1.266 6	0.440 5	0.952 6
0.97	0.843 2	0.550 5	0.652 8	0.998 9	1.814 6	2.000 9	1.267 1	0.434 4	0.964 4
0.98	0.839 9	0.543 1	0.646 6	0.995 3	1.840 4	2.000 4	1.267 6	0.428 5	0.976 1
0.99	0.836 7	0.535 7	0.640 3	0.999 9	1.866 5	2.000 1	1.267 8	0.422 5	0.988 0
1.00	0.833 3	0.528 3	0.634 0	1.000 0	1.892 9	2.000 0	1.267 9	0.416 7	1.000 0
1.01	0.830 0	0.520 9	0.627 6	0.999 9	1.919 5	2.000 1	1.267 8	0.410 9	1.012 0
1.02	0.826 6	0.513 5	0.621 2	0.999 5	1.946 4	2.000 4	1.267 5	0.405 1	1.024 1
1.03	0.823 2	0.506 1	0.614 8	0.998 9	1.973 7	2.000 9	1.267 1	0.399 4	1.036 3
1.04	0.819 7	0.498 7	0.608 4	0.998 0	2.001 3	2.001 5	1.266 4	0.393 8	1.048 6
1.05	0.816 3	0.491 3	0.601 9	0.996 9	2.029 1	2.002 4	1.265 5	0.388 2	1.060 9
1.06	0.812 7	0.484 0	0.595 5	0.995 7	2.057 3	2.003 4	1.264 6	0.382 7	1.073 3
1.07	0.809 2	0.476 3	0.589 0	0.994 1	2.085 8	2.004 6	1.263 3	0.377 3	1.085 8
1.08	0.805 6	0.469 3	0.582 6	0.992 4	2.114 7	2.005 9	1.262 0	0.371 9	1.098 5
1.09	0.802 0	0.461 9	0.576 0	0.990 3	2.143 9	2.007 4	1.260 2	0.366 5	1.111 1
1.10	0.798 3	0.454 6	0.569 4	0.988 0	2.173 4	2.009 1	1.258 4	0.361 3	1.123 9
1.11	0.794 7	0.447 3	0.562 9	0.985 6	2.203 4	2.010 9	1.256 4	0.356 0	1.136 7
1.12	0.790 9	0.440 0	0.556 4	0.982 9	2.233 7	2.012 8	1.254 3	0.350 8	1.149 6
1.13	0.787 2	0.432 8	0.549 8	0.980 0	2.264 3	2.014 9	1.251 9	0.345 7	1.162 7
1.14	0.783 4	0.425 5	0.543 2	0.976 8	2.295 4	2.017 2	1.249 1	0.340 7	1.175 8
1.15	0.779 6	0.418 4	0.536 6	0.973 5	2.326 9	2.019 5	1.246 3	0.335 7	1.189 0
1.16	0.775 7	0.411 1	0.530 0	0.969 8	2.358 8	2.022 1	1.243 2	0.330 7	1.202 3
1.17	0.771 9	0.404 0	0.523 4	0.965 9	2.391 1	2.024 7	1.239 8	0.325 8	1.215 7
1.18	0.767 9	0.396 9	0.516 8	0.962 0	2.423 8	2.027 5	1.236 4	0.321 0	1.229 2
1.19	0.764 0	0.389 8	0.510 2	0.957 7	2.457 0	2.030 3	1.232 6	0.316 2	1.242 8
1.20	0.760 0	0.382 7	0.503 5	0.953 1	2.490 6	2.033 3	1.228 6	0.311 5	1.256 6
1.21	0.756 0	0.375 7	0.496 9	0.948 4	2.524 7	2.036 4	1.224 4	0.306 8	1.270 8
1.22	0.751 9	0.368 7	0.490 3	0.943 5	2.559 3	2.039 7	1.220 0	0.302 2	1.284 3
1.23	0.747 8	0.361 7	0.483 7	0.938 4	2.594 4	2.043 0	1.215 4	0.297 6	1.297 4
1.24	0.743 7	0.354 8	0.477 0	0.933 1	2.630 0	2.046 4	1.210 5	0.293 1	1.312 6
1.25	0.739 6	0.347 9	0.470 4	0.927 5	2.666 0	2.050 0	1.205 4	0.288 6	1.326 8

表 A2(b)(续)

λ	τ(λ)	π(λ)	ε(λ)	q(λ)	y(λ)	z(λ)	f(λ)	r(λ)	Ma
1.26	0.735 4	0.341 1	0.463 8	0.921 7	2.702 6	2.053 7	1.200 0	0.284 2	1.341 3
1.27	0.731 2	0.334 3	0.457 2	0.915 9	2.739 8	2.057 4	1.194 6	0.279 8	1.355 8
1.28	0.726 9	0.327 5	0.450 5	0.909 0	2.777 5	2.061 3	1.188 7	0.275 5	1.370 5
1.29	0.722 7	0.320 8	0.443 9	0.903 3	2.815 8	2.065 2	1.182 6	0.271 3	1.385 3
1.30	0.718 3	0.314 2	0.437 4	0.896 9	2.854 7	2.069 3	1.176 5	0.207 0	1.400 2
1.31	0.714 0	0.307 5	0.430 7	0.890 1	2.894 1	2.073 4	1.169 9	0.262 9	1.415 3
1.32	0.709 6	0.301 0	0.424 1	0.883 1	2.924 3	2.077 6	1.163 2	0.257 4	1.430 5
1.33	0.705 2	0.294 5	0.417 6	0.876 1	2.975 0	2.081 9	1.156 2	0.254 7	1.445 8
1.34	0.700 7	0.288 0	0.411 0	0.868 8	3.016 4	2.086 3	1.149 0	0.250 7	1.461 3
1.35	0.696 2	0.281 6	0.404 5	0.861 4	3.058 6	2.090 7	1.141 7	0.246 7	1.476 9
1.36	0.691 7	0.275 3	0.398 0	0.853 8	3.101 3	2.095 3	1.134 1	0.242 7	1.492 7
1.37	0.687 2	0.269 0	0.391 4	0.845 9	3.144 8	2.099 9	1.126 1	0.238 9	1.508 7
1.38	0.682 6	0.262 8	0.385 0	0.838 0	3.188 9	2.104 6	1.118 0	0.235 0	1.524 8
1.39	0.678 0	0.256 6	0.378 5	0.829 9	3.234 0	2.109 4	1.109 8	0.231 2	1.541 0
1.40	0.673 3	0.250 5	0.372 0	0.821 6	3.279 8	2.114 3	1.101 2	0.227 5	1.557 5
1.41	0.668 7	0.244 5	0.365 6	0.813 1	3.326 3	2.119 2	1.092 4	0.223 8	1.574 1
1.42	0.663 9	0.238 5	0.359 2	0.804 6	3.373 7	2.124 2	1.083 5	0.220 1	1.590 9
1.43	0.659 2	0.232 6	0.352 6	0.795 8	3.421 9	2.129 3	1.074 2	0.216 5	1.607 8
1.44	0.654 4	0.226 7	0.346 4	0.789 9	3.471 0	2.134 4	1.004 8	0.212 9	1.625 0
1.45	0.649 6	0.220 9	0.340 1	0.777 8	3.521 1	2.139 6	1.055 1	0.209 4	1.642 5
1.46	0.644 7	0.215 2	0.333 8	0.768 7	3.572 0	2.144 9	1.045 3	0.205 9	1.659 8
1.47	0.639 8	0.209 5	0.327 5	0.759 3	3.624 0	2.150 3	1.035 1	0.202 4	1.677 6
1.48	0.634 9	0.204 0	0.321 2	0.749 9	3.676 8	2.155 7	1.024 9	0.199 0	1.695 5
1.49	0.630 0	0.198 5	0.315 0	0.740 4	3.730 8	2.161 1	1.014 4	0.195 6	1.713 7
1.50	0.625 0	0.193 0	0.308 8	0.730 7	3.785 8	2.166 7	1.003 7	0.192 3	1.732 1
1.51	0.620 0	0.187 6	0.302 7	0.720 9	3.841 8	2.172 3	0.992 7	0.189 0	1.750 6
1.52	0.614 9	0.182 4	0.296 5	0.711 0	3.899 0	2.177 9	0.981 6	0.185 8	1.769 4
1.53	0.609 9	0.177 1	0.290 4	0.700 9	3.957 4	2.153 6	0.970 3	0.182 5	1.788 5
1.54	0.604 7	0.172 0	0.284 4	0.690 9	4.017 2	2.189 4	0.959 0	0.179 4	1.807 8
1.55	0.599 6	0.166 9	0.278 4	0.680 7	4.077 8	2.165 2	0.947 2	0.176 2	1.827 3
1.56	0.594 4	0.161 9	0.272 4	0.670 3	4.139 8	2.201 0	0.935 3	0.173 1	1.847 1
1.57	0.589 2	0.157 0	0.266 5	0.659 9	4.203 4	2.206 9	0.923 3	0.170 0	1.867 2
1.58	0.583 9	0.152 2	0.260 6	0.649 4	4.268 0	2.212 9	0.911 1	0.167 0	1.887 5
1.59	0.578 6	0.147 4	0.254 7	0.638 9	4.334 5	2.218 9	0.898 8	0.164 0	1.908 1
1.60	0.573 3	0.142 7	0.248 9	0.628 2	4.402 0	2.225 0	0.886 1	0.161 1	1.929 0
1.61	0.568 0	0.138 1	0.243 1	0.617 5	4.471 3	2.231 1	0.873 4	0.158 1	1.950 1

表 A2(b)(续)

λ	τ(λ)	π(λ)	ε(λ)	q(λ)	y(λ)	z(λ)	f(λ)	r(λ)	Ma
1.62	0.562 6	0.133 6	0.237 4	0.606 7	4.542 2	2.237 3	0.860 4	0.155 2	1.971 6
1.63	0.557 2	0.129 1	0.231 7	0.595 8	4.614 4	2.243 5	0.847 4	0.152 4	1.993 4
1.64	0.551 7	0.124 8	0.226 1	0.585 0	4.688 7	2.249 8	0.834 3	0.149 5	2.015 5
1.65	0.546 3	0.120 5	0.220 5	0.574 0	4.764 7	2.256 1	0.821 0	0.146 7	2.038 0
1.66	0.540 7	0.116 3	0.215 0	0.563 0	4.842 4	2.262 4	0.807 5	0.144 0	2.060 7
1.67	0.535 2	0.112 1	0.209 5	0.552 0	4.922 1	2.208 8	0.793 9	0.141 3	2.083 9
1.68	0.529 6	0.108 1	0.204 1	0.540 9	5.003 7	2.275 2	0.780 2	0.138 6	2.167 3
1.69	0.524 0	0.104 1	0.198 8	0.529 8	5.087 7	2.281 7	0.766 4	0.135 9	2.131 3
1.70	0.518 3	0.100 3	0.193 4	0.518 7	5.173 5	2.288 2	0.752 4	0.133 3	2.155 5
1.71	0.512 6	0.096 5	0.188 1	0.507 5	5.316 7	2.294 8	0.738 3	0.130 6	2.180 2
1.72	0.506 9	0.092 8	0.183 0	0.496 5	5.352 0	2.301 4	0.724 3	0.128 1	2.205 3
1.73	0.501 2	0.089 1	0.177 8	0.485 2	5.444 9	2.308 0	0.710 0	0.125 5	0.230 8
1.74	0.495 4	0.085 6	0.172 7	0.474 1	5.540 3	2.314 7	0.695 7	0.123 0	2.256 7
1.75	0.489 6	0.082 1	0.167 7	0.463 0	5.638 3	2.321 4	0.681 3	0.120 5	2.283 1
1.76	0.483 7	0.078 7	0.162 8	0.452 0	5.739 0	2.328 2	0.666 9	0.118 1	2.310 0
1.77	0.477 9	0.075 4	0.157 8	0.440 7	5.842 7	2.335 0	0.652 3	0.115 6	2.337 4
1.78	0.471 9	0.072 2	0.153 0	0.429 6	5.949 5	2.341 8	0.637 8	0.113 2	2.365 3
1.79	0.466 0	0.069 1	0.148 2	0.418 5	6.059 3	2.348 7	0.623 2	0.110 8	2.393 7
1.80	0.460 0	0.066 0	0.143 5	0.407 5	6.172 3	2.355 6	0.608 5	0.108 5	2.422 7
1.81	0.454 0	0.063 0	0.138 9	0.396 5	6.289 3	2.362 5	0.593 8	0.106 2	2.452 3
1.82	0.447 9	0.060 2	0.134 3	0.385 5	6.409 1	2.369 5	0.579 1	0.103 9	2.482 4
1.83	0.441 8	0.057 3	0.129 8	0.374 6	6.533 5	2.376 5	0.564 4	0.101 6	2.513 2
1.84	0.435 7	0.054 6	0.125 3	0.363 8	6.660 7	2.383 5	0.549 7	0.099 4	2.544 9
1.85	0.429 6	0.052 0	0.121 0	0.353 0	6.793 4	2.390 5	0.534 9	0.097 1	2.576 6
1.86	0.413 4	0.049 4	0.116 7	0.342 3	6.929 8	2.397 6	0.520 2	0.094 9	2.609 4
1.87	0.417 2	0.046 9	0.112 4	0.331 6	7.070 7	2.404 8	0.505 5	0.092 8	2.642 9
1.88	0.410 9	0.044 5	0.108 3	0.321 1	7.216 2	2.411 9	0.490 9	0.090 6	2.677 2
1.89	0.404 7	0.042 2	0.104 2	0.310 5	7.367 3	2.419 1	0.476 2	0.088 5	2.712 3
1.90	0.398 3	0.039 9	0.100 2	0.300 2	7.524 3	2.426 3	0.461 7	0.086 4	2.748 1
1.91	0.392 0	0.037 7	0.096 2	0.289 8	7.685 8	2.433 6	0.447 2	0.084 3	2.784 9
1.92	0.385 6	0.035 6	0.092 3	0.279 7	7.854 0	2.440 8	0.432 7	0.082 3	0.822 5
1.93	0.379 2	0.033 6	0.088 5	0.269 5	8.028 9	2.448 1	0.418 3	0.080 3	2.861 2
1.94	0.372 7	0.031 6	0.084 8	0.259 6	8.209 8	2.455 5	0.404 1	0.078 2	2.900 7
1.95	0.366 2	0.029 7	0.081 2	0.249 7	8.398 5	2.462 8	0.389 9	0.076 3	2.941 4
1.96	0.359 7	0.027 9	0.077 6	0.240 0	8.594 3	2.470 2	0.375 8	0.074 3	2.983 1
1.97	0.353 2	0.026 2	0.074 1	0.230 4	8.798 4	2.477 6	0.361 8	0.072 4	3.030 1

表 A2(b)(续)

λ	τ(λ)	π(λ)	ε(λ)	q(λ)	y(λ)	z(λ)	f(λ)	r(λ)	Ma
1.98	0.346 6	0.024 5	0.070 7	0.220 9	9.011 2	2.485 1	0.348 0	0.070 4	3.070 1
1.99	0.340 0	0.022 9	0.067 4	0.211 6	9.232 9	2.492 5	0.334 3	0.068 5	3.115 5
2.00	0.333 3	0.021 4	0.064 2	0.202 4	9.46 4	2.500 0	0.320 3	0.066 8	3.162 2
2.01	0.326 7	0.019 9	0.061 0	0.193 4	9.70 6	2.507 5	0.307 4	0.064 8	3.210 4
2.02	0.319 9	0.018 5	0.057 9	0.184 5	9.96 1	2.515 0	0.294 2	0.063 0	3.260 3
2.03	0.313 2	0.017 2	0.054 9	0.175 8	10.22 4	2.522 6	0.281 1	0.061 2	3.311 3
2.04	0.306 4	0.015 9	0.052 0	0.167 2	10.50 2	2.53020.	0.268 3	0.059 4	3.364 2
2.05	0.299 6	0.014 7	0.049 1	0.158 8	10.79 4	2.537 8	0.255 6	0.057 6	3.419 0
2.06	0.292 7	0.013 6	0.046 4	0.150 7	11.10 2	2.545 4	2.243 1	0.055 8	3.475 9
2.07	0.285 9	0.012 5	0.043 7	0.142 7	11.42 2	2.553 1	0.230 9	0.054 1	3.534 3
2.08	0.278 9	0.011 5	0.041 1	0.134 8	11.76 2	2.560 8	0.218 9	0.052 4	3.595 1
2.09	0.272 0	0.010 5	0.038 6	0.127 2	12.12 1	2.568 5	0.207 0	0.050 7	3.658 3
2.10	0.265 0	0.009 6	0.036 1	0.119 8	12.50 0	2.576 2	0.195 6	0.049 0	3.724 0
2.11	0.258 0	0.008 7	0.033 8	0.112 5	12.90 1	2.583 9	0.184 3	0.047 3	3.792 2
2.12	0.250 9	0.007 9	0.031 5	0.105 5	13.32 6	2.591 7	0.173 3	0.045 7	3.863 3
2.13	0.243 9	0.007 2	0.029 4	0.098 6	13.77 8	2.599 5	0.162 6	0.044 0	3.937 6
2.14	0.236 7	0.006 5	0.027 3	0.092 1	14.25 9	2.607 3	0.152 2	0.042 4	4.015 0
2.15	0.229 6	0.005 8	0.025 3	0.085 7	14.77 2	2.615 1	0.142 0	0.040 8	4.096 1
2.16	0.222 4	0.005 2	0.023 3	0.079 5	15.31 9	2.623 1	0.132 2	0.039 3	4.179 1
2.17	0.215 2	0.004 6	0.021 5	0.073 5	15.90 6	2.630 8	0.122 6	0.037 7	4.270 2
2.18	0.207 9	0.004 1	0.019 7	0.067 8	16.53 7	2.638 7	0.113 4	0.036 1	4.364 2
2.19	0.200 6	0.003 6	0.018 0	0.062 3	17.21 8	2.646 6	0.104 5	0.034 6	4.463 3
2.20	0.193 3	0.003 2	0.016 4	0.057 0	17.94 9	2.654 5	0.096 0	0.033 1	4.567 4
2.21	0.186 0	0.002 8	0.014 9	0.052 0	18.74 2	2.662 5	0.087 8	0.031 6	4.677 8
2.22	0.178 6	0.002 4	0.013 5	0.047 2	19.60 7	2.670 5	0.079 9	0.030 1	4.795 4
2.23	0.171 2	0.002 1	0.012 1	0.042 7	20.54 8	2.678 4	0.072 4	0.028 7	4.920 1
2.24	0.163 7	0.001 8	0.011 6	0.040 8	22.98 3	2.686 4	0.069 5	0.025 5	5.053 3
2.25	0.156 3	0.001 51	0.009 66	0.034 3	22.71 2	2.694 4	0.058 5	0.025 8	5.195 8
2.26	0.148 7	0.001 27	0.008 13	0.029 0	23.96 8	2.702 5	0.049 6	0.025 6	5.349 4
2.27	0.141 2	0.001 06	0.007 49	0.026 8	25.36 1	2.710 5	0.046 1	0.022 9	5.514 7
2.28	0.133 6	0.000 87	0.006 52	0.023 4	26.89 3	2.718 6	0.040 4	0.021 6	5.694 0
2.29	0.126 0	0.000 71	0.005 64	0.020 4	28.66 9	2.726 7	0.035 2	0.020 2	5.889 1
2.30	0.118 3	0.000 57	0.004 82	0.017 5	30.65 8	2.734 8	0.030 2	0.018 9	6.103 3
2.31	0.110 6	0.000 45	0.004 07	0.014 8	32.93 7	2.742 9	0.025 8	0.017 5	6.339 9
2.32	0.102 9	0.000 35	0.003 40	0.012 4	35.55 1	2.751 0	0.021 7	0.016 1	6.600 8
2.33	0.095 2	0.000 27	0.002 80	0.010 3	38.60 6	2.759 2	0.018 0	0.014 8	6.893 5

表 A2(b)(续)

λ	τ(λ)	π(λ)	ε(λ)	q(λ)	y(λ)	z(λ)	f(λ)	r(λ)	Ma
2.34	0.087 4	0.000 20	0.002 26	0.008 3	42.233	2.767 4	0.014 6	0.013 5	7.225 4
2.35	0.079 6	0.000 14	0.001 70	0.006 3	46.593	2.775 5	0.011 1	0.012 2	7.605 3
2.36	0.071 7	$0.988 \cdot 10^{-4}$	0.001 38	0.005 1	51.914	2.783 7	0.009 0	0.010 9	8.045 0
2.37	0.063 8	$0.657 \cdot 10^{-4}$	0.001 03	0.003 8	58.569	2.791 9	0.006 8	0.009 6	8.561 9
2.38	0.055 9	$0.413 \cdot 10^{-4}$	0.000 74	0.002 8	67.144	2.800 2	0.004 9	0.008 4	9.188 2
2.39	0.048 0	$0.242 \cdot 10^{-4}$	0.000 50	0.001 9	78.613	2.808 4	0.003 4	0.007 1	9.962 4
2.40	0.040 0	$0.128 \cdot 10^{-4}$	0.000 32	0.001 2	94.703	2.816 7	0.002 2	0.005 9	10.957
2.41	0.032 0	$0.584 \cdot 10^{-5}$	0.000 18	0.000 7	118.94	2.824 9	0.001 2	0.004 7	12.306
2.42	0.023 9	$0.211 \cdot 10^{-5}$	$0.884 \cdot 10^{-4}$	0.000 3	159.65	2.833 2	0.000 6	0.003 5	14.287
2.43	0.015 8	$0.499 \cdot 10^{-6}$	$0.315 \cdot 10^{-4}$	0.000 1	242.16	2.841 5	0.000 2	0.002 5	17.631
2.44	0.007 7	$0.316 \cdot 10^{-7}$	$0.410 \cdot 10^{-5}$	$0.058 \cdot 10^{-4}$	499.16	2.849 8	$0.285 \cdot 10^{-4}$	0.001 1	25.367
2.449	0	0	0	0	∞	2.857 3	0	0	∞

表 A2(c) 一维等熵流气动函数表($k=1.33$)(以 λ 为自变量)

λ	τ(λ)	π(λ)	ε(λ)	q(λ)	y(λ)	f(λ)	r(λ)	Ma
0.00	1.000 0	1.000 0	1.000 0	0.000 0	0.000 0	1.000 0	1.000 0	1.000 0
0.01	1.000 0	0.999 9	0.999 9	0.015 9	0.015 9	1.000 0	1.000 0	0.009 3
0.02	0.999 9	0.999 8	0.999 9	0.031 8	0.031 8	1.000 3	0.999 5	0.018 5
0.03	0.999 9	0.999 5	0.999 7	0.047 6	0.047 7	1.000 6	0.999 0	0.027 8
0.04	0.999 8	0.999 1	0.999 3	0.063 5	0.063 6	1.000 9	0.998 2	0.037 1
0.05	0.999 7	0.998 6	0.999 0	0.079 3	0.079 5	1.001 5	0.997 2	0.046 3
0.06	0.999 5	0.998 0	0.998 5	0.095 2	0.095 4	1.002 1	0.995 9	0.055 6
0.07	0.999 3	0.997 2	0.997 9	0.111 0	0.111 3	1.002 8	0.994 4	0.064 9
0.08	0.999 1	0.996 4	0.997 3	0.126 7	0.127 2	1.003 7	0.992 8	0.074 2
0.09	0.998 9	0.995 4	0.996 5	0.142 5	0.143 1	1.004 6	0.990 8	0.083 4
0.10	0.998 6	0.994 4	0.995 8	0.158 2	0.159 1	1.005 7	0.988 7	0.092 7
0.11	0.998 3	0.993 2	0.994 9	0.173 8	0.175 0	1.006 9	0.986 4	0.102 0
0.12	0.998 0	0.991 8	0.993 8	0.189 4	0.191 0	1.008 1	0.983 8	0.111 3
0.13	0.997 6	0.990 4	0.992 8	0.205 2	0.207 2	1.009 6	0.981 0	0.120 6
0.14	0.997 2	0.988 9	0.991 7	0.220 5	0.222 0	1.011 1	0.978 1	0.129 9
0.15	0.996 8	0.987 2	0.990 3	0.236 0	0.239 0	1.012 6	0.974 9	0.139 2
0.16	0.996 4	0.985 4	0.989 0	0.251 4	0.255 1	1.014 3	0.971 5	0.148 5
0.17	0.995 9	0.983 6	0.987 7	0.266 7	0.271 2	1.016 2	0.967 9	0.157 8
0.18	0.995 4	0.981 6	0.986 2	0.282 0	0.287 3	1.018 1	0.964 2	0.167 2
0.19	0.994 9	0.979 6	0.984 6	0.297 2	0.303 4	1.020 2	0.960 2	0.176 5
0.20	0.994 3	0.977 4	0.983 0	0.312 3	0.319 5	1.022 3	0.956 1	0.185 8

表 A2(c)(续)

λ	τ(λ)	π(λ)	ε(λ)	q(λ)	y(λ)	f(λ)	r(λ)	Ma
0.21	0.993 8	0.975 1	0.981 2	0.327 3	0.335 7	1.024 5	0.951 8	0.195 2
0.22	0.993 2	0.972 8	0.979 5	0.342 3	0.351 9	1.026 9	0.947 3	0.204 5
0.23	0.992 5	0.970 2	0.977 5	0.357 1	0.368 1	1.029 2	0.942 7	0.213 9
0.24	0.991 8	0.967 5	0.975 5	0.371 9	0.384 4	1.031 7	0.937 8	0.223 3
0.25	0.991 2	0.964 8	0.973 4	0.386 6	0.400 7	1.034 3	0.932 9	0.232 7
0.26	0.990 4	0.961 9	0.971 2	0.401 1	0.417 0	1.036 9	0.927 7	0.242 0
0.27	0.989 7	0.959 0	0.969 0	0.415 6	0.433 4	1.039 6	0.922 4	0.251 5
0.28	0.988 9	0.956 0	0.966 7	0.430 0	0.449 8	1.042 5	0.917 0	0.260 9
0.29	0.988 1	0.952 9	0.964 4	0.444 3	0.466 2	1.045 5	0.911 4	0.270 3
0.30	0.987 3	0.949 6	0.961 9	0.458 4	0.482 7	1.048 5	0.905 7	0.279 7
0.31	0.986 4	0.946 3	0.959 4	0.472 4	0.499 2	1.051 6	0.899 9	0.289 2
0.32	0.985 5	0.942 8	0.956 7	0.486 3	0.515 8	1.054 7	0.891 0	0.298 6
0.33	0.984 6	0.939 3	0.954 0	0.500 1	0.532 4	1.057 9	0.887 9	0.308 1
0.34	0.983 6	0.935 6	0.951 2	0.513 7	0.549 1	1.061 2	0.881 7	0.317 6
0.35	0.982 7	0.931 9	0.948 4	0.527 3	0.565 8	1.064 5	0.875 4	0.327 1
0.36	0.981 7	0.928 1	0.945 5	0.540 7	0.582 6	1.068 0	0.869 0	0.336 6
0.37	0.980 6	0.924 1	0.942 4	0.553 9	0.599 4	1.071 4	0.862 5	0.346 2
0.38	0.979 6	0.920 1	0.939 3	0.567 0	0.616 2	1.075 0	0.856 0	0.355 7
0.39	0.978 5	0.915 9	0.936 1	0.579 9	0.633 2	1.078 5	0.849 3	0.365 3
0.40	0.977 3	0.911 8	0.932 9	0.592 8	0.650 1	1.082 2	0.842 5	0.374 9
0.41	0.976 2	0.907 5	0.929 6	0.605 5	0.667 2	1.085 9	0.835 7	0.384 5
0.42	0.975 0	0.903 0	0.926 2	0.617 9	0.684 3	1.089 6	0.828 8	0.394 1
0.43	0.973 8	0.898 5	0.922 7	0.630 3	0.701 4	1.093 3	0.821 8	0.403 7
0.44	0.972 6	0.894 0	0.919 2	0.642 5	0.718 7	1.097 2	0.814 8	0.413 4
0.45	0.971 3	0.889 3	0.915 6	0.654 5	0.735 9	1.101 0	0.807 8	0.423 0
0.46	0.970 0	0.885 0	0.912 3	0.666 6	0.753 3	1.105 3	0.800 6	0.432 5
0.47	0.968 7	0.879 7	0.908 1	0.678 0	0.770 7	1.108 8	0.793 4	0.442 4
0.48	0.967 4	0.874 9	0.904 4	0.689 6	0.788 2	1.112 8	0.786 2	0.452 2
0.49	0.966 0	0.869 9	0.900 5	0.700 9	0.805 8	1.116 7	0.779 0	0.461 9
0.50	0.964 6	0.864 8	0.896 6	0.712 1	0.823 4	1.120 7	0.771 7	0.471 7
0.51	0.963 2	0.859 6	0.892 5	0.723 0	0.841 1	1.124 6	0.761 4	0.481 5
0.52	0.961 7	0.854 4	0.888 4	0.733 9	0.858 9	1.128 7	0.757 0	0.491 3
0.53	0.960 2	0.849 1	0.884 3	0.744 5	0.876 8	1.132 7	0.749 6	0.501 1
0.54	0.958 7	0.843 6	0.879 9	0.754 8	0.894 7	1.136 5	0.742 3	0.511 0
0.55	0.957 2	0.838 2	0.875 7	0.765 1	0.912 8	1.140 6	0.734 9	0.520 8
0.56	0.955 6	0.832 7	0.871 4	0.775 2	0.930 9	1.144 7	0.727 5	0.530 8

表 A2(c)(续)

λ	$\tau(\lambda)$	$\pi(\lambda)$	$\varepsilon(\lambda)$	$q(\lambda)$	$y(\lambda)$	$f(\lambda)$	$r(\lambda)$	Ma
0.57	0.954 0	0.827 1	0.867 0	0.785 0	0.949 1	1.148 7	0.720 0	0.540 7
0.58	0.952 4	0.821 4	0.862 5	0.794 6	0.967 4	1.152 6	0.712 6	0.550 6
0.59	0.950 7	0.815 6	0.857 9	0.804 0	0.985 8	1.156 5	0.705 2	0.560 6
0.60	0.949 0	0.809 8	0.853 3	0.813 3	1.004 3	1.160 5	0.697 8	0.570 6
0.61	0.947 3	0.804 0	0.848 7	0.822 4	1.022 9	1.164 5	0.690 4	0.580 7
0.62	0.945 6	0.798 0	0.843 9	0.831 2	1.041 6	1.168 4	0.683 0	0.590 7
0.63	0.943 8	0.792 1	0.839 3	0.839 9	1.060 4	1.172 4	0.675 6	0.600 8
0.64	0.942 0	0.786 0	0.834 4	0.848 3	1.079 2	1.176 2	0.668 3	0.610 9
0.65	0.940 2	0.779 8	0.829 4	0.856 4	1.098 2	1.179 9	0.660 9	0.621 1
0.66	0.938 3	0.773 7	0.824 6	0.864 5	1.117 3	1.183 8	0.653 6	0.631 3
0.67	0.936 4	0.767 4	0.819 5	0.872 2	1.136 6	1.187 4	0.646 3	0.641 5
0.68	0.934 5	0.761 2	0.814 5	0.879 8	1.155 9	1.191 1	0.639 0	0.651 7
0.69	0.932 6	0.754 8	0.809 4	0.887 1	1.175 3	1.194 7	0.631 8	0.662 0
0.70	0.930 6	0.748 3	0.804 1	0.894 1	1.194 9	1.198 1	0.624 6	0.672 3
0.71	0.928 6	0.741 9	0.798 9	0.901 1	1.214 6	1.201 7	0.617 4	0.682 6
0.72	0.926 6	0.735 4	0.793 7	0.907 7	1.234 3	1.205 1	0.610 2	0.693 0
0.73	0.924 5	0.728 9	0.788 4	0.914 3	1.254 3	1.208 6	0.603 1	0.703 4
0.74	0.922 4	0.722 3	0.783 0	0.920 4	1.274 3	1.211 8	0.596 1	0.713 9
0.75	0.920 3	0.715 7	0.777 7	0.926 5	1.294 5	1.215 1	0.589 0	0.724 3
0.76	0.918 2	0.709 0	0.772 2	0.932 2	1.314 8	1.218 2	0.587 0	0.734 8
0.77	0.916 0	0.702 3	0.766 6	0.937 7	1.335 3	1.221 2	0.575 1	0.745 4
0.78	0.913 8	0.695 5	0.761 1	0.943 0	1.355 9	1.224 1	0.568 2	0.756 1
0.79	0.911 6	0.688 7	0.755 5	0.948 1	1.376 8	1.227 0	0.561 3	0.766 6
0.80	0.909 4	0.681 9	0.749 9	0.952 9	1.397 5	1.229 8	0.554 5	0.777 2
0.81	0.907 1	0.675 0	0.744 2	0.957 5	1.418 5	1.232 4	0.547 7	0.788 0
0.82	0.904 8	0.668 1	0.738 4	0.961 8	1.439 7	1.234 9	0.541 0	0.798 7
0.83	0.902 4	0.661 2	0.732 6	0.966 0	1.461 0	1.237 4	0.534 3	0.809 5
0.84	0.900 1	0.654 2	0.726 8	0.969 8	1.482 5	1.239 7	0.527 7	0.820 3
0.85	0.897 7	0.647 2	0.721 0	0.973 5	1.504 2	1.241 9	0.521 1	0.831 2
0.86	0.895 3	0.640 2	0.715 1	0.976 9	1.526 0	1.244 0	0.514 6	0.842 1
0.87	0.892 8	0.633 2	0.709 2	0.980 2	1.547 9	1.246 1	0.508 2	0.853 1
0.88	0.890 3	0.626 1	0.703 2	0.983 0	1.570 1	1.247 8	0.501 8	0.864 1
0.89	0.887 8	0.619 1	0.697 3	0.985 9	1.592 4	1.249 7	0.495 4	0.875 1
0.90	0.885 3	0.612 0	0.691 3	0.988 3	1.614 9	1.251 2	0.489 1	0.886 2
0.91	0.882 7	0.604 8	0.685 2	0.990 4	1.637 6	1.252 5	0.482 9	0.897 4
0.92	0.880 1	0.597 7	0.679 1	0.992 5	1.660 5	1.253 9	0.476 7	0.904 6

表 A2(c)(续)

λ	τ(λ)	π(λ)	ε(λ)	q(λ)	y(λ)	f(λ)	r(λ)	Ma
0.93	0.877 5	0.590 6	0.673 0	0.994 3	1.683 5	1.255 2	0.470 5	0.919 8
0.94	0.874 9	0.583 4	0.666 9	0.995 7	1.706 8	1.256 1	0.464 5	0.931 1
0.95	0.872 2	0.576 3	0.660 8	0.997 2	1.730 2	1.257 2	0.458 4	0.945 4
0.96	0.869 5	0.569 1	0.654 5	0.998 1	1.753 9	1.257 7	0.452 5	0.953 8
0.97	0.866 7	0.561 9	0.648 3	0.998 9	1.777 8	1.258 3	0.446 6	0.965 3
0.98	0.864 0	0.554 7	0.642 0	0.999 5	1.801 8	1.258 6	0.440 7	0.976 8
0.99	0.861 2	0.547 6	0.635 9	1.000 0	1.826 1	1.259 1	0.434 9	0.988 4
1.00	0.858 4	0.540 4	0.629 6	1.000 0	1.850 6	1.259 1	0.429 2	1.000 0
1.01	0.855 5	0.533 2	0.623 3	1.000 0	1.875 4	1.259 0	0.423 5	1.011 7
1.02	0.852 7	0.526 0	0.616 9	0.999 5	1.900 3	1.258 7	0.417 9	1.023 4
1.03	0.849 7	0.518 8	0.610 5	0.998 9	1.925 5	1.258 3	0.412 3	1.035 2
1.04	0.846 8	0.511 6	0.604 2	0.998 1	1.950 9	1.257 6	0.406 8	1.047 1
1.05	0.843 9	0.504 5	0.597 9	0.997 2	1.976 6	1.257 0	0.401 4	1.059 0
1.06	0.840 9	0.497 2	0.591 4	0.995 8	2.002 5	1.255 9	0.398 0	1.071 0
1.07	0.837 9	0.490 2	0.585 0	0.994 4	2.028 6	1.254 8	0.390 6	1.083 0
1.08	0.834 8	0.483 0	0.578 6	0.992 6	2.055 0	1.253 4	0.385 4	1.095 1
1.09	0.831 7	0.475 9	0.572 2	0.990 7	2.081 8	1.252 0	0.880 1	1.107 3
1.10	0.828 6	0.468 8	0.565 8	0.988 6	2.108 7	1.250 3	0.375 0	1.119 6
1.11	0.825 5	0.461 7	0.559 3	0.986 2	2.136 0	1.248 4	0.369 8	1.131 9
1.12	0.822 3	0.454 6	0.552 8	0.983 5	2.163 5	1.246 3	0.364 8	1.144 3
1.13	0.819 2	0.447 5	0.546 3	0.980 6	2.191 3	1.243 9	0.359 8	1.156 7
1.14	0.815 9	0.440 5	0.539 9	0.977 7	2.219 4	1.241 5	0.354 8	1.168 6
1.15	0.812 7	0.433 5	0.533 4	0.974 4	2.247 8	1.238 8	0.349 9	1.181 9
1.16	0.800 4	0.426 5	0.526 9	0.970 9	2.276 5	1.235 9	0.345 1	1.194 6
1.17	0.806 1	0.419 6	0.520 5	0.067 4	2.305 5	1.233 0	0.340 3	1.207 3
1.18	0.802 8	0.412 6	0.514 0	0.963 4	2.334 9	1.229 6	0.335 6	1.220 2
1.19	0.799 4	0.405 7	0.507 5	0.959 3	2.364 6	1.226 1	0.330 9	1.233 1
1.20	0.796 1	0.398 6	0.500 7	0.954 5	2.394 0	1.221 8	0.326 3	1.246 1
1.21	0.792 6	0.392 0	0.494 6	0.950 6	2.424 9	1.218 6	0.321 7	1.259 2
1.22	0.789 2	0.385 2	0.488 1	0.945 9	2.455 6	1.214 6	0.317 2	1.272 3
1.23	0.785 7	0.378 4	0.481 6	0.941 0	2.486 7	1.210 2	0.312 7	1.285 6
1.24	0.782 2	0.371 6	0.475 1	0.935 7	2.518 1	1.205 5	0.308 3	1.299 0
1.25	0.778 7	0.364 9	0.468 6	0.930 5	2.550 0	1.200 8	0.303 9	1.312 1
1.26	0.775 2	0.358 3	0.462 2	0.925 2	2.582 1	1.196 1	0.299 6	1.325 9
1.27	0.771 6	0.351 6	0.455 7	0.919 3	2.614 7	1.190 7	0.295 3	1.339 6
1.28	0.768 0	0.345 0	0.449 3	0.913 5	2.647 7	1.185 3	0.291 1	1.353 3

表 A2(c)(续)

λ	$\tau(\lambda)$	$\pi(\lambda)$	$\varepsilon(\lambda)$	$q(\lambda)$	$y(\lambda)$	$f(\lambda)$	$r(\lambda)$	Ma
1.29	0.764 3	0.338 5	0.442 9	0.907 5	2.681 1	1.179 9	0.286 9	1.367 1
1.30	0.760 6	0.332 0	0.436 5	0.901 4	2.714 9	1.174 1	0.282 8	1.382 0
1.31	0.757 0	0.325 5	0.430 0	0.894 9	2.749 2	1.168 0	0.278 7	1.395 0
1.32	0.753 2	0.319 1	0.423 6	0.888 3	2.783 8	1.161 8	0.274 7	1.409 1
1.33	0.749 5	0.312 8	0.417 3	0.881 6	2.819 0	1.155 5	0.270 7	1.423 4
1.34	0.745 7	0.306 5	0.411 0	0.874 9	2.854 5	1.149 1	0.266 7	1.437 7
1.35	0.741 9	0.300 2	0.404 6	0.867 7	2.890 5	1.142 1	0.262 9	1.452 1
1.36	0.738 0	0.294 0	0.398 4	0.860 6	2.927 1	1.135 1	0.259 0	1.466 7
1.37	0.734 2	0.287 8	0.392 0	0.853 1	2.964 2	1.127 7	0.255 2	1.481 4
1.38	0.730 3	0.281 7	0.385 7	0.845 5	3.001 7	1.120 2	0.251 5	1.496 0
1.39	0.726 4	0.275 7	0.379 6	0.838 1	3.039 8	1.112 9	0.247 7	1.511 0
1.40	0.722 4	0.269 7	0.373 3	0.830 3	3.078 4	1.105 1	0.244 1	1.529 0
1.41	0.718 4	0.263 7	0.367 1	0.822 1	3.117 6	1.096 8	0.240 2	1.541 2
1.42	0.714 4	0.257 8	0.360 9	0.814 0	3.157 3	1.088 5	0.236 8	1.556 4
1.43	0.710 4	0.252 0	0.354 8	0.806 0	3.197 7	1.080 3	0.233 3	1.570 9
1.44	0.706 3	0.246 3	0.348 7	0.797 6	3.238 6	1.071 7	0.229 8	1.587 5
1.45	0.702 2	0.240 6	0.342 6	0.789 1	3.280 2	1.062 9	0.226 3	1.603 1
1.46	0.698 1	0.234 9	0.336 5	0.780 5	3.322 2	1.053 9	0.222 9	1.618 8
1.47	0.694 0	0.229 4	0.330 5	0.771 8	0.364 9	1.044 7	0.219 5	1.634 9
1.48	0.689 8	0.223 8	0.324 5	0.762 9	3.408 3	1.035 3	0.216 2	1.651 0
1.49	0.685 6	0.218 4	0.318 6	0.754 0	3.452 4	1.025 8	0.212 9	1.667 2
1.50	0.681 3	0.212 8	0.312 6	0.744 9	3.497 2	1.016 0	0.209 7	1.683 6
1.51	0.677 1	0.207 7	0.306 7	0.735 7	3.542 6	1.006 1	0.206 4	1.700 2
1.52	0.672 8	0.202 4	0.300 9	0.726 5	3.589 0	0.996 1	0.203 2	1.716 9
1.53	0.668 5	0.197 3	0.295 1	0.717 2	3.635 8	0.985 8	0.200 1	1.733 8
1.54	0.664 1	0.192 1	0.289 3	0.707 7	3.683 6	0.975 4	0.197 0	1.750 8
1.55	0.659 7	0.187 1	0.233 6	0.698 2	3.732 1	0.964 9	0.193 9	1.768 0
1.56	0.655 3	0.182 1	0.277 9	0.688 6	3.781 3	0.954 1	0.190 9	1.785 4
1.57	0.650 9	0.177 2	0.272 2	0.678 9	3.831 6	0.943 2	0.187 9	1.802 9
1.58	0.646 4	0.172 3	0.266 6	0.669 1	3.882 5	0.932 1	0.184 9	1.820 7
1.59	0.642 0	0.167 6	0.261 0	0.659 3	3.934 5	0.920 9	0.182 0	1.383 6
1.60	0.637 4	0.162 8	0.255 4	0.649 2	3.987 4	0.909 3	0.179 1	1.856 7
1.61	0.632 9	0.158 2	0.250 0	0.639 4	4.041 0	0.898 1	0.176 2	1.875 0
1.62	0.628 3	0.153 7	0.244 6	0.629 4	4.095 7	0.886 5	0.173 4	1.893 5
1.63	0.623 7	0.149 2	0.239 2	0.619 3	4.151 4	0.874 6	0.170 6	1.912 2
1.64	0.619 1	0.144 8	0.233 8	0.609 2	4.208 0	0.862 8	0.167 8	1.931 1

表 A2(c)(续)

λ	$\tau(\lambda)$	$\pi(\lambda)$	$\varepsilon(\lambda)$	$q(\lambda)$	$y(\lambda)$	$f(\lambda)$	$r(\lambda)$	Ma
1.65	0.614 4	0.140 4	0.228 6	0.599 1	4.265 9	0.850 8	0.165 1	1.950 3
1.66	0.609 7	0.136 2	0.223 3	0.588 9	4.325 0	0.838 7	0.162 3	1.969 6
1.67	0.605 0	0.132 0	0.218 1	0.578 8	4.384 9	0.826 4	0.159 7	1.989 2
1.68	0.600 3	0.127 8	0.213 0	0.568 4	4.445 8	0.814 1	0.157 0	2.008 9
1.69	0.595 5	0.123 8	0.207 9	0.558 1	4.508 2	0.801 6	0.154 4	2.029 0
1.70	0.590 7	0.119 8	0.202 9	0.547 8	4.571 8	0.789 0	0.151 9	2.049 3
1.71	0.585 9	0.115 9	0.197 9	0.537 4	4.636 2	0.776 4	0.149 3	2.069 8
1.72	0.581 0	0.112 1	0.192 9	0.527 1	4.702 7	0.763 7	0.146 8	2.090 6
1.73	0.576 1	0.108 3	0.188 1	0.516 8	4.770 3	0.750 9	0.144 3	2.111 2
1.74	0.571 2	0.104 7	0.183 3	0.506 5	4.839 0	0.738 1	0.141 8	2.133 0
1.75	0.566 3	0.101 1	0.178 5	0.496 1	4.909 0	0.725 0	0.139 4	2.154 6
1.76	0.561 3	0.097 5	0.173 6	0.485 8	4.980 8	0.712 0	0.137 0	2.176 5
1.77	0.556 3	0.094 1	0.169 1	0.475 5	5.054 3	0.699 0	0.134 6	2.198 7
1.78	0.551 3	0.090 7	0.164 5	0.465 2	5.129 1	0.685 8	0.132 3	2.221 1
1.79	0.546 2	0.087 4	0.160 0	0.455 0	5.205 7	0.672 7	0.129 9	2.243 9
1.80	0.541 1	0.084 2	0.155 5	0.444 7	5.283 9	0.659 5	0.127 6	2.267 0
1.81	0.536 0	0.081 0	0.151 1	0.434 5	5.364 2	0.646 2	0.125 4	2.290 5
1.82	0.530 9	0.077 9	0.146 8	0.424 3	5.445 9	0.632 9	0.123 1	2.314 3
1.83	0.525 7	0.074 9	0.142 5	0.414 2	5.529 7	0.619 7	0.120 9	2.338 4
1.84	0.520 5	0.072 0	0.138 3	0.404 1	5.615 3	0.606 3	0.118 7	2.362 3
1.85	0.515 3	0.069 1	0.134 1	0.394 1	5.683 5	0.593 0	0.116 5	2.387 7
1.86	0.510 0	0.066 3	0.130 0	0.384 1	5.792 8	0.579 7	0.114 4	2.413 0
1.87	0.504 7	0.063 6	0.126 0	0.374 1	5.885 0	0.566 4	0.112 2	2.438 6
1.88	0.499 4	0.060 9	0.122 0	0.364 3	5.979 5	0.553 1	0.110 1	2.464 7
1.89	0.494 1	0.058 3	0.118 1	0.354 5	6.076 4	0.539 8	0.108 1	2.491 1
1.90	0.488 7	0.055 8	0.114 2	0.344 7	6.175 7	0.526 6	0.106 0	2.518 0
1.91	0.483 3	0.053 4	0.110 5	0.335 1	6.277 9	0.513 4	0.104 0	2.545 4
1.92	0.477 9	0.051 0	0.106 7	0.325 6	6.382 0	0.500 2	0.102 0	2.573 1
1.93	0.472 4	0.048 7	0.103 1	0.316 1	6.489 9	0.487 1	0.100 0	2.601 5
1.94	0.467 0	0.046 5	0.099 5	0.306 4	6.594 9	0.474 0	0.098 0	2.630 2
1.95	0.461 5	0.044 3	0.096 0	0.297 3	6.712 8	0.460 9	0.093 1	2.659 6
1.96	0.455 9	0.042 2	0.092 5	0.288 1	6.828 9	0.448 0	0.094 2	2.689 4
1.97	0.450 4	0.040 2	0.089 2	0.279 0	6.948 7	0.435 2	0.092 3	2.719 8
1.98	0.444 8	0.038 2	0.085 8	0.270 0	7.072 0	0.422 4	0.090 4	2.750 7
1.99	0.439 1	0.036 3	0.082 6	0.261 1	7.198 5	0.409 7	0.083 5	2.782 2
2.00	0.433 5	0.034 4	0.079 4	0.252 3	7.328 8	0.397 1	0.086 7	2.814 3

表 A2(c)(续)

λ	τ(λ)	π(λ)	ε(λ)	q(λ)	y(λ)	f(λ)	r(λ)	Ma
2.01	0.427 8	0.032 6	0.076 3	0.243 6	7.462 0	0.384 5	0.084 9	2.847 1
2.02	0.422 1	0.030 9	0.073 3	0.235 1	7.602 0	0.372 3	0.083 1	2.880 6
2.03	0.416 4	0.029 3	0.070 3	0.226 7	7.744 8	0.360 0	0.081 3	2.914 7
2.04	0.410 6	0.027 7	0.067 4	0.218 3	7.892 3	0.347 7	0.079 5	2.949 6
2.05	0.404 8	0.026 1	0.064 5	0.210 1	8.044 4	0.335 7	0.077 8	2.985 2
2.06	0.399 0	0.024 7	0.061 8	0.202 2	8.201 6	0.324 0	0.076 1	3.021 5
2.07	0.393 1	0.023 2	0.059 1	0.194 2	8.363 9	0.312 2	0.074 4	3.058 7
2.08	0.387 3	0.021 9	0.056 4	0.186 4	8.532 3	0.300 5	0.072 7	3.096 7
2.09	0.381 4	0.020 5	0.053 9	0.178 8	8.705 9	0.289 1	0.071 0	3.135 6
2.10	0.375 4	0.019 3	0.051 4	0.171 3	8.885 4	0.277 8	0.069 4	3.175 4
2.11	0.369 5	0.018 1	0.048 9	0.164 0	9.072 5	0.266 8	0.067 8	3.216 2
2.12	0.363 5	0.016 9	0.046 6	0.156 9	9.265 2	0.255 9	0.066 2	3.257 9
2.13	0.357 4	0.015 8	0.044 3	0.150 0	9.482 9	0.245 1	0.064 6	3.300 7
2.14	0.351 4	0.014 8	0.042 0	0.142 9	9.673 7	0.234 5	0.063 0	3.344 6
2.15	0.134 5	0.009 4	0.030 0	0.105 0	11.11 1	0.175 5	0.053 9	3.634 4
2.16	0.339 2	0.012 8	0.037 8	0.129 6	10.11 6	0.214 0	0.059 9	3.436 0
2.17	0.333 1	0.011 9	0.035 7	0.123 2	10.34 9	0.204 1	0.058 3	3.483 6
2.18	0.326 9	0.011 0	0.033 8	0.117 0	10.59 2	0.194 3	0.056 8	3.532 4
2.19	0.320 7	0.010 2	0.031 9	0.110 9	10.84 7	0.184 7	0.055 3	3.587 8
2.20	0.314 5	0.009 4	0.030 0	0.105 0	11.11 1	0.175 5	0.053 9	3.634 4
2.21	0.308 3	0.008 7	0.028 2	0.099 3	11.38 8	0.166 4	0.052 4	3.687 7
2.22	0.302 0	0.008 0	0.026 6	0.093 7	11.67 8	0.157 5	0.050 0	3.742 8
2.23	0.295 7	0.007 4	0.024 9	0.088 3	11.98 0	0.148 8	0.049 5	3.799 5
2.24	0.289 4	0.006 8	0.023 3	0.083 0	12.29 7	0.140 4	0.048 1	3.857 9
2.25	0.283 0	0.006 20	0.021 8	0.078 0	12.62 9	0.132 3	0.045 7	3.918 5
2.26	0.276 6	0.005 60	0.020 4	0.073 1	12.97 8	0.124 3	0.045 3	3.981 1
2.27	0.270 2	0.005 12	0.019 0	0.068 4	13.34 5	0.116 7	0.043 9	4.045 8
2.28	0.263 8	0.004 65	0.017 6	0.063 8	13.73 2	0.109 2	0.042 6	4.113 1
2.29	0.257 3	0.004 21	0.016 3	0.059 5	14.13 9	0.102 1	0.041 2	4.182 8
2.30	0.250 8	0.003 79	0.015 1	0.055 3	14.56 8	0.095 1	0.039 9	4.255 1
2.31	0.244 3	0.003 41	0.014 0	0.051 2	15.02 3	0.088 5	0.038 5	4.330 4
2.32	0.237 7	0.003 06	0.012 9	0.047 4	15.50 5	0.082 1	0.037 2	4.408 8
2.33	0.23 1	0.002 73	0.011 8	0.043 7	16.01 4	0.075 0	0.036 0	4.490 3
2.34	0.224 5	0.002 43	0.010 8	0.040 2	16.55 7	0.070 0	0.034 7	4.575 0
2.35	0.217 9	0.002 15	0.009 9	0.036 9	17.13 6	0.064 4	0.033 4	4.664 7
2.36	0.211 2	0.001 90	0.009 0	0.033 7	17.75 1	0.059 0	0.032 1	4.757 8

表 A2(c)(续)

λ	$\tau(\lambda)$	$\pi(\lambda)$	$\varepsilon(\lambda)$	$q(\lambda)$	$y(\lambda)$	$f(\lambda)$	$r(\lambda)$	Ma
2.37	0.204 5	0.001 67	0.008 1	0.030 7	18.411	0.053 9	0.030 9	4.855 7
2.38	0.197 8	0.001 46	0.007 4	0.027 8	19.118	0.049 1	0.029 7	4.958 0
2.39	0.191 0	0.001 27	0.006 6	0.025 2	19.876	0.044 5	0.028 5	5.066 5
2.40	0.184 2	0.001 09	0.005 9	0.022 6	20.696	0.040 2	0.027 2	5.180 7
2.41	0.177 4	0.000 95	0.005 3	0.020 5	21.579	0.036 4	0.026 1	5.301 1
2.42	0.170 6	0.000 80	0.004 7	0.018 1	22.536	0.032 3	0.024 9	5.428 8
2.43	0.163 7	0.000 68	0.004 1	0.016 0	23.581	0.028 7	0.023 7	5.564 5
2.44	0.158 8	0.000 57	0.003 6	0.014 1	24.719	0.025 4	0.022 5	5.708 9
2.45	0.149 9	0.000 48	0.003 2	0.012 4	26.050	0.022 3	0.021 4	5.863 0
2.46	0.142 9	0.000 39	0.002 7	0.010 8	27.345	0.019 4	0.020 3	6.028 8
2.47	0.135 9	0.000 32	0.002 4	0.009 3	28.863	0.016 8	0.019 1	6.206 7
2.48	0.128 9	0.000 26	0.002 0	0.007 9	30.556	0.014 4	0.018 0	6.399 0
2.49	0.121 9	0.000 21	0.001 7	0.006 7	32.459	0.012 2	0.016 9	6.607 9
2.50	0.114 8	0.000 163	0.001 420	0.005 03	34.587	0.010 30	0.015 80	6.835 5
2.51	0.107 7	0.000 126	0.001 169	0.004 66	37.012	0.008 53	0.014 80	7.085 1
2.52	0.100 6	$0.955 \cdot 10^{-4}$	0.000 949	0.003 80	39.796	0.006 98	0.013 70	7.361 4
2.53	0.093 4	$0.710 \cdot 10^{-4}$	0.000 759	0.003 05	43.011	0.005 62	0.012 73	7.668 1
2.54	0.086 3	$0.514 \cdot 10^{-4}$	0.000 596	0.002 40	46.774	0.004 44	0.011 60	8.012 5
2.55	0.079 1	$0.362 \cdot 10^{-4}$	0.000 457	0.001 85	51.242	0.003 43	0.010 50	8.402 8
2.56	0.071 8	$0.240 \cdot 10^{-4}$	0.000 342	0.001 39	56.629	0.002 58	0.009 52	8.850 6
2.57	0.064 6	$0.160 \cdot 10^{-4}$	0.000 248	0.001 01	63.248	0.001 88	0.008 50	9.371 6
2.58	0.057 3	$0.986 \cdot 10^{-4}$	0.000 172	0.000 70	71.572	0.001 32	0.007 48	9.989 2
2.59	0.049 9	$0.568 \cdot 10^{-4}$	0.000 114	0.000 47	82.393	0.000 88	0.006 48	10.738 7
2.60	0.042 6	$0.299 \cdot 10^{-5}$	$0.702 \cdot 10^{-4}$	0.000 29	96.998	0.000 54	0.005 48	11.673 6
2.61	0.035 2	$0.139 \cdot 10^{-5}$	$0.394 \cdot 10^{-4}$	0.000 16	117.79	0.000 31	0.004 50	12.888 3
2.62	0.027 8	$0.536 \cdot 10^{-6}$	$0.193 \cdot 10^{-4}$	$0.802 \cdot 10^{-4}$	149.68	$0.152 \cdot 10^{-3}$	0.003 53	14.557 9
2.63	0.020 4	$0.153 \cdot 10^{-6}$	$0.750 \cdot 10^{-5}$	$0.313 \cdot 10^{-4}$	149.68	$0.594 \cdot 10^{-4}$	0.002 57	17.077 7
2.64	0.012 9	$0.243 \cdot 10^{-7}$	$0.188 \cdot 10^{-5}$	$0.782 \cdot 10^{-5}$	322.26	$0.150 \cdot 10^{-4}$	0.001 62	21.536 6
2.65	0.005 4	$0.728 \cdot 10^{-9}$	$0.135 \cdot 10^{-6}$	$0.567 \cdot 10^{-5}$	779.12	$0.108 \cdot 10^{-5}$	0.000 67	33.399 1
2.657	0	0	0	0	∞	0	0	∞

参 考 文 献

[1] BRUCE R M, DONALD F Y, THEODORE H O, et al. Fundamentals of Fluid Mechanics[M]. 6th ed. New York: Don Fowley, 2009.

[2] MERLE C P, DAVID C W, BASSEM H. Ramadan, Engineering Fluid Machanics[M]. 5th ed. New York: CENGAGE Learning, 2016.

[3] FINNENAORE E J, FRANZINI J B. Fluide Mechanics With Engineering Applications[M]. New York: McGraw - Hill Book Company, 2002.

[4] 李有章. 工程流体力学[M]. 北京:北京科技大学出版社,1980.

[5] 陈卓如. 工程流体力学[M]. 2 版. 北京:高等教育出版社,2004.

[6] 孔珑. 流体力学:Ⅰ[M]. 北京:高等教育出版社,2003.

[7] 孔珑. 流体力学:Ⅱ[M]. 北京:高等教育出版社,2003.

[8] 李玉柱,贺五洲. 工程流体力学:上下册[M]. 北京:清华大学出版社,2006.

[9] 孙文策. 工程流体力学[M]. 3 版. 大连:大连理工大学出版社,2007.

[10] 章梓雄,董曾南. 粘性流体力学[M]. 北京:清华大学出版社,1998.

[11] 潘锦珊,单鹏. 气体动力学基础[M]. 北京:国防工业出版社,2017.

[12] 潘文全. 工程流体力学[M]. 北京:清华大学出版社,1990.

[13] 刘向军. 工程流体力学[M]. 北京:中国电力出版社,2007.

[14] 王洪伟. 我所理解的流体力学[M]. 北京:国防工业出版社,2016.

[15] 蔡增基,龙天渝. 流体力学泵与风机[M]. 北京:中国建筑工业出版社,1999.

[16] 屠大雁. 流体力学与流体机械[M]. 北京:中国建筑工业出版社,1994.

[17] 陈懋章. 粘性流体力学基础[M]. 北京:高等教育出版社,2002.

[18] 周光坰. 史前与当今的流体力学问题[M]. 北京:北京大学出版社,2002.

[19] 小峰龙男. 图解流体力学[M]. 高丕娟,译. 北京:科学出版社,2012.

[20] 丁祖荣. 流体力学:上下册[M]. 2 版. 北京:高等教育出版社,2013.

[21] 武居昌宏. 漫画流体力学[M]. 高丕娟,译. 北京:科学出版社,2010.

[22] 王献孚,熊鳌魁. 高等流体力学[M]. 武汉:华中科技大学出版社,2003.

[23] 雅科夫·伊西达洛维奇·别莱利曼. 趣味物理学[M]. 戴光年,译. 哈尔滨:哈尔滨出版社,2012.

[24] 雅科夫·伊西达洛维奇·别莱利曼. 趣味力学[M]. 周英芳,译. 哈尔滨:哈尔滨出版社,2012.

[25] 王保国,刘淑艳,黄伟光. 气体动力学[M]. 北京:北京理工大学出版社,2005.

[26] 单鹏. 多维气体动力学基础[M]. 2 版. 北京:北京航空航天大学出版社,2008.